Springer-Lehrbuch

Springer
Berlin
Heidelberg
New York
Hongkong
London
Mailand
Paris
Tokio

Michael Griebel   Stephan Knapek
Gerhard Zumbusch   Attila Caglar

Numerische Simulation in der Moleküldynamik

Numerik, Algorithmen,
Parallelisierung, Anwendungen

 Springer

Prof. Dr. Michael Griebel
Universität Bonn
Institut für Angewandte Mathematik
Wegelerstraße 6, 53115 Bonn, Deutschland
e-mail: griebel@iam.uni-bonn.de

Dr. Stephan Knapek
TWS Partners GmbH
Theresienstraße 6-8
80333 München, Deutschland
e-mail: stknapek@yahoo.de

Prof. Dr. Gerhard Zumbusch
Universität Jena
Institut für Angewandte Mathematik
Ernst-Abbe-Platz 2, 07743 Jena, Deutschland
e-mail: zumbusch@mathematik.uni-jena.de

Dipl.-Math. Attila Caglar ☙

Bibliografische Information Der Deutschen Bibliothek
Die Deutsche Bibliothek verzeichnet diese Publikation in der Deutschen Nationalbibliografie;
detaillierte bibliografische Daten sind im Internet über <http://dnb.ddb.de> abrufbar.

Mathematics Subject Classification (2000): 68U20, 70F10, 70H05, 83C10, 65P10, 31C20, 65N06, 65T40, 65Y05, 68W10, 65Y20

ISBN 3-540-41856-3   Springer-Verlag Berlin Heidelberg New York

Springer-Verlag Berlin Heidelberg New York
ein Unternehmen der BertelsmannSpringer Science+Business Media GmbH

http://www.springer.de

© Springer-Verlag Berlin Heidelberg 2004
Printed in Germany

Satz: Datenerstellung durch die Autoren unter Verwendung eines TeX-Makropakets
Einbandgestaltung: *design & production* GmbH, Heidelberg

Gedruckt auf säurefreiem Papier   46/3142ck - 5 4 3 2 1 0

Vorwort

Durch die stürmische Entwicklung paralleler Rechensysteme ist es möglich geworden, physikalische Vorgänge auf Rechnern nachzustellen und vorherzusagen. So werden Experimente mittlerweile durch Simulationsrechnungen ergänzt und schrittweise ersetzt. Darüber hinaus bietet die Simulation auch die Möglichkeit, Prozesse zu studieren, die nicht im Experiment untersucht werden können. Daneben wird die Entwicklung neuer Produkte durch das Umgehen aufwendiger physikalischer Experimente beschleunigt. Auch kann die Qualität der Produkte durch die Untersuchung bisher nicht zugänglicher Phänomene verbessert werden. Die numerische Simulation spielt daher insbesondere bei der Entwicklung neuer Stoffe in den Materialwissenschaften sowie in der Biotechnologie und der Nanotechnologie eine entscheidende Rolle.

Viele interessante Prozesse können nicht mehr nur auf kontinuierlicher Ebene beschrieben und verstanden werden, sondern müssen letztendlich auf molekularer und atomarer Ebene betrachtet werden. Die numerische Simulation auf dieser Größenskala geschieht durch Partikelverfahren und Moleküldynamik-Methoden. Die Einsatzmöglichkeiten und Anwendungsgebiete dieser numerischen Techniken reichen von der Physik, Biologie und Chemie bis hin zur modernen Materialwissenschaft.

Das grundlegende mathematische Modell ist dabei das zweite Newtonsche Gesetz, ein System von gewöhnlichen Differentialgleichungen zweiter Ordnung. Es gibt die Abhängigkeit der Beschleunigung der Partikel von der auf sie wirkenden Kraft an. Die Kraft auf ein Partikel resultiert dabei aus der Interaktion mit den anderen Partikeln. Dieses System gilt es, numerisch effizient zu approximieren. Nach einer geeigneten Diskretisierung der Zeitableitung sind dazu in jedem Zeitschritt die Kräfte auf alle Partikel zu berechnen. Abhängig von den verwendeten kurz- oder langreichweitigen Kraftfeldern und Potentialen existieren dazu verschiedene schnelle und speichereffiziente numerische Verfahren. Hier sind die Linked-Cell-Methode zu nennen, die Partikel-Mesh-Methode, die P^3M-Methode und deren Varianten, sowie diverse Baumverfahren, wie der Barnes-Hut-Algorithmus oder die schnelle Multipolmethode. Durch eine parallele Implementierung auf modernen Supercomputern läßt sich eine substantielle Rechenzeitverkürzung erzielen. Dieses Vorgehen ist insbesondere dann zwingend nötig, wenn aufgrund der jeweiligen Problemstellung sehr große Teilchenzahlen und lange Simulationszeiten erforderlich sind. Die erwähnten numerischen Methoden werden bereits in einer Vielzahl von Implementierungen von Physikern, Chemikern und Materialwissenschaftlern mit großem Erfolg eingesetzt. Ohne tieferes Verständnis der konkret verwendeten numerischen Verfahren lassen sich jedoch Änderungen und Modifikationen sowie eine Parallelisierung der vorhandenen Programme nur schwer bewerkstelligen.

Vor diesem Hintergrund veranstalten wir in der Abteilung Wissenschaftliches Rechnen und Numerische Simulation am Institut für Angewandte Mathematik der Universität Bonn seit einiger Zeit das Praktikum „Partikelmethoden und Moleküldynamik", in dem die Studierenden die wesentlichen Schritte der numerischen Simulation in der Moleküldynamik für kurz- und langreichweitige Kraftfelder kennenlernen. Dieses Praktikum wird jeweils im Wintersemester in Bonn angeboten und bildet die Grundlage für das vorliegende Buch.

Ziel des Buches ist es, in kompakter Form die notwendigen numerischen Techniken der Moleküldynamik darzustellen, den Leser in die Lage zu versetzen, selbst ein Moleküldynamik-Programm in der Programmiersprache C zu schreiben, dieses auf parallelen Rechensystemen mit verteiltem Speicher mit MPI zu implementieren und ihn durch die Präsentation diverser Simulationsergebnisse zu motivieren, eigene weitere Experimente durchzuführen. Dazu geben wir in allen Kapiteln neben der Beschreibung der jeweiligen Algorithmen konkrete Hinweise zur Umsetzung auf modernen Rechnern. Einige Programme und Informationen zum Buch sind auch im Internet bereitgestellt. Näheres und aktuelle Informationen findet man auf der Webseite

http://www.ins.uni-bonn.de/info/md.

Nach einer kurzen Einführung in die numerische Simulation in Kapitel 1 wird in Kapitel 2 die klassische Moleküldynamik von Partikelsystemen aus der Quantenmechanik hergeleitet. In Kapitel 3 werden die Grundbausteine von Moleküldynamik-Verfahren für kurzreichweitige Potentiale und Kraftfelder eingeführt (Linked-Cell-Implementierung, Verlet-Integrator) und ein erster Satz von Anwendungsbeispielen präsentiert. Die Berücksichtigung der Temperatur geschieht dabei mittels statistischer Mechanik im NVT-Ensemble. Zudem wird das Parrinello-Rahman-Verfahren für das NPT-Ensemble besprochen. Anschließend diskutieren wir in Kapitel 4 die parallele Implementierung des Linked-Cell-Verfahrens im Detail und geben eine Reihe weiterer Anwendungsbeispiele. In Kapitel 5 erweitern wir unser Verfahren auf molekulare Systeme und kompliziertere Potentiale. Zudem geben wir in Kapitel 6 einen Überblick über Zeitintegrationsverfahren.

Verschiedene numerische Methoden für die effiziente Berechnung langreichweitiger Kraftfelder werden in den folgenden Kapiteln 7 und 8 diskutiert. Bei der P^3M-Methode werden langreichweitige Potentiale auf einem Gitter approximiert. Damit lassen sich weitere Anwendungsbeispiele studieren, die insbesondere Coulomb-Kräfte oder, auf einer anderen Größenskala, auch Gravitations-Kräfte enthalten. Es wird sowohl die sequentielle wie auch die parallele Implementierung der SPME-Technik besprochen, einer Variante der P^3M-Methode. Im daran anschließenden Kapitel 8 werden Baumverfahren eingeführt und diskutiert. Hier liegt der Schwerpunkt auf dem Barnes-Hut-Verfahren, seiner Erweiterung auf höhere Ordnung und auf einem Verfahren aus der Familie der schnellen Multipol-Methoden. Dabei werden sowohl eine sequentielle wie auch eine parallele Implementierung mittels raumfüllender Kurven vorgestellt. Weiterhin werden in Kapitel 9 Anwendungsbeispiele aus der Biochemie gezeigt, die eine Kombination der bisher vorgestellten Verfahren erfordern.

Wir bedanken uns beim Sonderforschungsbereich 611 „Singuläre Phänomene und Skalierung in mathematischen Modellen" an der Universität Bonn für die Unterstützung, bei Barbara Hellriegel und Sebastian Reich für wertvolle Hinweise, bei unseren Kollegen und Mitarbeitern Marcel Arndt, Thomas Gerstner, Jan Hamaekers, Lukas Jager, Marc Alexander Schweitzer und Ralf Wildenhues für zahlreiche Diskussionen, ihre Unterstützung bei der Entwicklung des Praktikums und der Implementierung der damit verbundenen Algorithmen sowie für die Programmierung und Berechnung verschiedener Modellprobleme und Anwendungen. Insbesondere ohne die tatkräftige Hilfe von Alex, Jan, Lukas, Marcel, Ralf und Thomas wäre dieses Buch nicht in dieser Form zu Ende gebracht worden.

In tiefer Trauer gedenken wir unseres geschätzten Kollegen, Freundes und Koautors Attila Caglar, der die Fertigstellung dieses Buches nicht mehr erleben konnte.

Bonn,
Juni 2003

Michael Griebel
Stephan Knapek
Gerhard Zumbusch

Inhaltsverzeichnis

1 Computersimulation – eine Schlüsseltechnologie

Experiment, Modellbildung und numerische Simulation. In den Naturwissenschaften ist man bestrebt, die komplexen Vorgänge in der Natur möglichst genau zu modellieren. Der erste Schritt in diese Richtung ist dabei die Naturbeschreibung. Sie dient zunächst dazu, ein geeignetes Begriffssystem zu bilden. Die reine Beobachtung eines Vorganges erlaubt es allerdings in den meisten Fällen nicht, die ihm zugrundeliegenden Gesetzmäßigkeiten zu finden. Dazu sind diese zu kompliziert und lassen sich von anderen sie beeinflussenden Vorgängen nicht exakt trennen. Nur in seltenen Ausnahmefällen können aus reiner Beobachtung Gesetzmäßigkeiten abgeleitet werden, wie dies beispielsweise bei der Entdeckung der Gesetze der Planetenbewegung durch Kepler der Fall war. Statt dessen schafft sich der Wissenschaftler (soweit dies möglich ist) die Bedingungen unter denen der zu beobachtende Vorgang ablaufen soll selbst, das heißt, er führt ein Experiment durch. Dieses Vorgehen erlaubt es, Abhängigkeiten des beobachteten Ergebnisses von den im Experiment gewählten Bedingungen herauszufinden und so Rückschlüsse auf die Gesetzmäßigkeiten zu ziehen, denen das untersuchte System unterliegt. Das Ziel ist dabei die mathematische Formulierung der beobachteten Gesetzmäßigkeiten, also eine Theorie der untersuchten Naturerscheinungen. Meist beschreibt man dabei mit Hilfe von Differential- und Integralgleichungen, wie sich bestimmte Größen in Abhängigkeit von anderen verhalten und sich unter bestimmten Bedingungen über die Zeit ändern. Die resultierenden Gleichungen zur Beschreibung des Systems beziehungsweise des Prozesses bezeichnet man als mathematisches Modell.

Ein Modell, das sich bewährt hat, erlaubt es dann nicht nur, beobachtete Vorgänge präzise zu beschreiben, sondern ermöglicht auch, die Ergebnisse physikalischer Prozesse innerhalb gewisser Grenzen vorherzusagen. Dabei gehen die Durchführung von Experimenten, das Herauslesen von Gesetzmäßigkeiten aus den Ergebnissen von Messungen und die Übertragung dieser Gesetzmäßigkeiten in mathematische Größen und Gleichungen Hand in Hand. Theoretisches und experimentelles Vorgehen sind also aufs engste miteinander verknüpft.

Die Phänomene, die auf diese Art und Weise in Physik und Chemie untersucht werden, erstrecken sich über unterschiedlichste Größenordnungen. Sie finden sich auf den kleinsten bis zu den größten vom Menschen beobachtbaren Längenskalen, von der Untersuchung der Materie in der Quantenmechanik, bis hin zu Studien über die Gestalt des Universums. Dabei auftretende Größen bewegen sich vom Nanometer-Bereich (10^{-9} Meter) bei der Untersuchung von Eigenschaften der Materie auf molekularer Ebene bis hin zu Größenordnungen von 10^{23} Metern beim Studium von Galaxienhaufen. Entsprechend unterschiedlich sind auch die dabei auftretenden Zeitskalen, also die typischen Zeitintervalle, in denen die beobachteten Phänomene stattfinden. Sie erstrecken sich in den genannten Bereichen von 10^{-12} Sekunden bis hin zu 10^{17} Sekunden, also vom Piko- oder gar Femtosekundenbereich bis hin zu Zeitintervallen von mehreren Milliarden Jahren. Ebenso unterschiedlich sind die in den Modellen auftretenden Massen. Diese bewegen sich von 10^{-27} Kilogramm für einzelne Atome bis hin zu 10^{40} Kilogramm für ganze Galaxien.

Schon aus der Breite des Spektrums der beschriebenen Phänomene erkennt man, daß Experimente nicht immer auf die gewünschte Weise durchgeführt werden können. Darüber hinaus bestehen zum Beispiel in der Astrophysik nur wenige Möglichkeiten, durch Beobachtung und Experiment Modelle zu verifizieren und diese damit zu untermauern oder, im entgegengesetzten Fall, Modelle zu verwerfen, also zu falsifizieren. Andererseits sind die mathematischen Modelle, die die Natur hinreichend genau beschreiben, oft so kompliziert, daß keine analytische Lösung bestimmt werden kann. Deshalb wird üblicherweise ein neues, einfacher zu lösendes Modell entwickelt, dessen Gültigkeitsbereich dann im allgemeinen jedoch gegenüber dem ursprünglichen Modell eingeschränkt ist – man denke nur an die van der Waals-Gleichung zur Beschreibung dichter Gase oder die Boltzmanngleichung zur Beschreibung der Transporteigenschaften dünner Gase. Hierbei häufig verwendete Techniken sind Mittelungsverfahren, sukzessive Approximation, Matching-Methoden, asymptotische Analysis und Homogenisierung. Unglücklicherweise lassen sich jedoch viele entscheidende Phänomene nur mit den komplizierteren Modellen beschreiben. Damit können aber theoretische Modelle nur in einigen wenigen einfachen Fällen getestet und verifiziert werden. Als Beispiel denke man wieder an die Planetenbewegung und das in diesem Fall zwischen den Körpern herrschende Gravitationsgesetz. Bekanntermaßen können die aus diesem Gesetz resultierenden Bahnen nur für zwei Körper in geschlossener Form angegeben werden. Schon bei drei beteiligten Körpern existiert im allgemeinen keine geschlossene analytische Lösung mehr. Dies gilt erst recht für unser Planetensystem sowie für die Sterne unserer Galaxie.

Viele Modelle zum Beispiel in der Materialwissenschaft oder der Astrophysik bestehen aus vielen interagierenden Körpern (Partikeln), wie zum Beispiel Sternen und Galaxien oder Atomen und Molekülen. Die Zahl der Partikel kann sich dabei ohne weiteres in der Größenordnung von mehreren Millionen und mehr bewegen. Beispielsweise enthält jeder Kubikmeter Gas im Normalzustand (d.h. bei einer Temperatur von 273.15 Kelvin und einem Druck von 101.325 Kilopascal) $2.686763 \cdot 10^{25}$ Moleküle (Loschmidt-Konstante). Die Menge von 12 Gramm des Kohlenstoffisotops C_{12} enthält $6.0221367 \cdot 10^{23}$ Moleküle (Avogadro-Konstante). Aber nicht nur auf mikroskopischer Ebene treten große Zahlen von Teilchen auf. Allein unsere Galaxie, die Milchstraße, besteht aus schätzungsweise 200 Milliarden Sternen. Ein Blick in den Sternenhimmel einer klaren Nacht gewährt die Erkenntnis, daß in solchen Fällen gar keine Hoffnung besteht, mit Papier und Bleistift eine Lösung der zugrundeliegenden Gleichungen zu bestimmen.

Dies sind einige der Gründe, warum sich neben dem praktischen und dem theoretischen Ansatz in letzter Zeit die *Computersimulation* als dritter Weg herausgebildet und sich mittlerweile zu einem unverzichtbaren Werkzeug für die Untersuchung und Vorhersage von physikalischen und chemischen Vorgängen entwickelt hat. In diesem Zusammenhang versteht man unter Computersimulation die mathematische Vorausberechnung technischer oder physikalischer Prozesse auf modernen Rechensystemen. Das folgende Vorgehen ist dabei charakteristisch: Aus der Beobachtung der Realität wird ein mathematisches – physikalisches Modell entwickelt. Die abgeleiteten Gleichungen, die in den meisten Fällen kontinuierlich in Zeit und/oder Raum gültig sind, werden nur noch an bestimmten ausgewählten Punkten diskret in Zeit und/oder Raum betrachtet. So wird zum Beispiel bei der Diskretisierung in der Zeit die Lösung der Gleichungen nicht mehr zu allen (d.h. unendlich vielen Zeitpunkten) gesucht, sondern sie wird nur an ausgewählten Punkten auf der Zeitachse betrachtet. Differentialoperatoren, wie zum Beispiel Zeitableitungen, lassen sich dann durch Differenzenoperatoren approximieren. In diesen Punkten werden die Lösungen der kontinuierlichen Gleichungen näherungsweise bestimmt. Je dichter die ausgewählten Punkte liegen, desto genauer kann die Lösung approximiert werden. Insbesondere die rasante Entwicklung der Computertechnologie, die zu einer enormen Steigerung der Leistungsfähigkeit sowohl bezüglich Rechenzeit als auch Speichergröße der Rechenanlagen geführt hat, erlaubt immer wirklichkeitsgetreuere Simulationen. Mittels geeigneter Visualisierungstechniken können dann die Resultate interpretiert werden. Liegen entsprechende Ergebnisse physikalischer Experimente vor, so können die Ergebnisse der Computersimulation mit diesen verglichen werden. Dies führt dann zu einer Verifizierung der Resultate oder zu einer Verbesserung des verwendeten Verfahrens oder des Modells, zum Beispiel durch geeignetes Anpassen von Parametern oder durch Abänderung der verwendeten Gleichungen. Einen schematischen Überblick über die Teilschritte der numerischen Simulation zeigt Abbildung 1.1.

Das heißt, auch für das Computerexperiment benötigt man ein mathematisches Modell, aber die Berechnungen werden nun auf einer Maschine näherungsweise durch das Ausführen eines Algorithmus vorgenommen. Damit lassen sich bedeutend kompliziertere und damit auch realistischere Modelle untersuchen, als dies auf analytischem Wege möglich ist. Darüber hinaus können kostspielige Versuchsaufbauten vermieden werden. Außerdem lassen

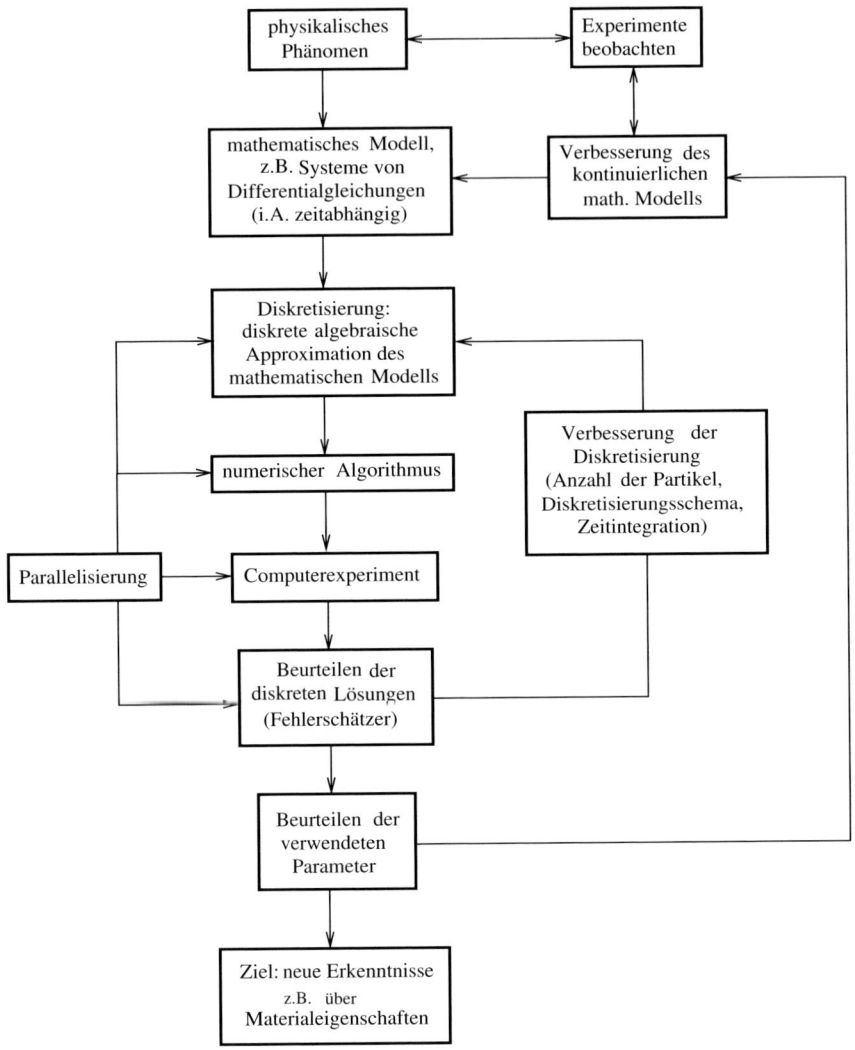

Abb. 1.1. Schematische Darstellung der typischen Vorgehensweise bei der numerischen Simulation.

sich Aussagen auch in Fällen treffen, die ansonsten wegen technischer Un-
zulänglichkeiten nicht realisierbar sind oder sich von vorneherein verbieten.
Dies ist zum Beispiel der Fall, wenn Bedingungen im Labor schwer zu realisieren sind, Messungen nur schwer oder gar nicht durchführbar sind, Experimente zu lange dauern oder zu schnell ablaufen oder die Ergebnisse nur schwer
zu interpretieren sind. Durch die Computersimulation ist es damit möglich,
Zugang zu experimentell nicht untersuchbaren Phänomenen zu finden. Liegt
ein zuverlässiges mathematisches Modell vor, das die entsprechende Situati-

on hinreichend genau beschreibt, so macht es im Computer – im Gegensatz zur Realität – im allgemeinen keinen Unterschied, ob ein Experiment bei einem Druck von einer Atmosphäre oder 1000 Atmosphären durchgeführt wird. Simulationen, die bei Raumtemperatur oder bei 10000 Kelvin ablaufen, lassen sich prinzipiell gleich behandeln. Experimente sind im μ-Meter-oder im Meterbereich durchführbar, untersuchte Phänomene können innerhalb von Femtosekunden ablaufen oder mehrere Millionen Jahren benötigen. Außerdem können Versuchsparameter leicht geändert werden, und es können zumindest näherungsweise Aussagen über Lösungen der zugrundeliegenden mathematischen Modelle gegeben werden.

Die numerische Simulation dient mittlerweile auch dazu, in Gebieten wie der Astronomie, in denen nur eine geringe Möglichkeit der Verifikation von Modellen besteht, Anhaltspunkte für die Korrektheit von Modellen zu geben. In der Nanotechnologie wiederum können Vorhersagen über neue, noch gar nicht real existierende Materialien gemacht werden, deren Eigenschaften können bestimmt und die am besten geeigneten Materialien identifiziert werden. Die Entwicklung geht hierbei in Richtung eines virtuellen Labors, bei dem die Stoffe im Computer aufgebaut und dort auf ihre Eigenschaften hin untersucht werden. Darüber hinaus bietet die Simulation die Möglichkeit, zur makroskopischen Charakterisierung dieser Materialien benötigte gemittelte Größen zu bestimmen. Insgesamt stellt das Computerexperiment damit die Verbindung zwischen Laborexperimenten und der mathematisch-physikalischen Theorie dar.

Jeder der Teilschritte eines Computerexperiments muß natürlich eine Reihe von Anforderungen erfüllen. So sollte zuallererst das mathematische Modell die Realität möglichst gut beschreiben. Im allgemeinen müssen hier Kompromisse zwischen der Genauigkeit und dem Aufwand bei der Lösung des mathematischen Modells eingegangen werden. Die Komplexität der Modelle führt in den meisten Fällen zu enormen Anforderungen an Speicherplatz und Rechenzeit, insbesondere wenn zeitabhängige Phänomene untersucht werden. Dann sind je nach Problemstellung mehrere geschachtelte Schleifen für die Zeitabhängigkeit, für das Anwenden von Operatoren oder auch für die Behandlung von Nichtlinearitäten abzuarbeiten.

Aktuelle Fragestellungen in der numerischen Simulation beschäftigen sich daher insbesondere mit der Entwicklung von Methoden und Algorithmen, die die Lösung der diskreten Probleme möglichst schnell bestimmen können (Multilevel- und Multiskalentechniken, Multipolverfahren, schnelle Fourier-transformation) und die mit möglichst geringem Speicheraufwand die Lösung des kontinuierlichen Problems gut approximieren können (Adaptivität). Realistischere und damit im allgemeinen komplexere Modelle erfordern schnellere, leistungsfähigere Algorithmen. Umgekehrt erlauben bessere Algorithmen die Verwendung komplexerer Modelle.

Eine weitere Möglichkeit, größere Probleme rechnen zu können, ist die Verwendung von *Vektorrechnern* und *Parallelrechnern*. Bei Vektorrechnern

wird die Steigerung der Leistungsfähigkeit durch das fließbandartige Abarbeiten gleichartiger arithmetischer Befehle für die in einem Vektor gespeicherten
Daten erreicht. Bei Parallelrechnern werden einige Dutzend bis hin zu vielen tausend leistungsfähigen Prozessoren[1] zusammengeschaltet. Diese können
gleichzeitig und unabhängig rechnen und zudem miteinander kommunizieren.[2] Dabei wird eine Verkürzung der Gesamtrechenzeit dadurch erzielt, daß
die zu leistenden Berechnungen auf mehrere Prozessoren verteilt werden und
somit, zumindest zu einem bestimmten Grad, gleichzeitig ausführbar werden.
Darüber hinaus steht in einem parallelen Rechensystem meist ein wesentlich
größerer Hauptspeicher zur Verfügung als bei sequentiellen Maschinen, so
daß größere Probleme berechnet werden können. Als Beispiel sei hier mit
dem ASCI Red System der erste Rechner genannt, der die Grenze von einem
Teraflop/s Rechenleistung, das heißt einer Milliarde Gleitpunktoperationen
pro Sekunde, durchbrochen hat. Dieser Rechner besitzt 9216 Prozessoren
und wurde im Jahre 1996 im Rahmen der Accelerated Strategic Computing
Initiative (ASCI) der USA realisiert. Diese dient dazu, im Laufe der Jahre
eine Reihe von Supercomputern zu bauen, die 1, 3, 10, 30 und als Ziel 100
Teraflop/s (1 Teraflop/s bedeutet 10^{12} Gleitpunktoperationen pro Sekunde)
Rechenleistung aufweisen. Die Fertigstellung des 100 Teraflop/s Rechners ist
für das Jahr 2004 geplant.[3] Der weltweit leistungsfähigste Rechner ist im Moment der Earth Simulator aus Japan, ein NEC SX-6 System bestehend aus
640 Knoten mit jeweils acht Vektorprozessoren und einer theoretischen Spit-
zenleistung von 40 Teraflop/s. Diese Rechner sind allerdings noch weit von
einer Schreibtischtauglichen Größe entfernt. Der Earth Simulator zum Beispiel benötigt über drei Stockwerke den Platz von etwa drei Tennisplätzen.

Abbildung 1.2 zeigt die Entwicklung der Rechenleistung von Hochleistungsrechnern über die letzten Jahre gemessen mit dem parallelen Linpack-

---

[1] Die Prozessoren haben dabei heute meist eine RISC-Architektur (reduced instruction set computer). Sie besitzen eine gegenüber älteren Prozessoren reduzierte Zahl von Maschinenbefehlen, die ein schnelles fließbandartiges Abarbeiten
der Befehle erlaubt, siehe [460].

[2] Um die Portierbarkeit von Programmen zwischen den Parallelrechnern unterschiedlicher Hersteller zu erlauben und das Vernetzen von Rechnern unterschiedlichen Typs zu einem Parallelrechner zu vereinfachen, werden einheitliche Regeln
für den Datenaustauch zwischen Rechnern benötigt. Dabei hat sich in den letzten
Jahren die Plattform MPI (Message Passing Interface) als de facto Standard für
die Kommunikation zwischen den Prozessen herausgebildet, siehe Anhang A.3.

[3] Auf diesen Computersystemen soll die Entwicklung von Software vorangetrieben
werden, die unter anderem die Herstellung, Alterung, Sicherheit, Zuverlässigkeit, das Testen und die Weiterentwicklung des amerikanischen Nukleararsenals
simuliert und damit real durchgeführte Atombombentests ersetzten soll. Ein zu-
grundeliegender Gedanke ist, daß die bei Atombombentests auftretenden Meß-
fehler relativ groß sind und dieselbe Genauigkeit in den nächsten Jahren auch
auf Computern erreicht werden kann.

Benchmark[4]. Aufgetragen ist die Performance in Flop/s gegen die Jahreszahl und zwar für den jeweils weltweit schnellsten parallelen Rechner sowie die in der Liste der weltweit schnellsten parallelen Rechner (siehe [1]) an den Stellen 100 und 500 stehenden Computer. Auch Personalcomputer und Workstations erlebten in den letzten Jahren eine ähnliche Entwicklung ihrer Rechenleistung. Damit sind zufriedenstellende Simulationen auf diesen kleineren Rechnern aktuell möglich geworden.

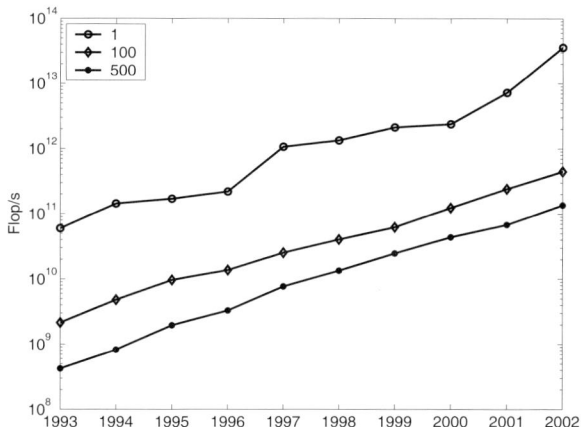

Abb. 1.2. Entwicklung der Rechenleistung über die letzten Jahre (paralleler Linpack Benchmark); schnellster (1), hundertschnellster (100) und fünfhundertschnellster Rechner (500); die Rechenleistung verzehnfacht sich bisher etwa alle vier Jahre.

Partikelmodelle. Ein wichtiger Bereich der numerischen Simulation befaßt sich mit sogenannten Partikelmodellen. Dies sind Simulationsmodelle, bei denen die Darstellung des physikalischen Systems diskret durch einzelne Teilchen (Partikel) und deren Wechselwirkung untereinander erfolgt. So lassen sich etwa klassische Systeme durch die Positionen, Geschwindigkeiten und Kraftgesetze der Teilchen beschreiben, aus denen sie bestehen. Dabei muß es sich bei Partikeln nicht, wie es die Bezeichnung nahelegen würde, um in ihrer Ausdehnung sehr kleine Körper oder Körper mit geringer Masse handeln. Vielmehr betrachtet man sie als die Grundbausteine eines abstrakten Modells. Es kann sich bei Partikeln deswegen sowohl um Atome oder Moleküle, als auch um Sterne oder Teile von ganzen Galaxien[5] handeln. Die Parti-

---

[4] Beim Linpack-Benchmark wird die Leistungsfähigkeit von Computern anhand der Lösung vollbesetzter linearer Gleichungssysteme mit der Gauß-Elimination getestet.

[5] Diese werden meist gemittelt durch einige Massenpunkte beschrieben und nicht als Ansammlung von Milliarden von Sternen angesehen.

kel tragen dann Eigenschaften der physikalischen Teilchen, wie zum Beispiel
Masse, Ort, Geschwindigkeit oder Ladung. Der Zustand beziehungsweise die
Evolution des physikalischen Systems wird durch diese Eigenschaften der Partikel und die Wechselwirkungen zwischen ihnen beschrieben.[6] Abbildung 1.3
zeigt das Ergebnis einer Simulation der Entstehung der großräumigen Struktur des Universums mit 32768 Partikeln, die jeweils einige hundert Galaxien
repräsentieren. Abbildung 1.4 zeigt das Protein Nucleosome, das aus 12386
Partikeln besteht, die hier nun einzelnen Atomen entsprechen.

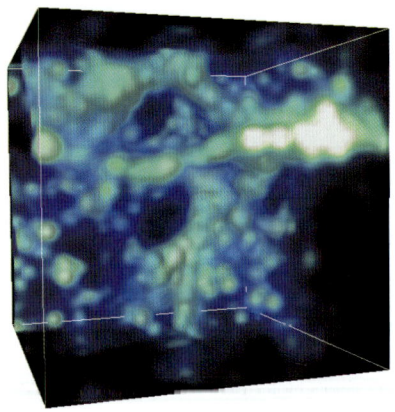

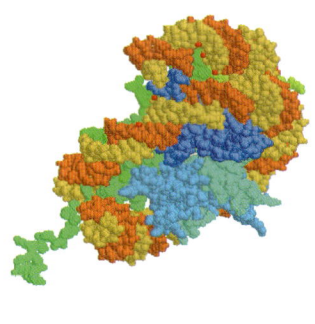

Abb. 1.3. Ergebnis einer Partikelsimulation der großräumigen Struktur
des Universums.

Abb. 1.4. Darstellung des Proteins
Nucleosome.

In vielen Partikelmodellen werden die Gesetze der klassischen Mechanik verwendet, insbesondere das zweite Gesetz von Newton. Es handelt sich
dabei um ein System von gewöhnlichen Differentialgleichungen zweiter Ordnung, das die Abhängigkeit der Beschleunigung der einzelnen Partikel von
der auf sie wirkenden Kraft angibt. Die Kraft resultiert dabei aus der Interaktion mit den anderen Partikeln und hängt von deren Position ab. Ändert
sich die Position der Partikel relativ zueinander, so ändert sich im allgemeinen auch die Kraft zwischen den Partikeln. Durch Lösen dieses Systems von
gewöhnlichen Differentialgleichung erhält man dann bei vorgegebenen Anfangsbedingungen die Trajektorien der Partikel. Hierbei handelt es sich um
ein deterministisches Verfahren, das heißt, bei gegebenem Anfangszustand
des Systems sind im Prinzip die Trajektorien der Partikel für alle Zeiten
eindeutig vorherbestimmt.

---

[6] Neben den in diesem Buch betrachteten Methoden gibt es eine Reihe weiterer Ansätze, die unter dem Oberbegriff Partikelmethoden eingeordnet werden können, siehe [442, 443], [144, 155, 376, 403], [252, 365, 389, 431] sowie
[667, 668]. Auch lassen sich die sogenannten gitterlosen Diskretisierungsmetho-
den [55, 76, 192, 193, 267, 439] als Partikelverfahren interpretieren.

Wieso ist es aber überhaupt sinnvoll, die Gesetze der klassischen Mechanik zu verwenden, wo doch eigentlich, zumindest bei atomaren Modellen, die Gesetze der Quantenmechanik benutzt werden müßten und statt des Newtonschen Gesetzes die Schrödingergleichung als Bewegungsgleichung Verwendung finden müßte? Und was ist mit dem Ausdruck Wechselwirkung zwischen Teilchen überhaupt genau gemeint?

Betrachtet man beispielsweise ein System aus interagierenden Atomen bestehend aus Kernen und Elektronen, so läßt sich im Prinzip durch Lösen der Schrödingergleichung mit dem entsprechenden Hamiltonschen Operator das Verhalten des Systems vorherbestimmen. Jedoch ist eine analytische oder auch numerische Lösung der Schrödingergleichung bis auf wenige einfache Fälle nicht möglich, so daß Näherungen vorgenommen werden müssen. Der prominenteste Ansatz ist dabei die Born-Oppenheimer-Näherung. Sie ermöglicht eine Trennung der Bewegungsgleichungen der Kerne und der Elektronen. Die Vorstellung ist, daß die substantiell kleinere Masse der Elektronen es diesen erlaubt, sich sofort an die neuen Positionen der Kerne anzupassen. Die Schrödingergleichung für die Kerne wird dann durch die Newtonsche Bewegungsgleichung ersetzt. Die Kerne werden dabei klassisch bewegt, aber unter Verwendung von Potentialen, die sich aus dem Lösen der elektronischen Schrödingergleichung ergeben. Hierfür müssen Näherungen eingesetzt werden, die etwa mit Hilfe des Hartree-Fock-Ansatzes oder der Dichtefunktionaltheorie gewonnen werden (ab initio Moleküldynamik). Aus Komplexitätsgründen ist jedoch die Systemgröße auf wenige tausend Atome beschränkt. Eine weitere drastische Vereinfachung ist die Verwendung von parametrisierten analytischen Potentialfunktionen, die nur noch von den Positionen der Kerne abhängig sind (klassische Moleküldynamik). Die konkrete Potentialfunktion wird dann durch Anpassen an die Ergebnisse quantenmechanischer Elektronenstrukturrechnungen für einige repräsentative Modellkonfigurationen mit anschließendem Force-matching [206] oder durch das Anpassen an experimentell gemessene Daten gewonnen. Durch diese sehr grobe Approximation an die elektronische Potentialhyperfläche wird die Behandlung von Systemen mit vielen Millionen Atomen möglich. Quantenmechanische Effekte gehen dabei freilich weitgehend verloren.

Folgende unvollständige Zusammenstellung führt einige Beispiele physikalischer Systeme an, die durch Partikel sinnvoll dargestellt werden können und damit der Simulation durch Partikelmethoden zugänglich sind:

Festkörperphysik: Die Simulation von Materialien auf atomarer Ebene dient in erster Linie der Analyse bekannter und der Entwicklung neuer Materialien. Beispiele für untersuchte Phänomene sind die temperatur- oder schockinduzierte Strukturumwandlung in Metallen, die Bildung von Rissen in Bruchexperimenten angeregt durch Druck, Scherspannung usw., die Fortpflanzung von Schallwellen in Materialien, die Auswirkung von Defekten in der Struktur der Materialien auf ihre Belastbarkeit und die Analyse plastischer und elastischer Deformationen.

Fluiddynamik: Partikelsimulationen ermöglichen einen neuen Zugang zur Untersuchung hydrodynamischer Instabilitäten auf der Mikroskala, wie der Rayleigh-Taylor- oder Rayleigh-Benard-Instabilität. Darüber hinaus ermöglichen es Moleküldynamik-Simulationen, komplizierte Fluide und Fluidgemische, wie zum Beispiel Emulsionen aus Öl und Wasser, oder auch Kristallisation und Phasenübergänge auf mikroskopischer Ebene zu untersuchen.

Biochemie: Die Dynamik von Makromolekülen auf atomarer Ebene ist eine der herausragenden Anwendungen für Partikelmethoden. Heute ist man in der Lage, molekulare Flüssigkeiten, Kristalle, amorphe Polymere, flüssige Kristalle, Zeolite, Nukleinsäuren, Proteine, Membranen und vieles mehr zu simulieren.

Astrophysik: Hier dienen Simulationen insbesondere dazu, theoretische Modelle auf ihre Zuverlässigkeit hin zu überprüfen. Bei der Simulation der Entstehung der Struktur des Universums entsprechen die in der Simulation verwendeten Partikel ganzen Galaxien. Bei der Simulation von Galaxien hingegen repräsentieren die Partikel jeweils einige hundert bis tausend Sterne. Die zwischen den Partikeln wirkende Kraft ergibt sich aus dem Gravitationspotential.

Computersimulation von Partikelmodellen. Bei der Computersimulation von Partikelmodellen wird die Entwicklung eines Systems von interagierenden Partikeln über die Zeit durch Integration der Bewegungsgleichungen approximiert. Damit kann man die einzelnen Partikel verfolgen wie sie im Computer miteinander kollidieren, sich abstoßen, anziehen, wie mehrere Partikel aneinander gebunden sind, sich verbinden oder sich trennen. Es läßt sich feststellen, welche Abstände, Winkel usw. sich zwischen mehreren Partikeln einstellen. Daraus lassen sich dann relevante makroskopische Größen wie kinetische oder potentielle Energie, Druck, Diffusionskonstante, Transportkoeffizienten, Strukturfaktoren, Spektraldichten, Verteilungsfunktionen und vieles mehr berechnen.

Bei der Computersimulation werden zu bestimmende Größen meist nicht exakt sondern nur bis auf eine bestimmte Genauigkeit berechnet. Wünschenswert ist es deswegen

– mit einer gegebenen Anzahl von Operationen eine möglichst große Genauigkeit zu erzielen,
– eine vorgegebe Genauigkeit mit einer möglichst geringen Anzahl von Operationen zu erzielen, oder
– ein möglichst günstiges Verhältnis von Aufwand (Anzahl der Operationen) zu erzielter Genauigkeit zu erreichen.

Die letzte Variante schließt dabei offensichtlich die ersten beiden Formulierungen als Spezialfälle mit ein. Ein guter Algorithmus weist ein möglichst günstiges Verhältnis von Aufwand (Kosten, Anzahl der Operationen, Speicheranforderung) zu Nutzen (erreichte Genauigkeit) auf. Als Maßzahl für die

Beurteilung eines Algorithmus kann also der Quotient

$$\frac{\text{Aufwand}}{\text{Nutzen}} = \frac{\#\ \text{Operationen}}{\text{erreichte Genauigkeit}}$$

dienen. Dies ist eine Zahl mit der verschiedene Algorithmen miteinander verglichen werden können. Weiß man, wie groß die Mindestanzahl von Operationen ist, die benötigt werden, um eine bestimmte Genauigkeit zu erreichen, dann läßt sich aus obiger Maßzahl ablesen, wie weit man mit einem gegebenen Algorithmus vom Optimum entfernt ist. Die Mindestanzahl der Operationen, die zum Erreichen einer vorgegebenen Genauigkeit ε nötig ist, heißt ε-Komplexität. Die ε-Komplexität ist also eine untere Schranke für die Anzahl der Operationen eines Algorithmus, um die Genauigkeit ε zu erreichen.[7]

Die zwei Hauptbestandteile der Computersimulation von Partikelmodellen sind (neben der Konstruktion geeigneter Wechselwirkungspotentiale) die Zeitintegration der Newtonschen Bewegungsgleichungen und das schnelle Auswerten der Wechselwirkungen zwischen den einzelnen Partikeln.

Zeitintegration: Bei der numerischen Zeitintegration wird die Lösung der betrachteten Differentialgleichung nur zu diskreten Zeitpunkten berechnet. Dazu wird aus den Werten der Approximation zu vorhergehenden Zeitpunkten schrittweise eine Approximation an die Werte zu späteren Zeitpunkten bestimmt. Ist ein konkretes Integrationsverfahren ausgewählt, müssen in jedem Zeitschritt die Kräfte berechnet werden, die auf die einzelnen Partikel wirken. Dies geschieht durch die Bildung des negativen Gradienten der Potentialfunktion des Systems. Bezeichnen wir mit $\mathbf{x}_i, \mathbf{v}_i$ und $\mathbf{F}_i$ jeweils den Ort, die Geschwindigkeit des i-ten Partikels und die Kraft auf das Partikel, so erhalten wir insgesamt den Basis-Algorithmus 1.1 für die Berechnung der Trajektorien von N Partikeln.[8] Mit vorgegebenen Anfangswerten für $\mathbf{x}_i$ und $\mathbf{v}_i$ mit $i = 1, \ldots, N$ wird in einer äußeren Iterationsschleife, beginnend beim Zeitpunkt $t = 0$, die Zeit solange um δt erhöht, bis die Endzeit t_{end} erreicht ist. In einer inneren Iterationsschleife über alle Partikel wird die Kraft auf die einzelnen Partikel sowie deren neue Positionen und Geschwindigkeiten berechnet.

Schnelle Auswertung der Kräfte: In einem System von N Partikeln existieren zunächst N^2 Wechselwirkungen zwischen den Partikeln, von denen wir die Wechselwirkungen der einzelnen Partikel mit sich selbst abziehen müssen. Vernachlässigen wir darüber hinaus noch die doppelt[9] gezählten Wechselwirkungen, so erhalten wir insgesamt $(N^2 - N)/2$ Operationen zur Auswertung

---

[7] Der Zweig der Mathematik und Informatik, der sich mit Fragestellungen in diesem Zusammenhang befaßt, ist die informationsbasierte Komplexitätstheorie, siehe zum Beispiel [606].

[8] Grundsätzlich lassen sich die in diesem Buch beschriebenen Algorithmen in vielen verschiedenen Programmiersprachen umsetzen. Wir geben im folgenden alle Programme in der Sprache C an, siehe hierzu [40, 350].

[9] Auf Grund des dritten Newtonschen Gesetzes ist die Wirkung eines Partikels i auf ein Partikel j die gleiche wie die Wirkung des Partikels j auf das Partikel i.

Algorithmus 1.1 Basis-Algorithmus

```
real t = t_start;
für i = 1, ..., N
  setze Anfangsbedingungen xᵢ (Orte) und vᵢ (Geschwindigkeiten);
while (t < t_end) {
  berechne für i = 1, ..., N die neuen Orte xᵢ und Geschwindigkeiten vᵢ
    zum Zeitpunkt t + delta_t durch ein Integrationsverfahren aus den
    Orten xᵢ, Geschwindigkeiten vᵢ und Kräften Fᵢ auf die Partikel zu
    früheren Zeitpunkten;
  t = t + delta_t;
}
```

---

der Kräfte auf die Partikel. Bei dieser naiven Vorgehensweise müssen also bei N Partikeln in jedem Zeitpunkt $\mathcal{O}(N^2)$ Operationen ausgeführt werden.[10] Das heißt, bei einer Verdoppelung der Anzahl der Partikel vervierfacht sich die Anzahl der Operationen. Aufgrund der beschränkten Leistungsfähigkeit der Rechner ist diese Art der Berechnung der Kräfte nur für relativ kleine Partikelzahlen praktikabel. Beschränkt man sich aber auf eine näherungsweise Berechnung der Kräfte bis auf eine bestimmte Genauigkeit, so läßt sich unter Umständen eine substantielle Reduktion des Rechenaufwandes erreichen.

Die Komplexität einer näherungsweisen Kraftberechnung zu einem festen Zeitpunkt ist offenbar mindestens von der Ordnung $\mathcal{O}(N)$, da jedes Partikel mindestens einmal „angefaßt" werden muß. Algorithmen, deren Aufwand zum Erreichen einer bestimmten Genauigkeit proportional zu N ist, nennt man optimal. Unterscheidet sich der Aufwand des Algorithmus davon nur um einen logarithmischen Faktor, ist er also von der Ordnung $\mathcal{O}(N \log(N)^\alpha)$ mit einem $\alpha > 0$, so nennt man den Algorithmus quasi-optimal. Abbildung 1.5 zeigt einen Vergleich des Aufwands bei Verwendung eines optimalen, eines quasi-optimalen und eines $\mathcal{O}(N^2)$-Algorithmus. Der $\mathcal{O}(N^2)$-Algorithmus benötigt zur Berechnung der Interaktionen zwischen 1000 Partikeln in diesem Beispiel etwa soviel Zeit, wie der optimale Algorithmus für die näherungsweise Berechnung der Interaktionen zwischen nahezu einer Million Partikeln benötigt.

Das Ziel ist es, optimale Algorithmen zu finden und diese auch auf dem Computer zu implementieren. Die Vorgehensweise bei der Konstruktion eines geeigneten Algorithmus muß sich dabei zwangsläufig stark an der Art der im Problem vorliegenden Wechselwirkungen und anderen Parametern wie etwa den Dichteschwankungen der Verteilung der Partikel orientieren. Es ist leicht einzusehen, daß Algorithmen, die für eine Form von Wechselwirkungspotentialen optimal sind, für eine andere Form von Potentialen etwa aufgrund mangelnder Genauigkeit der Resultate oder zu hohem Aufwand nicht geeignet sind. Am einfachsten läßt sich dies am Unterschied zwischen einem sehr

---

[10] Für eine Funktion f bedeutet die Beziehung $f(N) = \mathcal{O}(N^2)$, daß $f(N)/N^2$ für $N \to \infty$ existiert und beschränkt ist.

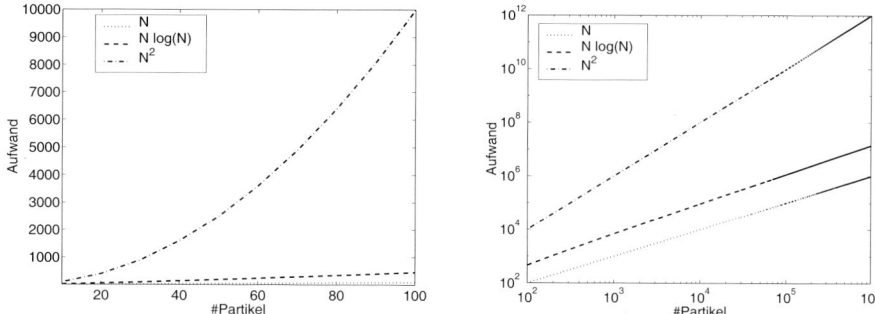

Abb. 1.5. Vergleich des Aufwands bei optimalen, quasi-optimalen und $\mathcal{O}(N^2)$-Algorithmen (links: lineare Darstellung, rechts: doppelt logarithmische Darstellung).

schnell abfallenden und einem langsam abfallenden Potential veranschaulichen. Dabei verstehen wir unter einem sehr schnell abfallenden Potential, daß ein Partikel nur dann einen signifikanten Beitrag zur Kraft auf ein anderes Partikel ausübt, falls diese nahe genug zusammen sind. Die Auswertung von Kräften durch Gradientenbildung der kurzreichweitigen Potentialfunktion läßt sich im Fall von in etwa gleichverteilten Partikeln in $\mathcal{O}(N)$ Operationen ausführen, da in die Berechnung nur jeweils die Partikel in der näheren Umgebung eingehen müssen. Im Gegensatz dazu können langreichweitige Kräfte, wie Coulomb- oder Gravitationskräfte, die nur sehr langsam abfallen, im allgemeinen nicht einfach ab einem bestimmten Abstand ignoriert werden, siehe [217, 662].

Die in den Abbildungen 1.6 und 1.7 dargestellten Kurven zeigen schematisch ein für langreichweitige Potentiale typisches $1/r$ Verhalten. Für sehr kleine Werte des Abstands r wird das Potential sehr groß und nimmt dann mit größer werdendem Abstand zuerst schnell und dann immer langsamer ab. Eine kleine Änderung der Partikelposition für kleines r wirkt sich sehr stark auf das resultierende Potential aus, vergleiche Abbildung 1.6. Hingegen wirkt sich eine kleine Änderung der Position von Partikeln, die voneinander weiter entfernt sind, nur wenig auf das resultierende Potential aus, vergleiche Abbildung 1.7. Analoges gilt für die resultierenden Kräfte, da die Kraft als der negative Gradient des Potentials definiert ist. Dies bedeutet insbesondere, daß bei der näherungsweisen Auswertung von Potentialen und Kräften für große Werte von r nicht zwischen zwei nahe beieinander liegendenden Partikeln unterschieden werden muß, da die resultierenden Werte für beide nahezu gleich sind. Dieses Verhalten wird in Algorithmen für langreichweitige Potentiale ausgenutzt.

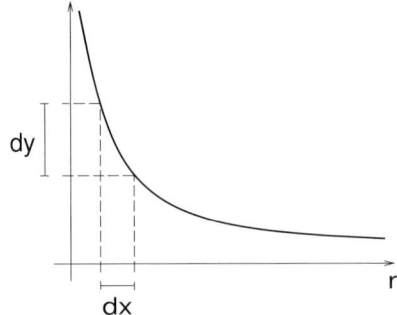

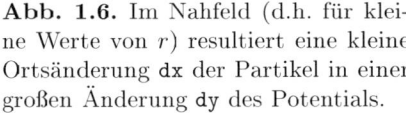

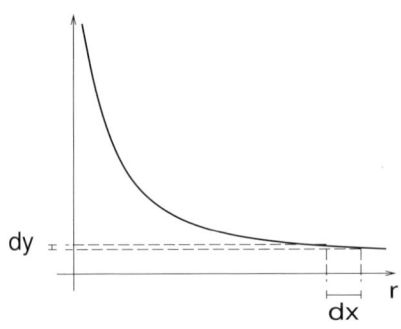

Abb. 1.6. Im Nahfeld (d.h. für kleine Werte von r) resultiert eine kleine Ortsänderung dx der Partikel in einer großen Änderung dy des Potentials.

Abb. 1.7. Im Fernfeld (d.h. für große Werte von r) hingegen resultiert eine kleine Ortsänderung dx der Partikel in einer kleinen Änderung dy des Potentials.

Historie. Die Entwicklung der Computersimulation von Partikelmodellen ist eng mit der Entwicklung des Computers verbunden. Der erste Artikel über Moleküldynamik-Simulation stammt von Alder und Wainwright [33] aus dem Jahre 1957. Die Autoren studierten ein Modell mit einigen hundert Partikeln, die untereinander elastische Stöße ausführen und berechneten zugehörige Phasendiagramme. Dabei entdeckten sie die Existenz eines Phasenwechsels von flüssig nach fest.[11] Von Gibson, Goland, Milgram und Vineyard [250] wurden kurz darauf durch radioaktive Strahlung auf Mikroebene verursachte Schäden mittels Moleküldynamik-Simulation mit 500 Atomen untersucht. Rahman [490] untersuchte 1964 Eigenschaften flüssigen Argons. Er war der erste, der das Lennard-Jones-Potential in Moleküldynamik-Simulationen verwendete. Verlet führte 1967 in [636] ein Verfahren zur effizienten Verwaltung der Daten in einer Moleküldynamik-Simulation mittels Nachbarschaftslisten ein. Dort wurde auch ein Verfahren[12] zur Zeitintegration vorgestellt, das auch heute noch den Standard in der Moleküldynamik-Simulation darstellt. Erste Untersuchungen für Moleküle wie zum Beispiel Butan wurden 1975 in [525] durchgeführt. Moleküldynamik-Simulationen mit zum Beispiel konstantem Druck oder konstanter Temperatur wurden erstmals zu Beginn der achtziger Jahre in den Arbeiten [42, 323, 446, 447] beschrieben. Auch kompliziertere Potentiale mit Mehrkörperwechselwirkungen hielten schon früh Einzug in die Simulation [57].

---

[11] Zu diesem Zeitpunkt war dies eine große Überraschung, da man annahm, es müßte auch ein anziehendes Potential vorliegen, um einen solchen Phasenübergang zu erzeugen.

[12] Dieses Verfahren baut auf einem von Störmer [579] im Jahr 1907 vorgestellten Ansatz auf, der sich sogar bis ins Jahr 1790 auf Delambre zurückverfolgen läßt [558].

Bei den in diesen frühen Arbeiten verwendeten Potentialen handelte es sich meist um kurzreichweitige Potentiale und die Simulationen waren durch die geringe Leistungsfähigkeit der Rechner noch sehr eingeschränkt. Die Simulation mit langreichweitigen Potentialen, insbesondere für große Partikelzahlen, erforderte weitere Entwicklungsschritte sowohl in der Computertechnologie als auch in den verwendeten Algorithmen. Eine Methode für die Behandlung solcher Potentiale geht in seinen Grundzügen auf Ewald [214] zurück. Bei den daraus resultierenden Verfahren wird das Potential in einen kurzreichweitigen und einen langreichweitigen Anteil zerlegt, die sich einzeln effizient berechnen lassen. Die entscheidende Idee ist dabei die Verwendung schneller Poisson-Löser für den langreichweitigen Anteil. Dabei kommen hierarchische Methoden, insbesondere die schnelle Fouriertransformation und Multilevelverfahren zum Einsatz. Die verschiedenen Varianten dieser sogenannten P^3M-Methode [200, 320] unterscheiden sich in der Wahl einzelner Komponenten des Verfahrens (Interpolationsmethoden, Auswertung der Kräfte aus dem Potential, Adaptivität, schnelle Löser u.a.). Ein prominentes Beispiel ist die sogenannte Particle-Mesh-Ewald-Methode (PME) [167, 213, 370], die B-Spline- oder Lagrange-Interpolation zusammen mit schneller Fouriertransformation verwendet. Siehe [209, 480, 565] und [603] auch für einen Überblick über existierende P^3M-Varianten.

Eine andere Klasse von Methoden für langreichweitige Potentiale nutzt eine Entwicklung (Taylor-Reihe, Multipol-Entwicklung) der Potentialfunktionen nach dem Abstand zwischen den Partikeln für die approximative Auswertung von Partikelinteraktionen. Die resultierenden Daten werden zu ihrer effizienten Verwaltung in Baumstrukturen gespeichert. Einfache Vertreter dieser Klasse, die häufig in der Astrophysik Verwendung finden, stammen von Barnes und Hut [58] und Appel [47]. Neuere Varianten von Greengard und Rohklin [257, 260, 517] verwenden höhere Momente in den Entwicklungen.

In den letzten Jahren fand die Parallelisierung von Algorithmen für die Moleküldynamik-Simulation ebenfalls große Beachtung. Die Beschreibung paralleler Algorithmen für kurzreichweitige Potentiale findet sich zum Beispiel in [71, 475] und [495]. Parallele Varianten des P^3M-Verfahrens finden sich in [597, 604, 669] beziehungsweise [219]. Parallele Versionen der Barnes-Hut- beziehungsweise Multipol-Methode wurden zum Beispiel in [258, 642, 643, 645, 676] vorgestellt. Sowohl hier, als auch bei der Parallelisierung von Algorithmen für kurzreichweitige Potentiale kommen Gebietszerlegungsverfahren zum Einsatz.

Die Darstellung des theoretischen Hintergrunds sowie die detaillierte Beschreibung unterschiedlicher Methoden und Anwendungsbereiche der Moleküldynamik finden sich in einer Reihe von Büchern und Sammelbänden [34, 90, 146, 147, 237, 279, 320, 324, 369, 598]. Inzwischen sind die meisten Methoden in einer Fülle kommerzieller und forschungsorientierter Programmpakete implementiert. Beispiele sind AL_CMD [619], Amber [464], CHARMM [125, 126, 396], DL_POLY [562], EGO [203], GROMACS [83], GROMOS

[625], IMD [522], LAMMPS [474], Moldy [499], MOSCITO [456], NAMD [440], OPLS [344], ORAC [2, 483], PMD [653], SIgMA [310], SPaSM [69] und YASP [435]. Pbody [93] und DPMTA [95] bieten parallele Bibliotheken für N-Körper Probleme. NEMO [595], GADGET [3] und HYDRA [4] sind insbesondere für astrophysikalische Anwendungen geeignet.

Dieses Buch schlägt die Brücke von der Theorie der Moleküldynamik zur Implementierung von leistungsfähigen parallelen Algorithmen und deren Anwendungen. Hauptziel ist es dabei, die notwendigen numerischen Techniken der Moleküldynamik in kompakter Form einzuführen, die einzelnen Schritte bei der Entwicklung leistungsfähiger Algorithmen darzustellen und die Implementierung dieser Algorithmen auf sequentiellen und auch auf parallelen Rechensystemen zu beschreiben. Durch die ausführliche Herleitung und explizite Angabe der Programmcodes sowie der in den Beispielanwendungen benötigten Programmparameter soll der Leser in die Lage versetzt werden, selbst ein Moleküldynamik-Simulationsprogramm zu implementieren, dieses auf parallelen Rechensystemen einzusetzen und Simulationen eigenständig durchzuführen.

Dieses Buch wendet sich dabei hauptsächlich an zwei Leserkreise. Einerseits an Studierende, Lehrende und Forscher der Fachrichtungen Physik, Chemie und Biologie, die sich ein vertieftes Verständnis der Grundlagen und der Leistungsfähigkeit von Molekülkdynamik-Software und deren Anwendungsmöglichkeiten erarbeiten wollen. Andererseits wendet es sich an Mathematiker und Informatiker, denen es die Möglichkeit bietet, eine Reihe verschiedenartiger numerischer Verfahren anhand eines konkreten Anwendungsgebiets kennenzulernen.

Entsprechend der Vorbildung und dem Interesse des Lesers empfiehlt sich insbesondere bei der erstmaligen Lektüre dieses Buches eine selektive Auswahl einzelner Kapitel. Einen geeigneten Einstieg bieten die Kapitel 3 und 4, wobei die Abschnitte 3.7.4 und 3.7.5 beim ersten Lesen übersprungen werden können. Auch die Kapitel 2, 5 und 6 können zunächst überlesen werden. Zudem sind die Kapitel 7, 8 und 9, bis auf einige Grundkenntnisse aus den Kapiteln 3 und 4, als eigenständige Abschnitte konzipiert.

2 Von der Schrödingergleichung zur Moleküldynamik

In Partikelmethoden werden die Gesetze der klassischen Mechanik [48, 367] verwendet, insbesondere das zweite Gesetz von Newton. In diesem Abschnitt gehen wir nun der Frage nach, wieso es überhaupt sinnvoll ist, die Gesetze der klassischen Mechanik anzuwenden, da eigentlich die Gesetze der Quantenmechanik benutzt werden müßten. Leser, die mehr an der algorithmischen Seite beziehungsweise der Implementierung der Algorithmen in der Moleküldynamik interessiert sind, können diesen Abschnitt überspringen.

Die Newtonschen Gleichungen werden in der Quantenmechanik durch die Schrödingergleichung ersetzt. Diese ist so komplex, daß sie nur für einige wenige einfache Fälle analytisch gelöst werden kann. Aber auch die direkte numerische Lösung mittels Computern ist auf Grund der in der Schrödingergleichung auftretenden hohen Dimensionen auf sehr einfache Systeme und sehr kleine Teilchenzahlen beschränkt. Um das Problem zu vereinfachen, werden Näherungsverfahren verwendet. Diese beruhen darauf, daß die Elektronen viel leichter sind als die Kerne. Die Idee ist nun, die den Zustand der Elektronen und Kerne beschreibende Schrödingergleichung durch einen Separationsansatz in zwei gekoppelte Gleichungen aufzuspalten. Der Einfluß der Elektronen auf die Wechselwirkung zwischen den Kernen wird dann durch ein effektives Potential beschrieben. Dieses Potential ergibt sich dabei aus der Lösung der sogenannten elektronischen Schrödingergleichung. Als eine weitere Näherung werden die Kerne gemäß den klassischen Newtonschen Gleichungen bewegt, mit entweder aus quantenmechanischen Berechnungen gewonnenen effektiven Potentialen (in die der Einfluß der Elektronen eingeht) oder mit empirisch an zum Beispiel quantenmechanische Berechnungen oder an die Ergebnisse von Experimenten angepaßten Potentialen.

Insgesamt handelt es sich bei diesem Vorgehen um ein klassisches Beispiel für eine Hierarchie von Näherungsverfahren und ein Beispiel für die Verwendung von effektiven Größen. Im folgenden wird diese Herleitung der Moleküldynamik-Methode aus der Quantenmechanik ausgeführt. Für Details sei auf die zahlreiche Literatur verwiesen, siehe zum Beispiel [368, 421, 546], [377, 506] und [411, 617, 618].

2.1 Die Schrödingergleichung

Bis zum Ende des neunzehnten Jahrhunderts konnte die klassische Physik mit den Newtonschen Bewegungsgleichungen die wichtigsten Fragestellungen zufriedenstellend beantworten. Der Lagrange-Formalismus oder der Hamilton-Formalismus führen auf verallgemeinerte, aber im Prinzip äquivalente klassische Bewegungsgleichungen. Diese liefern den Zusammenhang zwischen der zeitlichen Änderung der Lage von Massenpunkten und den auf sie wirkenden Kräften. Gibt man Anfangslage und Anfangsgeschwindigkeit der Teilchen vor, so ist die Lage der Teilchen zu späteren Zeitpunkten eindeutig festgelegt. Observable, das heißt beobachtbare Größen wie zum Beispiel Drehimpuls oder kinetische Energie, lassen sich als Funktionen der Orte und der Impulse der Teilchen darstellen.

Zu Beginn des zwanzigsten Jahrhunderts kam es zur Entwicklung der Quantenmechanik. Hier wird die Dynamik von Teilchen mittels einer neuen Bewegungsgleichung, der zeitabhängigen Schrödingergleichung beschrieben. Im Gegensatz zur Newtonschen Gleichung liefert ihre Lösung keine eindeutigen Bahnkurven mehr, das heißt keine eindeutig bestimmten Orte und Impulse der Teilchen, sondern nur Wahrscheinlichkeitsaussagen über deren Lage und Impuls. Darüberhinaus sind Ort und Impuls eines Teilchens nicht mehr gleichzeitig beliebig genau meßbar (Heisenbergsche Unschärferelation) und bestimmte Observable, wie zum Beispiel die Energie von gebundenen Elektronen, können nur noch diskrete Werte annehmen. Alle Aussagen, die sich über ein quantenmechanisches System machen lassen, lassen sich aus der Zustandsfunktion (oder Wellenfunktion) Ψ ableiten, die sich als Lösung der Schrödingergleichung ergibt. Betrachten wir als Beispiel ein System aus N Kernen und K Elektronen. Für die zeitabhängige Zustandsfunktion eines solchen Systems kann man ganz allgemein

$$\Psi = \Psi(\mathbf{R}_1, \ldots, \mathbf{R}_N, \mathbf{r}_1, \ldots, \mathbf{r}_K, t)$$

schreiben, wobei $\mathbf{R}_i$ beziehungsweise $\mathbf{r}_i$ jeweils Variablen im dreidimensionalen Raum $\mathbb{R}^3$ bezeichnen, die zum i-ten Kern beziehungsweise i-ten Elektron gehören. Die Variable t kennzeichnet die Zeitabhängigkeit der Zustandsfunktion. Der Vektorraum (Konfigurationsraum), in dem die Koordinaten der einzelnen Teilchen liegen, ist somit $3(N + K)$-dimensional. Im folgenden fassen wir $(\mathbf{R}_1, \ldots, \mathbf{R}_N)$ beziehungsweise $(\mathbf{r}_1, \ldots, \mathbf{r}_K)$ jeweils in der kürzeren Schreibweise $\mathbf{R}$ beziehungsweise $\mathbf{r}$ zusammen.

Entsprechend der statistischen Interpretation der Zustandsfunktion bezeichnet

$$\Psi^*(\mathbf{R}, \mathbf{r}, t)\Psi(\mathbf{R}, \mathbf{r}, t)dV_1 \cdots dV_{N+K} \tag{2.1}$$

die Wahrscheinlichkeit, das betrachtete System zum Zeitpunkt t im Volumenelement $dV_1 \cdot \ldots \cdot dV_{N+K}$ des Konfigurationsraumes um den Punkt $(\mathbf{R}, \mathbf{r})$ zu finden. Durch Integration über Volumenelemente des Konfigurationsraums werden die Wahrscheinlichkeiten bestimmt, das System in diesen Volumen-elementen zu finden.

Kerne und Elektronen werden von uns im folgenden als geladene Punkt-massen angenommen. Das elektrostatische Potential (Coulomb-Potential) einer Punktladung (mit Elementarladung $+e$) ist $\frac{e}{4\pi\epsilon_0}\frac{1}{r}$, wobei r den Abstand vom Ort der Punktladung und ϵ_0 die elektrische Feldkonstante bezeichnet. Dabei ist $1/(4\pi\epsilon_0)$ die Coulombkonstante. Ein Elektron, das sich in diesem Potential bewegt, hat die potentielle Energie $V(r) = -\frac{e^2}{4\pi\epsilon_0}\frac{1}{r}$. Vernachlässigt man Spin und andere relativistische Wechselwirkungen und wirken keine äußeren Kräfte auf das System, dann ist der zu dem System von Kernen und Elektronen gehörige Hamiltonoperator gegeben als Summe über die Operatoren der kinetischen Energie und der Coulomb-Potentiale,

$$\mathcal{H}(\mathbf{R}, \mathbf{r}) := -\frac{\hbar^2}{2m_e}\sum_{k=1}^{K}\Delta_{\mathbf{r}_k} + \frac{e^2}{4\pi\epsilon_0}\sum_{k<j}^{K}\frac{1}{\|\mathbf{r}_k - \mathbf{r}_j\|} - \frac{e^2}{4\pi\epsilon_0}\sum_{k=1}^{K}\sum_{j=1}^{N}\frac{Z_j}{\|\mathbf{r}_k - \mathbf{R}_j\|}$$

$$+ \frac{e^2}{4\pi\epsilon_0}\sum_{k<j}^{N}\frac{Z_k Z_j}{\|\mathbf{R}_k - \mathbf{R}_j\|} - \frac{\hbar^2}{2}\sum_{k=1}^{N}\frac{1}{M_k}\Delta_{\mathbf{R}_k}. \tag{2.2}$$

Hier bezeichnen M_j beziehungsweise Z_j die Masse beziehungsweise Ladungs-zahl des Kerns j, m_e ist die Masse eines Elektrons und $\hbar = h/2\pi$ mit h dem Planckschen Wirkungsquantum. $\mathbf{r}_k - \mathbf{r}_j$ sind die jeweiligen Abstände zwischen Elektronen, $\mathbf{r}_k - \mathbf{R}_j$ Abstände zwischen Elektronen und Kernen und $\mathbf{R}_k - \mathbf{R}_j$ Abstände zwischen Kernen. Die Operatoren $\Delta_{\mathbf{R}_k}$ und $\Delta_{\mathbf{r}_k}$ stehen hier für den Laplaceoperator bezüglich der Kern-Koordinaten $\mathbf{R}_k$ und der Elektron-Koordinaten $\mathbf{r}_k$.[1] Im folgenden bezeichnen wir die einzelnen Bestandteile von (2.2) in Kurzschreibweise (in derselben Reihenfolge) mit

$$\mathcal{H} = T_e + V_{ee} + V_{eK} + V_{KK} + T_K. \tag{2.3}$$

Die Bedeutung der einzelnen Terme ist die folgende: T_e beziehungsweise T_K sind die Operatoren der kinetischen Energie der Elektronen beziehungsweise der Kerne. V_{ee}, V_{KK} und V_{eK} bezeichnen die Operatoren der potentiellen Energie der Wechselwirkungen (also die Coulomb-Energie) zwischen den Elektronen untereinander, zwischen den Kernen untereinander und zwischen den Elektronen und Kernen.

Die Zustandsfunktion Ψ ist nun gegeben als Lösung der zeitabhängigen Schrödingergleichung

$$i\hbar\frac{\partial\Psi(\mathbf{R}, \mathbf{r}, t)}{\partial t} = \mathcal{H}\Psi(\mathbf{R}, \mathbf{r}, t) \tag{2.4}$$

mit i der imaginären Einheit. Der Ausdruck $\Delta_{\mathbf{R}_k}\Psi(\mathbf{R}, \mathbf{r}, t)$, der in $\mathcal{H}\Psi$ auftritt, steht dabei für $\Delta_{\mathbf{Y}}\Psi(\mathbf{R}_1, \ldots, \mathbf{R}_{k-1}, \mathbf{Y}, \mathbf{R}_{k+1}, \ldots, \mathbf{R}_N, \mathbf{r}, t)|_{\mathbf{R}_k}$, das

---

[1] Bezeichnen wir die drei Komponenten von $\mathbf{R}_k$ mit $(\mathbf{R}_k)_1, (\mathbf{R}_k)_2$ und $(\mathbf{R}_k)_3$, so gilt $\Delta_{\mathbf{R}_k} = \frac{\partial^2}{\partial(\mathbf{R}_k)_1^2} + \frac{\partial^2}{\partial(\mathbf{R}_k)_2^2} + \frac{\partial^2}{\partial(\mathbf{R}_k)_3^2}$.

heißt, für die Anwendung des Laplace-Operators auf Ψ als Funktion von $\mathbf{Y}$ (des k-ten Koordinatenvektors) und der Auswertung der resultierenden Funktion an der Stelle $\mathbf{Y} = \mathbf{R}_k$. In diesem Sinne sind auch die Operationen $\Delta_{\mathbf{r}_k}$ und später $\nabla_{\mathbf{R}_k}$ etc. zu verstehen.

Wir betrachten im folgenden den Fall, daß keine explizite Zeitabhängigkeit im Hamiltonoperator $\mathcal{H}$ vorliegt, wie wir es bereits in (2.2) angenommen haben.[2] Dann führt der Ansatz

$$\Psi(\mathbf{R}, \mathbf{r}, t) = \psi(\mathbf{R}, \mathbf{r}) \cdot f(t) \tag{2.5}$$

mit einer zeitunabhängigen Funktion $\psi = \psi(\mathbf{R}, \mathbf{r})$ und einer zeitabhängigen Funktion $f = f(t)$ durch Einsetzen in (2.4) auf

$$i\hbar \frac{df(t)}{dt} \psi(\mathbf{R}, \mathbf{r}) = f(t) \mathcal{H} \psi(\mathbf{R}, \mathbf{r}), \tag{2.6}$$

da $\mathcal{H}$ nicht auf $f(t)$ wirkt.[3] Formale Division beider Seiten mit dem Term $\psi(\mathbf{R}, \mathbf{r}) \cdot f(t) \neq 0$ ergibt

$$i\hbar \frac{1}{f(t)} \frac{df(t)}{dt} = \frac{1}{\psi(\mathbf{R}, \mathbf{r})} \mathcal{H} \psi(\mathbf{R}, \mathbf{r}). \tag{2.7}$$

Die linke Seite enthält nur die Zeit t, die rechte Seite nur die Ortskoordinaten. Folglich sind beide Seiten gleich einer gemeinsamen Konstanten E und (2.7) läßt sich separieren. Wir erhalten die beiden Gleichungen

$$i\hbar \frac{1}{f(t)} \frac{df(t)}{dt} = E \tag{2.8}$$

und

$$\mathcal{H} \psi(\mathbf{R}, \mathbf{r}) = E \psi(\mathbf{R}, \mathbf{r}). \tag{2.9}$$

Die Differentialgleichung (2.8) beschreibt die zeitliche Entwicklung der Wellenfunktion. Ihre allgemeine Lösung lautet

$$f(t) = c e^{-iEt/\hbar}. \tag{2.10}$$

Gleichung (2.9) ist eine Eigenwertgleichung für den Hamiltonoperator $\mathcal{H}$ mit Energieeigenwert E. Sie heißt zeitunabhängige (stationäre) Schrödingergleichung. Zu jedem Energieeigenwert E_n gehören eine oder im Fall entarteter Zustände mehrere Energieeigenfunktionen ψ_n. Ebenso erhält man über (2.10) für jeden Energieeigenwert einen zeitabhängigen Term f_n. Die Lösung

---

[2] Der Hamiltonoperator $\mathcal{H}$ ist durch seine Abhängigkeit von den Koordinaten und Impulsen selbst implizit zeitabhängig. Er kann, falls zeitabhängige äußere Kräfte auf das System wirken, jedoch auch explizit zeitabhängig sein. Man würde dann $\mathcal{H}(\mathbf{R}, \mathbf{r}, t)$ schreiben, um diese Abhängigkeit zu verdeutlichen.

[3] Man nennt dann ψ ebenfalls Zustandsfunktion beziehungsweise Wellenfunktion.

der zeitabhängigen Schrödingergleichung (2.4) ergibt sich aus den Energie-eigenfunktionen ψ_n und den zugehörigen zeitabhängigen Termen f_n als Linearkombination in der Form

$$\Psi(\mathbf{R}, \mathbf{r}, t) = \sum_n c_n e^{-iE_n t/\hbar} \psi_n(\mathbf{R}, \mathbf{r}) \qquad (2.11)$$

mit den Gewichten $c_n = \int \psi_n^*(\mathbf{R}, \mathbf{r}) \Psi(\mathbf{R}, \mathbf{r}, 0) d\mathbf{R} d\mathbf{r}$.

Gleichung (2.9) ist wie die zeitabhängige Schrödingergleichung so kompliziert, daß analytische Lösungen nur für einige wenige einfache Systeme angegeben werden können. Die Entwicklung von Näherungsverfahren ist deswegen ein wesentliches Forschungsgebiet in der Quantenmechanik. Es existiert dabei eine ganze Hierarchie von Näherungen, die die unterschiedlichen physikalischen Eigenschaften von Kernen und Elektronen ausnutzt [411, 617, 618]. Dies wollen wir nun im folgenden genauer betrachten.

2.2 Eine Herleitung der klassischen Moleküldynamik

Im folgenden wollen wir ausgehend von der zeitabhängigen Schrödingergleichung (2.4) die klassische Moleküldynamik durch eine Reihe von Approximationen herleiten. Wir folgen [411] und [617, 618].

2.2.1 Der TDSCF-Ansatz und die Ehrenfest-Moleküldynamik

Zunächst zerlegen wir den Hamiltonoperator (2.3) wie folgt: Wir setzen

$$\mathcal{H} = \mathcal{H}_e + T_K \qquad (2.12)$$

mit dem elektronischen Hamiltonoperator

$$\mathcal{H}_e := T_e + V_{ee} + V_{eK} + V_{KK}. \qquad (2.13)$$

Weiterhin zerlegen wir $\mathcal{H}_e$ in seinen kinetischen und potentiellen Anteil

$$\mathcal{H}_e := T_e + V_e$$

wobei nun

$$V_e := V_{ee} + V_{eK} + V_{KK}$$

gerade der Operator der potentiellen Energie des Gesamtsystems ist.

Die Wellenfunktion $\Psi(\mathbf{R}, \mathbf{r}, t)$ hängt von den Elektronenkoordinaten und den Kernkoordinaten sowie der Zeit ab. Zunächst separieren wir mit einem einfachen Produktansatz [4]

---

[4] Diese Approximation ist ein sogenannter Ein-Determinanten- oder Ein-Konfigurationsansatz für die Gesamtwellenfunktion. Er kann deshalb nur zu einer Mean-Field-Beschreibung der gekoppelten Dynamik führen.

$$\Psi(\mathbf{R}, \mathbf{r}, t) \approx \tilde{\Psi}(\mathbf{R}, \mathbf{r}, t) := \chi(\mathbf{R}, t)\phi(\mathbf{r}, t) \exp\left[\frac{i}{\hbar} \int_{t_0}^{t} \tilde{E}_e(t') dt'\right] \qquad (2.14)$$

die Beiträge der Kerne und Elektronen zur totalen Wellenfunktion Ψ. Dabei sei die Kernwellenfunktion $\chi(\mathbf{R}, t)$ und die Elektronenwellenfunktion $\phi(\mathbf{r}, t)$ für jeden Zeitpunkt t normalisiert, d.h. es gelte $\int \chi^*(\mathbf{R}, t)\chi(\mathbf{R}, t)d\mathbf{R} = 1$ und $\int \phi^*(\mathbf{r}, t)\phi(\mathbf{r}, t)d\mathbf{r} = 1$. In Hinsicht auf das aus diesem Produktansatz noch herzuleitende gekoppelte Gleichungssystem wird der Phasenfaktor $\tilde{E}_e$ günstig gewählt als

$$\tilde{E}_e(t) = \int \phi^*(\mathbf{r}, t)\chi^*(\mathbf{R}, t)\mathcal{H}_e\phi(\mathbf{r}, t)\chi(\mathbf{R}, t)d\mathbf{R}d\mathbf{r}. \qquad (2.15)$$

Nun setzen wir (2.14) in die zeitabhängige Schrödingergleichung (2.4) mit Hamiltonoperator $\mathcal{H}$ ein, multiplizieren von links mit $\phi^*(\mathbf{r}, t)$ und $\chi^*(\mathbf{R}, t)$ und integieren über $\mathbf{R}$ und $\mathbf{r}$. Schließlich fordern wir Energieerhaltung, d.h.

$$\frac{d}{dt} \int \tilde{\Psi}^* \mathcal{H} \tilde{\Psi} d\mathbf{R} d\mathbf{r} = 0,$$

und erhalten somit das gekoppelte Gleichungssystem

$$i\hbar \frac{\partial \phi}{\partial t} = -\sum_k \frac{\hbar^2}{2m_e} \Lambda_{\mathbf{r}_k} \phi + \left(\int \chi^*(\mathbf{R}, t)V_e(\mathbf{R}, \mathbf{r})\chi(\mathbf{R}, t)d\mathbf{R}\right) \phi, \qquad (2.16)$$

$$i\hbar \frac{\partial \chi}{\partial t} = -\sum_k \frac{\hbar^2}{2M_k} \Delta_{\mathbf{R}_k} \chi + \left(\int \phi^*(\mathbf{r}, t)\mathcal{H}_e(\mathbf{R}, \mathbf{r})\phi(\mathbf{r}, t)d\mathbf{r}\right) \chi. \qquad (2.17)$$

Diese Gleichungen bilden die Grundlage für die 1930 von Dirac eingeführte TDSCF-Methode (*time-dependent self-consistent field*), siehe [180, 185]. Jede Unbekannte gehorcht dabei wieder einer Schrödingergleichung mit einem nun zeitabhängigen effektiven Operator für die potentielle Energie, der als ein geeigneter Mittelwert der jeweils anderen Unbekannten entsteht. Diese lassen sich auch als quantenmechanische Erwartungswerte bezüglich den Operatoren V_e und $\mathcal{H}_e$ interpretieren und geben eine Mean-Field-Beschreibung der gekoppelten Dynamik.

Als nächster Schritt soll die Kernwellenfunktion χ durch klassische Punktpartikel approximiert werden. Dazu schreiben wir die Wellenfunktion χ zunächst als

$$\chi(\mathbf{R}, t) = A(\mathbf{R}, t) \exp\left[\frac{i}{\hbar} S(\mathbf{R}, t)\right] \qquad (2.18)$$

mit einer Amplitude $A > 0$ und einem Phasenfaktor S, die beide reell sind [186, 421, 528]. Einsetzen in die TDSCF-Gleichung der Kerne (2.17) und Trennen in realen und imaginären Teil führt auf das gekoppelte Gleichungssystem

$$\frac{\partial S}{\partial t} + \sum_{k}^{N} \frac{1}{2M_k} (\nabla_{\mathbf{R}_k} S)^2 + \int \phi^* \mathcal{H}_e \phi d\mathbf{r} = \hbar^2 \sum_{k}^{N} \frac{1}{2M_k} \frac{\Delta_{\mathbf{R}_k} A}{A}, \qquad (2.19)$$

$$\frac{\partial A}{\partial t} + \sum_{k}^{N} \frac{1}{M_k} (\nabla_{\mathbf{R}_k} A)(\nabla_{\mathbf{R}_k} S) + \sum_{k}^{N} \frac{1}{2M_k} A (\Delta_{\mathbf{R}_k} S) = 0. \qquad (2.20)$$

Hier gilt $\nabla_{\mathbf{R}_k} = \left(\frac{\partial}{\partial (\mathbf{R}_k)_1}, \frac{\partial}{\partial (\mathbf{R}_k)_2}, \frac{\partial}{\partial (\mathbf{R}_k)_3} \right)^T$. Die Abkürzung $(\nabla_{\mathbf{R}_k} S)^2$ bezeichnet das Skalarprodukt mit sich selbst und $(\nabla_{\mathbf{R}_k} A)(\nabla_{\mathbf{R}_k} S)$ bezeichnet das Skalarprodukt der Vektoren $\nabla_{\mathbf{R}_k} A$ und $\nabla_{\mathbf{R}_k} S$. Dieses System entspricht exakt der zweiten TDSCF-Gleichung (2.17) in den neuen Variablen A und S.[5] Als einziger Term hängt die rechte Seite der Gleichung (2.19) direkt von $\hbar$ ab. Mit dem Grenzprozeß $\hbar \to 0$ geht (2.19) in die Gleichung[6]

$$\frac{\partial S}{\partial t} + \sum_{k}^{N} \frac{1}{2M_k} (\nabla_{\mathbf{R}_k} S)^2 + \int \phi^* \mathcal{H}_e \phi d\mathbf{r} = 0 \qquad (2.21)$$

über.[7] Diese ist mit $\nabla_{\mathbf{R}} S = (\nabla_{\mathbf{R}_1} S, \dots, \nabla_{\mathbf{R}_N} S)$ isomorph zu der Hamilton-Jacobi-Formulierung

$$\frac{\partial S}{\partial t} + H(\mathbf{R}, \nabla_{\mathbf{R}} S) = 0 \qquad (2.22)$$

der Bewegungsgleichungen der klassischen Mechanik mit der klassischen Hamiltonfunktion[8]

$$H(\mathbf{R}, \mathbf{P}) = T(\mathbf{P}) + V(\mathbf{R}) \qquad (2.23)$$

mit $\mathbf{P} = (\mathbf{P}_1, \dots, \mathbf{P}_N)$, wobei

$$\mathbf{P}_k(t) \equiv \nabla_{\mathbf{R}_k} S(\mathbf{R}(t), t)$$

gesetzt wird. Dabei entspricht $\mathbf{R}$ den generalisierten Koordinaten und $\mathbf{P}$ deren konjugierten Momenten. Die Newtonschen Bewegungsgleichungen $\dot{\mathbf{P}}_k = -\nabla_{\mathbf{R}_k} V(\mathbf{R})$, die zu Gleichung (2.22) gehören, ergeben sich damit zu

---

[5] Dies ist die sogenannte Quantenfluiddynamik-Darstellung [181, 186, 421, 528], die eine weitere Möglichkeit eröffnet, die zeitabhängige Schrödingergleichung zu behandeln. Gleichung (2.20) läßt sich dabei mit $|\chi|^2 \equiv A^2$ als Kontinuitätsgleichung formulieren, die lokal die Aufenthaltswahrscheinlichkeit $|\chi|^2$ der Kerne unter einem Fluß erhält.

[6] Durch diese Approximation ist natürlich die Funktion ϕ nur noch eine Approximation an die ursprüngliche Wellenfunktion ϕ in (2.16) und (2.17). Um die Notation einfach zu halten, bleiben wir hier bei der Bezeichnung ϕ.

[7] Eine Entwicklung der rechten Seite von Gleichung (2.19) nach $\hbar$ führt zu einer Hierarchie von semiklassischen Methoden [421].

[8] In der Literatur findet man oft die Bezeichnung $\mathbf{Q}$ statt $\mathbf{R}$ für die generalisierten klassischen Koordinaten. Wir bleiben in diesem Kapitel der Einfachheit halber bei der Bezeichnung $\mathbf{R}$.

$$\frac{d\mathbf{P}_k}{dt} = -\nabla_{\mathbf{R}_k} \int \phi^* \mathcal{H}_e \phi d\mathbf{r} \quad \text{oder} \qquad (2.24)$$

$$M_k \ddot{\mathbf{R}}_k(t) = -\nabla_{\mathbf{R}_k} \int \phi^* \mathcal{H}_e \phi d\mathbf{r} \qquad (2.25)$$

$$=: -\nabla_{\mathbf{R}_k} V_e^{Ehr}(\mathbf{R}(t)). \qquad (2.26)$$

Die Kerne bewegen sich nun gemäß den Gesetzen der klassischen Mechanik in einem effektiven Potential, das durch die Elektronen gegeben wird. Dieses sogenannte *Ehrenfest-Potential* V_e^{Ehr} ist dabei eine Funktion der Kernkoordinaten $\mathbf{R}$ zum Zeitpunkt t. Es entsteht durch mittels $\mathcal{H}_e$ gewichtete Mittelung über die Freiheitsgrade der Elektronen, wobei die Kernkoordinaten an ihren instantanen Positionen $\mathbf{R}(t)$ festgehalten werden.

In der TDSCF-Gleichung der Freiheitsgrade der Elektronen (2.16) kommt jedoch noch die Wellenfunktion χ der Kerne vor. Sie muß aus Konsistenzgründen durch die Position der Kerne ersetzt werden. Wird nun in (2.16) die Kern-Dichte $|\chi(\mathbf{R}, t)|^2$ im Limit $\hbar \to 0$ durch das Produkt von Deltafunktionen $\Pi_k \delta(\mathbf{R}_k - \mathbf{R}_k(t))$ ersetzt, die in den instantanen, mit (2.25) gegebenen Positionen $\mathbf{R}(t)$ der klassischen Kerne zentriert sind, dann ergibt sich beispielsweise für den Ortsoperator $\mathbf{R}_k$ mit

$$\int \chi^*(\mathbf{R}, t) \mathbf{R}_k \chi(\mathbf{R}, t) d\mathbf{R} \quad \overset{\hbar \to 0}{\longrightarrow} \quad \mathbf{R}_k(t) \qquad (2.27)$$

der klassische Ort $\mathbf{R}_k(t)$ als Grenzwert des quantenmechanischen Erwartungswerts. Dieser klassische Grenzprozeß[9] führt für (2.16) zu einer zeitabhängigen Wellengleichung für die Elektronen

$$i\hbar \frac{\partial \phi_{\mathbf{R}(t)}(\mathbf{r}, t)}{\partial t} = -\sum_k \frac{\hbar^2}{2m_e} \Delta_{\mathbf{r}_k} \phi_{\mathbf{R}(t)}(\mathbf{r}, t) + V_e(\mathbf{R}(t), \mathbf{r}) \phi_{\mathbf{R}(t)}(\mathbf{r}, t) \quad (2.28)$$

$$= \mathcal{H}_e(\mathbf{R}(t), \mathbf{r}) \phi_{\mathbf{R}(t)}(\mathbf{r}, t), \qquad (2.29)$$

die sich selbstkonsistent mitbewegen, wenn die klassischen Kerne mit (2.25) propagiert werden. Man beachte, daß nun $\mathcal{H}_e$ und somit die elektronische Wellenfunktion ϕ parametrisch über V_e auch von den Kernpositionen $\mathbf{R}(t)$ abhängen. Dabei werden die Kerne als klassische Partikel behandelt, wohingegen die Elektronen immer noch quantenmechanisch behandelt werden. Zu Ehren von Ehrenfest, der als Erster die Frage stellte, wie die klassische Newtonsche Dynamik aus Schrödingers Wellengleichung abgeleitet werden kann, werden Zugänge, die auf der Behandlung der Gleichungen

---

[9] Eine Begründung des Übergangs von der Schrödingergleichung zur Newtonschen Bewegungsgleichung für die Kerne bietet das Theorem von Ehrenfest [546, 377], das Aussagen über die zeitliche Entwicklung von Mittelwerten von Observablen liefert.

$$M_k \ddot{\mathbf{R}}_k(t) = -\nabla_{\mathbf{R}_k} V_e^{Ehr}(\mathbf{R}(t)), \qquad (2.30)$$

$$i\,\hbar \frac{\partial \phi_{\mathbf{R}(t)}(\mathbf{r},t)}{\partial t} = \mathcal{H}_e(\mathbf{R}(t),\mathbf{r})\phi_{\mathbf{R}(t)}(\mathbf{r},t) \qquad (2.31)$$

beruhen, oft als *Ehrenfest-Moleküldynamik* bezeichnet. Daneben findet man sie in der Literatur auch unter dem Namen QCMD (quantum-classical molecular dynamics model) [104, 202, 441]. Man beachte nochmals, daß die elektronische Wellenfunktion $\phi_{\mathbf{R}(t)}$ hier nicht gleich der Wellenfunktion ϕ in (2.16) ist, da mit dem Grenzprozeß für die Kernpositionen eine Approximation stattgefunden hat. Die elektronische Wellenfunktion hängt über das gekoppelte System implizit von $\mathbf{R}$ ab, was wir durch die parametrische Schreibweise $\phi_{\mathbf{R}(t)}$ verdeutlicht haben. Im folgenden werden wir diese Parametrisierung jedoch aus Gründen einer einfacheren Schreibweise weglassen und bezeichen, wenn der Bezug klar ist, auch die elektronische Wellenfunktion mit ϕ.

2.2.2 Entwicklung in adiabatischer Basis

Der TDSCF-Ansatz ist eine Mean-Field-Theorie. Man beachte aber, daß Übergänge zwischen verschiedenen elektronischen Zuständen immer noch möglich sind. Dies sieht man wie folgt: Wir entwickeln die elektronische Wellenfunktion ϕ aus (2.31) für festes t in einer geeigneten Basis $\{\phi_j\}$ der elektronischen Zustände

$$\phi_{\mathbf{R}(t)}(\mathbf{r},t) = \sum_{j=0}^{\infty} c_j(t)\phi_j(\mathbf{R}(t),\mathbf{r}) \qquad (2.32)$$

mit komplexen Koeffizienten $\{c_j(t)\}$ und $\sum_j |c_j(t)|^2 \equiv 1$. Dann wird durch die $\{|c_j(t)|^2\}$ die zeitliche Entwicklung der Besetzung der verschiedenen Zustände j explizit beschrieben. Eine mögliche orthonormale Basis, die sogenannte *adiabatische* Basis, ergibt sich durch die Lösung der zeitunabhängigen elektronischen Schrödingergleichung

$$\mathcal{H}_e(\mathbf{R},\mathbf{r})\phi_j(\mathbf{R},\mathbf{r}) = E_j(\mathbf{R})\phi_j(\mathbf{R},\mathbf{r}), \qquad (2.33)$$

wobei $\mathbf{R}$ die instantanen Kernkoordinaten gemäß Gleichung (2.25) zum fest gewählten Zeitpunkt t sind. Die Werte $\{E_j\}$ sind dabei die Energieeigenwerte des elektronischen Hamiltonoperators $\mathcal{H}_e(\mathbf{R},\mathbf{r})$, die $\{\phi_j\}$ sind die zugehörigen Energieeigenfunktionen.

Für (2.30) und (2.31) ergeben sich in der adiabatischen Basis (2.33) mit der Entwicklung (2.32) die Bewegungsgleichungen [441, 617, 618]

$$M_k \ddot{\mathbf{R}}_k(t) = -\sum_j |c_j(t)|^2 \, \nabla_{\mathbf{R}_k} E_j - \sum_{j,l} c_j^*(t) c_l(t)\, (E_j - E_l)\, d_k^{jl}, \quad (2.34)$$

$$i\,\hbar \dot{c}_j(t) = c_j(t) E_j - i\,\hbar \sum_{k,l} c_l(t) \dot{\mathbf{R}}_k(t) d_k^{jl}, \qquad (2.35)$$

wobei die Kopplungsterme gegeben sind als

$$d_k^{jl} = \int \phi_j^* \nabla_{\mathbf{R}_k} \phi_l d\mathbf{r}, \qquad (2.36)$$

$$d_k^{jj} \equiv 0. \qquad (2.37)$$

Dabei haben wir die Eigenschaften

$$\int \phi_j^*(\mathbf{R},\mathbf{r}) \nabla_{\mathbf{R}_k} \mathcal{H}_e \phi_l(\mathbf{R},\mathbf{r}) d\mathbf{r} = (E_l(\mathbf{R}) - E_j(\mathbf{R})) \int \phi_j^*(\mathbf{R},\mathbf{r}) \nabla_{\mathbf{R}_k} \phi_l(\mathbf{R},\mathbf{r}) d\mathbf{r},$$

$$\int \phi_j^*(\mathbf{R},\mathbf{r}) \dot{\phi}_l(\mathbf{R},\mathbf{r}) d\mathbf{r} = \sum_{k=1}^{N} \dot{\mathbf{R}}_k(t) \int \phi_j^*(\mathbf{R},\mathbf{r}) \nabla_{\mathbf{R}_k} \phi_l(\mathbf{R},\mathbf{r}) d\mathbf{r}, \; \forall j \neq l,$$

der adiabatischen Basis ausgenutzt und weiterhin verwendet, daß ϕ und $\mathbf{R}$ in $V_e^{Ehr}(\mathbf{R}(t))$ als unabhängige Variable angesehen werden können. Hier wird also angenommen, daß sich die zeitabhängige Wellenfunktion durch eine Linearkombination adiabatischer Zustände darstellen läßt und deren zeitliche Entwicklung durch die zeitabhängige Schrödingergleichung (2.31) bestimmt ist. Dabei ist $|c_j(t)|^2$ die Wahrscheinlichkeit, daß sich das System zum Zeitpunkt t im Zustand ϕ_j befindet.[10]

2.2.3 Beschränkung auf den Grundzustand

Als eine weitere Vereinfachung wollen wir nun zu jedem Zeitpunkt die gesamte elektronische Wellenfunktion ϕ auf einen einzigen Zustand, typischerweise den Grundzustand ϕ_0 von $\mathcal{H}_e$ entsprechend der stationären Gleichung (2.33) mit $|c_o(t)|^2 \equiv 1$ gemäß (2.32) einschränken. Wir nehmen also an, daß das System im Zustand ϕ_0 verharrt, und brechen die Entwicklung (2.32) nach dem ersten Glied ab. Diese Approximation ist gerechtfertigt, solange die Energiedifferenz zwischen ϕ_0 und dem ersten angeregten Zustand ϕ_1 gegenüber der thermalen Energie $k_B T$ überall groß genug ist, so daß Übergänge zu angeregten Zuständen[11] nicht von signifikanter Bedeutung sind.[12] Dann werden die Kerne entsprechend der Bewegungsgleichung (2.25) auf einer einzelnen Potentialenergie-Hyperfläche

$$V_e^{Ehr}(\mathbf{R}) = \int \phi_0^*(\mathbf{R},\mathbf{r}) \mathcal{H}_e(\mathbf{R},\mathbf{r}) \phi_0(\mathbf{R},\mathbf{r}) d\mathbf{r} \equiv E_0(\mathbf{R}) \qquad (2.38)$$

---

[10] Dieses Modell kann modifiziert werden, indem angenommen wird, daß das System in einem einzelnen adiabatischen Zustand verharrt, bis auf zeitlose Sprünge in einen anderen solchen Zustand. Als Kriterium für einen solchen Sprung dienen die Koeffizienten $c_j(t)$ und die Kopplungsterme d_k^{jl}. Dieser Annahme entspricht die sogenannte *surface-hopping*-Methode [297, 616].

[11] Im Fall gebundener Atome ist das Spektrum diskret. Der Grundzustand ist ein Eigenzustand mit dem niedrigsten Energieniveau. Der erste angeregte Zustand ist ein Eigenzustand mit dem zweit-niedrigsten Energieniveau.

[12] Sogenannte branching-Prozesse werden hiermit nicht befriedigend beschrieben.

bewegt. Hierzu muß nun die zeitunabhängige elektronische Schrödingergleichung (2.33)

$$\mathcal{H}_e(\mathbf{R}, \mathbf{r})\phi_0(\mathbf{R}, \mathbf{r}) = E_0(\mathbf{R})\phi_0(\mathbf{R}, \mathbf{r}) \qquad (2.39)$$

für den Grundzustand gelöst werden. Damit haben wir für diesen Fall die Ehrenfest-Potentialfunktion V_e^{Ehr} gerade als das Potential E_0 der stationären elektronischen Schrödingergleichung für den Grundzustand identifiziert. Man beachte, daß dabei E_0 nun eine Funktion der Kernkoordinaten $\mathbf{R}$ ist.

2.2.4 Approximation der Potentialenergie-Hyperfläche und klassische Moleküldynamik

Als eine Konsequenz aus (2.38) ist nun die Berechnung der Dynamik der Kerne von der Berechnung der Potentialenergie-Hyperfläche *getrennt* möglich. Nehmen wir zunächst an, daß wir für eine gegebene Kernkonfiguration die stationäre elektronische Schrödingergleichung (2.33) lösen könnten. Dann könnten wir einen rein klassischen Zugang durch die folgenden Schritte gewinnen: Zunächst wird die Grundzustandsenergie $E_0(\mathbf{R})$ für möglichst viele repräsentative Kernkonfigurationen $\mathbf{R}^j$ mittels der zeitunabhängigen elektronischen Schrödingergleichung (2.39) bestimmt. Damit haben wir die Funktion $V_e^{Ehr}(\mathbf{R})$ punktweise ausgewertet und uns eine Menge von Stützpunkten $(\mathbf{R}^j, V_e^{Ehr}(\mathbf{R}^j))$ verschafft. Aus diesen diskreten Stützpunkten wollen wir nun die globale Potentialenergie-Hyperfläche V_e^{Ehr} approximativ rekonstruieren. Dazu bestimmen wir eine genäherte Potentialfläche durch eine Entwicklung von Mehrkörperpotentialen in analytischer Form, d.h.

$$V_e^{Ehr} \approx V_e^{appr}(\mathbf{R}) = \sum_{k=1}^{N} V_1(\mathbf{R}_k) + \sum_{k<l}^{N} V_2(\mathbf{R}_k, \mathbf{R}_l) + \sum_{k<l<m}^{N} V_3(\mathbf{R}_k, \mathbf{R}_l, \mathbf{R}_m) + \ldots,$$
$$(2.40)$$

die wir zudem noch geeignet abschneiden. Damit werden die elektronischen Freiheitsgrade durch Wechselwirkungspotentiale V_n ersetzt und sind deswegen keine expliziten Freiheitsgrade der Bewegungsgleichungen mehr. Sind die V_n festgelegt, dann ist das gemischte quanten-klassische Problem (2.30), (2.31) zu einem rein klassischen Problem reduziert worden. Wir erhalten die Newtonschen Bewegungsgleichungen der klassischen Moleküldynamik

$$M_k\ddot{\mathbf{R}}_k(t) = -\nabla_{\mathbf{R}_k} V_e^{appr}(\mathbf{R}(t)). \qquad (2.41)$$

Dabei können die Gradienten nun analytisch bestimmt werden.

Diese klassische Moleküldynamik-Methode wird für Vielteilchensysteme nur dadurch praktisch durchführbar, daß die globale potentielle Energie gemäß (2.40) geeignet zerlegt wird. Dabei wird in der Praxis die gleiche Potentialform für gleiche Teilchen verwendet. Wird beispielsweise hierzu nur eine Zweikörper-Potentialfunktion $V_e^{appr} \approx \sum_{k<l}^{N} V_2(\|\mathbf{R}_k - \mathbf{R}_l\|)$ im Abstand verwendet, dann reduziert sich die Aufgabe auf die Bestimmung *einer* eindimensionalen Funktion V_2.

Dies ist sicherlich eine drastische Approximation, die in vielerlei Hinsicht hinterfragt werden muß und eine Reihe von Problemen beinhaltet. Unklar ist, wie viele und welche typischen Kernkonfigurationen betrachtet werden müssen, um aus diesen Stützpunkten die Potentialfunktion ohne allzu großen Fehler rekonstruieren zu können. Weiterhin spielt der Abschneidefehler, der bei der Trunkation der Reihe (2.40) entsteht, sicherlich eine substantielle Rolle. Darüber hinaus beeinflußt die konkrete Wahl der Form der analytischen Potentialfunktionen V_n und das anschließende Fitten der zugehörigen Parameter den Approximationsfehler in entscheidendem Maß. Zudem ist die additive Darstellung der Gesamtpotentialfunktion aus wenigen gleichen Potentialfunktionen sowie damit verbunden die Transferabilität einer Potentialfunktionsform auf andere Kernkonfigurationen im allgemeinen Fall kritisch zu sehen. Insgesamt können die auftretenden Approximationsfehler sicherlich nicht rigoros kontrolliert werden. Weiterhin ist die Berücksichtigung quantenmechanischer Effekte und damit chemischer Reaktionen im Prinzip per Konstruktion ausgeschlossen. Trotzdem gibt der Erfolg der Methode recht, insbesondere wenn man an makroskopischen Größen interessiert ist und pragmatisch vorgeht.

Die dabei in der Praxis verwendeten Verfahren zur Bestimmung der Wechselwirkungen in realen Systemen beruhen auf der approximativen Lösung der stationären elektronischen Schrödingergleichung (ab initio Methoden) und anschließendem Force-matching [206] oder auf dem Fitten (also Parametrisieren) vorgegebener analytischer Potentiale an experimentelle oder quantendynamische Daten. Beim ersten Ansatz erfolgt die Konstruktion des Potentials implizit durch Verwendung von ab initio Methoden. Hierzu werden die elektronische Energie E_0 und die entsprechenden Kräfte exemplarisch für eine Menge von verschiedenen Kernkonfigurationen näherungsweise[13] berechnet. Durch Extrapolation/Interpolation auf andere Konfigurationen kann dann eine approximative Potentialenergie-Hyperfläche konstruiert werden, die wiederum durch einfache analytische Funktionen approximiert werden kann. Beim zweiten, mehr empirischen Ansatz wird direkt eine analytische Form des Potentials bestehend aus bestimmten Formfunktionen ausgewählt, die von geometrischen Größen wie Abständen, Winkeln oder Partikelkoordinaten abhängen. Anschließend werden diese Funktionsformen durch geeignete

---

[13] Die zur elektronischen Schrödingergleichung gehörige elektronische Wellenfunktion ist immer noch hochdimensional, die Koordinaten der Elektronen sind aus dem $\mathbb{R}^{3K}$. Eine analytische Lösung oder eine Approximation durch ein konventionelles numerisches Diskretisierungsverfahren ist im allgemeinen unmöglich. Deswegen müssen hierzu Näherungsverfahren eingesetzt werden, die die Dimension des Problems substantiell reduzieren. Im Laufe der Zeit haben sich in diesem Bereich eine Vielzahl von Varianten wie die Hartree-Fock-Methode, die Dichtefunktional-Theorie, CI-Methoden (configuration interaction), CC-Verfahren (coupled cluster), GVB-Techniken (generalized valence bond), das Tight-Binding oder die Harris-Funktionalmethode herausgebildet. Einen Überblick über die verschiedenen Ansätze findet man zum Beispiel in [518, 520].

Wahl ihrer Parameter an vorliegende Ergebnisse von quantenmechanischen Berechnungen oder praktischen Experimenten angepaßt. Auf diese Art und Weise können Wechselwirkungen modelliert werden, die zum Beispiel unterschiedliche Arten von Bindungskräften, eventuelle Zwangsbedingungen, Winkelbedingungen usw. berücksichtigen. Sind dann die Simulationsergebnisse noch nicht befriedigend, dann müssen die Potentiale verbessert werden durch Wahl besserer Parameter oder Wahl besserer Potentialfunktionsformen mit erweiterten Parametersätzen. Das Aufstellen eines guten Potentials ist dabei eine Kunst für sich. Beim Erzeugen von Potentialformen und dem Fitten von Parametersätzen für Festkörper und Kristalle können Programme wie GULP [5, 242] oder THBFIT [6] hilfreich sein.

Einige einfache Potentiale. Die einfachsten Wechselwirkungen resultieren aus den Interaktionen zwischen jeweils zwei Teilchen. Potentiale, die nur vom Abstand $r_{ij} := \|\mathbf{R}_j - \mathbf{R}_i\|$ jeweils zweier Teilchen abhängen, nennt man Paar-Potentiale. Dabei verwenden wir $(\mathbf{R}_1, \ldots, \mathbf{R}_N)$ als Bezeichner für die klassischen Koordinaten $\mathbf{R}(t)$. Die zugehörige potentielle Energie V hat die Form

$$V(\mathbf{R}_1, \ldots, \mathbf{R}_N) = \sum_{i=1}^{N} \sum_{j=1, j>i}^{N} U_{ij}(r_{ij}),$$

wobei U_{ij} das zwischen den Partikeln i und j herrschende Potential bezeichne. Beispiele für solche Paar-Potentiale U_{ij} zwischen zwei Partikeln sind:

Das Gravitationspotential

$$U(r_{ij}) = -G_{Grav} \frac{m_i m_j}{r_{ij}}. \tag{2.42}$$

Das Coulomb-Potential

$$U(r_{ij}) = \frac{1}{4\pi\varepsilon_0} \frac{q_i q_j}{r_{ij}}. \tag{2.43}$$

Das van der Waals-Potential

$$U(r_{ij}) = -a \left(\frac{1}{r_{ij}} \right)^6.$$

Das Lennard-Jones-Potential

$$U(r_{ij}) = \alpha\varepsilon \left[\left(\frac{\sigma}{r_{ij}} \right)^n - \left(\frac{\sigma}{r_{ij}} \right)^m \right], \quad m < n. \tag{2.44}$$

Dabei ist $\alpha = \frac{1}{n-m} \left(\frac{n^n}{m^m} \right)^{\frac{1}{n-m}}$. Das Potential wird durch σ und ε parametrisiert. ε definiert die Tiefe des Potentials und damit die Stärke der Abstoßungsbeziehungsweise Anziehungskräfte. Damit lassen sich Materialien verschiedener Festigkeit simulieren. Erhöhung von ε führt zu festeren Bindungen und damit zu härteren Materialien. σ gibt den Nulldurchgang des Potentials an. Mit $m = 6$ (in Übereinstimmung mit der van der Waals-Kraft) und $n = 12$ fällt das Lennard-Jones-Potential – und analog die resultierende Kraft – sehr schnell mit dem Abstand ab. Die Wahl $n = 12$ hat dabei keine fundamentale physikalische Basis, sondern beruht allein auf mathematischer Einfachheit.

Für $(m, n) = (10, 12)$ erhalten wir die verwandte Potentialfunktion

$$U(r_{ij}) = A/r_{ij}^{12} - B/r_{ij}^{10},$$

mit der die Wasserstoffbrückenbindung empirisch modelliert wird. Dabei sind die Parameter A und B abhängig von der Art der jeweiligen Wasserstoffbrücke und werden im allgemeinen an experimentelle Daten angepaßt.

Das Morse-Potential

$$U(r_{ij}) = D(1 - e^{-a(r_{ij} - r_0)})^2. \tag{2.45}$$

D ist dabei die Dissoziationsenergie der Bindung, a ist ein geeignet zu wählender Parameter, der unter anderem von der Frequenz der Bindungsvibrationen abhängt, und r_0 ist eine Referenzlänge.

Das Hookesche Gesetz (harmonisches Potential)

$$U(r_{ij}) = \frac{k}{2}(r_{ij} - r_0)^2.$$

Man beachte, daß wir hier bei der Bezeichnung der Potentiale U die Indizes i, j jeweils weggelassen haben.

Diese einfachen Potentiale sind in ihrer Anwendung sicherlich eingeschränkt. Jedoch lassen sich zum Beispiel Edelgase, bei denen die Atome nur durch die van der Waals-Kraft angezogen werden, damit gut beschreiben. Außerhalb der Moleküldynamik-Methoden werden diese einfachen Potentiale auch zum Beispiel zur Simulation von Fluiden auf der Mikroskala verwendet. Kompliziertere Arten von Wechselwirkungen, wie sie zum Beispiel in Metallen und Molekülen auftreten, können damit jedoch nicht realistisch simuliert werden [207]. Dazu sind andere Arten von Potentialfunktionen nötig, die Wechselwirkungen zwischen mehreren Atomen eines Moleküls beinhalten.

Seit den 80er Jahren wurden solche Mehrkörperwechselwirkungen in die Potentiale eingebaut. Das dabei verwendete Konzept ist das der Dichte beziehungsweise Koordinationszahl, wonach Bindungen schwächer werden, je höher die lokale Dichte der Partikel ist. Dies führte zur Entwicklung von Potentialen mit zusätzlichen Termen, die meist aus zwei Teilen bestehen, einem Zwei-Körper-Anteil und einem Anteil, in den die Koordinationszahl (also die lokale Dichte der Teilchen) eingeht. Beispiele hierfür sind das sogenannte Glue-Modell [207], die Embedded-Atom-Methode [173], die Finnis-Sinclair-Potentiale [230] und auch die sogenannte Effective-Medium-Theorie [332]. All diese Verfahren unterscheiden sich stark in der Art und Weise wie die Koordinationszahl in die Konstruktion der Potentiale eingeht. Teilweise ergeben sich durch die unterschiedlichen Konstruktionen sogar verschiedene Parametrisierungen für gleiche Materialien. Spezielle Mehrkörperpotentiale wurden auch für die Untersuchung von Rißbildungen in Materialien entwickelt [584].

Noch kompliziertere Potentiale werden zum Beispiel für die Modellierung von Halbleitern wie Silizium benötigt. Die dafür entwickelten Potentiale verwenden ebenfalls das Konzept der Bindungsordnung, das heißt die Stärke der Bindung hängt von lokaler Umgebung ab. Sie sind eng mit den Glue-Modellen verwandt. Stillinger und Weber [575] verwenden zur Beschreibung einen Zwei-Körper-Term und einen zusätzlichen Drei-Körper-Term, die von Tersoff [594] entwickelte Familie von Potentialen wurde von Brenner [122] leicht abgewandelt und in ähnlicher Form auch zur Modellierung der Potentiale in Kohlenwasserstoffen angewandt.

2.3 Ein Ausblick auf ab initio Moleküldynamik-Verfahren

Bisher haben wir die approximativen Verfahren zur näherungsweisen Berechnung der elektronischen Schrödingergleichung nur eingesetzt, um Ausgangsdaten für das Aufstellen und Fitten von analytischen Potentialfunktionen für die klassische Moleküldynamik-Methode zu erhalten. Man kann sie jedoch auch in jedem Zeitschritt der Newtonschen Gleichungen einsetzen, um die für die jeweiligen Kernkoordinaten aktuelle Potentialenergie-Hyperfläche direkt auszurechnen. Dies ist die Grundidee der sogenannten ab initio Moleküldynamik-Verfahren. Man löst näherungsweise die elektronische Schrödingergleichung, um die effektive potentielle Energie der Kerne zu bestimmen. Daraus lassen sich dann die Kräfte auf die Kerne berechnen und die Kerne mit diesen Kräften entsprechend der Newtonschen Bewegungsgleichungen bewegen. Dieses Prinzip liegt in verschiedener Ausprägung der Ehrenfest-Moleküldynamik, der Born-Oppenheimer-Moleküldynamik sowie der Car-Parrinello-Methode zu Grunde.

Ehrenfest-Moleküldynamik. Wir betrachten zunächst wieder die Gleichungen (2.30), (2.31) und nehmen an, daß das System in einem einzelnen adiabatischen Zustand verharrt, typischerweise dem des Grundzustands ϕ_0. Dann ergibt sich

$$M_k \ddot{\mathbf{R}}_k(t) = -\nabla_{\mathbf{R}_k} \int \phi_0^*(\mathbf{R}(t), \mathbf{r}) \mathcal{H}_e(\mathbf{R}(t), \mathbf{r}) \phi_0(\mathbf{R}(t), \mathbf{r}) d\mathbf{r} \quad (2.46)$$

$$= -\nabla_{\mathbf{R}_k} V_e^{Ehr}(\mathbf{R}(t)),$$

$$i\hbar \frac{\partial \phi_0(\mathbf{R}(t), \mathbf{r})}{\partial t} = \mathcal{H}_e \phi_0(\mathbf{R}(t), \mathbf{r}), \quad (2.47)$$

wobei $\phi_{\mathbf{R}(t)}(\mathbf{r}, t) = c_0(t) \phi_0(\mathbf{R}(t), \mathbf{r})$ mit $|c_0(t)|^2 \equiv 1$ angesetzt wird, vergleiche (2.32).

Born-Oppenheimer-Moleküldynamik. Bei der Herleitung der sogenannten Born-Oppenheimer-Moleküldynamik geht man vom großen Massenunterschied zwischen den Elektronen und den Atomkernen aus. Das Verhältnis der Geschwindigkeit v_K eines Kerns zu der eines Elektrons v_e ist dann wegen[14] $m_e v_e^2 = M_K v_K^2$ kleiner als 10^{-2}. Deswegen wird angenommen, daß sich die Elektronen an eine veränderte Kernkonfiguration sofort anpassen und sich so jederzeit im quantenmechanischen Grundzustand befinden, der zu der jeweiligen Lage der Kerne gehört. Im Sinne der klassischen Mechanik ist die Bewegung der Atome während der Anpassung der Elektronenbewegung vernachlässigbar klein. Dies motiviert den Ansatz

$$\Psi(\mathbf{R}, \mathbf{r}, t) \approx \Psi^{BO}(\mathbf{R}, \mathbf{r}, t) := \sum_{j=0}^{\infty} \chi_j(\mathbf{R}, t) \phi_j(\mathbf{R}, \mathbf{r}), \qquad (2.48)$$

der es erlaubt, die schnellen von den langsamen Variablen zu trennen. Im Unterschied zu (2.14) sind die nun angesetzten elektronischen Wellenfunktionen $\phi_j(\mathbf{R}, \mathbf{r})$ nicht mehr von der Zeit sondern von den Kernkoordinaten $\mathbf{R}$ abhängig. Mit einer Taylor-Entwicklung der stationären Schrödingergleichung sowie mit einigen Näherungen, die auf den unterschiedlichen Massen der Elektronen und Kerne beruhen, siehe etwa Kapitel 8.4. in [538], läßt sich die zeitunabhängige Schrödingergleichung dann wieder in zwei Teile trennen, die elektronische Schrödingergleichung und eine Gleichung für die Kerne. Erstere beschreibt, wie sich die Elektronen bei fixierten Kernen verhalten. Ihre Lösung führt auf ein effektives Potential, das in die Gleichung für die Kerne eingeht und die Auswirkung der Elektronen auf die Interaktion der Kerne enthält. Nach Einschränkung auf den Grundzustand sowie weiterer Approximationen ergibt sich schließlich die Born-Oppenheimer-Moleküldynamik mit den Gleichungen

$$M_k \ddot{\mathbf{R}}_k(t) = -\nabla_{\mathbf{R}_k} \min_{\phi_0} \left\{ \int \phi_0^*(\mathbf{R}(t), \mathbf{r}) \mathcal{H}_e(\mathbf{R}(t), \mathbf{r}) \phi_0(\mathbf{R}(t), \mathbf{r}) d\mathbf{r} \right\}$$

$$=: -\nabla_{\mathbf{R}_k} V_e^{BO}(\mathbf{R}(t)), \qquad (2.49)$$

$$\mathcal{H}_e(\mathbf{R}(t), \mathbf{r}) \phi_0(\mathbf{R}(t), \mathbf{r}) = E_0(\mathbf{R}(t)) \phi_0(\mathbf{R}(t), \mathbf{r}).$$

Mit Hilfe der Kräfte $\mathbf{F}_k(t) = M_k \ddot{\mathbf{R}}_k(t)$ auf die Kerne lassen sich dann die Orte der Atomkerne im Rahmen der klassischen Mechanik bewegen.[15]

---

[14] Das Verhältnis zwischen der Masse m_e eines Elektrons und der Masse M_K eines Atomkerns ist – außer bei Wasserstoff und Helium – kleiner als 10^{-4}. Zudem sind im Rahmen der klassischen kinetischen Gastheorie die Energien wechselwirkungsfreier Teilchen je Freiheitsgrad gleich, das heißt, es gilt $m_e v_e^2 = M_K v_K^2$.

[15] Es gibt auch den Ansatz, diese Methode auf jeden angeregten Zustand ϕ_j anzuwenden, ohne Interferenzen zu berücksichtigen, also analog zu (2.33-2.36) vorzugehen und dabei zudem alle oder auch nur gewisse Kopplungsterme zu vernachlässigen [300, 355].

In unserem Fall des Grundzustandes und der Vernachlässigung aller Kopplungsterme stimmt das Ehrenfest-Potential V_e^{Ehr} nach Gleichung (2.38) mit dem Born-Oppenheimer-Potential V_e^{BO} überein. Jedoch ist die Dynamik grundlegend verschieden. In der Born-Oppenheimer-Methode wird die Elektronenstruktur auf das Lösen der zeitunabhängigen Schrödingergleichung reduziert, um damit die Kräfte, die zu diesem Zeitpunkt auf die Kerne wirken, zu berechnen, damit die Kerne entsprechend klassischer Moleküldynamik bewegt werden können. Die Zeitabhängigkeit der Elektronen ist also ausschließlich eine Konsequenz der klassischen Bewegung der Kerne und nicht wie im Fall der Ehrenfest-Moleküldynamik durch die zeitabhängige Schrödingergleichung des gekoppelten Gleichungssystems (2.46) bestimmt. Insbesondere entspricht damit die zeitliche Entwicklung der Elektronen in der Ehrenfest-Methode einer unitären Propagation [356, 357, 371]. Für einen minimalen Startzustand wird also die Norm und die Minimalität über die zeitliche Entwicklung erhalten [216, 596]. Dies gilt jedoch nicht für die Born-Oppenheimer-Methode, in der zu jedem Zeitpunkt minimiert werden muß.

Ein weiterer Unterschied der beiden Verfahren ist der folgende: Wird nun für das approximative Lösen der elektronischen Schrödingergleichung wie etwa mit der Hartree-Fock-Methode[16] der Grundzustand $\phi_0(\mathbf{R}(t), \mathbf{r})$ mit $\mathbf{r} = (\mathbf{r}_1, \ldots, \mathbf{r}_K)$ nach sogenannten Slater-Determinanten[17]

$$
\psi_{\alpha_1 \ldots \alpha_K}^{SD}(\mathbf{r}, t) = \frac{1}{\sqrt{K!}} \det
\begin{vmatrix}
\psi_{\alpha_1}(\mathbf{r}_1, t) & \psi_{\alpha_1}(\mathbf{r}_2, t) & \ldots & \psi_{\alpha_1}(\mathbf{r}_K, t) \\
\psi_{\alpha_2}(\mathbf{r}_1, t) & \psi_{\alpha_2}(\mathbf{r}_2, t) & \ldots & \psi_{\alpha_2}(\mathbf{r}_K, t) \\
\cdot & & \cdot & \cdot \\
\cdot & & \cdot & \cdot \\
\cdot & & \cdot & \cdot \\
\psi_{\alpha_K}(\mathbf{r}_1, t) & \psi_{\alpha_K}(\mathbf{r}_2, t) & \ldots & \psi_{\alpha_K}(\mathbf{r}_K, t)
\end{vmatrix}
\tag{2.50}
$$

in Produkten von Einteilchenfunktionen ψ_{α_i} entwickelt als

$$
\phi_0(\mathbf{R}(t), \mathbf{r}) = \sum_{\alpha_1, \ldots, \alpha_K} \gamma_{\alpha_1, \ldots, \alpha_K}(t) \psi_{\alpha_1 \ldots \alpha_K}^{SD}(\mathbf{r}, t)
\tag{2.51}
$$

mit den Koeffizienten

$$
\gamma_{\alpha_1, \ldots, \alpha_K}(t) := \int \psi_{\alpha_1 \ldots \alpha_K}^{*SD}(\mathbf{r}, t) \phi_0(\mathbf{R}(t), \mathbf{r}) d\mathbf{r},
\tag{2.52}
$$

dann muß in Gleichung (2.49) unter der Nebenbedingung der Orthonormalität der Einteilchenfunktionen $\int \psi_{\alpha_i}^* \psi_{\alpha_j} dr = \delta_{\alpha_i \alpha_j}$ minimiert werden, denn dies ist für die Entwicklung nach (2.51) Voraussetzung. Da in der Ehrenfest-Methode die zeitliche Entwicklung der Elektronen einer unitären Propagation entspricht, bleiben die Einteilchenfunktionen orthonormal, wenn sie es zum Startzeitpunkt waren.

---

[16] Bei der Dichtefunktionaltheorie verwendet man eine andere Sorte von Einteilchenfunktionen, das Prinzip ist aber analog.

[17] Dabei ist der Spin vernachlässigt worden.

Car-Parrinello-Moleküldynamik. Der Vorteil der Ehrenfest-Dynamik ist, daß die Wellenfunktion im Minimum bezüglich der aktuellen Atomkernpositionen verharrt. Der Nachteil ist, daß die Zeitschrittweite durch die Elektronenbewegung vorgegeben wird und damit „klein" ist. Die Zeitschrittweite der Born-Oppenheimer-Dynamik wird hingegen von der Atomkernbewegung diktiert und ist damit natürlich „größer". Nachteilig ist, daß in jedem Schritt minimiert werden muß. Die Car-Parrinello-Moleküldynamik [137, 462] versucht nun die Vorteile beider Methoden zu nutzen und die Nachteile zu vermeiden. Die Grundidee ist, die quantenmechanische adiabatische Separation der Zeitskalen der „schnellen" Elektronen und der „langsamen" Atomkerne in eine klassische adiabatische Separation der Energieskalen im Rahmen der Theorie dynamischer Systeme unter Verlust der expliziten Zeitabhängigkeit der Elektronenbewegung zu transformieren [106, 458, 459, 507].

Um dies zu verstehen, betrachten wir zunächst wieder die Ehrenfest- und Born-Oppenheimer-Dynamik. Im Falle einer Einschränkung auf den Grundzustand $\phi_0(\mathbf{R}, \mathbf{r})$ ist die zentrale Größe

$$V_{El}(\mathbf{R}) := \int \phi_0^*(\mathbf{R}, \mathbf{r}) \mathcal{H}_e(\mathbf{R}, \mathbf{r}) \phi_0(\mathbf{R}, \mathbf{r}) d\mathbf{r} = E_0(\mathbf{R})$$

eine Funktion der Atomkernpositionen $\mathbf{R}$. Aus der Lagrangefunktion der klassischen Mechanik für die Bewegung der Kerne

$$L(\mathbf{R}, \dot{\mathbf{R}}) = \sum_k^N \frac{1}{2} M_k \dot{\mathbf{R}}_k^2 - V_{El}(\mathbf{R}) \tag{2.53}$$

ergibt sich mit Hilfe der entsprechenden Euler-Lagrange-Gleichungen $\frac{d}{dt} \frac{\partial L}{\partial \dot{\mathbf{R}}_k} = \frac{\partial L}{\partial \mathbf{R}_k}$ die Bewegungsgleichung (2.49)

$$M_k \ddot{\mathbf{R}}_k(t) = -\nabla_{\mathbf{R}_k} E_0(\mathbf{R}(t)). \tag{2.54}$$

Nun kann die Grundzustandsenergie $E_0 = V_{El}$ auch als Funktional der Wellenfunktion ϕ_0 aufgefaßt werden. Für einen Ansatz der Wellenfunktion ϕ_0 mit nun zeitabhängigen Einteilchenfunktionen $\{\psi_i(\mathbf{r}, t)\}$ analog zur Entwicklung (2.51) nach (einer oder mehreren) Slater-Determinanten (2.50) kann V_{El} auch als Funktional der Orbitale $\{\psi_i(\mathbf{r}, t)\}$ aufgefaßt werden. In der klassischen Mechanik ergibt sich die Kraft, die auf die Kerne wirkt, durch die Ableitung einer Lagrangefunktion nach den Kernpositionen. Werden die Orbitale auch als „klassische Partikel" aufgefaßt[18], bestimmen sich die Kräfte, die auf die Orbitale wirken, durch die Funktionalableitung einer geeigneten Lagrangefunktion nach den Orbitalen. Damit ergibt sich als rein klassischer Ansatz die Lagrangefunktion in der Form [137]

$$L_{CP}(\mathbf{R}, \dot{\mathbf{R}}, \{\psi_i\}, \{\dot{\psi}_i\}) = \tag{2.55}$$

$$\sum_k \frac{1}{2} M_k \dot{\mathbf{R}}_k^2 + \sum_i \frac{1}{2} \mu_i \int \dot{\psi}_i^* \dot{\psi}_i d\mathbf{r} - V_{El}(\mathbf{R}, \{\psi_i\}) + \varphi(\mathbf{R}, \{\psi_i\})$$

---

[18] Dazu werden die Orbitale im Rahmen einer klassischen Feldtheorie behandelt.

mit den „fiktiven Massen" μ_i der Orbitale $\{\psi_i\}$ und einer allgemeinen, geeignet zu wählenden Nebenbedingung φ. Ein einfaches Beispiel für eine solche Nebenbedingung kann die Orthonormalität der Orbitale sein. Dies ergibt

$$\varphi(\mathbf{R}, \{\psi_i\}) = \sum_{i,j} \lambda_{ij} \left(\int \psi_i^* \psi_j d\mathbf{r} - \delta_{ij} \right)$$

mit den Lagrangefaktoren λ_{ij}. In diesem einfachen Fall ist φ dann von der jeweils konkret gewählten Basis für die Orbitale gar nicht (ebene Wellenbasis) oder nur implizit (Gaußbasen) von $\mathbf{R}(\mathbf{t})$ abhängig. Aus den entsprechenden Euler-Lagrange Gleichungen

$$\frac{d}{dt} \frac{\partial L}{\partial \dot{\mathbf{R}}_k} = \frac{\partial L}{\partial \mathbf{R}_k}, \quad \frac{d}{dt} \frac{\delta L}{\delta \dot{\psi}_i^*} = \frac{\delta L}{\delta \psi_i^*} \tag{2.56}$$

ergeben sich die Newtonschen Bewegungsgleichungen[19]

$$M_k \ddot{\mathbf{R}}_k(t) = -\nabla_{\mathbf{R}_k} \int \phi_0^* \mathcal{H}_e \phi_0 d\mathbf{r} + \nabla_{\mathbf{R}_k} \varphi(\mathbf{R}, \{\psi_i\}), \tag{2.57}$$

$$\mu_i \ddot{\psi}_i(\mathbf{r}, t) = -\frac{\delta}{\delta \psi_i^*} \int \phi_0^* \mathcal{H}_e \phi_0 d\mathbf{r} + \frac{\delta}{\delta \psi_i^*} \varphi(\mathbf{R}, \{\psi_i\}). \tag{2.58}$$

Die Atomkerne bewegen sich entsprechend einer physikalischen Temperatur, die proportional zu der kinetischen Energie $\sum_k M_k \dot{\mathbf{R}}_k^2$ der Kerne ist. Im Gegensatz dazu bewegen sich die Elektronen entsprechend einer „fiktiven Temperatur", die proportional zu der fiktiven kinetischen Energie $\sum_i \mu_i \int \dot{\psi}_i^* \dot{\psi}_i d\mathbf{r}$ der Orbitale ist.[20]

Sei der Startzustand ϕ_0 zum Zeitpunkt t_0 exakt der Grundzustand. Für eine „tiefe Temperatur der Elektronen" bewegen sich die Elektronen dann nahezu in der exakten Born-Oppenheimer-Oberfläche. Doch die „Temperatur der Elektronen" muß „hoch" genug sein, damit sich die Elektronen der Bewegung der Atomkerne anpassen können. Das Problem in der Praxis ist also die „richtige Temperatursteuerung". Das durch Gleichung (2.57) beschriebene Subsystem der physikalischen Kernbewegungen und das durch Gleichung (2.58) beschriebene Subsystem der fiktiven Orbitalbewegungen müssen also so separiert werden, daß das schnelle elektronische Subsystem für lange Zeit kalt bleibt und sich trotzdem der langsamen Bewegung der Kerne sofort anpaßt, wobei die Kerne gleichzeitig in ihrer physikalischen Temperatur (diese ist viel höher) gehalten werden sollen. Insbesondere darf es keinen Energietransfer von dem physikalischen Subsystem der („heißen") Kerne in das fiktive Subsystem der („kalten") Elektronen oder umgekehrt geben. Diese Anforderungen zu erfüllen ist möglich, wenn das Kraftspektrum der Freiheitsgrade der Elektronen $f(\omega) = \int_0^\infty \cos(\omega t) \left(\sum_i \int \dot{\psi}_i^*(\mathbf{r}, t) \psi_i(\mathbf{r}, 0) d\mathbf{r} \right) dt$ und das

---

[19] Bei komplexer Variation sind $\psi_i^*(\mathbf{r}, t)$ und $\psi_i(\mathbf{r}, t)$ linear unabhängig.

[20] Die physikalische kinetische Energie der Elektronen ist dabei in E_0 enthalten.

der Kerne sich in keinem Frequenzbereich überlagern [507]. In [106] konnte gezeigt werden, daß der absolute Fehler der Car-Parrinello-Trajektorie relativ zu der durch die exakte Born-Oppenheimer-Oberfläche bestimmten Trajektorie mit Hilfe des Parameters μ kontrolliert werden kann.

Das Hellmann-Feynman-Theorem. In obigen ab initio Moleküldynamik-Methoden muß die Kraft, die auf einen Atomkern wirkt, entsprechend den Gleichungen (2.46), (2.49) und (2.57) bestimmt werden. Eine direkte numerische Auswertung der Ableitung

$$\mathbf{F}_k(\mathbf{R}) = -\nabla_{\mathbf{R}_k} \int \phi_0^* \mathcal{H}_e \phi_0 d\mathbf{r}$$

etwa mittels einer Approximation durch Finite Differenzen ist einerseits zu aufwendig und andererseits zu ungenau für dynamische Simulationen. Es ist deshalb wünschenswert, die Ableitung analytisch auszuwerten und sie dazu direkt auf die Anteile von $\mathcal{H}_e$ anwenden zu können. Dies wird durch folgenden Zugang ermöglicht: Sei q eine beliebige Koordinate $(\mathbf{R}_k)_i, i \in \{1, 2, 3\}$, einer beliebiger Komponente $\mathbf{R}_k$ von $\mathbf{R}$. Fixiere nun alle anderen Komponenten von $\mathbf{R}$ sowie die beiden anderen Koordinaten von $\mathbf{R}_k$ und halte nur q variabel. Dann hängt der elektronische Hamiltonoperator $\mathcal{H}_e(\mathbf{R}, \mathbf{r}) = \mathcal{H}(q)$ nach Gleichung (2.13) über die Operatoren $V_{eK}(\mathbf{R}, \mathbf{r})$ und $V_{KK}(\mathbf{R})$ (neben $\mathbf{r}$) von q ab. Über die zeitunabhängige elektronische Schrödingergleichung

$$\mathcal{H}(q)\phi_0(q) = E_0(q)\phi_0(q) \tag{2.59}$$

hängen damit auch der elektronische Zustand ϕ_0 (neben $\mathbf{r}$) und die Energie E_0 von q ab. Wird der elektronische Zustand als normiert angenommen, d.h. gilt $\int \phi_0^* \phi_0 d\mathbf{r} = 1$, dann ergibt sich die bei einer Verschiebung um q auftretende Kraft $F(q)$ zu[21]

$$-F(q) = \frac{dE_0(q)}{dq} = \int \phi_0^*(q) \frac{d\mathcal{H}(q)}{dq} \phi_0(q) d\mathbf{r}. \tag{2.60}$$

Die Begründung hierfür liefert das **Hellmann-Feynman-Theorem:**[22] Seien die $\phi_j(q)$ normierte Eigenfunktionen eines selbstadjungierten Operators $\mathcal{H}(q)$ zum Eigenwert $E_j(q)$ und q ein reeller Parameter, dann gilt

$$\frac{dE_j(q)}{dq} = \int \phi_j^*(q) \frac{d\mathcal{H}(q)}{dq} \phi_j(q) d\mathbf{r}. \tag{2.61}$$

Dies läßt sich wie folgt zeigen: Mit Hilfe der Produktregel ergibt sich

---

[21] Analoges gilt für die angeregten Zustände ϕ_j mit zugehörigen Eigenwerten $E_j(q)$ und zugehöriger Schrödingergleichung $\mathcal{H}(q)\phi_j(q) = E_j(q)\phi_j(q)$.

[22] Das sogenannte Hellmann-Feynman-Theorem der quantenmechanischen Kräfte wurde 1927 ursprünglich von Ehrenfest [202] bewiesen, später von Hellman [307] diskutiert und 1939 unabhängig von Feynman [223] wiederentdeckt.

$$\frac{dE_j(q)}{dq} = \int \phi_j^*(q)\frac{d\mathcal{H}(q)}{dq}\phi_j(q)d\mathbf{r} +$$
$$\int \frac{d\phi_j^*(q)}{dq}\mathcal{H}(q)\phi_j(q)d\mathbf{r} + \int \phi_j^*(q)\mathcal{H}(q)\frac{d\phi_j(q)}{dq}d\mathbf{r}.$$

Da die $\phi_j(q)$ Eigenfunktionen zum Eigenwert $E_j(q)$ sind, ergibt sich

$$\frac{dE_j(q)}{dq} = \int \phi_j^*(q)\frac{d\mathcal{H}(q)}{dq}\phi_j(q)d\mathbf{r} +$$
$$E_j(q)\int \frac{d\phi_j^*(q)}{dq}\phi_j(q)d\mathbf{r} + E_j(q)\int \phi_j^*(q)\frac{d\phi_j(q)}{dq}d\mathbf{r}$$
$$= \int \phi_j^*(q)\frac{d\mathcal{H}(q)}{dq}\phi_j(q)d\mathbf{r} + E_j(q)\frac{d}{dq}\int \phi_j^*(q)\phi_j(q)d\mathbf{r}$$

und mit der Normierungsbedingung folgt die Behauptung.

Damit ist eine einfache numerische Berechnung der zwischenatomaren Kräfte gebundener Atome möglich. Wegen

$$\mathbf{F}_k(\mathbf{R}) = -\nabla_{\mathbf{R}_k}\int \phi_0^*\mathcal{H}_e\phi_0 d\mathbf{r} = -\int \phi_0^*\nabla_{\mathbf{R}_k}\mathcal{H}_e\phi_0 d\mathbf{r} \qquad (2.62)$$

und

$$\nabla_{\mathbf{R}_k}\mathcal{H}_e = \nabla_{\mathbf{R}_k}(V_{ee} + V_{eK} + V_{KK}) = \nabla_{\mathbf{R}_k}(V_{eK} + V_{KK})$$

erhält man die Kraft auf den k-ten Kern als

$$\mathbf{F}_k(\mathbf{R}) = -\int \phi_0^*\nabla_{\mathbf{R}_k}(V_{eK} + V_{KK})\phi_0 d\mathbf{r}$$
$$= -\int \phi_0^*\nabla_{\mathbf{R}_k}V_{eK}\phi_0 d\mathbf{r} - \nabla_{\mathbf{R}_k}V_{KK} \qquad (2.63)$$
$$= \frac{e^2}{4\pi\epsilon_0}\left(\int \phi_0^*\phi_0\sum_{i=1}^{K}\sum_{j=1}^{N}\nabla_{\mathbf{R}_k}\frac{Z_j}{\|\mathbf{R}_j - \mathbf{r}_i\|}d\mathbf{r} - \nabla_{\mathbf{R}_k}\sum_{i<j}^{N}\frac{Z_iZ_j}{\|\mathbf{R}_i - \mathbf{R}_j\|}\right).$$

Die Ableitungen wirken nun direkt auf die Potentialfunktionen V_{KK} und V_{eK} und lassen sich analytisch bestimmen. Die Kraft $\mathbf{F}_k = \mathbf{F}_k(\mathbf{R})$ auf den k-ten Kern resultiert also aus den zwischen den Kernen herrschenden Coulomb-Kräften (aus dem Potential V_{KK}) und einer zusätzlichen effektiven, durch die Elektronen bewirkten Kraft. Diese hat die Form einer Coulomb-Kraft, die von einer hypothetischen Elektronenwolke mit einer durch die Lösung der elektronischen Schrödingergleichung gegebenen Dichte induziert wird. Auf diese Weise wird der Einfluß der Elektronen auf die Kerne berücksichtigt.

3 Das Linked-Cell-Verfahren für kurzreichweitige Potentiale

In Kapitel 1 haben wir das Partikelmodell, erste Potentiale sowie den Basisalgorithmus vorgestellt. Weitere Potentiale haben wir in Abschnitt 2.2.4 kennengelernt. Offene Fragen sind dabei die schnelle Auswertung der Potentiale beziehungsweise der daraus resultierenden Kräfte an den Partikelpositionen und die Wahl eines geeigneten Integrationsverfahrens. Diesen Problemen sind die folgenden Kapitel des Buches gewidmet. Die verschiedenen Verfahren und Algorithmen für die Auswertung der Kräfte sind dabei stark von der Art der verwendeten Potentiale abhängig. Wir beginnen die Diskussion in diesem Kapitel mit der Herleitung eines Algorithmus für kurzreichweitige Wechselwirkungen, die sich jeweils nur auf die nächsten geometrischen Nachbarn eines Partikels beschränken lassen. Man beachte jedoch, daß der hier vorgestellte Algorithmus auch die Basis für die in den Kapiteln 7 und 8 diskutierten Verfahren für Probleme mit langreichweitigen Wechselwirkungen darstellt.

Es sei ein System aus N Partikeln mit den Massen $\{m_1, \cdots, m_N\}$ gegeben, das durch die Orte $\{\mathbf{x}_1, \cdots, \mathbf{x}_N\}$ und Geschwindigkeiten $\{\mathbf{v}_1, \cdots, \mathbf{v}_N\}$ (beziehungsweise Impulse $\mathbf{p}_i = m_i \mathbf{v}_i$) charakterisiert ist. Sowohl $\mathbf{x}_i$ als auch $\mathbf{v}_i$ sind dabei jeweils zwei- oder dreidimensionale reelle Vektoren (für jede Raumrichtung eine Dimension) und sind Funktionen der Zeit t. Der Raum, der von den Freiheitsgraden der Orte und Geschwindigkeiten aufgespannt wird, heißt Phasenraum. Jeder Punkt im $4N$- oder $6N$-dimensionalen Phasenraum repräsentiert eine bestimmte Konfiguration des Systems.

Für das Simulationsgebiet nehmen wir im folgenden immer eine rechteckige Gestalt $\Omega = [0, L_1] \times [0, L_2]$ in zwei Dimensionen beziehungsweise $\Omega = [0, L_1] \times [0, L_2] \times [0, L_3]$ in drei Dimensionen mit den Seitenlängen L_1, L_2 und L_3 an. Abhängig von der jeweiligen Aufgabenstellung herrschen an den Rändern des Simulationsgebiets bestimmte Bedingungen, die wir im folgenden aufzählen, ohne zunächst im Detail darauf einzugehen. Eine konkretere Darstellung findet sich später bei den entsprechenden Anwendungen.

In periodischen Systemen, wie zum Beispiel Kristallen, sind periodische Bedingungen am Rand ein natürlicher Zugang. Sie werden aber auch bei nicht-periodischen Problemen verwendet, um die beschränkte Größe des numerischen Simulationsgebietes Ω auszugleichen. Dann wird das System in der Simulation künstlich durch periodische Fortsetzung auf ganz $\mathbb{R}^2$ beziehungsweise $\mathbb{R}^3$ erweitert, vergleiche Abbildung 3.1. Partikel, die das Simulationsgebiet auf einer Seite verlassen, treten damit auf der gegenüberliegenden Seite wieder in das Gebiet ein. Partikel, die an gegenüberliegenden Rändern des Simulationsgebietes liegen, wechselwirken miteinander.

Reflektierende Randbedingungen treten bei einer geschlossenen Simulationsbox auf. Ein Partikel, das sich bis auf einen gewissen Abstand dem Rand genähert hat, erfährt dabei eine abstoßende Kraft, die es von der Wand abprallen läßt.

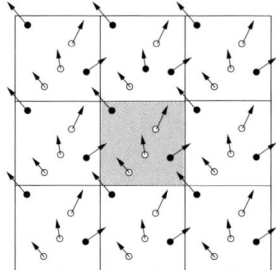

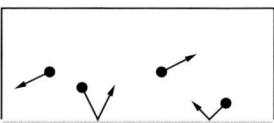

Abb. 3.1. Simulationsgebiet mit periodischen Randbedingungen in zwei Dimensionen. Das grau dargestellte Simulationsgebiet wird in jede Raumrichtung repliziert. Partikel, die an einem Ende das Simulationsgebiet verlassen, treten am gegenüberliegenden Ende wieder ein.

Abb. 3.2. Reflektierende Randbedingungen in zwei Dimensionen. Partikel, die an den Rand treffen, werden dort reflektiert.

Ausströmbedingungen kommen bei Rändern zum Einsatz, an denen Partikel das Simulationsgebiet verlassen können. Bei Einströmbedingungen hingegen können zu bestimmten Zeitpunkten neue Partikel über den Rand in das Simulationsgebiet eintreten.

Darüberhinaus gibt es noch eine Reihe weiterer problemspezifischer Randbedingungen. Ein Beispiel hierfür ist eine Wand mit einer fest vorgegebenen Temperatur. Partikel, die auf sie treffen, werden reflektiert, jedoch dabei mit einer neuen Geschwindigkeit versehen, die von der Temperatur der Wand abhängt.

Wir nehmen nun an, daß die zeitliche Entwicklung des betrachteten Systems im Gebiet Ω durch die Hamiltonschen Bewegungsgleichungen

$$\dot{\mathbf{x}}_i = \nabla_{\mathbf{p}_i} \mathcal{H}, \quad \dot{\mathbf{p}}_i = -\nabla_{\mathbf{x}_i} \mathcal{H}, \; i = 1, \ldots, N, \tag{3.1}$$

mit einer Hamiltonfunktion $\mathcal{H}$ beschrieben wird. Der Punkt ˙ bezeichnet dabei, wie üblich, die partielle Ableitung nach der Zeit.

Handelt es sich bei der Wechselwirkung zwischen den Partikeln um ein nicht explizit von der Zeit abhängiges (konservatives) Potential[1]

$$V = V(\mathbf{x}_1, \ldots, \mathbf{x}_N),$$ (3.2)

und werden kartesische Koordinaten und Geschwindigkeiten benutzt, so lautet die Hamiltonfunktion

$$\mathcal{H}(\mathbf{x}_1, \ldots, \mathbf{x}_N, \mathbf{p}_1, \ldots, \mathbf{p}_N) = \sum_{i=1}^{N} \frac{\mathbf{p}_i^2}{2m_i} + V(\mathbf{x}_1, \ldots, \mathbf{x}_N).$$ (3.3)

Über die Hamiltonschen Bewegungsgleichungen (3.1) erhält man mit $\mathbf{p}_i = m_i \mathbf{v}_i$ direkt die Newtonschen Bewegungsgleichungen

$$\begin{aligned}\dot{\mathbf{x}}_i &= \mathbf{v}_i, \\ m_i \dot{\mathbf{v}}_i &= \mathbf{F}_i,\end{aligned} \quad i = 1, \ldots, N$$ (3.4)

beziehungsweise

$$m_i \ddot{\mathbf{x}}_i = \mathbf{F}_i, \quad i = 1, \ldots, N,$$ (3.5)

wobei $\mathbf{F}_i$ im Falle konservativer Kraftfelder nur von den Koordinaten abhängt und durch

$$\mathbf{F}_i = -\nabla_{\mathbf{x}_i} V(\mathbf{x}_1, \ldots, \mathbf{x}_N)$$ (3.6)

gegeben ist. Der Ausdruck $\nabla_{\mathbf{x}_i} V(\mathbf{x}_1, \ldots, \mathbf{x}_N)$ steht hier wieder verkürzt für $\nabla_{\mathbf{y}} V(\mathbf{x}_1, \ldots, \mathbf{x}_{i-1}, \mathbf{y}, \mathbf{x}_{i+1}, \ldots, \mathbf{x}_N)$ ausgewertet an der Stelle $\mathbf{y} = \mathbf{x}_i$, vergleiche auch die Bemerkung auf Seite 19. Sind die Anfangspositionen und Anfangsgeschwindigkeiten der Partikel vorgegeben, so ist die weitere Zeitentwicklung des Systems allein von dem zwischen den Partikeln herrschenden Potential abhängig.[2]

---

[1] In Kapitel 2 hatten wir für die klassischen Koordinaten die Bezeichnung $(\mathbf{R}_1, \ldots, \mathbf{R}_N)$ verwendet. Hier und im folgenden werden wir die Orte der Teilchen, und damit die Variablen der Potentiale mit $(\mathbf{x}_1, \ldots, \mathbf{x}_N)$ bezeichnen. Konkrete Beispiele für Potentiale finden sich am Ende von Abschnitt 2.2.4 sowie in den Anwendungskapiteln 3.6, 3.7.3 und 5.

[2] Etwas allgemeiner kann man das System gewöhnlicher Differentialgleichungen

$$M\ddot{\mathbf{x}} = -A\mathbf{x} + \mathbf{F}(\mathbf{x})$$ (3.7)

betrachten. Die in diesem Buch behandelten Methoden für die schnelle numerische Lösung von Differentialgleichungen des Typs (3.5) lassen sich auch zur effizienten Lösung dieser Gleichung verwenden. Durch diese Verallgemeinerung lassen sich zum Beispiel die Smoothed-Particle-Hydrodynamics-Methode [192, 252, 365, 389, 431] für die Euler- und die Navier-Stokes-Gleichungen oder auch Vortex-Methoden [144, 155, 376, 403] für Strömungsprobleme in den obigen Rahmen eingliedern und mit den hier vorgestellten Methoden behandeln.

Die Hamiltonfunktion (3.3) besteht aus der potentiellen Energie, die durch Auswertung des Potentials V an den Partikelpositionen gegeben ist, und aus der kinetischen Energie

$$E_{kin} = \sum_{i=1}^{N} \frac{\mathbf{p}_i^2}{2m_i} = \sum_{i=1}^{N} \frac{1}{2} m_i \mathbf{v}_i^2. \tag{3.8}$$

Die totale Energie des Systems ist durch $E = E_{kin} + V$ gegeben und ihre zeitliche totale Ableitung lautet

$$\frac{dE}{dt} = \frac{dE_{kin}}{dt} + \frac{dV}{dt} = \sum_{i=1}^{N} m_i \mathbf{v}_i \dot{\mathbf{v}}_i + \frac{\partial V}{\partial t} + \sum_{i=1}^{N} \nabla_{\mathbf{x}_i} V \cdot \frac{\partial \mathbf{x}_i}{\partial t}.$$

Für Systeme mit Potentialen der Form (3.2) gilt $\partial V/\partial t = 0$. Setzt man nun die Definition der Kraft (3.6) ein und berücksichtigt die Newtonschen Bewegungsgleichungen, so erhält man

$$\frac{dE}{dt} = \sum_{i=1}^{N} (m_i \dot{\mathbf{v}}_i + \sum_{i=1}^{N} \nabla_{\mathbf{x}_i} V) \mathbf{v}_i \tag{3.9}$$

$$= \sum_{i=1}^{N} (m_i \dot{\mathbf{v}}_i - \sum_{i=1}^{N} \mathbf{F}_i) \mathbf{v}_i = 0. \tag{3.10}$$

Die Energie E ist also eine Konstante der Bewegung, das heißt sie bleibt über die Zeit erhalten. Deswegen ist sie eine Erhaltungsgröße des Systems [367].

Bevor wir uns dem Thema der schnellen Auswertung der Kräfte $\mathbf{F}_i$ und der Berechnung der Energien zuwenden, führen wir im nächsten Abschnitt zunächst ein Standardverfahren zur Zeitintegration ein.

3.1 Die Zeitdiskretisierung – das Integrationsverfahren von Störmer-Verlet

Mit dem Begriff der Diskretisierung beschreibt man in der Numerik den Übergang von einem kontinuierlichen Problem zu einem Problem, das nur in endlich vielen Punkten betrachtet wird. Diskretisierungen werden hauptsächlich bei der Lösung von Differentialgleichungen verwendet, indem die Differentialgleichung in ein Gleichungssystem umgewandelt wird, dessen Lösung die Werte der Lösung der Differentialgleichung nur an den ausgewählten Punkten approximiert. In unserem Zusammenhang handelt es sich dabei um die Berechnung der neuen Orte und Geschwindigkeiten der Partikel aus den alten Orten, den alten Geschwindigkeiten und den zugehörigen Kräften.

Einfache Diskretisierungsformeln. Wir zerlegen nun das Zeitintervall $[0, t_{end}] \subset \mathbb{R}$, auf dem das System von Differentialgleichungen (3.4) gelöst werden soll, in I Teilintervalle gleicher Größe, $\delta t := t_{end}/I$. Wir erhalten so ein Gitter, das die Punkte $t_n := n \cdot \delta t$, $n = 0, \ldots, I$ enthält, die auf den Intervallgrenzen liegen. Die Differentialgleichungen werden dann nur noch an diesen Punkten der Zeitachse betrachtet. Gemäß der Definition der Ableitung

$$\frac{dx}{dt} := \lim_{\delta t \to 0} \frac{x(t + \delta t) - x(t)}{\delta t}$$

einer differenzierbaren Funktion $x : \mathbb{R} \longrightarrow \mathbb{R}$ wird der kontinuierliche Differentialoperator dx/dt am Gitterpunkt t_n durch den diskreten einseitigen Differenzenoperator

$$\left[\frac{dx}{dt}\right]_n^r := \frac{x(t_{n+1}) - x(t_n)}{\delta t} \tag{3.11}$$

approximiert, indem die Limesbildung weggelassen wird. Dabei ist $t_{n+1} = t_n + \delta t$ der benachbarte Gitterpunkt rechts von t_n. Taylorentwicklung der Funktion x um den Punkt t_{n+1} gemäß

$$x(t_n + \delta t) = x(t_n) + \delta t \frac{dx}{dt}(t_n) + \mathcal{O}(\delta t^2) \tag{3.12}$$

ergibt einen Diskretisierungsfehler der Ordnung $\mathcal{O}(\delta t)$ für die Approximation der ersten Ableitung. Das heißt, bei Halbierung der Schrittweite ist auch in etwa eine Halbierung des zeitlichen Fehlers zu erwarten.

Alternativ kann der Differentialoperator dx/dt am Gitterpunkt t_n auch durch den zentralen Differenzenoperator

$$\left[\frac{dx}{dt}\right]_n^z := \frac{x(t_{n+1}) - x(t_{n-1})}{2\delta t} \tag{3.13}$$

approximiert werden. Taylorentwicklung ergibt in diesem Fall einen Diskretisierungsfehler der Ordnung $\mathcal{O}(\delta t^2)$ für die Approximation der ersten Ableitung.

Die zweite Ableitung d^2x/dt^2 kann am Gitterpunkt t_n durch den Differenzenoperator

$$\left[\frac{d^2 x}{dt^2}\right]_n := \frac{1}{\delta t^2} \left(x(t_n + \delta t) - 2x(t_n) + x(t_n - \delta t) \right) \tag{3.14}$$

approximiert werden. Durch Taylorentwicklung um die beiden Punkte $t_n + \delta t$ und $t_n - \delta t$ bis zur dritten Ordnung erhält man

$$x(t_n + \delta t) = x(t_n) + \delta t \frac{dx(t_n)}{dt} + \frac{1}{2}\delta t^2 \frac{d^2 x(t_n)}{dt^2} + \frac{1}{6}\delta t^3 \frac{d^3 x(t_n)}{dt^3} + \mathcal{O}(\delta t^4) \tag{3.15}$$

und

$$x(t_n - \delta t) = x(t_n) - \delta t \frac{dx(t_n)}{dt} + \frac{1}{2}\delta t^2 \frac{d^2 x(t_n)}{dt^2} - \frac{1}{6}\delta t^3 \frac{d^3 x(t_n)}{dt^3} + \mathcal{O}(\delta t^4). \quad (3.16)$$

Setzt man dies in (3.14) ein, so ergibt sich direkt

$$\left[\frac{d^2 x}{dt^2}\right]_n = \frac{d^2 x(t_n)}{dt^2} + \mathcal{O}(\delta t^2).$$

Der Diskretisierungsfehler für die Approximation der zweiten Ableitung durch (3.14) ist damit von der Ordnung $\mathcal{O}(\delta t^2)$.

Die Diskretisierung der Newtonschen Bewegungsgleichungen. Ein effizienter und zugleich stabiler Algorithmus für die Zeitdiskretisierung der Newtonschen Gleichungen (3.4) ist der Verlet-Algorithmus [319, 587, 636], der auf dem Integrationsverfahren von Störmer [579] aufbaut. Er basiert auf den oben eingeführten Differenzenoperatoren. Im folgenden werden verschiedene Formen des Störmer-Verlet-Verfahrens hergeleitet.

Ist ein System gewöhnlicher Differentialgleichungen zweiter Ordnung in der Form (3.5) gegeben, so kann man in jedem Zeitpunkt t_n, $n = 1, \ldots, I-1$, die Differentialquotienten durch Differenzenquotienten ersetzen. Dann läßt sich, indem man (3.14) anwendet, der Ort zum Zeitpunkt t_{n+1} aus den Positionen zur Zeit t_n und t_{n-1} sowie aus der Kraft zur Zeit t_n ermitteln. Mit den Abkürzungen $\mathbf{x}_i^n := \mathbf{x}_i(t_n)$ und analogen Abkürzungen für $\mathbf{v}_i$ und $\mathbf{F}_i$ erhält man zunächst

$$m_i \frac{1}{\delta t^2} \left(\mathbf{x}_i^{n+1} - 2\mathbf{x}_i^n + \mathbf{x}_i^{n-1}\right) = \mathbf{F}_i^n \quad (3.17)$$

und damit

$$\mathbf{x}_i^{n+1} = 2\mathbf{x}_i^n - \mathbf{x}_i^{n-1} + \delta t^2 \cdot \mathbf{F}_i^n / m_i, \quad (3.18)$$

wobei hier die rechte Seite $\mathbf{F}_i$ zum Zeitpunkt t_n ausgewertet wird.[3] Sind die Startpositionen $\mathbf{x}_i^0$ und die Positionen $\mathbf{x}_i^1$ im ersten Zeitschritt gegeben, so können alle folgenden Positionen mit Hilfe dieses Schemas eindeutig bestimmen werden. (3.18) ist die Standardform [636] des Störmer-Verlet-Algorithmus zur Integration der Newtonschen Bewegungsgleichungen. Gespeichert werden müssen dabei jeweils die Positionen zu den Zeitpunkten t_n und t_{n-1} sowie die Kraft zum Zeitpunkt t_n. Ein Nachteil des Verfahrens in dieser Form sind eventuelle große Rundungsfehler durch das Addieren von Werten stark unterschiedlicher Größe. Ein wegen des Faktors δt^2 kleiner

---

[3] Um diese Gleichungen vollständig in der Zeit zu diskretisieren, muß auch die rechte Seite $\mathbf{F}_i$ eindeutigen Zeitschritten zugeordnet werden. Wird sie zum Zeitpunkt t_n ausgewertet, so spricht man von einem expliziten Zeitschrittverfahren, bei dem die Funktionswerte zum Zeitpunkt t_{n+1} direkt aus denen zu vorherigen Zeitpunkten berechnet werden können. Größere Zeitschritte erlauben implizite Zeitschrittverfahren, bei denen die rechte Seite zum Zeitpunkt t_{n+1} ausgewertet wird. Hier muß aber dann in jedem Zeitschritt ein lineares oder nichtlineares Gleichungssystem gelöst werden. Für eine weiterführende Diskussion, siehe Kapitel 6.

Kraftterm $\delta t^2 \cdot \mathbf{F}_i^n / m_i$ in (3.18) wird zu den zwei viel größeren und von der Zeitschrittweite δt unabhängigen Termen $2\mathbf{x}_i^n$ und $\mathbf{x}_i^{n-1}$ addiert. Weiterhin sind in (3.18) keine Geschwindigkeiten enthalten, die aber zum Beispiel für die Berechnung der kinetischen Energie benötigt werden. Die Geschwindigkeit als Ableitung nach dem Ort kann man mit dem zentralen Differenzenschema (3.13) gemäß

$$\mathbf{v}_i^n = \frac{\mathbf{x}_i^{n+1} - \mathbf{x}_i^{n-1}}{2\delta t} \tag{3.19}$$

approximieren.

Es existieren zwei weitere (in exakter Arithmetik äquivalente) Formulierungen des Störmer-Verlet-Algorithmus, die aber weniger anfällig für Rundungsfehler sind als die Formulierung (3.18). Die eine ist das sogenannte Leapfrog-Schema [319], bei dem die Geschwindigkeiten zum Halbschritt $t + \delta t/2$ berechnet werden. Dabei werden zuerst die Geschwindigkeiten $\mathbf{v}_i^{n+1/2}$ aus den Geschwindigkeiten zum Zeitpunkt $t_{n-1/2}$ und der Kraft zum Zeitpunkt t_n gemäß

$$\mathbf{v}_i^{n+1/2} = \mathbf{v}_i^{n-1/2} + \frac{\delta t}{m_i} \mathbf{F}_i^n \tag{3.20}$$

berechnet. Die Positionen $\mathbf{x}_i^{n+1}$ werden dann aus den gerade berechneten Geschwindigkeiten und den Positionen zum Zeitpunkt t_n als

$$\mathbf{x}_i^{n+1} = \mathbf{x}_i^n + \delta t \mathbf{v}_i^{n+1/2} \tag{3.21}$$

bestimmt. Gegenüber der Standardform (3.18) ist der Effekt von Rundungsfehlern reduziert. Zudem werden die Geschwindigkeiten explizit berechnet. Allerdings liegen Positionen und Geschwindigkeiten zu unterschiedlichen Zeitpunkten vor, so daß die Geschwindigkeiten zum Zeitpunkt t_n zum Beispiel noch durch die Mittelung $\mathbf{v}_i^n = (\mathbf{v}_i^{n+1/2} + \mathbf{v}_i^{n-1/2})/2$ zu berechnen sind. Erst dann können kinetische und potentielle Energie zum selben Zeitpunkt t^{n+1} ausgewertet werden.[4]

Eine andere Formulierung ist der sogenannte Geschwindigkeits-Störmer-Verlet-Algorithmus [587]. Löst man (3.19) nach $\mathbf{x}_i^{n-1}$ auf, setzt das Ergebnis in (3.18) ein und löst dann nach $\mathbf{x}_i^{n+1}$ auf, so erhält man

$$\mathbf{x}_i^{n+1} = \mathbf{x}_i^n + \delta t \mathbf{v}_i^n + \frac{\mathbf{F}_i^n \cdot \delta t^2}{2m_i}. \tag{3.22}$$

Für die Geschwindigkeit ergibt sich aus (3.18) und (3.19)

$$\mathbf{v}_i^n = \frac{\mathbf{x}_i^{n+1} - \mathbf{x}_i^{n-1}}{2\delta t} = \frac{\mathbf{x}_i^n}{\delta t} - \frac{\mathbf{x}_i^{n-1}}{\delta t} + \frac{\mathbf{F}_i^n}{2m_i} \delta t.$$

---

[4] Als Startwerte werden hier die Orte und Geschwindigkeiten der Partikel zum Zeitpunkt t_0 benötigt. Die Geschwindigkeit zum Zeitpunkt $t_{1/2}$ kann daraus mittels $\mathbf{v}_i^{1/2} = \mathbf{v}_i^0 + \frac{\delta t}{2m_i} \mathbf{F}_i^0$ berechnet werden.

Durch Addition des entsprechenden Ausdrucks für $\mathbf{v}_i^{n+1}$ erhält man

$$\mathbf{v}_i^{n+1} + \mathbf{v}_i^n = \frac{\mathbf{x}_i^{n+1} - \mathbf{x}_i^{n-1}}{\delta t} + \frac{(\mathbf{F}_i^{n+1} + \mathbf{F}_i^n)\delta t}{2m_i}. \tag{3.23}$$

Mit Gleichung (3.19) folgt schließlich

$$\mathbf{v}_i^{n+1} = \mathbf{v}_i^n + \frac{(\mathbf{F}_i^n + \mathbf{F}_i^{n+1})\delta t}{2m_i}. \tag{3.24}$$

Beziehung (3.22) zusammen mit Relation (3.24) ergibt den sogenannten Geschwindigkeits-Störmer-Verlet-Algorithmus. Abbildung 3.3 zeigt schematisch die aufeinanderfolgenden einzelnen Berechnungsschritte bei den drei beschriebenen Formulierungen. Die erste Zeile gibt dabei das Vorgehen bei der Standardform (3.18) an. Die zweite Zeile illustriert den Ablauf des Leapfrog-Schemas (3.20) und (3.21). Die dritte Zeile gibt das Vorgehen beim Geschwindigkeits-Störmer-Verlet-Verfahren (3.22) und (3.24) an.

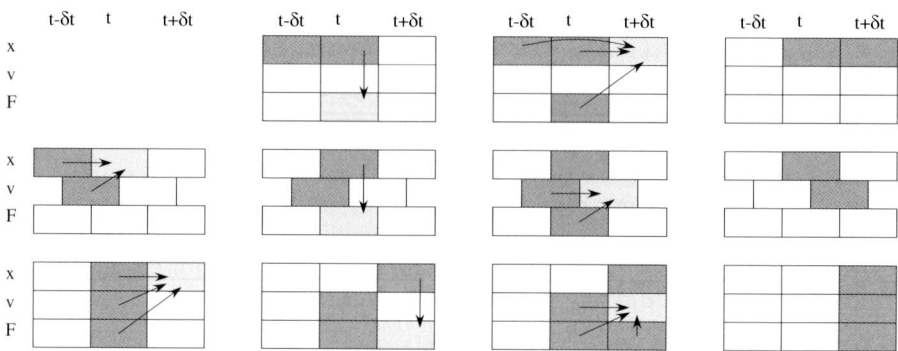

Abb. 3.3. Integrationsverfahren von Störmer-Verlet: Drei Varianten des Verfahrens. Standardform (3.18) (oben), Leapfrog-Schema (3.20), (3.21) (Mitte), Geschwindigkeits-Störmer-Verlet-Verfahren (3.22), (3.24) (unten).

Alle drei Formulierungen besitzen etwa die gleichen Speicherplatzanforderungen, wobei die Geschwindigkeitsvariante des Störmer-Verlet-Verfahrens ein Hilfsfeld mehr benötigt. Die Genauigkeit aller drei Varianten ist von zweiter Ordnung, d.h. $\mathcal{O}(\delta t^2)$. Die Darstellung (3.22), (3.24) ist für die Implementierung besonders empfehlenswert, da sie stabil bezüglich Rundungsfehlern ist und Ort und Geschwindigkeit gleichzeitig ohne zusätzliche Berechnungen zur Verfügung stehen.

Der Algorithmus zur Integration der Bewegungsgleichungen (3.4) läuft damit folgendermaßen ab: Mit den gegebenen Anfangswerten für $\mathbf{x}_i^0$ und $\mathbf{v}_i^0$, $i = 1, \ldots, N$, wird in einer äußeren Iterationsschleife beginnend beim

Zeitpunkt $t = 0$ die Zeit solange um δt erhöht, bis die Endzeit t_{end} erreicht ist. Sind die Werte zum Zeitpunkt t_n bereits bekannt, dann können die Werte für jedes Partikel zum Zeitpunkt t_{n+1} mittels (3.22) und (3.24) berechnet werden. Zunächst bestimmen wir dazu in einer Schleife über alle Partikel die neuen Positionen. Sind diese bekannt, so bestimmen wir die neuen Kräfte. Liegen diese vor, dann berechnen wir schließlich in einer Schleife über alle Partikel die neuen Geschwindigkeiten.[5] Damit erhalten wir insgesamt das Störmer-Verlet-Verfahren in Geschwindigkeits-Form. Es ist in Algorithmus 3.1 zusammengefaßt.[6]

Algorithmus 3.1 Geschwindigkeits-Störmer-Verlet-Verfahren

```
//   Start mit Anfangsdaten x, v, t
//   Hilfsvektor F^old;
berechne Kräfte F;
while (t < t_end) {
  t = t + delta_t;
  Schleife über alle i {                          // update x
    x_i = x_i + delta_t * (v_i + .5 / m_i * F_i* delta_t); // gemäß (3.22)
    F_i^old = F_i;
  }
  berechne Kräfte F;
  Schleife über alle i                            // update v
    v_i = v_i + delta_t * .5 / m_i * (F_i + F_i^old);    // gemäß (3.24)
  berechne abgeleitete Größen wie zum Beispiel kinetische oder potentielle Energie;
  gebe Werte t, x, v sowie abgeleitete Größen aus;
}
```

Thermodynamische Größen - wie zum Beispiel die kinetische oder die potentielle Energie - können gemeinsam an einer Stelle im Programm berechnet werden, da die Orte wie auch die Geschwindigkeiten der Partikel zum gleichen Zeitpunkt vorliegen, vergleiche Abbildung 3.3 (unten rechts). So läßt sich die kinetische Energie

---

[5] Die Realisierung von Algorithmen für die anderen aufgeführten Varianten ergibt sich auf analoge Weise.

[6] In Algorithmus 3.1 sind innerhalb der Zeitschleife drei Schleifen nötig, um die Orte, Kräfte und Geschwindigkeiten zu berechnen. Man kann dies auf zwei Schleifen über die Partikel reduzieren, indem man zuerst in einer Schleife die Kräfte F_i bestimmt und dann in einer zweiten Schleife die Geschwindigkeiten v_i und die Orte x_i berechnet. Als Ergebnis erhält man aber Ort und Geschwindigkeit zu verschiedenen Zeitpunkten. Die Ausgabe und die Berechnung von abgeleiteten Größen wie Temperatur, kinetische oder potentielle Energie muß dann zusätzlich in dieser zweiten Schleife stattfinden.

$$E^n_{kin} = \frac{1}{2} \sum_{i=1}^{N} m_i (\mathbf{v}^n_i)^2 \tag{3.25}$$

zum Zeitpunkt t_n im Algorithmus direkt nach der Berechnung der Geschwindigkeiten $\mathbf{v}^n_i$ bestimmen. Ebenso erhält man hier auch die potentielle Energie $V^n = V(\mathbf{x}^n_1, \ldots, \mathbf{x}^n_N)$ zum Zeitpunkt t_n aus den Orten $\mathbf{x}^n_i$ der Partikel zum Zeitpunkt t_n.

Entscheidende Kriterien für Integrationsverfahren in der Moleküldynamik sind die Effizienz, die Genauigkeit und die Energieerhaltung. Die Genauigkeit gibt an, wie weit die numerisch berechnete Trajektorie der Partikel nach einem Zeitschritt von der exakten Trajektorie der Partikel abweicht. Der Fehler wird üblicherweise in Potenzen der Schrittweite δt angegeben. Bei Hamiltonfunktionen, die nicht explizit zeitabhängig sind, wird die Energie entlang der Trajektorie der Partikel erhalten, vergleiche (3.10). Die numerische Trajektorie kann hingegen von der exakten Trajektorie abweichen und eine leichte Drift in der Energie aufweisen. Hierbei ist es entscheidend zwischen den Fehlern zu unterscheiden, die durch die endliche Genauigkeit der Computerarithmetik oder durch das Integrationsverfahren bei exakter Arithmetik verursacht werden.

Eng damit verbunden ist die Frage, ob ein Integrationsverfahren die Eigenschaften der Zeitreversibilität und der Symplektizität aufweist. Zeitreversibilität garantiert, daß in Abwesenheit von numerischen Rundungsfehlern die berechnete Trajektorie durch Vorzeichenwechsel für die Geschwindigkeiten in der Zeit exakt zurückgelaufen werden kann und man schließlich die Startkonfiguration zurückerhält. Ein Integrator läßt sich als Abbildung im Phasenraum interpretieren. Wendet man den Integrator auf eine meßbare Menge von Punkten im Phasenraum an, dann wird diese Menge auf eine andere meßbare Menge im Phasenraum abgebildet. Der Integrator heißt symplektisch, wenn die Maße der beiden Mengen gleich sind. Die Abbildung erfüllt dann, wie die exakte Hamiltonfunktion, das sogenannte Liouville-Theorem [546] und ist maßerhaltend im Phasenraum. Symplektische Methoden besitzen ausgezeichnete Eigenschaften der Energieerhaltung, siehe Abschnitt 6.1. Mittels symplektischer Methoden berechnete numerische Approximationen lassen sich als exakte Lösungen von leicht gestörten Hamiltonsystemen betrachten. Die Störung läßt sich dann durch asymptotische Entwicklungen in Potenzen der Schrittweite analysieren. Eine detailierte Diskussion dieser Aspekte von Integrationsverfahren sowie weitere Bemerkungen findet man in Kapitel 6.

Im Vergleich zu vielen anderen Integrationsverfahrens hat das Störmer-Verlet-Verfahren den Vorteil, daß es zeitreversibel und symplektisch ist, was in Abschnitt 6.2 diskutiert wird. Aufgrund dieser Eigenschaften und seiner Einfachheit ist es eines der meistverwendeten Verfahren zur Integration der Newtonschen Bewegungsgleichungen.

3.2 Implementierung des Basisalgorithmus

Mit den bisher eingeführten Techniken können wir bereits den Prototypen (siehe Algorithmus 1.1) der Moleküldynamik-Methode implementieren. Dazu verwenden wir das Geschwindigkeits-Störmer-Verlet-Verfahren zur Zeitintegration aus Algorithmus 3.1 und betrachten zunächst das Gravitationspotential (2.42) als Beispiel für die Partikelwechselwirkungen. Das entstehende Verfahren werden wir im weiteren Verlauf dieses Buchs mit neuen Algorithmen für die Kraftauswertung beschleunigen und an andere Potentialformen anpassen.

Zunächst vereinbaren wir folgende Konstanten, Datentypen und Macros:

```
#define DIM 2
typedef double real;
#define sqr(x) ((x)*(x))
```

Im dreidimensionalen Fall muß hier später entsprechend DIM gleich 3 gesetzt werden. Für die Datenstruktur eines Partikels können wir die Variablen für Masse, Ort, Geschwindigkeit und Kraft der Zeitintegration direkt übernehmen.

Datenstruktur 3.1 Partikel
```
typedef struct {
  real m;          // Masse
  real x[DIM];     // Ort
  real v[DIM];     // Geschwindigkeit
  real F[DIM];     // Kraft
} Particle;
```

Wir passen nun die Geschwindigkeitsversion des Störmer-Verlet-Verfahrens aus Algorithmus 3.1 an die Partikeldatenstruktur 3.1 an. Hierfür benötigen wir eine Routine compF_basis, die die Kraft zum Zeitpunkt t am aktuellen Ort der Partikel berechnet, siehe Algorithmus 3.6. Weiterhin brauchen wir die Routinen compX_basis und compV_basis, die die Orte und Geschwindigkeiten für den aktuellen Zeitschritt berechnen, vergleiche Algorithmus 3.4. Dort werden jeweils alle Partikel in einer Schleife durchlaufen und die Routinen updateX und updateV aufgerufen. Diese sind in Algorithmus 3.5 implementiert. In der Routine compoutStatistic_basis in Algorithmus 3.2 berechnen wir gewünschte abgeleitete Größen wie etwa die kinetische Energie[7] und geben ihre Werte in geeigneter Form in eine Datei aus. In der Routine outputResults_basis geben wir schließlich die aktuelle Zeit sowie die Werte der Orte und Geschwindigkeiten der Partikel in eine Datei zur Nachbereitung aus. Die konkrete Realisierung dieser beiden Routinen sei hier dem Leser überlassen. Das resultierende Gesamtverfahren ist in Algorithmus 3.2 aufgeführt.

Algorithmus 3.2 Geschwindigkeits-Störmer-Verlet-Verfahren

```
void timeIntegration_basis(real t, real delta_t, real t_end,
                           Particle *p, int N) {
  compF_basis(p, N);
  while (t < t_end) {
    t += delta_t;
    compX_basis(p, N, delta_t);
    compF_basis(p, N);
    compV_basis(p, N, delta_t);
    compoutStatistic_basis(p, N, t);
    outputResults_basis(p, N, t);
  }
}
```

Algorithmus 3.3 Berechnung der kinetischen Energie

```
void compoutStatistic_basis(Particle *p, int N, real t) {
  real e = 0;
  for (int i=0; i<N; i++) {
    real v = 0;
    for (int d=0; d<DIM; d++)
      v += sqr(p[i].v[d]);
    e += .5 * p[i].m * v;
  }
  // gib kinetische Energie e zur Zeit t aus
}
```

---

[7] An dieser Stelle kann später auch neben der Berechnung der kinetischen Energie die Berechnung der potentiellen Energie, der Temperatur, der Diffusion sowie weiterer Größen der statistischen Mechanik erfolgen, vergleiche Abschnitt 3.7.2.

Algorithmus 3.4 Teile des Geschwindigkeits-Störmer-Verlet-Zeitschritts für einen Vektor aus Partikeln

```
void compX_basis(Particle *p, int N, real delta_t) {
  for (int i=0; i<N; i++)
    updateX(&p[i], delta_t);
}
void compV_basis(Particle *p, int N, real delta_t) {
  for (int i=0; i<N; i++)
    updateV(&p[i], delta_t);
}
```

Für das Geschwindigkeits-Störmer-Verlet-Verfahren benötigen wir das zusätzliche Feld `real F_old[DIM]` in der Partikeldatenstruktur 3.1, das jeweils die Kraft aus dem vorangegangenen Zeitschritt speichert.[8]

Algorithmus 3.5 Teile des Geschwindigkeits-Störmer-Verlet-Zeitschritts für ein Partikel

```
void updateX(Particle *p, real delta_t) {
  real a = delta_t * .5 / p->m;
  for (int d=0; d<DIM; d++) {
    p->x[d] += delta_t * (p->v[d] + a * p->F[d]); // gemäß (3.22)
    p->F_old[d] = p->F[d];
  }
}
void updateV(Particle *p, real delta_t) {
  real a = delta_t * .5 / p->m;
  for (int d=0; d<DIM; d++)
    p->v[d] += a * (p->F[d] + p->F_old[d]);         // gemäß (3.24)
}
```

Die Kraftberechnung werden wir zunächst naiv ausführen, indem wir für die Kraft auf das Partikel i seine Wechselwirkung mit jedem anderen Partikel j bestimmen. Die Kraft auf ein Partikel i erhalten wir wegen

$$V(\mathbf{x}_1, \ldots, \mathbf{x}_N) = \sum_{i=1}^{N} \sum_{j=1, j>i}^{N} U(r_{ij})$$

mit

$$\mathbf{F}_i = -\nabla_{\mathbf{x}_i} V(\mathbf{x}_1, \ldots, \mathbf{x}_N) = \sum_{\substack{j=1 \\ j \neq i}}^{N} -\nabla_{\mathbf{x}_i} U(r_{ij}) = \sum_{\substack{j=1 \\ j \neq i}}^{N} \mathbf{F}_{ij}$$

---

[8] Wenn wir später ein anderes Zeitintegrationsverfahren einsetzen wollen, müssen wir hier geeignete weitere Hilfsvariablen anlegen.

gerade als Summe über die Einzelkräfte $\mathbf{F}_{ij} := -\nabla_{\mathbf{x}_i} U(r_{ij})$, wobei $r_{ij} := \|\mathbf{x}_j - \mathbf{x}_i\|$ den Abstand zwischen den Partikeln i und j bezeichnet. Dies ist in Algorithmus 3.6 angegeben. Die Berechnung der Kräfte können wir dabei als zweifache Schleife schreiben, in der die Prozedur force mit den Adressen der Partikel i und j aufgerufen wird.[9] Es ist klar, daß man für die Kraftberechnung $\mathcal{O}(N^2)$ Operationen benötigt.

Algorithmus 3.6 Kraftauswertung mit $\mathcal{O}(N^2)$ Operationen

```
void compF_basis(Particle *p, int N) {
  for (int i=0; i<N; i++)
    for (int d=0; d<DIM; d++)
      p[i].F[d] = 0;              // setze F für alle Partikel auf Null
  for (int i=0; i<N; i++)
    for (int j=0; j<N; j++)
      if (i != j) force(&p[i], &p[j]);   // addiere die Kraft F_ij zu F_i
}
```

Im folgenden Beispiel verwenden wir das Gravitationspotential (2.42). Aus dem (skalierten) Potential $U(r_{ij}) = -m_i m_j / r_{ij}$ erhalten wir die Kraft

$$\mathbf{F}_{ij} = -\nabla_{\mathbf{x}_i} U(r_{ij}) = \frac{m_i m_j}{r_{ij}^3} \mathbf{r}_{ij},$$

die von Partikel j auf Partikel i ausgeübt wird. Dabei bezeichnet

$$\mathbf{r}_{ij} := \mathbf{x}_j - \mathbf{x}_i$$

den Richtungsvektor zwischen den Partikeln i und j an den Orten $\mathbf{x}_i$ und $\mathbf{x}_j$ sowie r_{ij} dessen Betrag.[10] In Algorithmus 3.7 wird auf die vorher initialisierte Kraft $\mathbf{F}_i$ der Beitrag $\mathbf{F}_{ij}$ addiert.

Um eine Menge von N Partikeln zu speichern, können wir einen Vektor von Partikeln verwenden. Da wir die Zahl der Partikel N nicht schon zur Übersetzungszeit des Programms kennen und die Deklaration Particle[N] daher nicht möglich ist, müssen wir den Speicher für den Vektor dynamisch anfordern. Speicher reservieren und freigeben kann in C wie in Programmstück 3.1 angegeben geschrieben werden.

---

[9] Zeiger und das Dereferenzieren von Zeigern werden in C mit dem Operator * gekennzeichnet. Die dazu inverse Operation, das Bestimmen der Adresse einer Variablen, wird mit & geschrieben. Damit sind die Paare von Ausdrücken p[0] und *p, p[i] und *(p+i), sowie &p[i] und p+i jeweils äquivalent in Zeigerarithmetik.

[10] Man beachte, daß in einigen Büchern zur Moleküldynamik der Abstandsvektor mit $\mathbf{r}_{ij} := \mathbf{x}_i - \mathbf{x}_j$ gerade umgekehrte Richtung hat. Bei der Kraftberechnung erhält man deswegen durch das Nachdifferenzieren von $\mathbf{r}_{ij}$ nach $\mathbf{x}_i$ das umgekehrte Vorzeichen.

Algorithmus 3.7 Gravitations-Kraft zwischen zwei Partikeln

```
void force(Particle *i, Particle *j) {
  real r = 0;
  for (int d=0; d<DIM; d++)
    r += sqr(j->x[d] - i->x[d]);              // Abstandsquadrat r=r²ᵢⱼ
  real f = i->m * j->m /(sqrt(r) * r);
  for (int d=0; d<DIM; d++)
    i->F[d] += f * (j->x[d] - i->x[d]);
}
```

Programmstück 3.1 Dynamisch Speicher reservieren und freigeben

```
Particle *p = (Particle*)malloc(N * sizeof(*p));    // reservieren
free(p);                        // und wieder freigeben des Speichers
```

Wir benötigen eine Prozedur, in der die Parameter der Simulation, wie Zeitschrittweite und Partikelzahl, bereitgestellt werden. Weiterhin ist eine Funktion nötig, die die Initialisierung der Partikel (Masse, Ort und Geschwindigkeit) zu Beginn der Simulation bewerkstelligt. Diese können in einer Datei vorgegeben sein oder müssen erst geeignet erzeugt werden. Hierzu sind entsprechende Funktionen inputParameters_basis und initData_basis zu implementieren. Die Ausgabe der Ergebnisse erfolgt für jeden Zeitschritt in Algorithmus 3.2 mittels der Routinen compoutStatistic_basis und outputResults_basis. Auch diese sind in geeigneter Weise zu erstellen. Das Hauptprogramm für die Partikelsimulation kann dann aussehen wie in Algorithmus 3.8.

Algorithmus 3.8 Hauptprogramm

```
int main() {
  int N;
  real delta_t, t_end;
  inputParameters_basis(&delta_t, &t_end, &N);
  Particle *p = (Particle*)malloc(N * sizeof(*p));
  initData_basis(p, N);
  timeIntegration_basis(0, delta_t, t_end, p, N);
  free(p);
  return 0;
}
```

Damit lassen sich nun erste numerische Experimente durchführen. Unser Zeitintegrationsverfahren kommt ursprünglich aus der Astronomie. Es wurde bereits 1790 von Delambre [558] und später von Störmer [579] und anderen zur Berechnung der Bahnen von Planeten und Kometen sowie von elektrisch geladenen Teilchen benutzt. In Anlehnung daran betrachten wir ein einfaches astronomisches Problem. In einem vereinfachten Modell unseres Sonnensystems simulieren wir die Bewegung von Sonne, Erde, dem Planeten Jupiter und einem Kometen ähnlich dem Halleyschen Kometen. Die Bahnen verlegen wir in den zweidimensionalen Raum und die Sonne in den Ursprung. Die Körper werden als jeweils ein Partikel dargestellt. Zwischen den Partikeln wirkt das Gravitationspotential (2.42). Ein Satz von Anfangswerten ist in Tabelle 3.1 aufgeführt. Die resultierenden Bahnen der Himmelskörper sind in Abbildung 3.4 zu sehen.

$$m_{Sonne} = 1, \qquad \mathbf{x}^0_{Sonne} = (0,0), \qquad \mathbf{v}^0_{Sonne} = (0,0),$$
$$m_{Erde} = 3.0 \cdot 10^{-6}, \qquad \mathbf{x}^0_{Erde} = (0,1), \qquad \mathbf{v}^0_{Erde} = (-1,0),$$
$$m_{Jupiter} = 9.55 \cdot 10^{-4}, \qquad \mathbf{x}^0_{Jupiter} = (0,5.36), \qquad \mathbf{v}^0_{Jupiter} = (-0.425,0),$$
$$m_{Halley} = 1 \cdot 10^{-14}, \qquad \mathbf{x}^0_{Halley} = (34.75,0), \qquad \mathbf{v}^0_{Halley} = (0,0.0296),$$
$$\delta t = 0.015, \qquad t_{end} = 468.5$$

Tabelle 3.1. Parameterwerte für eine vereinfachte Simulation der Bahn des Halleyschen Kometen.

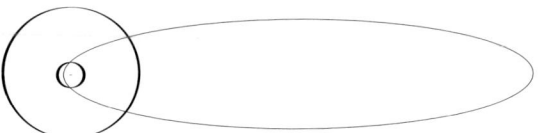

Abb. 3.4. Bahnkurven des Halleyschen Kometen, der Sonne, der Erde und des Jupiter im vereinfachten Modell.

Zur Visualisierung haben wir dabei in jedem Zeitschritt die Ortskoordinaten der Planeten mittels der Routine outputResults_basis in eine Datei geschrieben. Diese Daten lassen sich dann von einem Visualisierungs- oder Grafikprogramm zur Darstellung der Bahnkurven verwenden. Für Hinweise zu Visualisierungswerkzeugen siehe auch Anhang A.2. Wir sehen, daß sich die Himmelskörper alle näherungsweise auf elliptischen Keplerbahnen bewegen. Bei der Bahn von Erde und Jupiter liegen die Ellipsen nicht präzise aufeinander, was an den gegenseitigen Gravitationseinflüssen liegt.[11] Da die Sonne

---

[11] Die ellipsenförmigen Kepler-Bahnen der Planeten um ein Zentralgestirn sind stabil, wenn man nur das System aus Zentralgestirn und einem einzelnen Planeten rechnet. Wenn man aber zusätzlich den Einfluß der Kräfte zwischen den verschiedenen Planeten mit einbezieht, erhält man ein System, das sehr empfindlich von seinen Anfangsbedingungen abhängt. Dies wurde von Kolmogorov und später von Arnold und Moser in der KAM-Theorie [49] gezeigt. Darüber hinaus können relativistische Effekte und numerische Rundungsfehler zur Instabilität beitragen.

nicht exakt im Schwerpunkt des Systems liegt, beobachten wir auch eine leichte Bewegung der Sonne. Die Simulationszeit umfaßt einen vollständigen Umlauf des Kometen in etwa 76 Erdjahren, währenddessen die anderen Planeten entsprechend viele Umläufe um die Sonne machen. Weitere numerische Simulationen zur Dynamik von Planetensystemen findet man in [165].

Modifikationen des Basis-Algorithmus. Bei paarweisen Wechselwirkungen besagt das dritte Newtonsche Gesetz $\mathbf{F}_{ji} + \mathbf{F}_{ij} = 0$, daß die Kraft, die Partikel j auf Partikel i ausübt, bis auf das Vorzeichen gleich der Kraft ist, die Partikel i auf Partikel j ausübt, so daß die äußere Kraft auf beide Partikel zusammen verschwindet.[12] Bisher wurden die beiden Kräfte $\mathbf{F}_i$ und $\mathbf{F}_j$ auf Partikel i und j getrennt voneinander berechnet, indem $\mathbf{F}_{ij}$ und $\mathbf{F}_{ji}$ beide separat ausgewertet und aufsummiert wurden. Ist $\mathbf{F}_{ij}$ ausgewertet, so ist damit jedoch auch gleichzeitig $\mathbf{F}_{ji}$ bekannt und muß nicht nochmals ausgewertet werden. Addiert man also in Algorithmus 3.6 $\mathbf{F}_{ij}$ zu $\mathbf{F}_i$ auf, so läßt sich gleichzeitig auch $\mathbf{F}_{ji} = -\mathbf{F}_{ij}$ zu $\mathbf{F}_j$ addieren. Diese Modifikation der Kraftberechnung ist in Algorithmus 3.9 aufgeführt. In den Schleifen über alle Partikel müssen dann nur noch die Hälfte aller Indexpaare (i, j) betrachtet werden, beispielsweise $i < j$, siehe Algorithmus 3.10.

Algorithmus 3.9 Gravitations-Kraft zwischen zwei Partikeln

```
void force2(Particle *i, Particle *j) {
  ...                                  // Abstandsquadrat r=r²ᵢⱼ
  real f = i->m * j->m /(sqrt(r) * r);
  for (int d=0; d<DIM; d++) {
    i->F[d] += f * (j->x[d] - i->x[d]);
    j->F[d] -= f * (j->x[d] - i->x[d]);  // modifiziere beide Partikel
  }
}
```

Damit können wir knapp die Hälfte der Rechenoperationen bei der Kraftauswertung einsparen. Trotzdem haben wir es immer noch mit einem Verfahren der Ordnung $\mathcal{O}(N^2)$ zu tun. Bei größeren Zahlen von Partikeln werden Simulationen daher sehr zeitaufwendig und damit unpraktikabel, so daß weitere Modifikationen für eine Verbesserung der Komplexität nötig sind, die im folgenden besprochen werden.

---

[12] Die Potentiale, die wir in Kapitel 1 eingeführt haben, beschreiben alle paarweise Wechselwirkungen. Später werden wir auch Mehrkörperpotentiale betrachten. Bei einem allgemeinen k-Körperpotential kann man dann durch das dritte Newtonsche Gesetz nur einen Anteil von $1/k$ an Rechenoperationen einsparen.

Algorithmus 3.10 Kraftauswertung mit $\mathcal{O}(N^2/2)$ Operationen

---

```
void compF_basis(Particle *p, int N) {
  ... // setze F für alle Partikel auf Null
  for (int i=0; i<N; i++)
    for (int j=i+1; j<N; j++)
      force2(&p[i], &p[j]);              // addiere die Kraft Fᵢⱼ und Fⱼᵢ
}
```

3.3 Der Abschneideradius

In jedem Zeitschritt des Integrationsverfahrens sind zur Berechnung der Kräfte auf die Partikel die Wechselwirkungen der Partikel untereinander zu bestimmen und geeignet aufzusummieren. Für Wechselwirkungen, die sich jeweils nur auf die nächsten Nachbarn eines Partikels beschränken, ist es offensichtlich unsinnig, bei der Kraftberechnung jeweils über alle Partikel zu summieren. Es genügt diejenigen Partikel in die Summe einzubeziehen, die einen Beitrag zum Potential beziehungsweise zur Kraft liefern. Ähnlich kann man bei Potentialen beziehungsweise Kräften vorgehen, die schnell mit dem Abstand abfallen. Dabei bezeichnet man eine Funktion als schnell abfallend, wenn sie in r schneller abfällt als $1/r^d$, wobei d die Dimension des Problems bezeichnet.

Betrachten wir als Beispiel das Lennard-Jones-Potential (2.44) mit $m = 12$ und $n = 6$. Das Potential zwischen zwei Partikeln im Abstand r_{ij} lautet

$$U(r_{ij}) = 4 \cdot \varepsilon \left(\left(\frac{\sigma}{r_{ij}} \right)^{12} - \left(\frac{\sigma}{r_{ij}} \right)^{6} \right) = 4 \cdot \varepsilon \left(\frac{\sigma}{r_{ij}} \right)^{6} \cdot \left(\left(\frac{\sigma}{r_{ij}} \right)^{6} - 1 \right). \quad (3.26)$$

Das Potential wird durch σ und ε parametrisiert. Der Wert ε gibt die Potentialtiefe an. Ein größeres ε führt somit zu festeren Bindungen. Der Wert σ gibt den Nulldurchgang des Potentials an.[13] Abbildung 3.5 zeigt das Lennard-Jones-Potential mit den Parameterwerten $\sigma = 1$ und $\varepsilon = 1$.

Die Potentialfunktion für N Partikel erhält man dann als Doppelsumme zu

$$V(\mathbf{x}_1, \ldots, \mathbf{x}_N) = \sum_{\substack{i=1}}^{N} \sum_{\substack{j=1 \\ j>i}}^{N} U(r_{ij})$$

$$= 4 \cdot \varepsilon \sum_{\substack{i=1}}^{N} \sum_{\substack{j=1 \\ j>i}}^{N} \left(\frac{\sigma}{r_{ij}} \right)^{6} \cdot \left(\left(\frac{\sigma}{r_{ij}} \right)^{6} - 1 \right). \quad (3.27)$$

---

[13] Der Nulldurchgang der aus dem Lennard-Jones-Potential resultierenden Kraft ist gegeben durch $2^{\frac{1}{6}}\sigma$, siehe auch (3.28).

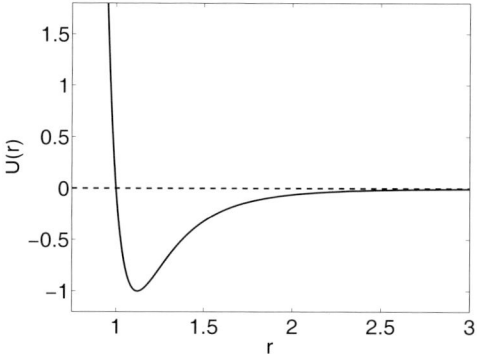

Abb. 3.5. Lennard-Jones-Potential mit den Parameterwerten $\varepsilon = 1$ und $\sigma = 1$.

Die zugehörige Kraft $\mathbf{F}_i$ auf das Partikel i ergibt sich durch Gradientenbildung nach $\mathbf{x}_i$ zu

$$\mathbf{F}_i = -\nabla_{\mathbf{x}_i} V(\mathbf{x}_1, \ldots, \mathbf{x}_N)$$
$$= 24 \cdot \varepsilon \sum_{\substack{j=1 \\ j \neq i}}^{N} \frac{1}{r_{ij}^2} \cdot \left(\frac{\sigma}{r_{ij}}\right)^6 \cdot \left(1 - 2 \cdot \left(\frac{\sigma}{r_{ij}}\right)^6\right) \mathbf{r}_{ij}. \qquad (3.28)$$

Hierbei ist $\mathbf{r}_{ij} = \mathbf{x}_j - \mathbf{x}_i$ wieder der Richtungsvektor zwischen den Partikeln i und j an den Orten $\mathbf{x}_i$ und $\mathbf{x}_j$. Die Kraft auf Partikel i besteht also aus einer Summe über die Kräfte $\mathbf{F}_{ij} := -\nabla_{\mathbf{x}_i} U(r_{ij})$ zwischen den Partikeln i und j,

$$\mathbf{F}_i = \sum_{\substack{j=1 \\ j \neq i}}^{N} \mathbf{F}_{ij}. \qquad (3.29)$$

Die Routine zur Berechnung der Lennard-Jones-Kraft auf Partikel i lautet dann wie in Algorithmus 3.11 angegeben.[14] Dabei verwenden wir für die Simulation zunächst für alle Partikel die gleichen Parameterwerte σ und ε, die wir der Einfachheit halber in globalen Variablen deklarieren.[15]

---

[14] Analog zu Algorithmus 3.9 und 3.10 läßt sich durch Nutzung des dritten Newtonschen Gesetzes wieder etwa die Hälfte der Rechenoperationen einsparen.

[15] Sind die in (3.27) auftretenden Partikel nicht alle gleich, so können die Parameter ε und σ von den in der jeweiligen Wechselwirkung beteiligten Partikeltypen abhängig sein. Man schreibt dann ε_{ij} beziehungsweise σ_{ij}, um die Abhängigkeit von den Partikeln i und j deutlich zu machen. Um die Symmetrie der Kraft $\mathbf{F}_{ij} + \mathbf{F}_{ji} = 0$ zu erhalten, müssen wir sogenannte Mischungsregeln für die individuellen Parameter verwenden, siehe die Lorentz-Berthelot-Mischungsregel in Algorithmus 3.19 in Kapitel 3.6.4. Dazu erweitern wir dann die Datenstruktur 3.1 um die individuellen Werte von σ und ε.

Algorithmus 3.11 Lennard-Jones-Kraft zwischen zwei Partikeln

```
void force(Particle *i, Particle *j) {
  real r = 0;
  for (int d=0; d<DIM; d++)
    r += sqr(j->x[d] - i->x[d]);          // Abstandsquadrat r=r²ᵢⱼ
  real s = sqr(sigma) / r;
  s = sqr(s) * s;                         // Term s=(σ/rᵢⱼ)⁶
  real f = 24 * epsilon * s / r * (1 - 2 * s);
  for (int d=0; d<DIM; d++)
    i->F[d] += f * (j->x[d] - i->x[d]);
}
```

Das Potential (und ebenso die zugehörige Kraft) fallen sehr schnell mit dem Abstand r_{ij} der Partikel ab, vergleiche Abbildung 3.5. Die Idee ist nun, alle Beiträge in den Summen in (3.27) beziehungsweise (3.28) zu vernachlässigen, die kleiner als ein gewisser Schwellwert sind.

Das Lennard-Jones-Potential (3.26) wird dazu approximiert durch

$$U(r_{ij}) \approx \begin{cases} 4 \cdot \varepsilon \left(\left(\frac{\sigma}{r_{ij}}\right)^{12} - \left(\frac{\sigma}{r_{ij}}\right)^{6} \right) & r_{ij} \leq r_{\mathrm{cut}}, \\ 0 & r_{ij} > r_{\mathrm{cut}}, \end{cases}$$

das heißt, es wird bei einem Abstand $r = r_{\mathrm{cut}}$ abgeschnitten. Der künstlich eingeführte Parameter r_{cut}, der die Reichweite des Potentials angibt, wird typischerweise etwa gleich $2.5 \cdot \sigma$ gewählt. Die Potentialfunktion wird also approximiert durch

$$V(\mathbf{x}_1, \ldots, \mathbf{x}_N) \approx 4 \cdot \varepsilon \sum_{i=1}^{N} \sum_{\substack{j=1, j>i, \\ 0<r_{ij}\leq r_{\mathrm{cut}}}}^{N} \left(\frac{\sigma}{r_{ij}}\right)^{6} \cdot \left(\left(\frac{\sigma}{r_{ij}}\right)^{6} - 1 \right). \quad (3.30)$$

Die Kraft $\mathbf{F}_i$ aus (3.28) auf das Partikel i wird analog durch

$$\mathbf{F}_i \approx 24 \cdot \varepsilon \sum_{\substack{j=1, j\neq i \\ 0<r_{ij}\leq r_{\mathrm{cut}}}}^{N} \frac{1}{r_{ij}^2} \cdot \left(\frac{\sigma}{r_{ij}}\right)^{6} \cdot \left(1 - 2 \cdot \left(\frac{\sigma}{r_{ij}}\right)^{6}\right) \mathbf{r}_{ij} \quad (3.31)$$

approximiert. Beiträge zur Kraft auf Partikel i, die von Partikeln mit $r_{ij} \geq r_{\mathrm{cut}}$ stammen, werden dabei vernachlässigt.[16] Dadurch wird ein Fehler bei der Berechnung der Kräfte eingeführt, der die Gesamtenergie des Systems leicht verändert. Außerdem sind das Potential und die daraus resultierende Kraft nicht mehr stetig, was sich darin niederschlägt, daß die Gesamtenergie

---

[16] Insbesondere wechselwirken die Partikel für $r_{\mathrm{cut}} < \min(L_1, L_2, L_3)$ jetzt bei periodischen Randbedingungen nicht mehr mit ihren eigenen periodischen Abbildern.

des Systems nicht mehr exakt erhalten ist. Bei entsprechend groß gewähltem Abschneideparameter r_{cut} sind diese Unstetigkeiten und die daraus resultierenden Effekte jedoch gering.[17]

Wir nehmen nun an, daß die Partikel in der Simulationsbox etwa gleichverteilt sind. Dann läßt sich r_{cut} so wählen, daß die Anzahl der nichtverschwindenden Einträge in der abgeschnittenen Summe von (3.30) beziehungsweise in der Summe in (3.31) unabhängig von der Partikelzahl N beschränkt ist. Der Aufwand zur Auswertung des Potentials und zur Berechnung der Kräfte ist dann nur noch proportional zu N. Dies bewirkt eine substantielle Reduktion der Kosten im Vergleich zum Aufwand $\mathcal{O}(N^2)$ für das Vorgehen im letzten Abschnitt. Die Aufgabe bei der Entwicklung effizienter Algorithmen für Probleme mit kurzreichweitigen Potentialen beschränkt sich nun darauf, die Partikel so zu verwalten, daß die Nachbarpartikel, mit denen ein bestimmtes Partikel interagiert, nicht jeweils aus der Menge aller Partikel herausgesucht werden müssen. In unserem Zusammenhang kann dies rein geometrisch durch Einteilung des Simulationsgebietes in Zellen geschehen. Dies wird im folgenden Abschnitt beschrieben.

3.4 Das Linked-Cell-Verfahren zur Berechnung von kurzreichweitigen Kräften

In diesem Abschnitt beschreiben wir ein relativ einfach zu implementierendes, jedoch zugleich sehr effizientes Verfahren zur approximativen Auswertung der Kräfte und Energien für schnell abfallende Potentiale.

Die Idee des Linked-Cell-Verfahrens ist es, den physikalischen Simulationsraum Ω in uniforme Teilgebiete (Zellen) zu zerlegen. Wird die Seitenlänge der Zellen größer oder gleich dem Abschneideradius r_{cut} gewählt, so sind Interaktionen bezüglich der abgeschnittenen Potentiale jeweils auf Partikel in benachbarten Zellen beschränkt. Abbildung 3.6 zeigt ein Beispiel in zwei Dimensionen, in dem das Simulationsgebiet in Zellen der Größe $r_{cut} \times r_{cut}$ eingeteilt ist.[18] Das betrachtete Partikel aus Abbildung 3.6 interagiert nur mit Partikeln innerhalb des dunkelgrau schattierten Bereiches und damit nur mit Partikeln aus seiner Zelle oder direkt benachbarten Zellen.[19]

Die Summen in (3.30) beziehungsweise (3.31) werden nun in Teilsummen entsprechend der Zerlegung des Simulationsgebiets in Zellen aufgespalten.

---

[17] Es können auch Korrekturen vorgenommen werden, um diese Effekte auszugleichen. So läßt sich das abgeschnittene Potential zum Beispiel so verschieben, daß es wieder stetig wird. Dies führt aber einen zusätzlichen Fehler in der Energie ein. Bei anderen Varianten wird das Potential zum Beispiel durch eine zusätzliche Funktion so geglättet, daß das resultierende Potential wieder stetig oder sogar differenzierbar ist. In Abschnitt 3.7.3 ist ein entsprechendes Beispiel beschrieben.

[18] Nichtquadratische Zellen sind selbstverständlich ebenfalls möglich.

[19] Letztlich kann man die Zellen auch kleiner als r_{cut} wählen, bekommt dann aber entsprechend mehr Zellen innerhalb des jeweiligen Interaktionsradius.

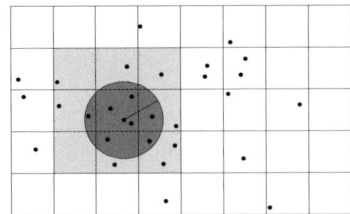

Abb. 3.6. Linked-Cell-Methode: Das Simulationsgebiet wird in rechteckige Zellen der Größe $r_{cut} \times r_{cut}$ zerlegt. Der dunkel schattierte Bereich gibt den Einflußbereich eines Partikels für den Abschneideradius r_{cut} an. Dieser ist eingebettet in den hell schattierten Bereich aus 3×3 Zellen.

Für die Kraft auf Partikel i in Zelle ic erhält man dann eine Summe der Gestalt

$$\mathbf{F}_i \approx \sum_{\substack{\text{Zelle } kc \\ kc \in \mathcal{N}(ic)}} \sum_{\substack{j \in \{\text{Partikel der Zelle } kc\} \\ j \neq i}} \mathbf{F}_{ij}, \qquad (3.32)$$

wobei $\mathcal{N}(ic)$ gerade ic selbst sowie die Menge der direkten Nachbarzellen von ic bezeichnet.

Die Frage ist nun, wie auf diese Nachbarzellen beziehungsweise die Partikel in diesen Zellen innerhalb eines Algorithmus effizient zugegriffen werden kann. Dazu sind geeignete Datenstrukturen für die Speicherung der Partikel und das Durchlaufen der Nachbarzellen notwendig.

In zwei Dimensionen kann man die Position einer Zelle im Gitter aller Zellen mit den Indizes (ic_1, ic_2) beschreiben. Jede Zelle im Inneren des Gebietes besitzt acht Nachbarzellen mit den entsprechenden Indizes $ic_1 - 1, ic_1, ic_1 + 1$ und $ic_2 - 1, ic_2, ic_2 + 1$. Zellen am Gebietsrand haben entsprechend weniger Nachbarzellen, außer wir betrachten periodische Randbedingungen und setzen deswegen das Gitter der Zellen periodisch fort, siehe Abbildung 3.7. In drei Dimensionen hat eine Zelle mit den Indizes (ic_1, ic_2, ic_3) entsprechend 26 Nachbarzellen.

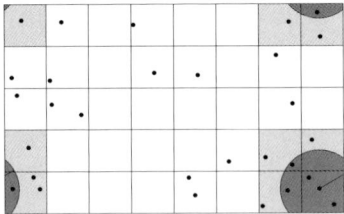

Abb. 3.7. Gebiet mit periodischen Randbedingungen: Das Interaktionsgebiet eines Partikels innerhalb des Abschneideradius r_{cut} ist dunkel schattiert und die Nachbarzellen sind hell schattiert. Das Partikel interagiert nun auch mit Partikeln an den anderen Enden des Gebietes.

Das prinzipielle Vorgehen ist in Algorithmus 3.12 aufgeführt. Der Aufwand beträgt bei der Berechnung der Kräfte auf die Partikel $C \cdot N$ Operationen, falls die Partikel in etwa gleichförmig verteilt sind und die Zahl der Partikel pro Zelle beschränkt ist. Die Konstante C hängt dabei quadratisch von dieser oberen Schranke ab. Im Vergleich zum naiven Aufsummieren der Kräfte wird damit der Aufwand von $\mathcal{O}(N^2)$ auf $\mathcal{O}(N)$ gesenkt.

Algorithmus 3.12 Linked-Cell-Algorithmus, Kraftauswertung

```
Schleife über alle Zellen ic
  Schleife über alle Partikel i in Zelle ic {
    i->F[d] = 0 für alle d;                    // setze F_i auf Null
    Schleife über alle Zellen kc aus N(ic)
      Schleife über alle Partikel j in Zelle kc
        if (i != j)
          if (r_ij <= r_cut)
            force(&i, &j);                      // addiere F_ij auf F_i
  }
```

Damit die Linked-Cell-Methode in dieser Form angewendet werden kann, müssen, wie bereits erwähnt, die Zellen mindestens so groß wie der Abschneideradius sein. Wir bezeichnen die Kantenlängen des rechteckigen Simulationsgebietes mit L_d und die Zahl der Gitterzellen entlang der d-ten Koordinate mit nc_d. Dann gilt die Beziehung $r_{\mathrm{cut}} \leq L_d/nc_d$ für den Abschneideradius r_{cut}. Die Anzahl der Zellen nc_d pro Richtung läßt sich also mit

$$nc_d = \left\lfloor \frac{L_d}{r_{\mathrm{cut}}} \right\rfloor, \tag{3.33}$$

berechnen. Hierbei bezeichnet $\lfloor x \rfloor$ die größte ganze Zahl $\leq x$.

3.5 Implementierung der Linked-Cell-Methode

Nachdem wir das Prinzip des numerischen Verfahrens erläutert haben, beschäftigen wir uns nun mit seiner konkreten Implementierung auf dem Computer. Wir verwenden dazu als Beispiel das kurzreichweitige abgeschnittene Lennard-Jones-Potential (3.30) mit zugehöriger Kraft (3.31). Die Partikel, die in einer Gitterzelle liegen, werden wir in verketteten Listen speichern.

Die Partikellisten. Bisher hatten wir einen großen Vektor für das Speichern der Menge aller Partikel benutzt. Beim Linked-Cell-Verfahren sind wir nun an den Partikeln in jeder einzelnen Zelle interessiert. Die Anzahl der Partikel einer Zelle kann sich sich jedoch von Zeitschritt zu Zeitschritt ändern, wenn sich Partikel in die Zelle hinein- oder herausbewegen. Daher benötigen wir für die Partikel jeder Zelle eine dynamische Speicherstruktur. Wir setzen dazu verkettete Listen ein, siehe auch [551, 552]. Diese Listen bauen wir aus Elementen auf, die aus dem eigentlichen Partikel und einem Zeiger next auf ein weiteres Element der jeweiligen Liste bestehen. Diese Listenelemente sind in Datenstruktur 3.2 definiert.

Datenstruktur 3.2 Verkettete Liste

```
typedef struct ParticleList {
  Particle p;
  struct ParticleList *next;
} ParticleList;
```

Abbildung 3.8 zeigt ein Beispiel für eine solche einfach verkettete Liste. Das Ende der Liste wird durch einen „ungültigen" Zeiger gekennzeichnet. Dazu verwendet man eine Speicheradresse, an der unter keinen Umständen Daten liegen können. Die entsprechende Konstante NULL hat daher in vielen Rechnersystemen den Wert 0.

Abb. 3.8. Eine verkettete Liste.

Für eine verkettete Liste muß man sich einen Zeiger auf das erste Element merken. Wenn wir diesen Anker mit root_list bezeichnen, dann können wir uns mit dem jeweiligen next-Zeiger von Element zu Element hangeln. Eine vollständige Schleife über alle Elemente ist in Programmstück 3.2 gegeben.

Programmstück 3.2 Schleife über die Elemente einer Liste

```
ParticleList *l = root_list;
while (NULL != l) {
  bearbeite Element l->p;
  l = l->next;
}
```

oder in anderer Schreibweise

```
for (ParticleList *l = root_list; NULL != l; l = l->next)
  bearbeite Element l->p;
```

Wir müssen nun noch verkettete Listen erzeugen können und später wieder verändern. Dazu schreiben wir eine Routine zum Einfügen eines Elements in eine Liste. Durch wiederholtes Einfügen in eine zu Beginn leere

Liste können wir die Liste mit den Partikeln füllen. Die leere Liste erhalten wir, wenn wir den Anker auf `NULL` setzen: `root_list=NULL`. Das Einfügen in die Liste geschieht am einfachsten am Anfang der Liste, wie in Abbildung 3.9 zu sehen. Dafür müssen wir lediglich den Wert von zwei Zeigern ändern. Algorithmus 3.13 zeigt die Details.

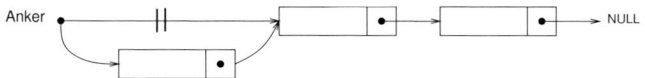

Abb. 3.9. Einfügen in eine verkettete Liste.

Algorithmus 3.13 Einfügen in eine verkettete Liste

```
void insertList(ParticleList **root_list, ParticleList *i) {
  i->next = *root_list;
  *root_list = i;
}
```

Der Vollständigkeit halber müssen wir noch diskutieren, wie ein Element aus einer Liste entfernt werden kann. Wenn nämlich ein Partikel eine Zelle verläßt und in eine andere Zelle gelangt, so muß das Partikel aus der Liste der einen Zelle entfernt werden und in die Liste der anderen Zelle eingefügt werden. Die Abbildung 3.10 zeigt, wie die Zeiger umgehängt werden müssen. Dort wird der grau gekennzeichnete Listeneintrag von Liste 2 an den Anfang von Liste 1 durch Einfügen und Entfernen umgehängt.

Das Problem beim Entfernen eines Elements einer Liste ist, daß der Zeiger des Vorgängerelements verändert werden muß. Bei einer einfach verketteten Liste gibt es allerdings keinen direkten Weg, diesen Vorgänger zu finden.[20] Daher müssen wir für unsere Datenstruktur den Zeiger `(*q)->next` des Vorgängers `**q` von `*i` bereits während des Durchlaufs durch die Liste bestimmt haben. Der eigentliche Vorgang des Entfernens sieht dann aus wie in Algorithmus 3.14.

Algorithmus 3.14 Entfernen in einer verketteten Liste

```
void deleteList(ParticleList **q) {
  *q = (*q)->next;          // (*q)->next zeigt auf zu löschendes Element
}
```

---

[20] Dies wäre erst bei doppelt verketten Listen (Zeiger in beide Richtungen) einfach zu realisieren.

Dabei wird der Speicher nicht freigegeben, weil das Partikel entsprechend Abbildung 3.10 lediglich von einer Zelle in eine andere umgehängt wird.

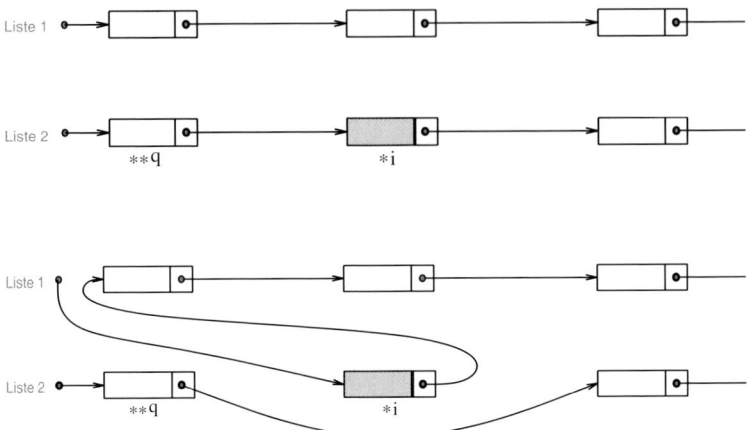

Abb. 3.10. Umhängen eines Elementes *i aus Liste 2 in Liste 1 durch Einfügen und Entfernen. Ausgangszustand (oben) und Endzustand (unten).

Eventuell verlassen auch einige Partikel das Simulationsgebiet (Ausflußbedingungen). Dann ist das jeweilige Partikel einfach aus der zugehörigen Liste zu entfernen. Kommen im Laufe der Simulation neue Partikel hinzu (Einflußbedingungen), so sind diese Partikel einzufügen. Bei periodischen Randbedingungen treten Partikel, die das Simulationsgebiet auf einer Seite verlassen, auf der anderen Seite wieder in das Simulationsgebiet ein. Sie wandern also von einer Zelle in eine andere Zelle.

Die Datenstruktur für die Zellen. Die einzelnen Gitterzellen, in die das Simulationsgebiet eingeteilt ist, speichern wir in einem Vektor. Zu jeder Zelle gehört nun eine verkettete Liste von Partikeln, deren Anker wir in dieser Zelle speichern, das heißt, wir definieren eine Zelle einfach als Anker einer Liste. Alle weiteren Parameter, wie die Größe und Position der Zelle lassen sich aus globalen Parametern bestimmen. Das gesamte Gitter speichern wir dann als Vektor `grid` von Zellen des Typs `Cell`, den wir analog zu Programstück 3.1 als Speicherblock dynamisch reservieren können. Genauso allokieren wir den Speicher für die Partikel, die wir dann in die Liste einsortieren.

```
typedef ParticleList* Cell;
```

Wir müssen nun noch klären, welche Zelle an welcher Stelle im Vektor `grid` gespeichert wird. Wir haben ein Gitter mit $\prod_{d=0}^{DIM-1} nc[d]$ Zellen und einen entsprechend langen Vektor vorliegen. Wir können nun die Zellen in Richtung der d-ten Koordinate abzählen. Dazu verwenden wir einen Multi-Index ic. Dann ist eine Abbildung von diesem geometrischen Index ic auf den entsprechenden Zählindex index(ic,nc) des Vektors grid notwendig. Diese läßt sich beispielsweise in zwei Dimensionen durch

$$\mathtt{index(ic,nc)} = \mathtt{ic}[0] + \mathtt{nc}[0] * \mathtt{ic}[1]$$

realisieren. Für den allgemeinen Fall kann dies mittels des Makros in Programmstück 3.3 umgesetzt werden.

Programmstück 3.3 Makro für den Zählindex

```
#if 1==DIM
#define index(ic,nc) ((ic)[0])
#elif 2==DIM
#define index(ic,nc) ((ic)[0] + (nc)[0]*(ic)[1])
#elif 3==DIM
#define index(ic,nc) ((ic)[0] + (nc)[0]*((ic)[1] + (nc)[1]*(ic)[2]))
#endif
```

Mit diesen Datenstrukturen und Vereinbarungen für das Gitter und seine Zellen liest sich die Kraftauswertung mittels des Linked-Cell-Verfahrens dann konkret wie in Algorithmus 3.15 angegeben. Dabei ist eine zusätzliche Überprüfung des Abstands des Partikels i->p zur Zelle kc eingefügt worden, die in der ersten Fassung des Linked-Cell-Algorithmus noch fehlte. Aus Gründen der Effizienz ist es häufig nützlich, eine Nachbarzelle von der Kraftberechnung für ein Partikel von vornherein ausschließen zu können, wenn das Partikel einen Abstand größer r_{cut} von der gesamten Zelle hat, statt für alle Partikel der Zelle diesen Test ausführen zu müssen.

Die dimensionsabhängige Iteration über die Gitterzellen läßt sich auch eleganter formulieren. Dazu kann man beispielsweise das Makro in Programmstück 3.4 verwenden. Damit lassen sich die Schleifen über die Gitterzellen als

```
iterate(ic,nullnc,nc) {
...
}
```

schreiben, wobei nullnc einen Multi-Index bezeichnet, der an geeigneter Stelle vereinbart werden muß und mit Null initialisiert wird.

Die Zeitintegration könnte wie in den Algorithmen 3.2 und 3.4 durchgeführt werden, wenn die Partikel alle kompakt in einem zusammenhängenden Vektor gespeichert wären. Da der Speicher der Partikel allerdings einzeln reserviert wurde, um während der Simulation sich verändernde Partikelzahlen zu behandeln, muß nun, wie schon bei der Kraftauswertung, eine Schleife

---

Algorithmus 3.15 Linked-Cell-Kraftauswertung

```
void compF_LC(Cell *grid, int *nc, real r_cut) {
  int ic[DIM], kc[DIM];
  for (ic[0]=0; ic[0]<nc[0]; ic[0]++)
    for (ic[1]=0; ic[1]<nc[1]; ic[1]++)
#if 3==DIM
      for (ic[2]=0; ic[2]<nc[2]; ic[2]++)
#endif
      for (ParticleList *i=grid[index(ic,nc)]; NULL!=i; i=i->next) {
        for (int d=0; d<DIM; d++)
          i->p.F[d] = 0;
        for (kc[0]=ic[0]-1; kc[0]<=ic[0]+1; kc[0]++)
          for (kc[1]=ic[1]-1; kc[1]<=ic[1]+1; kc[1]++)
#if 3==DIM
            for (kc[2]=ic[2]-1; kc[2]<=ic[2]+1; kc[2]++)
#endif
          {  behandle kc[d]<0 und kc[d]>=nc[d] je nach Randbedingungen;
             if (Abstand i->p zur Zelle kc <= r_cut)
               for (ParticleList *j=grid[index(kc,nc)];
                    NULL!=j; j=j->next)
                 if (i!=j) {
                   real r = 0;
                   for (int d=0; d<DIM; d++)
                     r += sqr(j->p.x[d] - i->p.x[d]);
                   if (r<=sqr(r_cut))
                     force(&i->p, &j->p);
                 }
          }
      }
}
```

Programmstück 3.4 Makro für die dimensionsabhängige Iteration

---

```
#if 1==DIM
#define iterate(ic,minnc,maxnc) \
for ((ic)[0]=(minnc)[0]; (ic)[0]<(maxnc)[0]; (ic)[0]++)
#elif 2==DIM
#define iterate(ic,minnc,maxnc) \
for ((ic)[0]=(minnc)[0]; (ic)[0]<(maxnc)[0]; (ic)[0]++) \
for ((ic)[1]=(minnc)[1]; (ic)[1]<(maxnc)[1]; (ic)[1]++)
#elif 3==DIM
#define iterate(ic,minnc,maxnc) \
for ((ic)[0]=(minnc)[0]; (ic)[0]<(maxnc)[0]; (ic)[0]++) \
for ((ic)[1]=(minnc)[1]; (ic)[1]<(maxnc)[1]; (ic)[1]++) \
for ((ic)[2]=(minnc)[2]; (ic)[2]<(maxnc)[2]; (ic)[2]++)
#endif
```

über alle Zellen und eine Schleife über alle Partikel in der Partikelliste der
Zelle durchlaufen werden, siehe Algorithmus 3.16.

Algorithmus 3.16 Teile des Geschwindigkeits-Störmer-Verlet-Zeitschritts für
die Linked-Cell-Datenstruktur

```
void compX_LC(Cell *grid, int *nc, real *l, real delta_t) {
  int ic[DIM];
  for (ic[0]=0; ic[0]<nc[0]; ic[0]++)
    for (ic[1]=0; ic[1]<nc[1]; ic[1]++)
#if 3==DIM
      for (ic[2]=0; ic[2]<nc[2]; ic[2]++)
#endif
      for (ParticleList *i=grid[index(ic,nc)]; NULL!=i; i=i->next)
        updateX(&i->p, delta_t);
  moveParticles_LC(grid, nc, l);
}
void compV_LC(Cell *grid, int *nc, real *l, real delta_t) {
  int ic[DIM];
  for (ic[0]=0; ic[0]<nc[0]; ic[0]++)
    for (ic[1]=0; ic[1]<nc[1]; ic[1]++)
#if 3==DIM
      for (ic[2]=0; ic[2]<nc[2]; ic[2]++)
#endif
      for (ParticleList *i=grid[index(ic,nc)]; NULL!=i; i=i->next)
        updateV(&i->p, delta_t);
}
```

Nach der Veränderung der Ortswerte werden nicht mehr alle Partikel in
der für sie richtigen Zelle liegen. Wir müssen also zusätzlich in compX_LC
in einem weiteren Durchlauf alle Partikel überprüfen und gegebenenfalls in
eine andere Zelle sortieren. Das können wir mit den bereits besprochenen
Techniken zum Entfernen und Einfügen von Partikeln bewerkstelligen. Wir
erhalten Algorithmus 3.17.

Das Hauptprogramm ändert sich kaum, siehe Algorithmus 3.18. Im wesentlichen müssen die neuen Datenstrukturen initialisiert werden und an die
einzelnen Routinen übergeben werden. Weiterhin ist die auf die Linked-Cell-
Datenstruktur zugeschnittene Routine initData_LC bereitzustellen, in der
die Initialisierung der Partikel (Masse, Ort und Geschwindigkeiten) zu Beginn
der Simulation stattfindet. Diese müssen hier geeignet erzeugt werden (oder
können auch in einer Datei vorgegeben sein). Zudem sind die Ausgaberouti-
nen compoutStatistic_LC und outputResults_LC in timeIntegration_LC
sowie die Routine timeIntegration_LC selbst für die Linked-Cell-Datenstruktur geeignet aufzubereiten.

Algorithmus 3.17 Sortieren der Partikel in die richtigen Zellen

```
void moveParticles_LC(Cell *grid, int *nc, real *l) {
  int ic[DIM], kc[DIM];
  for (ic[0]=0; ic[0]<nc[0]; ic[0]++)
    for (ic[1]=0; ic[1]<nc[1]; ic[1]++)
#if 3==DIM
      for (ic[2]=0; ic[2]<nc[2]; ic[2]++)
#endif
  { ParticleList **q = &grid[index(ic,nc)];   // Vorgängerzeiger
    ParticleList *i = *q;
    while (NULL != i) {
      behandle Randbedingungen für i->x;
for (int d=0; d<DIM; d++)
        kc[d] = (int)floor(i->p.x[d] * nc[d] / l[d]);
      if ((ic[0]!=kc[0])||(ic[1]!=kc[1])
#if 3==DIM
          || (ic[2]!=kc[2])
#endif
                                          ) {
        deleteList(q);
        insertList(&grid[index(kc,nc)], i);
      } else q = &i->next;
      i = *q;
    }
  }
}
```

Algorithmus 3.18 Hauptprogramm Linked-Cell-Verfahren

```
int main() {
  int nc[DIM];
  int N, pnc;
  real l[DIM], r_cut;
  real delta_t, t_end;
  inputParameters_LC(&delta_t, &t_end, &N, nc, l, &r_cut);
  pnc=1;
  for (int d=0; d<DIM; d++)
    pnc *= nc[d];
  Cell *grid = (Cell*)malloc(pnc*sizeof(*grid));
  initData_LC(N, grid, nc, l);
  timeIntegration_LC(0, delta_t, t_end, grid, nc, l, r_cut);
  freeLists_LC(grid, nc);
  free(grid);
  return 0;
}
```

Wie schon beim $\mathcal{O}(N^2)$-Algorithmus kann man die Hälfte der Rechenoperationen einsparen, wenn man die Antisymmetrie der Kräfte ausnutzt. Das bedeutet, daß nicht mehr alle $3^{DIM} - 1$ Nachbarzellen, sondern nur die Hälfte davon durchlaufen werden müssen und bei den Wechselwirkungen innerhalb einer Zelle ebenfalls nur die Hälfte der Operationen nötig sind. Dabei sind allerdings die Randbedingungen entsprechend zu berücksichtigen. Im Fall reflektierender und periodischer Randbedingungen wie in Abbildung 3.7 ist dann die Summation über die Nachbarzellen entsprechend anzupassen.

3.6 Erste Anwendungsbeispiele und Erweiterungen

Moleküldynamik-Verfahren lassen sich einerseits dazu nutzen, um das zeitliche Verhalten von Systemen zu untersuchen. Andererseits lassen sie sich auch dazu verwenden, relevante makroskopische Größen durch geeignete Mittelwertbildung aus mikroskopischen Größen approximativ zu berechnen.

In diesem Abschnitt zeigen wir einige Simulationsergebnisse, die die Dynamik von unterschiedlichen Partikelsystemen deutlich machen. Wir verwenden dazu das im letzten Abschnitt beschriebene Programm. Hierbei geht es zunächst darum, die Vielfältigkeit der Anwendungsmöglichkeiten des bisher beschriebenen Codes aufzuzeigen und einige einfache Erweiterungen vorzunehmen, die sich aus der jeweiligen Anwendung ergeben. Diese Erweiterungen umfassen unter anderem die Implementierung diverser Randbedingungen (periodisch, reflektierend, bewegte Ränder, beheizte Wände) sowie eine Mischungsregel für das Lennard-Jones-Potential.

Wir beginnen mit Beispielen in zwei Dimensionen, da in dieser Situation geringere Partikelzahlen benötigt werden. Darüberhinaus lassen sich so leichter eventuelle Programmierfehler im Code entdecken und korrigieren. Zunächst betrachten wir zwei Beispiele für den Zusammenstoß von Körpern. Die dabei verwendeten Potentialparameter beschreiben phänomenologisch Festkörper beziehungsweise Flüssigkeiten. Danach studieren wir Fluide, deren Dynamik aus Dichteunterschieden resultiert. Weiterhin beschreiben wir eine Simulation der Rayleigh-Taylor-Instabilität und der Rayleigh-Bénard-Strömung auf der Mikroebene und zeigen zugehörige Ergebnisse. Schließlich betrachten wir die Simulation von Oberflächenwellen in granularen Medien.

Als Wechselwirkungspotential zwischen den Partikeln verwenden wir in diesem Abschnitt grundsätzlich das abgeschnittene Lennard-Jones-Potential (3.30) und die daraus resultierende Kraft (3.31).

3.6.1 Zusammenstoß zweier Körper I

Als ein erstes einfaches Beispiel wollen wir hier den Zusammenstoß zweier Körper gleichen Materials simulieren, siehe auch [7, 70, 71, 197, 198, 385]. Eine schematische Darstellung der Simulationsanordnung ist Abbildung 3.11 zu entnehmen.

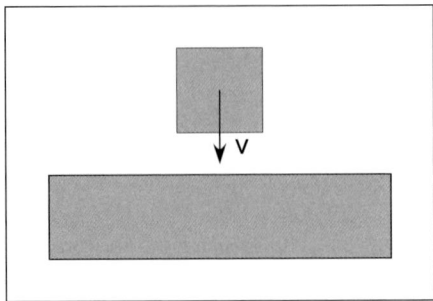

Abb. 3.11. Zusammenstoß zweier Körper, schematische Darstellung.

Der kleinere Körper trifft dabei mit hoher Geschwindigkeit auf den größeren ruhenden Körper. An den Rändern des Simulationsgebietes werden Ausflußbedingungen verwendet. Partikel, die das Gebiet verlassen, werden dabei gelöscht.

Zu Beginn der Simulation werden die Partikel gemäß der Geometrie aus Abbildung 3.11 innerhalb beider Körper jeweils auf einem regelmäßigen Gitter der Maschenweite $2^{1/6}\sigma$ (entsprechend des Minimums des Potentials) angeordnet. Die beiden Körper bestehen dabei aus 40×40 beziehungsweise 160×40 Partikeln mit gleichen Massen. Die Geschwindigkeit der Partikel im bewegten Körper wird zu Beginn auf die vorgegebene Größe **v** gesetzt. Zusätzlich werden die Anfangsgeschwindigkeiten der Partikel in beiden Körpern noch mit einer kleinen thermischen Bewegung überlagert, die gemäß einer Maxwell-Boltzmann-Verteilung mit mittlerer Geschwindigkeit 0.1 pro Komponente gewählt ist, vergleiche Anhang A.4.

Abbildung 3.12 zeigt das Ergebnis einer Simulation mit den Parameterwerten aus Tabelle 3.2.

$$
\begin{aligned}
L_1 &= 250, & L_2 &= 40, \\
\varepsilon &= 5, & \sigma &= 1, \\
m &= 1, & \mathbf{v} &= (0, -10), \\
N_1 &= 1600, & N_2 &= 6400, \\
r_{\text{cut}} &= 2.5\sigma, & \delta t &= 0.00005
\end{aligned}
$$

Tabelle 3.2. Parameterwerte, Simulation einer Kollision.

Die Farbe der einzelnen Partikel kodiert dabei die Geschwindigkeit. Die Parameter ε und σ sind hier so gewählt, daß es sich um zwei relativ weiche Festkörper handelt. Direkt nach dem Zusammentreffen der beiden Körper breiten sich Schockwellen im großen Körper aus, die zuerst die Oberfläche entlangwandern und sich dann nach innen ausbreiten. Beide Körper werden durch die Kollision vollständig zerstört.

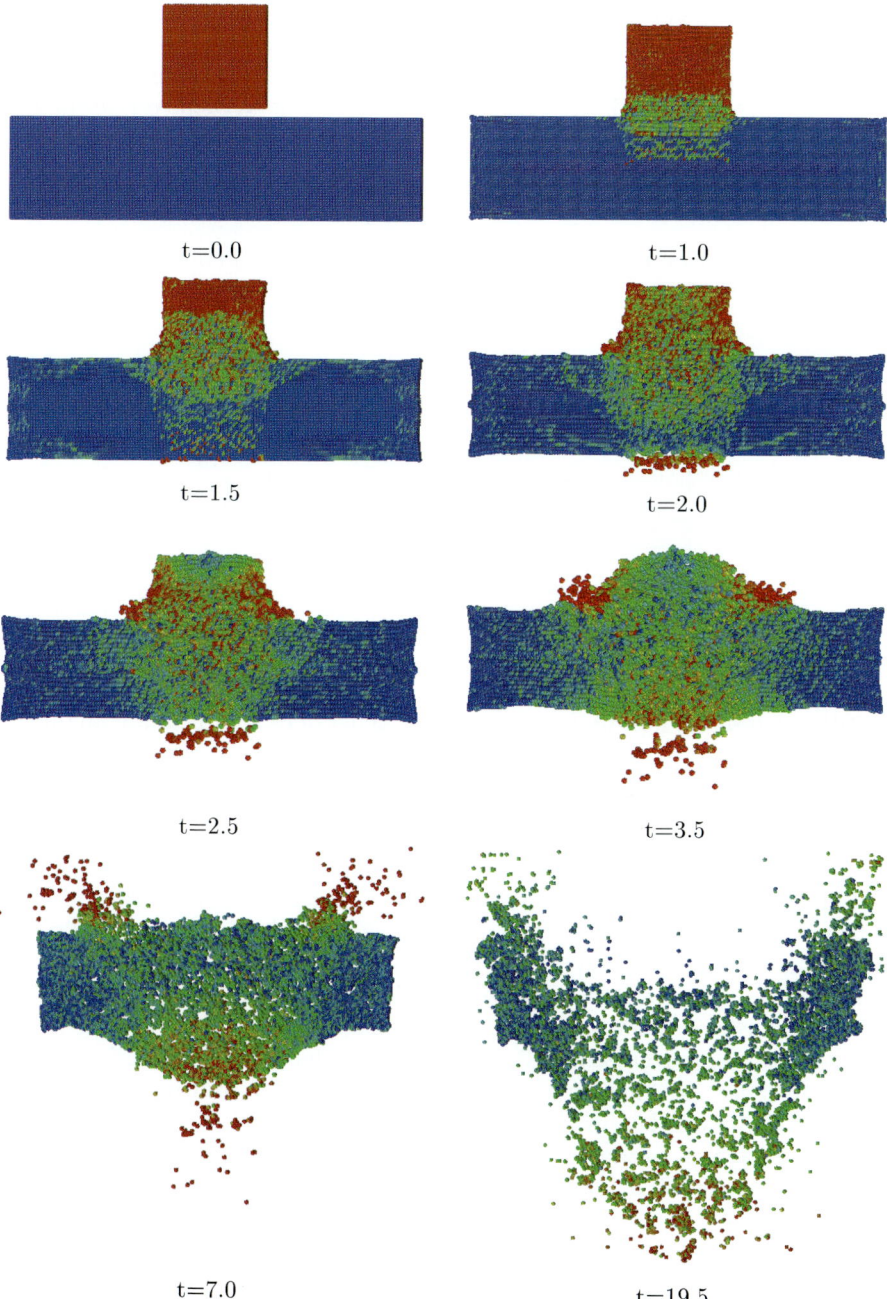

t=0.0

t=1.0

t=1.5

t=2.0

t=2.5

t=3.5

t=7.0

t=19.5

Abb. 3.12. Kollision zweier Körper, zeitliche Entwicklung der Partikelverteilung.

Aufgrund des einfachen Lennard-Jones-Potentials, das wir verwendet haben, handelt es sich hier nur um eine erste phänomenologische Beschreibung der Kollision von Festkörpern. Realistischere Simulationen können durch die Verwendung von komplizierteren Potentialen erreicht werden, vergleiche Kapitel 5.

3.6.2 Zusammenstoß zweier Körper II

In dieser Simulation betrachten wir einen Tropfen, der in ein mit einem Fluid gefülltes Becken fällt. Die Anfangskonfiguration ist in Abbildung 3.13 dargestellt.

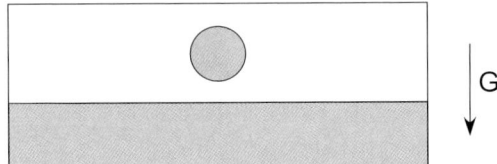

Abb. 3.13. Fallender Tropfen, Ausgangskonfiguration.

Dazu müssen nun einige Ergänzungen im Code vorgenommen werden. Es handelt sich dabei um die Einführung von reflektierenden Randbedingungen sowie um die Berücksichtigung eines Gravitationsfelds, das von außen auf die Partikel wirkt.

Implementierung des Gravitationsfeldes. Ein wichtiges Element dieser und folgender Anwendungen ist das Gravitationsfeld $\mathbf{G}$, eine von außen auf die Partikel wirkende Beschleunigung. In diesem Beispiel wirkt diese Beschleunigung in $\mathbf{x}_2$-Richtung. Die daraus resultierende Kraft hat für alle Partikel i im zweidimensionalen Fall die Form $\mathbf{F}_i^G = (0, m_i \cdot \mathbf{G}_2)$ mit gegebenem Wert für $\mathbf{G}_2$. Für die Implementierung solcher äußerer Kräfte können wir im Code die Größe G als Vektor real[DIM] global einführen, die dann geeignet zu den Kräften der einzelnen Partikel zu addieren ist. Eine Möglichkeit der Umsetzung ist, die äußeren Kräfte $\mathbf{F}_i^G$ am Beginn der Routine compF_LC zu addieren. Dort wurden bisher die neuen Kräfte F auf Null gesetzt, siehe Algorithmus 3.15. Nun werden die Kräfte i->p.F auf Partikel i stattdessen durch das Programmstück 3.5 auf die äußeren Kräfte gesetzt.

Programmstück 3.5 Berücksichtigung des Gravitationsfeldes

```
for (int d=0; d<DIM; d++)
  i->p.F[d] = i->p.m * G[d];
```

Reflektierende Ränder. An sämtlichen Rändern des Simulationsgebietes werden reflektierende Randbedingungen verwendet. Diese festen Wände können dadurch realisiert werden, daß Partikel in der Nähe des Randes eine abstoßende Kraft erfahren. Die Größe dieser Kraft entspricht der Kraft durch ein virtuelles Partikel der gleichen Masse, das sich spiegelverkehrt auf der anderen Seite des Randes befindet, wie dies in Abbildung 3.14 für zwei Partikel exemplarisch dargestellt ist. Mit dem Lennard-Jones-Potential (3.26) lautet für das Beispiel der unteren Wand die $\mathbf{x}_2$-Komponente der zusätzlichen abstoßenden Kraft auf Partikel i

$$(\mathbf{F}_i)_2 = -24 \cdot \varepsilon \cdot \frac{1}{2r} \cdot \left(\frac{\sigma}{2r}\right)^6 \cdot \left(1 - 2 \cdot \left(\frac{\sigma}{2r}\right)^6\right). \tag{3.34}$$

Dabei bezeichnet r den Abstand dieses Partikels vom Rand. Diese Kraft wird bei $2^{1/6}\sigma$ abgeschnitten, so daß nur eine abstoßende Komponente auftritt. Man beachte, daß hier für den Richtungsvektor zwischen Partikel i und seinem Spiegelbild i' gilt $\mathbf{r}_{ii'} = \mathbf{x}_{i'} - \mathbf{x}_i = (0, -2r)^T$, was für das negative Vorzeichen verantwortlich ist. Entsprechende Formeln gelten für die Kräfte an den anderen Wänden.[21] Weiterhin beachte man, daß die Zeitschrittweite klein genug sein muß, damit die Stabilität dieses Verfahrens garantiert ist.

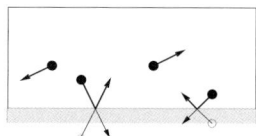

Abb. 3.14. Reflektierende Randbedingungen in zwei Dimensionen; Partikel, die an den Rand treffen, werden dort so reflektiert, als ob ein Partikel spiegelverkehrt auf der anderen Seite des Randes existieren würde.

Der Typ einer Wand läßt sich mit Hilfe eines Flags (reflektierend=1, nicht-reflektierend=0) beschreiben. Für die 4 Randkanten im zweidimensionalen Fall bzw. die 6 Randflächen im dreidimensionalen Fall benötigen wir dazu beispielsweise zwei Parameter box_lower und box_upper als Vektoren int[DIM]. Mit ihrer Hilfe läßt sich im Code einfach bestimmen, ob ein Partikel sich in einer Randzelle mit einem reflektierenden Rand befindet. Dann ist die zusätzliche Kraft (3.34) bei der Berechnung der Kräfte in der Routine compF_LC auf die Kraft auf das jeweilige Partikel zu addieren.[22] Der in

---

[21] Alternativ kann das reflektierende Partikel auch auf dem Rand plaziert werden. Dann steht in (3.34) statt dem doppelten Abstand $2r$ zum Rand der Abstand r.

[22] Eine andere Möglichkeit reflektierende Randbedingungen zu erzeugen, besteht darin, Partikel, deren neuer Ort außerhalb des Gebietes läge, durch eine Spiegelung des neuen Ortes am Rand wieder ins Gebiet hineinzubewegen und dabei etwa im Fall des unteren Randes gleichzeitig die $\mathbf{x}_2$-Komponente der neuen Geschwindigkeit mit einem Minuszeichen zu versehen.

Algorithmus 3.15 in der Routine compF_LC ausgeführte Durchlauf durch die Nachbarzellen zur Berechnung der Kraft auf die einzelnen Partikel muß nun für Randzellen geeignet modifiziert werden. Die nicht existierenden Nachbarzellen werden dabei übersprungen.

Anfangsbedingungen. Das Fluid füllt zu Beginn der Simulation die untere Hälfte des Simulationsgebietes vollständig aus. Der Tropfen liegt in $\mathbf{x}_1$-Richtung in der Mitte des Simulationsgebietes über dem gefüllten Becken. Zu Beginn der Simulation werden die Partikel auf einem regelmäßigen Gitter (sowohl im Becken als auch im Tropfen) angeordnet und wieder mit einer leichten thermischen Bewegung gemäß einer Maxwell-Boltzmann-Verteilung mit mittlerer Geschwindigkeit 0.07 pro Komponente versehen, vergleiche Anhang A.4.

Geschwindigkeitsskalierung. Bis zum Zeitpunkt $t = 15$ lassen wir die Schwerkraft nur auf die Partikel im Becken wirken, um dort die Partikel zur Ruhe kommen zu lassen. Dabei wird die Geschwindigkeit der Partikel in jedem tausendsten Zeitschritt so skaliert, daß keine zu großen Geschwindigkeiten entstehen. Konkret geschieht dies wie folgt: Die kinetische Energie eines Systems zum Zeitpunkt t_n ist nach (3.25) gegeben durch

$$E_{kin}^n = \frac{1}{2} \sum_{i=1}^{N} m_i (\mathbf{v}_i^n)^2.$$

Soll das System nun in einen Zustand mit einer gewünschten kinetischen Energie E_{kin}^D überführt werden, dann kann dies durch Multiplikation der Geschwindigkeiten $\mathbf{v}_i^n$ der Partikel mit dem Faktor

$$\beta := \sqrt{E_{kin}^D / E_{kin}^n} \tag{3.35}$$

gemäß

$$\mathbf{v}_i^n := \beta \cdot \mathbf{v}_i^n$$

in der Routine compV_LC geschehen, denn dann gilt $\sum_{i=1}^{N} \frac{m_i}{2} (\beta \mathbf{v}_i^n)^2 = \beta^2 E_{kin}^n = E_{kin}^D$. Als gewünschte kinetische Energie E_{kin}^D verwenden wir in dieser Simulation den Wert $E_{kin}^D = 0.005 \cdot N$. In jedem Zeitschritt ist also zunächst der aktuelle Wert von E_{kin}^n auszurechnen. Davon abhängig kann dann der Wert des Skalierungsfaktors β gemäß (3.35) bestimmt werden und damit können schließlich die Geschwindigkeiten skaliert werden. Erst nach dieser Skalierungsphase für die Partikel des Beckens beginnt die eigentliche Simulation. Ab dem Zeitpunkt $t = 15$ wird die Geschwindigkeitsskalierung ausgeschaltet und auch die Partikel im Tropfen der Schwerkraft ausgesetzt. Der Tropfen beginnt dann in das Becken zu fallen.

Abbildung 3.15 zeigt das Ergebnis einer Simulation mit 17227 Partikeln im Becken und 395 Partikeln im Tropfen mit den Parameterwerten aus Tabelle 3.3. Wir stellen dabei nur die unteren zwei Drittel des Gebiets dar. Von links oben nach rechts unten sind die Positionen der Partikel zu den angegebenen Zeitpunkten zu sehen. Die unterschiedliche Farbkodierung der Partikel im Becken und im Tropfen ist in einfacher Weise anhand ihrer Partikelnummer i möglich. Der Tropfen dringt in das Fluid ein, verdrängt dort das Fluid

$$
\begin{array}{ll}
L_1 = 250, & L_2 = 180, \\
\varepsilon = 1, & \sigma = 1, \\
m = 1, & \mathbf{G} = (0, -12), \\
N = 395 \text{ und } 17227, & \delta t = 0.0005, \\
r_{\text{cut}} = 2.5\sigma
\end{array}
$$

Tabelle 3.3. Parameterwerte, Simulation eines fallenden Tropfens.

und löst sich langsam auf. Es entsteht eine Welle, die an der Wand reflektiert wird, zurückläuft und zu einer Schwappbewegung der Flüssigkeit führt. Die in den Bildern erkennbare leichte Unsymmetrie ergibt sich unter anderem aus den zufälligen Anfangsbedingungen für die Geschwindigkeiten der Partikel.

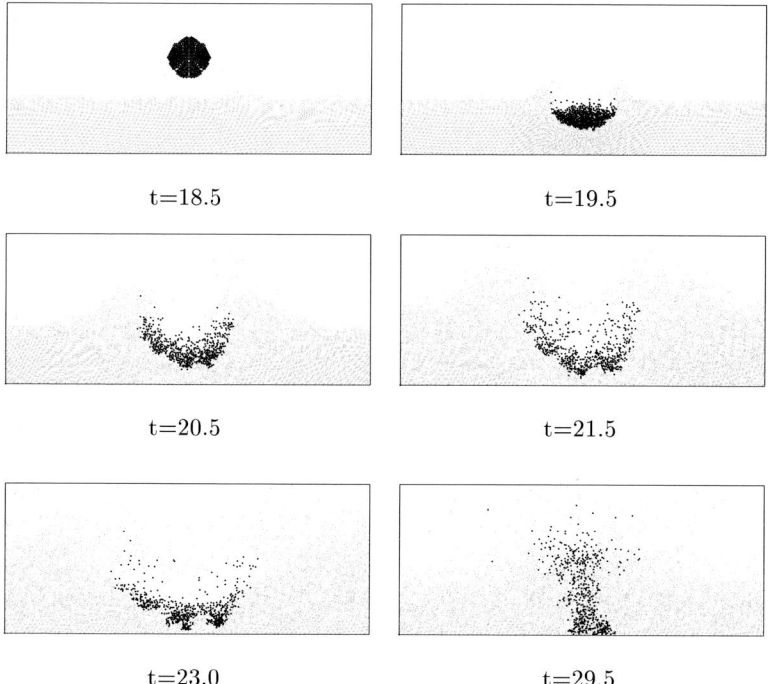

t=18.5   t=19.5

t=20.5   t=21.5

t=23.0   t=29.5

Abb. 3.15. Fallender Tropfen, zeitliche Entwicklung der Partikelverteilung.

3.6.3 Dichteunterschied

Nun betrachten wir eine Strömung, die durch einen Dichteunterschied getrieben wird. Dazu teilen wir eine rechteckige Box in zwei Kammern ein, in denen sich gleich viele Partikel befinden, vergleiche Abbildung 3.16 (links). Entfernt man einen Teil der Trennwand zwischen diesen beiden Teilgebieten (Abbildung 3.16 (rechts)), dann strömen aufgrund des Dichteunterschieds in den beiden Teilgebieten Partikel aus dem Gebiet mit höherer Dichte in das Gebiet niedrigerer Dichte, bis sich die Dichten in den beiden Gebieten angeglichen haben.

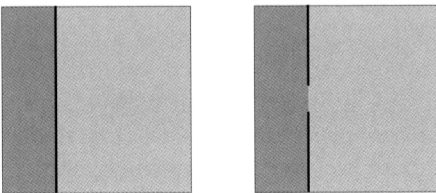

Abb. 3.16. Grundkonfiguration Dichteunterschied; links vor Öffnen des Lochs in der Trennwand, rechts nach Öffnen des Lochs in der Trennwand.

An den Rändern des Simulationsgebietes, wie auch an der Wand, die die beiden Gebiete trennt, sind reflektierende Randbedingungen vorgegeben. Dabei lassen wir keine Kräfte durch die Trennwand hindurch wirken. Diese kann man analog zu reflektierenden äußeren Wänden implementieren. Dazu sind in der Kraftberechnungsroutine `compF_LC` entsprechende Änderungen beim Durchlauf über die Nachbarzellen vorzunehmen und eine die Partikel in der Nähe des Randes vom Rand abstoßende Kraft gemäß (3.34) zu addieren.

Die Partikel werden zu Beginn der Simulation in beiden Teilgebieten auf einem regelmäßigen Gitter (mit unterschiedlichen Maschenweiten in den beiden Teilgebieten) angeordnet und wieder mit einer kleinen thermischen Bewegung entsprechend einer Maxwell-Boltzmann-Verteilung mit $E_{kin}^D = 66.5 \cdot N$ versehen, vergleiche Anhang A.4. Die Trennwand teilt dabei das Simulationsgebiet im Verhältnis 1:4.

Abbildung 3.17 zeigt den zeitlichen Verlauf einer Simulation mit insgesamt 10920 Partikeln und den weiteren Parameterwerten aus Tabelle 3.4. Partikel

$$L_1 = 160, \qquad L_2 = 120,$$
$$\varepsilon = 1, \qquad \sigma = 1,$$
$$N = 10920, \qquad \delta t = 0.0005,$$
$$r_{cut} = 2.5\sigma, \qquad m = 1$$

Tabelle 3.4. Parameterwerte, Simulation Dichteunterschied.

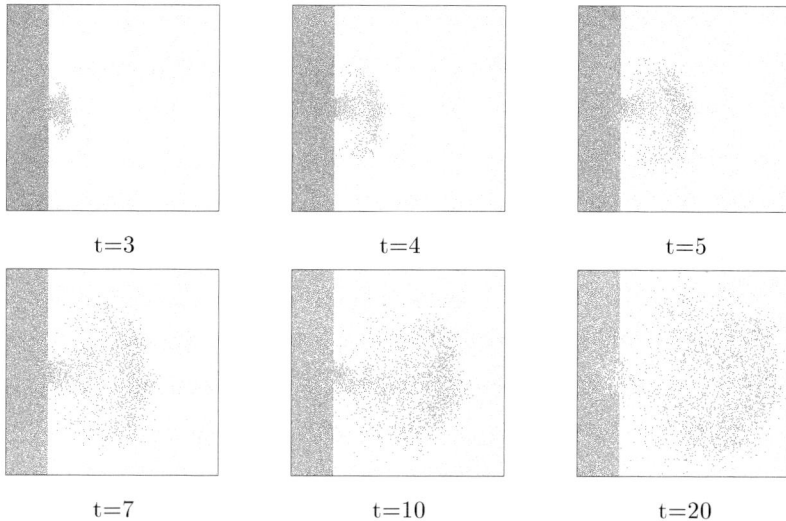

Abb. 3.17. Dichteunterschied, zeitliche Entwicklung der Partikelverteilung.

strömen aus dem Gebiet mit höherer Dichte in das Gebiet mit niedrigerer Dichte. Dabei bildet sich eine pilzförmige Struktur, die in das Gebiet mit niedrigerer Dichte hineinwächst und sich durch Vermischung mit anderen Partikeln langsam auflöst.

3.6.4 Rayleigh-Taylor-Instabilität

Die Rayleigh-Taylor-Instabilität ist eine aus der Fluid-Dynamik bekannte physikalische Instabilität, die in vielen Bereichen der Natur zu beobachten ist. Die damit verbundenen Durchmischungsphänomene treten auf einer Vielzahl von Größenskalen auf. Man findet sie im Inneren von explodierenden Sternen (Supernovae) in der Astrophysik wie auch bei Strömungsproblemen in der Mikrotechnologie. Sie resultieren, wenn ein Fluid unter Schwerkrafteinfluß über ein Fluid mit geringerer Dichte geschichtet wird. Dieser instabile Zustand löst sich dadurch auf, daß das schwerere Fluid nach unten absinkt und das leichtere Fluid verdrängt. Die dabei entstehenden charakteristischen Gebilde (siehe Abbildung 3.20 und 3.21) sind abhängig von den jeweiligen Dichte- und Masseunterschieden sowie von der Stärke des jeweiligen Gravitations- oder Beschleunigungsfeldes. Auf der Makroskala bieten sich hier klassische Methoden aus der Fluid-Dynamik an, um die Rayleigh-Taylor-Instabilität zu simulieren. Diese Methoden ermöglichen eine Betrachtung des Phänomens aus der Kontinuumssicht.

Da die Rayleigh-Taylor-Instabilität selbstähnlich ist, ist zu erwarten, daß man Eigenschaften, die in der makroskopischen Simulation beobachtet werden, auch auf mesoskopischer Ebene wiederfindet. Eine Untersuchung dieser

Phänomene auf mesoskopischer Skala ist von Interesse, da sich dadurch insbesondere auch die an den Grenzschichten zwischen den unterschiedlichen Fluiden herrschenden physikalischen Gesetzmäßigkeiten detaillierter untersuchen und darstellen lassen. Hier bietet sich die Verwendung von Partikelmethoden an. Es konnte bereits gezeigt werden, daß bekannte hydrodynamische Instabilitäten auch in mesoskopischen Partikelsystemen entstehen können, vergleiche [494, 497] und [32, 196, 486, 496].

Wir betrachten im folgenden zwei Beispiele für die Rayleigh-Taylor-Instabilität in zweidimensionalen Systemen. Abbildung 3.18 zeigt die Ausgangssituation.

Abb. 3.18. Anfangskonfiguration Rayleigh-Taylor-Instabilität; oben die schwere, unten die leichte Flüssigkeit.

Das Simulationsgebiet ist zu Beginn der Simulation vollständig mit Partikeln gefüllt. Dabei sind die Partikel, die die untere Hälfte des Simulationsgebiets ausfüllen, leichter als die Partikel in der oberen Hälfte des Simulationsgebiets. Die Partikel unterscheiden sich in ihrer Masse und zusätzlich auch in den in das Lennard-Jones-Potential eingehenden σ-Parametern.

Eine Mischungsregel für das Lennard-Jones-Potential. In dieser Anwendung treten nun zwei unterschiedliche Arten von Partikeln auf. Im Wechselwirkungspotential müssen wir deswegen Parameter ε_{ij} und σ_{ij} verwenden, die von den jeweiligen beteiligten Partikeln i und j abhängen,

$$V = 4 \sum_{i=1}^{N} \sum_{\substack{j=1, j>i \\ 0 < r_{ij} \leq r_{\mathrm{cut}}}}^{N} \varepsilon_{ij} \cdot \left(\frac{\sigma_{ij}}{r_{ij}}\right)^{6} \cdot \left(\left(\frac{\sigma_{ij}}{r_{ij}}\right)^{6} - 1\right). \qquad (3.36)$$

Analog lautet die resultierende Kraft nun

$$\mathbf{F}_i = 24 \sum_{\substack{j=1, j\neq i \\ 0 < r_{ij} \leq r_{\mathrm{cut}}}}^{N} \varepsilon_{ij} \cdot \frac{1}{r_{ij}^{2}} \cdot \left(\frac{\sigma_{ij}}{r_{ij}}\right)^{6} \cdot \left(1 - 2 \cdot \left(\frac{\sigma_{ij}}{r_{ij}}\right)^{6}\right) \mathbf{r}_{ij}.$$

Will man Berechnungen mit einem Gemisch aus Partikeln mit unterschiedlichen Parametern in den zugehörigen Potentialen durchführen, kennt aber nur die Wechselwirkungen von Partikeln gleichen Typs untereinander, so läßt sich approximativ auf die Wechselwirkungsparameter der Potentiale zwischen verschiedenartigen Partikeln schließen. Dies führt auf sogenannte Mischungs-regeln für die Potentialparameter.

Für das Lennard-Jones-Potential wird dabei wie folgt vorgegangen. Seien $(\sigma_{ii}, \varepsilon_{ii})$, $i = 1, 2$, die Parameter des Lennard-Jones-Potentials der Partikel-sorten 1 beziehungsweise 2. Man nimmt an, daß Partikel verschiedener Sorte ebenfalls durch ein Lennard-Jones-Potential miteinander interagieren, wo-bei die Parameter $(\sigma_{ij}, \varepsilon_{ij})$ aus den Parametern $(\sigma_{ii}, \varepsilon_{ii})$, $i = 1, 2$, bestimmt werden. Wegen der Symmetrie der Kräfte $\mathbf{F}_{ij} = -\mathbf{F}_{ji}$ bzw. des dritten New-tonschen Gesetzes muß gelten $\sigma_{ij} = \sigma_{ji}$ und $\varepsilon_{ij} = \varepsilon_{ji}$.

Eine häufig verwendete Mischungsregel ist die von Lorentz-Berthelot [34], bei der die Parameter für die Wechselwirkungen von Partikeln unterschiedli-chen Typs nach

$$\sigma_{12} = \sigma_{21} = \frac{\sigma_{11} + \sigma_{22}}{2} \quad \text{(arithmetisches Mittel) und}$$

$$(3.37)$$

$$\varepsilon_{12} = \varepsilon_{21} = \sqrt{\varepsilon_{11}\varepsilon_{22}} \quad \text{(geometrisches Mittel)}$$

berechnet werden. Obwohl diese Mischungsregeln einer rein empirischen Vor-gehensweise entspringen, liefern sie in der Regel befriedigende Ergebnisse. Die Umsetzung findet man in Datenstruktur 3.3 für die individuellen Parameter für jedes Partikel und in Algorithmus 3.19 für die zusätzliche Mischungsregel. Die bisherige globale Vereinbarung von `sigma` und `epsilon` entfällt.

Datenstruktur 3.3 Zusätzliche Partikeldaten für das Lennard-Jones-Potential

```
typedef struct {
    ...                    // Partikeldatenstruktur 3.1
    real sigma, epsilon; // Parameter σ, ε
} Particle;
```

Algorithmus 3.19 Lennard-Jones-Kraft mit Mischungsregel

```
void force(Particle *i, Particle *j) {
    real sigma = 0.5 * (i->sigma + j->sigma);    // Lorentz-Berthelot (3.37)
    real epsilon = sqrt(i->epsilon * j->epsilon);
    ...                                // Kraftberechnung aus Algorithmus 3.11
}
```

Der Abschneideradius r_{cut} in diesen Interaktionen sollte nun als Maximum über die Abschneideradien der Interaktionen von Partikeln gleichen Typs gewählt werden.

Periodische Randbedingungen. An den vertikalen Rändern des Simulationsgebietes sollen nun periodische Randbedingungen verwendet werden, während an den horizontalen Rändern reflektierende Randbedingungen vorgegeben sind. Zur Implementierung periodischer Randbedingungen sind wieder einige Änderungen im Code vorzunehmen. Zu den Nachbarn einer Zelle gehören nun auch Zellen am gegenüberliegenden Ende des Simulationsgebiets, vergleiche Abbildung 3.7. Außerdem wird bei der Berechnung der Kräfte und Potentiale zwischen Partikeln der Abstand zum jeweils nächsten periodischen Abbild verwendet, siehe Abbildung 3.19.

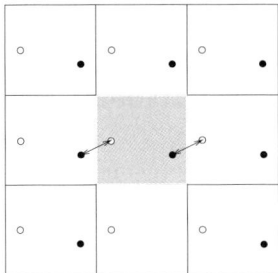

Abb. 3.19. Zur Kraftberechnung bei periodischen Randbedingungen: Das grau dargestellte Simulationsgebiet wird in jede Raumrichtung repliziert. Partikel am Rand des Simulationsgebietes interagieren jeweils mit den nächsten periodischen Abbildern.

Im Code muß dies in der Routine compF_LC in Algorithmus 3.15 geeignet berücksichtigt werden. Abstrakt wird dazu einfach kc[d] durch kc[d] modulo nc[d] ersetzt. Zudem muß die Berechnung des Abstands der Partikel entsprechend angepaßt werden. Falls wir beispielsweise die Nachbarzelle am periodischen linken Rand behandeln, das heißt im Fall kc[0] == -1, dann setzen wir kc[0] = nc[0]-1, bevor wir über die Partikel j dieser Zelle iterieren. Innerhalb der Schleife über Partikel j muß darüber hinaus bei der Abstandsberechnung die Zeile r += sqr(j->p.x[0] - i->p.x[0]) durch den Ausdruck r += sqr((j->p.x[0] - l[0]) - i->p.x[0]) ersetzt werden. Analoges gilt für die anderen Koordinatenrichtungen. In gleicher Weise ist in der Routine moveParticles_LC die Behandlung periodischer Randbedingungen umzusetzen. Dazu müssen hier die Ortskoordinaten x[d] der Partikel, die die Box verlassen haben, auf ihr periodisches Bild in der Box mittels +/-l[d] gesetzt werden.

Die Anfangsgeschwindigkeiten werden wieder entsprechend einer Maxwell-Boltzmann-Verteilung mit $E^D_{kin} = 60 \cdot N$ gewählt, vergleiche Anhang A.4. In der Simulation erfolgt zudem alle 1000 Zeitschritte eine Geschwindigkeitsskalierung. Dabei setzen wir die kinetische Energie auf den Wert $E^D_{kin} = 60 \cdot N$. In jedem Zeitschritt, in dem skaliert werden soll, ist also zunächst der aktuelle Wert von E_{kin}^n auszurechnen. Davon abhängig kann dann der Wert des Skalierungsfaktors β gemäß (3.35) bestimmt werden und schließlich können damit die Geschwindigkeiten skaliert werden.

Abbildung 3.20 zeigt das Ergebnis einer Simulation mit den Parametern aus Tabelle 3.5 und einer Gesamtzahl von 6384 Partikeln, die zu gleichen Teilen auf die beiden Partikelarten verteilt sind.

$$
\begin{array}{lll}
L_1 = 140, & L_2 = 37.5, & \\
\varepsilon_{\text{oben}} = \varepsilon_{\text{unten}} = \varepsilon = 1, & \sigma_{\text{oben}} = 0.9412, & \sigma_{\text{unten}} = 1, \\
\mathbf{G} = (0,\text{-}12.44), & m_{\text{oben}} = 2, & m_{\text{unten}} = 1, \\
N = 6384, & E_{kin}^D = 60{\cdot}N, & \\
r_{\text{cut}} = 2.5\sigma, & \delta t = 0.0005 &
\end{array}
$$

Tabelle 3.5. Parameterwerte, Simulation Rayleigh-Taylor-Instabilität.

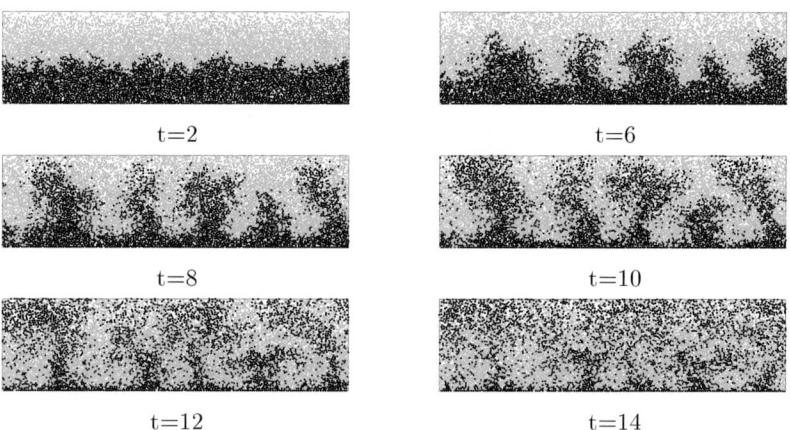

t=2   t=6

t=8   t=10

t=12   t=14

Abb. 3.20. Rayleigh-Taylor-Instabilität, zeitliche Entwicklung der Partikelverteilung.

Man sieht, wie sich im Lauf der Simulation die typischen pilzförmigen Strukturen bilden. Von oben sinken die schwereren Partikel (grau) nach unten und verdrängen die leichteren Partikel (schwarz), die nach oben aufsteigen. In dieser Simulation ergeben sich fünf unterschiedlich große Pilzstrukturen.

Abbildung 3.21 zeigt das Ergebnis einer Simulation mit einem anderen Parametersatz. Dort sind wieder die Partikelpositionen zu verschiedenen Zeitpunkten zu sehen. Die entsprechenden Parameter sind in Tabelle 3.6 angegeben. Die Gesamtzahl der Partikel ist nun 47704. Diese werden wieder zu gleichen Teilen auf die beiden Partikelarten verteilt.

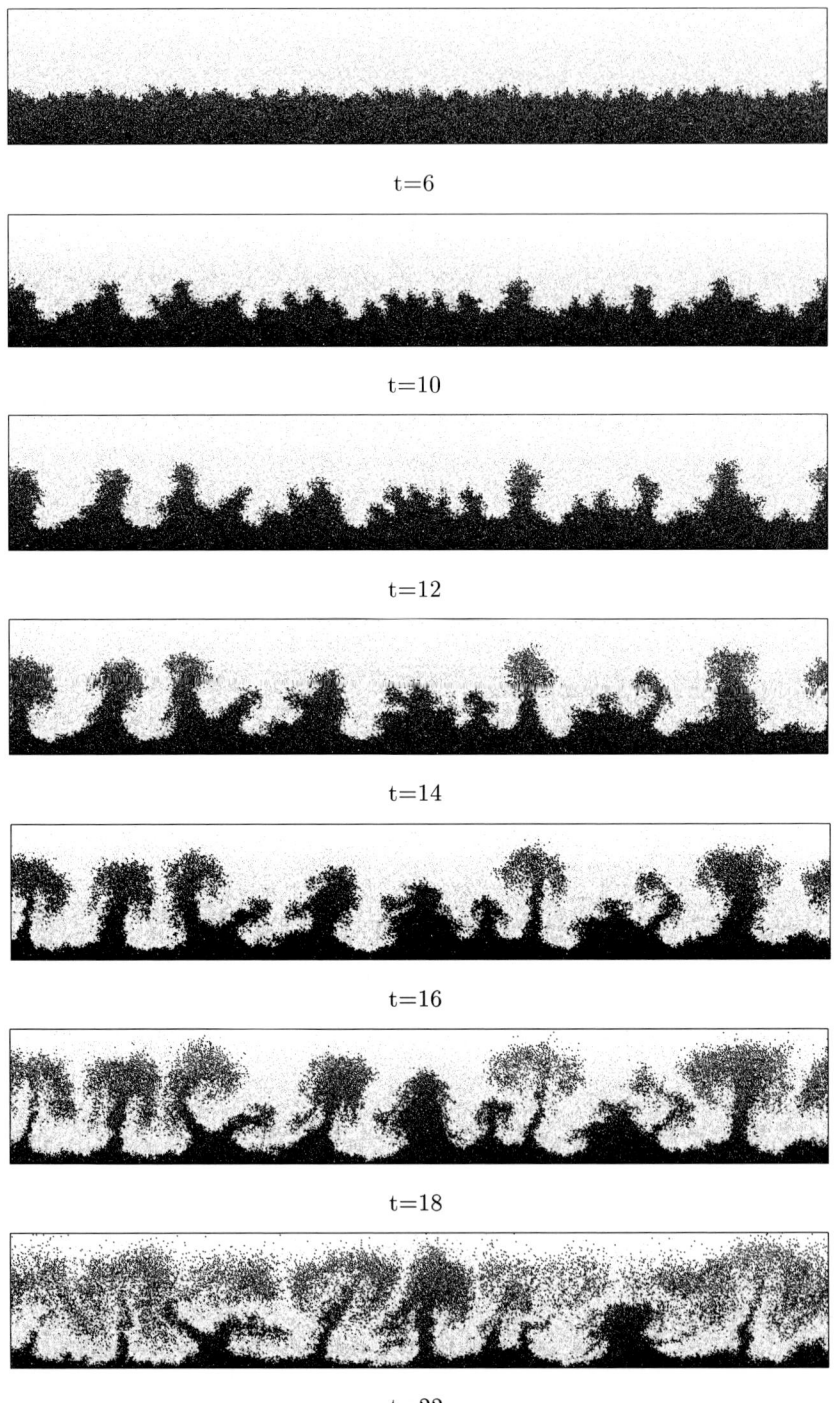

t=6

t=10

t=12

t=14

t=16

t=18

t=22

Abb. 3.21. Rayleigh-Taylor-Instabilität, zeitliche Entwicklung der Partikelverteilung.

$$L_1 = 600, \qquad L_2 = 100,$$
$$\varepsilon_{\text{oben}} = \varepsilon_{\text{unten}} = \varepsilon = 1, \qquad \sigma_{\text{oben}} = 1.1, \qquad \sigma_{\text{unten}} = 1.2,$$
$$\mathbf{G} = (0,\text{-}12.44), \qquad m_{\text{oben}} = 2, \qquad m_{\text{unten}} = 1,$$
$$N = 47704, \qquad E^D_{kin} = 60 \cdot N,$$
$$r_{\text{cut}} = 2.5\sigma, \qquad \delta t = 0.0005$$

Tabelle 3.6. Parameterwerte, Simulation Rayleigh-Taylor-Instabilität.

Wieder wird das leichtere Fluid von den von oben absinkenden schwereren Partikeln verdrängt. Das größere Simulationsgebiet und die erhöhte Anzahl von Partikeln resultieren in einer bedeutend größeren Zahl von pilzförmigen Strukturen, die sich auch in ihrer Größe und Form deutlicher unterscheiden als diejenigen in Abbildung 3.20.

3.6.5 Rayleigh-Bénard-Strömung

In technischen Anwendungen, wie zum Beispiel dem Kristallwachstum, in Kühltürmen, Kraftwerken, Wärmespeichern, aber auch in der Meteorologie und Ozeanographie, ist häufig der Einfluß von Temperaturunterschieden sowie das dadurch entstehende Strömungsfeld von Interesse. Solche Phänomene treten auf mikroskopischen Skalen ebenfalls auf. Als Beispiel für temperaturgetriebene Strömungen in Mikrofluiden soll hier das sogenannte Rayleigh-Bénard-Problem untersucht werden, bei dem ein Fluid in einer Box mit periodischen Randbedingungen an den vertikalen Wänden und beheizten horizontalen Wänden betrachtet wird, vergleiche Abbildung 3.22.

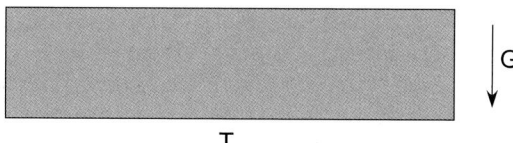

Abb. 3.22. Rayleigh-Bénard-Strömung, Grundkonfiguration bei beheizter unterer Wand.

Ist der untere Rand nur etwas wärmer als der oberer Rand, dann wird Wärme durch Diffusion (Konduktion) durch das Fluid transportiert. Überschreitet jedoch die Temperaturdifferenz zwischen oberer und unterer Wand einen kritischen Wert, so bietet die Konvektion einen effizienteren Weg Wärme auszutauschen. Dann entstehen Konvektionszellen, deren Form und Anzahl von der Temperaturdifferenz, den Randbedingungen und auch den Anfangsbedingungen abhängen [73]. Die Strömung wird dabei von der Temperaturdifferenz getrieben, in der die Prozesse

$$\text{erhitzen} \rightarrow \text{ausdehnen} \rightarrow \text{aufsteigen}$$
$$\text{abkühlen} \rightarrow \text{zusammenziehen} \rightarrow \text{absinken}$$

im Wechsel aufeinander folgen.

Die analytische Untersuchung dieser Strömungsvorgänge auf makroskopischer Ebene basiert auf den Navier-Stokes-Gleichungen, also den Standardgleichungen für Massen-, Momenten- und Energieerhaltung in Fluiden. Hier wird zudem oft die sogenannte Boussinesq-Approximation [109, 449] verwendet, bei der angenommen wird, daß von allen Materialeigenschaften des Fluids nur die Dichte von der Temperatur abhängt, und daß diese Abhängigkeit linear ist. Numerische Untersuchungen, die auf den so vereinfachten Navier-Stokes-Gleichungen aufsetzen und die Lösung von (trotz dieser Näherungen sehr komplexen) Rayleigh-Bénard-Problemen approximieren, finden sich zum Beispiel in [351, 375, 451]. Experimente findet man etwa in [658]. Die Moleküldynamik-Simulation solcher Phänomene dient nun nicht dazu, die bekannten Techniken der CFD (computational fluid dynamics) zu ersetzen, sondern den Zusammenhang zwischen den verschiedenen Skalen der Beobachtung (mikro und makro, diskret und kontinuierlich) untersuchen zu helfen.

Moleküldynamik-Simulationen des zweidimensionalen Rayleigh-Bénard-Problems finden sich zum Beispiel in [405, 496, 497]. In [486] wird ein quantitativer Vergleich von Moleküldynamik-Simulationen mit CFD-Simulationen vorgenommen. Ein Problem beim Vergleich der Ergebnisse von Moleküldynamik-Simulationen mit realen Experimenten besteht darin, daß die für das Auslösen der Konvektion nötigen äußeren Kräfte (also hier die Schwerkraft), wie auch die Dichteschwankungen des Fluids bedeutend größer sind, als dies unter normalen experimentellen (makroskopischen) Bedingungen der Fall ist. Insbesondere ist die Gültigkeit der Boussinesq-Approximation fraglich [256]. Weiterhin bildet sich im dreidimensionalen Fall im allgemeinen auch eine dreidimensionale Strömung aus. Für ein sehr großes Verhältnis der Breite zur Tiefe des Simulationsgebiets (Hele-Shaw-Strömung) kann die Strömung jedoch als zweidimensional genähert werden.

Wir untersuchen hier die Ausbildung von Rayleigh-Bénard-Zellen anhand zweier Simulationen, die sich im Verhältnis von Länge zu Breite der Simulationsbox unterscheiden.

Randbedingungen, beheizte Wand. An den vertikalen Rändern sind hier jeweils periodische Randbedingungen gesetzt. An den horizontalen Rändern verwenden wir reflektierende Randbedingungen, wobei am unteren Rand zusätzlich geheizt wird, das heißt, die Partikel erfahren bei der Kollision mit dem Rand eine Beschleunigung. Wir gehen in diesem Beispiel so vor, daß wir die x_2-Komponente der Geschwindigkeit der von der Wand reflektierten Partikel einfach mit dem festen Faktor 1.4 multiplizieren. Das heißt, wir setzen für diese Partikel

$$(\mathbf{v}_i^n)_2 := 1.4 \cdot (\mathbf{v}_i^n)_2$$

in der Routine compF_LC, injizieren so Energie in das System und heizen es letztendlich dadurch an der Wand.[23]

---

[23] Eine Möglichkeit, das Gesamtsystem mit sogenannten Thermostaten auf eine vorgegebene Temperatur zu bringen, werden wir in Abschnitt 3.7 kennenlernen.

Anfangsbedingungen und Geschwindigkeitsskalierung. Durch das Heizen am unteren Rand wird dem System Energie zugeführt, die im Lauf der Simulation zu einem Ansteigen der kinetischen Energie und damit der Geschwindigkeiten der Partikel führt. Um dem entgegenzuwirken, wird dem gesamten System Energie entzogen indem die Geschwindigkeiten aller Partikel jeweils alle 1000 Zeitschritte mit dem Faktor β gemäß (3.35) multipliziert werden, so daß die gewünschte kinetische Energie $E_{kin}^D = 60 \cdot N$ erzielt wird.

Abbildung 3.23 zeigt den zeitlichen Verlauf einer Simulation mit einem Behältnis mit Verhältnis Länge zu Breite 4 : 1 und den Parametern aus Abbildung 3.7. Die Gesamtzahl der Partikel beträgt 9600. Sie sind zu Beginn auf einem regulären Gitter verteilt. Die Geschwindigkeiten der Partikel werden gemäß einer Maxwell-Boltzmann-Verteilung entsprechend einer kinetischen Energie von $E_{kin}^D = 90 \cdot N$ erzeugt, vergleiche Anhang A.4.

$$
\begin{array}{ll}
L_1 = 240, & L_2 = 60, \\
\varepsilon = 1, & \sigma = 1, \\
m = 1, & G = (0, -12.44), \\
N = 9600, & E_{kin}^D = 60 \cdot N, \\
r_{\mathrm{cut}} = 2.5\sigma, & \delta t = 0.0005
\end{array}
$$

Tabelle 3.7. Parameterwerte, Simulation Rayleigh-Bénard-Strömung.

Um die Konvektionszellen sichtbar zu machen, werden zum Zeitpunkt $t = 90$ die Partikel, die sich in der unteren Hälfte des Simulationsgebiets befinden, schwarz, und die in der oberen Hälfte grau eingefärbt, vergleiche Abbildung 3.23 (links oben). Zu diesem Zeitpunkt hat sich die durch die Wärmezufuhr getriebene Konvektion stabilisiert. Die folgenden Bilder zeigen dann die Bewegung der so eingefärbten Partikel. Man erkennt deutlich zwei Rayleigh-Bénard-Zellen, in denen die Partikel nach oben beziehungsweise nach unten transportiert werden.

Abbildung 3.24 zeigt den zeitlichen Verlauf einer Simulation mit veränderter Seitenlänge des Simulationsgebiets (entsprechend einem Verhältnis Länge zu Breite von 6 : 1) und einer entsprechend erhöhten Anzahl von Partikeln. Die Seitenlänge des Gebiets beträgt nun $L_1 = 360$ und es werden 14400 Partikel verwendet. Alle anderen Parameter bleiben unverändert.

Die Einfärbung der Partikel erfolgte hier zum Zeitpunkt $t = 102$, vergleiche Abbildung 3.24 (oben). Die folgenden Bilder zeigen dann wieder die Bewegung der so eingefärbten Partikel. Nun entwickeln sich vier Rayleigh-Bénard-Zellen.

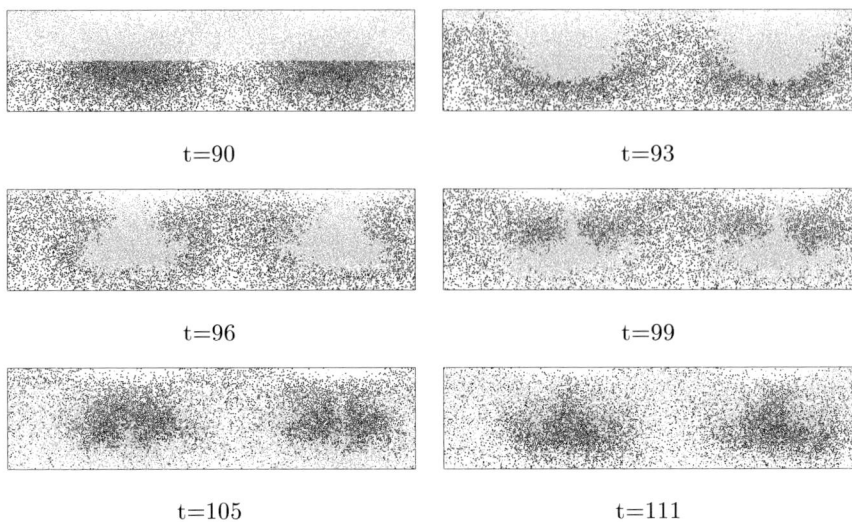

t=90   t=93

t=96   t=99

t=105   t=111

Abb. 3.23. Rayleigh-Bénard-Strömung, zeitliche Entwicklung der Partikelvertei-lung.

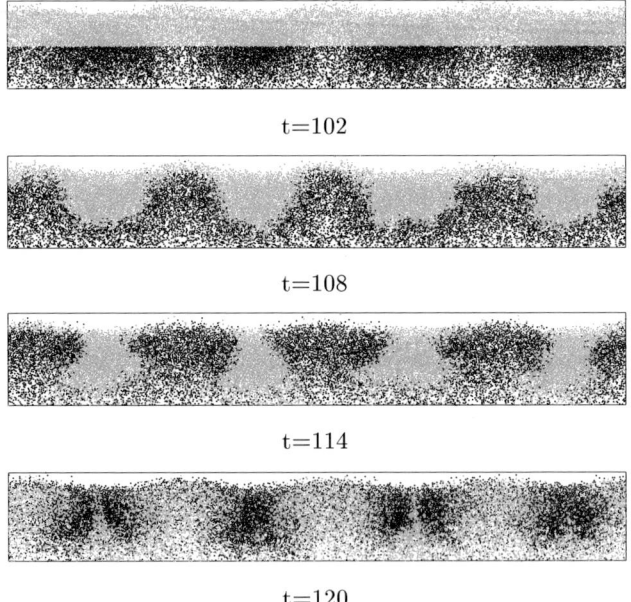

t=102

t=108

t=114

t=120

Abb. 3.24. Rayleigh-Bénard-Strömung, zeitliche Entwicklung der Partikelvertei-lung.

3.6.6 Oberflächenwellen in granularen Materialien

Granulare Materialien [135, 153, 313, 333] treten in vielfältiger Form in Natur und Technik auf: Beispiele sind Sand, Kornschüttungen in Silos oder auch Waschpulver, Zucker oder Staub. Sie weisen eigentümliche Eigenschaften auf, denn sie verhalten sich weder wie Feststoffe noch wie Flüssigkeiten oder Gase. Entsprechend interessant sind die bei granularen Materialien beobachtbaren Phänomene. So finden bei Schüttexperimenten von Granulat mit unterschiedlicher Körnung unter Vibration Entmischungen und Kornsegregationsprozesse statt. Dabei werden Körner unterschiedlicher Größe durch die Vibrationen getrennt (Paranußeffekt) und man beobachtet spontane Haufen- und Musterbildung sowie die Bildung von Konvektionszellen [92, 333, 419, 481].

Wir untersuchen im folgenden das Phänomen der Oberflächenwellen, die sich entwickeln, wenn eine dünne granulare Schicht einer Vibration ausgesetzt wird. Dabei können unterschiedliche Wellenformen beobachtet werden [419, 420, 620]. Die numerische Simulation kann hier helfen, die Mechanismen zu verstehen, die für dieses Verhalten verantwortlich sind. Der Zusammenhang zwischen der Form der entstehenden Wellen und der anregenden Frequenz wurde in [46, 498] untersucht. Vergleiche zwischen den Ergebnissen von Simulationen und Experimenten finden sich zum Beispiel in [92]. Zur numerischen Simulation von granularen Materialien werden die direkte Simulation mit Monte-Carlo (DSMC) [434, 91, 589], sogenannte „event driven" Simulationsmethoden (ED) [390, 391, 412, 434], hybride Monte-Carlo-Simulationsmethoden (HSMC) [433] und die Moleküldynamik-Methode verwendet.

Wir verwenden hier die Moleküldynamik-Simulation, um Oberflächenwellen in einem granularen Medien im zweidimensionalen Fall zu studieren [498]. Dazu betrachten wir ein System von Partikeln unter Schwerkrafteinfluß in einer Simulationsbox, deren unterer Rand sich mit einer festen Frequenz periodisch nach oben und unten bewegt, vergleiche Abbildung 3.25.

Abb. 3.25. Grundkonfiguration zur Simulation von Oberflächenwellen in granularen Medien; die untere Wand oszilliert mit einer vorgegebenen Frequenz f.

Durch die Vibration des unteren Randes werden die Partikel selbst in Schwingung versetzt und es bilden sich nach einiger Zeit Wellen an der freien Oberfläche aus. Die Form, Amplitude und Frequenz der Wellen hängt dabei stark von den verwendeten Parametern, insbesondere von der Amplitude und Frequenz der Oszillation des Randes, aber auch von der Schwerkraft sowie der Masse und den Potentialparametern der Wechselwirkungen zwischen den Partikeln ab.

Bewegte Ränder. Wir verwenden in dieser Anwendung periodische vertikale Ränder und reflektierende horizontale Ränder, wobei der untere Rand zudem in vertikaler Richtung mit Frequenz f und Amplitude A oszilliert. Dabei ist die vertikale Position des unteren Randes gegeben durch

$$(\mathbf{x}_{\text{wand}})_2(t) = A(1 + \sin(2\pi f t)).$$

Bei der Implementierung eines solchen bewegten reflektierenden Randes gehen wir im Prinzip vor wie beim ruhenden reflektierenden Rand in Abschnitt 3.6.2. Nun setzen wir jedoch das virtuelle Partikel gleicher Masse direkt auf den Rand, vergleiche Fußnote 21 auf Seite 73. Weiterhin muß nun die Zeitabhängigkeit der $\mathbf{x}_2$-Position des Randes berücksichtigt werden. Analog zu (3.34) erhalten wir dann die $\mathbf{x}_2$-Komponente der zusätzlichen abstoßenden Kraft auf Partikel i als

$$(\mathbf{F}_i)_2(t) = 24 \cdot \varepsilon \frac{1}{r_{i(t)}^2} \cdot \left(\frac{\sigma}{r_i(t)} \right)^6 \cdot \left(1 - 2 \cdot \left(\frac{\sigma}{r_i(t)} \right)^6 \right) (\mathbf{r}_i)_2(t)$$

mit $(\mathbf{r}_i)_2(t) := (\mathbf{x}_{\text{wand}})_2(t) - (\mathbf{x}_i)_2$ und $r_i(t) = \|(\mathbf{x}_{\text{wand}})_2(t) - (\mathbf{x}_i)_2\|$. Die Größe dieser Kraft entspricht der Kraft durch ein virtuelles Partikel, das sich auf dem sich zeitlich bewegenden unteren Rand befindet.

Zusätzlicher Reibungsterm in den Bewegungsgleichungen. Dem System wird durch den sich bewegenden unteren Rand fortlaufend Energie zugeführt. Dadurch erhöht sich die Gesamtenergie des Systems und die Geschwindigkeiten der Partikel werden im Lauf der Simulation (im Mittel) immer größer. Um diesem Effekt entgegenzuwirken, wird dem System durch einen zusätzlichen Reibungsterm in den Bewegungsgleichungen Energie entzogen.

Die Kraft auf ein Partikel setzt sich somit aus drei Anteilen zusammen: Sie besteht aus dem Lennard-Jones Term

$$\mathbf{F}_i = 24 \cdot \varepsilon \sum_{\substack{j=1 \\ j \neq i}}^{N} \frac{1}{r_{ij}^2} \cdot \left(\frac{\sigma_{ij}}{r_{ij}} \right)^6 \cdot \left(1 - 2 \cdot \left(\frac{\sigma_{ij}}{r_{ij}} \right)^6 \right), \tag{3.38}$$

der Schwerkraft $\mathbf{G}$ und dem zusätzlichen Reibungsterm

$$\mathbf{R}_i = \gamma \sum_{\substack{j=1 \\ j \neq i}}^{N} (\mathbf{v}_{ij} \cdot \mathbf{r}_{ij}) \frac{\mathbf{r}_{ij}}{r_{ij}^2}. \tag{3.39}$$

Dabei ist $\mathbf{v}_{ij} := \mathbf{v}_j - \mathbf{v}_i$ und γ bezeichnet eine geeignet zu wählende Konstante.[24] Der Reibungsterm ist somit von der Geschwindigkeit des jeweiligen Partikels abhängig. Die Bewegungsgleichung für ein Partikel i lautet dann

$$m_i \dot{\mathbf{v}}_i = \mathbf{F}_i + \mathbf{R}_i + \mathbf{G}.$$

Sowohl (3.38) als auch (3.39) werden nun wieder bei einem Abstand von r_{cut} abgeschnitten. Damit wird der Reibungsterm durch

$$\mathbf{R}_i \approx \gamma \sum_{\substack{j=1, j \neq i \\ r_{ij} < r_{\mathrm{cut}}}}^{N} (\mathbf{v}_{ij} \cdot \mathbf{r}_{ij}) \frac{\mathbf{r}_{ij}}{r_{ij}^2}$$

approximiert und es kann direkt die Linked-Cell-Methode eingesetzt werden.

Für die Zeitintegration verwenden wir wieder den Geschwindigkeits-Störmer-Verlet-Algorithmus 3.1, wobei nun die zusätzliche Reibungskraft zum Zeitpunkt t_{n+1} durch

$$\mathbf{R}_i^{n+1} = \gamma \sum_{\substack{j=1, j \neq i \\ r_{ij}^n < r_{\mathrm{cut}}}}^{N} (\mathbf{v}_{ij}^n \cdot \mathbf{r}_{ij}^n) \frac{\mathbf{r}_{ij}^n}{(r_{ij}^n)^2}$$

diskretisiert wird. Sie ist dann an entsprechender Stelle bei der Berechnung der Geschwindigkeiten zu berücksichtigen.

Die σ_i-Parameter der einzelnen Partikel werden für jedes Partikel zufällig innerhalb des Bereiches $[0.9 \cdot \sigma, 1.1 \cdot \sigma]$ gewählt. Die Parameter σ_{ij} in (3.38) werden gemäß der Lorentz-Berthelotschen Mischungsregeln als arithmetische Mittelwerte aus den σ_i der einzelnen Partikel bestimmt.

Abbildung 3.26 zeigt den zeitlichen Verlauf einer Simulation mit den Parameterwerten aus Tabelle 3.8. Die Parameter f, A und γ sind dabei die im Code verwendeten Bezeichnungen für die Frequenz und die Amplitude der Oszillation des unteren Randes beziehungsweise für die Reibungskonstante γ. Die Gesamtzahl der Partikel beträgt 1200. Sie werden zu Beginn auf einem regulären Gitter der Größe 100×12 verteilt, vergleiche Abbildung 3.26 (links oben). Die Geschwindigkeit der Partikel zu Beginn der Simulation verschwindet, das heißt $\mathbf{v}_i = \mathbf{0}, i = 1, \ldots, N$.

Nach einiger Zeit entstehen Wellen, die immer im Wechsel aufsteigen und wieder absinken. Die Bilder zeigen von rechts oben nach rechts unten etwa eine halbe Periode der Welle. Die beobachteten Wellen werden ausschließlich durch die äußere Anregung hervorgerufen und brechen sofort zusammen, wenn keine Energie mehr von außen zugeführt wird. Das ist ein entscheidender Unterschied zu Wellenphänomenen in viskosen Flüssigkeiten, wo ein langsames Weiterschwingen und Ausklingen der Wellen stattfindet.

---

[24] $(\mathbf{v}_{ij} \cdot \mathbf{r}_{ij})$ steht dabei für das gewöhnliche Skalarprodukt zwischen den Vektoren $\mathbf{v}_{ij}$ und $\mathbf{r}_{ij}$.

$$L_1 = 180, \quad L_2 = 40,$$
$$\varepsilon = 0.1, \quad \sigma = 2.1,$$
$$m = 1, \quad \mathbf{G} = (0, -22.0),$$
$$N = 1200, \quad \delta t = 0.002,$$
$$f = 0.83, \quad A = 1.5,$$
$$r_{\text{cut}} = 3.0, \quad \gamma = 1$$

Tabelle 3.8. Parameterwerte, Simulation von Oberflächenwellen in einem granularen Medium.

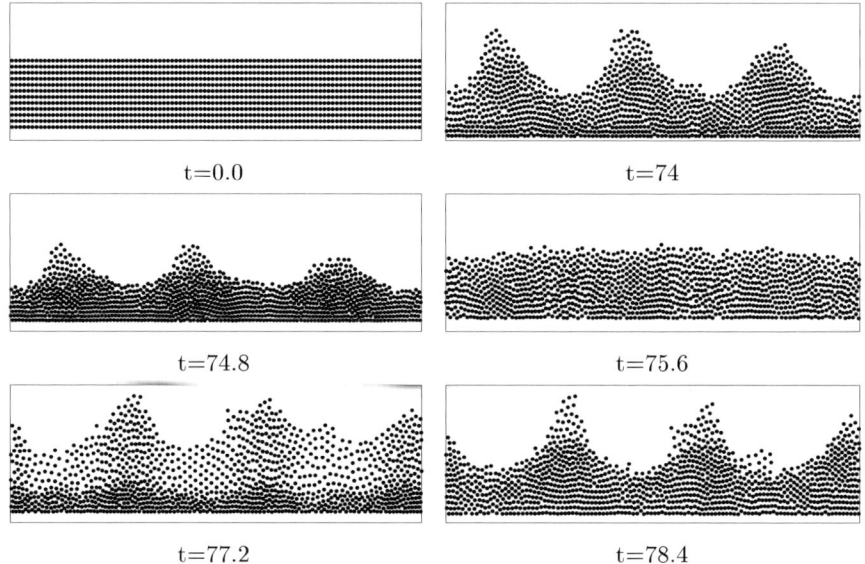

t=0.0   t=74

t=74.8   t=75.6

t=77.2   t=78.4

Abb. 3.26. Oberflächenwellen in einem granularen Medium, zeitliche Entwicklung der Partikelverteilung.

In Abhängigkeit von den gewählten Parametern entwickeln sich unterschiedliche Wellenformen innerhalb einiger oder mehrerer Schwingungen des unteren Randes. Die Zahl der Wellenberge wird von der Behältergröße und dem Typ der Randbedingungen an der Wand beeinflußt. Darüber hinaus lassen sich allgemeine Gesetzmäßigkeiten feststellen, wie Parameterbereiche mit stabilen Mustern, instabile Übergangsbereiche und Bifurkationen in der Parameterebene. Dabei können Schwingungen mit halber zeitlicher Anregungsfrequenz f und teils noch tiefere subharmonische Frequenzen beobachtet werden [187, 420, 498]. Örtlich sieht man Überlagerungen von Wellen, die stehen, wandern, sich nach einigen Zyklen wiederholen oder in jedem Zyklus an unterschiedlichen Stellen auftreten. Ergebnisse von dreidimensionalen Experimenten findet man etwa in [92].

3.7 Thermostate, Ensembles und Anwendungen

Bisher haben wir durch einfache Skalierung der Geschwindigkeit die kinetische Energie verändert. Dadurch wird auf mesoskopischer Ebene die Temperatur beeinflußt. In diesem Abschnitt betrachten wir nun Verfahren genauer, mit denen man die Temperatur eines betrachteten Systems einstellen und ändern kann. Dabei ist die Zahl N der Partikel, das Volumen V der Simulationsbox und, im Kontakt mit einem sogenannten Wärmebad, die Temperatur T vorgegeben. In der Sprechweise der statistischen Mechanik arbeiten wir dabei in einem NVT-Ensemble mit Thermostat. Darüberhinaus gibt es auch Zugänge, bei denen die Teilchenzahl N, der Druck P und die Temperatur T vorgegeben sind und sich nun das Volumen $V := |\Omega|$ und damit die Gestalt der Simulationsbox ändern können. Dann befindet man sich im sogenannten NPT-Ensemble. Dazu erweitern wir die Newtonschen Bewegungsgleichungen geeignet, was zum Verfahren von Parrinello-Rahman [455] führt. Schließlich wenden wir dieses Verfahren für die Simulation des Kühlungsprozesses von Argon an. Für den resultierenden Phasenübergang von flüssig nach fest läßt sich abhängig von der jeweiligen Abkühlgeschwindigkeit ein Übergang in einen Kristallzustand oder in einen glasartigen amorphen Zustand beobachten.

Simulation mit Thermostat. Ist das in der Simulation betrachtete System thermisch und mechanisch abgeschlossen, dann bleibt nach (3.10) die Gesamtenergie über die Zeit erhalten. Bei manchen Simulationen soll jedoch die Energie beziehungsweise die Temperatur des Systems im Lauf der Simulation verändert werden. Die Gründe sind die folgenden: Einerseits benötigt man in vielen Simulationen Kontrolle über die Temperatur des Systems, um physikalische oder chemische Phänomene wie zum Beispiel Phasenübergänge studieren zu können. Andererseits muß bei einer Simulation eines thermisch und mechanisch abgeschlossenen Systems die gewünschte Energie des Systems erst zu Beginn der Simulation eingestellt werden, bevor die eigentliche Messung der relevanten Größen vorgenommen werden kann.

In Experimenten wird die Temperatur dadurch konstant gehalten, daß das betrachtete System Wärme mit einem bedeutend größeren System, dem sogenannten Wärmebad oder Thermostat austauscht. Der Einfluß des kleineren untersuchten Systems auf die Temperatur des Wärmebads ist vernachlässigbar. Für das Wärmebad wird daher eine feste Temperatur angenommen. Im Laufe der Zeit nimmt nun das kleinere System die Temperatur des Wärmebads an. Auf mikroskopischer Ebene findet der Temperaturaustausch durch Kollisionen der Partikel mit der Trennwand zwischen Wärmebad und betrachtetem System statt. Die kinetische Energie der Partikel, die mit der Wand kollidieren, verändert sich im Mittel entsprechend der Temperatur des Wärmebades. Durch den daraus resultierenden Verlust beziehungsweise Gewinn an kinetischer Energie kühlt beziehungsweise erwärmt sich das System, bis die Temperatur des Wärmebades erreicht ist. Um denselben Effekt in einer Simulation zu erzielen, muß dem System in geeigneter Weise Energie zugeführt beziehungsweise entzogen werden, bis sich die gewünschte Temperatur einstellt. Dies geschieht in einer sogenannten Equilibrierungsphase. Der Gesamtablauf einer solchen Simulation läßt sich Abbildung 3.27 entnehmen. Zu Beginn der Simulation werden den Partikeln Anfangspositionen und Anfangsgeschwindigkeiten zugewiesen. Dann wird die Temperatur des Systems durch den Thermostat eingestellt. Ist die gewünschte Temperatur erreicht, so werden die Trajektorien der Partikel nach dem beschriebenen Programm berechnet und es werden relevante Größen gemessen (Produktionsphase). Eventuell werden die Temperaturanpassung und die Produktionsphase wiederholt, falls Messungen für andere Temperaturen durchgeführt werden sollen.

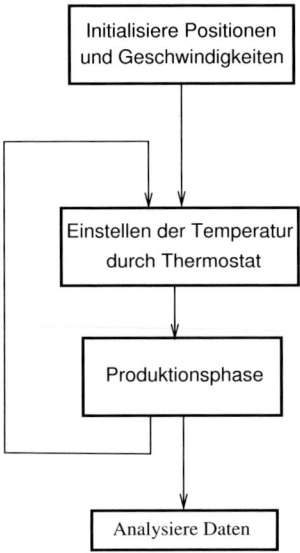

Abb. 3.27. Schematische Darstellung des Ablaufs einer Simulation mit Thermostat.

3.7.1 Thermostate und Equilibrierung

Wir beschreiben in diesem Abschnitt, wie einem dreidimensionalen System von Partikeln eine bestimmte Temperatur aufgeprägt werden kann.

Der Zusammenhang zwischen der Temperatur T eines Systems und seiner kinetischen Energie E_{kin} ist nach dem Gleichverteilungssatz der Thermodynamik durch die Beziehung

$$E_{kin} = \frac{3N}{2} \, k_B T \tag{3.40}$$

gegeben [141]. Hierbei ist N die Gesamtzahl der Partikel im System und $3N$ ist die Anzahl der Freiheitsgrade des Systems (für jede Raumrichtung ein Freiheitsgrad).[25] Drei Freiheitsgrade müssen abgezogen werden, wenn man den Schwerpunkt des Systems als ruhend annimmt, weitere drei Freiheitsgrade fallen weg, wenn Drehungen keine Rolle spielen sollen. Die Proportionalitätskonstante k_B heißt Boltzmann-Konstante. Die Temperatur ist also gegeben durch

$$T = \frac{2}{3Nk_B}E_{kin} = \frac{2}{3Nk_B}\sum_{i=1}^{N}\frac{m_i}{2}\mathbf{v}_i^2. \tag{3.41}$$

Bekannte Thermostaten stammen von Andersen [42], Berendsen [80] und Nosé und Hoover [323, 445]. Diese Thermostaten beruhen auf dem Prinzip der Modifikation der Geschwindigkeit, die entweder explizit durch eine Skalierung der Geschwindigkeit der einzelnen Partikel oder implizit durch die Verwendung eines zusätzlichen Reibungsterms in den Bewegungsgleichungen ausgeführt wird. Wir beschreiben hier ausführlicher die Methode der Geschwindigkeitsskalierung und die Methode von Nosé-Hoover.

Geschwindigkeitsskalierung. Bereits in einigen der vorhergehenden Beispiele, etwa in den Abschnitten 3.6.4 und 3.6.5, haben wir die kinetische Energie des Systems durch eine Skalierung der Geschwindigkeiten der Partikel verändert. Im folgenden interpretieren wir dieses Vorgehen nun in Bezug auf die Temperatur. Eine Multiplikation der Geschwindigkeiten aller Partikel mit dem Faktor

$$\beta := \sqrt{E_{kin}^D/E_{kin}} = \sqrt{T^D/T} \tag{3.42}$$

überführt das System wegen (3.40) von der Temperatur T in die Temperatur T^D, siehe auch (3.35). Eine einfache Möglichkeit die Temperatur zu kontrollieren besteht also darin, die Geschwindigkeiten aller Partikel zu ausgewählten Zeitpunkten mit dem (vom Zeitpunkt abhängigen) Faktor β zu multiplizieren, das heißt

$$\mathbf{v}_i^n := \beta\mathbf{v}_i^n$$

zu setzen. Dazu ist die aktuelle Temperatur $T(t)$ gemäß (3.41) zu berechnen und mit ihrer Hilfe sowie der gewünschten Temperatur T^D der jeweilige Wert von β nach (3.42) zu bestimmen.

Der Faktor β kann, abhängig von der momentanen und der gewünschten Temperatur, relativ groß beziehungsweise klein sein, so daß eine Skalierung

---

[25] Dies entspricht der sogenannten atomaren Skalierung. Daneben gibt es die nichtperiodische Skalierung mit $3N - 6$ Freiheitsgraden, bei der die Translation und Rotation des Gesamtsystems ignoriert werden, sowie die periodische Skalierung mit $3N - 3$ Freiheitsgraden, bei der nur die Translation ignoriert wird, siehe auch Seite 113. Bei Partikelsystemen mit einer reduzierten Anzahl von Freiheitsgraden durch zum Beispiel starre Verbindungen zwischen den Partikeln (wie beispielsweise in den später zu besprechenden Molekülen) reduziert sich die kinetische Energie entsprechend.

der Geschwindigkeiten die Energieverteilung im System stark beeinträchtigen kann. Daher wird oft nicht mit obigem β sondern mit einem durch einen Parameter $\gamma \in [0,1]$ gedämpften Faktor

$$\beta_\gamma = \left(1 + \gamma \left(\frac{T^D}{T(t)} - 1\right)\right)^{1/2} \tag{3.43}$$

multipliziert [80]. Die Wahl $\gamma = 1$ führt auf (3.42). Bei der Wahl $\gamma = 0$ findet hingegen keine Skalierung der Geschwindigkeiten statt. Verwendet man einen zur Zeitschrittweite δt des Integrationsverfahrens proportionalen Skalierungsfaktor, also $\gamma \sim \delta t$, dann werden die Geschwindigkeiten durch (3.43) in jedem Zeitschritt so skaliert, daß die Rate der Temperaturänderung proportional zur Differenz der Temperaturen T und T^D ist, also

$$\frac{dT(t)}{dt} \sim (T^D - T(t)).$$

Der Vorteil dieses Verfahrens ist sein Einfachheit. Nachteilig wirkt sich jedoch aus, daß diese Methode nicht in der Lage ist, ungewollte oder lokale Korrelationen in der Bewegung der Partikel zu entfernen.

Im Code erfolgt die Einstellung der Temperatur durch die Geschwindigkeitsskalierung folgendermaßen: Nach der Berechnung der neuen Geschwindigkeiten in der Routine `updateV` werden die Geschwindigkeiten alle k Zeitschritte mit dem Faktor β multipliziert. Dazwischen wird das System ohne Skalierung der Geschwindigkeiten integriert. Diese Zwischenschritte geben dem System die nötige Zeit, um das „Gleichgewicht" zwischen der potentiellen und der kinetischen Energie wiederherzustellen. Dieses Verfahren wird solange wiederholt, bis die gewünschte Temperatur erreicht ist. Im Code sind dazu nur die gewünschte Temperatur T^D und der Parameter k neu einzuführen. In der Routine `updateV` ist dabei jeweils abzufragen, ob die Geschwindigkeiten skaliert werden sollen, und dies gegebenenfalls zu tun. Den dazu notwendigen Wert der aktuellen Temperatur $T(t)$ bestimmt man mittels des (auf die Linked-Cell-Datenstruktur angepaßten) Algorithmus 3.3 und der Beziehung (3.41).

Zusätzlicher Reibungsterm in den Bewegungsgleichungen. Die Kopplung an ein Wärmebad kann auch durch einen zusätzlichen Reibungsterm in den Bewegungsgleichungen erzwungen werden, vergleiche auch Abschnitt 3.6.6. Die Newtonschen Bewegungsgleichungen für die Partikel haben dann die Form

$$\begin{aligned} \dot{\mathbf{x}}_i &= \mathbf{v}_i, \\ m_i \dot{\mathbf{v}}_i &= \mathbf{F}_i - \xi m_i \mathbf{v}_i, \end{aligned} \quad i = 1, \dots, N. \tag{3.44}$$

Die nun auf Partikel i wirkende zusätzliche Kraft $-\xi m_i \mathbf{v}_i$ ist proportional zur Geschwindigkeit des Partikels. Die Funktion $\xi = \xi(t)$ kann dabei von der Zeit abhängig sein. Sie ist positiv, falls dem System Energie entzogen werden soll und negativ, falls Energie zugeführt werden soll. Die Form von ξ bestimmt dabei, wie schnell die Temperatur verändert wird. In der Literatur finden sich verschiedene Vorschläge für deren Wahl, siehe [288, 446]. Bevor wir uns zwei Beispiele genauer ansehen, diskutieren wir die Auswirkung des Reibungsterms im Integrationsverfahren.

Aufnahme des Reibungsterms in das Integrationsverfahren. Ersetzt man in den Bewegungsgleichungen (3.44) die Ableitung der Geschwindigkeit $\dot{\mathbf{v}}_i$ zum Zeitpunkt t_n durch einen einseitigen Differenzenoperator gemäß (3.11), so erhält man die Diskretisierung

$$m_i \frac{\mathbf{v}_i^{n+1} - \mathbf{v}_i^n}{\delta t} = \mathbf{F}_i^n - \xi^n m_i \mathbf{v}_i^n,$$

wobei wir die bereits bekannte abkürzende Schreibweise $\xi^n = \xi(t_n)$ verwenden. Auflösen nach $\mathbf{v}_i^{n+1}$ ergibt

$$\mathbf{v}_i^{n+1} = \mathbf{v}_i^n + \delta t\, \mathbf{F}_i^n / m_i - \delta t\, \xi^n \mathbf{v}_i^n = (1 - \delta t\, \xi^n) \mathbf{v}_i^n + \delta t\, \mathbf{F}_i^n / m_i. \quad (3.45)$$

Das heißt, die Geschwindigkeit $\mathbf{v}_i^n$ im n-ten Zeitschritt wird nun mit dem Faktor $1 - \delta t\, \xi^n$ multipliziert. Für $\xi^n > 0$ entspricht dies einer Reduzierung und für $\xi^n < 0$ einer Erhöhung der Geschwindigkeit. Entsprechend vermindert beziehungsweise erhöht sich dadurch im Lauf der Zeit die im System enthaltene kinetische Energie, beziehungsweise – äquivalent dazu – die Temperatur des Systems.

Schon in den Beispielen in den Abschnitten 3.6.2, 3.6.4 und 3.6.5 hatten wir die Geschwindigkeiten der Partikel zu bestimmten Zeitpunkten skaliert. Jetzt sehen wir, daß dies einem zusätzlichen Reibungsterm in den Bewegungsgleichungen entspricht. Den Zusammenhang mit dem bisher verwendeten Faktor β aus (3.35) erhalten wir durch

$$\beta = 1 - \delta t\, \xi^n,$$

also

$$\xi^n = (1 - \beta)/\delta t.$$

Damit lassen sich auch die Skalierungen der Geschwindigkeiten nach (3.42) oder (3.43) als zusätzliche Reibungsterme in den Bewegungsgleichungen interpretieren.

Betrachten wir jetzt die Auswirkungen des Reibungsterms auf den Geschwindigkeits-Störmer-Verlet-Algorithmus, der in Abschnitt 3.1 beschrieben wurde. Dazu hat man in (3.22), (3.24) die Kraft $\mathbf{F}_i^n$ durch $\mathbf{F}_i^n - \xi^n m_i \mathbf{v}_i^n$ und $\mathbf{F}_i^{n+1}$ durch $\mathbf{F}_i^{n+1} - \xi^{n+1} m_i \mathbf{v}_i^{n+1}$ zu ersetzen. Man erhält aus (3.22) die Gleichung

$$\mathbf{x}_i^{n+1} = \mathbf{x}_i^n + \delta t (1 - \frac{\delta t}{2} \xi^n) \mathbf{v}_i^n + \frac{\mathbf{F}_i^n \cdot \delta t^2}{2m_i}. \quad (3.46)$$

Aus (3.24) ergibt sich durch Auflösen nach der Geschwindigkeit $\mathbf{v}_i^{n+1}$ die Gleichung

$$\mathbf{v}_i^{n+1} = \frac{1 - \frac{\delta t}{2}\xi^n}{1 + \frac{\delta t}{2}\xi^{n+1}}\mathbf{v}_i^n + \frac{1}{1 + \frac{\delta t}{2}\xi^{n+1}}\frac{(\mathbf{F}_i^n + \mathbf{F}_i^{n+1})\delta t}{2m_i}. \qquad (3.47)$$

Der Reibungsterm hat folglich einen zweifachen Effekt. Einerseits wird die Geschwindigkeit $\mathbf{v}_i^n$ mit $1 - \frac{\delta t}{2}\xi^n$ multipliziert. Dieser Faktor geht in die Berechnung der neuen Orte und Geschwindigkeiten ein. Zusätzlich wird in der Berechnung der neuen Geschwindigkeit mit dem Faktor $1/(1 + \frac{\delta t}{2}\xi^{n+1})$ skaliert. Die Erweiterung (3.46), (3.47) des Geschwindigkeits-Störmer-Verlet-Algorithmus auf zusätzliche Reibungsterme kann also dazu benutzt werden, in der Simulation eine bestimmte Temperatur einzustellen oder die Temperatur des Systems im Laufe der Simulation zu verändern und dem System Energie zuzuführen beziehungsweise zu entziehen.

Zur Wahl von ξ. Wir wollen uns nun zwei Beispiele für die Wahl von ξ etwas genauer ansehen. Eine konstante Temperatur ist nach (3.40) gleichbedeutend mit einer konstanten kinetischen Energie und damit mit $dE_{kin}/dt = 0$. Verwendet man die Bewegungsgleichungen (3.44), so erhält man

$$\frac{dE_{kin}}{dt} = \sum_{i=1}^{N} m_i \mathbf{v}_i \cdot \dot{\mathbf{v}}_i = \sum_{i=1}^{N} \mathbf{v}_i \cdot (\mathbf{F}_i - \zeta m_i \mathbf{v}_i)$$

$$= -\sum_{i=1}^{N} \mathbf{v}_i \cdot (\nabla_{\mathbf{x}_i} V + \xi m_i \mathbf{v}_i) = -\left(\frac{dV}{dt} + \xi \sum_{i=1}^{N} m_i \mathbf{v}_i^2\right).$$

Mit der Wahl

$$\xi = -\frac{\frac{dV}{dt}}{\sum_{i=1}^{N} m_i \mathbf{v}_i^2} = -\frac{\frac{dV}{dt}}{2E_{kin}(t)}$$

erreicht man $dE_{kin}/dt = 0$ und damit eine konstante Temperatur [598]. Die Funktion ξ entspricht hier also dem negativen Verhältnis der Änderung der potentiellen Energie zur momentanen kinetischen Energie.

Im sogenannten Nosé-Hoover-Thermostat [323, 410, 445] wird hingegen das Wärmebad als Bestandteil des simulierten Systems betrachtet und geht direkt in die Berechnungen mit ein. Dargestellt wird das Wärmebad durch einen zusätzlichen Freiheitsgrad, der gleichzeitig auch den Grad der Kopplung des Partikelsystems an das Wärmebad bestimmt. Die zeitliche Entwicklung der Funktion ξ, die die Stärke der Reibung bestimmt, wird bei diesem Ansatz durch die gewöhnliche Differentialgleichung

$$\frac{d\xi}{dt} = \left(\sum_{i=1}^{N} m_i \mathbf{v}_i^2 - 3Nk_BT^D\right)/M \qquad (3.48)$$

beschrieben, wobei $M \in \mathbb{R}^+$ die Kopplung an das Wärmebad bestimmt und geeignet zu wählen ist. Ein sehr groß gewähltes M führt zu einer schwachen Kopplung.[26]

Zusätzlich zur Integration der Bewegungsgleichungen (3.44) für die Orte und Geschwindigkeiten der Partikel muß nun auch die Differentialgleichung (3.48) für den Reibungsterm ξ integriert werden.

Implementierung. Wir beschreiben hier eine Möglichkeit der Implementierung des Nosé-Hoover-Thermostats im Rahmen des Geschwindigkeits-Störmer-Verlet-Verfahrens (3.22) und (3.24). Eine symplektische Variante findet man in [98], siehe auch Kapitel 6. Abhängig davon, zu welchem Zeitpunkt die rechte Seite von (3.48) in die Diskretisierung eingeht, ergeben sich verschiedene Verfahren. Ein Beispiel ist die Diskretisierung der rechten Seite durch einen Mittelwert aus den Werten zum alten und neuen Zeitpunkt

$$\xi^{n+1} = \xi^n + \delta t \Big(\sum_{i=1}^{N} m_i (\mathbf{v}_i^n)^2 - 3Nk_B T^D +$$

$$\sum_{i=1}^{N} m_i (\mathbf{v}_i^{n+1})^2 - 3Nk_B T^D \Big)/2M. \qquad (3.49)$$

Der erste Schritt (3.46) des Verfahrens zur Berechung der neuen Orte $\mathbf{x}_i^{n+1}$ der Partikel kann problemlos durchgeführt werden, da die dazu benötigten Größen $\mathbf{x}_i^n, \mathbf{v}_i^n, \mathbf{F}_i^n$ sowie ξ^n aus dem vorherigen Zeitschritt bekannt sind. Bei der Berechnung der neuen Geschwindigkeiten $\mathbf{v}_i^{n+1}$ zum Zeitpunkt t_{n+1} nach (3.47) tritt die Schwierigkeit auf, daß dazu der Reibungskoeffizient ξ^{n+1} bekannt sein muß. Dieser hängt jedoch nach (3.49) seinerseits von $\mathbf{v}_i^{n+1}$ ab. Die Beziehungen (3.47) stellen zusammen mit (3.49) ein nichtlineares Gleichungssystem für die Geschwindigkeiten $\mathbf{v}_i^{n+1}, i = 1, \ldots, N$, und den Reibungsterm ξ^{n+1} dar. Dieses kann zum Beispiel mit dem Newton-Verfahren iterativ gelöst

---

[26] Ein Nachteil der Bewegungsgleichungen (3.44) ist, daß diese im allgemeinen nicht aus einer Hamiltonfunktion hergeleitet werden können. Hamiltonsche Systeme haben den Vorteil, daß für sie stabile Integratoren konstruiert werden können. Es existiert jedoch eine äquivalente Formulierung des Nosé-Hoover-Thermostats, die aus der Hamiltonfunktion

$$\mathcal{H}(\bar{\mathbf{x}}_1, \ldots, \bar{\mathbf{x}}_N, \bar{\mathbf{p}}_1, \ldots, \bar{\mathbf{p}}_N, \gamma, \bar{\mathbf{p}}_\gamma) = \sum_{i=1}^{N} \frac{\bar{\mathbf{p}}_i^2}{2m_i \gamma^2} + V(\bar{\mathbf{x}}_1, \ldots, \bar{\mathbf{x}}_N)$$

$$+ \frac{\bar{\mathbf{p}}_\gamma^2}{2M} + 3Nk_B T^D \ln(\gamma)$$

folgt. Die Variablen mit Querstrich sind sogenannte virtuelle Variablen, die mit den realen Variablen über die Beziehungen $\bar{\mathbf{x}}_i = \mathbf{x}_i, \bar{\mathbf{p}}_i/\gamma = \mathbf{p}_i, \bar{\mathbf{p}}_\gamma/\gamma = \mathbf{p}_\gamma$ und einer durch $d\bar{t}/\gamma = dt$ veränderten Zeit zusammenhängen [598], siehe auch Abschnitt 3.7.4. Implizit ergibt sich damit eine von der Variablen γ abhängige Zeit. Aus den aus dieser Hamiltonfunktion folgenden Bewegungsgleichungen erhält man nach einigen Umformungen mit der Definition $\xi := \gamma \mathbf{p}_\gamma/M$ die Bewegungsgleichungen (3.44), (3.48) in den realen Variablen [323].

werden. Dazu ist in jedem Schritt eine Jakobi-Matrix zu berechnen und zu invertieren. In diesem speziellen Fall ist die Jakobi-Matrix dünn besetzt und sie besitzt eine einfache Struktur, die die Invertierung sehr einfach macht. Einige wenige Iterationsschritte des Newton-Verfahrens genügen dann, um das nichtlineare Gleichungssystem bis auf hinreichende Genauigkeit zu lösen [237]. Häufig genügt es aber auch schon, das nichtlineare Gleichungssystem in einer einfachen Fixpunktiteration zu lösen, wie das beispielsweise für Zeitintegratoren für allgemeine Hamiltonfunktionen möglich ist, die in Abschnitt 6.2 vorgestellt werden.

Eine andere Möglichkeit ist die Verwendung einer einfacheren Näherung an ξ^{n+1}. Verwendet man zum Beispiel statt (3.49) die Approximation

$$\xi^{n+1} \approx \xi^n + \delta t \Big(\sum_{i=1}^{N} m_i (\mathbf{v}_i^n)^2 - 3Nk_B T^D \Big)/M,$$

so läßt sich ξ^{n+1} unabhängig von $\mathbf{v}_i^{n+1}$ berechnen. Eine bessere Approximation erhält man durch eine Art Prädiktor-Korrektor-Verfahren. Man kann dabei zum Beispiel wie folgt vorgehen [245]: Mit der Abkürzung

$$\mathbf{v}_i^{n+1/2} = \mathbf{v}_i^n + \frac{\delta t}{2}(\mathbf{F}_i^n/m_i - \xi^n \mathbf{v}_i^n)$$

gilt nach (3.47)

$$\mathbf{v}_i^{n+1} = \frac{1}{1 + \delta t \cdot \xi^{n+1}/2}(\mathbf{v}_i^{n+1/2} + \frac{\delta t}{2m_i}\mathbf{F}_i^{n+1}) \qquad (3.50)$$

mit dem unbekannten Wert ξ^{n+1}. Eine Approximation an ξ^{n+1} ergibt sich nun, indem man den Prädiktor $\mathbf{v}_i^{n+1/2}$ gemäß

$$\xi^{n+1} \approx \xi^n + \delta t \Big(\sum_{i=1}^{N} m_i (\mathbf{v}_i^{n+1/2})^2 - 3Nk_B T^D \Big)/M$$

verwendet. Damit kann dann auch die neue Geschwindigkeit $\mathbf{v}_i^{n+1}$ nach (3.50) berechnet werden.

3.7.2 Statistische Mechanik und thermodynamische Größen

In diesem Abschnitt beschreiben wir in aller Kürze notwendige Grundlagen der statistischen Mechanik. Für eine Einführung in die Thermodynamik und die statistische Mechanik greife man auf eines der zahlreichen Lehrbücher zurück, siehe zum Beispiel [141, 362, 504, 661].

In der Physik wird unterschieden zwischen der sogenannten phänomenologischen Thermodynamik (auch Thermostatik) und der statistischen Thermodynamik (auch statistische Mechanik). In der phänomenologischen Thermodynamik werden folgende Annahmen gemacht:

- makroskopische Systeme im Gleichgewicht besitzen reproduzierbare Eigenschaften,
- makroskopische Systeme im Gleichgewicht lassen sich durch eine endliche Zahl von mathematischen Variablen (Zustandsgrößen) beschreiben, zum Beispiel durch Druck, Volumen, Temperatur, usw.

Hierbei bedeutet makroskopisch, daß das betrachtete physikalische System aus so vielen mikroskopischen Freiheitsgraden besteht, daß das Verhalten von einzelnen Freiheitsgraden für das Verhalten des Gesamtsystems nicht relevant ist. Vielmehr entsprechen physikalische Meßgrößen gerade Mittelwerten über alle mikroskopischen Freiheitsgrade. Gleichgewicht bedeutet, daß die makroskopischen Eigenschaften wie Druck und Gesamtenergie zeitlich konstant sind.

In der statistischen Thermodynamik wird nun das physikalische Verhalten makroskopischer Systeme aus statistischen Annahmen über das Verhalten der mikroskopischen Bausteine (das heißt zum Beispiel einzelner Atome oder Moleküle) abgeleitet. Das Ziel ist, die Parameter der phänomenologischen Thermodynamik aus Kraftgesetzen zwischen den mikroskopischen Bausteinen abzuleiten.

Der Phasenraum. Betrachten wir ein System aus N Partikeln. Um die Vielfalt der möglichen Zustände dieses Systems überblicken zu können, führt man den sogenannten *Phasenraum* oder auch *Γ-Raum* ein. Dies ist im dreidimensionalen Fall der von den $6 \cdot N$ verallgemeinerten Orts- und Impulskoordinaten der N Partikel des betrachteten Systems aufgespannte Raum. Ein Element des Phasenraums entspricht dann einem konkreten physikalischen System aus N Partikeln. Befindet sich das System zum Zeitpunkt t_0 am Punkt $(\mathbf{q}_0, \mathbf{p}_0)$ des Phasenraums, so wird die Zeitentwicklung des Systems durch eine Bahnkurve

$$\Phi_{\mathbf{q}_0, \mathbf{p}_0, t_0} : \quad \mathbb{R}_0^+ \longrightarrow \mathbb{R}^{3N} \times \mathbb{R}^{3N},$$
$$\Phi_{\mathbf{q}_0, \mathbf{p}_0, t_0}(t) := (\mathbf{q}_1(t), \ldots, \mathbf{q}_N(t), \mathbf{p}_1(t), \ldots, \mathbf{p}_N(t))$$

im Phasenraum beschrieben, vergleiche Abbildung 3.28.

Betrachtet man eine Vielzahl von Systemen, die gleiche Teilchenzahl besitzen und sich makroskopisch nicht unterscheiden, das heißt, die gleiche Gesamtenergie und gleiches Volumen besitzen, so erhält man eine Wolke im Phasenraum. Die Menge aller solcher physikalisch gleichartigen Systeme, die sich nur in den konkreten Orten und Geschwindigkeiten der einzelnen Teilchen, nicht aber in makroskopischen Meßgrößen unterscheiden, nennt man *virtuelle Gesamtheit*, vergleiche Abbildung 3.29.

Die Trajektorie eines Systems, dessen Hamiltonfunktion nicht explizit von der Zeit abhängt, kann dann also seine virtuelle Gesamtheit nicht verlassen. Das heißt, die Trajektorie des Systems verläuft innerhalb der virtuellen Gesamtheit, die durch die Größen Energie E, Volumen $V = |\Omega|$ und Teilchenzahl N bestimmt ist. Die Menge aller Systeme mit gleicher Energie, gleichem

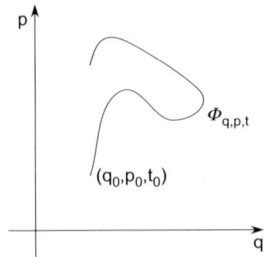

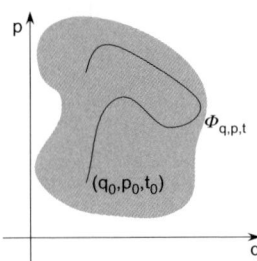

Abb. 3.28. Trajektorie im Phasen-raum.

Abb. 3.29. Virtuelle Gesamtheit im Phasenraum.

Volumen und gleicher Teilchenzahl heißt NVE-Ensemble. Daneben gibt es andere Ensembles, die durch andere Zustandsgrößen charakterisiert sind. Ein Beispiel ist das NPT-Ensemble (P Druck, T Temperatur).

Statistische Mittelwerte. In der statistischen Mechanik wird nun untersucht, wie sich die Systeme einer solchen Gesamtheit im Mittel verhalten. Dazu betrachtet man eine Gesamtheit vieler gleichartiger Systeme, deren Zustände in geeigneter Weise statistisch verteilt sind, und führt den Begriff der Phasendichte beziehungsweise N-Teilchenverteilungsfunktion

$$f_N : \mathbb{R}^{3N} \times \mathbb{R}^{3N} \times \mathbb{R}^+ \longrightarrow \mathbb{R}, \quad f_N : (\mathbf{q}, \mathbf{p}, t) \longmapsto f_N(\mathbf{q}, \mathbf{p}, t)$$

ein. Diese ist definiert als die Wahrscheinlichkeitsdichte dafür, daß sich das untersuchte System im Teilgebiet $I := [\mathbf{q}, \mathbf{q} + d\mathbf{q}] \times [\mathbf{p}, \mathbf{p} + d\mathbf{p}]$ des Phasenraums befindet. Das heißt, bezeichnet WS(I) die Wahrscheinlichkeit dafür das System im Gebiet I zu finden, so gilt

$$\text{WS(I)} = \int_I f_N(\mathbf{q}, \mathbf{p}, t) d\mathbf{q} d\mathbf{p}.$$

Die Bestimmung der Wahrscheinlichkeitsdichte für thermodynamische Systeme ist eine der Hauptaufgaben der statistischen Mechanik.[27]

Um aus den mikroskopischen Größen der Orte und Geschwindigkeiten der Partikel makroskopische Größen zu erhalten, ist man an mit f_N gewichteten Mittelwerten des Typs

$$\langle A \rangle_\Gamma(t) := \frac{\int_\Gamma A(\mathbf{q}, \mathbf{p}) f_N(\mathbf{q}, \mathbf{p}, t) d\mathbf{q} d\mathbf{p}}{\int_\Gamma f_N(\mathbf{q}, \mathbf{p}, t) d\mathbf{q} d\mathbf{p}} \tag{3.51}$$

---

[27] Die Bewegungsgleichung für die N-Teilchenverteilungsfunktion ist die Liouville-Gleichung [48]. Sie hat die Form einer Erhaltungsgleichung und wird in Analogie zur Kontinuitätsgleichung in der Strömungsmechanik mittels des Transporttheorems hergeleitet. Sogenannte reduzierte Verteilungsfunktionen führen dann zum Beispiel auf die Vlasov-Gleichung, die Boltzmann-Gleichung oder auch die Navier-Stokes-Gleichungen [56].

interessiert, den sogenannten *Ensemblemitteln*. Die Funktion A ist dabei eine beliebige von den Koordinaten und Geschwindigkeiten der Teilchen sowie der Zeit abhängige integrierbare Funktion. Die Integration $\int_\Gamma$ bezeichnet hier die Integration über die virtuelle Gesamtheit Γ.

Die makroskopischen Zustandsgrößen eines thermodynamischen Systems sind Zeitmittel von Funktionen der Impuls- und Ortskoordinaten der Teilchen des Systems. Die Ergodenhypothese [48] besagt nun, daß der Grenzwert des zeitlichen Mittelwertes

$$\langle A \rangle_\tau (\mathbf{q}_0, \mathbf{p}_0, t_0) := \frac{1}{\tau} \int\limits_{t_0}^{t_0+\tau} A(\Phi_{\mathbf{q}_0, \mathbf{p}_0, t_0}(t)) dt \tag{3.52}$$

für $\tau \to \infty$ und das Ensemblemittel (3.51) gleich sind. Dies impliziert insbesondere, daß der Grenzwert von (3.52) für $\tau \to \infty$ nicht von den Anfangskoordinaten $(\mathbf{q}_0, \mathbf{p}_0)$ und auch nicht vom Anfangszeitpunkt t_0 abhängt (abgesehen von einer verschwindenden Menge von Ausnahmen). Außerdem impliziert die Gleichheit mit dem Ensemblemittel, daß die Trajektorie, über die in (3.52) gemittelt wird, im Laufe der Zeit jeden Bereich der virtuellen Gesamtheit erreicht, und daß die Wahrscheinlichkeit des Systems, sich an einem bestimmten Punkt im Phasenraums zu befinden, mit der Phasendichte f_N korreliert ist.

In einer Moleküldynamik-Simulation wird nun eine konkrete Trajektorie $\Phi_{\mathbf{q}_0, \mathbf{p}_0, t_0}$ eines Systems im Phasenraum approximativ berechnet. Dies geschieht durch Approximation von $\Phi_{\mathbf{q}_0, \mathbf{p}_0, t_0}(t)$ zu bestimmten Zeitpunkten $t_n = t_0 + n \cdot \delta t$, $n = 0, 1, \ldots$. Damit läßt sich der zeitliche Mittelwert (3.52) durch eine Summe

$$\frac{\delta t}{\tau} \sum_{n=0}^{\lceil \tau / \delta t \rceil} A(\Phi_{\mathbf{q}_0, \mathbf{p}_0, t_0}(t_n)) \tag{3.53}$$

approximieren.[28] Dabei müssen folgende Fragen berücksichtigt werden: Ist das Zeitintervall τ groß genug, damit der zeitliche Mittelwert den Grenzwert für unendlich lange Zeiten hinreichend genau approximiert?[29] Wird eventuell in einem unwichtigen Teil des Phasenraumes gemessen? Trifft die Ergodenhypothese zu?

Im folgenden wenden wir nun Thermostaten und Mittelwertbildung in konkreten Beispielen an.

---

[28] Im Gegensatz dazu stützt sich die Monte-Carlo-Methode [422] auf die Mittelwertbildung gemäß (3.51). Dabei werden nun nicht Mittelwerte durch das approximative Berechnen der Trajektorie eines Systems bestimmt, sondern es werden gemäß von f_N abhängigen Übergangswahrscheinlichkeiten Stützpunkte innerhalb der virtuellen Gesamtheit zur Approximation von (3.51) ausgewählt.

[29] Symplektische Integratoren garantieren hier, daß die Trajektorie eines Systems die virtuelle Gesamtheit im wesentlichen nicht verläßt, siehe auch Abschnitt 6.1.

3.7.3 Flüssig-fest-Phasenübergang von Argon im NVT-Ensemble

Wir studieren ein dreidimensionales System aus 512 ($8 \times 8 \times 8$) Argon-Partikeln in einem Würfel mit periodischen Randbedingungen. Es wird eine Anfangskonfiguration der Partikel vorgegeben, zusammen mit Geschwindigkeiten, die einer Temperatur von 360 K (Kelvin) entsprechen. Dann werden die Partikel bei konstanter Temperatur für einen Zeitraum von 20 ps (Picosekunden) relaxiert und anschließend abgekühlt. Dabei findet zuerst ein Übergang von der gasförmigen in die flüssige Phase und dann ein Phasenübergang in einen Festkörper statt. Abhängig von der Kühlgeschwindigkeit erhalten wir dabei entweder einen Kristall oder eine amorphe, glasartige Substanz.

Die Materialeigenschaften des Edelgases Argon werden nun dem Lennard-Jones-Potential durch die Wahl größenbehafteter physikalischer Potentialparameter aufgeprägt, wie sie in Tabelle 3.9 gegeben sind.

Länge	σ	$3.4 \cdot 10^{-10}$ m	$= 3.4$ Å,
Energie	ε	$1.65 \cdot 10^{-21}$ J	$= 120$ K k_B,
Masse	m	$6.69 \cdot 10^{-26}$ kg	$= 39.948$ u,
Zeit	$\sqrt{\frac{\sigma^2 m}{\varepsilon}}$	$2.17 \cdot 10^{-12}$ s	$= 2.17$ ps,
Geschwindigkeit	$\sqrt{\frac{\varepsilon}{m}}$	$1.57 \cdot 10^2 \frac{m}{s}$,	
Kraft	$\frac{\varepsilon}{\sigma}$	$4.85 \cdot 10^{-12}$ N,	
Druck	$\frac{\varepsilon}{\sigma^3}$	$4.22 \cdot 10^7 \frac{N}{m^2}$,	
Temperatur	$\frac{\varepsilon}{k_B}$	120 K	

Tabelle 3.9. Parameter für Argon und daraus resultierende abgeleitete Größen.

Bevor wir die Simulation genauer beschreiben, führen wir an dieser Stelle dimensionslose Gleichungen ein.

Dimensionslose Gleichungen – reduzierte Variablen. Die Idee der dimensionslosen Gleichungen besteht darin, die in den Bewegungsgleichungen auftretenden Größen dimensionslos zu machen. Dies geschieht mittels geeigneter Vergleichsgrößen auf folgende Weise:

$$\text{dimensionslose Größe} = \frac{\text{dimensionsbehaftete Größe}}{\text{Vergleichsgröße mit gleicher Dimension}}.$$

Die verwendeten Vergleichsgrößen sollten für das betrachtete Problem charakteristisch sein und sie müssen für das Problem konstant sein. Ein Ziel dieser Vorgehensweise ist das Erlangen der für die Entwicklung des Systems relevanten Größen. Darüberhinaus lassen sich durch das Rechnen in reduzierten Variablen oft Probleme mit ungünstig gewählten physikalischen Einheiten vermeiden, die sonst bei unvorsichtigem Auswerten von Funktionen leicht zu großen Rundungsfehlern führen können. Außerdem lassen sich Berechnungen, die für einen Satz von Parametern durchgeführt wurden, oft direkt auf die Ergebnisse für andere Parametersätze umrechnen.

Als Beispiel betrachten wir das Lennard-Jones-Potential (3.26). Parameter sind dabei die Potentialtiefe ε und die Position σ des Nulldurchgangs. Die Newtonsche Bewegungsgleichung lautet mit diesem Potential

$$m\frac{\partial^2}{\partial t^2}\,\mathbf{x}_i = -24\varepsilon \sum_{\substack{j=1 \\ j\neq i}}^{N} \left(2\left(\frac{\sigma}{r_{ij}}\right)^{12} - \left(\frac{\sigma}{r_{ij}}\right)^{6} \right) \cdot \frac{\mathbf{r}_{ij}}{r_{ij}^2}. \qquad (3.54)$$

Nun werden charakteristische Vergleichsgrößen ausgezeichnet, mit denen die anderen Größen skaliert werden. Wir verwenden hierbei die Länge $\tilde{\sigma}$, die Energie $\tilde{\varepsilon}$ und die Masse $\tilde{m}$ und skalieren folgendermaßen:

$$\begin{aligned} m' = m/\tilde{m}, \quad \mathbf{x}'_i = \mathbf{x}_i/\tilde{\sigma}, \quad \mathbf{r}'_{ij} = \mathbf{r}_{ij}/\tilde{\sigma}, \quad E' = E/\tilde{\varepsilon}, \quad V' = V/\tilde{\varepsilon}, \\ \sigma' = \sigma/\tilde{\sigma}, \qquad \varepsilon' = \varepsilon/\tilde{\varepsilon}, \qquad T' = Tk_B/\tilde{\varepsilon}, \quad t' = t/\tilde{\alpha}, \end{aligned} \qquad (3.55)$$

mit $\tilde{\alpha} = \sqrt{\frac{\tilde{m}\tilde{\sigma}^2}{\tilde{\varepsilon}}}$. Berücksichtigt man, daß die Beziehungen

$$\frac{\partial \mathbf{x}_i}{\partial t} = \frac{\partial(\tilde{\sigma}\mathbf{x}'_i)}{\partial t} = \tilde{\sigma}\frac{\partial \mathbf{x}'_i}{\partial t'}\frac{\partial t'}{\partial t} = \frac{\tilde{\sigma}}{\tilde{\alpha}}\frac{\partial \mathbf{x}'_i}{\partial t'} \qquad (3.56)$$

und

$$\frac{\partial^2 \mathbf{x}_i}{\partial t^2} = \frac{\partial}{\partial t}\frac{\tilde{\sigma}}{\tilde{\alpha}}\frac{\partial \mathbf{x}'_i}{\partial t'} = \frac{\tilde{\sigma}}{\tilde{\alpha}^2}\frac{\partial^2 \mathbf{x}'_i}{\partial t'^2}$$

gelten, so erhält man durch Einsetzen in (3.54)

$$\tilde{m}m'\frac{\partial^2(\mathbf{x}'_i\tilde{\sigma})}{(\partial(t'\tilde{\alpha}))^2} = -24\sum_{\substack{j=1 \\ j\neq i}}^{N} \varepsilon'\tilde{\varepsilon} \left(2\left(\frac{\sigma'}{r'_{ij}}\right)^{12} - \left(\frac{\sigma'}{r'_{ij}}\right)^{6} \right) \frac{\mathbf{r}'_{ij}}{(r'_{ij})^2\tilde{\sigma}}$$

und damit die Bewegungsgleichung

$$m'\frac{\partial^2\mathbf{x}'_i}{\partial t'^2} = -24\sum_{\substack{j=1 \\ j\neq i}}^{N} \varepsilon' \left(2\left(\frac{\sigma'}{r'_{ij}}\right)^{12} - \left(\frac{\sigma'}{r'_{ij}}\right)^{6} \right) \frac{\mathbf{r}'_{ij}}{(r'_{ij})^2}.$$

Der Vorteil dieser Formulierung liegt nun darin, daß im allgemeinen keine Probleme mit sehr großen oder sehr kleinen Werten auftreten. Systeme mit gleichen Werten für σ' und ε' verhalten sich gleich, das heißt, bei gleichen Anfangsbedingungen erhält man bei zwei Systemen mit verschiedenen physikalischen Größen aber gleichen Werten für σ' und ε' die gleichen Trajektorien.

Größen wie beispielsweise die kinetische oder die potentielle Energie lassen sich direkt aus den reduzierten Variablen berechnen. Mit (3.56) und der Definition von $\tilde{\alpha}$ erhält man für Teilchen mit gleichen Massen m

$$E_{kin} = \tilde{\varepsilon}E'_{kin} = \frac{1}{2}\sum_i m \left(\frac{\partial \mathbf{x}_i}{\partial t}\right)^2 = \frac{1}{2}m'\tilde{\varepsilon}\sum_i \left(\frac{\partial \mathbf{x}'_i}{\partial t'}\right)^2 \qquad (3.57)$$

beziehungsweise

$$E_{pot} = \tilde{\varepsilon}E'_{pot} = \tilde{\varepsilon}\frac{1}{\tilde{\varepsilon}}E_{LJ} = \sum_{i,j,i<j} 4\varepsilon'\tilde{\varepsilon}\left(\left(\frac{\sigma'}{r'_{ij}}\right)^{12} - \left(\frac{\sigma'}{r'_{ij}}\right)^6\right). \qquad (3.58)$$

Für die Temperatur gilt

$$T = T'\tilde{\varepsilon}/k_B. \qquad (3.59)$$

Im folgenden wählen wir der Einfachheit halber $\tilde{\sigma} := \sigma$, $\tilde{\varepsilon} := \varepsilon$ und $\tilde{m} := m$, was direkt zu $\sigma' = 1$, $\varepsilon' = 1$ und $m' = 1$ führt.

Kristallisation von Argon. Der Ablauf der Simulation ist nun wie folgt: Als Anfangsorte der Partikel wählen wir ein reguläres Gitter wie in Abbildung 3.30 dargestellt. Das Simulationsgebiet ist ein periodisch fortgesetzter Würfel der Kantenlänge 31.96 Å, was einem skalierten, dimensionslosen Wert von 9.4 entspricht, siehe die Tabellen 3.10 und 3.11. Zum Aufheizen beziehungsweise Abkühlen verwenden wir in dieser Simulation das einfache Skalierungsverfahren aus Abschnitt 3.7.1. Zunächst wird das System auf die Temperatur $T' = 3.00$ (entspricht 360 K) gebracht. Zwischen den einzelnen Skalierungen der Geschwindigkeiten werden dabei 50 Integrationsschritte ausgeführt. Nach dem Erreichen dieser Temperatur wird das System in Schritten von $7.8 \cdot 10^{-4}$ bis auf $T' = 0.5$ abgekühlt, wobei zwischen den einzelnen Skalierungen jeweils wieder 50 Integrationsschritte ausgeführt werden.

Neben der kinetischen und potentiellen Energie des Systems (Gleichungen (3.57) und (3.58)) messen wir noch einige weitere statistische Daten der Simulation, die wir im folgenden einführen.

Der instantane Druck P_{int} eines Partikelsystems setzt sich zusammen aus dem kinetischen Anteil und dem Kraftanteil, d.h.

$$P_{int} = \frac{1}{3|\Omega|}\left(\sum_i m_i \dot{\mathbf{x}}_i^2 + \sum_i \mathbf{F}_i \mathbf{x}_i\right). \qquad (3.60)$$

Zeitliche Mittelung ergibt den inneren Druck des Systems. Bei konstantem Volumen $|\Omega|$ kann man nun Phasenübergänge an sprunghaften Druckänderungen erkennen.

Die Diffusion des Partikelsystems messen wir als mittlere Standardabweichung der Partikelpositionen. Dazu bestimmen wir den Abstand[30] jedes

---

[30] Bei periodischen Randbedingungen muß hier der Abstand zur wirklichen Position eines Partikels bestimmt werden. Verläßt nun ein Teilchen das Simulationsgebiet über einen Rand mit periodischer Randbedingung und tritt auf der anderen Gebietsseite wieder ein, so korrigieren wir deshalb den Wert seiner Anfangsposition $\mathbf{x}_i(t_0)$ entsprechend.

Teilchens zum Zeitpunkt t zu seiner Position zu einem Referenzzeitpunkt t_0, das heißt

$$\text{Var}(t) = \frac{1}{N} \sum_{i=1}^{N} \|\mathbf{x}_i(t) - \mathbf{x}_i(t_0)\|^2 . \tag{3.61}$$

Die Diffusion ist zum Zeitpunkt t_0 gleich Null und steigt zunächst noch stark an. Daher startet man die Messung in regelmäßigen Zeitintervallen neu, in dem man $t_0 = t$ setzt und die Diffusion jeweils nach einer festen Zeit neu mißt. Ein Phasenübergang gasförmig-flüssig und flüssig-fest läßt sich am Diffusionswert feststellen, da dann die Diffusion jeweils sprungartig abnimmt.

Die radiale Verteilungsfunktion $g(r)$ beschreibt die Wahrscheinlichkeit ein Partikelpaar mit Abstand r vorzufinden. Dazu bestimmt man alle $\frac{N(N-1)}{2}$ Abstände und sortiert diese. Daraus bildet man ein Histogramm, so daß $\rho\big([r, r+\delta r)\big)$ die Zahl der Partikelpaare im Intervall $[r, r+\delta r)$ angibt. Dividiert man die Zahl ρ durch das Volumen

$$\frac{4\pi}{3}\big((r + \delta r)^3 - r^3\big)$$

des räumlichen Gebiets der Partikelabstände r, dann erhält man eine Partikeldichte [279]. Kontinuierlich lautet diese

$$g(r) = \frac{\rho(r)}{4\pi r^2 \int_{r'=0}^{R} \rho(r')} , \tag{3.62}$$

wenn wir die absoluten Werte noch mit der Zahl $\rho(r)$ aller Partikel bis zu einem maximalen Abstand R normieren. Dabei wählen wir R jeweils als den größten im Histogramm auftretenden Abstand r.

Ein Beispiel einer radialen Verteilungsfunktion ist in Abbildung 3.30 zu sehen. Interessant sind dabei die Werte für kleine Abstände r bis hin zu einigen Atomabständen. Deswegen lassen sich alle Partikelabstände direkt im Linked-Cell-Algorithmus berechnen. Einzelne Verteilungsspitzen deuten auf feste Kristallabstände hin, während eine Gleichverteilung einem ungeordneten Zustand entspricht. Darüberhinaus kann man genauere Statistiken berechnen, indem man über die Abstände mehrerer Zeitschritte mittelt.

Die Partikelinteraktion geschieht in der folgenden Simulation über ein modifiziertes Lennard-Jones-Potential

$$U_{ij}(r_{ij}) = 4 \cdot \varepsilon \cdot S(r_{ij}) \left(\left(\frac{\sigma}{r_{ij}}\right)^{12} - \left(\frac{\sigma}{r_{ij}}\right)^{6} \right) . \tag{3.63}$$

Hierbei ist $S(r)$ eine Glättungsfunktion, die definiert ist als

$$S(r) = \begin{cases} 1 & : \ r \leq r_l, \\ 1 - (r - r_l)^2 (3r_{\text{cut}} - r_l - 2r)/(r_{\text{cut}} - r_l)^3 & : \ r_l < r < r_{\text{cut}}, \\ 0 & : \ r \geq r_{\text{cut}}. \end{cases} \tag{3.64}$$

Diese Funktion sorgt dafür, daß sowohl das Potential, als auch die Kräfte zwischen r_l und r_{cut} stetig auf Null abfallen. Die Parameter r_l und r_{cut} im Potential (3.63) werden gemäß $r_l = 1.9\sigma$ und $r_{cut} = 2.3\sigma$ gewählt.

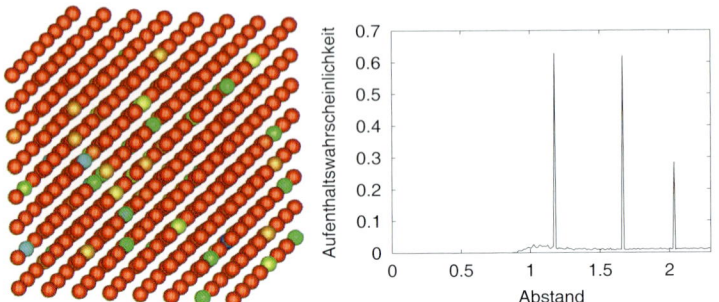

Abb. 3.30. Ausgangskonfiguration und radiale Anfangsverteilung.

$$\varepsilon = 1.65 \cdot 10^{-21} \text{ J}, \quad \sigma = 3.4 \text{ Å}, \quad m = 39.948 \text{ u},$$
$$L_1 = 31.96 \text{ Å}, \quad\quad L_2 = 31.96 \text{ Å}, \quad L_3 = 31.96 \text{ Å},$$
$$\text{N} = 8^3, \quad\quad T = 360 \text{ K},$$
$$r_{cut} = 2.3 \,\sigma, \quad\quad r_l = 1.9 \,\sigma, \quad \delta \text{t} = 0.00217 \text{ ps}$$

Tabelle 3.10. Parameterwerte für die Argon-Simulation mit Einheiten.

$$\varepsilon' = 1, \quad \sigma' = 1, \quad m' = 1,$$
$$L'_1 = 9.4, \quad L'_2 = 9.4, \quad L'_3 = 9.4,$$
$$\text{N} = 8^3, \quad T' = 3.00,$$
$$r'_{cut} = 2.3, \quad r'_l = 1.9, \quad \delta \text{t'} = 0.001$$

Tabelle 3.11. Parameterwerte für die Argon-Simulation mit skalierten Größen.

In Abbildung 3.31 sind die radiale Verteilungsfunktion, die potentielle Energie, die Diffusion als Standardabweichung und der Druck für die Argon-Kristallisation im NVT-Ensemble dargestellt. Die Temperatur wird dabei durch Reskalierung alle 50 Integrationsschritte kontrolliert. Wir sehen, daß zur Zeit $t' = 150$ entscheidendes geschieht: Wir beobachten einen Knick in der Kurve für die Energie, einen Umkehrpunkt in der Druckkurve sowie einen Sprung in der zeitlichen Entwicklung der Diffusion (der durch den durch die Reskalierung dort erzeugten Sprung überlagert wird). Der Zeitpunkt $t' = 150$ entspricht dabei der aktuellen Temperatur 84 K. Die Temperatur für den Phasenübergang in den Kristallzustand liegt in etwa bei $T'_K = 0.71$, also bei $T_K = 84$ K. Diese entspricht (auf 0.2% genau) dem physikalischen Schmelzpunkt von Argon bei 83.8 K und (auf 4% genau) dem nicht weit davon entfernten Siedepunkt bei 87.3 K. Damit beobachten wir im Rahmen

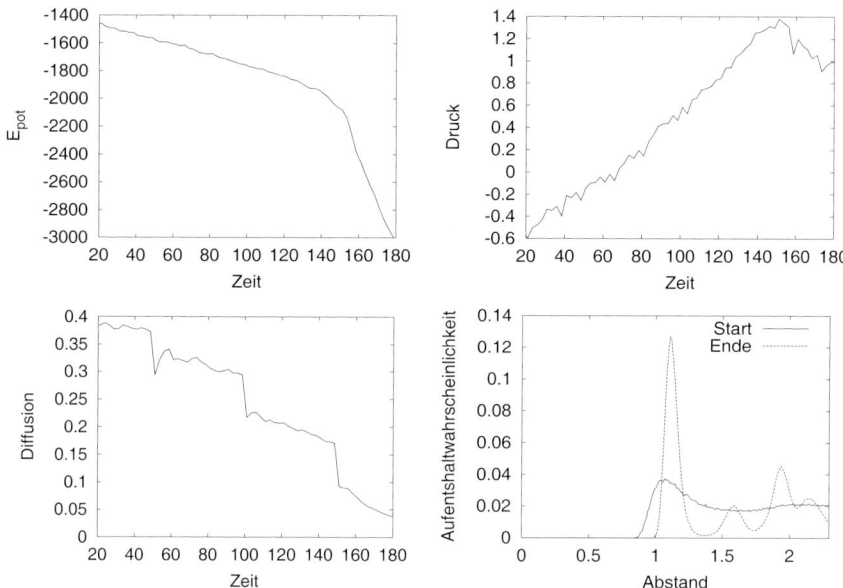

Abb. 3.31. Argon-Kristallisation im NVT-Ensemble mit Reskalierung. Potentielle Energie, Druck, Diffusion als Standardabweichung und radiale Verteilungsfunktion in skalierten Einheiten für die Abkühlphase.

der Simulationsgenauigkeit beide Phasenübergänge gemeinsam. Es findet der Übergang von der gasförmigen (über die flüssige) in die feste Phase statt. Dabei bildet sich ein Kristall. Die räumliche Anordnung der Argon-Atome und die Regelmäßigkeit des Kristallgitters ersieht man aus der Darstellung der Verteilungsfunktion in Abbildung 3.31. In der gasförmigen Phase herrscht Unordnung (glatte, fast konstante Funktion ab Abstand $r' = 1$). In der kristallinen Phase hingegen ergeben sich typische Spitzen in der Verteilungsfunktion, die den Kristallgitterabständen entsprechen.

Abbildung 3.32 zeigt einen Schnappschuß der Argonpartikel zum Zeitpunkt $t' = 140$ (entspricht der gasförmigen Phase mit 100 K) und $t' = 250$ (entspricht der kristallisierten Phase mit 60 K). Dabei wird das System für $t' = 150$ bis $t' = 250$ auf konstanter Temperatur (60 K) gehalten und stabilisiert sich. Deutlich sehen wir die entstandene Kristallstruktur. Beim Phasenübergang von flüssig nach fest wird bei den meisten Stoffen, so auch bei Argon, latente Wärme frei und die Dichte und damit das Volumen ändert sich sprungartig. In unserer Simulation arbeiten wir im NVT-Ensemble, bei dem die Zahl der Partikel, das Volumen (also die Größe des Simulationsgebiets) und die Temperatur konstant bleibt. Aus diesem Grund führt der Übergang in die kristalline Phase zu den in Abbildung 3.32 (rechts) beobachteten unphysikalischen Löchern im Kristall.

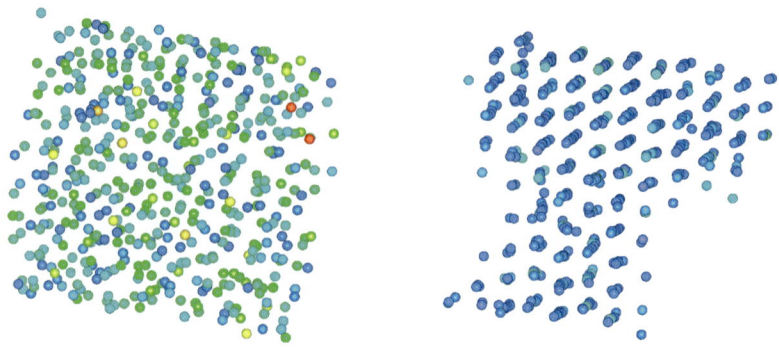

Abb. 3.32. Argon-Kristallisation im NVT-Ensemble mit Reskalierung, Partikelverteilung für $t' = 140$ (links) und $t' = 250$ (rechts). Die Farbtöne der Partikel kodieren ihre Geschwindigkeiten.

Unterkühlung von Argon in den Glaszustand. In diesem Beispiel befassen wir uns mit dem Unterkühlen von Argon. Viele Fluide gehen nicht in den Kristallzustand sondern in einen Glaszustand über, wenn sie schnell genug abgekühlt werden. Die Theorie der Unterkühlung beruht auf dem singulären Verhalten der Lösung der sogenannten mode-coupling Gleichungen [509]. Es handelt sich dabei um eine vereinfachte Form nichtlinearer Bewegungsgleichungen. Hier bietet sich der Einsatz von Moleküldynamik-Methoden an [354]. Simulationen der Unterkühlung von Argon und verwandten Stoffen finden sich zum Beispiel in [208, 235, 266, 432].[31]

Die Partikelinteraktion erfolgt wieder über das modifizierte Lennard-Jones-Potential (3.63), mit dem Satz von Parametern aus Tabelle 3.11. Als Anfangsorte der Partikel wählen wir das reguläre Gitter aus Abbildung 3.30.

Der Ablauf der Simulation ist nun analog zum vorhergehenden Experiment, nur daß jetzt bedeutend schneller gekühlt wird. Zuerst wird das System auf die Temperatur $T' = 3.00$ aufgeheizt, wobei 25 Integrationsschritte zwischen den einzelnen Reskalierungen ausgeführt werden. Dann wird das System durch lineare Reduktion der Temperatur in Schritten von $2.5 \cdot 10^{-3}$ bis auf $T' = 0.02$ abgekühlt. Nach jeder Skalierung der Geschwindigkeiten wird wieder eine Equilibrierungsphase von 25 Zeitschritten eingehalten.

Die Graphen der berechneten potentiellen Energie, des Drucks, der Diffusion und der radialen Verteilungsfunktion sind in Abbildung 3.33 zu sehen. Deutlich erkennt man wieder einen Phasenübergang im Bereich $t' = 46$ bis $t' = 48$. Der Zeitpunkt $t' = 47$ für den Glasübergang entspricht dabei ei-

---

[31] Problematisch dabei ist jedoch die beschränkte Zeit, über die die Simulationen ausgeführt werden können. Dies führt dazu, daß die Kühlraten in den Simulationen um ein Vielfaches größer sind als die Kühlraten in Laborexperimenten. Eine Folge davon ist, daß die Übergangstemperatur in den Glaszustand in der Simulation höher ist als die Übergangstemperatur in Laborexperimenten.

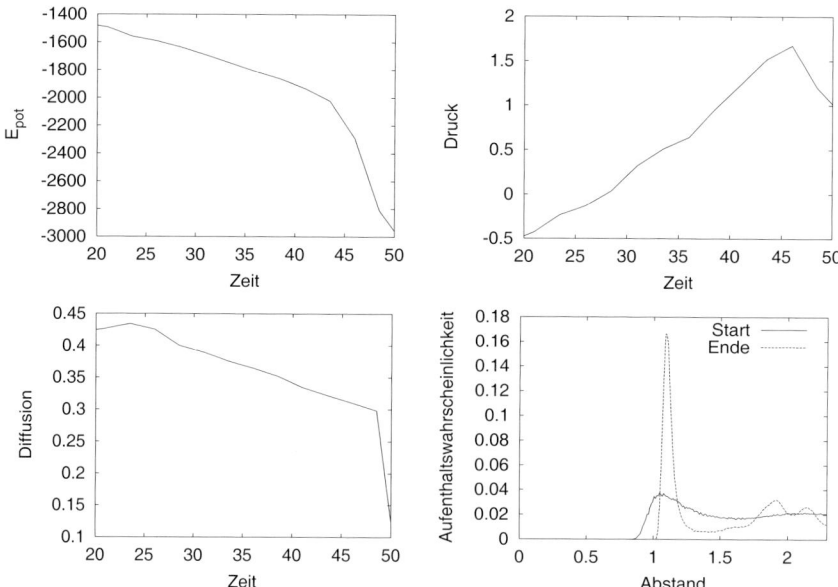

Abb. 3.33. Unterkühltes Argon im NVT-Ensemble mit Reskalierung. Potentielle Energie, Druck, Diffusion und radiale Verteilungsfunktion in skalierten Einheiten für die Abkühlphase.

ner Temperatur von 38 K beziehungsweise etwa $T'_G = 0.3$. Damit erfolgt der Übergang deutlich später als beim Experiment mit langsamerer Kühlrate und deutlich unterhalb des konventionellen Schmelzpunktes von 83.8 K. Die unterkühlte Flüssigkeit ist in einem metastabilen Zustand, der Phasenübergang geschieht dann schockartig und resultiert in einer charakteristischen amorphen Glasphase. Auch die zugehörige radiale Verteilungsfunktion zeigt dies. Sie unterscheidet sich deutlich von der einer Kristallstruktur und weist auf einen stärker ungeordneten, amorphen Zustand hin.

Abbildung 3.34 gibt zwei Konfigurationen kurz vor und nach dem Phasenübergang wieder. Beide Darstellungen zeigen ungeordnete Partikelmengen. Das System wird beim Abkühlen in einen amorphen Festkörper übergeführt und bleibt dann während der gesamten restlichen Simulation in diesem Zustand. Im Gegensatz zur vorherigen Simulation bildet sich hier also kein Kristall heraus.

Wiederum sieht man unphysikalische Löcher in der Struktur, die von der schlagartigen Dichtezunahme herrühren. Diese ließen sich vermeiden, wenn man das Volumen des Simulationsgebietes anpassen könnte. Dazu müssen wir aber statt des bisher verwendeten NVT-Ensembles ein anderes Ensemble benutzen, das es erlaubt, auch das Volumen variabel zu halten. Solche Techniken werden nun im folgenden Abschnitt betrachtet.

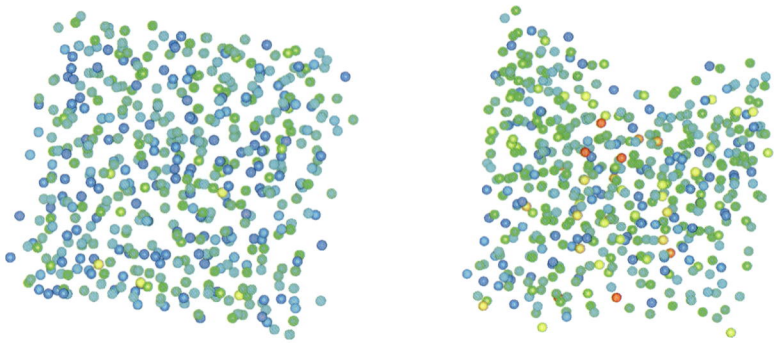

Abb. 3.34. Unterkühltes Argon im NVT-Ensemble mit Reskalierung, Partikel für $t' = 42.5$ (links) und $t' = 47.5$ (rechts).

3.7.4 Das Parrinello-Rahman-Verfahren für das NPT-Ensemble

Bekannterweise läßt sich ein System durch seine Lagrangefunktion beschreiben. Mit der Einführung von Momenten geht diese in die zugehörige Hamiltonfunktion über und daraus lassen sich schließlich die Bewegungsgleichungen des Systems gewinnen, für Details siehe Anhang A.1. Diesem Weg wollen wir nun folgen, um ein System im NPT-Ensemble zu formulieren. Die Idee ist dabei, neben den bisherigen Orts- und Geschwindigkeitsfreiheitsgraden, die den Partikeln zugeordnet sind, nun zusätzliche Freiheitsgrade für das Gesamtkoordinatensystem in Raum und Zeit einzuführen, mit deren Hilfe dann das Volumen und die Form des Gebiets sowie der Druck und die Temperatur des Systems kontrolliert werden können [447]. Diese zusätzlichen Freiheitsgrade erhalten wir durch die Umskalierung der Ortskoordinaten $\mathbf{x}_i$ in die skalierten Ortskoordinaten $\bar{\mathbf{x}}_i$ gemäß

$$\mathbf{x}_i = A\bar{\mathbf{x}}_i \qquad (3.65)$$

wobei $A = [\mathbf{a_0}, \mathbf{a_1}, \mathbf{a_2}]$ eine zeitabhängige 3×3-Matrix mit den Basisvektoren $\mathbf{a_0}, \mathbf{a_1}, \mathbf{a_2}$ der periodischen Simulationszelle und $\bar{\mathbf{x}}_i \in [0,1)^3$ ist. Zusätzlich skalieren wir die Zeit t zu $\bar{t}$ vermöge

$$t = \int_0^{\bar{t}} \frac{d\tau}{\gamma(\tau)}, \quad \text{also} \quad d\bar{t} = \gamma(\bar{t})dt.$$

Damit ergibt sich für die Geschwindigkeiten

$$\dot{\mathbf{x}}_i(t) = \gamma(\bar{t})A(\bar{t})\dot{\bar{\mathbf{x}}}_i(\bar{t}).$$

Die Matrix A und die Variable γ kontrollieren den Druck und die Temperatur des erweiterten Systems. Dazu definieren wir die fiktiven Potentiale der thermodynamischen Variablen P und T

$$V_P = P_{\text{ext}} \det A, \quad V_T = N_f k_B T^D \ln \gamma,$$

wobei P_{ext} der externe Druck des Systems, T^D die Soll-Temperatur, N_f die Anzahl der Freiheitsgrade des Systems und $\det A$ das Volumen des durch $\mathbf{a_0}, \mathbf{a_1}, \mathbf{a_2}$ aufgespannten Simulationsgebiets sind.

Die erweiterte Lagrangefunktion für NPT-Ensembles wird nun als

$$\mathcal{L} = \frac{1}{2} \sum_{i=1}^{N} m_i \gamma^2 \dot{\bar{\mathbf{x}}}_i^T A^T A \dot{\bar{\mathbf{x}}}_i + \frac{1}{2} W \gamma^2 \mathrm{tr}(\dot{A}^T \dot{A}) + \frac{1}{2} M \dot{\gamma}^2 \qquad (3.66)$$
$$-V(A\bar{\mathbf{x}}, A) - P_{ext} \det A - N_f k_B T^D \ln \gamma$$

definiert,[32] wobei m_i die Masse des i-ten Partikels, M die fiktive Masse des Nosé-Hoover-Thermostats und W die fiktive Masse des sogenannten Barostats (Druckregler) bezeichnen. Mit $G := A^T A$ erhalten wir als konjugierte Momente

$$p_{\bar{\mathbf{x}}_i} = \mathcal{L}_{\dot{\bar{\mathbf{x}}}_i} = m_i \gamma^2 G \dot{\bar{\mathbf{x}}}_i, \quad p_A = \mathcal{L}_{\dot{A}} = \gamma^2 W \dot{A}, \quad p_\gamma = \mathcal{L}_{\dot{\gamma}} = M \dot{\gamma}.$$

Die Hamiltonfunktion ergibt sich damit zu

$$\mathcal{H} = \frac{1}{2} \sum_{i=1}^{N} \frac{p_{\bar{\mathbf{x}}_i}^T G^{-1} p_{\bar{\mathbf{x}}_i}}{m_i \gamma^2} + \frac{1}{2} \frac{\mathrm{tr}(p_A^T p_A)}{\gamma^2 W} + \frac{p_\gamma^2}{2M} \qquad (3.67)$$
$$+V(A\bar{\mathbf{x}}, A) + P_{ext} \det A + N_f k_B T^D \ln \gamma.$$

Die Verwendung konstanter Zeitschrittweiten der skalierten Zeit würde nun zu nicht-konstanten Zeitschrittweiten der physikalischen Zeit führen, was die Implementierung eines Integrators erschwert. Daher transformieren wir wieder zur ursprünglichen Zeit zurück. Weiterhin vereinfachen sich die Bewegungsgleichungen durch die Multiplikation der Momente mit G^{-1} und das Logarithmieren von γ. Wir transformieren die Variablen deswegen ein zweites Mal gemäß

$$\hat{\mathbf{x}}_i(t) := \bar{\mathbf{x}}_i(\bar{t}), \quad \hat{A}(t) := A(\bar{t}), \quad \hat{G}(t) := G(\bar{t}),$$
$$\eta(t) := \ln \gamma(\bar{t}), \quad p_{\hat{\mathbf{x}}_i} := G^{-1} p_{\bar{\mathbf{x}}_i}/\gamma, \quad p_{\hat{A}} := p_A/\gamma.$$

Damit transformiert sich die Hamiltonfunktion (3.68) zu[33]

---

[32] In (3.66) steht $A\bar{\mathbf{x}}$ kurz für $(A\bar{\mathbf{x}}_1, ..., A\bar{\mathbf{x}}_N)$. Für den Fall periodischer Randbedingungen hängt das Potential V explizit von A ab. So gilt beispielsweise mit einem Paarpotential

$$V(\mathbf{x}, A) = \frac{1}{2} \sum_{\mathbf{z} \in \mathbb{Z}^3} \sum_{\substack{i,j=1 \\ i \neq j \text{ falls } \mathbf{z}=0}}^{N} U(\mathbf{x}_j - \mathbf{x}_i + A\mathbf{z}).$$

Diese zusätzliche Abhängigkeit von A im periodischen Fall muß dann später beim Differenzieren nach A berücksichtigt werden.

[33] Man beachte, daß (3.68) nach der Transformation keine Hamiltonfunktion des Systems mehr ist, da die Hamiltonschen Gleichungen nicht mehr direkt aus ihr gewonnen werden können, sondern von (3.68) abgeleitet und mittransformiert werden müssen.

$$\mathcal{H} = \frac{1}{2} \sum_{i=1}^{N} \frac{p_{\hat{\mathbf{x}}_i}^T G p_{\hat{\mathbf{x}}_i}}{m_i} + \frac{1}{2} \frac{\mathrm{tr}(p_{\hat{A}}^T p_{\hat{A}})}{W} + \frac{1}{2} \frac{p_\gamma^2}{M} \tag{3.68}$$

$$+ V(A\bar{\mathbf{x}}, A) + P_{\mathrm{ext}} \det \hat{A} + N_f k_B T^D \eta \,,$$

und die zugehörigen Bewegungsgleichungen lauten

$$\dot{\hat{\mathbf{x}}}_i = \frac{p_{\hat{\mathbf{x}}_i}}{m_i}, \quad \dot{\hat{A}} = \frac{p_{\hat{A}}}{W}, \quad \dot{\eta} = \frac{p_\gamma}{M} \,, \tag{3.69}$$

$$\dot{p}_{\hat{\mathbf{x}}_i} = -\hat{A}^{-1} \nabla_{\mathbf{x}_i} V - \hat{G}^{-1} \dot{\hat{G}} p_{\hat{\mathbf{x}}_i} - \frac{p_\gamma}{M} p_{\hat{\mathbf{x}}_i} \,, \tag{3.70}$$

$$\dot{p}_{\hat{A}} = -\sum_{i=1}^{N} \nabla_{\mathbf{x}_i} V \hat{\mathbf{x}}_i^T - \nabla_A V + \sum_{i=1}^{N} m_i \hat{A} \dot{\hat{\mathbf{x}}}_i \dot{\hat{\mathbf{x}}}_i^T - \hat{A}^{-T} P_{\mathrm{ext}} \det \hat{A} - \frac{p_\gamma}{M} p_{\hat{A}}, \tag{3.71}$$

$$\dot{p}_\gamma = \sum_{i=1}^{N} \frac{p_{\hat{\mathbf{x}}_i}^T \hat{A}^T \hat{A} p_{\hat{\mathbf{x}}_i}}{m_i} + \frac{\mathrm{tr}(p_{\hat{A}}^T p_{\hat{A}})}{W} - N_f k_B T^D \,. \tag{3.72}$$

Für den Spannungstensor und damit den Druck erhält man nun

$$\Pi_{\mathrm{int}} = \frac{1}{\det \hat{A}} \sum_{i=1}^{N} \left(m_i \hat{A} \dot{\hat{\mathbf{x}}}_i \dot{\hat{\mathbf{x}}}_i^T \hat{A}^T - \nabla_{\mathbf{x}_i} V \hat{\mathbf{x}}_i^T \hat{A}^T \right), \quad P_{\mathrm{int}} = \frac{1}{3} \mathrm{tr}(\Pi_{\mathrm{int}}) \,.$$

Durch den geschilderten Zugang haben wir in Gleichung (3.65) mit A neun Freiheitsgrade neu eingeführt. Nun stellt sich die Frage, ob diese Freiheitsgrade auch physikalisch sinnvoll sind. Ohne weitere Einschränkung ist dies sicher nicht der Fall, denn zumindest Rotationen sollten auf jeden Fall ausgeschlossen sein. Hierzu gibt es unter anderem die folgenden drei Zugänge:

- Die Einträge der Kraft $F_{\hat{A}} := \dot{p}_{\hat{A}}$ auf $\hat{A}$ werden unterhalb der Diagonalen auf Null gesetzt,

$$F_{\hat{A}_{\alpha,\beta}} = 0, \quad \alpha > \beta.$$

Hierdurch wird direkt eine Zwangskraft aufgebracht, die Rotationen vermeidet.
- Man fordert die Symmetrie von $F_{\hat{A}}$ durch

$$F_{\hat{A}}^S = \frac{1}{2}(F_{\hat{A}} + F_{\hat{A}}^T). \tag{3.73}$$

Dadurch hat man die überzähligen Freiheitsgrade eliminiert, bekommt aber im allgemeinen verzerrte Rechengebiete.
- Man bringt die fünf Zwangsbedingungen

$$\frac{\hat{A}_{\alpha,\beta}}{\hat{A}_{11}} = \frac{\hat{A}_{\alpha,\beta}^0}{\hat{A}_{11}^0}, \quad \alpha \le \beta, \tag{3.74}$$

an, wobei als Referenzmatrix $\hat{A}^0$ die Ausgangsmatrix A gewählt wird. Damit und mit der Symmetrie des Spannungstensors bleibt nur noch ein Freiheitsgrad $\hat{A}_{11}$ übrig, den man zur isotropen Volumensteuerung verwenden kann. Für eine Kontrolle des Drucks ist es dagegen sinnvoll, die gesamte Spur von $F_{\hat{A}}$ zur isotropen Volumensteuerung einzusetzen, ähnlich dem Andersen-Thermostat [42].

Implementierung. Die Bewegungsgleichungen (3.69) – (3.72) können im Prinzip wie üblich umgesetzt werden. Man muß dabei jedoch auf den Integrator achten, denn es gilt nach Differentiation von $\dot{\hat{\mathbf{x}}}_i = p_{\hat{\mathbf{x}}_i}/m_i$ mit Einsetzen von (3.70) die Beziehung

$$\ddot{\hat{\mathbf{x}}}_i = \frac{-\hat{A}^{-1}\nabla_{\mathbf{x}_i}V}{m_i} - \hat{G}^{-1}\dot{\hat{G}}\dot{\hat{\mathbf{x}}}_i - \dot{\eta}\dot{\hat{\mathbf{x}}}_i.$$

Also ist $\ddot{\hat{\mathbf{x}}}_i(t)$ von $\dot{\hat{\mathbf{x}}}_i(t)$ abhängig. Analoges gilt für $\ddot{\hat{A}}$ und $\ddot{\eta}$. Man kann dieses Problem zum Beispiel mit einer Variante des Störmer-Verlet-Verfahrens für allgemeine Hamiltonfunktionen oder mit einem symplektischen Runge-Kutta-Verfahren lösen, siehe Kapitel 6.2.

Zur Berechnung der Temperatur über die Boltzmann-Konstante müssen wir die Zahl der effektiven Freiheitsgrade der Bewegung kennen. Für atomare Systeme entspricht sie der Zahl der Atome mal drei.[34] Wir unterscheiden hierbei (vergleiche die Fußnote auf Seite 93) die

- *atomare Skalierung* $N_f = 3N$, wobei N die Anzahl der Atome ist.
- *nicht-periodische Skalierung* $N_f = 3N - 6$, da Translation und Rotation des Massenschwerpunktes ignoriert werden können.
- *periodische Skalierung* $N_f = 3N - 3$, da nur die Translation ignoriert werden kann.

Damit können wir nun die Temperatur und die kinetische Energie definieren als

$$T_{\text{ins}} = \frac{2E_{\text{kin}}}{N_f k_B} \quad \text{und} \quad E_{\text{kin}} = \frac{1}{2}\sum_{i=1}^{N}\frac{p_{\hat{\mathbf{x}}_i}^T \hat{A}^T \hat{A} p_{\hat{\mathbf{x}}_i}}{m_i}.$$

Diese Temperatur können wir als vom Thermostat zu regulierende Temperatur T^D in (3.68) einsetzen. Für das Parrinello-Rahman-Verfahren benötigen wir noch die fiktiven Massen W und M des Barostats und des Thermostats, die jeweils geeignet gewählt werden müssen [455].

---

[34] Bisher haben wir die atomare Skalierung der Partikel zur Temperatursteuerung verwendet. Wenn dagegen Moleküle simuliert werden, ist es sinnvoll, den Schwerpunkt eines Moleküls von den Koordinaten der Atome zu trennen. Dabei werden die Atome dann in lokalen Koordinaten bezüglich des gemeinsamen Schwerpunktes parametrisiert, so daß bei einer Skalierung die Moleküle nicht auseinandergerissen werden können. Daraus ergeben sich in den relativen Koordinaten wiederum die entsprechende Lagrange- und Hamiltonfunktion und schließlich die Bewegungsgleichungen. Weiterhin muß bei Molekülen noch die Zahl der inneren Bindungen von der Zahl der Freiheitsgrade abgezogen werden.

3.7.5 Flüssig-fest-Phasenübergang von Argon im NPT-Ensemble

Wir betrachten nun wieder das System aus 512 Argon-Partikeln des Abschnitts 3.7.3. Die in einem periodischen Würfel angeordneten Atome mit einer Temperatur von 360 K werden mit unterschiedlichen Kühlraten abgekühlt. Im Unterschied zu den vorhergehenden Experimenten betrachten wir aber nun ein NPT-Ensemble. Der Phasenübergang von der gasförmigen Phase bis hin zur festen Phase oder zur unterkühlten Flüssigkeit findet ähnlich wie vorher statt, wobei wir jetzt Volumenänderungen statt Druckänderungen beobachten.

Zur Implementierung des NPT-Ensembles verwenden wir das Parrinello-Rahman-Verfahren des vorhergehenden Abschnitts 3.7.4 mit einer fiktiven Masse $W=100$. Die Temperatur wird dann über einen Nosé-Hoover-Thermostat kontrolliert, dem wir die fiktive Masse $M=10$ zuordnen. Das dadurch entstehende System wird durch eine Variante des Störmer-Verlet-Verfahrens für allgemeine Hamiltonfunktionen gelöst, siehe auch Abschnitt 6.2.

Kristallisation von Argon. Zunächst betrachten wir ein langsames Abkühlen der Argon-Atome von 360 K auf 60 K in der Simulationszeit von 20 ps bis 180 ps, was den skalierten Temperaturen $T' = 3$ und $T' = 0.5$ entspricht. Das Volumen des Simulationsgebietes ändert sich nun.

Wir haben verschiedene Möglichkeiten diskutiert, mit Zwangsbedingungen die Volumenänderung eindeutig zu machen. Wir verwenden nun zwei dieser Bedingungen für die Simulationen, die symmetrische Zwangsbedingung (3.73) für einen symmetrischen Spannungstensor und die isotrope Zwangsbedingung (3.74) für ein unverzerrtes Gebiet. Entsprechend können wir jeweils zwei verschiedene Meßkurven vergleichen und sehen auch graphisch den Unterschied beider Bedingungen.

In der Abbildung 3.35 sind die potentielle Energie, die Diffusion, das Volumen und die radiale Verteilungsfunktion dargestellt. Im Unterschied zu den Experimenten im NVT-Ensemble läßt sich der Phasenübergang nun nicht mehr aus den Diagrammen ablesen. Der zugehörige Dichtesprung wird im NPT-Ensemble gerade durch eine Volumenänderung kompensiert.[35] Die radialen Verteilungsfunktionen zeigen jedoch am Ende der Simulation deutlich eine Kristallstruktur, die durch die Verteilungsspitzen bei charakteristischen Gitterabständen angezeigt wird. Diese Spitzen sind noch etwas stärker ausgeprägt, als das bei konstantem Volumen im vorhergehenden NVT-Ensemble der Fall war.

Die charakteristischen Unterschiede einer Simulation im NPT-Ensemble im Vergleich zur Simulation im NVT-Ensemble sind in den Abbildungen 3.36 und 3.37 zu sehen. Da sich nun das Volumen des Gebiets bei der Abkühlung verringern kann, entstehen nicht mehr zwangsläufig Gitterfehler im Kristall

---

[35] Die Sprünge in der Diffusion rühren vom jeweiligen Neuaufsetzen der Diffusionsberechnung her.

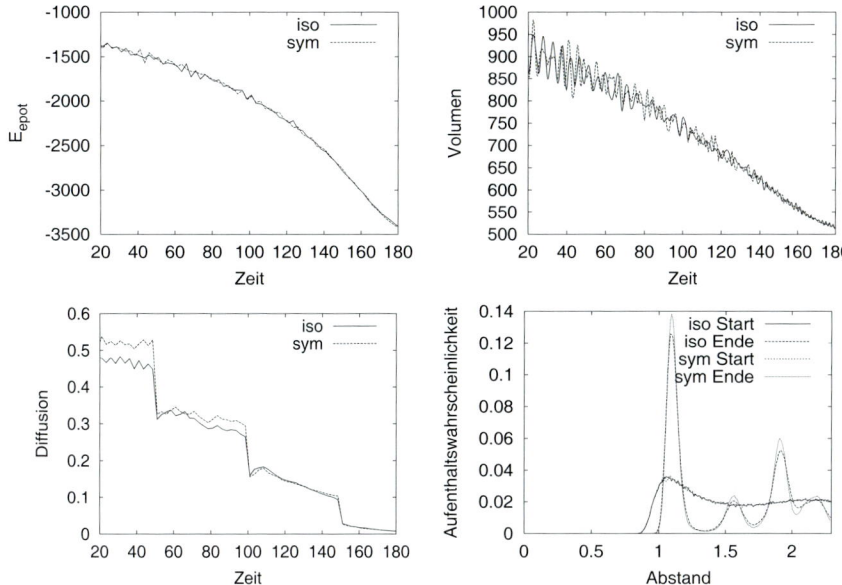

Abb. 3.35. Argon-Kristallisation im NPT-Ensemble: Isotrope (3.74) und symmetrische (3.73) Zwangsbedingungen. Potentielle Energie, Volumen, Diffusion und radiale Verteilungsfunktion in skalierten Einheiten für die Abkühlphase.

und Löcher im Gebiet. Stattdessen zeigt Abbildung 3.36, wie sich der Simulationswürfel gleichmäßig zusammenzieht (die Atome sehen deswegen etwas größer aus als in Abbildung 3.32) und die Atome schließlich Gitterpositionen einnehmen. Für die symmetrische Zwangsbedingung sehen wir in Abbildung 3.37, daß das Gebiet stark verzerrt wird. Man erkennt wiederum klar die Gitterstruktur des abgekühlten Kristalls.

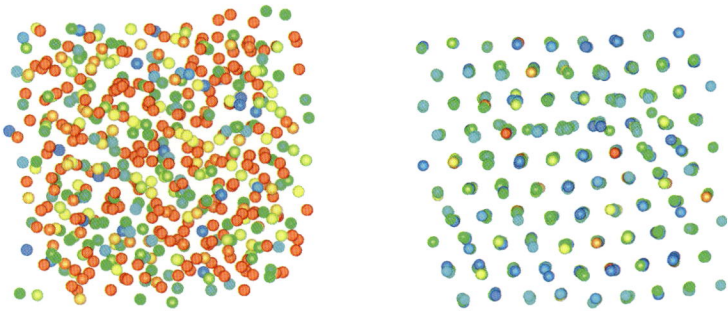

Abb. 3.36. Argon-Kristallisation im NPT-Ensemble: Isotrope Zwangsbedingungen (3.74), Partikel für $t' = 140$ (links) und $t' = 250$ (rechts).

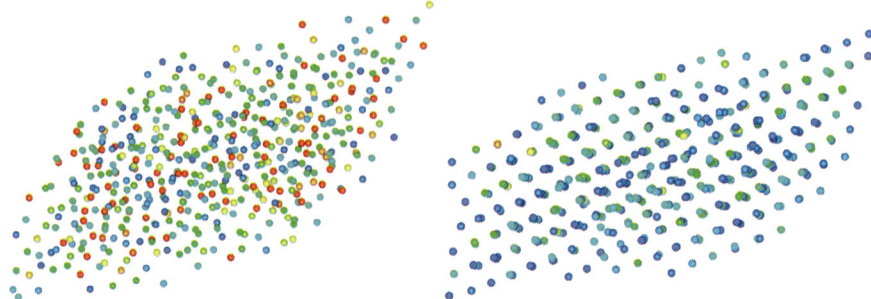

Abb. 3.37. Argon-Kristallisation im NPT-Ensemble: Symmetrische Zwangsbedin-gungen (3.73), Partikel für $t' = 140$ (links) und $t' = 250$ (rechts).

Unterkühlung von Argon in den Glaszustand. Schließlich führen wir noch ein Experiment mit einer deutlich höheren Abkühlrate durch, wobei die Temperatur von 360 K auf 2.4 K innerhalb von 30 ps linear reduziert wird. Dadurch entsteht statt des Kristalls eine amorphe Substanz.

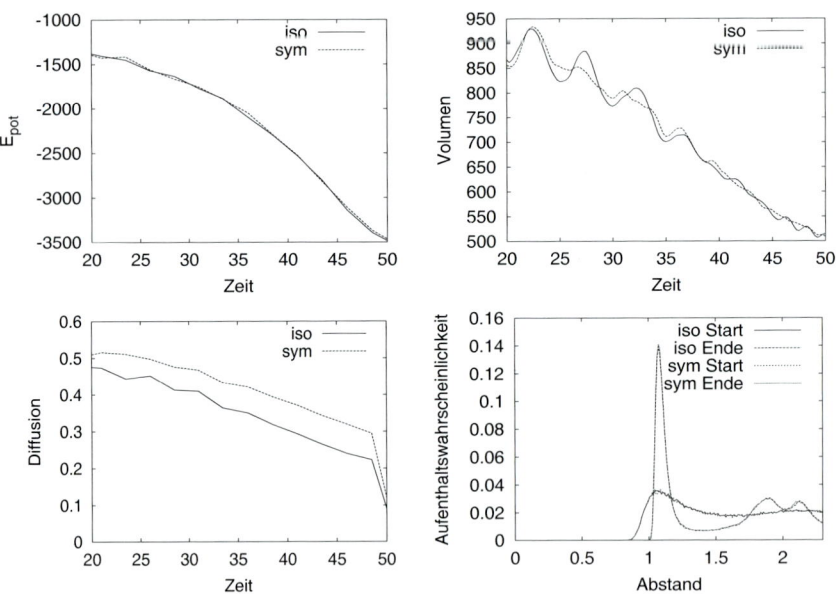

Abb. 3.38. Unterkühltes Argon im NPT-Ensemble: Isotrope (3.74) und symme-trische (3.73) Zwangsbedingungen. Potentielle Energie, Volumen, Diffusion und ra-diale Verteilungsfunktion in skalierten Einheiten für die Abkühlphase.

In Abbildung 3.38 sind die entsprechenden Meßwerte für symmetrische Zwangsbedingungen (3.73) und für isotrope Zwangsbedingungen (3.74) angegeben. Bei der Diffusion ergibt sich ein Unterschied, der darauf beruht, daß die mittleren Weglängen im verzerrten Gebiet etwas größer als im isotrop geschrumpften Gebiet sind. Wiederum läßt sich im Gegensatz zur NVT-Simulation der genaue Zeitpunkt des Phasenübergangs nicht erkennen. Die radialen Verteilungsfunktionen signalisieren jedoch klar, daß am Ende der Simulation eine amorphe glasartige Substanz vorliegt. Es ergeben sich keine deutlichen Häufungspunkte, wie sie für einen Kristall charakteristisch sind.

Dies läßt sich zudem in den Abbildungen 3.39 und 3.40 erkennen. Auch hier unterscheidet sich die erzielte Struktur sowohl für isotrope Zwangsbedingungen (geschrumpftes Gebiet) als auch für symmetrische Zwangsbedingungen (verzerrtes Gebiet) deutlich von einer geordneten Kristallstruktur.

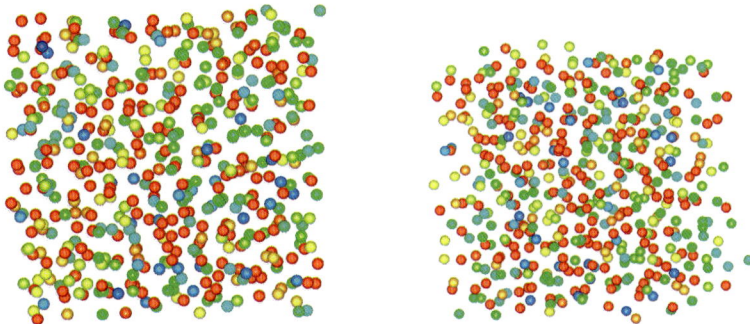

Abb. 3.39. Unterkühltes Argon im NPT-Ensemble: Isotrope Zwangsbedingungen (3.74), Partikel für $t' = 42.5$ (links) und $t' = 47.5$ (rechts).

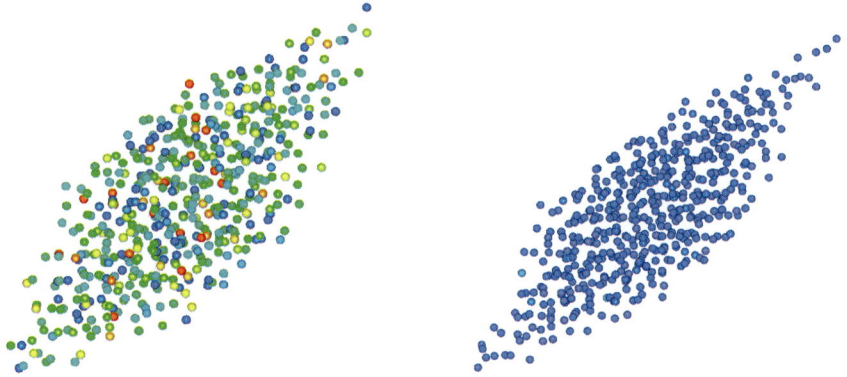

Abb. 3.40. Unterkühltes Argon im NPT-Ensemble: Symmetrische Zwangsbedingungen (3.73), Partikel für $t' = 42.5$ (links) und $t' = 250$ (rechts).

4 Parallelisierung

Im folgenden wenden wir uns der Parallelisierung des Linked-Cell-Codes aus Kapitel 3 zu. Wir setzen die sogenannte Gebietszerlegungstechnik als Parallelisierungsstrategie ein und stützen uns auf die Kommunikationsbibliothek MPI (Message Passing Interface) [8]. Eine Verkürzung der Gesamtrechenzeit wird dadurch erreicht, daß die zu leistenden Berechnungen auf mehrere Prozessoren verteilt werden und somit, zumindest zu einem bestimmten Grad, gleichzeitig ausführbar sind. Darüber hinaus bringt die Parallelisierung auch den weiteren Vorteil mit sich, daß auf einem parallelen Rechensystem häufig mehr Speicherplatz zur Verfügung steht als auf einer einzelnen seriellen Maschine.

Die Entwicklung moderner Computer hat in den letzten Jahren zu immer leistungsstärkeren skalierbaren Parallelrechnersystemen geführt, siehe auch Abbildung 1.2. Diese erlauben mittlerweile Moleküldynamik-Simulationen mit vielen Hundertmillionen bis Milliarden Teilchen. Die Beherrschung solcher paralleler Rechenanlagen war früher eine Kunst, denn die Programmiersysteme waren sehr individuell und entwickelte Programme waren nur schwer zu testen und auf ein Nachfolgesystem zu portieren. Heutzutage gibt es jedoch (nahezu) ausgereifte Programmierumgebungen, die ein Debuggen von parallelen Codes erlauben und auch Portabilität zwischen verschiedenen Parallelrechnern gewährleisten.

4.1 Parallelrechner und Parallelisierungsstrategien

Typeinteilung von Parallelrechnern. Traditionell werden parallele Rechensysteme seit 1966 nach Flynn [232] danach eingeteilt, ob der Strom der Daten (data stream) und/oder der Strom der Befehle (instruction stream) parallel bearbeitet werden. Somit lassen sich die grundlegenden Typen SISD (single instruction/single data stream = klassischer Mikroprozessor), SIMD (single instruction/multiple data stream) und MIMD (multiple instruction/multiple data stream) unterscheiden.[1] Zum SIMD-Typ zählen etwa ältere Parallelrechner von MasPar und die Connection Machine Serie von Thinking Machines oder aktuelle Entwicklungen wie das „array processor experiment"

---

[1] Für einen Überblick über gängige Parallelrechner siehe [9].

(APE). Dies sind Rechner, auf denen ein Programm auf einem Array von sehr vielen aber einfachen Prozessoren abgearbeitet wird. Diese Architektur spielt jedoch heute nur noch für spezielle Anwendungen eine Rolle. Weiterhin fallen auch die Vektorrechner, wie etwa die Cray T90 und SV1/2, NEC SX-5 oder Fujitsu VPP in die Klasse von SIMD. Hier werden gleiche Befehle für einen Vektor von Daten unter Ausnutzung des Fließband-Effekts quasi-parallel abgearbeitet.

Schließlich gehören auch RISC-Mikroprozessoren (reduced instruction set computer) in gewissem Sinne in diese Klasse. Dabei bearbeitet der Prozessor üblicherweise nur sehr einfache Operationen, dies aber mit einer hohen Geschwindigkeit. Ein einzelner Befehl wird wiederum in kleinere Instruktionen aufgespalten, die nun auf Befehlsebene pipelineartig verarbeitet werden. Dadurch werden stets mehrere Operationen gleichzeitig (parallel) bearbeitet. Weiterentwicklungen haben zu sehr langen solcher Pipelines geführt (super-pipelining). Mit zunehmender Integrationsdichte der Transistoren auf einem Chip ist inzwischen auch genügend Platz für mehrere Rechenwerke und Pipelines, was zu super-skalaren Prozessoren führt (post-RISC). Zusammen mit very-long-instruction-word-Prozessoren (VLIW) wie Intels Itantium, bei denen explizit voneinander unabhängige Befehle spezifiziert werden, werden hier in jedem Takt mehrere Befehle parallel abgearbeitet. Diese Parallelisierung auf niedrigster Ebene wird je nach Technik durch die Ausführungslogik des Prozessors oder den Compiler gesteuert und braucht uns bei der Programmierung zunächst nicht zu kümmern. Letztlich kann aber eine geschickte Speicheraufteilung und Anordnung von Rechenoperationen auf solchen RISC-Prozessoren noch einmal zu Geschwindigkeitsvorteilen führen.

Die meisten heutigen Parallelrechner sind vom MIMD-Typ. Hier arbeitet jeder Prozessor seine eigene Folge von Befehlen in Form eines eigenen Programms ab. Zu unterscheiden ist dabei zwischen Multiprozessorsystemen mit gemeinsamen oder verteiltem Speicher.

Systeme mit *gemeinsamem* Speicher besitzen einen großen globalen Speicher, auf den die verschiedenen Prozessoren lesend und schreibend zugreifen. Technisch kann der Speicher als ein großer Speicherblock realisiert sein, oder auch in einzelne Stücke zerlegt und sogar auf die einzelnen Prozessoren verteilt sein, vergleiche Abbildung 4.1. Das System stellt dem Programmierer jedoch den gesamten Speicher (virtuell) mit einem globalen Adreßraum zur Verfügung.

Bei Parallelrechnern mit gemeinsamem Speicher werden alle Daten genauso wie im sequentiellen Fall im gemeinsamen Hauptspeicher gehalten. Lediglich die Operationen werden auf die Prozessoren verteilt. Die Parallelisierung eines sequentiellen Programms ist nun für Systeme mit gemeinsamem Speicher relativ leicht zu bewerkstelligen, da der Speicher global adressierbar ist, und daher keine großen Änderungen an den Datenstrukturen vorgenommen werden müssen. Zudem lassen sich Programmteile, die unabhängig voneinander abgearbeitet werden können, leicht erkennen und parallel ausführen.

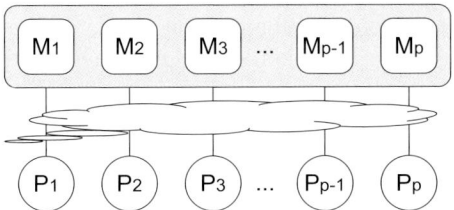

Abb. 4.1. System mit (virtuell) gemeinsamem Speicher. Das Verbindungsnetz kann unterschiedlich konstruiert sein und ist nur angedeutet.

In das sequentielle Programm müssen dann Steuerbefehle eingefügt werden, die dem System diese parallel abarbeitbaren Abschnitte angeben.[2] Dabei ist es wichtig darauf zu achten, daß jeder Prozessor etwa gleich viele Operationen ausführt, und daß sich die verschiedenen Operationen nicht gegenseitig stören. Das kann beispielsweise der Fall sein, wenn zwei Prozessoren gleichzeitig einen Wert in eine Speicherzelle schreiben wollen. Dann hängt es von der genauen zeitlichen Reihenfolge ab, welcher Wert als letzter geschrieben wurde und damit im Speicher steht. Um solche Situationen zu verhindern, gibt es verschiedene Hilfsmittel zur Synchronisation der Prozessoren. Eine Möglichkeit besteht darin, Werte im Speicher durch Semaphore zu beschützen, die anzeigen, ob gerade ein anderer Prozessor ebenfalls zugreifen möchte. Günstiger ist aber häufig eine geschickte Aufteilung der Operationen zusammen mit Barrieren, an denen alle Prozessoren gemeinsam synchronisiert werden. Damit kann verhindert werden, daß bereits Operationen hinter der Barriere abgearbeitet werden, solange noch ein Prozessor vor der Barriere arbeitet. Als Programmiermodelle haben sich „multi-threading" auf niedrigem Abstraktionsniveau und darauf aufbauend Konstrukte wie „OpenMP" [10, 27] durchgesetzt, das mit Übersetzerdirektiven arbeitet. Da OpenMP mittlerweile standardisiert ist, sind resultierende parallele Programme weitgehend auf andere Hardwareplattformen portierbar. Im wesentlichen wird das sequentielle Programm durch einige zusätzliche Anweisungen und gegebenenfalls Umstrukturierungen bereits tauglich für Parallelrechner mit gemeinsamem Speicher.

Beispiele für Systeme mit gemeinsamem Speicher sind die Rechner Enterprise 10.000 und Fire 15k von SUN, die Superdome Linie und die AlphaServer von HP, die Mehrprozessor-Server aus der IBM pSeries 690 sowie eine ganze Reihe weiterer Modelle. Typischerweise sind hier 16 bis 64 Prozessoren des gleichen Typs mit einem gemeinsamen globalen Speicher ausgestattet. Für hohe Prozessorzahlen schränkt jedoch die Bandbreite des Speichersystems die Leistung dieser Rechner ein. Ab einer bestimmten Hardware-abhängigen

---

[2] Es gibt auch spezielle autoparallelisierende Compiler, die solche Teile des Codes automatisch erkennen. Jedoch sind diese nur von beschränkter Effizienz und sie sind nur für einfache Standardsituationen geeignet.

Prozessorzahl ist deswegen im allgemeinen ein Leistungsabfall zu beobachten. Daher werden große Parallelrechner mit mehrstufigen, hierarchischen
Speichersystemen konstruiert, die lediglich noch den Eindruck eines globalen
Adreßraums aufrechterhalten, aber deutliche Leistungsunterschiede je nach
Abstand Prozessor-Speichermodul aufweisen. Hier sind auch die SGI Origin
3000 und Altix 3000 Serien zu nennen, für die unter dem Stichwort des virtuell globalen Adreßraums explizit von nonuniform-memory-access (NUMA)
die Rede ist. Insgesamt werden bis zu 1024 CPU zusammengeschaltet. Es muß
erwähnt werden, daß bei Parallelrechnern mit gemeinsamem Speicher auch
die effiziente parallele Programmierung bei großen Prozessorzahlen schwierig
ist, da immer unterschiedlich schneller Speicher, angefangen bei Caches über
lokalen Speicher bis zu weiter entfernten Speichermodulen, vorhanden ist und
dies in die Optimierung des Programms einbezogen werden muß.

Im Gegensatz dazu besitzt bei Systemen mit *verteiltem* Speicher jeder
Prozessor lokal seinen eigenen Speicher, auf den er zugreifen kann und mit
dem er arbeitet, siehe Abbildung 4.2. Die Adressierung erfolgt lokal und Re-
ferenzen auf anderen Speicher sind sinnlos, da der Prozessor diesen Speicher
nicht erreichen kann. Um paralleles Arbeiten zu ermöglichen, müssen Daten daher explizit zwischen den Prozessoren, genauer zwischen ihren lokalen
Speichern, ausgetauscht werden.

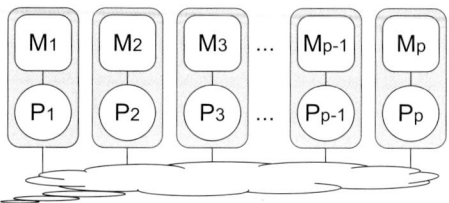

Abb. 4.2. System mit verteiltem Speicher. Das Verbindungsnetz kann unterschiedlich konstruiert sein und ist nur angedeutet.

Wir befassen uns in diesem Buch mit der aufwendigeren Parallelisierung für Rechner mit verteiltem Speicher. Im Hauptspeicher jedes Prozessors
müssen alle nötigen Daten für alle seine Operationen stehen. Die Prozessoren
können über Botschaften miteinander kommunizieren, wobei ein Prozessor einem anderen Daten schickt. Das heißt, daß ein paralleles Programm nicht nur
wie das sequentielle Programm aus einer Abfolge von Rechenoperationen besteht, sondern daß an geeigneten Stellen dazwischen auch noch Sende- und
Empfangsoperationen durchgeführt werden müssen. Diese Operationen sind,
bis auf wenige sehr einfach strukturierte Fälle, vom Programmierer explizit
in das Programm einzubauen.

Im Lauf der Entwicklung der Parallelrechner wurden verschiedene Ansätze
verfolgt, wie diese Kommunikationsoperationen aussehen können. Zahlreiche

frühere „Message-Passing" Bibliotheken wie PVM (parallel virtual machine) [11], Parmacs (parallel macros), NX/2, Picl oder Chimp haben schließlich zu einem einheitlichen Standard „MPI" (Message Passing Interface) geführt [8, 268, 269, 270]. Hierfür gibt es für alle gängigen Parallelrechner mindestens je eine (optimierte) Implementierung. Zu Testzwecken kann man zusätzlich auch die freien MPI-Implementierungen „Mpich" (Argonne National Lab.) [12] oder „LAM" (Notre Dame University) [13] einsetzen, die auf einem einzigen Rechner oder auf einem Verbund mehrerer untereinander vernetzter Arbeitsplatzrechner einen Parallelrechner simulieren. Eine Einführung in MPI ist in Anhang A.3 zu finden.

Wie schon bei Rechnern mit gemeinsamem Speicher sind auch bei Parallelsystemen mit verteiltem Speicher schnelle Verbindungen zwischen den Prozessoren und ihren (lokalen) Speichermodulen nötig. Zusätzlich sind nun Verbindungen zwischen den Prozessoren untereinander notwendig. Diese können wie vorher einstufig über einen Bus (shared medium) oder einen Crossbar-Switch erfolgen. Bei mehrstufigen Prozessornetzen gibt es Varianten, die die Kommunikationskanäle der Prozessoren direkt verwenden und daraus Ringe, Gitter oder Tori bauen, oder geschaltete Netze, bei denen mit (Crossbar-) Switches ebenso Ringe, Tori, Bäume oder allgemeinere Netze gebildet werden. Voraussetzung dazu ist, daß die Netztechnik auch mehrfache oder konkurrierende Wege zuläßt. Insgesamt können dann auch mit kleinen Switches, die zu sogenannten „fetten" Bäumen oder zwei- oder höherdimensionalen Tori verbunden sind, effiziente Netze mit sehr großen Zahlen von Prozessoren konstruiert werden.

Beispiele für Systeme mit verteiltem Speicher sind etwa die IBM-pSeries 690 (RS/6000-SP) mit fetten Bäumen aus Crossbar-Switches, die Cray T3E Serie mit einem dreidimensionalen Torus aus direkt gekoppelten Prozessor-Speicher-Modulen, die historischen Hyper-Cube Rechner von Intel und von NCube, Projekte wie IBM Blue Gene mit einer Mischung aus dreidimensionalem Torus und Baum speziell für die Proteinsimulation, die Hitachi SR Serie mit einem großen, zentralen Crossbar-Switch oder Beowulf-Cluster aus PCs mit einem Ethernet-Netz. Cluster-Computer sind preiswerte Parallelrechner, die aus Massenmarkt-Komponenten aufgebaut sind. Als Netzwerk kommt hierbei häufig Ethernet zum Einsatz [572]. Die Leistung dieser Cluster-Computer ist jedoch durch die relativ hohe Latenz, die geringe Bandbreite und die geringe Skalierbarkeit des Netzwerkes limitiert. Durch den Einsatz anderer standardisierter Hochgeschwindigkeitsnetze wie HIPPI, GigabitEthernet, GigaNet, ServerNet, SCI oder Myrinet kann die Gesamtleistung von Cluster-Computern für eine Reihe von Anwendungen erheblich verbessert werden [549].

Abhängig vom Netz und Netzprotokoll kann man die Rechenknoten dabei in verschiedenen Topologien verbinden, wie in Abbildung 4.3 dargestellt. Dabei unterscheiden sich die Netze in der Zahl der Verbindungen pro Prozessor und Switch, im Leitungsabstand zwischen zwei Rechenknoten und in der Gesamtleistung des Netzes etwa gemessen in der Bisektionsbandbreite. Versuche, das Kommunikationsmuster des parallelen Programms an das Prozessornetz anzupassen und damit spezielle Programme für Hyper-Cubes oder für einen speziellen Torus zu entwickeln, haben sich angesichts immer besser entwickelter Switches und Routing-Technik nicht bewährt. Daher werden wir die spezielle Struktur des Parallelrechners im weiteren nicht berücksichtigen und gehen von einem abstrakten Rechner aus, bei dem jeder Prozessor mit jedem anderen effizient kommunizieren kann.

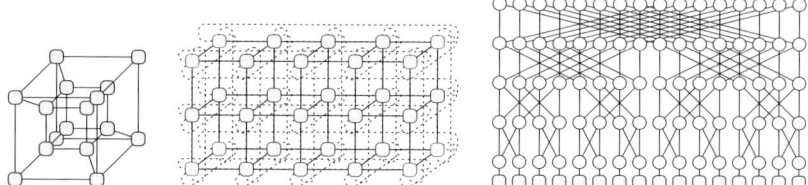

Abb. 4.3. Parallelrechner-Topologien: $d=4$-dimensionaler Hyper-Cube mit 2^d Prozessoren, bei dem jeder Prozessor d Verbindungen hat (links); ein $d=3$-dimensionaler Torus, bei dem jeder Prozessor $2d$ Verbindungen hat (Mitte); ein $d=4$-stufiger fetter Baum, der aus Switches gebildet wird und 2^d Prozessoren verbindet (rechts).

Die Trennung zwischen Parallelrechnern mit gemeinsamem und mit verteiltem Speicher wird in letzter Zeit zunehmend durch hybride Konstruktionen aufgehoben. Dabei werden Multiprozessorsysteme mit gemeinsamem Speicher in einem Netz zu einem größeren Rechner zusammengesetzt, siehe Abbildung 4.4. Insgesamt erhält man damit zwar einen Rechner mit verteiltem Gesamtspeicher, bei der Programmierung kann aber zudem auf den einzelnen Knoten mit Programmiertechniken für gemeinsamen Speicher gearbeitet werden. Damit müssen die Daten und das Problem trotz der oftmals großen Zahl von Prozessoren nicht in eine ganz so große Zahl von Teilproblemen zerlegt werden. Beispiele für solche Rechner sind neben den oben bereits genannten Parallelrechnern das IBM ASCI White System bestehend aus 512 RS/6000 SP Knoten zu jeweils sechzehn CPUs, die SGI ASCI Blue Mountain mit 48 Knoten zu jeweils 128 CPUs, die Compaq ASCI-Q mit 375 Knoten zu jeweils 32 CPUs oder die Hitachi SR-8000 mit beispielsweise 144 Knoten zu je acht Prozessoren. Schließlich fällt auch der aktuell leistungsfähigste Rechner der Welt, der „earth simulator" von NEC mit 640 Knoten mit je acht Vektorprozessoren in diese Kategorie.

Parallelisierungstrategien. Die Parallelisierung eines sequentiellen Moleküldynamik-Codes ist stark abhängig vom Parallelrechnertyp, auf dem das Programm ablaufen soll. Entsprechend wurden unterschiedliche Techniken für die Parallelisierung von Algorithmen für Probleme mit kurzreichweitigen

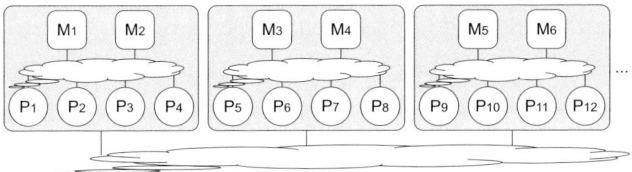

Abb. 4.4. System mit verteiltem Speicher, das aus kleineren Mehrprozessorsystemen mit gemeinsamem Speicher zusammengesetzt ist. Hier treten lokale Verbindungsnetzwerke zwischen den Prozessoren und dem gemeinsamen Speicher sowie ein globales Kommunikationsnetz auf, welche nur angedeutet sind.

Potentialen entwickelt, siehe zum Beispiel [69, 225, 277, 476]. Bei Rechnern mit gemeinsamem Speicher kann die Parallelisierung relativ einfach geschehen. Wie bereits erwähnt, genügt es Compilerdirektiven (in „C" als `#pragma`) einzufügen, die parallel abarbeitbare Abschnitte und Schleifen anzeigen. Es ist daher keine substantielle Umstellung des Programms nötig. Auf sequentiellen Maschinen werden diese Compilerdirektiven vom Complier ignoriert, so daß auch immer ein richtiges sequentielles Programm vorliegt.

Bei Rechnern mit verteiltem Speicher ist hingegen eine Kommunikation von Daten explizit nötig. Ein naiver Zugang für die Parallelisierung erfolgt über *replizierte Daten* (replicated data), siehe [126, 149, 177, 305, 335, 380, 536, 562]. Jeder Prozessor hält eine Kopie *aller* Daten im Speicher. Er arbeitet aber nur auf einem ihm zugeordneten Datenteilbereich. Daher müssen nach einer Änderung der Datenteilbereiche diese Daten global ausgetauscht und über alle Prozessoren hinweg konsistent gemacht werden. Nachteilig ist dabei aber der relativ große Kommunikationsaufwand, da jede Datenänderung auch an Prozessoren geschickt wird, die diese gar nicht benötigen. Damit wird die parallele Effizienz erheblich beeinträchtigt. Weiterhin wird durch das Speichern aller Daten auf jedem Prozessor Hauptspeicher vergeudet. Es ist keine Skalierung des Problems auf größere Rechner mit mehr Prozessoren möglich, da die Problemgröße durch den lokalen Speicher eines einzelnen Prozessors beschränkt ist.

Für die Simulation eines Systems aus N Partikeln auf einem Parallelrechner mit P Prozessoren stellt sich die „replicated data"-Methode wie folgt dar. Die N Partikel werden in P Teilmengen unterteilt. Jeder Prozessor bearbeitet nun ihm zugewiesene N/P Partikel. Das heißt, auf einem Prozessor werden zur naiven Kraftberechnung die Summen

$$\mathbf{F}_i = \sum_{j=1, j \neq i}^{N} \mathbf{F}_{ij} \tag{4.1}$$

für die ihm zugeordnete Teilmenge von Partikeln i berechnet, wobei $\mathbf{F}_{ij}$ hier wieder die Kraft von Partikel i auf Partikel j bezeichnet. Dabei beschränken wir uns hier auf Paarpotentiale. Um diese Berechnungen ausführen zu können, benötigt jeder Prozessor die Positionen und eventuellen Potentialparameter aller N Partikel als Kopien (replizierte Daten) [476]. Folglich benötigt ein Prozessor in jedem Zeitschritt die aktuelle Kopie aller Partikel. Jeder Prozessor empfängt also in einem globalen Kommunikationsschritt N Daten. Insgesamt ergibt sich damit zwar eine parallele Komplexität der Ordnung $\mathcal{O}(N^2/P)$ für die Rechenzeit, die Kommunikations- und Speicherkomplexität ist jedoch von der Ordnung $\mathcal{O}(N)$ und dominiert mit steigender Prozessorzahl die Gesamtlaufzeit.

Wenn wir jetzt wie beim Linked-Cell-Algorithmus Potentiale mit endlicher Reichweite betrachten oder Potentiale verwenden, die abgeschnitten werden dürfen, so ändert sich die Situation. Wiederum bearbeitet jeder Prozessor von den insgesamt N Partikeln jeweils nur N/P Stück. Für die Kraftberechnung (4.1) auf ein Partikel müssen nun aber nicht mehr Wechselwirkungen mit allen Partikeln berücksichtigt werden, sondern nur noch die Wechselwirkungen mit Partikeln, die nah genug sind. Damit reduziert sich der Rechenaufwand pro Prozessor von $\mathcal{O}(N^2/P)$ auf $\mathcal{O}(N/P)$ bei allerdings gleichbleibender Kommunikation von $\mathcal{O}(N)$, vergleiche Tabelle 4.1.[3] Mit steigender Prozessorzahl sinkt damit zwar der Rechenaufwand entsprechend, aber der Kommunikationsaufwand wird davon nicht berührt. Das Gesamtverfahren skaliert also nicht mit P. Daher ist der „replicated data"-Ansatz für unsere Anwendungen ungeeignet.

Ein besserer Zugang ist die Parallelisierung mittels *Datenpartitionierung*. Dabei speichert jeder Prozessor nur noch die Daten der Partikel, die er während der Rechnung auch benötigt. Das sind zum einen die N/P Partikel, die dem Prozessor zur Berechnung zugeteilt sind, und zum anderen die Partikel, mit denen diese wechselwirken. Dabei werden die Partikel den Prozessoren in irgendeiner Weise zugeteilt. Hier kann etwa die Partikelnummer Verwendung finden oder es können auch andere nicht notwendigerweise geometrische Kriterien eingehen.[4] Ist nun eine Teilmenge von Partikeln einem Prozessor zugeordnet, dann lassen sich die Partikel, die mit diesen wechselwirken, leicht mittels des Linked-Cell-Zugangs bestimmen, wobei lediglich die jeweiligen Nachbarzellen untersucht werden müssen. Die Zahl der insgesamt pro Prozessor zu speichernden Partikel ist deswegen von der Ordnung $\mathcal{O}(N/P)$. Weiterhin muß jeder Prozessor pro Kommunikationsschritt auch höchstens $\mathcal{O}(N/P)$ Partikeldaten empfangen, sowie Teile seiner eigenen $\mathcal{O}(N/P)$ Daten verschicken. Da insgesamt Partikel in derselben Größenord-

---

[3] Diese Betrachtung gilt für alle kurzreichweitigen Potentialfunktionen, also auch für Mehrkörperpotentiale, wie wir sie in Kapitel 5 betrachten werden. Sie gilt insbesondere für die Winkelpotentiale bei Polymerketten [345], solange nur eine feste Zahl von Wechselwirkungen pro Partikel auftritt.

[4] Für Polymerketten ist dieser Parallelisierungszugang recht erfolgreich, wenn die Partikel in der vom Polymer induzierten linearen Ordnung auf die Prozessoren verteilt werden. Dann werden in der Kraftberechnung nämlich nur benachbarte Partikel benötigt sowie diejenigen, bei denen sich Teile der Polymerkette nahe gekommen sind [345].

nung verschickt werden wie Rechenoperationen anfallen, sinkt im Gegensatz zum Vorgehen mittels replizierten Daten mit steigender Prozessorzahl nun sowohl der Rechenaufwand als auch der Kommunikations- und Speicheraufwand entsprechend. Das Gesamtverfahren skaliert mit $\mathcal{O}(N/P)$. Allerdings ist das Kommunikationsvolumen auch nur von der Ordnung $\mathcal{O}(N/P)$.

Ein weiterer Zugang ist die Parallelisierung mittels statischer *Gebietszerlegung* (domain decomposition). Dabei geht man noch einen Schritt weiter als bei der reinen Datenpartitionierung. Man verteilt die Partikel so auf die Prozessoren, daß möglichst wenig Kommunikation anfällt. Dazu wird das Simulationsgebiet in Teilgebiete zerlegt und jedem Prozessor ein Teilgebiet zugeordnet, siehe zum Beispiel [148, 210, 653]. Jeder Prozessor berechnet nun die Trajektorien der Partikel, die sich aktuell in seinem Teilgebiet befinden. Bewegt sich ein Partikel von einem Teilgebiet in ein anderes Teilgebiet, dann wechselt das Partikel auch seinen „Besitzer". Für unser System aus N Teilchen ergeben sich bei Gleichverteilung im Gebiet in etwa $\mathcal{O}(N/P)$ Partikel pro Prozessor. Jeder Prozessor berechnet dann die Kräfte auf seine ihm zugeordneten Partikel. Da die Partikel nach geometrischen Kriterien auf die Prozessoren verteilt worden sind, liegen die meisten Partikel, die für die Berechnung der kurzreichweitigen Wechselwirkungen benötigt werden, bereits im Teilgebiet. Die noch fehlenden Partikel gehören zu den benachbarten Prozessoren und liegen in der Nähe der Teilgebietsränder. Während eines Kommunikationsschrittes sind dann nur noch diese Partikel aus benachbarten Teilgebieten erforderlich. Damit sinkt die Zahl der zu empfangenden Partikel auf etwa $\mathcal{O}(\sqrt{N/P})$ in zwei Dimensionen und $\mathcal{O}\left((N/P)^{2/3}\right)$ in drei Dimensionen. Die Daten müssen nur noch mit den Prozessoren ausgetauscht werden, die die benachbarten Teilgebiete besitzen. Diese Zahl ist unabhängig von der Gesamtzahl der Prozessoren. Resultierende parallele Programme skalieren daher mit steigender Prozessorzahl und mit steigender Partikelzahl und besitzen eine Gesamtkomplexität der Ordnung $\mathcal{O}(N/P)$.

Wenn wir kurzreichweitige Kräfte behandeln und eine geometrische Aufteilung des Gebiets vornehmen, kann es passieren, daß die Partikel nicht gleichmäßig verteilt sind. In diesem Fall kann aber durch eine dynamische Gebietszerlegung, also eine regelmäßige Umverteilung der Partikel durch eine neue Aufteilung der Teilgebiete, eine gleichmäßige Verteilung der N Partikel auf die P Prozessoren erreicht werden. Inwieweit hierbei noch für die Kommunikation die Schranken der statischen Gebietszerlegung gelten, hängt von weiteren Eigenschaften der Verteilung ab, siehe [274, 427]. Wir nehmen nun für den Rest dieses Kapitels an, daß die Partikel innerhalb des Simulationsgebiets in etwa gleichverteilt sind. Dann werden bei einer Unterteilung des Simulationsgebiets in gleichgroße Teilgebiete alle Prozessoren in etwa gleich belastet.

Tabelle 4.1 faßt noch einmal die Eigenschaften der verschiedenen Parallelisierungsstrategien zusammen, vergleiche auch [476]. Insgesamt erweist sich die Gebietszerlegung aufgrund des relativ geringen Kommunikationsbedarfs

	Operationen	Kommunikation	Speicher
replizierte Daten	$\mathcal{O}(N/P)$	$\mathcal{O}(N)$	$\mathcal{O}(N)$
Datenpartitionierung	$\mathcal{O}(N/P)$	$\mathcal{O}(N/P)$	$\mathcal{O}(N/P)$
Gebietszerlegung	$\mathcal{O}(N/P)$	$\mathcal{O}(\sqrt{N/P})$ bzw. $\mathcal{O}\left((N/P)^{2/3}\right)$	$\mathcal{O}(N/P)$

Tabelle 4.1. Vergleich der Verfahren zur Parallelisierung der Kraftberechnung; angegeben sind die Komplexitäten für die Anzahl der Operationen, den Kommunikationsaufwand und den Speicherbedarf pro Prozessor bei N Partikeln auf P Prozessoren für kurzreichweitige Kräfte.

als überlegene Strategie. Außerdem paßt das Gebietszerlegungsverfahren gut zum Zellkonzept unseres sequentiellen Linked-Cell-Codes. Wir setzen deswegen im folgenden ein Parallelsystem mit verteiltem Speicher voraus und verwenden für den Linked-Cell-Algorithmus das statische Gebietszerlegungsverfahren als Parallelisierungsstrategie.

4.2 Gebietszerlegung als Parallelisierungsstrategie für die Linked-Cell-Methode

Wir wenden uns jetzt der Parallelisierung des in Kapitel 3 beschriebenen sequentiellen Programms zu.

Gebietsunterteilung und parallele Berechnung. Gemäß Kapitel 3 besteht die Hauptidee des sequentiellen Linked-Cell-Algorithmus zur Berechnung von Problemen mit kurzreichweitigen Potentialen darin, das Gesamtgebiet Ω in Zellen aufzuteilen, deren Kantenlänge mindestens so groß wie der Abschneideradius r_{cut} des Potentials ist. Aufgrund der durch den Abschneideradius beschränkten Reichweite des Potentials können dann die Wechselwirkungen zwischen den Partikeln innerhalb einer dieser Zellen in einem Durchlauf über alle Partikel in dieser und den direkt benachbarten Zellen berechnet werden, vergleiche Abbildung 3.6. Zusammen mit geeigneten Datenstrukturen zur Speicherung der Partikel in einer Zelle erlaubt dies ein schnelles Auffinden aller Partikel innerhalb des Abschneideradius und damit eine effiziente Kraftberechnung.

Die Einteilung in Zellen paßt gut zur Zerlegung des Simulationsgebiets in Teilgebiete bei der Parallelisierung. Die Gebietsunterteilung wird so vorgenommen, daß die Gebietsgrenzen mit Zellgrenzen der Linked-Cell-Einteilung zusammenfallen. Wir spalten nun das Simulationsgebiet Ω in np[d] Teile in Richtung der d-ten Koordinate auf. Dazu setzen wir der Einfachheit halber voraus, daß die Anzahl der Zellen np[d] der Gebietszerlegung jeweils ein ganzzahliges Vielfaches von nc[d] ist. Wir erhalten so insgesamt $\prod_{d=0}^{\mathtt{DIM}-1}$ np[d] Teilgebiete $\Omega_{\mathtt{ip}}$ mit Multi-Index ip = (ip[0], ..., ip[DIM − 1]) im Bereich von $(0, ..., 0)$ und np = (np[0] − 1, ..., np[DIM − 1] − 1) wobei

$$\Omega_{\texttt{ip}} = \bigotimes_{\texttt{d}=0}^{\texttt{DIM}-1} \left[\texttt{ip[d]} \frac{\texttt{l[d]}}{\texttt{np[d]}}, (\texttt{ip[d]} + 1) \frac{\texttt{l[d]}}{\texttt{np[d]}} \right[. \qquad (4.2)$$

Abbildung 4.5 zeigt eine solche geometrische Unterteilung eines rechteckigen Gebietes Ω in sechs Teilgebiete $\Omega_{(0,0)}$ bis $\Omega_{(1,2)}$ für den zweidimensionalen Fall. Die Teilgebiete $\Omega_{\texttt{ip}}$ sind also alle gleich groß und sie sind ihrerseits in jeweils $\prod \frac{\texttt{nc[d]}}{\texttt{np[d]}}$ Zellen unterteilt.

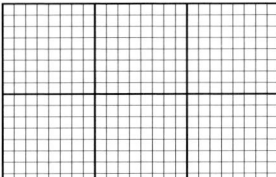

Abb. 4.5. Aufteilung des Simulationsgebiets Ω in sechs Teilgebiete. Das Gesamtgebiet Ω wird entlang von Linked-Cell-Zellgrenzen in Teilgebiete unterteilt, so daß jeder Prozessor etwa die gleiche Zahl von Zellen besitzt.

Jeder Prozessor bearbeitet nun die Partikel innerhalb seines Teilgebiets $\Omega_{\texttt{ip}}$. Das heißt, auf jedem Prozessor läuft der Linked-Cell-Algorithmus zur Berechnung der Kräfte, Energien und neuen Orte und Geschwindigkeiten ab, jeweils eingeschränkt auf das entsprechende Teilgebiet und die darin liegenden Partikel. Zur Berechnung der Kräfte auf manche der Partikel innerhalb seines Teilgebiets benötigt der Prozessor die Orte der Partikel innerhalb einer Randbordüre der Breite r_{cut} aus den benachbarten Gebieten. Zur Speicherung der Daten der Partikel dieser Randzellen wird deswegen jedes Teilgebiet um eine Zellreihe in jeder Koordinatenrichtung erweitert, wie dies in Abbildung 4.6 dargestellt ist. Auch in diesen Zellreihen werden die Partikelinformationen in Partikellisten gespeichert wie in Abschnitt 3.5 beschrieben.

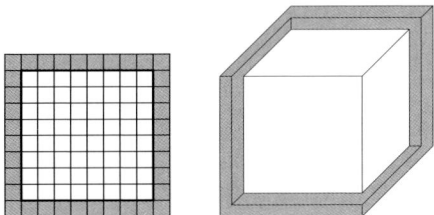

Abb. 4.6. Teilgebiet eines Prozessors (hell) und Randbordüre aus Zellen, die zu den Nachbargebieten gehören (grau). Zweidimensionaler Fall (links) und Teil der Bordüre im dreidimensionalen Fall (rechts). Damit können für die Zellen des Teilgebiets alle Wechselwirkungen ohne weitere Information berechnet werden.

Liegen die Daten der Partikel der Nachbargebiete in diesen Randzellen als Kopien auf dem Prozessor vor, so kann dieser unabhängig von den anderen Prozessoren die Kräfte, die neuen Geschwindigkeiten sowie die neuen Orte der Partikel in seinem Teilgebiet berechnen. Analog muß man für die anderen Prozessoren beziehungsweise Teilgebiete vorgehen. Damit lassen sich die Kräfte, die neuen Geschwindigkeiten sowie die neuen Positionen aller Partikel parallel berechnen. Nach dem Bewegen der Partikel ist nun dafür zu sorgen, daß die Partikel entsprechend ihrer neuen Positionen neu auf die Prozessoren verteilt werden. Weiterhin müssen die zur Berechnung der Kräfte in den einzelnen Teilgebieten notwendigen Partikeldaten zwischen den Prozessoren ausgetauscht werden. Diese Daten werden in den Randbordüren vor der Kraftberechnung jeweils in einem Kommunikationsschritt zwischen den Prozessoren ausgetauscht, wie dies im folgenden genauer beschrieben ist.

Kommunikation. In unserem Geschwindigkeits-Störmer-Verlet-Algorithmus 3.1 aus Abschnitt 3.1 werden als erstes die Kräfte auf die Partikel berechnet und dann innerhalb der Zeitschleife die Partikel in jedem Teilgebiet von ihren alten Positionen $\mathbf{x}_i^n$ auf ihre neuen Positionen $\mathbf{x}_i^{n+1}$ bewegt. Wie wir bereits angemerkt haben, benötigt jeder Prozessor Daten von Partikeln in den jeweiligen benachbarten Randzellen, um die Kräfte auf Partikel in seinem Teilgebiet berechnen zu können. Daher müssen die für die Kraftberechnung notwendigen Partikeldaten der Nachbargebiete zwischen den Prozessoren ausgetauscht werden. Dies geschieht im Algorithmus vor der Berechnung der Kräfte. Außerdem kann es beim Bewegen der Partikel vorkommen, daß Partikel ihr Teilgebiet verlassen und in die Randbordüre hineinwandern. Diese Partikel werden dann einem anderen Prozessor zugeordnet. Nach dem Bewegen der Partikel im einzelnen Teilgebiet eines Prozessors müssen deswegen die Partikel, die ihr Teilgebiet verlassen haben, zu ihrem neuen Prozessor transportiert werden.

Um Daten zwischen Prozessoren auszutauschen, sammelt jeder Prozessor die notwendigen Daten der entsprechenden Partikel in Puffern, deren Inhalt er anschließend über das Netzwerk an die jeweiligen benachbarten Prozessoren schickt. Diese empfangen die Daten in einem Puffer und fügen sie in die dafür vorgesehenen Datenstrukturen ein. Dabei ist darauf zu achten, daß Daten in möglichst wenigen Kommunikationsschritten ausgetauscht werden, da der Verbindungsaufbau zwischen den Prozessoren relativ viel Zeit in Anspruch nimmt ist. Weiterhin sollten nur soviel Daten wie nötig verschickt werden, da der Datenaustausch selbst ebenfalls relativ viel Zeit im Vergleich zur Ausführung von Rechenoperationen benötigt. Für Partikel, die ihr Teilgebiet verlassen haben, müssen sämtliche Daten verschickt werden. Bei den für die Kraftberechnung notwendigen Partikeldaten kann gespart werden, indem nur die neuen Orte und nicht die Geschwindigkeiten etc. mit verschickt werden.

Betrachten wir konkret die Kommunikation eines Prozessors mit seinen Nachbarn. Abbildungen 4.7 und 4.8 zeigen dies schematisch für den zwei- und dreidimensionalen Fall. Die Partikel, die in den Zellen der Randbordüren anderer Prozessoren liegen, müssen an diese verschickt werden. In Abbildung 4.7 (links) werden Daten in $\mathbf{x}_2$-Richtung gesendet, wobei wir uns auf den Prozessor und das Teilgebiet $\Omega_{(1,1)}$ in der Mitte des 3×3 Feldes konzentrieren. Die Partikel in den Zellen, die dort hellgrau markiert sind, werden also entlang der Pfeile an zwei Nachbarprozessoren verschickt, von diesen empfangen und in die dortigen Listen einsortiert. Im Gegenzug empfängt auch der Prozessor für das Teilgebiet $\Omega_{(1,1)}$ Daten von diesen beiden Nachbarn. Der Prozessor verschickt also zwei Datenpakete und empfängt zwei Datenpakete. In einem zweiten Schritt werden nun Daten mit den Prozessoren in $\mathbf{x}_1$-Richtung ausgetauscht, siehe Abbildung 4.7 (rechts). Um die Kommunikation mit den diagonal benachbarten Teilgebieten wie $\Omega_{(0,0)}$ oder $\Omega_{(0,2)}$ einzusparen, werden aber jetzt zusätzlich auch noch Zellen der Randbordüren*ecken* verschickt, die der jeweilige Prozessor gerade im ersten Schritt empfangen hat. Der entsprechende dreidimensionale Fall ist in Abbildung 4.8 angedeutet, wobei hier die Einzelteile der Randbordüre in drei Schritten transportiert werden. Insgesamt kann man somit in d Dimensionen für die Kommunikation mit $2d$ Nachbarn auskommen und muß nicht in zwei Dimensionen alle acht und in drei Dimensionen alle 26 direkten Nachbarn berücksichtigen. Prozessoren am Rand des Gebietes Ω senden und empfangen gegebenenfalls weniger Botschaften oder tauschen bei periodischen Randbedingungen Daten mit ihren im Gebiet gegenüberliegenden Nachbarprozessoren aus. Die Daten in den Partikellisten der Randbordüren werden nach der Kraftberechnung nicht mehr benötigt und können gelöscht werden.

Ein weiterer zentraler Kommunikationsschritt besteht darin, Partikel zu ihrem neuen Teilgebiet zu transportieren, nachdem ihre neuen Koordinaten berechnet wurden. Wir gehen davon aus, daß die Zeitschrittweite klein ist, so daß sich jedes Partikel höchstens eine Zelle weiter bewegt. Dann müssen wieder Daten mit den Nachbarprozessoren ausgetauscht werden, wobei nun die Randbordüren Partikel enthalten, die verschickt werden müssen. Damit erhalten wir ein Kommunikationsmuster, das dem der Kommunikation für die Kraftberechnung entspricht, lediglich in *umgekehrter* Reihenfolge (mit jetzt anderen Partikeldaten). Dies ist in den Abbildungen 4.9 und 4.10 zu sehen. Dazu werden die Daten wieder in d Schritten übergeben. Im ersten Schritt werden jetzt die Daten mit in $\mathbf{x}_1$-Richtung benachbarten Prozessoren ausgetauscht. Im zweiten Schritt werden die Daten (inklusive der Daten aus diagonal benachbarten Zellen) an die in $\mathbf{x}_2$-Richtung benachbarten Prozessoren weitergegeben und gegebenenfalls (dreidimensionaler Fall) in einem dritten Schritt werden die relevanten Daten an die in $\mathbf{x}_3$-Richtung benachbarten Prozessoren geschickt. Mit diesem Vorgehen vermeidet man wieder die direkte Kommunikation mit allen Nachbarprozessoren, die nur eine gemeinsame Kante (im dreidimensionalen Fall) oder einen gemeinsamen Eckpunkt besitzen.

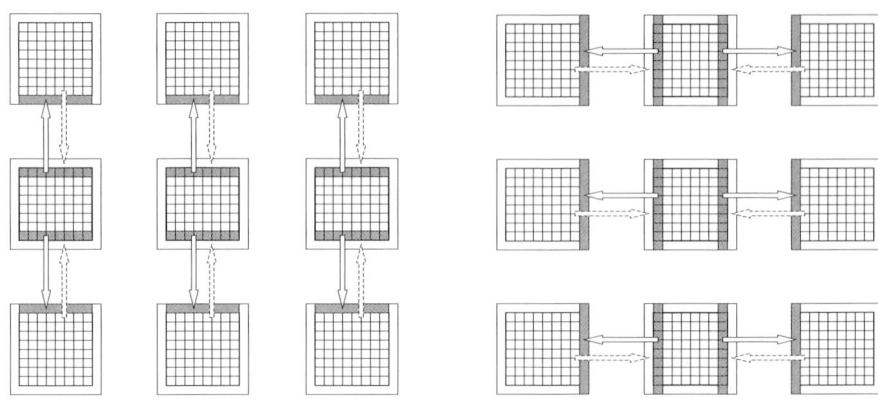

Abb. 4.7. Für die Linked-Cell-Kraftberechnung müssen die Werte der Randbordüren gesetzt werden. Statt mit jedem der acht Nachbarprozessoren direkt Daten auszutauschen, erfolgt die Kommunikation in d Schritten mit je zwei Nachbarprozessoren. Die Abbildung zeigt im zweidimensionalen Fall die Kommunikations-
wege für ein Teilgebiet und seine Nachbarn. Dabei werden auch in entgegengesetzter
Richtung entsprechende Daten verschickt. Zunächst werden Zeilen in x_2-Richtung
(links) ausgetauscht und anschließend Spalten in x_1-Richtung (rechts). Dabei werden im zweiten Schritt nicht nur Daten des eigenen Teilgebiets, sondern zusätzlich
auch die im ersten Schritt empfangenen Daten der Zellen verschickt, die zu den
Ecken gehören.

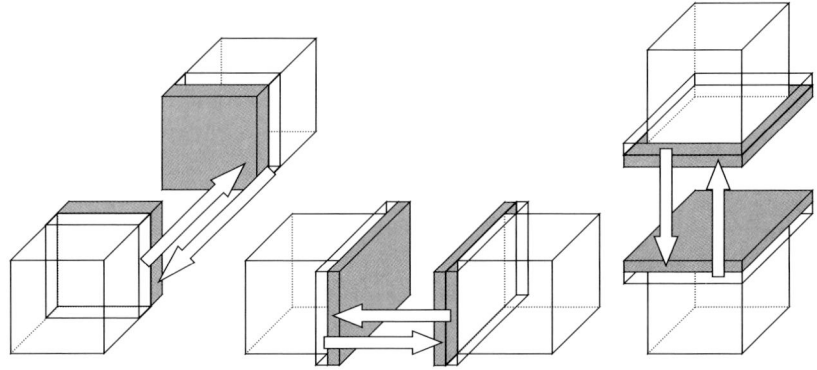

Abb. 4.8. Kommunikation für die Linked-Cell-Kraftberechnung in drei Dimensionen. Im ersten Schritt werden Daten in x_3-Richtung (links) ausgetauscht, dann
folgen Daten in x_2-Richtung (Mitte) und im dritten Schritt Daten in x_1-Richtung
(rechts). Dabei werden in entgegengesetzter Richtung auch entsprechende Daten
verschickt. Mit insgesamt sechs Sende- und Empfangsoperationen werden so Daten
mit insgesamt 26 Nachbarprozessoren ausgetauscht.

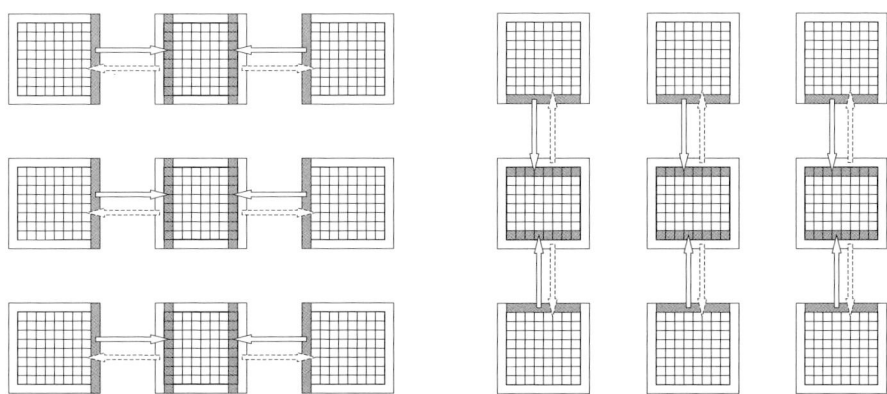

Abb. 4.9. Partikel, die sich aus dem Teilgebiet eines Prozessors herausbewegt haben, werden an den neuen Eigentümer geschickt. Der Austausch der entsprechenden Partikeldaten der Randbordüren erfolgt in d Schritten mit je zwei Prozessoren. Im dargestellten zweidimensionalen Fall werden erst Spalten in x_1-Richtung (links) und dann Zeilen in x_2-Richtung (rechts) ausgetauscht. Dies ist genau adjungiert zur Kommunikation vor der Kraftberechnung. Dabei werden jeweils auch in der entgegengesetzten Richtung entsprechende Daten verschickt.

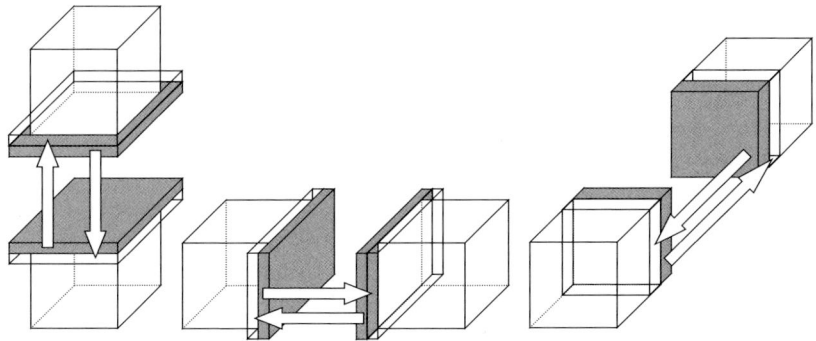

Abb. 4.10. Kommunikation in drei Dimensionen zum Transport der Partikel, die sich aus ihrem Teilgebiet heraus bewegt haben. Im ersten Schritt werden Daten in x_1-Richtung (links) ausgetauscht, dann folgen Daten in x_2-Richtung (Mitte) und im dritten Schritt Daten in x_3-Richtung (rechts). Dabei werden jeweils auch in der entgegengesetzter Richtung entsprechend Daten verschickt.

4.3 Implementierung mit MPI

Wir betrachten Parallelrechner mit verteiltem Speicher. Ziel ist es, ein auf jedem Prozessor parallel ablaufendes Programm zu schreiben, das mit den auf den jeweils anderen Prozessoren ablaufenden Programmen durch Sende- und Empfangsoperationen kontrolliert kommuniziert. Der Gesamtablauf wird dabei durch das Empfangen notwendiger Daten von anderen Prozessoren synchronisiert. Bei der Programmentwicklung wird dazu *ein* einziges Programm geschrieben, das auf jedem der Prozessoren unabhängig läuft, dabei aber nur auf den jeweils zugehörigen Daten arbeitet. Als Programmierumgebung verwenden wir dazu das *Message Passing Interface* (MPI) [8].

Im wesentlichen stellt MPI eine Bibliothek zur Verfügung, mit der eine bestimmte Anzahl von Prozessen (auf einem[5] oder mehreren Rechnern) gleichzeitig gestartet werden kann, wobei sich diese Prozesse untereinander anhand einer eindeutigen Prozeßnummer identifizieren lassen und miteinander kommunizieren können.[6] MPI ist ein sehr mächtiges und komplexes System mit mehr als 120 verschiedenen Funktionen. Glücklicherweise läßt sich die Parallelisierung vieler Verfahren – wie auch unser Linked-Cell-Verfahren – mit nur sechs dieser Funktionen realisieren (siehe Anhang A.3 und [269, 270, 452] für Details). Diese sind:

– `MPI_Init()`:
  Initalisierung der MPI-Bibliotheksumgebung.
– `MPI_Finalize()`:
  Terminierung der MPI-Bibliotheksumgebung.
– `MPI_Comm_size()`:
  Ermittlung der Anzahl `numprocs` der gestarteten Prozesse.
– `MPI_Comm_rank()`:
  Ermittlung der lokalen Prozeßnummer $\texttt{myrank} \in \{0, \ldots, \texttt{numprocs} - 1\}$.
– `MPI_Send()` beziehungsweise `MPI_Isend()`:
  Verschicken einer MPI-Nachricht.
– `MPI_Recv()`:
  Empfangen einer MPI-Nachricht.

Mit Hilfe der Prozeßnummer `myrank` und der Gesamtzahl `numprocs` der Prozesse kann man das Verhalten der einzelnen Prozesse steuern. In unserem Fall ermitteln wir über `myrank` und `numprocs`, welcher Teil der Gesamtdaten, das heißt welche Zellen vom jeweiligen Prozeß bearbeitet werden.

---

[5] Man beachte, daß mit MPI parallelisierte Codes auch auf sequentiellen Maschinen mit einer entsprechenden MPI-Implementierung lauffähig sind. Man kann dann dort einen Parallelrechner simulieren. Dieses Vorgehen ist nützlich, um Fehler im Code zu erkennen, bevor man Produktionsläufe auf zum Beispiel einem Cluster-Computer oder auf einer großen parallelen Maschine ausführt.

[6] In der Praxis startet man jeweils einen Prozeß pro verfügbarem Prozessor. Deswegen wollen wir im folgenden nicht mehr im Detail zwischen einem MPI-Prozeß und dem entsprechenden Prozessor des Parallelrechners unterscheiden.

Teilgebiet. Wir setzen nun eine Zerlegung des Gebiets als gegeben voraus. Die relevanten Daten dieser Zerlegung fassen wir in der Datenstruktur 4.1 SubDomain zusammen.

Datenstruktur 4.1 Teilgebiet, Zellen und Nachbarprozessoren von Ω_{ip}

```
typedef struct {
  real l[DIM];               // Kantenlängen des Gesamtgebiets
  int nc[DIM];               // Zahl der Zellen im Gesamtgebiet

  // zusätzliche Parameter für Parallelisierung
  int myrank;                // Prozeßnummer des lokalen Prozesses
  int numprocs;              // Anzahl der gestarteten Prozesse
  int ip[DIM];               // Position des Prozesses im Prozeß-Gitter
  int np[DIM];               // Größe des Prozeß-Gitters, bzw. Zahl der Teilgebiete
  int ip_lower[DIM];         // Prozeßnummern der Nachbarprozessoren
  int ip_upper[DIM];

  int ic_start[DIM];         // Breite der Randbordüre, entspricht erstem
                             // lokalen Index im Inneren des Teilgebiets
  int ic_stop[DIM];          // erster lokaler Index in der oberen Randbordüre
  int ic_number[DIM];        // Zahl der Zellen im Teilgebiet mit Randbordüre
  real cellh[DIM];           // Kantenlängen einer Zelle
  int ic_lower_global[DIM];  // globaler Index der ersten
                             // Zelle des Teilgebiets
} SubDomain;
```

Dazu erinnern wir uns, daß das Gesamtgebiet Ω bereits für das sequentielle Linked-Cell-Verfahren in `nc[d]` Zellen zerlegt war. Hiervon ordnen wir nun einen Abschnitt von (globalen) Indizes `ip_lower[d]` bis `ic_lower[d] + (ic_stop[d] - ic_start[d])` jedem Prozeß zu. Abstrakt entwerfen wir dazu analog zum Linked-Cell-Gitter ein weiteres Gitter, in welchem wir nun die Prozesse $0, \ldots, \texttt{numprocs} - 1$ anordnen (siehe Abbildung 4.5). Wir weisen also jedem Prozeß einen seiner Prozeßnummer `myrank` entsprechenden Multi-Index `ip` zu, der ihn und damit sein zugehöriges Teilgebiet Ω_{ip} im Prozeß–Gitter identifiziert (siehe Programmstück 4.1).

Damit können wir also das Prozeß–Teilgebiet Ω_{ip} als

$$\Omega_{\text{ip}} = \bigotimes_{d=0}^{\text{DIM}-1} \left[\text{ip}[d] \frac{\text{l}[d]}{\text{np}[d]}, (\text{ip}[d] + 1) \frac{\text{l}[d]}{\text{np}[d]} \right[$$

beschreiben und dem Prozeß `myrank` für seine lokale Berechnung zuordnen. Zusätzlich benötigt jeder Prozeß eine Randbordüre der Breite `ic_start[d]`

Programmstück 4.1 Initialisierung der Datenstruktur SubDomain

```
#if 1==DIM
#define inverseindex(i,nc,ic) \
((ic)[0]=(i))
#elif 2==DIM
#define inverseindex(i,nc,ic) \
((ic)[0]=(i)%(nc)[0], (ic)[1]=(i)/(nc)[0])
#elif 3==DIM
#define inverseindex(i,nc,ic) \
((ic)[0]=(i)%(nc)[0], \
(ic)[1]=((i)/(nc)[0])%(nc)[1], \
(ic)[2]=((i)/(nc)[0])/(nc)[1])
#endif

void inputParameters_LCpar(real *delta_t, real *t_end, int* N,
                           SubDomain *s, real* r_cut) {
  // setze wie im sequentiellen Fall
  inputParameters_LC(delta_t, t_end, N, s->nc, s->l, r_cut);
  //  setze zusätzliche Werte für Parallelisierung
  MPI_Comm_size(MPI_COMM_WORLD, &s->numprocs);
  MPI_Comm_rank(MPI_COMM_WORLD, &s->myrank);

  // setze np[d] so, daß ∏_{d=0}^{DIM-1} np[d] = numprocs

  // bestimme Position von myrank im Prozeßgitter np[d]
  int iptemp[DIM];
  inverseindex(s->myrank, s->np, s->ip);
  for (int d=0; d<DIM; d++)
    iptemp[d] = s->ip[d];
  for (int d=0; d<DIM; d++) { // bestimme Nachbarprozesse
    iptemp[d] = (s->ip[d] - 1 + s->np[d]) % s->np[d];
    s->ip_lower[d] = index(iptemp, s->np);
    iptemp[d] = (s->ip[d] + 1 + s->np[d]) % s->np[d];
    s->ip_upper[d] = index(iptemp, s->np);
    iptemp[d] = s->ip[d];
  }
  for (int d=0; d<DIM; d++) { // setze lokale Parameter
    s->cellh[d]     = s->l[d] / s->nc[d];
    s->ic_start[d]  = (int) ceil(*r_cut / s->cellh[d]);
    s->ic_stop[d]   = s->ic_start[d] + (s->nc[d] / s->np[d]);
    s->ic_number[d] = (s->ic_stop[d] - s->ic_start[d]) +
                      2 * (s->ic_start[d]);
    s->ic_lower_global[d] = s->ip[d] * (s->nc[d] / s->np[d]);
  }
}
```

von Zellen, um diese Berechnung ausführen zu können.[7] Einschließlich dieser Zellen der Randbordüre speichert dann ein Prozeß ic_number[d] Zellen für jede der d = 0,..., DIM − 1 Koordinatenrichtungen.

Wie bereits im vorherigen Abschnitt dargestellt kann eine direkte Kommunikation mit Nachbarprozessen in Diagonalrichtung durch das Hintereinanderschalten von Kommunikationsschritten für die einzelnen Koordinatenrichtungen vermieden werden. Deswegen können wir die Prozesse, mit denen später Daten ausgetauscht werden müssen, mittels der entsprechenden Multi-Indizes ip_lower[d] und ip_upper[d] einfach codieren. Hierbei speichern wir beispielsweise in ip_lower[0] die *Prozeßnummer* des linken Nachbarn. Die gesamte Initialisierung der Datenstruktur SubDomain kann wie in Programmstück 4.1 dargestellt ablaufen. Hier haben wir direkt die entsprechenden Werte des Teilgebiets Ω_{ip} aus den Kantenlängen l[d] des Gesamtgebiets Ω, der Prozeßnummer myrank und der Anzahl numprocs der gestarteten Prozesse berechnet.

Als nächster Schritt zum parallelen Linked-Cell-Verfahren ist erst einmal der sequentielle Code an diese neue verallgemeinerte Gebietsbeschreibung anzupassen. Diese Umstellung läßt sich relativ leicht bewerkstelligen, denn wir müssen im wesentlichen nur die Parameter l und nc durch eine Instanz s der neuen Datenstruktur SubDomain ersetzen. Hierbei ist zu beachten, daß nun alle Schleifen über die Zellen in compX_LC, etc., nur noch über das lokale Teilgebiet laufen, das heißt, anstelle der Schleifen for (ic[d]=0; ic[d]<nc[d]; ic[d]++) müssen wir nun Schleifen der Form for (ic[d]=s->ic_start[d]; ic[d]<s->ic_stop[d]; ic[d]++) verwenden.[8] Auch bei der Transformation mittels des Makros index sind nun die Koordinaten im lokalen Gitter in einen skalaren Index umzuwandeln, das heißt, Aufrufe der Form index(ic, nc) sind nun durch index(ic, s->ic_number) zu ersetzen.

Hauptprogramm. Die Veränderungen im Hauptprogramm sind minimal, siehe Algorithmus 4.1. Hervorzuheben sind hier die Initialisierung und Terminierung der MPI-Bibliothek und die Umstellung auf die Datenstruktur SubDomain zur Beschreibung des Teilgebiets Ω_{ip}, das dem jeweiligen Prozeß zugeordnet ist.

In inputParameters_LCpar wird, wie in Programmstück 4.1 beschrieben, aus der Prozeßnummer myrank das individuelle Teilgebiet Ω_{ip} bestimmt. Diese Zerlegung in Teilgebiete Ω_{ip} muß natürlich nunmehr bei der Plazierung der Partikel in initData_LCpar berücksichtigt werden, beispielsweise indem

---

[7] Wir wollen hier eine allgemeine Kommunikationsroutine implementieren, die eine beliebige Breite der Randbordüre erlaubt. Ist sichergestellt, daß sich Partikel pro Zeitschritt nur eine Zelle weiter bewegen können und ist r_{cut} geeignet gewählt, dann ist die Randbordüre nur eine Zelle breit und ic_start[d] kann auf Eins gesetzt werden.

[8] Bei Verwendung des Makros iterate sind Aufrufe der Form iterate(ic, nullnc, nc) durch iterate(ic, s->ic_start, s->ic_stop) zu ersetzen.

jeder Prozeß nur Partikel in seinem Teilgebiet einliest oder erzeugt.[9] Alternativ dazu können auch alle Partikel zunächst von einem Prozeß erzeugt und von dort aus umsortiert werden, wenn dies der Hauptspeicher erlaubt. Die Routine `timeIntegration_LCpar` zur Zeitintegration ist analog zum sequentiellen Fall umzusetzen. Hier muß zudem die parallele Berechnung und Ausgabe weiterer Größen durch eine Routine `compoutStatistic_LCpar` sowie die parallele Ausgabe der Werte der Orte und Geschwindigkeiten für den jeweiligen Zeitschritt in einer Routine `outputResults_LCpar` realisiert werden.

Algorithmus 4.1 Hauptprogramm: Paralleler Linked-Cell-Algorithmus

```
#include <mpi.h>
int main(int argc, char *argv[]) {
  int N, pnc, ncnull[DIM];
  real r_cut, delta_t, t_end;
  SubDomain s;
  MPI_Init(&argc, &argv);
  inputParameters_LCpar(&delta_t, &t_end, &N, &s, &r_cut);
  pnc = 1;
  for (int d = 0; d < DIM; d++) {
    pnc *= s.ic_number[d];
    ncnull[d] = 0;
  }
  Cell *grid = (Cell*) malloc(pnc*sizeof(*grid));
  initData_LCpar(N, grid, &s);
  timeIntegration_LCpar(0, delta_t, t_end, grid, &s, r_cut);
  freeLists_LC(grid, ncnull, s.ic_number, s.ic_number);
  free(grid);
  MPI_Finalize();
  return 0;
}
```

Parallele Kraftauswertung und Partikelbewegung. Um jetzt auch wirklich mit mehreren Prozessen rechnen zu können, müssen wir noch die oben besprochenen Kommunikationsschritte an den entsprechenden Stellen in unseren Linked-Cell-Code einbauen. Einmal benötigt ein Prozeß *vor* der Kraftauswertung (bestimmte) Partikeldaten von seinen Nachbarprozessen, so daß wir die Funktion `compF_LC` zu `compF_LCpar` entsprechend verallgemeinern müssen, siehe Algorithmus 4.2. Nach der Berechnung der Kräfte werden die Partikel bewegt, so daß alle Partikelkopien von Nachbarprozessen ungültig werden und somit direkt nach der Kraftberechnung gelöscht werden können.

---

[9] Dabei ist die parallele Erzeugung einer Maxwell-Boltzmann-Verteilung keine triviale Aufgabe. Hierzu ist insbesondere die parallele Generierung von Zufallszahlen notwendig.

Algorithmus 4.2 Parallele Linked-Cell-Kraftauswertung

```
void compF_LCpar(Cell *grid, SubDomain *s, real r_cut) {
  compF_comm(grid, s);
  compF_LC(grid, s, r_cut); // an s angepaßte sequentielle Version
  lösche Partikel in der Randbordüre;
}
```

Desweiteren ist *nach* dem Bewegen der Partikel ein Datenaustausch zwischen Nachbarprozessen notwendig, da Partikel das Teilgebiet Ω_{ip} des lokalen Prozesses verlassen haben können und somit an einen Nachbar verschickt werden müssen. Wir erweitern also die Funktion moveParticles_LC entsprechend zu moveParticles_LCpar, siehe Algorithmus 4.3. Hierbei ist gegebenenfalls auch auf die jeweiligen Randbedingungen zu achten.

Algorithmus 4.3 Paralleles Einsortieren der Partikel in die neuen Zellen

```
void moveParticles_LCpar(Cell *grid, SubDomain *s) {
  moveParticles_LC(grid, s); // an s angepaßte sequentielle Version
  moveParticles_comm(grid, s);
  lösche Partikel in der Randbordüre;
}
```

Bevor wir uns der genauen Realisierung der Funktionen compF_comm und moveParticles_comm zuwenden, müssen wir erst einen einzelnen Kommunikationsschritt des im vorherigen Abschnitt besprochenen Kommunikationsmusters (siehe Abbildungen 4.7 bis 4.10) implementieren.

Eindimensionale Kommunikation. Der Einfachheit halber konzentrieren wir die gesamte Kommunikation mit den Nachbarprozessoren in *einer* zentralen Routine sendReceiveCell in Algorithmus 4.4. Mit deren Hilfe können wir dann die Kommunikationsmuster der Abbildungen 4.7 bis 4.10 ausdrücken. Die Idee ist, einen eindimensionalen Datenaustausch zwischen dem Prozeß und seinen beiden Nachbarprozessen ip_lower[d] und ip_upper[d] für jede Richtung einzeln durchzuführen. Der Prozeß verschickt den Inhalt der Zellen zweier gegenüberliegender Teile des Teilgebiets oder der Randbordüre an den jeweiligen Nachbarprozeß und empfängt im Gegenzug Partikel, die bei ihm einzusortieren sind.

Das Ziel einer solchen Implementierung muß es sein, möglichst wenige Sende- und Empfangsoperationen zu verwenden und nur wirklich nötige Daten zu verschicken. Aus Effizienzgründen ist es ungünstig, den Inhalt jeder zu berücksichtigenden Zelle einzeln zu verschicken. Vielmehr sollten möglichst *alle* an einen Prozeß zu schickende Daten gemeinsam verschickt werden. Da der Inhalt der Zellen in verketteten Listen gespeichert ist, siehe Datenstruktur 3.2, und damit Zeiger zur Verknüpfung unzusammenhängender Speicherabschnitte verwendet werden, können nicht direkt ganze Speicherabschnitte kopiert werden. Wir müssen also die Listen und ihre Daten zuerst in ein anderes (zusammenhängendes) Speicherformat umwandeln.[10] Dazu verwenden wir einen Vektor ip_particle von Partikeldaten. Wir wollen die Routine sendReceiveCell möglichst allgemein halten, um sie mehrfach verwenden zu können. Deswegen müssen wir den Teil der lokal gespeicherten Zellen grid, die wir verschicken bzw. empfangen wollen, noch allgemein genug beschreiben. Da wir die Zellen alle in einem Vektor grid speichern und mit Indexrechnung arbeiten, genügt es, hierzu den Indexbereich der zu versendenden jeweiligen Zellen (icstart bis icstop) und die entsprechenden Indexbereiche für die zu empfangenden jeweiligen Zellen (icstartreceive bis icstopreceive) für beide Nachbarn lowerproc und upperproc anzugeben.

In einem ersten Schritt bestimmen wir nun den Vektor ic_length der Anzahl der Partikel für die Zellen, die beim Verschicken zu berücksichtigen sind. Anschließend speichern wir alle zugehörigen Partikel in der Reihenfolge der Zellen ic im großen Vektor ip_particle. Damit entspricht jeder Zelle genau ein zusammenhängender Abschnitt in diesem Vektor. Um herauszufinden, zu welcher Zelle ic ein Partikel gehört, könnte man natürlich die Koordinaten des Partikels betrachten. In unserem Fall ist es allerdings einfacher, die Zelle ic wieder aus dem Vektor ic_length zu rekonstruieren. Dies ist in einfacher Weise aus den Informationen in icstartreceive und icstopreceive sowie ic_lengthreceive möglich, siehe Algorithmus 4.4.

Wir verwenden hier nicht-blockierende Kommunikation, damit Sende- und Empfangsoperationen überlappend abgearbeitet werden können, falls dies vom Parallelrechner unterstützt wird.[11] In einem ersten Schritt werden

---

[10] Im Prinzip ist es auch möglich diese Konversion der MPI-Bibliothek zu überlassen, wenn man dafür selbstdefinierte Datentypen mit entsprechendem Speicherlayout einführt.

[11] Ein paralleles Beispielprogramm ist in Anhang A.3 gegeben.

Algorithmus 4.4 Senden und Empfangen von Partikellisten

```
void sendReceiveCell(Cell *grid, int *ic_number,
            int lowerproc, int *lowericstart, int *lowericstop,
            int *lowericstartreceive, int *lowericstopreceive,
            int upperproc, int *uppericstart, int *uppericstop,
            int *uppericstartreceive, int *uppericstopreceive) {
    MPI_Status status; MPI_Request request;
    int sum_lengthsend = 0, sum_lengthreceive = 0;
    int k = 0, kreceive = 0, ncs = 1;
    int *ic_lengthsend = NULL, *ic_lengthreceive = NULL, ic[DIM];
    Particle *ip_particlesend = NULL, *ip_particlereceive = NULL;
```

```
// Senden an lowerproc, Empfangen von upperproc
sum_lengthsend = sum_lengthreceive = k = kreceive = 0; ncs = 1;
for (int d = 0; d < DIM; d++)
  ncs *= lowericstop[d] - lowericstart[d];
ic_lengthsend = (int*)malloc(ncs*sizeof(*ic_lengthsend));
ic_lengthreceive = (int*)malloc(ncs*sizeof(*ic_lengthreceive));
iterate (ic, lowericstart, lowericstop) {
  ic_lengthsend[k] = lengthList(grid[index(ic,ic_number)]);
  sum_lengthsend += ic_lengthsend[k++];
}
MPI_Isend(ic_lengthsend, ncs, MPI_INT, lowerproc, 1,
          MPI_COMM_WORLD, &request);
MPI_Recv(ic_lengthreceive, ncs, MPI_INT, upperproc, 1,
          MPI_COMM_WORLD, &status);
MPI_Wait(&request, &status);
free(ic_lengthsend);
for (k=0; k<ncs; k++)
  sum_lengthreceive += ic_lengthreceive[k];
sum_lengthsend *= sizeof(*ip_particlesend);
ip_particlesend = (Particle*)malloc(sum_lengthsend);
sum_lengthreceive *= sizeof(*ip_particlereceive);
ip_particlereceive = (Particle*)malloc(sum_lengthreceive);
k = 0;
iterate(ic, lowericstart, lowericstop)
  for (ParticleList *i = grid[index(ic,ic_number)]; NULL != i;
       i = i->next)
    ip_particlesend[k++] = i->p;
MPI_Isend(ip_particlesend, sum_lengthsend,
          MPI_CHAR, lowerproc, 2, MPI_COMM_WORLD, &request);
MPI_Recv(ip_particlereceive, sum_lengthreceive,
          MPI_CHAR, upperproc, 2, MPI_COMM_WORLD, &status);
MPI_Wait(&request, &status);
free(ip_particlesend);
kreceive = k = 0;
iterate(ic, uppericstartreceive, uppericstopreceive) {
  for (int icp=0; icp<ic_lengthreceive[kreceive]; icp++) {
    ParticleList *i = (ParticleList*)malloc(sizeof(*i));
    i->p = ip_particlereceive[k++];
    insertList(&grid[index(ic,ic_number)], i);
  }
  kreceive++;
}
free(ic_lengthreceive);
free(ip_particlereceive);
// Senden an upperproc, Empfangen von lowerproc
...
}
```

die Vektoren `ic_length` ausgetauscht. Damit sind sowohl dem Sender als
auch dem Empfänger die Zahl der Partikel und damit die Nachrichtenlänge
bekannt. In einem zweiten Schritt werden dann die eigentlichen Partikel aus
`ip_particle` verschickt. Dies ist in Algorithmus 4.4 aufgeführt. Dort ist nur
eine Hälfte der anfallenden Kommunikation angegeben, das Verschicken an
`lowerproc` und das dazugehörige Empfangen von `upperproc`. Die entsprechende transponierte Kommunikation läßt sich völlig analog durch das Vertauschen von `lower` und `upper` implementieren.

**Kommunikation bei der Kraftberechnung und der Partikelbewe-
gung.** Auf der Basis der Routine `sendReceiveCell` ist es uns nun möglich,
die Kommunikationen unseres Gesamtalgorithmus zu beschreiben. Dazu benötigen wir eine Routine `setCommunication` (siehe Algorithmus 4.5), die
die entsprechenden Teilgebiete für das im vorherigen Abschnitt beschriebene
Kommunikationsmuster aus Abbildung 4.7 bestimmt. In `setCommunication`
berechnen wir dabei die entsprechenden Index–Bereiche `icstart` bis `icstop`,
die den zu verschickenden Teil des lokalen Gebiets beschreiben, sowie die
Indizes `icstartreceive` bis `icstopreceive`, die den Teil der Randbordüre
beschreiben für die Partikel empfangen werden müssen.

Mittels dieser Routine läßt sich nun einfach und übersichtlich die Kommunikation vor der Kraftberechnung aus Abbildung 4.7 implementieren, in
der die Zellen der Randbordüre mit Kopien der Partikel der Nachbarprozesse gefüllt werden. Dies ist in Algorithmus 4.6 ausgeführt. Gegebenenfalls
sind bei der Kommunikation wieder die Bedingungen an den Rändern des
Simulationsgebiets zu berücksichtigen.

In genau umgekehrter Reihenfolge werden Partikel in Algorithmus 4.7
transportiert, wenn die Partikel zu ihren neuen Zellen bewegt werden. Dabei müssen alle Partikel, die innerhalb der Randbordüre gelandet sind, zu
ihrem neuen Eigentümer geschickt werden, das heißt, wir schicken nun aus
den Zellen der Randbordüre in das Innere des Teilgebiets. Da die Routinen
`sendReceiveCell` und `setCommunication` sehr allgemein gehalten sind, kann
dieser Fall völlig analog implementiert werden.

Auch die Berechnung der Energie kann nun verteilt auf die einzelnen Prozesse erfolgen. Um die potentielle beziehungsweise kinetische Energie des Systems zu ermitteln, die zum Beispiel für die Temperaturberechnung benötigt
wird, müssen die Energien der Partikel in den lokalen Teilgebieten parallel berechnet und anschließend global aufsummiert werden. Dies kann direkt durch
einen Kommunikationsschritt mit `MPI_Allreduce` nach der Berechnung der
neuen Geschwindigkeiten geschehen.

Wie schon beim $\mathcal{O}(N^2)$-Verfahren und beim sequentiellen Linked-Cell-
Algorithmus kann man die Hälfte der Rechenoperationen einsparen, wenn
man die Antisymmetrie der Kräfte ausnutzt. Das bedeutet, daß nicht mehr
alle $3^{\text{DIM}} - 1$ Nachbarzellen, sondern nur die Hälfte davon durchlaufen werden
müssen. Zudem sind bei den Wechselwirkungen innerhalb einer Zelle ebenfalls nur die Hälfte der Operationen nötig. Dabei kann man entweder mit

Algorithmus 4.5 Kommunikationsmuster nach Abbildung 4.7

```
void setCommunication(SubDomain *s, int d,
                int *lowericstart, int *lowericstop,
                int *lowericstartreceive, int *lowericstopreceive,
                int *uppericstart, int *uppericstop,
                int *uppericstartreceive, int *uppericstopreceive) {
  for (int dd = 0; dd < DIM; dd++) {
    if (d == dd) { // nur die Randbordüre
      lowericstart[dd]  = s->ic_start[dd];
      lowericstop[dd]   = lowericstart[dd] + s->ic_start[dd];
      lowericstartreceive[dd] = 0;
      lowericstopreceive[dd]  = lowericstartreceive[dd] +
                                s->ic_start[dd];
      uppericstop[dd]         = s->ic_stop[dd];
      uppericstart[dd]        = uppericstop[dd] - s->ic_start[dd];
      uppericstopreceive[dd]  = s->ic_stop[dd] + s->ic_start[dd];
      uppericstartreceive[dd] = uppericstopreceive[dd] -
                                s->ic_start[dd];
    }
    else if (dd > d) { // inklusive Randbordüre
      int stop = s->ic_stop[dd] + s->ic_start[dd];
      lowericstartreceive[dd] = lowericstart[dd] = 0;
      lowericstopreceive[dd]  = lowericstop[dd]  = stop;
      uppericstartreceive[dd] = uppericstart[dd] = 0;
      uppericstopreceive[dd]  = uppericstop[dd]  = stop;
    }
    else { // ohne Randbordüre
      lowericstartreceive[dd] = lowericstart[dd] = s->ic_start[dd];
      lowericstopreceive[dd]  = lowericstop[dd]  = s->ic_stop[dd];
      uppericstartreceive[dd] = uppericstart[dd] = s->ic_start[dd];
      uppericstopreceive[dd]  = uppericstop[dd]  = s->ic_stop[dd];
    }
  }
}
```

einem zusätzlichen Kommunikationsschritt die Kräfte auf die Partikel in den Randzellen austauschen und aufsummieren, oder mit zusätzlichen Rechenoperationen aber ohne Kommunikation das Orginalverfahren in Randnähe weiter verwenden. Die Randbedingungen sind dabei entsprechend zu berücksichtigen.

Wenn wir in der Implementierung des Geschwindigkeits-Störmer-Verlet-Verfahrens die Schleife um updateX mit der der Kraftberechnung compF zusammenlegen, dann werden zwischen diesen beiden Schleifen die Kommunikationsroutinen moveParticles_comm und compF_comm direkt hintereinander aufgerufen. Es liegt nun nahe, die Kommunikation zwischen den Prozessen weiter zu optimieren. Statt zunächst Partikel zu ihren neuen Prozessen zu

---

Algorithmus 4.6 Kommunikation vor der Kraftberechnung

```
void compF_comm(Cell *grid, SubDomain *s) {
  int lowericstart[DIM], lowericstop[DIM];
  int uppericstart[DIM], uppericstop[DIM];
  int lowericstartreceive[DIM], lowericstopreceive[DIM];
  int uppericstartreceive[DIM], uppericstopreceive[DIM];
  for (int d = DIM-1; d >= 0; d--) {
    setCommunication(s, d, lowericstart, lowericstop,
                     lowericstartreceive, lowericstopreceive,
                     uppericstart, uppericstop,
                     uppericstartreceive, uppericstopreceive);
    sendReceiveCell(grid, s->ic_number,
                    s->ip_lower[d], lowericstart, lowericstop,
                    lowericstartreceive, lowericstopreceive,
                    s->ip_upper[d], uppericstart, uppericstop,
                    uppericstartreceive, uppericstopreceive);
  }
}
```

Algorithmus 4.7 Kommunikation nach dem Bewegen der Partikel

```
void moveParticles_comm(Cell *grid, SubDomain *s) {
  int lowericstart[DIM], lowericstop[DIM];
  int uppericstart[DIM], uppericstop[DIM];
  int lowericstartreceive[DIM], lowericstopreceive[DIM];
  int uppericstartreceive[DIM], uppericstopreceive[DIM];
  for (int d = 0; d < DIM; d++) {
    setCommunication(s, d, lowericstartreceive, lowericstopreceive,
                     lowericstart, lowericstop,
                     uppericstartreceive, uppericstopreceive,
                     uppericstart, uppericstop);
    sendReceiveCell(grid, s->ic_number,
                    s->ip_lower[d], lowericstart, lowericstop,
                    lowericstartreceive, lowericstopreceive,
                    s->ip_upper[d], uppericstart, uppericstop,
                    uppericstartreceive, uppericstopreceive);
  }
}
```

---

transportieren und anschließend diese dann wieder als Kopien zu verschicken, kann man beide Operationen zusammenfassen.

Dabei werden die Partikel der Randbordüren gefüllt und gleichzeitig alle gegebenenfalls zu transportierenden Partikel mit verschickt. Damit sendet jeder Prozeß an jeden seiner $2 \cdot \text{DIM}$ Nachbarprozesse in einem Zeitschritt nur noch eine statt ursprünglich zwei Botschaften.

4.4 Leistungsmessung und Benchmark

Bei ausreichend großer Partikelzahl sowie einer genügend großen Zahl von Prozessoren lassen sich für das parallelisierte Programm erhebliche Geschwindigkeitssteigerungen im Vergleich zum sequentiellen Programm erzielen. Wie läßt sich nun die Leistungssteigerung durch Verwendung eines parallelen Algorithmus bewerten? Ein fundamentales Maß dafür ist der sogenannte Speedup

$$S(P) := \frac{T}{T(P)},\tag{4.3}$$

wobei P die Anzahl der eingesetzten Prozessoren bezeichnet, $T(P)$ die benötigte Rechenzeit bei paralleler Berechnung auf P Prozessoren bezeichnet und T die Ausführungszeit für das sequentielle Programm bezeichnet.[12] Statt der Zeit T für die Ausführung des (besten) sequentiellen Programms verwendet man oft $T(1)$, also die Ausführungszeit des parallelen Programms auf einem Prozessor. Der Speedup liegt im Bereich zwischen 1 und P.[13] Ist der Speedup gleich der Zahl der Prozessoren P, gilt also $S(P) = P$, dann spricht man von einem linearen Speedup. Dieser optimale Wert P für den Speedup wird wegen schlecht parallelisierbarer Teile des Algorithmus und eventuell ungünstiger Lastverteilung, aber auch wegen des Zeitbedarfs für die Kommunikation im allgemeinen nicht erreicht.

Ein weiteres Maß für die Leistungssteigerung ist die parallele Effizienz

$$E(P) := \frac{T}{P \cdot T(P)} = \frac{S(P)}{P}\tag{4.4}$$

beziehungsweise $E(P) = T(1)/(P \cdot T(P))$, bei der der Speedup auf die Zahl der Prozessoren bezogen wird. Der optimale Wert ist hier $E(P) = 1$ oder 100%, der minimale Wert liegt bei $1/P$. Die Effizienz ist ein Maß dafür, wie gut die Prozessoren parallel ausgenutzt werden. In der Praxis stellt sich heraus, daß die parallele Effizienz gerade bei großen Prozessorzahlen häufig deutlich unter Eins liegt. Der sequentielle Algorithmus wird durch die Parallelisierung beschleunigt, aber es ist mit gewissen Verlusten etwa durch Kommunikation und ungleiche Lastverteilung zu rechnen.

---

[12] In MPI kann zur Zeitmessung der Befehl `MPI_Wtime()` verwendet werden. Die Funktion muß dabei einmal zu Beginn und einmal am Ende des zu messenden Programmteils aufgerufen werden. Anschließend kann man die erste gemessene Zeit von der zweiten abziehen und erhält so die für diesen Programmteil benötigte Laufzeit.

[13] Wenn man höhere Speedup-Zahlen als P erreichen würde, könnte man den parallelen Algorithmus auch als P Prozesse auf einem einzigen Prozessor ausführen und müßte damit auch die sequentielle Ausführungszeit T verbessern. Im anderen Extrem eines Speedups kleiner Eins, bei dem man besser von einem „slow down" sprechen sollte, erreicht man bessere Werte, wenn man weniger Prozessoren verwendet und die übrigen unbenutzt läßt. Damit gilt für den Speedup immer $1 \leq S(P) \leq P$.

Eine in diesem Zusammenhang gerne zitierte Abschätzung für den Speedup und die Effizienz geht auf Amdahl [39] zurück. Sie wurde ursprünglich für Vektorrechner entwickelt, läßt sich aber auch auf Parallelrechner sinngemäß übertragen. Dabei geht man davon aus, daß ein gewisser Teil des Gesamtprogramms nicht parallelisierbar (oder vektorisierbar) ist. Dann folgt daraus bereits eine obere Schranke für den Speedup. Es sei α der Anteil der Ausführungszeit T des sequentiellen Programms, der nur sequentiell abgearbeitet werden kann. Der verbleibende Anteil $\gamma = 1 - \alpha$ lasse sich ideal parallelisieren. Dann gilt $T(P) = \alpha T + \gamma T/P$ und daher

$$ S(P) = \frac{T}{\alpha T + \gamma T/P} = \frac{1}{\alpha + (1 - \alpha)/P}. $$

Unter der Annahme, daß wir beliebig viele Prozessoren zur Verfügung haben, erhalten wir

$$ S(P) \to 1/\alpha \text{ und } E(P) \to 0 \text{ für } P \to \infty. $$

Das heißt, der maximal erreichbare Speedup ist beschränkt durch den nicht parallelisierbaren Anteil α des Algorithmus. Analog dazu wird die Effizienz beliebig schlecht. Ist beispielsweise nur ein Prozent des Algorithmus nicht parallelisierbar, so kann höchstens ein Speedup von 100 erreicht werden. Dies ist eine schwerwiegende Einschränkung, die lange als Argument gegen die massive Parallelisierung, also den Einsatz großer Zahlen von Prozessoren angeführt wurde. Hinzu kommt, daß bei wachsender Prozessorzahl die Rechenzeit $T(P)$ durch Kommunikation zwischen den Prozessoren und ungleiche Lastverteilung weiter steigen kann.

Man beachte, daß dieses sogenannte Amdahlsche Gesetz von einer festen Problemgröße ausgeht. Mit wachsender Prozessorzahl können aber auch größere Probleme behandelt werden. Dabei kann der sequentielle Anteil sogar kleiner werden, da dann beispielsweise einmaliger fester Verwaltungsaufwand oder Teilprobleme von geringerer Aufwandsordnung weniger ins Gewicht fallen. Konsequenterweise ließen sich deswegen für genügend große Probleme wieder gute parallele Effizienzwerte erzielen. Das Problem ist nun aber, daß sich die Ausführungszeit T des sequentiellen Programms für solche großen Probleme im allgemeinen nicht mehr ohne weiteres bestimmen läßt, sei es aus Mangel an Speicherplatz oder an Rechenzeit. Deswegen geht man über zu relativen, skalierten Werten. Das dabei betrachtete Maß ist der sogenannte Scaleup

$$ S_C(P, N) := \frac{T(P, N)}{T(\kappa P, \kappa N)} \, , \ \kappa > 1 \, . \tag{4.5} $$

Hier bezeichnet $T(P, N)$ die benötigte parallele Rechenzeit für ein Problem mit $\mathcal{O}(N)$ Rechenoperationen auf P Prozessoren. Unter der Annahme, daß die Kosten ideal auf die Prozessoren verteilt werden können, ergibt sich für $T(\kappa P, \kappa N)$ immer der gleiche Wert unabhängig davon, um welchen Faktor κ

die Zahl der Rechenoperationen und die Zahl der Prozessoren erhöht wird.[14]
Die Last pro Prozessor bleibt dann konstant und für den Scaleup (4.5) ergibt sich der Wert Eins. Effizienzverluste werden durch einen entsprechend
niedrigeren Scaleup ausgedrückt.[15]

Die Abschätzung von Amdahl ergibt nun für den Scaleup ein anderes Ergebnis als für den Speedup. Bezeichnen wir mit γ den Anteil der Ausführungszeit des Programms, der parallel auf P Prozessoren abgearbeitet wird und
mit α wieder den Anteil, der sequentiell abgearbeitet wird, dann gilt

$$T(P,N) \; = \; \alpha T + \gamma T \frac{N}{P} \; = \; \alpha T + \gamma T \frac{\kappa N}{\kappa P} \; = \; T(\kappa P, \kappa N)$$

und der Scaleup ist Eins.

Ein Beispiel. Als Test für die Leistungssteigerung durch unseren parallelen Algorithmus zeigen wir hier die Ergebnisse für die Berechnung eines
Zeitschrittes mit einem System aus N Partikeln in einer dreidimensionalen
Simulationsbox mit periodischen Randbedingungen. Die Partikel wechselwirken über ein Lennard-Jones-Potential. Sie sind dabei gleichförmig über
das gesamte Simulationsgebiet verteilt, mit einer konstanten Partikel-Dichte
$\rho' := \frac{N}{|\Omega'|} = \frac{N}{L_1' \cdot L_2' \cdot L_3'} = 0.8442$, so daß eine statische Einteilung des Simulationsgebietes in gleich große Teilgebiete eine sinnvolle Lastbalancierung
garantiert.

Zu Beginn der Simulation werden die Partikel auf einem regelmäßigen
kubisch-flächenzentrierten Gitter angeordnet, siehe Abschnitt 5.1.1. Zusätzlich werden die Anfangsgeschwindigkeiten der Partikel mit einer kleinen
thermischen Bewegung überlagert. Diese gehorcht einer Maxwell-Boltzmann-
Verteilung mit einer reduzierten Temperatur von $T' = 1.44$, man vergleiche
hierzu auch Anhang A.4. Die äußeren Kräfte sind Null. Volumen, Zahl der
Teilchen und Energie bleiben während der Simulation konstant, wir verwenden also ein NVE-Ensemble.

$$
\begin{array}{ll}
\varepsilon = 1, & \sigma = 1, \\
m = 1, & \\
\rho' = 0.8442, & T' = 1.44, \\
r_{cut} = 2.5\sigma, & \delta t = 0.00462
\end{array}
$$

Tabelle 4.2. Parameterwerte, paralleles Beispiel.

Die verwendeten Parameterwerte können der Tabelle 4.2 entnommen werden. Die jeweilige Größe des Simulationsgebiets ergibt sich aus der Anzahl

---

[14] Dabei wird κ oft auf den Wert 2 oder $2^{\texttt{DIM}}$ gesetzt, wobei $\texttt{DIM}$ die Dimension des
Problems bezeichnet.

[15] Dabei sollte ein Minimum von $1/\kappa$ nicht unterschritten werden, da man sich
sonst bei der Rechnung auch auf P statt κP Prozessoren beschränken kann.

N der Partikel zu $L_1' = L_2' = L_3' = (N/\rho')^{1/3}$. Das Gebiet wird annähernd würfelförmig auf die Prozessoren aufgeteilt, so daß die Zahl der Teilgebiete in jeder Richtung immer eine Zweierpotenz ist und diese Zahlen höchstens um einen Faktor zwei voneinander abweichen. Die Rechnungen wurden auf einem Cray T3E Parallelrechner[16] in einfacher Rechengenauigkeit (32 bit float bzw. real*4) mit 600 MHz DEC Alpha Prozessoren durchgeführt.

Tabelle 4.3 zeigt die Rechenzeiten. Wir können, genügend viele Partikel pro Prozessor vorausgesetzt, in jeder Zeile beobachten, wie sich bei einer Verdopplung der Prozessorzahl die Rechenzeit annähernd halbiert. Weiterhin verdoppelt sich die Rechenzeit bei Verdopplung der Zahl der Partikel näherungsweise in jeder Spalte der Tabelle. In den Diagonalen sehen wir, wie bei doppelter Zahl von Prozessoren und doppelter Zahl von Partikeln die Rechenzeiten fast gleich bleiben. Für große Partikelzahlen und kleine Prozessorzahlen haben wir keine Ergebnisse aufgeführt, da der Hauptspeicher der Prozessoren in diesen Fällen nicht mehr ausreicht.

Partikel	1	2	4	8	16	32	64	128	256
				Prozessoren					
16384	0.9681	0.4947	0.2821	0.1708	0.1076	0.0666	0.0403	0.0269	0.0202
32768	1.8055	1.0267	0.5482	0.3266	0.1685	0.1089	0.0683	0.0422	0.0294
65536	3.3762	1.9316	1.0786	0.6346	0.3220	0.1724	0.1112	0.0707	0.0433
131072	6.0828	3.4387	2.0797	1.1637	0.5902	0.3316	0.1892	0.1139	0.0713
262144	12.6010	6.2561	3.6770	2.0825	1.1610	0.6544	0.3570	0.1937	0.1221
524288	26.2210	14.2460	6.5593	3.7391	2.0298	1.1569	0.6521	0.3354	0.1960
1048576		28.7260	13.1900	6.9030	3.7369	2.1510	1.1642	0.5968	0.3482
2097152			26.8290	14.0750	6.9057	3.8103	2.0890	1.1748	0.6768
4194304				28.2560	15.0430	6.9920	3.8077	2.0546	1.1915
8388608					29.4340	14.9250	7.7331	4.0058	2.1944
16777216						28.5110	14.7590	7.7412	3.9246

Tabelle 4.3. Parallele Ausführungszeiten (in Sekunden) für einen Zeitschritt auf der Cray T3E.

In der Tabelle 4.4 sehen wir den Speedup, der aus den Rechenzeiten der vorhergehenden Tabelle gewonnen wurde. Für T wurde hier $T(1)$, d.h. die Zeit für die Ausführung des parallelen Programms auf einem Prozessor verwendet. Man kann beobachten, wie das Programm durch den Einsatz immer größerer Prozessorzahlen beschleunigt wird. Ideal wäre eine Beschleunigung um ein Speedup von P bei P Prozessoren. Real beobachten wir mit 256 Prozessoren für 524288 Partikel einen Wert von etwa 133. Typisch ist, daß die größten Beschleunigungen für große Probleme erreicht werden, also in der letzten Zeile stehen. Die Ursache dafür sind die relativ gesehen geringeren

---

[16] Cray T3E-1200 des John von Neumann Instituts für Computing (NIC), Forschungszentrum Jülich.

	Prozessoren								
Partikel	1	2	4	8	16	32	64	128	256
16384	1	1.95	3.43	5.66	8.99	14.53	24.02	35.98	47.92
32768	1	1.75	3.29	5.52	10.71	16.57	26.43	42.78	61.41
65536	1	1.74	3.13	5.32	10.48	19.58	30.36	47.75	77.97
131072	1	1.76	2.92	5.22	10.30	18.34	32.15	53.40	85.31
262144	1	2.01	3.42	6.05	10.85	19.25	35.29	65.05	103.20
524288	1	1.84	3.99	7.01	12.91	22.66	40.21	78.17	133.78

Tabelle 4.4. Speedup für einen Zeitschritt auf der Cray T3E.

	Prozessoren								
Partikel	1	2	4	8	16	32	64	128	256
16384	1	0.978	0.857	0.708	0.562	0.454	0.375	0.281	0.187
32768	1	0.879	0.823	0.691	0.669	0.518	0.413	0.334	0.239
65536	1	0.873	0.782	0.665	0.655	0.612	0.474	0.373	0.304
131072	1	0.884	0.731	0.653	0.644	0.573	0.502	0.417	0.333
262144	1	1.007	0.856	0.756	0.678	0.601	0.551	0.508	0.403
524288	1	0.920	0.999	0.876	0.807	0.708	0.628	0.610	0.522

Tabelle 4.5. Parallele Effizienz für einen Zeitschritt auf der Cray T3E.

	Prozessoren							
Partikel	1	2	4	8	16	32	64	128
16384	0.942	0.902	0.863	1.013	0.988	0.975	0.955	0.915
32768	0.934	0.951	0.863	1.014	0.977	0.979	0.966	0.974
65536	0.981	0.928	0.926	1.075	0.971	0.911	0.976	0.991
131072	0.972	0.935	0.998	1.002	0.901	0.928	0.976	0.932
262144	0.884	0.953	0.983	1.026	1.003	1.003	1.064	0.988
524288	0.912	1.080	0.950	1.000	0.943	0.993	1.092	0.963
1048576		1.070	0.937	0.999	0.980	1.029	0.991	0.881
2097152			0.949	0.935	0.987	1.000	1.016	0.986
4194304				0.960	1.007	0.904	0.950	0.936
8388608					1.032	1.011	0.999	1.020

Tabelle 4.6. Scaleup mit $\kappa = 2$ für einen Zeitschritt auf der Cray T3E.

Verluste durch sequentielle Programmteile und Prozessorkommunikation für große Probleme, die schon bei der Diskussion von Amdahls Abschätzung eine Rolle gespielt haben.

Aus dem Speedup kann man direkt die parallele Effizienz berechnen. Sie ist in Tabelle 4.5 angegeben. Die Werte für den Einprozessorfall sind definitionsgemäß Eins. Die Effizienz fällt zwar mit steigender Prozessorzahl, nimmt aber mit steigender Problemgröße auch wieder zu. In den Tabellen 4.4 und 4.5 sind zudem Cache-Effekte zu beobachten: So liegt etwa im Fall von 262144

Partikeln für zwei Prozessoren die Effizienz über Eins. Hier ist offensichtlich für einen Prozessor eine kritische Partikelzahl und damit Datenmenge überschritten worden, wodurch der Speicherzugriff verlangsamt ist und damit die resultierende Rechenzeit größer wird.

Für den Scaleup in Tabelle 4.6 haben wir jeweils eine Verdopplung der Problemgröße und eine Verdopplung der Prozessorzahl zugrundegelegt, das heißt, es gilt $\kappa = 2$. Nun lassen sich auch Werte für die Probleme ($N > 524288$) gewinnen, die nicht mehr in den Hauptspeicher eines Prozessors passen. Insgesamt erhalten wir hervorragende Scaleup-Werte nahe der Eins. Dies liegt an der Art des parallelen Algorithmus, der sich auf Kommunikation in lokalen Nachbarschaften beschränkt. Einige Scaleup-Werte liegen sogar etwas über der Eins, was an der genauen Aufteilung und Balance der Daten liegt. Wir können lediglich ganze Zellen verteilen, weshalb für manche Prozessorzahlen ein Prozessor eine Reihe Zellen mehr zu bearbeiten hat als ein anderer. Das doppelt so große Problem läßt sich dann aber wieder etwas besser auf doppelt so viele Prozessoren verteilen.

Im folgenden betrachten wir nun unsere parallele Linked-Cell-Implementierung auf einem anderen Typ von Parallelrechner. Neben den konventionellen Supercomputern wie der Cray T3E hat sich in letzter Zeit eine Alternative entwickelt, nämlich Cluster von Arbeitsplatzrechnern und PCs. Dabei werden handelsübliche Rechner mit Ethernet oder schnelleren Netzen zusammengeschaltet und als Parallelrechner mit PVM oder MPI betrieben [246, 269], die inzwischen gerne als Beowulf-Rechner bezeichnet werden [572]. Diese Eigenbau-Maschinen unterscheiden sich in verschiedener Hinsicht von kommerziellen Parallelrechnern, beispielsweise in der Leistungsfähigkeit des Kommunikationsnetzwerks, aber auch in der Software. Exemplarisch für diese Klasse von Cluster-Computern zeigen wir in Tabelle 4.7 Laufzeiten für das Linux-Cluster „Parnass2" am Institut für Angewandte Mathematik der Universität Bonn. Es besteht aus Doppelprozessor-PCs mit 400 MHz Intel Pentium II Prozessoren, die über ein Hochgeschwindigkeitsnetz der Firma Myricom gekoppelt sind [549]. Auf diesem Cluster-Computer setzen wir die MPI-Implementierung SCore [14] ein.

Ein Vergleich der Ausführungszeiten in Tabelle 4.3 mit Tabelle 4.7 zeigt keine substantiellen Unterschiede. Die T3E ist um etwa 10% schneller. Auch ergibt sich ein ähnliches Skalierungsverhalten für beide Maschinen. Dies macht deutlich, daß der PC-Cluster der Cray T3E bei dieser Art von Problemen ebenbürtig ist. Da solche Eigenbau-Cluster ein wesentlich besseres Kosten-Nutzen Verhältnis zeigen, stellen sie mittlerweile eine ernsthafte Konkurenz für kommerzielle Parallelrechner dar.

Abschließend geben wir wiederum für die Cray T3E Vergleichszahlen für eine andere Implementierung der kurzreichweitigen Kraftauswertung nach Plimpton [475] an, die auf dem Nachbarschaftslisten-Algorithmus von Verlet [636] beruht und oft als Benchmark zitiert wird. In Tabelle 4.8 sind die damit erzielten Laufzeiten für das Beispiel von Tabelle 4.3 zu sehen.

Partikel	Prozessoren							
	1	2	4	8	16	32	64	128
16384	0.9595	0.4953	0.2778	0.1591	0.0997	0.0627	0.0407	0.0253
32768	1.9373	1.0068	0.5394	0.3162	0.1712	0.1055	0.0730	0.0443
65536	3.7941	1.9502	1.0478	0.5983	0.3127	0.1743	0.1239	0.0721
131072	7.2012	3.6966	2.0093	1.1917	0.5697	0.3132	0.2152	0.1088
262144	16.859	7.6617	4.1565	2.0424	1.0624	0.6156	0.4054	0.1971
524288	32.072	14.879	8.4316	4.4442	2.1176	1.1310	0.6817	0.4113
1048576	64.407	32.069	16.369	8.5576	4.2066	2.0963	1.1645	0.6901
2097152	121.92	60.422	32.737	17.273	8.0585	4.0968	2.3684	1.1889
4194304	248.37	118.07	61.678	32.746	16.285	8.2477	4.2860	2.2772
8388608		119.68	64.623	31.615	15.562	8.4831	4.4283	
16777216						31.837	16.740	8.5574

Tabelle 4.7. Parallele Ausführungszeiten (in Sekunden) für einen Zeitschritt auf dem PC-Cluster „Parnass2" mit Myrinet-Netz.

Zeit / Partikel	Prozessoren								
	1	2	4	8	16	32	64	128	256
16384	0.1936	0.1030	0.0538	0.0288	0.0152	0.0080	0.0043	0.0025	0.0019
32768	0.3842	0.1985	0.1036	0.0587	0.0286	0.0150	0.0080	0.0043	0.0024
65536		0.4112	0.2059	0.1096	0.0563	0.0285	0.0151	0.0080	0.0043
131072			0.4265	0.2176	0.1120	0.0562	0.0285	0.0152	0.0080
262144				0.4290	0.2176	0.1091	0.0555	0.0286	0.0151
524288					0.4440	0.2177	0.1095	0.0562	0.0286
1048576						0.4424	0.2180	0.1123	0.0562
2097152							0.4294	0.2181	0.1092
4194304								0.4443	0.2179
8388608									0.4430

Tabelle 4.8. Vergleichszahlen zu Tabelle 4.3 für die Implementierung von Plimpton [475] mit Nachbarschaftslisten. Parallele Ausführungszeiten (in Sekunden) für einen Zeitschritt auf der Cray T3E.

Dabei fällt auf, daß die Rechenzeiten durchgängig kleiner sind, als die unserer vorgestellten Implementierung. Im Wesentlichen beruht dies auf einer unterschiedlichen Implementierung der Kraftberechnung für kurzreichweitige Potentiale. Im Gegensatz zu unserem Linked-Cell-Algorithmus, bei dem in jedem Zeitschritt die Nachbarschaften neu bestimmt werden, werden hier Nachbarschaftslisten aufgebaut, die dann einige Zeitschritte unverändert benutzt werden. Für jedes Partikel gibt es einen Vektor mit Verweisen auf alle Partikel im Abstand von höchstens 2.8σ, was etwas größer als r_{cut} ist. Dabei wird die Annahme zugrundegelegt, daß in dieser Zeit (hier 20 Zeitschritte) kein weiteres Partikel näher als $r_{cut} = 2.5\sigma$ an ein Partikel herankommt. Auf diese Weise erspart man sich das teurere Prüfen der Partikelabstände in jedem Zeitschritt, wenn die Partikel zwar zu weit weg sind, aber noch in einer

Nachbarzelle des Linked-Cell-Verfahrens liegen. Eine einfache Abschätzung von Kugelvolumen zu Volumen der Zellen zeigt, daß ein substantieller Faktor von Partikeln im Linked-Cell-Algorithmus außerhalb des Abschneideradius liegt. Zudem können die verwendeten Vektoren schneller im Rechner verarbeitet werden als verkettete Listen. Allerdings kann der Aufbau der Nachbarschaftslisten deutlich teurer sein, als ein Schritt des Linked-Cell-Algorithmus. Zur weiteren Optimierung des Programms wurden die Werte von σ, ε und m im Programm grundsätzlich auf Eins festgelegt, was deren Multiplikation erspart, und es wird nur in einfacher Rechengenauigkeit gearbeitet. Insgesamt resultiert daraus ein Geschwindigkeitsfaktor von etwa fünf. Dieses Programm von Plimpton ist damit jedoch nicht mehr flexibel und ist, wie typische Benchmark-Codes, speziell auf die Situation des Testbeispiels zugeschnitten.

4.5 Anwendungsbeispiele

Die Parallelisierung unseres Linked-Cell-Codes erlaubt es nun Probleme mit größeren Partikelzahlen zu rechnen. Insbesondere können jetzt Probleme in drei Dimensionen angegangen werden.

4.5.1 Zusammenstoß zweier Körper

Wir erweitern nun die zweidimensionale Simulation eines Zusammenstoßes zweier Körper gleichen Materials aus Abschnitt 3.6.1 auf den dreidimensionalen Fall, siehe auch [197]. Die Simulationsanordnung ist Abbildung 4.11 (links oben) zu entnehmen. Der kleine Körper trifft dabei mit hoher Geschwindigkeit auf den großen ruhenden Körper. An den Rändern des Simulationsgebietes werden wieder Ausflußbedingungen verwendet. Wir betrachten nun für gegebene Parameter ε und σ des Lennard-Jones-Potentials die Entwicklung des Systems.

Zu Beginn der Simulation werden die Partikel innerhalb beider Körper jeweils auf einem regelmäßigen Gitter der Maschenweite $2^{1/6}\sigma$ (entsprechend des Minimums des Potentials) angeordnet. Die beiden Körper bestehen dabei aus $10 \times 10 \times 10$ beziehungsweise $10 \times 30 \times 30$ würfelförmigen Zellen mit je vier Partikeln, die ein kubisch-flächenzentriertes Gitter ergeben, siehe Abschnitt 5.1.1. Die Geschwindigkeit der Partikel im bewegten Körper wird auf die vorgegebene Größe **v** gesetzt. Zusätzlich werden die Anfangsgeschwindigkeiten der Partikel in beiden Körpern noch mit einer kleinen thermischen Bewegung überlagert, die gemäß einer Maxwell-Boltzmann-Verteilung mit einer mittleren Geschwindigkeit von 3.4 pro Komponente gewählt ist. Es wirken keine äußeren Kräfte. An den Rändern des Simulationsgebiets werden wieder einfache Ausströmbedingungen verwendet.

Abbildung 4.11 zeigt das Ergebnis einer Simulation mit den Parameterwerten aus Tabelle 4.9.

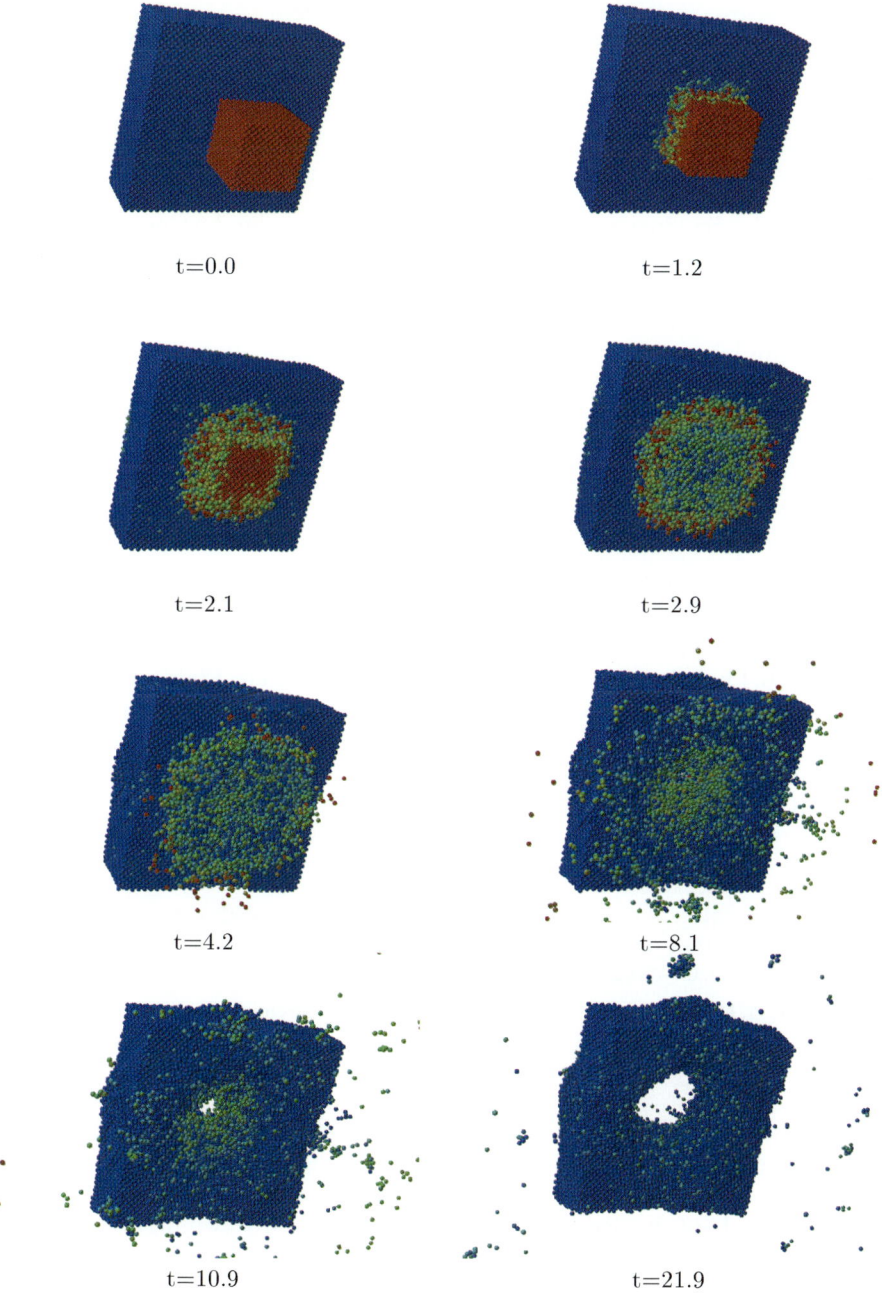

t=0.0   t=1.2

t=2.1   t=2.9

t=4.2   t=8.1

t=10.9   t=21.9

Abb. 4.11. Kollision zweier Körper, zeitliche Entwicklung der Partikelverteilung.

$$L_1 = 150\sigma, \quad L_2 = 150\sigma, \qquad L_2 = 150\sigma,$$
$$\varepsilon = 120, \quad \sigma = 3.4,$$
$$m = 39.95, \quad \mathbf{v} = (0, 0, -20.4),$$
$$\text{Partikelabstand} = 2^{1/6}\sigma, \quad N_1 = 4000, \qquad N_2 = 36000,$$
$$r_{cut} = 2.5\sigma, \quad \delta t = 0.001$$

Tabelle 4.9. Parameterwerte, Simulation einer Kollision.

Die Farbe der einzelnen Partikel kodiert dabei wieder die Geschwindigkeit. Direkt nach dem Zusammentreffen fängt der kleine Körper an seine Struktur zu verlieren. Er wird durch die Kollision vollständig zerstört. Der größere Körper dagegen wird durch den Aufprall durchlöchert und plastisch verformt.

Aufgrund des einfachen Lennard-Jones-Potentials, das wir verwendet haben, handelt es sich hier wieder nur um eine erste phänomenologische Beschreibung der Kollision von Festkörpern. Realistischere Simulationen können durch die Verwendung von komplizierteren Potentialen erreicht werden, vergleiche Abschnitt 5.1. Weitere Simulationen von Kollisionen findet man in [69, 71, 385].

4.5.2 Rayleigh-Taylor-Instabilität

Wir erweitern nun die Simulation der Rayleigh-Taylor-Instabilität aus Abschnitt 3.6.4 auf drei Dimensionen. Wiederum wird ein Fluid unter Schwerkrafteinfluß über ein Fluid mit geringerer Dichte geschichtet. Das schwerere Fluid sinkt ab und verdrängt dabei das leichtere Fluid. Wir verwenden die Parameter aus Tabelle 4.10. Die Gesamtzahl der Partikel beträgt 104328. Sie sind zu Beginn auf einem regulären Gitter angeordnet. Davon hat die

$$L_1 = 50, \qquad L_2 = 40, \quad L_3 = 45$$
$$\sigma = 1.15, \qquad \varepsilon = 2.0, \quad N = 54 \times 42 \times 46 = 104328,$$
$$m_{oben} = 80, \qquad m_{unten} = 40, \quad T' = 100,$$
$$G = (0, 0, -0.6217), \qquad r_{cut} = 2.5\sigma, \quad \delta t = 0.001$$

Tabelle 4.10. Parameterwerte, Simulation einer Rayleigh-Taylor-Instabilität.

eine Hälfte der Partikel, die zunächst oben liegen, die Masse 80 und die andere Hälfte die Masse 40. Die Anfangsgeschwindigkeiten werden gemäß einer Maxwell-Boltzmann-Verteilung entsprechend einer Temperatur von $T' = 100$ gewählt. Im Lauf der Rechnung skalieren wir die Geschwindigkeiten jeweils alle 10 Zeitschritte gemäß (3.35) und (3.40) auf $T' = 100$. Wiederum sieht man, wie sich im Lauf der Simulation die typischen pilzförmigen Strukturen bilden. Von oben sinken die schwereren Partikel nach unten und verdrängen

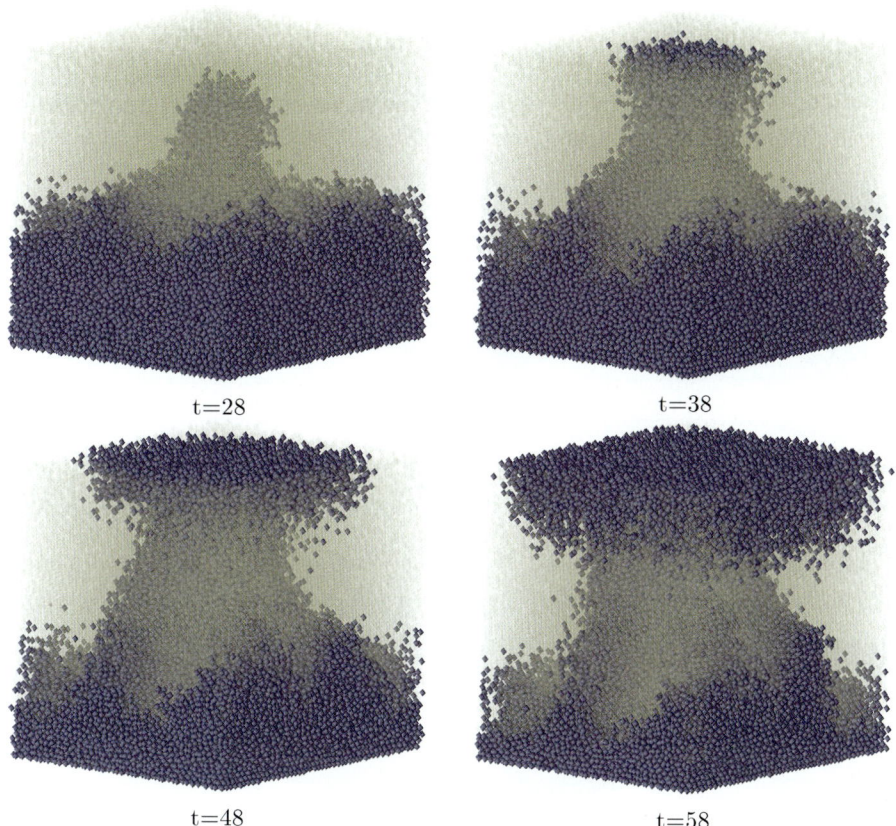

Abb. 4.12. Rayleigh-Taylor-Instabilität, zeitliche Entwicklung der Partikelverteilung.

die leichteren Partikel, die deswegen nach oben aufsteigen. In dieser Simulation ergibt sich ein großer Pilz. Dies ist in Abbildung 4.13 dargestellt.

In einer weiteren Simulation mit leicht geänderten Parametern (Tabelle 4.11) kann man dagegen die Ausbildung von 4×4 etwa gleich großen Pilzen beobachten, siehe Abbildung 4.12.

$$L_1 = 90, \qquad L_2 = 80, \qquad L_3 = 22.5$$
$$\sigma = 1.15, \qquad \varepsilon = 2.0, \qquad N = 96 \times 84 \times 22 = 177408,$$
$$m_{oben} = 80, \qquad m_{unten} = 40, \qquad T' = 100,$$
$$G = (0, 0, -1.2435), \qquad r_{cut} = 2.5\sigma, \qquad \delta t = 0.001$$

Tabelle 4.11. Parameterwerte, Simulation einer Rayleigh-Taylor-Instabilität.

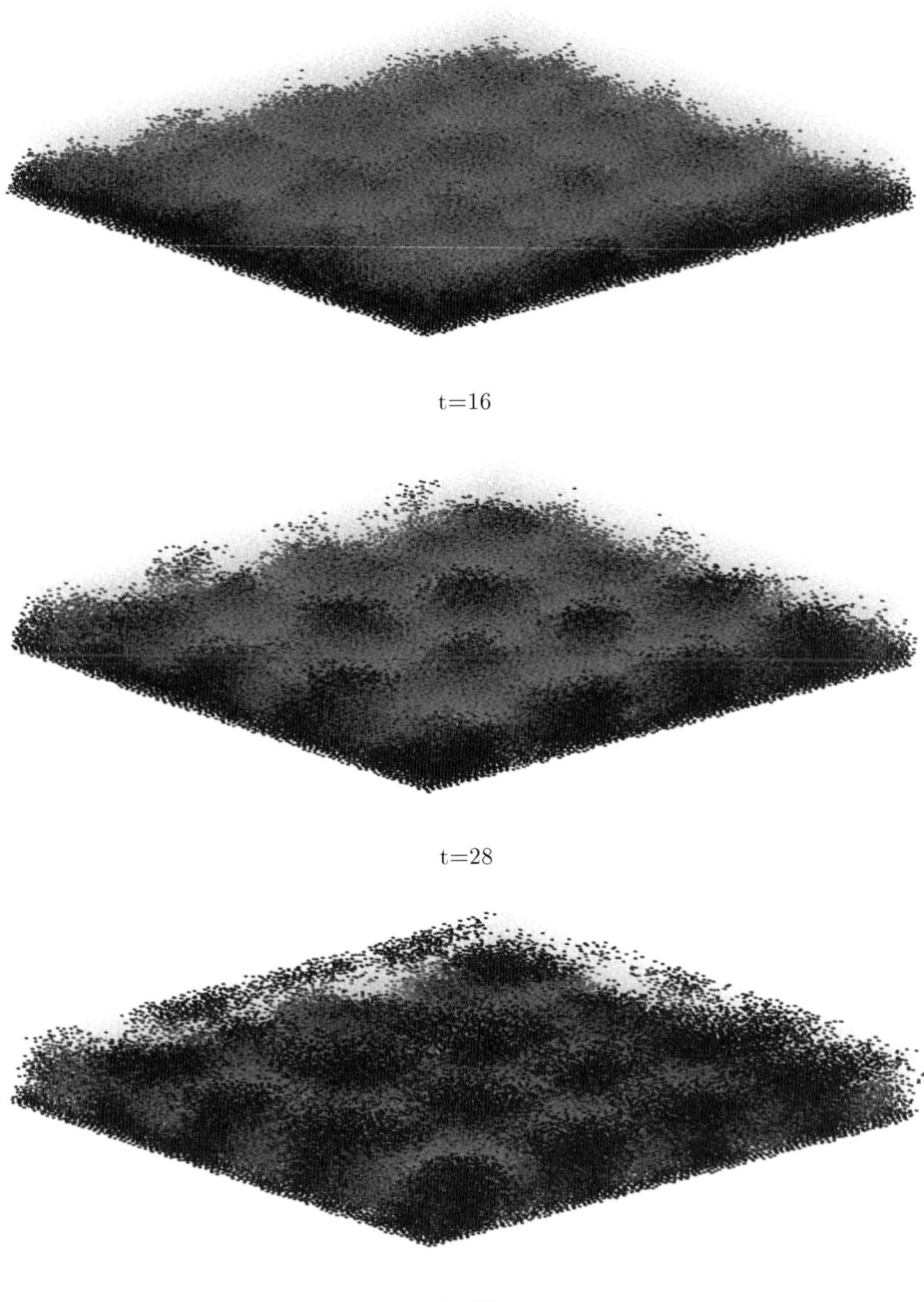

t=16

t=28

t=36

Abb. 4.13. Rayleigh-Taylor-Instabilität, zeitliche Entwicklung der Partikelverteilung.

5 Erweiterung auf kompliziertere Potentiale und Moleküle

In den bisherigen Anwendungen traten nur Paarpotentiale auf. In diesem Kapitel betrachten wir nun einige Anwendungen mit komplizierteren Potentialen und diskutieren die dafür notwendigen Änderungen in den Algorithmen. Wir beginnen mit drei Beispielen für Mehrkörperpotentiale, dem Potential von Finnis-Sinclair [230, 326, 584], dem EAM-Potential [64, 172, 173] und dem Potential von Brenner [122]. Das Potential von Finnis-Sinclair und das EAM-Potential beschreiben Bindungen in Metallen. Wir verwenden diese Potentiale zur Simulation von Mikrorissen und Strukturumwandlungen in metallischen Materialien. Das Potential von Brenner beschreibt Kohlenwasserstoffbindungen. Wir setzen es zur Simulation von Kohlenstoff-Nanoröhren und sogenannten Kohlenstoff-Buckybällen ein. Anschließend erweitern wir unseren Code auf Potentiale mit festen Nachbarschaftsstrukturen. Damit können wir auch einfache Netze aus Atomen und lineare Molekülketten wie Alkane und Polymere simulieren. Zuletzt geben wir einen Ausblick auf die Implementierung von komplizierteren Biomolekülen und Proteinen.

5.1 Mehrkörperpotentiale

Entscheidend für die Verläßlichkeit der Ergebnisse von Partikelsimulationen ist die Verwendung geeigneter Potentialfunktionen. Einfache Paarpotentiale wie das Lennard-Jones-Potential können jedoch die spezifischen Eigenschaften von zum Beispiel Metallen und Kohlenwasserstoffen nicht hinreichend genau nachbilden [173]. Nötig sind statt dessen sogenannte Mehrkörperpotentiale, bei denen die Kraft, die ein Partikel auf ein anderes ausübt, von der Lage mehrerer benachbarter Partikel abhängt.

Diese Potentiale sind von der Form

$$V(\mathbf{x}_1, \ldots, \mathbf{x}_N) = \sum_{i=1}^{N} \left(\sum_{\substack{j=1 \\ i \neq j}}^{N} U(r_{ij}) - S_i(r_{i1}, \ldots, r_{iN}) \right) \tag{5.1}$$

mit einem abstoßenden Paarpotential U und einem anziehenden Anteil S_i. Im anziehenden Anteil treten jetzt Mehrkörperwechselwirkungen auf, bei denen die Kräfte auf ein Partikel von der Anzahl sowie der Position benachbarter

Partikel abhängen. Mit solchen Potentialen lassen sich nun auch Bindungs-
eigenschaften von Metallen modellieren. Daher sind sie den konventionellen
Paarpotentialen wie etwa dem einfachen Lennard-Jones-Potential im Sinne
einer physikalisch „korrekteren" Beschreibung überlegen.

In den letzten Jahren wurden eine Vielzahl von empirischen und semi-
empirischen Verfahren für die Simulation von Metallen und kovalenten Materialien entwickelt. So veröffentlichten Daw und Baskes [172, 173] im Jahre
1983 ein sogenanntes *Embedded-Atom-Potential* (EAM) für Übergangsmetalle auf kubisch-flächenzentrierten Gittern, siehe Abbildung 5.1. Dieser Ansatz wurde von Johnson und Adams auf Metalle mit kubisch-raumzentrierten
Gittern erweitert [29, 340] und sukzessive durch Berücksichtigung der Bin-
dungsumgebungen zur MEAM-Methode [63, 65] verbessert. Abell und Tersoff
griffen dieses Vorgehen auf und entwickelten darauf aufbauend ein ähnliches
Potential für Silizium [28, 593]. Dieses wiederum wurde von Brenner [122]
zur Grundlage seines Kohlenwasserstoff-Potentials gemacht, welches wir in
Abschnitt 5.1.3 genauer behandeln werden.

Einen alternativen Ansatz entwickelten Finnis und Sinclair im Jahre
1984 [230]. Sie leiteten ihr Mehrkörperpotential von der sogenannten Tight-
Binding-Technik ab, welche eine semi-empirische Approximation an die Dichtefunktional-Theorie ist. Das Potential von Finnis und Sinclair wurde ursprünglich für Übergangsmetalle auf kubisch-raumzentrierten Gittern entwickelt. Rosato et al. [521] sowie Sutton und Chen [584] stellten Varianten
für Übergangsmetalle auf kubisch-flächenzentrierten Gittern (fcc) und für
hexagonal dichteste Gitterpackung (hcp) vor. Eine Verallgemeinerung auf
Metall-Legierungen findet man in [489]. Im folgenden stellen wir nun das
Potential von Finnis und Sinclair genauer vor.

5.1.1 Rißbildung in Metallen – das Potential von Finnis-Sinclair

Die Untersuchung der Rißbildung und Rißausbreitung in Metallen auf Mikroebene ist eine interessante Anwendung der Moleküldynamik-Methode in den
Materialwissenschaften. Dabei ist man besonders daran interessiert, experimentell beobachtete Eigenschaften [227, 228] über das dynamische Verhalten
der Rißausbreitung nachzubilden und Erklärungen für diese Eigenschaften
auf der Mikroebene zu finden. Untersuchungen haben gezeigt, daß eine maximale Geschwindigkeit der Rißausbreitung existiert. Bis zu einer bestimmten Geschwindigkeit entstehen relativ geradlinige Risse mit glatten Rändern.
Erreicht die Rißgeschwindigkeit jedoch einen bestimmten kritischen Wert,
dann ändert sich die Dynamik der Rißausbreitung dramatisch. Die Rißgeschwindigkeit beginnt zu oszillieren und es treten rauhe Rißoberflächen und
Bifurkationen der Rißtrajektorie auf. Die Untersuchung der Rißausbreitung
auf der Mikroebene mittels Moleküldynamik-Simulation ermöglicht hier detaillierte Beobachtungen und eine genaue Bestimmung der Geschwindigkeit
der Rißausbreitung [326]. Mittels einer Analyse der auftretenden Spannungen
läßt sich die Ausbreitung eines Risses während der Simulation automatisch

verfolgen. Ziel solcher Untersuchungen ist es, die Ergebnisse in die Verbesserung makroskopischer Kontinuumsmodelle der Rißbildung einfließen zu lassen [488].

Metalle lassen sich nach ihrem Strukturtyp, das heißt nach der Anordnung der Atome im Kristallgitter, in verschiedene Klassen einteilen [516]. So sind zum Beispiel in Kupfer, Silber, Gold und Nickel die Atome auf einem kubisch-flächenzentrierten Bravais-Gitter (face centered cell, fcc) angeordnet, wobei in jedem Eckpunkt und in der Mitte der Seitenflächen des regulären Gitters ein Partikel liegt, vergleiche Abbildung 5.1 (links unten). In Eisen hingegen sind die Atome auf einem kubisch-raumzentrierten Bravais-Gitter (body centered cell, bcc) angeordnet. Dabei befindet sich an jedem Eck des regulären Gitters und im Mittelpunkt jeder Gitterzelle ein Partikel, vergleiche Abbildung 5.1 (links oben). Schließlich gibt es noch die Anordnung in einer hexagonal-dichtesten (Kugel-) Packung (hexagonal closest packing, hcp), vergleiche Abbildung 5.1 (rechts), die bei Magnesium oder Zink vorkommt, sowie würfelartige und rhombische Gitter.[1] Eine Zuordnung der wichtigsten Elemente zu ihren jeweiligen Gittertypen findet sich in Abbildung 5.2.

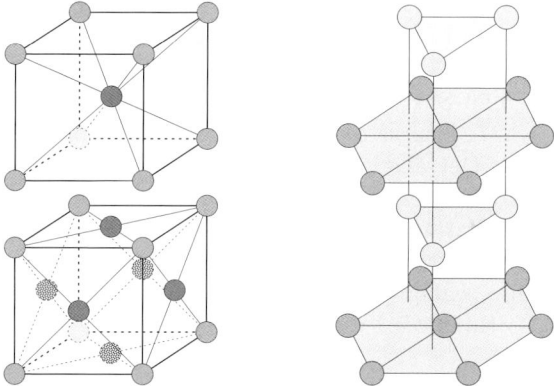

Abb. 5.1. Kubisch-raumzentriertes Gitter (body centered cell, bcc) (links oben), kubisch-flächenzentriertes Gitter (face centered cell, fcc) (links unten), hexagonal-dichteste Packung (hexagonal closest packing, hcp) (rechts).

Potentiale, die die Bindungen in Metallen beschreiben, müssen an die jeweilige Gitterstruktur angepaßt sein. Je nach der Anordnung der Atome im Metall ergeben sich dabei unterschiedliche Potentialformen und Potentialparameter. Im folgenden verwenden wir nun das Finnis-Sinclair-Potential

---

[1] Bei einer metallischen Bindung delokalisieren die Valenzelektronen der jeweiligen Atome. Damit sinkt die kinetische Energie, was zur Bindung beiträgt. Bei sogenannten Übergangsmetallen treten zudem noch kovalente Wechselwirkungen der d- und f-Orbitale auf. Daraus resultieren häufig dichtest gepackte Strukturen.

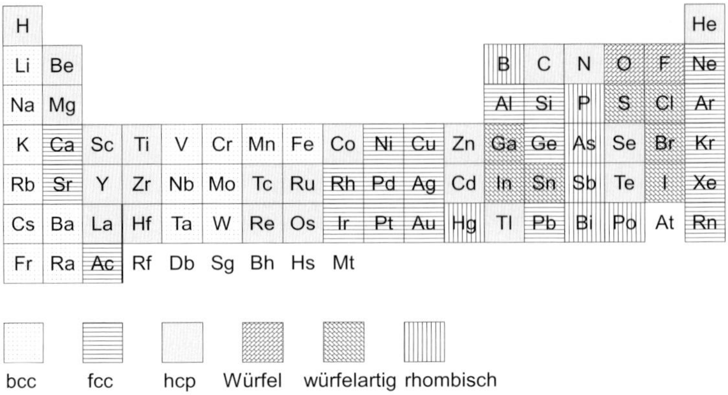

H																	He
Li	Be											B	C	N	O	F	Ne
Na	Mg											Al	Si	P	S	Cl	Ar
K	Ca	Sc	Ti	V	Cr	Mn	Fe	Co	Ni	Cu	Zn	Ga	Ge	As	Se	Br	Kr
Rb	Sr	Y	Zr	Nb	Mo	Tc	Ru	Rh	Pd	Ag	Cd	In	Sn	Sb	Te	I	Xe
Cs	Ba	La	Hf	Ta	W	Re	Os	Ir	Pt	Au	Hg	Tl	Pb	Bi	Po	At	Rn
Fr	Ra	Ac	Rf	Db	Sg	Bh	Hs	Mt									

bcc   fcc   hcp   Würfel würfelartig rhombisch

Abb. 5.2. Zuordnung der wichtigsten Elemente zu ihren jeweiligen bevorzugten Gittertypen bei Normalbedingungen.

$$V = \varepsilon \sum_{i=1}^{N} \left(\sum_{j=1,j>i}^{N} \left(\frac{\sigma}{r_{ij}} \right)^n - c \left[\sum_{\substack{j=1 \\ j\neq i}}^{N} \left(\frac{\sigma}{r_{ij}} \right)^m \right]^{1/2} \right) \tag{5.2}$$

für fcc-Metalle gemäß Sutton und Chen [584]. Wie das einfache Lennard-Jones-Potential (3.27) besitzt dieses Potential einen abstoßenden und einen anziehenden Anteil. Der abstoßende Anteil besteht aus einem Paarpotential, wohingegen der anziehende Anteil ein Mehrkörperpotential darstellt. Die materialabhängigen Parameter $n, m, \varepsilon, \sigma$ haben dabei dieselbe Funktion wie im Lennard-Jones-Potential. Der zusätzliche Parameter c ist ebenfalls materialabhängig. In ihm schlägt sich der jeweilige Gittertyp nieder. Einige Parametersätze sind in Tabelle 5.1 angegeben.

	m	n	ε	σ	c
Kupfer	6	9	$1.2382 \cdot 10^{-2}$eV	3.61 Å	39.432
Silber	6	12	$2.5415 \cdot 10^{-3}$eV	4.09 Å	144.41
Gold	8	10	$1.2793 \cdot 10^{-2}$eV	4.08 Å	34.408

Tabelle 5.1. Parameter für das Sutton-Chen-Potential einiger Metalle mit fcc-Gitter [584].

Mit der Abkürzung

$$S_i = \sum_{\substack{j=1 \\ j\neq i}}^{N} \left(\frac{\sigma}{r_{ij}} \right)^m \tag{5.3}$$

läßt sich das Potential auch schreiben als

$$V = \varepsilon \sum_{i=1}^{N} \left(\sum_{j=1, j>i}^{N} \left(\frac{\sigma}{r_{ij}} \right)^{n} - c\sqrt{S_i} \right). \tag{5.4}$$

Durch Gradientenbildung erhält man wieder die Kraft auf die einzelnen Partikel. Es gilt mit $\mathbf{r}_{ij} = \mathbf{x}_j - \mathbf{x}_i$

$$\mathbf{F}_i = -\varepsilon \sum_{\substack{j=1 \\ i \neq j}}^{N} \left(n \left(\frac{\sigma}{r_{ij}} \right)^{n} - \frac{cm}{2} \left(\frac{1}{\sqrt{S_i}} + \frac{1}{\sqrt{S_j}} \right) \left(\frac{\sigma}{r_{ij}} \right)^{m} \right) \frac{\mathbf{r}_{ij}}{r_{ij}^2}. \tag{5.5}$$

Im Unterschied zur Lennard-Jones-Kraft (3.28) tritt nun zusätzlich der komplizierte Term $(S_i^{-1/2} + S_j^{-1/2})$ auf. Dieser macht die Kraft von Partikel j auf Partikel i von der Position aller anderen Partikel abhängig.

Aufgrund des schnellen Abfalls der Summanden mit dem Abstand r_{ij} müssen die Summen in (5.3), (5.4) beziehungsweise (5.5) nicht über alle Partikel geführt werden, sondern können wie im Fall des Lennard-Jones-Potentials abgeschnitten werden. Das heißt, alle Beiträge in den Summen, die kleiner als ein gewisser Schwellwert sind, werden vernachlässigt. Mit einem Abschneideparameter r_{cut} erhält man dann die Approximationen

$$S_i \approx \bar{S}_i = \sum_{\substack{j=1, j \neq i \\ r_{ij} < r_{\text{cut}}}}^{N} \left(\frac{\sigma}{r_{ij}} \right)^{m}, \tag{5.6}$$

$$V \approx \varepsilon \sum_{i=1}^{N} \left(\sum_{\substack{j=1, j>i \\ r_{ij} < r_{\text{cut}}}}^{N} \left(\frac{\sigma}{r_{ij}} \right)^{n} - c\sqrt{\bar{S}_i} \right) \tag{5.7}$$

und

$$\mathbf{F}_i \approx -\varepsilon \sum_{\substack{j=1, i \neq j \\ r_{ij} < r_{\text{cut}}}}^{N} \left(n \left(\frac{\sigma}{r_{ij}} \right)^{n} - \frac{cm}{2} \left(\frac{1}{\sqrt{\bar{S}_i}} + \frac{1}{\sqrt{\bar{S}_j}} \right) \left(\frac{\sigma}{r_{ij}} \right)^{m} \right) \frac{\mathbf{r}_{ij}}{r_{ij}^2}. \tag{5.8}$$

Wir schreiben abkürzend

$$\mathbf{F}_{ij} = -\varepsilon \left(\frac{\sigma}{r_{ij}} \right)^{m} \cdot \left(n \left(\frac{\sigma}{r_{ij}} \right)^{n-m} - \frac{cm}{2} \left(\frac{1}{\sqrt{\bar{S}_i}} + \frac{1}{\sqrt{\bar{S}_j}} \right) \right) \frac{\mathbf{r}_{ij}}{r_{ij}^2} \tag{5.9}$$

für die Kraft von Partikel j auf Partikel i. Damit haben wir

$$\mathbf{F}_i \approx \sum_{\substack{j=1, i \neq j \\ r_{ij} < r_{\text{cut}}}}^{N} \mathbf{F}_{ij}.$$

Nun wollen wir unter Verwendung des Potentials (5.2) die Ausbreitung von Rissen in Metallen auf molekularer Ebene untersuchen. Dazu werden zu Beginn der Simulation die Partikel auf einem kubisch-flächenzentrierten Gitter angeordnet. An einer Seite wird eine kleine Dislokation erzeugt, indem die ersten 10 beziehungsweise 20 Partikel in der Mitte des Metalls entlang einer Linie (2D) beziehungsweise einer Fläche (3D) durch eine Kraft ein wenig auseinandergezogen werden, vergleiche Abbildung 5.3. Diese Kraft nimmt dabei von der Außenseite des Metalls nach Innen linear bis auf Null ab. An zwei gegenüberliegenden Rändern des Metallblocks wird dann gezogen, indem man auf die äußerste Partikelreihe eine konstante Kraft wirken läßt, vergleiche Abbildung 5.3 für eine zweidimensionale Darstellung.

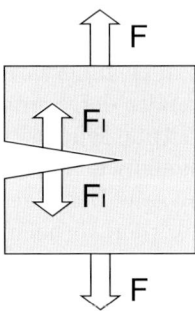

Abb. 5.3. Grundkonfiguration zur Simulation der Rißbildung in Metallen, zweidimensionaler Fall; an der oberen und unteren Seite wird mit einer vorgegebenen Kraft **F** gezogen; an der linken Seite hat das Metall einen Defekt.

Implementierung. Wegen des Mehrkörperanteils im Potential müssen im Code einige Änderungen und Ergänzungen vorgenommen werden. So werden zur Berechnung der potentiellen Energie V und der Kräfte $\mathbf{F}_i$ auf die Partikel die Terme $\bar{S}_i$, $i = 1, \ldots, N$ aus (5.6) benötigt. Liegen diese vor, dann können die Energie und die Kräfte nach (5.7) beziehungsweise (5.8) wie bisher mittels der Linked-Cell-Methode berechnet werden. Deswegen werden in jedem Zeitschritt die Werte $\bar{S}_i$ nun vor der Berechnung der Kräfte bestimmt und abgespeichert. Dazu genügt ein Durchlauf durch alle Partikel. Für ein festes i werden hierbei jeweils die Partikel innerhalb der gleichen Zelle und der benachbarten Zelle – wie schon in Algorithmus 3.15 beschrieben – durchlaufen und die entsprechenden Interaktionen addiert.

Wir ergänzen deswegen die Datenstruktur 3.1 `Particle` um die zusätzliche Größe `real s`, in der der Wert von $\bar{S}_i$ für das jeweilige Partikel i gespeichert wird. Weiterhin ist eine neue Routine `compS_LC` zu implementieren,

```
void compS_LC(Cell *grid, int *n, real r_cut);
```

in der der Wert $\bar{S}_i$ nach (5.6) berechnet wird. Der Aufruf dieser Routine erfolgt innerhalb der Routine compF_LC aus Algorithmus 3.15 gleich zu Beginn, das heißt vor der eigentlichen Kraftberechnung. Zusätzlich müssen wir in der Routine force die Potentiale und Kräfte gemäß (5.4) und (5.8) beziehungsweise (5.9) entsprechend anpassen.

Parallelisierung. Die Parallelisierung des Linked-Cell-Algorithmus wurde bereits in Kapitel 4 beschrieben. Dieser parallele Algorithmus muß nun um die parallele Berechnung der Werte $\bar{S}_i$ nach (5.6) ergänzt werden. Dies kann analog zu den Erläuterungen in Abschnitt 4.2 geschehen. Stehen die Partikel der Randbordüre des jeweiligen Teilgebietes zur Verfügung, so kann die Berechnung der Werte $\bar{S}_i$ für die Partikel innerhalb des jeweiligen Teilgebietes $\Omega_{\mathtt{ip}}$ parallel ausgeführt werden.

Zusätzlich trifft man auf folgendes Problem: Zur Berechnung der Kraft $\mathbf{F}_i$ auf Partikel i werden sämtliche $\bar{S}_j$ benötigt, für die $\|\mathbf{x}_j - \mathbf{x}_i\| < r_{\mathrm{cut}}$ gilt. Da die Summe zur Berechnung der Werte $\bar{S}_j$ abgeschnitten wird, liegen die entsprechenden Partikel in derselben Zelle wie Partikel i, oder aber in direkt benachbarten Zellen. Am Rand des Simulationsgebiets kann es nun wieder vorkommen, daß die entsprechenden Werte auf dem Nachbarprozessor berechnet wurden und daher dem Prozessor, der die Kraft $\mathbf{F}_i$ berechnet, nicht bekannt sind. Dann ist ein zusätzlicher Kommunikationsschritt[2] notwendig, in dem die $\bar{S}_j$-Werte der Partikel in der Randbordüre zwischen den Prozessoren ausgetauscht werden. Im Algorithmus geschieht dies direkt nach der parallelen Berechnung der $\bar{S}_j$-Werte. Dazu können wir wieder die in Abschnitt 4.3 vorgestellten Kommunikationsroutinen verwenden.

Beispiele. Wir stellen hier die Ergebnisse je einer Simulation in zwei- beziehungsweise drei Dimensionen vor. Abbildung 5.4 zeigt das Ergebnis der zweidimensionalen Simulation mit den Parameterwerten aus Tabelle 5.2.[3] Man kann erkennen, wie sich durch den Riß induzierte Schallwellen durch das Material ausbreiten.[4] Abbildung 5.5 zeigt das Ergebnis einer dreidimensionalen Simulation mit den entsprechenden Parameterwerten aus Tabelle 5.3.

---

[2] Man kann diese zweite Kommunikation auch vollständig vermeiden, indem man Daten von Partikeln in einer doppelt breiten Randbordüre speichert und austauscht. Dann können die $\bar{S}_j$, die zur Berechnung der Kräfte auf einem Prozessor benötigt werden, alle dort berechnet werden. Dies verursacht allerdings einen etwas höheren Speicherbedarf.

[3] Der Parameter c hängt ab vom Gitter und von der Zahl der Nachbaratome. Daher hat er in zwei Dimensionen im allgemeinen einen anderen Wert als in drei Dimensionen.

[4] Diese Druckwellen gehen vom Riß aus, laufen durch das Material und werden am Rand der Probe reflektiert. Dies kann die Ausbreitungsgeschwindigkeit des Risses sowie den Verlauf der Rißtrajektorie beeinflussen. Vermeiden läßt sich dies, indem man die Schallwellen am Rand der Probe abdämpft. Dazu kann zum Beispiel ein zusätzlicher Reibungsterm (vergleiche Abschnitt 3.7.1) verwendet werden, der nur auf die Partikel am Rand wirkt.

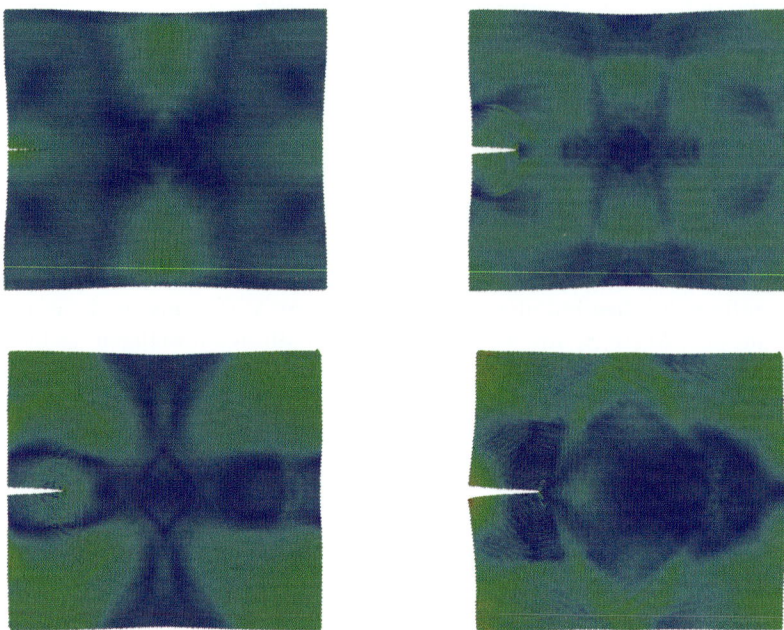

Abb. 5.4. Entwicklung eines Mikrorisses in Silber in zwei Dimensionen.

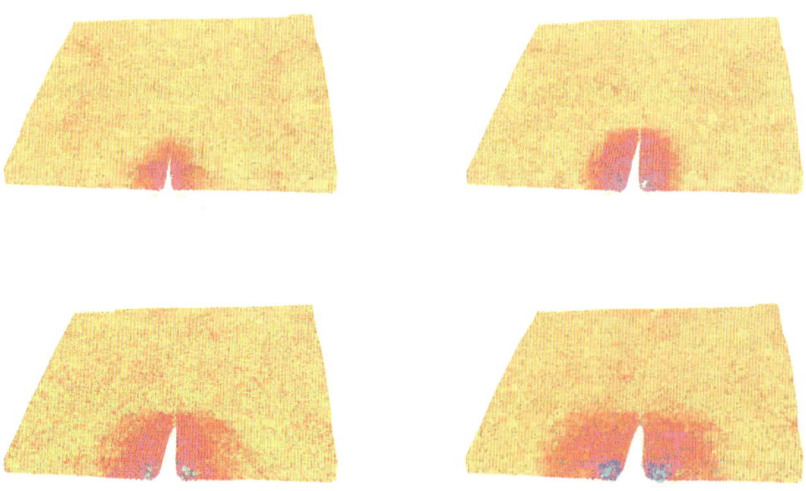

Abb. 5.5. Entwicklung eines Mikrorisses in Silber in drei Dimensionen.

$$L_1 = 200, \qquad L_2 = 200,$$
$$\varepsilon = 1, \qquad \sigma = 1,$$
$$c = 10.7,$$
$$m = 6, \qquad n = 12,$$
$$\text{Gitterabstand} = 1.1875, \quad T = 1 \text{ K},$$
$$r_{\text{cut}} = 5.046875,$$

Tabelle 5.2. Parameterwerte, Entwicklung eines Mikrorisses in Silber (2D).

$$L_1 = 80, \qquad L_2 = 80, \quad L_3 = 80,$$
$$\varepsilon = 1, \qquad \sigma = 1, \qquad c = 144.41,$$
$$m = 6, \qquad n = 12,$$
$$\text{Gitterabstand} = 1.21875, \quad T = 1 \text{ K},$$
$$r_{\text{cut}} = 4$$

Tabelle 5.3. Parameterwerte, Entwicklung eines Mikrorisses in Silber (3D).

Die Ausbreitung und die Geschwindigkeit eines Risses lassen sich automatisch verfolgen, indem man jedem Partikel i die 3×3 Matrix

$$\boldsymbol{\sigma}_i = -\frac{1}{2}\frac{1}{|\Omega|} \sum_{\substack{j=1,i\neq j \\ r_{ij} < r_{\text{cut}}}}^{N} \mathbf{F}_{ij} \cdot \mathbf{r}_{ij}^T \qquad (5.10)$$

zuordnet,[5] wobei $|\Omega|$ das Volumen des Simulationsgebiets bezeichnet. Sie kann als Spannungstensor am Ort des Partikels i interpretiert werden (wobei hier die durch die thermische Bewegung der Teilchen verursachte Spannung nicht berücksichtigt wird, siehe auch (5.27) und (5.28)). Die Ausbreitung des Risses kann dann verfolgt werden, indem der Ort mit maximalem Wert $\|\boldsymbol{\sigma}_i\|$ über die Zeit bestimmt wird. Dabei nimmt man an, daß an der Spitze des Risses das Maß für die Spannung jeweils am größten ist. Eine alternative Formel für den Spannungstensor findet man in [326].

In [457] wurde ein Lennard-Jones-Potential für die Simulation von Rißbildungen verwendet.[6] Detailliertere Untersuchungen zur Rißausbreitung mit dem Finnis-Sinclair-Potential findet man in [326, 675]. In [488] wird darüber hinaus die Kopplung des mikroskopischen Moleküldynamik-Modells für die Rißspitze mit einem makroskopischen Elastizitätsmodell mit zugehöriger Diskretisierung durch die Methode der Finiten Elemente für eine zweidimensionale Silberplatte diskutiert. Das resultierende Multiskalen-Modell reproduziert dabei erfolgreich die Rißgeschwindigkeit, die zeitliche Änderung der Rauhigkeit der Rißoberfläche sowie die makroskopische Rißtrajektorie.

---

[5] Dabei bezeichnet $\mathbf{r}_{ij}^T$ die Transponierte des Vektors $\mathbf{r}_{ij} = \mathbf{x}_j - \mathbf{x}_i$. Das Produkt $\mathbf{F}_{ij} \cdot \mathbf{r}_{ij}^T$ ist dann ein 3×3 Tensor mit dem Eintrag $(\mathbf{F}_{ij})_l (\mathbf{r}_{ij})_m$ in der l-ten Zeile und m-ten Spalte.

[6] Wie wir bereits angemerkt haben, können einfache Paarpotentiale wie das Lennard-Jones-Potential die spezifischen Eigenschaften von Metallen nicht hinreichend genau nachbilden.

Die Rißausbildung spielt nicht nur in Metallen sondern auch in Halbleitern eine große Rolle. Dabei findet meist ein von Stillinger und Weber [575] für Silizium vorgestelltes Potential sowie dessen Weiterentwicklungen Verwendung. Resultate sowie Literatur hierzu findet man für Silizium in [404], sowie für Gallium-Arsenid und Silizium-Nitrid in [438, 630, 632]. Dort wird auch die Rißausbreitung in Graphitschichten unter Verwendung des Brenner-Potentials, siehe auch Abschnitt 5.1.3, sowie das Bruchverhalten von Keramiken studiert. Numerische Experimente zur Rißdynamik in Quasikristallen finden sich in [426]. Schließlich werden in [322, 681, 682] Simulationen mit über 35 Millionen Partikeln zur Bruchdynamik und Rißausbreitung in Kupfer beschrieben. Sie basieren auf einer in [639] entwickelten Variante des EAM-Potentials. Das Prinzip der EAM werden wir nun im folgenden Abschnitt erläutern.

5.1.2 Phasenumwandlung in Metallen – das EAM-Potential nach Daw und Baskes

Die sogenannte „embedded atom"-Methode (EAM) ist ein weiterer Zugang, um Potentiale für Moleküldynamiksimulationen von Metallen und Metalllegierungen herzuleiten. Diese werden mit Erfolg zur Untersuchung von Rißbildung, Oberflächenreaktionen, Aufwachsprozessen, Martensit-Austenit-Umwandlung und Phasenübergängen in Festkörpern, Nanopartikeln und dünnen Filmen eingesetzt [346]. Die EAM wurde von Daw and Baskes [172] eingeführt und in einer Reihe von Arbeiten [64, 65, 640] substantiell weiterentwickelt. Mittlerweile ist sie ein Standard für die Moleküldynamik-Simulation von Metallen.

Die Grundidee dabei ist wie folgt: Jedes Energiepotential induziert eine Elektronendichte. Umgekehrt zeigten Hohenberg und Kohn [321], daß die Elektronendichte eindeutig das Potential festlegt.[7] Dieses Prinzip macht sich nun die EAM zunutze, um mit Hilfe der Elektronendichte das Potential zu konstruieren: Jedes Atom i ist von Material (host), also der Menge aller anderen Atome umgeben. Seine Energie hängt dabei von der Elektronendichte des host-Materials im Punkt $\mathbf{x}_i$ ab, mit anderen Worten, das Atom ist in die Elektronendichte des hosts „eingebettet". Mit Hilfe einer zu bestimmenden Einbettungsfunktion $\mathcal{F}_i$ läßt sich nun die Energie V_i^{emb} des i-ten Atoms, die durch die Einbettung in die Elektronendichte des host-Materials bedingt wird, als

$$V_i^{\text{emb}} = \mathcal{F}_i(\rho_i^{\text{host}}) \tag{5.11}$$

ansetzen, wobei ρ_i^{host} die Elektronendichte des host-Materials ohne Atom i im Punkt $\mathbf{x}_i$ beschreibt. Nun nimmt man vereinfachend an, daß die Elektronendichte ρ_i^{host} gerade die Summe der Elektronendichten ρ_j^{atom} der einzelnen

---

[7] Bei Hohenberg und Kohn wird dabei das Potential aus der Energiedichte aller Atome gebildet, bei EAM nur aus der Energiedichte der Umgebung, ohne das Atom selbst zu berücksichtigen.

Atome j mit $j \neq i$ ist und diese wiederum radialsymmetrisch sind, also

$$\rho_i^{\text{host}} = \sum_{j=1, j \neq i}^{N} \rho_j^{\text{atom}}(\|r_{ij}\|) \tag{5.12}$$

gilt. Dieses Einbettungspotential (5.11) wird nun mit einem Paarpotential der Form

$$V_i^{\text{pair}} = \frac{1}{2} \sum_{j=1, j \neq i}^{N} \phi_{ij}(\|r_{ij}\|)$$

kombiniert.[8] Die Funktionen ϕ_{ij} hängen dabei nur von den Typen der Atome i und j ab. Da für Interaktionen zwischen verschiedenen Atomtypen ϕ_{ij} gut durch das geometrische Mittel von ϕ_{ii} und ϕ_{jj} beschrieben wird, d.h. $\phi_{ij} = \sqrt{\phi_{ii}\phi_{jj}}$ gesetzt werden kann [173], läßt sich V_i^{pair} auch ansetzen als

$$V_i^{\text{pair}} = \frac{1}{2} \sum_{j=1, j \neq i}^{N} \frac{Z_i(\|r_{ij}\|) Z_j(\|r_{ij}\|)}{\|r_{ij}\|} \tag{5.13}$$

mit geeignet zu wählenden Funktionen Z_i, die vom Abstand abhängen. Diese Funktionen Z_i können als sogenannte „effektive Ladung" interpretiert werden. Man erhält also eine zur elektrostatischen Ladung ähnliche Energie. Die Funktionen Z_i sind dabei kurzreichweitig, sie klingen meist sehr schnell ab und sind bereits für Abstände von einigen Å faktisch Null. Insgesamt erhalten wir die Potentialfunktion

$$V = \sum_{i=1}^{N} \mathcal{F}_i \left(\sum_{j=1, j \neq i}^{N} \rho_j^{\text{atom}}(\|r_{ij}\|) \right) + \frac{1}{2} \sum_{i=1}^{N} \sum_{j=1, j \neq i}^{N} \frac{Z_i(\|r_{ij}\|) Z_j(\|r_{ij}\|)}{\|r_{ij}\|} \tag{5.14}$$

wobei die Einbettungsfunktionen $\mathcal{F}_i$, die effektiven Ladungsfunktionen Z_i und die Funktionen ρ_j^{atom} für die Elektronendichte der Atome abhängig von den jeweiligen Materialien zu bestimmen sind. Dies geschieht für $\mathcal{F}_i$ und Z_i semi-empirisch. Dazu werden $\mathcal{F}_i$ und Z_i als kubische[9] Splinefunktionen angesetzt und dessen Koeffizienten mittels der (gewichteten) Methode der kleinsten Quadrate so bestimmt, daß physikalische Meßwerte wie Gitterkonstanten, elastische Konstanten, Lehrstellenbildungsenergie etc. möglichst gut reproduziert werden. Die Dichtefunktionen ρ_j^{atom} werden mittels einfacher Hartree-Fock-Rechnungen bestimmt, für Details siehe [150]. Neuere und genauere Daten findet man in [130].[10]

---

[8] V^{emb} alleine führt zu unrealistischen physikalischen Eigenschaften und steht im Widerspruch zu realen Messungen an Festkörpern.

[9] Falls $\mathcal{F}_i$ nur linear gewählt würde, erhielte man ein Paarpotential.

[10] Es lohnt sich aber wohl nicht, bei der Elektronendichte zuviel Aufwand zu treiben, da diese im allgemeinen bereits mit einfachen Hartree-Fock Rechnungen viel genauer ist als die empirisch angepaßte Einbettungsfunktion.

Implementierung. Wegen des Einbettungsanteils (5.11) im Potential (5.14) müssen in der Kraftauswertung des Linked-Cell-Programms aus Abschnitt 3.5 wiederum einige Ergänzungen vorgenommen werden. Diese sehen ähnlich aus wie die Erweiterungen für das Potential von Finnis-Sinclair im vorhergehenden Abschnitt 5.1.1.

Für die Berechnung der Energie V und der Kräfte $\mathbf{F}_i$ auf die Partikel werden zunächst die Funktionen $\rho_j^{\text{atom}}(r)$, $Z_i(r)$ und $\mathcal{F}_i(\rho)$ sowie ihre Ableitungen benötigt. Diese Funktionen werden üblicherweise als B-Splines gewählt. Dabei werden zwischen jeweils zwei Knoten kubische Polynome zur Approximation eingesetzt, die so gewählt werden, daß sie sowohl durch die vorgegebenen Werte an den Knoten führen (Interpolation), als auch eine globale, zweimal stetig differenzierbare Funktion ergeben. Zur eindeutigen Charakterisierung werden zusätzlich noch Randbedingungen in Form erster (für $Z_i(r)$) oder zweiter Ableitungen (für $\mathcal{F}_i(\rho)$) am Rand vorgegeben, vergleiche auch Tabelle 5.4. Aus diesen Werten werden zunächst die zweiten Ableitungen der Splinefunktion an allen Knoten durch die Lösung eines tridiagonalen Gleichungssystems bestimmt. Die anschließende Auswertung der Splines an einem Punkt r erfolgt dann aus den Werten und Ableitungen an den zwei benachbarten Knoten von r mittels kubischer Polynome oder B-Splines. Details findet man in Standard-Büchern zur Numerik [175, 179, 578]. Die Auswertung muß für beliebige Werte von r beziehungsweise ρ in geeigneten Prozeduren programmiert werden, wie sie beispielsweise auch später in den Algorithmen 7.3 und 7.8 aus Abschnitt 7.3.2 für allgemeine Polynomgrade beschrieben werden. Dabei sollte man beachten, daß die Auswertung der Splinefunktionen effizient implementiert wird, da sie bei jeder Berechung von $Z_i(r)$ und $\mathcal{F}_i(\rho)$ verwendet wird.

Die Funktionen $\rho_j^{\text{atom}}(r)$ und $Z_i(r)$ werden so konstruiert, daß sie innerhalb des Abschneideradius r_{cut} auf Null abfallen. Damit kann der Linked-Cell-Algorithmus 3.15 mit Abschneideradius r_{cut} eingesetzt werden, um die Kräfte und Energien zu berechnen. Der Anteil V_i^{pair}, der die effektiven Ladungsfunktionen Z_i beinhaltet, wird dabei gemäß (5.13) direkt berechnet. Für die Kräfte, die durch die Elektronendichten ρ_i^{host} (5.12) hervorgerufen werden, ist jedoch, wie schon bei der Berechnung der Terme $\bar{S}_i$ für das Potential von Finnis-Sinclair, ein Zwischenschritt nötig. Dabei kann in einem ersten Linked-Cell-Durchlauf die Elektronendichte ρ_i^{host} für alle Partikel i bestimmt werden. In einem zweiten Durchlauf ergeben sich dann mit der Einbettungsfunktion $\mathcal{F}_i$ über (5.11) daraus Energie und Kräfte.

Dazu ergänzen wir die Datenstruktur 3.1 `Particle` um die zusätzliche Größe `real rho_host`, in der der Wert von ρ_i^{host} für das jeweilige Partikel i gespeichert wird. In einer neuen Routine `compRho_LC` wird dieser Wert dann gemäß (5.12) berechnet. Die Kraftberechnung muß entsprechend angepaßt werden. Die Parallelisierung der Linked-Cell-Methode erfolgt wie in Abschnitt 4.2, mit einer zum vorigen Abschnitt 5.1.1 analogen Erweiterung. Zur parallelen Berechnung von ρ_i^{host} wird dabei wieder ein zusätzlicher Kommunikationsschritt benötigt. Alternativ dazu kann man auch mit einer Randbordüre doppelter Breite und entsprechender Mehrfachberechnung von ρ_i^{host} in Randnähe arbeiten.

Beispiel. Im folgenden wollen wir mit Hilfe des EAM-Potentials Strukturumwandlungen in Metallegierungen simulieren.[11] Wie wir bereits aus Abschnitt 5.1.1 wissen, kommen kristalline Metalle in verschiedenen Strukturtypen, d.h. in verschiedener Anordnung der Atome im Kristallgitter vor, vergleiche Abbildung 5.1. Bei einigen Elementen wie Eisen, aber auch bei Legierungen von Metallen mit verschiedenen Gittertypen kann sich bei Änderung der Temperatur die Struktur ändern. Ein Beispiel ist etwa der Übergang von β- zu γ-Eisen bei 1185 K. Dabei spricht man von einer temperaturinduzierten Strukturumwandlung oder auch einem Phasenübergang. Solche Umwandlungen in Legierungen wurden erstmalig um 1890 von Adolf Martens unter dem Mikroskop beobachtet [444]. Der Phasenübergang kann dabei global im gesamten Material oder auch lokal in Gebieten von der Größe einiger Atomlagen erfolgen, was zu Mikrostrukturen führt.

Diese Abhängigkeit der Phase von der jeweiligen Temperatur sowie die Umwandlung einer Phase in eine andere bei Temperaturänderung wollen wir im folgenden anhand eines Nanopartikels genauer studieren. Dazu betrachten wir eine Legierung aus 80 Prozent Eisen- und 20 Prozent Nickelatomen. Für die genaue Beschreibung des zugehörigen EAM-Potentials (5.12) benötigen wir nun eine konkrete Funktion für die Elektronendichte $\rho_j^{\text{atom}}(r)$. Dabei gehen wir wie folgt vor: Für die elektrostatische Interaktion zwischen den Atomen sind die Elektronen der äußeren Orbitale entscheidend. Deren Elektronendichte wird gemäß den Wellenfunktionen der stationären Schrödingergleichung durch Funktionen der Form

$$\rho^{*-\text{Orbital}}(r) = \frac{1}{4\pi} \left| \sum_k C_k \frac{(2\zeta_k)^{n_k+1/2}}{\sqrt{(2n_k)!}} r^{n_k-1} e^{-\zeta_k r} \right|^2 \qquad (5.15)$$

approximiert, wobei durch n_k das Elektronenpaar gekennzeichnet wird, zu dem das jeweils k-te Elektron eines Orbitals gehört. Die empirischen Parameter C_k und ζ_k hängen vom Material und dem jeweiligen Orbital ab. Nun bilden wir eine Elektronendichte $\hat{\rho}_j^{\text{atom}}(r)$ als Linearkombination der Elektronendichten der beteiligten Orbitale. Im Fall unserer Eisen-Nickellegierung treten nur $4s$- und $3d$-Orbitale für die äußeren Elektronen auf. Wir setzen somit

$$\hat{\rho}_j^{\text{atom}}(r) = N_s \rho^{4s-\text{Orbital}}(r) + (N - N_s)\rho^{3d-\text{Orbital}}(r) \,,$$

wobei N die Zahl der äußeren Elektronen des jeweiligen Atoms und N_s der empirisch angesetzte Anteil der Elektronen im s-Orbital ist. Die detaillierten

---

[11] In unserem Beispiel für die Legierung aus Eisen und Nickel vernachlässigen wir ferromagnetische Effekte und beschreiben mit dem EAM-Potential lediglich elektrostatische Kräfte.

Werte der verschiedenen Parameter für die Eisen- und Nickelatome sind in Tabelle 5.4 aufgeführt, siehe auch [150]. Nun schneiden wir die Dichte außerhalb des Radius r_{cut} ab und verschieben sie geeignet, um einen stetigen Übergang zu erzeugen. Wir erhalten schließlich

$$\rho_j^{atom}(r) \approx \begin{cases} \hat{\rho}_j^{atom}(r) - \hat{\rho}_j^{atom}(r_{cut}), & r \leq r_{cut}, \\ 0, & r > r_{cut}. \end{cases} \qquad (5.16)$$

Die Einbettungsfunktion $\mathcal{F}_i$ und die effektive Ladung Z_i werden durch kubische Splines approximiert, deren Knoten und Werte ebenfalls in Tabelle 5.4 gegeben sind. Sie sind für Eisen aus [423] und für Nickel aus [346, 424] entnommen.[12] Die Knoten und Werte beschreiben je eine kubische Splinefunktion für $\mathcal{F}_i$ und Z_i. Dabei wird die effektive Ladung Z_i außerhalb der Knoten konstant auf Null gesetzt und die Einbettungsfunktion $\mathcal{F}_i$ linear fortgesetzt.

Nun ordnen wir 2741 Partikel, davon 80% Eisen- und 20% Nickelatome, kugelförmig in der Mitte unserer Simulationsbox mit zufälliger Verteilung der Eisen- und Nickelatome auf einem bcc-Gitter mit der Gitterkonstanten a_0 für Eisen aus Tabelle 5.4 an. Dieses System repräsentiert ein metallisches Nanopartikel, das wir nun im NVT-Ensemble für verschiedene Temperaturen untersuchen wollen. Die Temperatur wird dabei nach jedem Zeitschritt durch die Skalierung (3.42) der Geschwindigkeiten eingestellt wie in Abschnitt 3.7.1 beschrieben. Die Parameter der Simulation sind in Tabelle 5.5 aufgeführt.

Wie starten die Simulation bei einer Temperatur von 100 K. Dabei bleibt die bcc-Struktur stabil erhalten. Anschließend heizen wir das System linear auf. Dabei läßt sich in einem Bereich ab 480 K eine Umwandlung der Anordnung der Atome beobachten: Es bilden sich erste lokale Gebiete mit fcc-Struktur heraus, die sich bei Erhöhung der Temperatur vergrößern. Abbildung 5.6 zeigt die Resultate unserer Simulation für 100 K, 480 K und 530 K. Deutlich sieht man im Querschnitt durch das Nanopartikel die Ausbildung von zwei verschiedenen Bereichen mit fcc- und mit hcp-Struktur. Auch im unteren Bereich des Nanopartikels bildet sich eine fcc-Struktur aus. Diese ist jedoch nicht parallel zur Schnittebene und deshalb im Bild nicht als solche zu erkennen. Diese Anordnung bleibt bei weiterer Temperaturerhöhung auf 800 K im wesentlichen erhalten.

Die zugehörigen radialen Verteilungsfunktionen gemäß (3.62) sind in Abbildung 5.7 angegeben. Auch hier sehen wir deutlich an der Position und der relativen Höhe der Maxima den Übergang vom reinen bcc-Gitter bei 100 K zu einem dichtest gepackten Gitter mit fcc- und hcp-Anteilen bei 530 K, das zudem noch leichte Störungen und Versetzungen beinhaltet.

Der Phasenübergang der Nickel-Eisen-Legierung läßt sich zumindest zu einem gewissen Teil auch wieder rückgängig machen. Dazu muß äußerst langsam abgekühlt werden. Weiterhin ist die Verwendung des NPT-Ensembles vorteilhaft. Dabei tritt eine gewisse Verzögerung bei der Umwandlung auf,

---

[12] Man beachte, daß sich diese verbesserten Werte etwas von den ursprünglichen EAM-Parametern für Nickel aus [172] unterscheiden.

k	Nickel n_k	ζ_k [Å^{-1}]	C_k	Eisen n_k	ζ_k [Å^{-1}]	C_k
4s 1	1	54.87049	-0.00389	1	51.08593	-0.00392
2	1	38.47144	-0.02991	1	35.92446	-0.03027
3	2	27.41786	-0.03189	2	25.54344	-0.02829
4	2	20.87506	0.15289	2	19.14388	0.15090
5	3	10.95341	-0.20048	3	9.85795	-0.21377
6	3	7.31714	-0.05423	3	6.56899	-0.05096
7	4	3.92519	0.49292	4	3.63805	0.50156
8	4	2.15217	0.61875	4	2.03603	0.60709
3d 1	3	12.67158	0.42120	3	11.46739	0.40379
2	3	5.43072	0.70658	3	4.94799	0.71984

	Nickel			Eisen	
N	N_s	r_{cut} [Å]	N	N_s	r_{cut} [Å]
10	0.85	4.64453	8	0.57	4.40905

	Nickel			Eisen	
ρ [Å^{-3}]	$\mathcal{F}(\rho)$ [J]	$\mathcal{F}''(\rho)$	ρ [Å^{-3}]	$\mathcal{F}(\rho)$ [J]	$\mathcal{F}''(\rho)$
0	0	0	0	0	0
0.01412	-5.87470e-19		0.00937	-6.15372e-19	
0.02824	-8.63439e-19		0.01873	-9.32104e-19	
0.05648	-5.78532e-19		0.03746	-6.60495e-19	
0.06495	0	0	0.04308	0	0

	Nickel			Eisen	
r [Å]	$Z(r)$ [e]	$Z'(r)$	r [Å]	$Z(r)$ [e]	$Z'(r)$
0	28.0	0	0	26.0	0
2.112	0.9874		2.00921	1.4403	
2.4992	0.1596		2.49716	0.2452	
2.992	0.0	0	2.69808	0.1491	
			2.87030	0.0734	
			3.44436	0	0

	Nickel			Eisen	
ρ_0[Å^{-3}]	a_0[Å]	Gitter	ρ_0[Å^{-3}]	a_0[Å]	Gitter
0.02824	3.52	fcc	0.01873	2.87	bcc

Tabelle 5.4. Parameter des EAM-Potentials für Nickel und Eisen. Definition der Koeffizienten ζ_k für die Elektronendichten $\rho^{4s-\mathrm{Orbital}}$ und $\rho^{3d-\mathrm{Orbital}}$ der einzelnen Orbitale, Gesamtzahl N der äußeren Elektronen und Anteil N_s für die s-Orbitale, Abschneideradius r_{cut}, Knoten ρ_j und r_j und Werte der Splines für die Einbettungsfunktion $\mathcal{F}_i$ und die effektive Ladung Z_i. Anzahl ρ_0 der Elektronen pro Å^3 und Gitterparameter a_0 (Kantenlänge des Einheitswürfels im Kristall, vergleiche Abbildung 5.1) im Equilibrium.

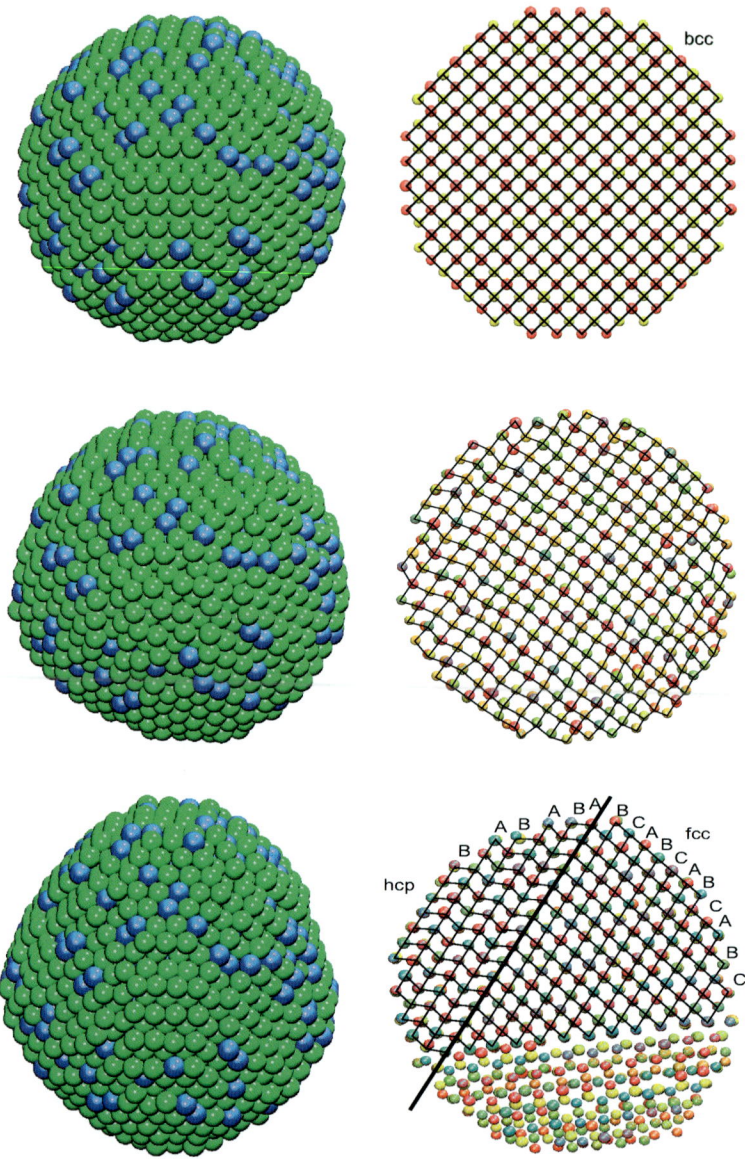

Abb. 5.6. Start- (oben), Zwischen- (Mitte) und Endzustand (unten) der Simulation bei 100 K, 480 K bzw. 530 K eines Eisen-Nickel-Nanopartikels. Dreidimensionale Darstellung der äußeren Form (links) mit Eisenatomen (hell) und Nickelatomen (dunkel). Zweidimensionale Schnitte durch die Gitterstruktur in der x_2-x_3-Ebene (rechts), etwa drei Atomlagen dick, Atomfarben kodieren die x_1-Koordinate. Reiner bcc-Kristall (oben) und Struktur mit fcc- und hcp-Kristallanteilen sowie Versetzungen (unten).

$$L_1 = 60 \text{ Å}, \qquad L_2 = 60 \text{ Å}, \qquad L_3 = 60 \text{ Å},$$
$$N = 2741, \qquad N_{\text{Nickel}} = 2196, \qquad N_{\text{Eisen}} = 545,$$
$$\text{Kugel mit Radius} = 20 \text{ Å}, \qquad \text{Gitter} = \text{bcc}, \qquad a_0 = 2.87 \text{ Å},$$
$$\delta t = 10^{-15} \text{ s}, \qquad t_{\text{end}} = 7.96 \cdot 10^{-11} \text{ s},$$
$$T(t=0) = 100 \text{ K}, \qquad T(t=t_{\text{end}}) = 530 \text{ K},$$
$$m_{\text{Nickel}} = 58.6934 \text{ u}, \qquad m_{\text{Eisen}} = 55.845 \text{ u}$$

Tabelle 5.5. Parameterwerte, Simulation einer Eisen-Nickel-Legierung.

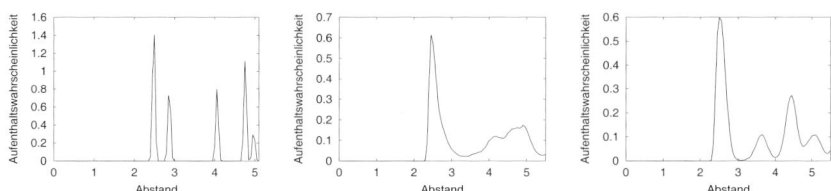

Abb. 5.7. Radiale Verteilungsfunktionen der Konfigurationen des Eisen-Nickel-Nanopartikels bei einer Temperatur von 100 K (links), 480 K (Mitte) und 530 K (rechts).

die sich auch in makroskopischen Größen wie der Ausdehnung des Nanopartikels oder dem elektrischen Widerstand nachweisen läßt [346]. Dieser Vorgang ist typisch für Phasenübergänge und wird auch als Hysterese bezeichnet [124]. Bei einer zu schnellen Kühlrate bleibt die Kristallstruktur im wesentlichen erhalten.

Weitere Experimente zu Eisen-Nickel- und Eisen-Aluminium-Legierungen findet man in [346, 423, 424]. Dabei werden periodische Kristalle und dünne Schichten untersucht. Aufdampfprozesse mit Clusterionen, die zum Wachstum solcher dünnen Schichten führen, werden in [278] simuliert. Die Entstehung und Ausbreitung von Rissen und Versetzungen in Metallen werden in [275, 318, 426, 467, 523, 681, 682] studiert.

5.1.3 Fullerene und Nanoröhren – das Potential von Brenner

In den letzten Jahren wurden bemerkenswerte Strukturen aus Kohlenstoff entdeckt. Beispiele sind Fulleren-Bälle [360] und ein- oder mehrwandige Kohlenstoff-Nanoröhren [329]. Fulleren-Bälle bestehen aus 60 Kohlenstoffatomen, die in Fünf- und Sechsecken wie auf einem Fußball angeordnet sind. Sie bieten eine Fülle von Anwendungen und haben mittlerweile eine eigene Forschungsrichtung in der Chemie begründet, die Fulleren-Chemie.

Eine einwandige Kohlenstoff (n, m)-Nanoröhre ist eine aufgerollte Fläche aus bienenwabenförmig angeordneten Kohlenstoffatomen, vergleiche die Abbildungen 5.8 und 5.9. Das ganzzahlige Tupel (n, m) kodiert einen Vektor $n\mathbf{a} + m\mathbf{b}$, entlang dem die Fläche aufgerollt wird. $(\mathbf{a}, \mathbf{b})$ ist dabei ein fixes

Basisvektorenpaar, vergleiche Abbildung 5.8 (rechts). Den Winkel θ zwischen dem Vektor $n\mathbf{a} + m\mathbf{b}$ und dem Basisvektor $\mathbf{a}$ bezeichnet man als Chiralwinkel. Für $\theta = 0$ erhält man eine sogenannte „zigzag"-Nanoröhre, für $\theta = 30°$ eine sogenannte „armchair"-Nanoröhre und für $0 < \theta < 30°$ eine sogenannte „chirale" Nanoröhre.

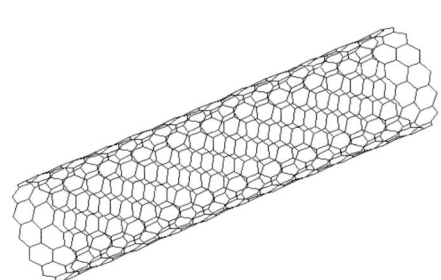 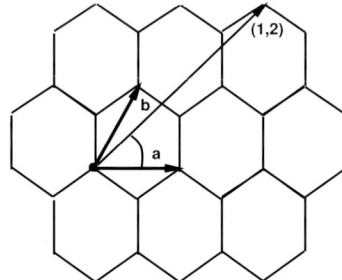

Abb. 5.8. Beispiel für die Struktur einer Kohlenstoff-Nanoröhre.

Abb. 5.9. Wabenstruktur aus Kohlenstoffatomen. Abgebildet ist die Basis $(\mathbf{a}, \mathbf{b})$ sowie ein Beispiel eines Vektors $n\mathbf{a} + m\mathbf{b}$ mit $(n, m) = (1, 2)$. Der zugehörige Chiralwinkel θ ist der Winkel zwischen den Vektoren $n\mathbf{a} + m\mathbf{b}$ und $\mathbf{a}$.

Durchmesser und Chiralwinkel einer (n, m)-Nanoröhre lassen sich durch einfache geometrischen Überlegungen gewinnen.[13] Damit erhalten wir $diam = 0.078\sqrt{n^2 + nm + m^2}$ Nanometer und $\theta = \arctan[\sqrt{3}m/(m+2n)]$, siehe auch [660]. Informationen über die genaue Geometrie und den konkreten Aufbau von Nanoröhren findet man in [51]. Dort wird auch der Aufbau von Kappen beschrieben, die die Nanoröhren an ihren Enden abschließen.

Nanoröhren besitzen, wie der Name schon sagt, einen Durchmesser im Nanometerbereich. Ihre Länge hingegen reicht bis in den Mikrometerbereich [276]. Mögliche Anwendungen für Nanoröhren erstrecken sich von der Speicherung von Wasserstoff für Brennstoffzellen bis hin zu Kompositmaterialien zur Verstärkung mechanischer Eigenschaften. Mittlerweile gibt es bereits erste Produkte, die mit Nanoröhren arbeiten, nämlich flache Feldemissions-Displays. Die besonderen elektrischen Leitungseigenschaften von Nanoröhren – sie besitzen je nach Typ metallische oder halbleitende Eigenschaften – ermöglichen zukünftig die Herstellung von extrem kleinen Mikroelektronikkomponenten. Eine ausführliche Diskussion der Eigenschaften von Nanoröhren findet man in [660]. Weitere Informationen findet man in [25, 26].

Die Herstellung von Fullerenen und Nanoröhren sowie die Untersuchung ihrer Materialeigenschaften im Experiment ist schwierig. Computersimulationen sind deswegen ein wichtiges Hilfsmittel, um einen tieferen Einblick

---

[13] Dabei geht die Wabenstruktur und die Bindungslänge von 0.14 Nanometern zwischen je zwei Kohlenstoffatomen ein.

in die Eigenschaften dieser Materialien zu erhalten. Ab initio Berechnungen der Elektronenstruktur von C_{60}-Buckybällen durch Hartree-Fock- und Dichtefunktional-Methoden wurden in [512] durchgeführt. Für größere Moleküle wie lange Nanoröhren ist dieser Ansatz jedoch aus Komplexitätsgründen nicht ohne weiteres durchführbar. Hier kann die Moleküldynamik-Simulation helfen. Für realistische Ergebnisse ist wiederum ein Mehrkörperpotential nötig. Im folgenden werden wir das Potential von Brenner [122] genauer vorstellen. Es verallgemeinert die Potentiale von Abell und Tersoff [28, 593] für Kohlenstoffe auf Kohlenwasserstoffe.

Das Potential von Brenner. In diesem Abschnitt beschreiben wir das Potential von Brenner [122] und diskutieren dessen Implementierung in einem Linked-Cell-Code. Eine neuere Variante findet man in [123]. Das Potential ist gegeben durch

$$V = \sum_{i=1}^{N} \sum_{j=1, j>i}^{N} f_{ij}(r_{ij}) \frac{c_{ij}}{s_{ij}-1} \left[U_R(r_{ij}) - \bar{B}_{ij} U_A(r_{ij}) \right] \qquad (5.17)$$

mit einem abstoßenden und einem anziehenden Anteil

$$U_R(r_{ij}) = e^{-\sqrt{2s_{ij}}\beta_{ij}(r_{ij}-r_{ij,0})} \text{ bzw. } U_A(r_{ij}) = s_{ij} e^{-\sqrt{\frac{2}{s_{ij}}}\beta_{ij}(r_{ij}-r_{ij,0})}. \qquad (5.18)$$

Hierbei bezeichnet der Parameter $r_{ij,0}$ den Equilibriumsabstand zwischen den Atomen i und j. Der Parameter c_{ij} bestimmt die Tiefe der Potentialsenke. Die Parameter s_{ij}, β_{ij}, $r_{ij,0}$ und c_{ij} sind Konstante, die vom Stofftyp der Atome i und j abhängen. Je nachdem, ob es sich um Kohlenstoff- oder Wasserstoffatome handelt, nehmen sie einen anderen Wert an. Die möglichen Kombinationen lassen sich über $s_{ij} \in \{s_{CC}, s_{HH}, s_{CH}, s_{HC}\}$ und analog für β_{ij}, $r_{ij,0}$ und c_{ij}, ausdrücken. Hierbei sind die Werte paarweise symmetrisch bezüglich den Indizes, das heißt es gilt beispielsweise $s_{CH} = s_{HC}$. Ihre konkreten Werte sind in Tabelle 5.6 aufgeführt. Diese Parameter wurden von Brenner durch aufwendiges Fitten an Meßwerte aus theoretischen und experimentellen Versuchen gefunden. Für $s_{ij} = 2$ reduzieren sich U_R und U_A jeweils auf das Morsepotential (2.45).

Die Funktion f_{ij} ist definiert als

$$f_{ij}(r) = \begin{cases} 1 & \text{für } r < r_{ij,1}, \\ \frac{1}{2}\left[1 + \cos\left(\pi \frac{r-r_{ij,1}}{r_{ij,2}-r_{ij,1}}\right)\right] & \text{für } r_{ij,1} \leq r < r_{ij,2}, \\ 0 & \text{für } r_{ij,2} \leq r. \end{cases} \qquad (5.19)$$

Sie ist konstant Eins innerhalb der Kugel mit Radius $r_{ij,1}$, und konstant Null außerhalb der Kugel mit Radius $r_{ij,2}$ und fällt dazwischen stetig von Eins auf Null ab. Die Funktion f_{ij} sorgt dafür, daß das Potential V kurzreichweitig ist. Die Werte von $r_{ij,1}$ und $r_{ij,2}$ für die Paarungen CC, CH, HC, HH lassen sich Tabelle 5.6 entnehmen.

Kohlenstoff	Wasserstoff	Kohlenwasserstoffe
$r_{CC,0} = 1.39$ Å,	$r_{HH,0} = 0.74144$ Å,	$r_{CH,0} = 1.1199$ Å,
$c_{CC} = 6.0$ eV,	$c_{HH} = 4.7509$ eV,	$c_{CH} = 3.6422$ eV,
$\beta_{CC} = 2.1$ Å^{-1},	$\beta_{HH} = 1.9436$ Å^{-1},	$\beta_{CH} = 1.9583$ Å^{-1},
$s_{CC} = 1.22$,	$s_{HH} = 2.3432$,	$s_{CH} = 1.69077$,
$r_{CC,1} = 1.7$ Å,	$r_{HH,1} = 1.1$ Å,	$r_{CH,1} = 1.3$ Å,
$r_{CC,2} = 2.0$ Å,	$r_{HH,2} = 1.7$ Å,	$r_{CH,2} = 1.8$ Å,
$\delta_C = 0.5$,	$\delta_H = 0.5$,	
$\alpha_{CCC} = 0.0$,	$\alpha_{HHH} = 4.0$,	$\alpha_{HHC}, \alpha_{CHH}$,
		$\alpha_{HCH}, \alpha_{HCC} = 4.0$ Å^{-1}

Tabelle 5.6. Parameter für das Potential von Brenner.

Abgesehen vom sogenannten Bindungsordnungsterm $\bar{B}_{ij}$ handelt es sich bei diesem Potential wieder um ein einfaches Paarpotential. Der Vorfaktor $\bar{B}_{ij}$ verändert jedoch – ähnlich wie beim Finnis-Sinclair-Potential (5.2) im letzten Abschnitt – den anziehenden Anteil des Potentials. Er spiegelt die Art der Bindung zwischen den Atomen i und j wieder und macht die anziehende Komponente des Potentials von der Atomkonfiguration in der lokalen Umgebung der beiden beteiligten Atome abhängig. Dabei spielt die Anzahl der Kohlenstoff- beziehungsweise Wasserstoffatome in der unmittelbaren Nachbarschaft eine wichtige Rolle. An dieser Stelle geht detailliertes Wissen über das Bindungsverhalten von Kohlenstoff und Wasserstoff (Besetzungszahlen, Koordinationszahlen, konjugierte Systeme) in das Potential ein. Dazu werden insbesondere Abschätzungen für die Anzahl der Kohlenstoff- beziehungsweise Wasserstoffatome in der Umgebung jedes Partikels benötigt, um das Potential geeignet an die entsprechende Bindungssituation anpassen zu können.

Seien konkret N_i^C und N_i^H die Zahl der Kohlenstoff- beziehungsweise Wasserstoff-Atome, die an ein Kohlenstoffatom i gebunden sind. Die Werte für N_i^C und N_i^H werden im folgenden nur für Kohlenstoffatome i, nicht für Wasserstoffatome i benötigt. Diese Größen können mit Hilfe der Funktion f_{ij} durch

$$N_i^C = \sum_{j \in C} f_{ij}(r_{ij}) \quad \text{und} \quad N_i^H = \sum_{j \in H} f_{ij}(r_{ij}) \tag{5.20}$$

näherungsweise bestimmt werden, wobei hier $\sum_{j \in C}$ und $\sum_{j \in H}$ die Summation über alle Kohlenstoff- beziehungsweise Wasserstoffatome bezeichnet. Wegen des beschränkten Trägers von f_{ij} muß die Summation dabei nicht über alle Atome, sondern nur über die nächsten Nachbarn von Atom i mit Abstand kleiner als $r_{ij,2}$ ausgeführt werden. Mit $N_i = N_i^C + N_i^H$ bezeichnen wir die Zahl aller mit dem Kohlenstoffatom i wechselwirkenden Atome.

Wir definieren nun eine stetige Funktion

$$N_{ij}^{conj} = 1 + \sum_{k \in C, k \neq i,j} f_{ik}(r_{ik}) F(N_k - f_{ik}(r_{ik})) +$$

$$\sum_{k \in C, k \neq i,j} f_{jk}(r_{jk}) F(N_k - f_{jk}(r_{jk})) \qquad (5.21)$$

mit

$$F(z) = \begin{cases} 1 & \text{für } z \leq 2, \\ \frac{1}{2}\left[1 + \cos\left(\pi(z-2)\right)\right] & \text{für } 2 < z < 3, \\ 0 & \text{für } z \geq 3, \end{cases} \qquad (5.22)$$

in Analogie zu f_{ij}. Der Wert von N_{ij}^{conj} ist damit über N_k von der Anzahl der Kohlenstoff- und Wasserstoffatome in der Nachbarschaft von Kohlenstoffatom i beziehungsweise j abhängig. Je nachdem, wieviele Kohlenstoff- oder Wasserstoffatome benachbart sind, nimmt N_{ij}^{conj} einen anderen Wert an. Damit läßt sich die Anpassung des Potentials an die bekannten Wechselwirkungen zwischen Kohlenstoffatomen, Wasserstoffatomen und zwischen Kohlenstoff- und Wasserstoffatomen in Abhängigkeit der Umgebung der Atome i und j steuern. Die Funktion N_{ij}^{conj} ist auch im Fall brechender oder sich bildender Bindungen stetig.

Weiterhin definieren wir Werte B_{ij} durch

$$B_{ij} = \Big(1 + H_{ij}(N_i^H, N_i^C) + \qquad (5.23)$$

$$\sum_{\substack{k=1 \\ k \neq i,j}}^{N} G_i(\theta_{ijk}) f_{ik}(r_{ik}) \exp\left(\alpha_{ijk}(r_{ij} - R_{ij} - r_{ik} + R_{ik})\right)\Big)^{-\delta_i}.$$

Die Zahl B_{ij} beschreibt den Bindungszustand des Atoms i in Bezug auf Atom j. Hierbei bezeichnen die H_{ij} zweidimensionale kubische Splines, die von den Atomtypen der Partikel i und j abhängig sind. Sie glätten den Übergang vom gebundenen in den nichtgebundenen Zustand, für Details siehe Tabelle A.1 in Anhang A.5. Die Größen δ_i und α_{ijk} sind Fitting-Parameter, deren Werte in Tabelle 5.6 angegeben sind. Die Funktion G_i ist abhängig vom Winkel θ_{ijk} zwischen den die Partikel i und j beziehungsweise i und k verbindenden Geraden. Der Index i kann hier dem Wert C oder H entsprechen, je nachdem, ob das Partikel i ein Kohlenstoff- oder ein Wasserstoffatom ist. Im Fall des Wasserstoffatoms ist G_H konstant und hat den Wert 12.33, im Fall des Kohlenstoffatoms hat G die Form

$$G_C(\theta_{ijk}) = a_0 \left(1 + c_0^2/d_0^2 - c_0^2/\left(d_0^2 + (1 + \cos\theta_{ijk})^2\right)\right) \qquad (5.24)$$

mit a_0=0.00020813, c_0=330, d_0=3.5, siehe auch [122]. Man beachte, daß B_{ij} nicht symmetrisch in seinen Indizes ist.

Die empirische Bindungsordnungsfunktion $\bar{B}_{ij}$ in (5.17) besteht schließlich aus dem arithmetischen Mittel der zwei Bindungszustände B_{ij} und B_{ji} und einem zusätzlichen dreidimensionalen kubischen Spline K, der zwischen den Werten der Nachbarn interpoliert, vergleiche Tabelle A.1 in Anhang A.5,

$$\bar{B}_{ij} = (B_{ij} + B_{ji})/2 + K(N_i, N_j, N_{ij}^{conj}). \qquad (5.25)$$

Durch den Spline K wird im Potential außerdem der Einfluß von Radikalen bei Atompaaren unterschiedlicher Koordination ermöglicht. Weitere Informationen und Erläuterungen finden sich in [28, 122, 593].

Das Potential von Brenner ist in der Lage, intramolekulare Energien und Bindungen in Kohlenstoff- und Kohlenwasserstoff-Molekülen gut wiederzugeben. Zudem erlaubt es das Brechen und Formen von Bindungen. Die Grundstruktur des Bindungsordnungsterms findet sich bereits im Ansatz von Abell [28] und Tersoff [593], der wiederum auf dem Konzept der Bindungsordnung nach Pauling beruht [461]. Brenner verallgemeinerte diesen Ansatz so, daß nichtlokale Effekte durch konjugierte Bindungen ebenfalls berücksichtigt werden. Die Berechnung der zugehörigen Kraft $\mathbf{F}_i$ auf ein Partikel i als negativer Gradient des Potentials von Brenner ist eine längere Angelegenheit, die wir hier dem Leser überlassen wollen.

Zusätzlich zum Potential von Brenner verwenden wir ein geglättetes Lennard-Jones Potential zwischen Partikel i und j. Damit werden intermolekulare van der Waals-Kräfte modelliert. Es hat die Form

$$
U_{ij}(r) = \begin{cases}
0, & r < r_{ij,2}, \\
S_1(r), & r_{ij,2} \leq r < r_{ij,3}, \\
4\varepsilon_{ij}\left(\left(\frac{\sigma_{ij}}{r}\right)^{12} - \left(\frac{\sigma_{ij}}{r}\right)^6\right), & r_{ij,3} \leq r < r_{ij,4}, \\
S_2(r), & r_{ij,4} \leq r < r_{ij,5}, \\
0, & r_{ij,5} \leq r.
\end{cases}
\tag{5.26}
$$

Dabei bezeichnen $S_1(r)$ und $S_2(r)$ kubische Splines, die durch die Werte an den jeweiligen Randpunkten und ihren Ableitungen vorgegeben sind. Die Werte der Parameter sind in Tabelle 5.7 angegeben.

	ε_{ij}[eV]	σ_{ij}[Å]	$r_{ij,2}$[Å]	$r_{ij,3}$[Å]	$r_{ij,4}$[Å]	$r_{ij,5}$[Å]
C–C	4.2038×10^{-3}	3.37	2.0	3.2	9.875	10.0
H–H	5.8901×10^{-3}	2.91	1.7	2.76	9.875	10.0
C–H	4.9760×10^{-3}	3.14	1.8	2.98	9.875	10.0

Tabelle 5.7. Parameterwerte für ein Lennard-Jones-artiges Potential aus [402, 430], das zusätzlich zum Brenner-Potential eingesetzt wird, um van der Waals-Wechselwinkungen zu modellieren. Die Werte der Parameter ε_{CH} und σ_{CH} ergeben sich mittels der Lorentz-Berthelotschen Mischungsregeln $\varepsilon_{CH} = \sqrt{\varepsilon_{CC}\varepsilon_{HH}}$ und $\sigma_{CH} = (\sigma_{CC} + \sigma_{HH})/2$.

Bemerkungen zur Implementierung. Eine naive Implementierung des Potentials von Brenner im Sinne einer Doppelsumme über alle Partikel in (5.17) würde wegen des Bindungsordnungsterms $\bar{B}_{ij}$ zu einem Aufwand der Ordnung $\mathcal{O}(N^4)$ führen. Neben dem N^2-Faktor, der sich aus der Doppelsumme über i und j in (5.17) ergibt, erhält man einen zusätzlichen Faktor N durch die Summe über die Partikel in der Berechnung von $\bar{B}_{ij}$ in (5.23) und einen Faktor N durch die Abhängigkeit von F von N_k in (5.21). Insgesamt hat man dann vier ineinanderliegende Schleifen über alle Partikel.

Die Summen über die Partikel müssen allerdings nicht jeweils über alle Partikel ausgeführt werden, da die $r_{ij,2}$ aus (5.19) in den Summen in (5.17) und (5.20) als Abschneideparameter wirken. Damit kann der in Kapitel 3 beschriebene Ansatz der Linked-Cell-Methode zur effizienten Implementierung verwendet werden. Die einzelnen Summen reduzieren sich auf Summen über die Partikel in Nachbarzellen. Allerdings ist die Implementierung nicht mehr ganz so einfach möglich wie im Fall von Paarpotentialen. Insbesondere benötigt man wegen $\bar{B}_{ij}$ zu je zwei Partikeln i und j in der Doppelsumme über die Partikel in (5.17) ein Abschneidegebiet um Partikel i und ein Abschneidegebiet um Partikel j, siehe Abbildung 5.10.

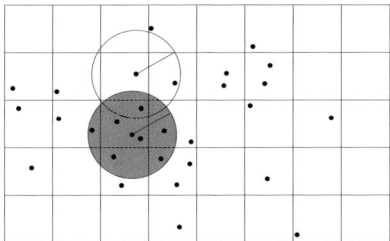

Abb. 5.10. Abschneidegebiete um Partikel i und Partikel j in zwei Dimensionen.

Wie bei der Auswertung des Finnis-Sinclair-Potentials in Abschnitt 5.1.1 können jedoch auch hier bestimmte Größen vorberechnet werden, vergleiche [133]. Auf diese Art und Weise läßt sich dann ein Aufwand von $C^3 \cdot N$ mit einer Konstanten C verwirklichen, die von der Partikeldichte abhängt.

Im folgenden stellen wir die Ergebnisse einiger numerischer Berechnungen dar. Wir betrachten die reaktive Kollision eines C_{60}-Fullerens mit Dehydrobenzol sowie das Verhalten von Kohlenstoff-Nanoröhren unter Zuglast. Weiterhin studieren wir die materialverstärkenden Eigenschaften, die eine Nanoröhre auf Polyäthylen hat, und geben schließlich Laufzeitmessungen für den parallelisierten Code auf der Cray T3E und einem PC-Cluster.

Beispiel: Kollision von Buckybällen mit Dehydrobenzol. Als erstes betrachten wir verschiedene Fälle der Kollision eines Dehydrobenzol-Moleküls (C_6H_4) mit einem C_{60}-Fulleren, siehe auch [298]. Dabei wird ein Dehydrobenzol-Molekül mit vorgegebener Geschwindigkeit auf ein ruhendes C_{60}-Molekül geschossen. Die Simulationen beruhen auf den Parametern in Tabelle 5.6 und Tabelle A.1 des Anhangs A.5, verbunden mit dem modifizierten Lennard-Jones-Potential (5.26) für die intermolekularen Wechselwirkungen. Daten für die einzelnen Moleküle findet man im Anhang A.5. Alle Simulationen wurden für 1 ps mit einer Anfangstemperatur von 316 K und Zeitschritten von 0.035 fs ausgeführt. Abhängig von der Kollisionsgeschwindigkeit treten drei verschiedene Reaktionstypen auf: elastische Kolli-

sion, Reaktion oder Zerstörung der Molekülstrukturen. Die sich aus unseren
Experimenten ergebenden Geschwindigkeitsbereiche für diese drei Fälle sind

– Elastisch: $14.17 - 28.34$ Å/ps,
– Reaktiv: $35.43 - 99.20$ Å/ps,
– Zerstörung der Molekülstrukturen: ≥ 106.29 Å/ps.

Abbildung 5.11 zeigt einige Momentaufnahmen einer Simulation mit elastischer Kollision.

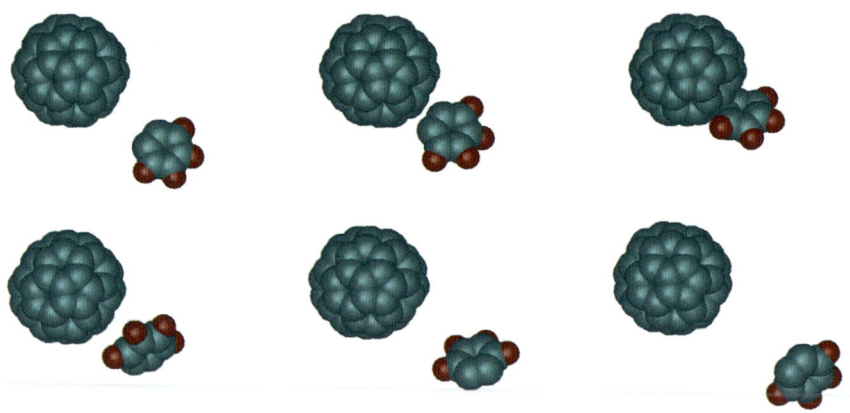

Abb. 5.11. Zeitlicher Verlauf eines elastischen Stoßes zwischen einem C_{60}-Fulleren
und Dehydrobenzol.

Beispiel: Nanoröhre unter Zuglast. Wir führen nun verschiedene Zug-
und Biegeexperimente mit $(7,0)$-„zigzag“-Nanoröhren durch. Die Anfangskonfigurationen sind jeweils [51] entnommen. Im folgenden betrachten wir
konkret einen Zugversuch. Hierbei wird an beiden Seiten der Röhre mit einer
konstanten Kraft gezogen und somit die Röhre gedehnt.

Auf makroskopischer Ebene verursacht eine Zugkraft bei einem stabförmi-
gen Körper der Länge l eine Längenänderung Δl. Die Größe dieser Längenänderung hängt ab von den Abmessungen des Körpers, von der Festigkeit des
Materials und von der wirkenden Zugkraft. Die Dehnung ε definieren wir als
die Längenänderung Δl der Röhre, normalisiert mit der Länge l der Röhre
ohne äußere Kraft, also $\varepsilon = \Delta l/l$. Mit der neuen Länge $\tilde{l} := l + \Delta l$ gilt dann
die Beziehung

$$\tilde{l} = (1 + \varepsilon)\, l,$$

siehe auch Abbildung 5.12.

Verallgemeinern wir nun diesen eindimensionalen Dehnungsbegriff des
klassischen Zugversuchs auf alle Raumrichtungen und lassen auch Scherkräfte

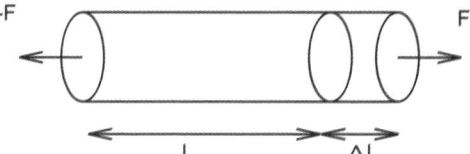

Abb. 5.12. Zugexperiment.

zu, dann läßt sich die Dehnung mit Hilfe der Dehnungsmatrix $\epsilon \in \mathbb{R}^{3\times3}$ formulieren, wobei die Außerdiagonaleinträge der Matrix Scherdehnungen beschreiben. Bezogen auf unser atomares System erhalten wir in Analogie

$$\tilde{\mathbf{x}}_i = (\mathbf{1} + \epsilon)\mathbf{x}_i, \tag{5.26}$$

wobei $\tilde{\mathbf{x}}_i$ die neuen Atompositionen und $\mathbf{1}$ die Einheitsmatrix bezeichnen.

Die Spannung, die das System während der Dehnung mit der Dehnungsmatrix ϵ erfährt, wird durch den Spannungstensor $\sigma \in \mathbb{R}^{3\times3}$ beschrieben. Dessen Hauptdiagonaleinträge geben die uniaxialen Spannungen an, die Außerdiagonaleinträge beschreiben Scherspannungen. Der Spannungstensor besteht aus einem kinetischen und einem potentiellen Anteil und ist definiert durch

$$\begin{aligned}
\sigma_{\alpha\beta} &= \frac{1}{|\Omega|}\frac{d}{d\epsilon_{\alpha\beta}}\Bigg(E_{\mathrm{kin}}((\mathbf{1}+\epsilon)\mathbf{v}_1,\dots,(\mathbf{1}+\epsilon)\mathbf{v}_N) \\
&\qquad - V((\mathbf{1}+\epsilon)\mathbf{x}_1,\dots,(\mathbf{1}+\epsilon)\mathbf{x}_N)\Bigg)\Bigg|_{\epsilon=0} \\
&= \frac{1}{|\Omega|}\sum_{i=1}^{N} m_i(\mathbf{v}_i)_\alpha(\mathbf{v}_i)_\beta + (\mathbf{F}_i)_\alpha(\mathbf{x}_i)_\beta, \quad \alpha,\beta\in\{1,2,3\}, \tag{5.27}
\end{aligned}$$

wobei E_{kin} die kinetische Energie, V die potentielle Energie, $\mathbf{F}_i = -\nabla_{\mathbf{x}_i}V$ die Kraft auf das Partikel i und $|\Omega|$ das Volumen des Simulationsgebietes – hier das Volumen der Nanoröhre als Hohlzylinder mit Wanddicke 3.4 Å (die Dicke einer Graphitlage) – bezeichnen. Die Spannung des Systems ist also verteilt auf die einzelnen Atome. Wir definieren deswegen die Spannung eines einzelnen Atoms als

$$\sigma_{\alpha\beta,i} = m_i(\mathbf{v}_i)_\alpha(\mathbf{v}_i)_\beta + (\mathbf{F}_i)_\alpha(\mathbf{x}_i)_\beta.$$

Im Fall eines Zweikörperpotentials können wir

$$\sigma_{\alpha\beta} = \frac{1}{|\Omega|}\sum_{i=1}^{N}\Bigg(m_i(\mathbf{v}_i)_\alpha(\mathbf{v}_i)_\beta - \frac{1}{2}\sum_{\substack{j=1\\j\neq i}}^{N}(\mathbf{F}_{ij})_\alpha(\mathbf{r}_{ij})_\beta \Bigg) \tag{5.28}$$

schreiben, wobei wieder $\mathbf{r}_{ij} = \mathbf{x}_j - \mathbf{x}_i$ den Abstandsvektor und $\mathbf{F}_{ij}$ die Kraft zwischen den Partikeln j und i bezeichnen. Diese Formel gilt im Gegensatz zu (5.27) auch im periodischen Fall, vergleiche Abschnitt 3.7.4.

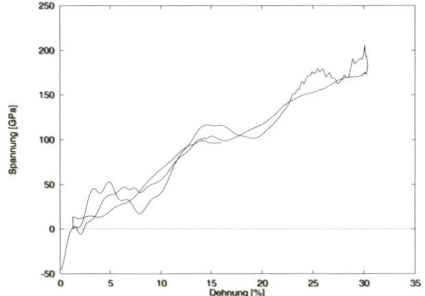

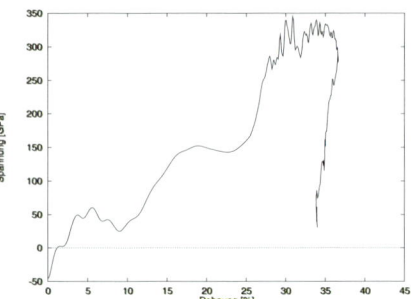

Abb. 5.13. Spannungs-Dehnungs-Diagramm einer Kohlenstoff-Nanoröhre unter Zuglast. Dargestellt ist die Komponente in Zugrichtung. Beidseitige konstante Zugkraft 2.8 nN in axiale Richtung, die Nanoröhre reißt nicht.

Abb. 5.14. Beidseitige konstante Zugkraft 3.2 nN in axialer Richtung, die Nanoröhre reißt.

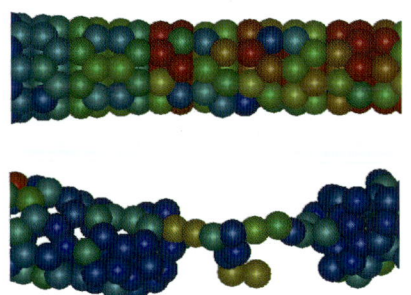

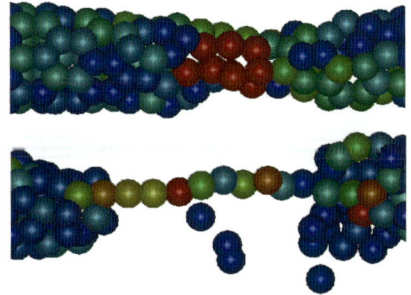

Abb. 5.15. Dehnen einer Nanoröhre mit konstanter Kraft 3.2 nN.

Nun simulieren wir das Verhalten einer Nanoröhre bestehend aus 308 Kohlenstoffatomen. Hier und im folgenden verwenden wir wieder die Parameter aus Tabelle 5.6 und Tabelle A.1 in Anhang A.5. Die Röhre wird gedehnt, indem an beiden Enden mit einer konstanten Kraft von 2.8 nN gezogen wird. Abbildung 5.13 zeigt das zugehörige Spannungs-Dehnungs-Diagramm. Die dabei maximal auftretende Dehnung beträgt 30% verglichen mit dem relaxierten Ausgangszustand der Röhre. Erhöht man die Zugkraft auf 3.2 nN, so reißt die Nanoröhre. Abbildung 5.14 zeigt das zugehörige Diagramm. Der Abriß trat bei einer Dehnung von ungefähr 35% auf. Unsere Messungen ergaben einen Youngschen Elastizitätsmodul – das ist die Ableitung der Spannung nach der Dehnung, also die Steigung im Spannungs-Dehnungs-Diagramm – von etwa 1 TPa.[14] Abbildung 5.15 zeigt einige Momentaufnahmen kurz vor dem Abriß.

---

[14] Zum Vergleich: Der Youngsche Elastizitätsmodul von Diamant beträgt ebenfalls etwa 1 TPa.

Entsprechende Untersuchungen lassen sich in analoger Weise auch für komplexere Strukturen ausführen. Abbildung 5.16 zeigt einige Momentaufnahmen einer Simulation eines Belastungstests mit einer mehrwandigen Nanoröhre.

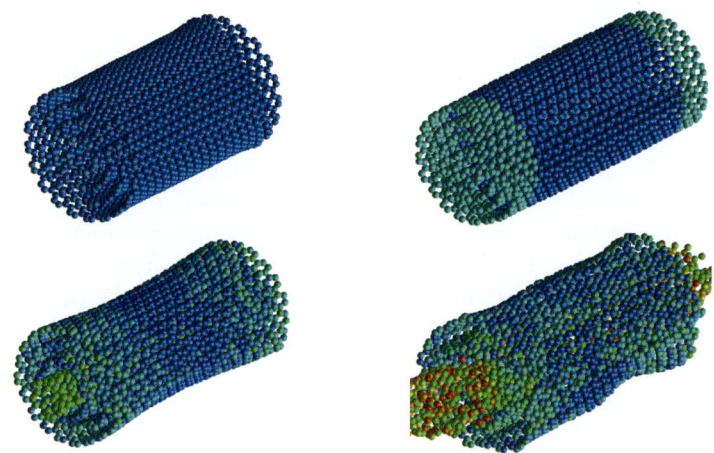

Abb. 5.16. Zugexperiment mit mehrwandiger Kohlenstoff-Röhre.

Zum Schluß betrachten wir ein Beispiel für einen Biegeversuch mit einer Kohlenstoff-Nanoröhre. Dazu wird Kraft unter einem Winkel von 45 Grad auf beide Enden der Röhre aufgebracht. Abbildung 5.17 zeigt die Resultate. Läßt man die Röhre nach dem Biegen wieder los, so kehrt sie wieder in den Originalzustand zurück. Ähnliche Experimente findet man auch in [570, 660].

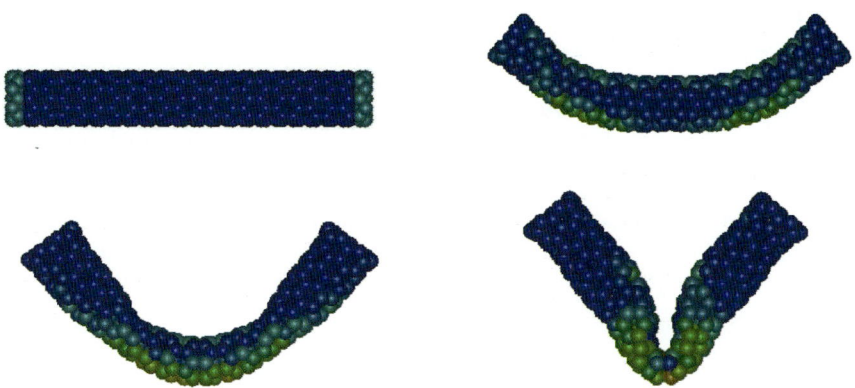

Abb. 5.17. Biegen einer Nanoröhre.

Beispiel: Polyäthylen mit eingebetteter Nanoröhre. Gegenstand intensiver Forschung ist aktuell die Verstärkung von Materialien durch das Einbetten von Nanoröhren. Hierbei ist von Interesse, welche Eigenschaften das Kompositmaterial besitzt. Verstärken die Nanoröhren das Kompositmaterial überhaupt und wenn ja, wie geschieht der Lasttransfer vom umgebenden Material auf die Nanoröhren? Simulationen können hier eine Antwort geben. Als Ergebnis erhält man dabei funktionale Zusammenhänge zwischen den Youngschen Elastizitätsmoduli der einzelnen Bestandteile und dem Youngschen Elastizitätsmodul des Kompositmaterials.

Ein Beispiel ist Polyäthylen, das aus Ketten von Methylen-Monomeren (CH_2) besteht. In die Polyäthylen-Matrix werden Nanoröhren eingelagert. Für eine numerische Simulation dieser Materialien müssen nun die Nanoröhren, die Polyäthylenmoleküle und die Wechselwirkungen dazwischen mitgerechnet werden. Da es sich bei Polyäthylen ebenfalls um eine Kohlenwasserstoffverbindung handelt, kann zusammen mit dem Lennard-Jones-Potential (5.26) direkt das Potential von Brenner eingesetzt werden.

Die Abbildungen 5.18 und 5.19 zeigen Bilder einer Zugsimulation[15] für eine mit Kappen geschlossene (10,10)-Nanoröhre aus 1020 Kohlenstoffatomen in einer Polyäthylenmatrix aus acht Ketten zu je 1418 CH_2-Molekülen (plus am Anfang und Ende je ein CH_3-Molekül). Man beachte, daß die Nanoröhre zu Beginn mit einem Winkel von etwa 15 Grad Abweichung von der x_1-Achse angesetzt wird, um Symmetrieeffekte zu vermeiden. Die Bindungslängen zum Anfang der Simulation sind 1.53 Å für C-C- und 1.09 Å für C-H-Bindungen. Die Größe des Simulationsgebietes beträgt 53.7 Å×53.7 Å×133.95 Å. Das Kompositmaterial wird nun am linken und rechten Rand der Probe einer Zugkraft ausgesetzt.

Abbildung 5.20 zeigt das resultierende Spannungs-Dehnungs-Diagramm. Man erkennt, daß das Polyäthylen durch die Einlagerung der Nanoröhre signifikant verstärkt wird. Es ergab sich ein Youngscher Elastizitätsmodul des Komposits von 14 GPa. Dieser Wert ist in Bezug zu setzen zu den Youngschen Elastizitätsmoduli der einzelnen Bestandteile. Diese betragen 1.2 GPa für Polyäthylen und 526 GPa für die Nanoröhre.

Solchen Simulationen können insbesondere für lange Nanoröhren und große Polyäthylenmengen wegen des enormen Rechenaufwands nur auf großen Parallelrechnern ausgeführt werden. Wir geben im folgenden noch einige Ergebnisse der Parallelisierung an.

---

[15] Dabei wird von Zeitschritt zu Zeitschritt eine linear größer werdende äußere Spannung an das System angelegt und jeweils ausgehend von der Konfiguration des alten Zeitschritts die neue Konfiguration durch (lokale) Minimierung der potentiellen Energie bestimmt.

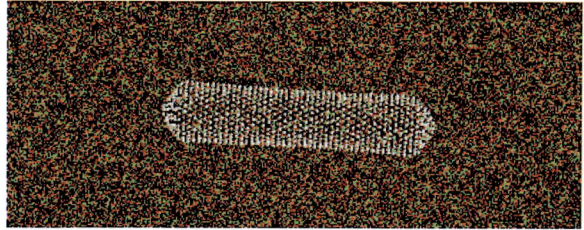

Abb. 5.18. Komposit aus Nanoröhre und Polyäthylen, relaxiert; die Länge der Nanoröhre beträgt 63 Å.

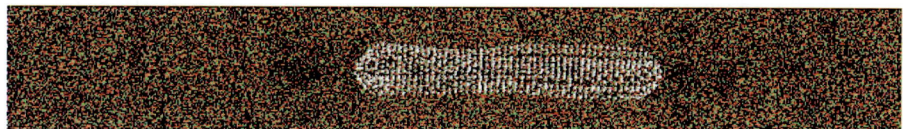

Abb. 5.19. Komposit aus Nanoröhre und Polyäthylen bei 16% Dehnung der Nanoröhre; die Länge der Nanoröhre beträgt 73 Å.

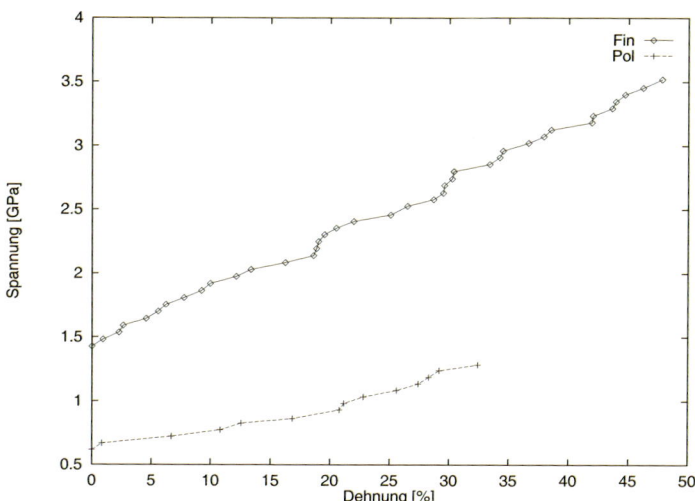

Abb. 5.20. Spannungs-Dehnungs-Diagramm von Polyäthylen (Poly) und Kompositmaterial (Fin). Dargestellt ist die Komponente in Zugrichtung.

Parallelisierung. Die Parallelisierung des Codes beruht im Prinzip auf der in Kapitel 4 beschriebenen Strategie der Gebietszerlegung [133]. Wegen des komplizierten Mehrkörperanteils des Potentials sind zur effizienten Berechnung der Kraft und der Energie nun mehrere Kommunikationsschritte pro Zeitschritt notwendig. Wir betrachten hier den Fall des Zugexperiments für Nanoröhren unterschiedlicher Länge. Die verwendeten Parallelrechner sind wie schon in Abschnitt 4.4 das Cluster Parnass2 aus Intel Pentium II PCs (400 MHz) und eine Cray T3E-1200. Das Simulationsgebiet wird dabei entlang der Längsachse der Nanoröhre in Teilgebiete unterteilt. Die Gebietseinteilung ist statisch. Sie wurde jeweils so vorgenommen, daß sich eine gute Lastbalancierung während der gesamten Simulationszeit ergibt. Es wurde eine Verallgemeinerung des Störmer-Verlet-Verfahrens fünfter Ordnung zur Integration der Bewegungsgleichungen verwendet, siehe auch Abschnitt 6.2.

Tabelle 5.8 zeigt die gemessenen Laufzeiten für einen Zeitschritt des Algorithmus auf dem PC-Cluster. Zugehörige Speedups und parallele Effizienzen finden sich in Tabelle 5.9. Tabelle 5.10 zeigt die Laufzeiten für die Cray T3E. Zugehörige Speedups und parallele Effizienten sind in Tabelle 5.11 aufgeführt.

Auf beiden Maschinen ergibt sich ein nahezu linearer Speedup und ein gutes Skalierungsverhalten. Eine Verdopplung der Anzahl der Prozessoren führt zu einer Halbierung der Laufzeit. Vergrößert man die Anzahl der Atome um einen Faktor zwei und verdoppelt dabei die Anzahl der Prozessoren, so bleibt die Laufzeit in etwa konstant. Interessanterweise ist das PC-Cluster mit Myricom-Netzwerk in diesen Anwendungen etwas schneller als die Cray T3E. Es stellt daher eine kostengünstige und konkurrenzfähige Alternative zu größeren Hochleistungsrechnern und Supercomputern dar.

Zeit Partikel	Prozessoren							
	1	2	4	8	16	32	64	128
10.000	**8.80**	4.55	2.31	1.17	0.62	0.46		
20.000	17.78	**9.12**	4.56	2.31	1.17	0.75	0.35	
40.000	35.86	18.56	**9.19**	4.60	2.32	1.19	0.61	0.44
80.000	**72.15**	36.83	18.46	**9.22**	4.61	2.56	1.28	0.71
160.000	146.16	**75.17**	37.80	18.63	**9.23**	4.73	2.38	1.40
320.000	292.37	150.86	**74.47**	37.20	18.64	**9.26**	4.67	2.59
640.000		298.32	151.28	**74.89**	37.78	21.02	**10.42**	5.09
1.280.000			301.37	151.08	**76.64**	37.55	21.46	**10.12**
2.560.000				306.77	153.68	**75.54**	40.25	20.78
5.120.000					309.03	152.47	**90.07**	39.39
10.240.000						307.83	157.71	**82.56**

Tabelle 5.8. Parallele Ausführungszeiten (in Sekunden) für einen Zeitschritt auf einem PC-Cluster, Zugexperiment.

	Prozessoren							
	1	2	4	8	16	32	64	128
Speedup	1.00	1.94	3.93	7.86	15.69	31.57	62.61	112.89
Effizienz	1.00	0.97	0.98	0.98	0.98	0.99	0.98	0.88

Tabelle 5.9. Speedup and parallele Effizienz für einen Zeitschritt auf einem PC-Cluster, Zugexperiment mit 320 000 Atomen.

Zeit	Prozessoren								
Partikel	1	2	4	8	16	32	64	128	256
10.000	**26.04**	13.43	6.76	3.46	1.85	1.05			
20.000	52.13	**26.06**	13.45	6.77	3.43	1.87	1.06		
40.000	105.29	52.65	**26.04**	13.22	6.74	3.46	1.87	1.05	
80.000	211.68	105.43	52.23	**25.95**	13.07	6.79	3.47	1.88	1.07
160.000	419.90	210.32	103.76	52.88	**26.07**	13.12	6.66	3.46	1.89
320.000		420.78	213.01	105.81	52.40	**25.96**	13.14	6.70	3.47
640.000			421.11	207.02	103.74	52.39	**26.09**	13.14	6.77
1.280.000				422.67	209.53	107.35	52.37	**25.99**	13.29
2.560.000					427.65	215.25	103.83	52.64	**25.93**
5.120.000						427.10	215.20	104.69	52.67
10.240.000							425.90	212.74	105.72
20.480.000								429.83	216.98
40.960.000									426.85

Tabelle 5.10. Parallele Ausführungszeiten (in Sekunden) für einen Zeitschritt auf der CRAY T3E-1200, Zugexperiment.

	Prozessoren								
	1	2	4	8	16	32	64	128	256
Speedup	1.00	1.99	4.04	7.94	16.10	32.00	63.04	121.35	222.17
Effizienz	1.00	0.99	1.01	0.99	1.01	1.00	0.99	0.94	0.86

Tabelle 5.11. Speedup und parallele Effizienz für einen Zeitschritt auf der Cray T3E-1200, Zugexperiment mit 160 000 Atomen.

5.2 Potentiale mit festen Nachbarschaftsstrukturen

Die bisher besprochenen Potentiale waren gut geeignet, um aus einzelnen Atomen aufgebaute Materialien zu beschreiben. In vielen Anwendungsfällen, insbesondere bei der Simulation von Polymeren, Proteinen, DNS und anderen Biomolekülen sind nun Moleküle aus Atomen mit fester Bindungsstruktur zusammengesetzt. Das verwendete Potential muß jetzt diese innere Struktur eines Moleküls ausdrücken. Dies geschieht durch die Berücksichtigung von Bindungslängen, Bindungswinkeln und Torsionswinkeln, die zwischen den verschiedenen Atomen eines Moleküls angenommen werden. Die Parameter und Daten für solche Potentiale werden dabei beispielsweise durch CHARMM [125], Amber [464] oder Gromos [625] zur Verfügung gestellt.

Im folgenden wollen wir die Erweiterung des bisherigen Simulationsprogrammes auf Potentiale mit innerer Nachbarschaftsstruktur besprechen. Zunächst diskutieren wir am Beispiel einer zweidimensionalen netzartigen Struktur die neu hinzukommenden Nachbarschaftsbeziehungen für harmonische Potentiale. Dann führen wir am Beispiel von Polymeren eine neue Datenstruktur zur Behandlung von linearen Molekülketten ein. Hierbei wird für jedes Molekül ein zusätzlicher Vektor mit Zeigern auf die Atome des Moleküls gespeichert. Bei mehreren Molekülen wird dann ein zweidimensionales Feld aus Zeigern als zusätzliche Datenstruktur verwendet. Zudem studieren wir Potentialfunktionen für Bindungslängen, Winkel und Torsionswinkel. Damit untersuchen wir die Eigenschaften von Alkanen (Butan und Dekan). Schließlich diskutieren wir, wie kompliziertere Moleküle mit Hilfe von verzeigerten Datenstrukturen modelliert werden können, geben einen kurzen Ausblick auf den Aufbau von Biomolekülen aus Daten der Brookhaven-Proteindatenbank und besprechen, wie Simulationen hierfür durchgeführt werden können.

5.2.1 Einführungsbeispiel: Membranen und Minimalflächen

Im folgenden betrachten wir eine elastische Membran (man stelle sich zum Beispiel eine sehr dünne Gummihaut vor), die gewissen äußeren Kräften ausgesetzt wird und unter diesen Kräften seine Form verändert. Im stabilen Gleichgewicht hat die Membran eine Lage, in der die potentielle Energie ein Minimum besitzt. Eine Auslenkung aus dem stabilen Gleichgewicht führt zu einer Kraft, die der auslenkenden Kraft entgegenwirkt und die Membran wieder in die Ausgangslage zurückziehen will. Im kontinuierlichen Fall geht eine sinnvolle Annahme davon aus, daß die potentielle Energie der Membran proportional zur Flächenänderung im Vergleich zur Fläche im stabilen Gleichgewicht ist, also

$$V(q) \sim \int_{\Omega} \sqrt{1 + ||\nabla q||^2} dx,$$

mit q der Auslenkung aus der Ruhelage. Beschränkt man sich auf kleine Auslenkungen mit $||\nabla q|| << 1$, so erhält man durch Taylor-Entwicklung in erster Näherung[16]

$$V(q) \; \dot{\sim} \; \frac{1}{2} \int_{\Omega} ||\nabla q||^2 dx.$$

---

[16] Wegen $\sqrt{1 + ||\nabla q||^2} = 1 + \frac{1}{2}||\nabla q||^2 + \mathcal{O}(||\nabla q||^4)$ kann man den Integranden durch $1 + \frac{1}{2}||\nabla q||^2$ für kleine $||\nabla q||$ gut approximieren und wir erhalten $V(q) \dot{\sim} \int 1 + \frac{1}{2}||\nabla q||^2 dx$. Da wir an der Auslenkung mit minimaler Energie interessiert sind, spielt der Term $\int 1 dx$ für die Aufgabenstellung keine Rolle und kann weggelassen werden.

Das einfache Modell, das wir nun hier zur Beschreibung von Membranen verwenden wollen, ist das eines Systems aus vielen gekoppelten harmonischen Oszillatoren, vergleiche Abbildung 5.21.

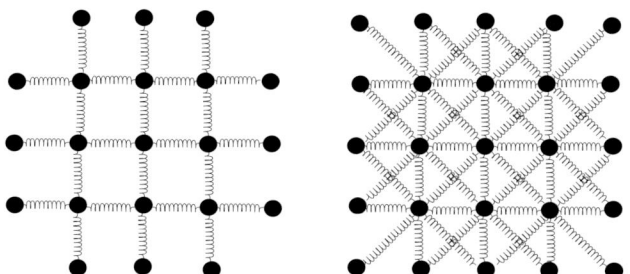

Abb. 5.21. Systeme aus gekoppelten harmonischen Oszillatoren in zwei Dimensionen.

Wir verwenden dazu ein harmonisches Potential, das nur zwischen direkten Nachbarn wirkt,

$$U(r_{ij}) = \frac{k}{2}(r_{ij} - r_0)^2 \text{ bzw. } U(r_{ij}) = \frac{k}{2}(r_{ij} - \sqrt{2}r_0)^2. \tag{5.29}$$

Jedes Partikel wechselwirkt also nur mit seinen direkten Nachbarn im Gitter der harmonischen Oszillatoren. Das heißt, im Gegensatz zu den bisherigen Anwendungen besitzen die Teilchen nun feste und sich im Laufe der Simulation nicht verändernde Nachbarschaftsbeziehungen. In einem späteren Abschnitt werden wir hierfür eine allgemeine Modifikation unseres Linked-Cell-Programms diskutieren. Zunächst werden wir aber der Einfachheit halber wie folgt vorgehen: Wir beschränken uns auf ein uniformes $m_1 \times m_2$-Gitter von Partikeln, für die paarweise wie in Abbildung (5.21) (rechts) das Potential (5.29) wirkt. Das Potential (5.29, rechts) wirkt nur zwischen diagonal gekoppelten Nachbarn, während das Potential (5.29, links) für die restlichen Nachbarn verwendet wird. Damit wird gewährleistet, daß bei einer uniformen Startkonfiguration mit Gitterabstand r_0 in beiden Raumrichtungen das Potential im Minimum liegt, vergleiche (5.22).

Nach der entsprechenden Initialisierung der Partikel können wir nun das einfache Linked-Cell-Programm wie folgt verwenden: Da die betrachteten Partikel ein zweidimensionales Gitter bilden, nutzen wir direkt die Zellstruktur `grid` des zweidimensionalen Falles, vergleiche auch Abschnitt 3.5, und ordnen jeder Zelle ein festes Partikel zu. Die Zellen des Linked-Cell-Schemas entarten also zu trivialen Zellen, die nur noch ein Partikel enthalten, vgl. Abbildung (5.23). Das nunmehr zweidimensionale Gitter `grid[index(ic,nc)]` zeigt nun direkt auf das einzige Partikel der Zelle `ic:= `(i_1, i_2). Das Partikel selbst hat weiterhin dreidimensionale Koordinaten.

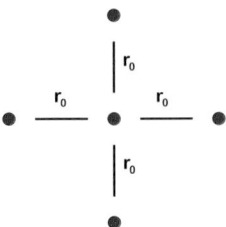

Abb. 5.22. Abgebildet ist der Aufbau einer Startkonfiguration der Membran. Die Gitterpunkte werden in beide Raumrichtungen jeweils im Abstand von r_0 gesetzt. Dann ist bei Wahl des Potentials (5.29, rechts) für diagonale Nachbarschaften und entsprechend des Potentials (5.29, links) für die übrigen Nachbarn ein Simulationsstart im Energieminimum gewährleistet.

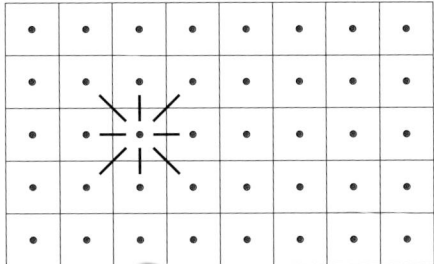

Abb. 5.23. Das Linked-Cell-Schema in zwei Dimensionen. In diesem Falle ist in jeder Zelle nur ein Partikel. Die Kraftauswertung beschränkt sich in zwei Dimensionen auf die acht Nachbarzellen.

Während der Kraftauswertung kann nun einfach über das Gitter `grid` auf die Wechselwirkungspaare zugegriffen und das Potential (5.29) ausgewertet werden. So interagiert das Partikel, das zur Zelle `ic=` (i_1, i_2) gehört, über das Potential (5.29, links) mit den Partikeln der vier Nachbarzellen

$$(i_1 \pm 1, i_2), \quad (i_1, i_2 \pm 1),$$

sowie über das Potential (5.29, rechts) mit den Partikeln der vier Nachbarzellen

$$(i_1 \pm 1, i_2 \pm 1).$$

Partikel am Rand des Gitters haben eine entsprechend reduzierte Zahl von Nachbarn, zum Beispiel für ein Partikel auf der linken Randlinie sind nur die Nachbarzellen

$$(i_1, i_2 \pm 1), \quad (i_1 + 1, i_2 \pm 1) \text{ und } (i_1 + 1, i_2)$$

zu berücksichtigen.

Weiterhin muß die Prozedur compX_LC leicht modifiziert werden. Bisher wurde dort Algorithmus 3.17 moveParticles_LC aufgerufen, der prüft, ob Partikel die Zelle verlassen haben, und sie bei Bedarf in die neue Zelle einfügt. Dieser Aufruf entfällt hier. Wir verwalten die Partikel über die gesamte Simulation hinweg in der gleichen (zweidimensionalen) Zellstruktur. Die Zellen entsprechen dann nicht mehr einer geometrischen Zerlegung des Simulationsgebietes, sondern dienen nun als Datenstruktur, die ein direktes Zugreifen auf ein Partikel und seine acht Nachbarn erlaubt. Mit dem aus den Abschnitten 3.1 und 3.2 bekannten Störmer-Verlet-Integrationsverfahren werden dann die Positionen der Teilchen über die Zeit fortbewegt.

Minimalflächen. Wir betrachten ein System aus harmonischen Oszillatoren, das eine Membran repräsentiert, die zwischen zwei Kreisringen zylinderförmig eingespannt ist. Die Startkonfiguration ist in Abbildung 5.24 (links) zu sehen. Auf der rechten Seite dieser Abbildung ist eine geglättete graphische Darstellung zu sehen. Dabei werden nicht die einzelnen Partikel dargestellt, sondern es wird mit Hilfe eines Visualisierungprogramms eine Fläche durch die Positionen der Partikel gelegt, die dann abgebildet ist.

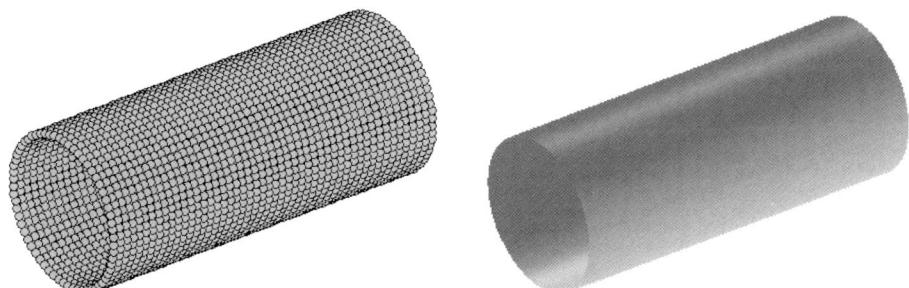

Abb. 5.24. Minimalflächen: Partikeldarstellung und geglättete Darstellung der Ausgangssituation.

Die Röhre selbst besteht aus 50×64 (axial $\times$ radial) Partikeln. Eine solche Röhre konstruiert man mit Hilfe eines ebenen, zweidimensionalen Gitters aus 64 Gitterpunkten in $\mathbf{x}_1$-Richtung und 50 Punkten in $\mathbf{x}_2$-Richtung, deren linker und rechter Rand periodisch fortgesetzt ist. Die rechten Nachbarzellen eines rechten Randpartikels, das zu Zelle (i_1, i_2) gehört, sind nunmehr die Zellen mit den Indizes $(i_1 + 1 - m_1, i_2)$ und $(i_1 + 1 - m_1, i_2 \pm 1)$, für die linken Ränder entsprechend. Abbildung 5.25 zeigt die Ergebnisse zweier Simulationen mit den Parameterwerten aus Tabelle 5.12. Das dabei verwendete Potential ist durch (5.29) gegeben.

Bei der Simulation von Abbildung 5.25 (links), wurde die Röhre an den beiden Enden ringförmig mit konstanter radialer Kraft auseinandergezogen. Bei der Simulation von Abbildung 5.25 (rechts) wurde die Röhre in der Mitte

$$L_1 = 200, \qquad L_2 = 200, \qquad L_3 = 200,$$
$$r_0 = 2.2, \qquad k = 400, \qquad m = 0.1,$$
$$N = 50 \times 64, \qquad \delta t = 0.01, \qquad t_{end} = 7.5$$

Tabelle 5.12. Parameterwerte, Simulation von Minimalflächen.

ringförmig mit konstanter radialer Kraft auseinandergezogen und zudem die Enden der Röhre festgehalten. In beiden Fällen wurde hier $\|\mathbf{F}_{zug}\| = 0.1$ gesetzt.

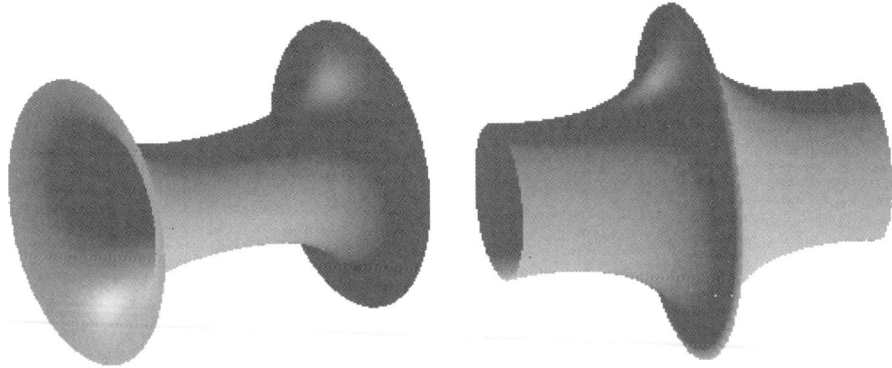

Abb. 5.25. Minimalflächen: Stationäre Endzustände der beiden Simulationen; links: die Röhre wird an beiden Enden ringförmig auseinandergezogen; rechts: die Röhre wird in der Mitte ringförmig auseinandergezogen.

Tuch. Wir betrachten nun ein zweidimensionales System aus 50×50 Partikeln, die sich zu Beginn am Boden des dreidimensionalen Simulationsgebietes befinden. Dann werden die fünf benachbarten Partikel, die zu den Zellnummern $(37, 25)$, $(37, 24)$, $(37, 26)$, $(36, 25)$ und $(38, 25)$ gehören, mit konstanter Kraft $\mathbf{F}_{zug} = (0, 1.5, 0)^T$ nach oben gezogen, vergleiche Abbildung 5.26 (links oben). Jedes innere Teilchen wechselwirkt dabei jeweils mit den nächsten acht Nachbarn, die Randpartikel entsprechend mit ihren jeweiligen existierenden Nachbarn, vergleiche Abbildung 5.21 (rechts). Das Potential zwischen den Partikeln wird gemäß (5.29) gewählt. Um Selbstdurchdringung zu verhindern, bringen wir zusätzlich an jedem Partikel ein dreidimensionales abstoßendes Potential $(1/r)^{12}$ an. Für die Berechnung der hieraus resultierenden Kraft kann das konventionelle dreidimensionale Linked-Cell-Verfahren verwendet werden. Abbildung 5.26 zeigt die zeitliche Entwicklung bei einer Simulation mit den Parameterwerten aus Tabelle 5.13. Die Bilder zeigen das Tuch zu unterschiedlichen Zeitpunkten der Rechnung. Dabei wird wieder durch die Positionen der Partikel eine Fläche gelegt, die dann abgebildet ist.

$$L_1 = 200, \qquad L_2 = 200, \ L_3 = 200,$$
$$N = 50 \times 50, \ m = 1, \qquad k = 300,$$
$$r_0 = 2.2, \qquad \delta t = 0.01$$

Tabelle 5.13. Parameterwerte, Simulation eines Tuchs.

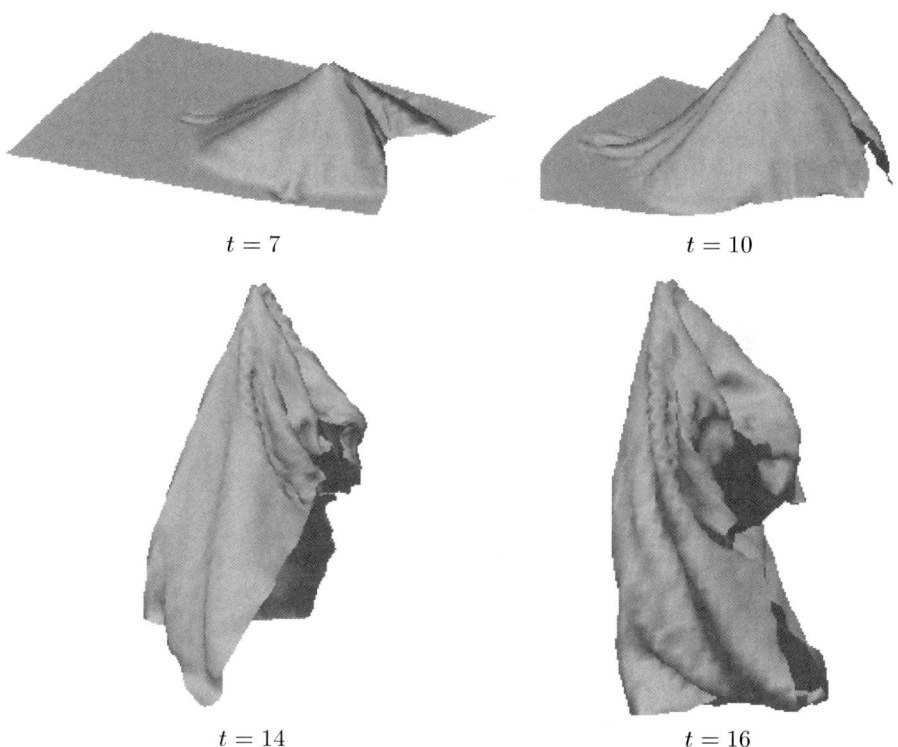

$t = 7$ $\qquad\qquad\qquad\qquad\qquad\qquad$ $t = 10$

$t = 14$ $\qquad\qquad\qquad\qquad\qquad\qquad$ $t = 16$

Abb. 5.26. Zeitliche Entwicklung des nach oben gezogenen Tuchs.

5.2.2 Lineare molekulare Systeme

In diesem Abschnitt beschäftigen wir uns mit molekularen Systemen. Hierzu müssen wir unsere Datenstrukturen auf Moleküle als Menge von Atomen (Partikeln) erweitern. Dabei beschränken wir uns zunächst auf solche Moleküle, die eine lineare atomare Anordnung haben, vergleiche Abbildung 5.2.2. Moleküle mit komplizierteren Strukturen werden wir in Abschnitt 5.2.3 betrachten.

Intramolekulare Wechselwirkungen. Interaktionen in molekularen Systemen können unterteilt werden in inter- und intramolekulare Wechselwirkungen. Intermolekulare Wechselwirkungen wirken zwischen den Bestand-

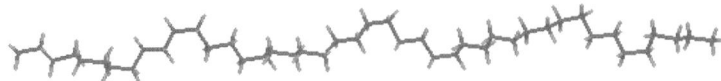

Abb. 5.27. Beispiel eines linearen Moleküls (Polyäthylen).

teilen *verschiedener* Moleküle. Intramolekulare Wechselwirkungen wirken innerhalb *eines* Moleküls und sind meist bedeutend stärker als intermolekulare Wechselwirkungen. Im wesentlichen handelt es sich dabei um drei verschiedene Potentialfunktionen, das sogenannte Bindungspotential, das Winkelpotential und das Torsionswinkelpotential, man vergleiche auch Abbildung (5.28).

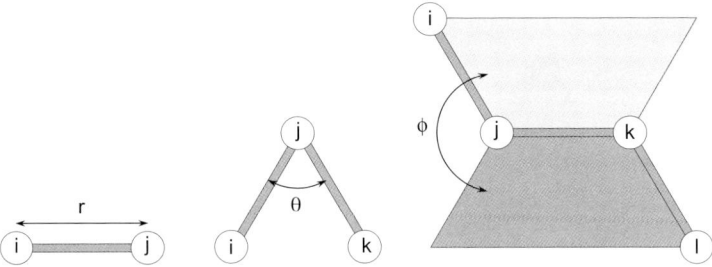

Abb. 5.28. Graphische Darstellung des Bindungspotentials (links), des Winkelpotentials (Mitte) und des Torsionswinkelpotentials (rechts).

Valenz- oder Bindungskräfte bestehen jeweils zwischen zwei gebundenen Atomen, siehe Abbildung 5.28 (links). Meist lassen sich diese Wechselwirkungen gut in Form eines harmonischen Potentials beschreiben,

$$U_b(r) = \frac{1}{2}k_b(r_{ij} - r_0)^2. \tag{5.30}$$

Hierbei bezeichnet r_{ij} die Bindungslänge zwischen den Atomen i und j, r_0 den Gleichgewichtsabstand und k_b die Kraft- oder Federkonstante.

Die Winkelkräfte sind Drei-Körper-Kräfte zwischen drei aufeinanderfolgenden gebundenen Atomen, vergleiche Abbildung 5.28 (Mitte). Das Winkelpotential wird charakterisiert durch einen Winkel $\theta = \theta_{ijk}$ zwischen den Atomen i, j und k, der um einen Gleichgewichtswert θ_0 schwankt. Für dieses Potential wird oft die Form

$$U_a(\theta) = -k_\theta(\cos(\theta - \theta_0) - 1) \tag{5.31}$$

oder (für kleine Abweichungen vom Gleichgewichtswert θ_0)

$$U_a(\theta) \approx \frac{1}{2}k_\theta(\theta - \theta_0)^2 \tag{5.32}$$

verwendet. Die bisher vorgestellten Potentiale waren nur vom Abstand r_{ij} zwischen zwei Atomen abhängig. Hier hängt die Kraft nunmehr allein vom Winkel zwischen den drei aufeinanderfolgenden Atomen i, j und k ab. Will man die Einzelkräfte eines solchen Potentials auf die Atome berechnen, muß man ein entsprechendes Koordinatensystem wählen. Naheliegend wäre die Verwendung von inneren Winkelkoordinaten statt kartesischen Koordinaten. Allerdings werden während der Simulation diese auf chemischen Bindungen beruhenden, intramolekularen Wechselwirkungen zusammen mit den inter-molekularen (ungebundenen) Wechselwirkungen berechnet. Da hierfür im allgemeinen der größere Teil der Rechenzeit benötigt wird, behalten wir das kartesische Koordinatensystem bei. Dies führt allerdings dazu, daß wir bei der Berechnung der Winkelkräfte eine Koordinatentransformation von den kartesischen Koordinaten $\mathbf{x}_i$ des Partikels i in die entsprechenden Winkel durchführen müssen. Im Falle des Winkels θ für die drei nacheinander ge-bundenen Partikel i, j und k errechnet sich der Winkel aus den kartesischen Koordinaten $\mathbf{x}_i, \mathbf{x}_j$ und $\mathbf{x}_k$ über die Beziehung

$$\theta = \theta_{ijk} = \arccos\left(\frac{\langle \mathbf{r}_{ij}, \mathbf{r}_{kj}\rangle}{\|\mathbf{r}_{ij}\|\|\mathbf{r}_{kj}\|}\right). \tag{5.33}$$

Hierbei sei wieder $\mathbf{r}_{ij} := \mathbf{x}_j - \mathbf{x}_i$. In der Simulation muß über alle möglichen Winkel $\theta = \theta_{ijk}$ summiert werden. Dabei werden die resultierenden lokalen Kräfte zu denen der jeweiligen Partikeln i, j und k addiert. Im Falle des mitt-leren Partikels j ist nichts zu tun, die Kraft berechnet sich aus der Beziehung $\mathbf{F}_{j,\theta_{ijk}} = -\mathbf{F}_{i,\theta_{ijk}} - \mathbf{F}_{k,\theta_{ijk}}$. Weiterhin gilt

$$\begin{aligned}
\mathbf{F}_{i,\theta_{ijk}} &= -\nabla_{\mathbf{x}_i} U_a(\theta_{ijk})\\
&= -k_\theta(\theta_{ijk} - \theta_0) \cdot \frac{\partial \theta_{ijk}}{\partial \mathbf{x}_i}\\
&= -k_\theta(\theta_{ijk} - \theta_0) \cdot \frac{\partial \theta_{ijk}}{\partial \mathbf{x}_i} \underbrace{\frac{\partial \cos\theta_{ijk}}{\partial \theta_{ijk}} \frac{\partial \theta_{ijk}}{\partial \cos\theta_{ijk}}}_{=1}\\
&= -k_\theta(\theta_{ijk} - \theta_0) \cdot \frac{\partial \cos\theta_{ijk}}{\partial \mathbf{x}_i} \frac{\partial \theta_{ijk}}{\partial \cos\theta_{ijk}} \underbrace{\frac{\partial \theta_{ijk}}{\partial \theta_{ijk}}}_{=1}\\
&= -k_\theta(\theta_{ijk} - \theta_0) \cdot \frac{\partial \cos\theta_{ijk}}{\partial \mathbf{x}_i} \cdot \left(-\frac{1}{\sin\theta_{ijk}}\right)\\
&= k_\theta\frac{(\theta_{ijk} - \theta_0)}{\sin\theta_{ijk}} \cdot \frac{\partial \cos\theta_{ijk}}{\partial \mathbf{x}_i}.
\end{aligned}$$

$$\tag{5.34}$$

Wir müssen nun noch den Term

$$\frac{\partial \cos\theta_{ijk}}{\partial \mathbf{x}_i}$$

berechnen. Hierzu definieren wir

$$S := \langle \mathbf{r}_{ij}, \mathbf{r}_{kj} \rangle \text{ und } D := \|\mathbf{r}_{ij}\| \|\mathbf{r}_{kj}\|.$$

Dann gilt unter Ausnutzung der Identität $\cos\theta_{ijk} = S/D$ (vergleiche (5.33))

$$\frac{\partial \cos\theta_{ijk}}{\partial \mathbf{x}_i} = -\frac{1}{D}\left(\mathbf{r}_{kj} - \frac{S}{D^2}\mathbf{r}_{ij}\|\mathbf{r}_{kj}\|^2\right).$$

Analog läßt sich $\mathbf{F}_{k,\theta_{ijk}}$ berechnen. Die aus den Winkelpotentialen resultierende Gesamtkraft auf Partikel i ergibt sich schließlich durch Summation über alle Tripel k,l,m aufeinanderfolgender gebundener Partikel gemäß

$$\mathbf{F}_i = \sum_{\substack{\theta_{klm} \\ k < m}} \mathbf{F}_{i,\theta_{klm}}.$$

Torsionswinkelkräfte sind schließlich Vier-Körper-Kräfte zwischen vier aufeinanderfolgenden gebundenen Atomen. Ihre Wirkungsweise ist in Abbildung 5.28 (rechts) verdeutlicht. Für das zugehörige Potential wird oft die Form

$$U_t(\phi_{ijkl}) = \sum_{n=1}^{3} k_{\phi_n}(\cos(n\phi - \delta_n) + 1). \tag{5.35}$$

angesetzt, wobei $\phi = \phi_{ijkl}$ den Winkel zwischen den Ebenen bezeichnet, die durch die Atome i, j, k und j, k, l aufgespannt werden. Dabei sind δ_n geeignete Phasenverschiebungen und k_{ϕ_n} Konstante. Man spricht vereinfachend auch von Torsionskräften und Torsionswinkeln. Für kleine Abweichungen vom Gleichgewichtszustand ϕ_0 kann dieses Potential wieder durch eine harmonische Approximation $U_t(\phi_{ijkl}) = \frac{1}{2}k_\phi(\phi - \phi_0)^2$ mit geeigneter Konstante k_ϕ ersetzt werden. Alternativ ist auch ein trigonometrisches Polynom der Form

$$U_t(\phi_{ijkl}) = \sum_n k_{\phi_n} \cos^n \phi \tag{5.36}$$

üblich. Auch hier muß eine Umrechnung der kartesischen Koordinaten in die Winkel erfolgen. Dies ist im Falle des Torsionswinkels etwas komplizierter. Es gilt die Beziehung[17]

---

[17] Dies ist die sogenannte Skalarprodukt-Definition des Torsionswinkels, da sie nur die Berechnung von Skalarprodukten $\langle ., . \rangle$ benötigt. In der Literatur findet sich auch die alternative Definition

$$\phi = \phi_{ijkl} = \pi \pm \arccos\left(\frac{\langle \mathbf{r}_{ij} \times \mathbf{r}_{jk}, \mathbf{r}_{jk} \times \mathbf{r}_{kl} \rangle}{\langle \|\mathbf{r}_{ij} \times \mathbf{r}_{jk}\|, \|\mathbf{r}_{jk} \times \mathbf{r}_{kl}\| \rangle}\right),$$

die Kreuzprodukte benötigt. Diese Definition wird in vielen Artikeln verwendet, führt jedoch zu komplizierten Ausdrücken bei der Berechnung der Kräfte.

$$\phi = \phi_{ijkl} = \pi \pm \arccos\left(\left\langle \mathbf{r}_{ij} - \left\langle \mathbf{r}_{ij}, \frac{\mathbf{r}_{kj}}{r_{kj}} \right\rangle \mathbf{r}_{kj}, \mathbf{r}_{lk} - \left\langle \mathbf{r}_{lk}, \frac{\mathbf{r}_{kj}}{r_{kj}} \right\rangle \mathbf{r}_{kj} \right\rangle\right).$$
(5.37)

Das Vorzeichen wird durch die skalare Größe

$$\mathrm{sign}(\det(\mathbf{r}_{ij}, \mathbf{r}_{jk}, \mathbf{r}_{kl})) = \mathrm{sign}(\langle \mathbf{r}_{ij}, \mathbf{r}_{jk} \times \mathbf{r}_{kl} \rangle)$$

gegeben. Bei einem Torsionswinkel von null oder ±180 Grad liegen alle Atome in der selben planaren Ebene. Die zugehörigen Konfigurationen unterscheiden sich jedoch substantiell, vergleiche Abbildung 5.29. Die Konfiguration mit dem Torsionswinkel von null Grad wird als trans-Konfiguration bezeichnet, ein Winkel von ±180 Grad hingegen entspricht der cis-Konfiguration.[18]

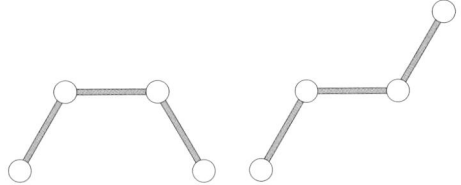

Abb. 5.29. Cis- und trans-Konfiguration.

Die Ableitung des Torsionspotentials und damit die Bestimmung der Kräfte auf die Partikel werden im Prinzip analog zum Vorgehen beim Winkelpotential hergeleitet und bleibt dem Leser überlassen. Man beachte dabei, daß die häufig verwendete Faktorisierung der Kettenregel

$$-\nabla_{\mathbf{x}_i} U_t = -(dU_t/d\phi)(d\phi/d\cos\phi)(\partial\cos\phi/\partial\mathbf{x}_i)$$

auf Grund des Faktors $d\phi/d\cos\phi = -\sin^{-1}\phi$ eine Singularität für $\phi = 0$ oder $\phi = \pi$ aufweist. Diese läßt sich vermeiden, wenn man statt dessen die Kettenregel

$$-\nabla_{\mathbf{x}_i} U_t = -(dU_t/d\phi)(\partial\phi/\partial\mathbf{x}_i)$$

verwendet. Damit lassen sich zusammen mit der Definition (5.37) des Torsionswinkels einfache und Singularitäts-freie Formeln für die Torsionskräfte herleiten. Für Details siehe [60, 74].

Das Gesamtpotential einer solchen Simulation beinhaltet die Summe über alle gebundenen und nichtgebundenen Wechselwirkungen und läßt sich wie folgt zusammenfassen:

---

[18] Wir verwenden in (5.37) die sogenannte Polymer-Konvention für die Wahl des Nullpunkts von ϕ. Daneben findet man auch die IUPAC-Konvention, die sich lediglich um den Faktor π unterscheidet. Dann besitzt die cis-Konfiguration den Winkel von null Grad und die trans-Konfiguration hat ±180 Grad.

$$V = \sum_{\substack{\text{Bindungen} \\ (i,j)}} \frac{1}{2} k_b (r_{ij} - r_0)^2 + \sum_{\substack{\text{Winkel} \\ (i,j,k)}} \frac{1}{2} k_\theta (\theta_{ijk} - \theta_0)^2$$

$$\underbrace{\hspace{8cm}}_{\text{Gebundene Wechselwirkungen}}$$

$$- \sum_{\substack{\text{Torsion} \\ (i,j,k,l)}} \sum_{n=1}^{3} k_{\phi_n} (\cos(n\phi - \delta_n) - 1)$$

$$\underbrace{\hspace{8cm}}_{\text{Gebundene Wechselwirkungen}}$$

$$+ \sum_{\substack{i,j \\ i<j}} 4\varepsilon \left[\left(\frac{\sigma_{ij}}{r_{ij}} \right)^{12} - \left(\frac{\sigma_{ij}}{r_{ij}} \right)^6 \right]. \tag{5.38}$$

$$\underbrace{\hspace{6cm}}_{\text{Ungebundene Wechselwirkungen}}$$

Hierbei sind die Parameter k_b, r_0, k_θ, θ_0, k_{ϕ_n}, δ_n und ε zunächst Konstanten, da wir hier nur Polymere betrachten, die aus einem Monomer zusammengesetzt sind.[19] Im Prinzip läßt sich nun das von uns in Kapitel 3 betrachtete Linked-Cell-Verfahren zur Auswertung der Kräfte und Potentiale direkt zur Simulation von Molekülen verwenden, indem zusätzlich zu den intermolekularen Potentialen, wie in unserem Fall dem Lennard-Jones-Potential, die intramolekularen Potentiale mit berücksichtigt werden. Die intramolekularen Kräfte sind offensichtlich kurzreichweitig, da sie nur mit den direkten Nachbarn wechselwirken.

Implementierung linearer Moleküle. Wir beschreiben hier eine Möglichkeit der Implementierung für lineare Moleküle, die auf dem Linked-Cell-Code von Kapitel 3 beruht. Zusätzlich zu den bisher betrachteten Kräften kommen jetzt die *intramolekularen* Kräfte hinzu. Die Kraftberechnungsroutine compF_LC (Algorithmus 3.15) zur Berechnung der *intermolekularen* Kräfte kann nahezu unverändert übernommen werden. Dabei ist nur darauf zu achten, ob die intermolekularen Kräfte auch innerhalb der Moleküle wirken sollen. Üblicherweise setzt man zwischen vier nacheinander gebundenen Atomen *keine* intermolekularen Lennard-Jones- (und elektrostatischen) Wechselwirkungen an. Statt diese Kräfte im Linked-Cell-Verfahren explizit nicht aufzusummieren, kann es günstiger sein, sie separat aufzusummieren, zu speichern und im anschließenden Teil bei den intramolekularen Kräften wieder abzuziehen.

In einer zusätzlichen Routine compMol_LC werden nun die intramolekularen Kräfte berechnet. Aufgrund der linearen Struktur der Moleküle können

---

[19] Im allgemeinen aber sind diese Parameter abhängig von den Atomtypen der beteiligten Atome i, j, k, l. So sind k_b, r_0 und ε Funktionen von (i,j), während die Parameter k_θ und θ_0 Funktionen von (i,j,k) und schließlich die Parameter k_{ϕ_n} und δ_n Funktionen von (i,j,k,l) sind.

die Atome innerhalb eines Moleküls entsprechend ihrer Anordnung im Molekül durchnummeriert werden. Diese lineare Anordnung ermöglicht dann das einfache Auffinden der bei den verschiedenen Kraftberechnungen beteiligten Atome innerhalb des Moleküls. Dazu führen wir nun in den Partikeldaten die jeweilige Molekülnummer und die Atomnummer innerhalb des Moleküls mit. Die Datenstruktur 3.1 für die Partikel wird also um zwei weitere Variablen erweitert.

```
int MolNr;  //  Molekülnummer
int AtomNr; //  Atomnummer
```

Die intramolekularen Kräfte lassen sich innerhalb einer äußeren Schleife über alle Moleküle mit einer inneren Schleife über die Atome des jeweiligen Moleküls berechnen.

Das Durchlaufen der Moleküle und der Atome innerhalb der Moleküle wird durch ein zusätzliches Feld M ermöglicht, siehe auch Abbildung 5.30. Hier ist M[i][j] ein Zeiger auf das j-te Atom im i-ten Molekül. Dieses zusätzliche Feld muß beim Initialisieren der Partikel- und Moleküldaten zu Beginn der Simulation aufgebaut werden. Dann lassen sich die bei den intramolekularen Kräften beteiligten Partikel eines Moleküls anhand der Vektoren M[i] leicht auffinden. Die Bindungsparameter k_b, r_0, k_θ, θ_0, k_{ϕ_n}, δ_n, σ und ε können in unserem Beispiel global gespeichert werden.

```
struct Particle *M[][];
```

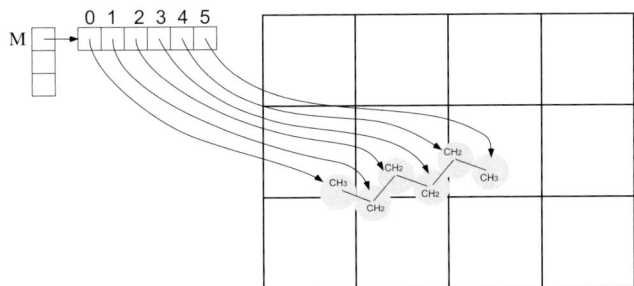

Abb. 5.30. Datenstruktur für lineare Moleküle am Beispiel eines Alkans im Linked-Cell-Gitter.

Wandert nun ein Partikel im Laufe der Simulation von einer Zelle in eine andere Zelle, dann wird das Partikel in die Partikelliste der neuen Zelle eingehängt und aus seiner alten Partikelliste ausgehängt, vergleiche Abschnitt 3.5. Damit ändert sich der Zeiger auf den Speicher, in dem die Daten des Partikels zu finden sind. Entsprechend sind die Zeiger M[i][j] auf die Partikel abzuändern, die über die Werte MolNr und AtomNr des Partikels schnell zu finden sind. Dies geschieht in der geeignet um M erweiterten Routine moveParticles_LC aus Algorithmus 3.17 nach der Aufnahme des Partikels in seine neue Partikelliste.

Parallelisierung. Bei der Gebietszerlegung wie in Kapitel 4 kann es vorkommen, daß ein Molekül nicht vollständig innerhalb des Gebiets eines einzigen Prozessors liegt, sondern sich in den Teilgebieten von zwei oder mehreren Prozessoren befindet. Um Speicherplatz zu sparen, sollte das Feld M nicht jeweils global sein. Vielmehr sollten auf jedem Prozessor nur diejenigen Informationen von M enthalten sein, die für die Kraftberechnungen innerhalb des Molekülteils auf diesem Prozessor notwendig sind. Dazu wird auf jedem Prozessor ein zu Ω_{ip} gehöriges *lokales* Feld M angelegt, in dem die Speicheradressen derjenigen Atome zu finden sind, die sich im entsprechenden Teilgebiet Ω_{ip} dieses Prozessors befinden. Zur Berechnung der Kräfte innerhalb der Moleküle am Rand des Teilgebietes werden nun aber wieder Informationen aus benachbarten Teilgebieten benötigt. Dazu sind aus M die Daten der Partikel in den Randbordüren des Nachbarprozesses auszutauschen. Dies kann erneut analog zu Algorithmus 4.6 geschehen.

Beispiel: Butan. Die einfachsten organischen Verbindungen bestehen aus Kohlenstoff und Wasserstoff. Diese Kohlenwasserstoffe lassen sich auf Grund ihrer chemischen Eigenschaften in drei Gruppen gliedern: gesättigte Kohlenwasserstoffe (Alkane oder Parafine), ungesättigte Kohlenwasserstoffe (Alkene oder Olefine) sowie aromatische Kohlenwasserstoffe. Im folgenden wollen wir die Familie der Alkane genauer betrachten.

Vom kleinstmöglichen gesättigten Kohlenwasserstoff, dem Methan CH_4 ausgehend, lassen sich durch sukzessives Hinzunehmen jeweils einer CH_2-Gruppe (Methylengruppe) weitere Kohlenwasserstoffe kettenartig aufbauen. Deren stöchiometrische Formeln entsprechen der allgemeinen Zusammensetzung C_nH_{2n+2}, $n = 4, 5, 6, \ldots$. Die chemischen Eigenschaften werden dabei durch die Hinzunahme weiterer CH_2-Gruppen nur wenig beeinflußt, die physikalischen Eigenschaften ändern sich hingegen im allgemeinen mit steigender Kohlenstoffzahl. Die so entstehende Sequenz von Kohlenwasserstoffketten bildet die Familie der Alkane. Das vierte Glied dieser Reihe ist Butan C_4H_{10}, siehe die Abbildungen 5.31 und 5.32, das zehnte Glied ist Dekan $C_{10}H_{22}$ und das zwanzigste ist Eikosan $C_{20}H_{42}$.

Im folgenden wollen wir ein einfaches Modell für Alkane diskutieren, das United-Atom-Modell [125]. Dabei wird jeweils ein Kohlenstoffatom zusammen mit den daran gebundenen Wasserstoffen als ein großes Partikel

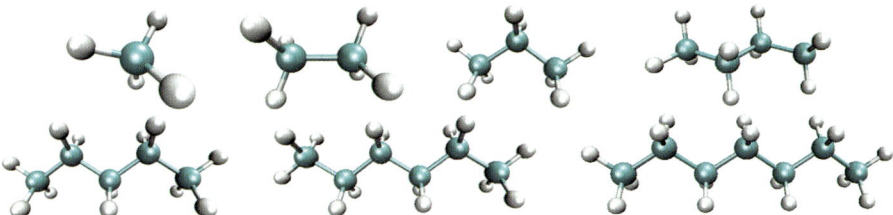

Abb. 5.31. Reihe der ersten Alkane: Methan, Ethan, Propan, Butan (obere Reihe),
Pentan, Hexan, Heptan (untere Reihe).

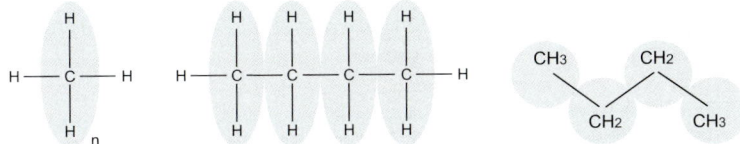

Abb. 5.32. Konstruktionsprinzip der Alkane (links), Beispiel Butan (rechts).

(Monomer) betrachtet. Monomere werden nun mittels den bereits vorgestellten Bindungs-, Winkel- und Torsionswinkelpotentialen (5.30), (5.31) und
(5.35), vergleiche auch Abbildung 5.28, zu Ketten zusammengefügt. Weitere ungebundene Paarwechselwirkungen werden mit Hilfe des Lennard-Jones-
Potentials modelliert. Dieses wird üblicherweise zwischen den Monomeren
verschiedener Alkanmoleküle sowie zwischen den Monomeren je eines Alkan-
Moleküls angesetzt, welche in der Kette mehr als vier Partikel beziehungsweise drei Bindungen voneinander entfernt sind. Die diversen Potentialparameter
werden dabei so angepaßt, daß realistische Ergebnisse resultieren.

Konkret haben wir im Fall des Butan-Moleküls vier gebundene Monomere. Dabei repräsentieren die beiden inneren Monomere der Viererkette
jeweils eine CH_2-Gruppe und das Anfangs- und End-Monomer jeweils eine
CH_3-Gruppe. Die innermolekularen Kräfte sind einmal die aus (5.30) resultierenden Valenzkräfte, welche zwischen zwei benachbarten (gebundenen)
Monomeren wirken. Weiterhin werden die Winkelkräfte zwischen zwei aufeinanderfolgenden Bindungen berücksichtigt. Abweichend von den Ausdrücken
(5.31) und (5.32) setzen wir hier die Potentialvariante

$$U_a(\theta) = k_\theta (\cos\theta - \cos\theta_0)^2 \tag{5.39}$$

an. Zudem verwenden wir eine für die Simulation von Butan gemäß [605]
geeignete Potentialfunktion für den Torsionswinkel der Form (5.36)

$$U_t(\phi) = [1.116 - 1.462\cos(\phi) - 1.578\cos^2(\phi) + 0.368\cos^3(\phi) + 3.156\cos^4(\phi)$$
$$+ 3.788\cos^5(\phi)]K_\phi \,.$$

Dabei ergeben sich die Kräfte wieder als Gradienten des Potentials. Der Winkel $\phi = \phi_{ijkl}$ wird wie in Gleichung (5.37) berechnet. Diese Bindungskräfte und deren Kraftkonstanten sind dafür verantwortlich, daß die Butan-Polymerkette nach geeigneter Equilibrierung ihre natürliche Form einnimmt, siehe Abbildung 5.31. Die kurzreichweitigen intermolekularen Kräfte werden wie immer mit Hilfe des Lennard-Jones-Potentials modelliert. Dabei werden Paarwechselwirkungen nur zwischen den Monomeren verschiedener Butanmoleküle, nicht jedoch zwischen den Monomeren innerhalb eines Butan-Moleküls berücksichtigt. Die konkreten Potentialparameter nach [605] sind in SI-Einheiten in Tabelle 5.14 gegeben. Unser Programm arbeitet in unskalierten Größen. Deswegen ist wieder eine Skalierung analog zu (3.55) in Abschnitt 3.7.3 auszuführen. Hierzu verwenden wir $\tilde{\sigma} = 10^{-9}$ m, $\tilde{\varepsilon} = 1$ kJ/mol, $\tilde{m} = 1$ u und $\tilde{\alpha} = \tilde{\sigma}\sqrt{\tilde{m}/\tilde{\varepsilon}} = 10^{-12}$ s = 1 ps.

$$k_b = 17.5 \frac{\text{MJ}}{\text{mol}\cdot\text{nm}^2}, \quad r_0 = 1.53 \text{ Å}, \qquad \text{Valenz-Potential,}$$

$$k_\theta = 65 \frac{\text{kJ}}{\text{mol}}, \qquad \theta_0 = 109.47 \text{ Grad,} \quad \text{Winkel-Potential,}$$

$$K_\phi = 8.31451 \frac{\text{kJ}}{\text{mol}}, \qquad\qquad\qquad \text{Torsions-Potential,}$$

$$\sigma = 3.923 \text{ Å}, \qquad \varepsilon = 0.5986 \frac{\text{kJ}}{\text{mol}}, \quad \text{Lennard-Jones-Potential.}$$

Tabelle 5.14. Parameterwerte, Simulation von Alkan.

Wir werden im folgenden 64 Butan-Moleküle in einer würfelförmigen Simulationsbox mit periodischen Randbedingungen bei einer Temperatur von 296 K untersuchen. Diese liegt deutlich über dem Siedepunkt von Butan von etwa 274 K, wir befinden uns also in der Gasphase. Eine Anfangsverteilung für die 64 Moleküle erhält man durch zufälliges oder äquidistantes Verschieben der Konfiguration eines Moleküls. Als Anfangsdaten hierfür kann man den folgenden Datensatz verwenden:

Programmstück 5.1 PDB-Eintrag Butan

```
ATOM     1  CH3  BUTL  1   2.142    1.395   -8.932   1.00   0.00
ATOM     2  CH2  BUTL  1   3.631    1.416   -8.537   1.00   0.00
ATOM     3  CH2  BUTL  1   4.203   -0.012   -8.612   1.00   0.00
ATOM     4  CH3  BUTL  1   5.691    0.009   -8.218   1.00   0.00
CONECT   1  2
CONECT   2  1   3
CONECT   3  2   4
CONECT   4  3
```

Das hierbei benutzte PDB-Datenformat ist ein international verbreiteter Standard zur Speicherung von Moleküldaten [85].[20] Für unsere Berechnungen sind die Spalten 6–8 relevant. Sie enthalten die $\mathbf{x}_1, \mathbf{x}_2, \mathbf{x}_3$-Koordinaten der vier Kohlenstoffatome, die wir auch als die Zentren der vier Monomere verwenden. Für die Simulation werden die Parameter aus den Tabellen 5.14 und 5.15 eingesetzt. Dabei wird die gleiche mittlere Masse m für alle Monomere verwendet, obwohl diese eine unterschiedliche Anzahl von Wasserstoffatomen gebunden haben.

$$L_1 = 2.1964 \text{ nm}, \quad L_2 = 2.1964 \text{ nm}, \quad L_3 = 2.1964 \text{ nm},$$
$$m = 14.531 \text{ u}, \qquad T = 296 \text{ K},$$
$$r_{\text{cut}} = 2.5 \ \sigma, \qquad \delta t = 0.0005 \text{ ps}$$

Tabelle 5.15. Parameterwerte, Simulation von Butan.

Ein Butan-Molekül kann nun verschiedene Konfigurationen im Raum einnehmen. Abhängig vom Wert des Torsionswinkels unterscheidet man hier üblicherweise die trans-Konfiguration, die durch einen Torsionswinkel $|\phi| < \frac{\pi}{3}$ definiert ist, und die cis-Konfiguration, die durch die verbleibenden Torsionswinkel bestimmt ist.

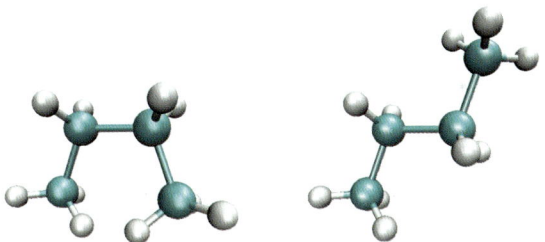

Abb. 5.33. Konfigurationen von Butan: Cis- und trans-Konfiguration, die sich durch den Torsionswinkel unterscheiden.

In der Tabelle 5.16 geben wir den Prozentsatz der Butan-Moleküle in cis- und trans-Konfiguration an. Dabei wird über alle auftretenden Torsionsfreiheitsgrade aller Moleküle im jeweils betrachteten Zeitintervall gemittelt. Weiterhin messen wir den Druck des Gesamtsystems gemäß (3.60) und geben die gemittelten Teil-Energien für die vier verschiedenen verwendeten Potentialfunktionen an. Man erkennt, daß die Moleküle die trans-Konfiguration deutlich bevorzugen. Aus dem Histogramm der Torsionswinkel in Abbildung 5.34 sehen wir, daß es sich dabei um den Winkel $\phi = 0$ handelt. In

---

[20] Weitere Informationen dazu geben wir in Abschnitt 5.2.3.

der cis-Konfiguration kommt im wesentlichen der Winkel $\phi = 2\pi/3$ und entsprechend symmetrisch dazu der Winkel $\phi = 4\pi/3$ vor, wobei diese Fälle zusammengenommen weniger als halb so wahrscheinlich sind wie die trans-Konfiguration.

Zeit ps	trans (%)	cis (%)	Druck GPa	LJ kJ/mol	Torsion kJ/mol	Winkel kJ/mol	Valenz kJ/mol
46-54	66.77	33.22	0.1664	-17.9573	2.2954	2.2653	3.3158
86-94	74.94	25.05	0.1602	-18.1049	2.1674	2.3692	3.3321
46-94	69.79	30.20	0.1622	-18.0180	2.2395	2.2476	3.3244

Tabelle 5.16. Simulation von 64 Butan-Molekülen, statistische Meßwerte. Die Energieangaben sind pro Butan-Molekül.

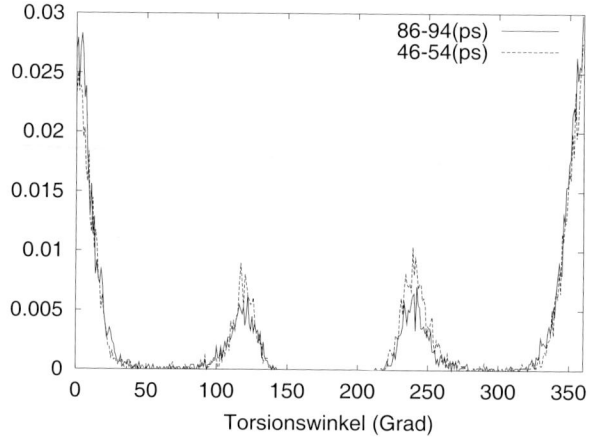

Abb. 5.34. Simulation von 64 Butan-Molekülen, Torsionswinkel-Histogramm.

In Abbildung 5.35 sind schließlich die einzelnen Energieanteile über die Simulationslaufzeit angetragen, die aus dem Bindungs-, Winkel-, Torsions- und Lennard-Jones-Potential resultieren. Dabei sind die intramolekularen Bindungsenergien auf Grund der Modell-Parameter relativ groß. Physikalisch sind hingegen bei einer Temperatur von 296 K noch nicht alle den einzelnen Potentialtypen zugeordneten Freiheitsgrade aktiv. Dies gilt insbesondere für Bindungen und Winkel. Im Störmer-Verlet-Zeitintegrationsverfahren dienen diese Potentiale nun dazu, die Atomabstände und die Bindungswinkel näherungsweise zu erhalten, da diese Freiheitsgrade bei den simulierten Temperaturen faktisch eingefroren sind.

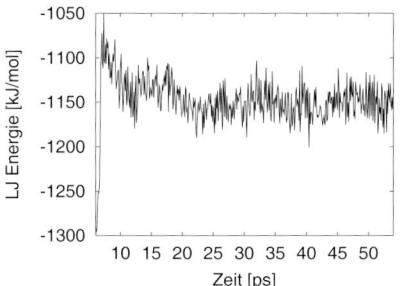 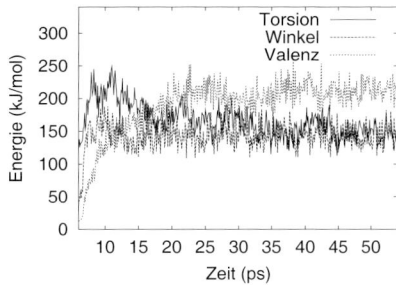

Abb. 5.35. Simulation von 64 Butan-Molekülen, Energiediagramme.

Beispiel: Dekan. Im folgenden untersuchen wir das Alkan der Länge Zehn, das sogenannte Dekan in seiner gasförmigen Phase. Hierzu betrachten wir 27 Dekan-Moleküle mit insgesamt 270 Monomeren in einer kubischen Box mit periodischen Randbedingungen bei einer Temperatur von 296 K. Wiederum bildet jeweils ein Kohlenstoffatom mit den daran gebundenen Wasserstoffen ein Monomer und entspricht einem Partikel[21] im United-Atom-Modell. Diese werden nun mittels den bereits vorgestellten Valenz-, Winkel- und Torsionswinkel-Potentialen (5.30), (5.39) und (5.36) zu Ketten der Länge Zehn zusammengefügt. Weitere ungebundene Paarwechselwirkungen werden mit Hilfe des Lennard-Jones-Potentials modelliert. Sie wirken zwischen den Partikeln verschiedener Dekan-Moleküle sowie zwischen den Partikeln je eines Dekan-Moleküls, welche auf der Kette mehr als vier Partikel beziehungsweise drei Bindungen voneinander entfernt sind. Insgesamt verwenden wir die Simulationsparameter aus Tabelle 5.17 und die Potentialparameter aus Tabelle 5.14, siehe auch [605].

$$L_1 = 2.0598 \text{ nm}, \quad L_2 = 2.0598 \text{ nm}, \quad L_3 = 2.0598 \text{ nm},$$
$$m = 14.228 \text{ u}, \quad T = 296 \text{ K},$$
$$r_{\text{cut}} = 2.5 \, \sigma, \quad \delta t = 0.0005 \text{ ps}$$

Tabelle 5.17. Parameterwerte, Simulation von Dekan.

Die Startkonfiguration wird wie folgt konstruiert: Zunächst werden 270 einzelne Partikel zufällig in das Simulationsgebiet eingestreut. Dann werden nahe beieinander liegende Partikel zufällig zu einer Kette der Länge Zehn zusammengefaßt. Nach der Zuweisung von Anfangsgeschwindigkeiten, die gemäß der Maxwell-Boltzmann-Verteilung (Anhang A.4) bestimmt sind,

---

[21] CH_2 für innere Partikel und CH_3 für das Anfangs- und Endpartikel je einer Dekankette. Dennoch verwenden wir in den Simulationen für alle Partikel die gleiche mittlere Masse m.

wird eine *Equilibrierung* durchgeführt. Während dieser Equilibrierungsphase von etwa 10 ps bildet sich allmählich die natürliche Geometrie der Dekanketten heraus. Nach Beendigung dieser Equilibrierungsphase kann die eigentliche Simulation mit - dann zur Verfügung stehenden - realistischen Startdaten beginnen.

Wiederum messen wir den Prozentsatz für trans- und cis-Konfigurationen. Dabei wird über alle auftretenden Torsionsfreiheitsgrade aller Moleküle im jeweils betrachteten Zeitintervall gemittelt. Weiterhin messen wir den Druck des Gesamtsystems gemäß (3.60), sowie die gemittelten Teil-Energien für die vier verschiedenen verwendeten Potentialfunktionen. Die Ergebnisse sind in Tabelle 5.18 angegeben.

Zeit	trans	cis	Druck	LJ	Torsion	Winkel	Valenz
ps	(%)	(%)	GPa	kJ/mol	kJ/mol	kJ/mol	kJ/mol
46-94	77.33	22.66	0.2849	-58.4045	15.4678	9.8089	10.8906

Tabelle 5.18. Simulation von 27 Dekan-Molekülen, statistische Meßwerte. Die Energieangaben sind pro Dekan-Molekül.

Wir sehen, daß die trans-Konfiguration wiederum deutlich wahrscheinlicher ist als die cis-Konfiguration. Aus dem Histogramm der auftretenden Torsionswinkel in Abbildung 5.34 ergibt sich, daß es sich dabei wieder hauptsächlich um den Winkel $\phi = 0$ handelt. In der cis-Konfiguration liegt im wesentlichen der Winkel $\phi = 2\pi/3$ und entsprechend symmetrisch der Winkel $\phi = 4\pi/3$ vor. Im Vergleich zur Butan-Simulation ist dieser Effekt sogar stärker ausgeprägt: Nun tritt der Winkel $\phi = 2\pi/3$ und $\phi = 4\pi/3$ noch seltener auf, der Großteil der Bindungen oszilliert um den Winkel $\phi = 0$.

Im Gegensatz zu Butan ist nun auch deutlich mehr Energie in der Torsion enthalten, siehe Abbildung 5.37. Ein Grund ist, daß bei langkettigen Molekülen deutlich mehr Torsionsfreiheitsgrade im Verhältnis zu Bindungsfreiheitsgraden vorhanden sind. Insgesamt sind die Torsionsschwingungen auch physikalisch realistischer. Die verwendeten Potentiale wurden letztlich gerade für große Moleküle entwickelt und modellieren deswegen kurze Ketten wie Butan nicht ganz so genau.

Erweiterung: Diffusion von Gasmolekülen in Alkanen. Wiederum betrachten wir Alkane. Jetzt sollen 30 Ketten zu je 20 Monomeren (20-Alkan oder Eikosan) in einer kubischen Box der Länge 25 Å mit periodischen Randbedingungen bei einer Temperatur von 360 K simuliert werden. Dabei bleiben die Potential- und Simulationsparameter des vorigen Abschnitts aus Tabellen 5.14 und 5.17 unverändert und können übernommen werden, das Vorgehen beim Erstellen der Anfangskonfiguration ist analog. Hinzu kommen nun kleine Gasmoleküle — in unserem Fall Sauerstoff (O_2). Wir streuen 20 O_2-Moleküle zufällig in das Gebiet ein und lösen sie somit in unserem Eiko-

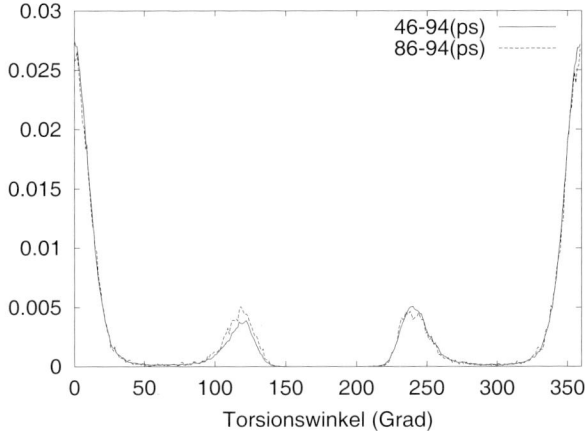

Abb. 5.36. Simulation von 27 Dekan-Molekülen, Torsions-Histogramm.

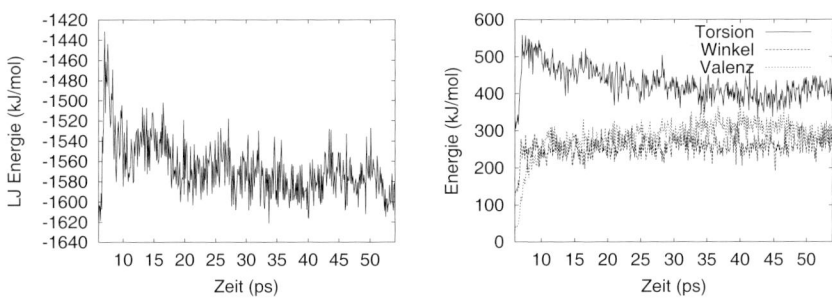

Abb. 5.37. Simulation von 27 Dekan-Molekülen, Energiediagramme.

sangas. Je ein Sauerstoffmolekül wird dabei als ein Partikel betrachtet. Der Sauerstoff interagiert mit den Eikosan-Monomeren über ein Lennard-Jones-Potential. Die zugehörigen Potentialparameter ergeben sich jeweils nach der Lorentz-Berthelotschen Mischungsregel (Algorithmus 3.19 in Kapitel 3.6.4), wobei für Sauerstoff die Parameter aus Tabelle 5.19 zu wählen sind.

$$\varepsilon_O = 940 \ \text{J/mol}$$
$$\sigma_O = 3.43 \ \text{Å}$$

Tabelle 5.19. Parameterwerte, Sauerstoff.

Wir wollen nun in unserer Simulation die Diffusion des Sauerstoffs im Eikosangas beobachten. Sie wird durch die Eikosanketten stark beeinflußt. Die dabei gewählte Temperatur von 360 K liegt deutlich über dem Siedepunkt von Eikosan. Nach einer anfänglichen Equilibrierungsphase von 10 ps bei einer Zeitschrittweite von $\Delta t = 5 \cdot 10^{-4}$ ps wird die Moleküldynamik-Simulation über längere Zeit fortgesetzt und die Bewegung der Sauerstoffmoleküle verfolgt. Dabei messen wir die Diffusion der Sauerstoff- und Eikosan-Moleküle. Die Diffusion des Sauerstoffs errechnet sich dabei aus der mittleren Standardabweichung der Partikelpositionen, die wir bereits aus Gleichung (3.61) in Abschnitt 3.7.3 kennen. Analog bestimmen wir die Diffusion von Eikosan.

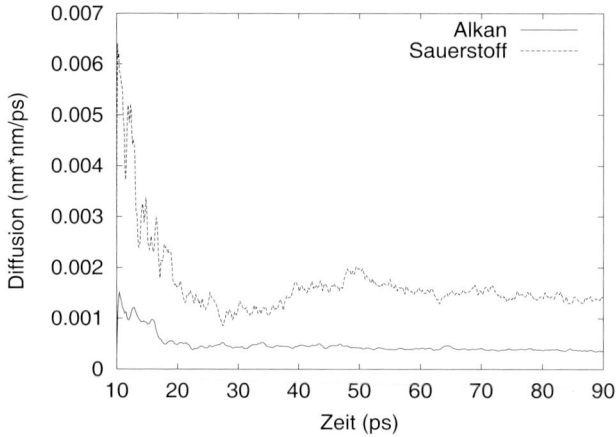

Abb. 5.38. Simulation von Eikosan-Molekülen (20-Alkan) mit Sauerstoffmolekülen, Messung der Diffusion ab dem Zeitpunkt 10 ps.

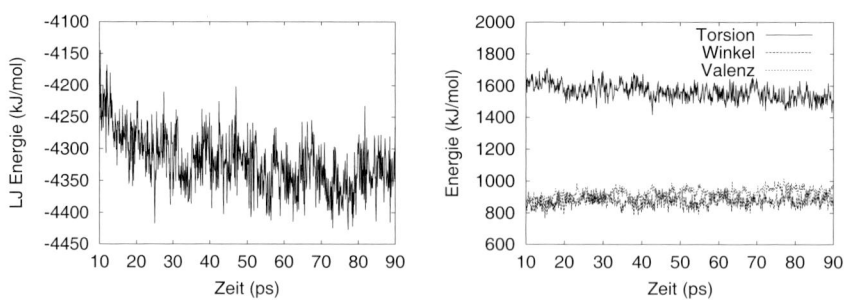

Abb. 5.39. Simulation von Eikosan-Molekülen mit Sauerstoffmolekülen, Energiediagramme.

Abbildung 5.38 zeigt die gemessene Diffusion der Eikosan-Moleküle und der Sauerstoffmoleküle im zeitlichen Verlauf. Erwartungsgemäß ist die Mobilität der kleineren und leichteren Sauerstoffmoleküle höher als die der Eikosane. Jedoch würde man bei einer Temperatur von 360 K zunächst deutlich mehr als einen Faktor drei als Unterschied erwarten. Dieser läßt sich durch die geometrische Struktur der Alkane erklären: Die Sauerstoffmoleküle werden von den Alkanen in ihrer Bewegung durch das Simulationsgebiet gehindert, das Alkan-Gemisch wirkt sauerstoffundurchlässig. Die entsprechenden Energien sind in Abbildung 5.39 angegeben. Wiederum dominiert die Energie der ungebundenen Lennard-Jones-Kraft, die jetzt auch zwischen Sauerstoff und den Eikosanen vermittelt. Bei den gebundenen Kräften fällt wieder die Torsionskraft ins Auge, die aufgrund der Kettenlänge größer als die der anderen Bindungen ist. Relativ gesehen sind die intramolekularen gebundenen Energien vergleichbar mit denen der Dekan-Simulation, sie sind jedoch weniger stark oszillierend.

Alkane sind ein einfacher Spezialfall von Polymeren. Im allgemeinen ist ein Polymer eine Substanz, deren einzelne Moleküle sehr groß werden können – bis zu 1000 Atome und mehr. Jedes Polymermolekül setzt sich dabei aus seinen Monomeren zusammen; hierbei handelt es sich um Basiseinheiten, die aus ganz speziellen Atomen bestehen und sich in Form einer langen Kette binden. Polymere lassen sich in synthetische Polymere und Biopolymere unterscheiden. Die Biopolymere sind in der Natur vorkommende Polymere, wie z.B. DNA, RNA, Proteine, Polysaccharide etc. Im Falle der Proteine sind die Monomere die Aminosäuren. Die synthetischen Polymere sind die Basis sämtlicher Formen des allseits als Plastik bekannten Stoffes (z.B. Polyäthylen, PVC, Nylon, Polyester). Von besonderem Interesse sind nicht nur die Materialeigenschaften eines Polymers sondern auch der Polymerisationsvorgang selbst, bei dem sich Kettenstrukturen aus den Monomeren durch chemische Reaktionen wie Katalyse bilden, die sich untereinander verhaken und vernetzen. Weitere Fragestellungen sind der Vernetzungsgrad und die räumliche Vernetzungsstruktur. Computersimulationen mit Polymeren sind aufgrund der Größe der betrachteten Moleküle und der daraus resultierenden Komplexität äußerst aufwendig. Die Simulation mit Moleküldynamik-Verfahren[22] ist hier ein noch relativ junges Forschungsgebiet und die erzielten Ergebnisse lassen in vielerlei Hinsicht noch Raum für Verbesserungen. Dies liegt unter anderem an der Tatsache, daß die Berechnung langreichweitiger elektrostatischer Kräfte (Coulomb-Potential), die beim Polymerisationsvorgang berücksichtigt werden müssen, viel Rechenzeit erfordert. Zudem spielt die Zeitskala, auf der die interessierenden Phänomene ablaufen, eine entscheidende Rolle. Diese ist oftmals viel zu groß für die aktuell mit Moleküldynamik-Verfahren erreichbaren Simulationszeiten, siehe auch die Diskussion in Kapitel 9.

---

[22] Weiterhin werden oft erfolgreich Monte-Carlo-Methoden eingesetzt. Synthetische Polymere werden dabei oft mit Hilfe des Bead-Spring- oder des Rousse-Modells realisiert. Weiterführende Literatur findet sich etwa in [195, 359, 436].

5.2.3 Ausblick auf kompliziertere Moleküle

Bisher haben wir uns nur mit der Implementierung einfacher linearer, kettenartiger Moleküle beschäftigt. Nun diskutieren wir kurz einige Modifikationen, die auch Simulationen mit komplizierteren Molekülstrukturen erlauben. Darüberhinaus stellen wir Verfahren vor, wie wir Moleküldaten und die entsprechenden Potentiale aus Datenbanken und anderen Paketen für unsere Simulationen gewinnen können.

Datenstruktur. In Abschnitt 5.2.2 wurde ein Molekül als ein logischer Vektor von Atomen dargestellt. Mit dieser Datenstruktur konnten wir auch Alkanketten im United-Atom-Model implementieren. Über solche Ketten hinaus gibt es aber eine Fülle komplizierterer Molekülstrukturen. Schon ein einfaches Iso-Alkan, bei dem sich die Kette verzweigt, oder ein zyklisches Alkan kann auf diese Weise nicht mehr dargestellt werden. Daneben gibt es auch Ringe (Benzol) und allgemeinere Graphen. Diese Strukturen können mit der Anzahl der Atome beliebig komplex werden, bis hin zu Proteinen und anderen Biomolekülen.

Um die Nachbarschaftsbeziehungen von Atomen in solchen Molekülen darstellen zu können, benötigen wir eine neue Datenstruktur für die Moleküle. Statt eines Vektors verwenden wir nun Zeiger, die den Verbindungs-Graphen repräsentieren. Solche Techniken haben wir in einfacher Form schon bei den verketteten Listen in Abschnitt 3.5 kennengelernt. Dazu führen wir für jedes Partikel Zeiger auf alle seine Nachbarpartikel ein. Damit lassen sich kompliziertere Molekülstrukturen aufbauen und auch die einzelnen Stränge eines Moleküls verfolgen. Es ist in unserem Fall zweckmäßig, von einer Obergrenze von Nachbaratomen[23] MAXNEIGHBOR auszugehen, die wir beispielsweise mit vier festlegen. Die Partikel sehen dann in etwa wie in Datenstruktur 5.1 aus, siehe auch Abbildung 5.40, wobei gegebenenfalls noch weiterer Platz für die Bindungsparameter freigehalten werden kann.[24]

Bei einem linearen Molekül entspricht diese Datenstruktur einer Anordnung der Atome in einer doppelt verketteten Liste. Im Prinzip würde für einige Operationen auch eine einfach verkettete Struktur genügen, aber beispielsweise beim Bewegen der Partikel über Zellgrenzen hinaus ist das Einfügen

---

[23] Um die Zahl der Nachbaratome variabel zu halten, kann man alternativ auch mit einer Liste von Zeigern auf Nachbaratome arbeiten. Im Vergleich zu fest reservierten Vektoren kann dies im Einzelfall Speicherplatz sparen.

[24] Es gibt verschiedene Möglichkeiten, die Bindungsparamter zu verwalten. Zunächst können die Parameter individuell an jeder Bindung gespeichert werden, zusammen etwa mit den Zeigern auf die Nachbaratome. Nachteilig wirkt sich hier wieder die variable Zahl möglicher Bindungen aus, so daß gegebenenfalls viel Speicher ungenutzt bleibt. Alternativ können die Parameter in globalen (assoziativen) Tabellen liegen, wo sie, nach den beteiligten Atomtypen geordnet, gefunden und abgerufen werden können. Da es häufig wesentlich mehr Atome als verschiedene Bindungsparameter gibt, läßt sich so Speicher sparen.

Datenstruktur 5.1 Allgemeine Moleküle als Verbindungs-Graph von Atomen.

```
#define MAXNEIGHBOR 4
typedef struct {
    ...                    // Partikeldatenstruktur 3.1
    struct Particle *neighbor[MAXNEIGHBOR];
} Particle;
```

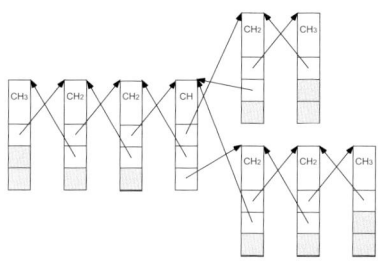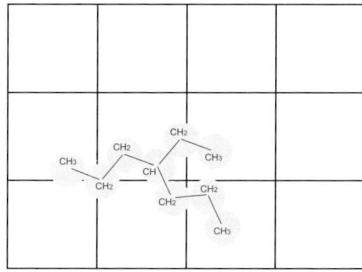

Abb. 5.40. Datenstruktur für Moleküle als Graph zwischen einzelnen Partikeln am Beispiel eines Iso-Alkans. Verzeigerte Struktur (links) und Molekül im Linked-Cell-Gitter (rechts).

und Entfernen von Partikeln in einer doppelt verketteten Struktur einfacher umzusetzen. Das Feld M[i][j] aus Abschnitt 5.2.2 entfällt nun.

Die doppelt verzeigerte Struktur der Moleküle muß zu Beginn der Simulation allokiert und richtig initialisiert werden. Die Kraftberechnung erfolgt für die ungebundenen Kräfte wie üblich mit dem Linked-Cell-Verfahren. Die intramolekularen Kräfte können nun mit einem Durchlauf über alle Partikel und deren Zeiger auf Nachbarpartikel berechnet werden. Dabei wird die Wirkung der Bindungskräfte auf jedes einzelne Partikel berechnet. Alternativ dazu können mit dem dritten Newtonschen Gesetz auch Kräfte auf Gruppen von Partikeln (meist vier benachbarte Atome) berechnet werde, wenn man beispielsweise mit zusätzlichen Flags sicherstellt, daß jedes Bindungspotential genau einmal pro Durchlauf behandelt wird. Üblicherweise werden bei einigen gebundenen Partikeln keine Lennard-Jones-Wechselwirkungen berücksichtigt. Statt nun im Linked-Cell-Verfahren für jede Wechselwirkung zu prüfen, ob diese wirklich berechnet werden muß, kann es wie schon bei den linearen Molekülen von Abschnitt 5.2.2 günstiger sein, solche Wechselwirkungen im Linked-Cell-Verfahren mitzuberechnen und anschließend bei den intramolekularen Kräften wieder abzuziehen.

Im Linked-Cell-Verfahren werden die Partikel in jedem Zeitschritt bewegt. Dabei kann ein Partikel seine Zelle verlassen. Es wird in der Liste einer Nachbarzelle gespeichert. Dann müssen die Zeiger der Nachbarpartikel, die auf dieses Partikel zeigen, entsprechend aktualisiert werden. Dies ist jetzt einfach zu bewerkstelligen, da das Partikel selbst aufgrund der doppelten Verkettung Zeiger auf genau diese Nachbarpartikel besitzt.

Parallelisierung. Die Parallelisierung verzeigerter Datenstrukturen erfordert etwas mehr Aufwand, als dies bei der Vektorstruktur linearer Moleküle der Fall war. Dabei ist nicht nur zu berücksichtigen, daß sich ein langes Molekül über Prozessorgrenzen hinweg erstrecken kann, sonderen auch, daß sich Teile davon über Prozessorgrenzen bewegen können.

Wenn wir zunächst von einer statischen Datenverteilung ausgehen, müssen wir wie bisher lediglich dafür sorgen, daß die nötigen Kopien der Partikel in den Randbordüren vorhanden sind. Wenn nun zusätzlich die Struktur der Verzeigerung in der Randbordüre zu den entsprechenden Partikelkopien richtig vorhanden ist, muß man nur noch die Doppeltberechnung einzelner Kraftterme vermeiden.

Ein Problem stellt allerdings der Fall einer dynamischen Datenverteilung dar, bei dem sich Molekülteile von einem Prozessor zu einem anderen bewegen. Zwar können die Partikel in den Randbordüren wie bisher verschickt werden. Allerdings müssen auch die Zeiger auf die Nachbarpartikel richtig gesetzt werden. Da aber nun der Wert eines Zeigers, nämlich die Speicheradresse, auf einem anderen Prozessor wertlos ist, müssen wir nach Wegen suchen, die Graphenstruktur über Prozessorgrenzen hinweg zu transportieren. Eine elegante Möglichkeit dazu bietet wiederum eine eindeutige Numerierung der Partikel wie in Abschnitt 5.2.2 beschrieben. Dabei werden Zeiger beim Verschicken in die Nummern der entsprechenden Partikel übersetzt. Sollte bei der anschließenden Rückübersetzung auf dem neuen Prozessor eine Suche der Partikelnummern in der entsprechenden Zelle zu aufwendig sein, können hier gegebenenfalls auch sogenannte Hash-Techniken eingesetzt werden [353].

Potentiale. Die Potentialfunktionen setzen sich im wesentlichen wieder aus den bereits vorgestellten Potentialen für lineare Moleküle zusammen. Sie bestehen aus gebundenen und nicht-gebundenen Termen. Die gebundenen Terme setzen sich aus einem harmonischen Bindungspotential (5.30), einem Winkelpotential (5.31) für Wechselwirkungen von drei gebundenen Atomen sowie den Torsions-Wechselwirkungen zusammen. Letztere bestehen aus den bereits bekannten Torsions-Wechselwirkungen (5.35), welche im Falle von vier gebundenen Atomen i-j-k-l die Torsion der durch die Bindungen i-j bzw. k-l aufgespannten Ebenen beschreiben. Für Atome an Verzweigungspunkten, an denen mehrere Molekülstränge zusammenkommen, fehlt aber noch ein entsprechendes Potential. Hier setzen wir das sogenannte uneigentliche Torsionspotential

$$U_{ut}(\omega) = \frac{1}{2}k_\omega(\omega - \omega_0)^2 \tag{5.40}$$

an. Es unterscheidet sich vom konventionellen Torsionspotential unter anderem darin, daß die Atome i, j, k, l, die den Torsionswinkel beschreiben, nicht in einer Kette gebunden sind. Dabei bezeichnet $\omega = \omega_{ijkl}$ den Winkel zwischen den beiden Ebenen, die durch die Atome i, j, k und j, k, l aufgespannt werden. Abbildung 5.41 zeigt eine Beispielkonfiguration für eine solche Wechselwirkung.[25] Bei Atomen mit mehr als drei Bindungen können entsprechend mehrere uneigentliche Torsionspotentiale angesetzt werden.

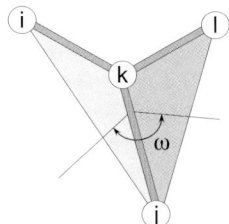

Abb. 5.41. Eine Anordnung von Atomen i, j, k, l und der uneigentliche Torsionswinkel ω_{ijkl} zwischen den Ebenen, die durch die Atome i, j, k und j, k, l aufgespannt werden.

Geometrie und Potentialparameter. Neben ihrem Einsatz in den Materialwissenschaften ist die Moleküldynamik-Methode ein wichtiges Werkzeug zur Untersuchung von Biomolekülen. In der Brookhaven Protein Data Bank (PDB) [85] werden dreidimensionale makromolekulare Strukturdaten von Proteinen zur Verfügung gestellt. Dabei werden in einer speziellen Syntax die Atome des Moleküls mit ihren Koordinaten sowie die zugehörigen Bindungen aufgelistet.[26] Ein Beispiel ist im Programmstück 5.2 zu sehen, ein anderes Beispiel hatten wir bereits im Programmstück 5.1 angegeben.

Die Daten wurden dabei meist experimentell mittels Röntgenkristallographie [113, 508] oder der NMR (solution nuclear magnetic resonance) [158, 113] ermittelt. Durch Röntgenkristallographie kann jedoch im allgemeinen die Position von Wasserstoffatomen nicht bestimmt werden. Auch können Stickstoff, Sauerstoff und Kohlenstoffatome nicht unterschieden werden und müssen nachträglich durch chemisches Wissen „von Hand" bestimmt werden. Weiterhin liegen die Proteine in Form von Kristallstrukturen, also in dehydriertem Zustand vor.

---

[25] Gelegentlich werden uneigentliche Torsionspotentiale auch an Atomen angesetzt, die keine Verzweigungspunkte im Molekül sind. Dadurch lassen sich zusätzliche Restriktionen an die Geometrie des Moleküls modellieren, wie etwa die Planarität von sp^2-hybridisierten Kohlenstoffen in Carboxyl-Gruppen.

[26] Dabei wird auch zwischen verschieden gebundenen Atomen unterschieden, was durch Zusätze zu den Atombezeichnern ausgedrückt wird. Leider werden nicht immer alle Verbindungen zwischen den Atomen mitgeliefert. Auch werden zudem einzelne Atomgruppen, wie etwa Aminosäuren, gerne durch ein Symbol abgekürzt statt alle Atome einzeln aufzulisten.

Programmstück 5.2 Ameisensäure im PDB-Format.

```
ATOM    1  C   UNK  1  -0.014    1.204    0.009  1.00  0.00
ATOM    2  O   UNK  1   0.002   -0.004    0.002  1.00  0.00
ATOM    3  O   UNK  1   1.139    1.891    0.001  1.00  0.00
ATOM    4  H   UNK  1  -0.957    1.731    0.016  1.00  0.00
ATOM    5  H   UNK  1   1.126    2.858    0.007  1.00  0.00
CONECT  1   2   2   3   4
CONECT  2   1
CONECT  3   1   5
CONECT  4   1
CONECT  5   3
```

Vor einer realistischen Simulation mit Bioproteinen aus der PDB-Datenbank müssen wir also zunächst die fehlenden Wasserstoffe und das umgebende Wasser hinzufügen. Mit einem „Wasserstoffgenerator" wie etwa in HyperChem [15] vorhanden, der zusätzliches chemisches Wissen über den Aufbau von Molekülen nutzt, lassen sich die fehlenden Wasserstoffatome einfügen. Das umgebende Wasser können wir erzeugen, indem wir aus einem Gitter von Wassermolekülen, die zufällig gedreht und leicht verschoben werden, diejenigen Moleküle wieder weglassen, die dem Protein zu nahe kommen. Der Abstand zum Protein kann dabei mit dem Linked-Cell-Algorithmus effizient berechnet werden. Alternativ kann das Wasser auch Schicht für Schicht am Molekül angelagert werden. Weiterhin müssen im Wasser gelöste Salze gegebenenfalls noch hinzugefügt werden. Das prinzipielle Vorgehen ist in Abbildung 5.42 aufgeführt.

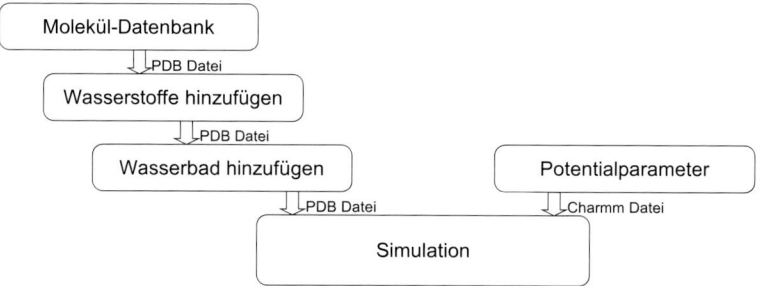

Abb. 5.42. Die vorbereitenden Schritte für eine Proteinsimulation: Nachdem das Koordinatenfile eines Proteins aus der PDB-Datenbank gelesen wurde, wird die Struktur mit Hilfe eines Wasserstoffgenerators um fehlende Wasserstoffatome ergänzt und anschließend mit Wassermolekülen umgeben. Schließlich werden die Potentialparameter aus einer Parameterdatei gelesen.

Abbildung 5.43 zeigt den Unterschied zwischen einer aus der Datenbank
entnommenen Struktur und der mit Wasserstoffen ergänzten Struktur sowie
die endgültige Struktur in einer Wasserumgebung.

Nachdem nun die geometrische Anordnung der Atome bekannt ist, müssen
die Bindungen zwischen den Atomen beschrieben werden. Dazu verwenden
wir die bisher eingeführten Potentiale. Die Kraftkonstanten k_b, k_θ, k_{ϕ_n} δ_n, k_ω,
die Equilibriumsparameter r_0, θ_0, ϕ_0, ω_0 und die Lennard-Jones-Konstanten
σ und ε hängen aber von den jeweils beteiligten Atomen ab. Jede Kombination von Atomen erfordert deswegen einen eigenen Parametersatz. Dabei können Equilibriumsabstände und -winkel geometrisch bestimmt werden,
während Kraftkonstante über die Energien und die Eigenschwingungen von
Bindungen identifiziert werden. Üblicherweise werden die Parameter durch
Anpassung der Potentialfunktionen an experimentelle Daten bestimmt. Daran wurde und wird in vielen Arbeitsgruppen intensiv gearbeitet. Mittlerweile
stehen umfangreiche Sammlungen solcher Parameterdaten zur Verfügung.
Prominente Vertreter sind die in den Programmpaketen CHARMM [125],
Amber [464] oder Gromos [625] verwendeten Parametersätze.

Ein Ausschnitt aus der CHARMM-Parameterdatei kann dann beispielsweise aussehen wie Programmstück 5.3.[27] Die Potentialfunktionen, Konstanten und ihre Einheiten sind zunächst im Kommentar beschrieben, dann
werden für einzelne Atom-Kombinationen zugehörige Parameterwerte aufgelistet. Im einzelnen sind zunächst die Parameter für Valenzbindungen
angegeben. Beispielsweise besitzt die Bindung zwischen Wasserstoff und
Kohlenstoff den Equilibriumsabstand $r_0 = 1.11$ Å und die Kraftkonstante
$k_b = 330$ kcal/mol/Å^2. Dann folgen die Winkelpotentiale, wobei die Sequenz
von Wasserstoff-, Kohlenstoff- und Sauerstoff-Atom den Equilibriumswinkel
$\theta_0 = 108$ Grad und die Kraftkonstante $k_\theta = 65$ kcal/mol/Grad^2 hat. Entsprechend sind die Parameter für die Torsion und die uneigentliche Torsion
angegeben, wobei hier die Platzhalter X für beliebige Atome stehen können.
Abschließend sind die Parameter ε und $\sigma/2$ für das Lennard-Jones-Potential
angegeben. Die Parameter für Atompaare werden, wie im Kommentar beschrieben, mit der Lorentz-Berthelotschen Mischungsregel aus den einzelnen
Werten für die Atome berechnet.

Mittels einer Schnittstelle an die PDB-Datenbank und den zugehörigen
Parameterdateien von Amber, CHARMM oder Gromos lassen sich Potential-
funktionen für nahezu sämtliche bekannten Proteine erstellen. Beispiele für
Simulationen mit solchen komplizierten Molekülen finden sich in Kapitel 9.

---

[27] Hier wird im allgemeinen wiederum zwischen verschiedenen gebundenen Atomen
    unterschieden, die vom Atomnamen abgeleitete Bezeichner haben. Der Name X
    wird hier als Platzhalter für beliebige Atome eingesetzt. Zusätzlich werden noch
    Atomgruppen, wie Aminosäuren beschrieben, sowie Wasserstoffbrücken, Ionen
    und andere Unregelmäßigkeiten spezifiziert. Jedes Programmpaket setzt etwas
    andere Potentiale an, die entsprechend andere Parameter erfordern.

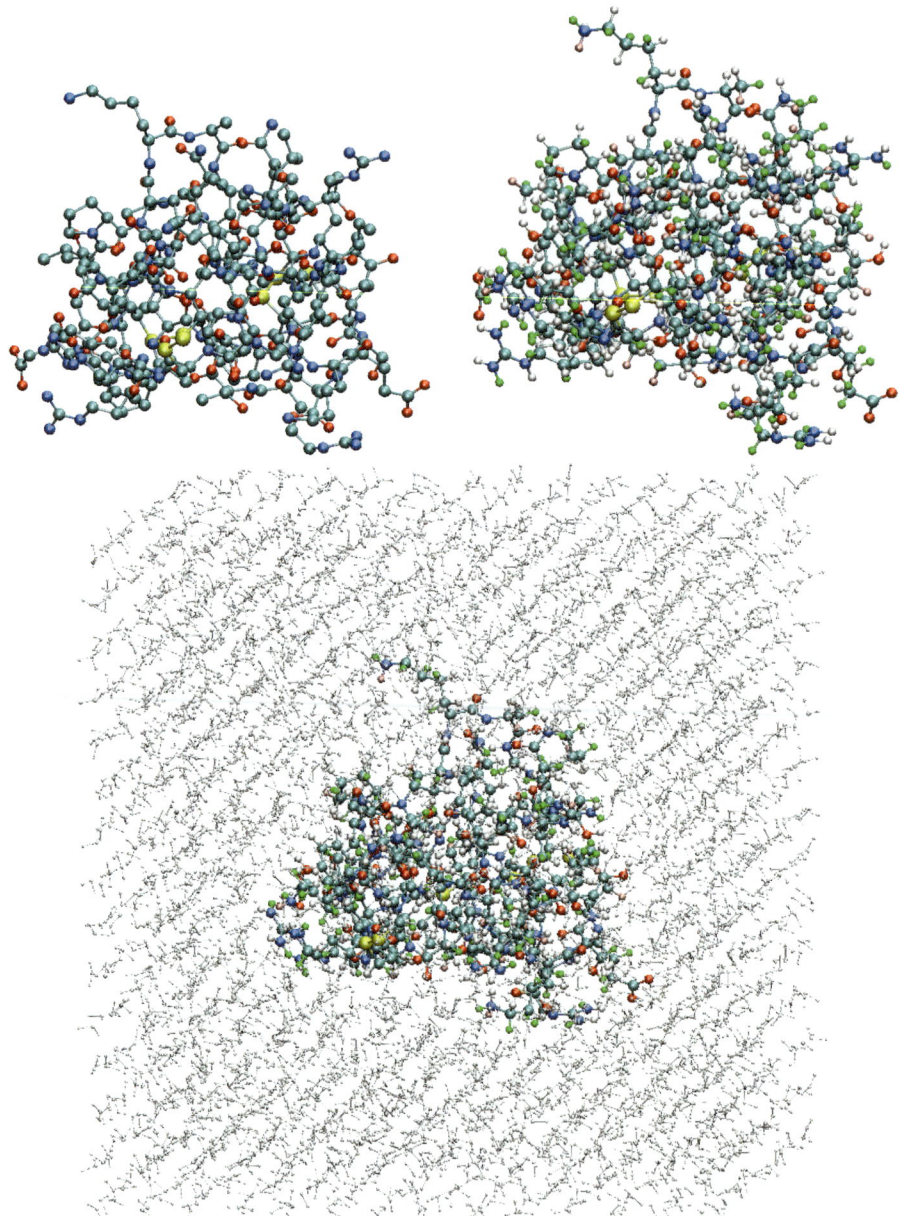

Abb. 5.43. Das BPTI-Protein, wie es der PDB-Datenbank zu entnehmen ist (links oben), mit zugefügten Wasserstoffen (rechts oben) und in Wasserumgebung (unten).

Programmstück 5.3 Potentialparameter im Format einer CHARMM-Parameterdatei.

```
BONDS
!V(bond) = Kb(b - b0)**2
!Kb: kcal/mole/A**2
!b0: A
!atom type  Kb     b0
H    C       330.0  1.11
0    C       620.0  1.23
0    H       545.0  0.96


ANGLES
!V(angle) = Ktheta(Theta - Theta0)**2
!Ktheta: kcal/mole/rad**2
!Theta0: degrees
!atom types   Ktheta  Theta0
H   0   C     65.0    108.0
0   C   0     100.0   124.0
0   C   H     50.0    121.7


DIHEDRALS
!V(dihedral) = Kchi(1 + cos(n(chi) - delta))
!Kchi: kcal/mole
!n: multiplicity
!delta: degrees
!atom types        Kchi  n    delta
X   C   0   X      2.05  2    180.0


IMPROPER
!V(improper) = Kpsi(psi - psi0)**2
!Kpsi: kcal/mole/rad**2
!psi0: degrees
!atom types        Kpsi   psi0
0   X   X   C      120.0  0.00


NONBONDED
!V(Lennard-Jones) = Eps,i,j[(Rmin,i,j/ri,j)**12 - 2(Rmin,i,j/ri,j)**6]
!epsilon: kcal/mole, Eps,i,j = sqrt(eps,i * eps,j)
!Rmin/2: A, Rmin,i,j = Rmin/2,i + Rmin/2,j
!atom  epsilon  Rmin/2
C      -0.110   2.0000
H      -0.046   0.2245
0      -0.120   1.7000
```

6 Zeitintegrationsverfahren

In Abschnitt 3.1 hatten wir das Störmer-Verlet-Verfahren für die Zeitdiskretisierung eingeführt. Darüber hinaus gibt es eine Reihe weiterer Verfahren, um die Newtonschen Bewegungsgleichungen

$$m\ddot{\mathbf{x}} = \mathbf{F}(\mathbf{x}) \tag{6.1}$$

zu diskretisieren. Dazu schreiben wir (6.1) im Hamilton-Formalismus. Dies ist möglich, da die Gesamtenergie[1] des mechanischen Systems erhalten wird. Dann ergibt sich

$$\dot{\mathbf{q}} = \nabla_{\mathbf{p}}\mathcal{H}(\mathbf{q}, \mathbf{p}), \qquad \dot{\mathbf{p}} = -\nabla_{\mathbf{q}}\mathcal{H}(\mathbf{q}, \mathbf{p}) \tag{6.2}$$

mit Orten $\mathbf{q}$ und Impulsen $\mathbf{p}$, die hier $\mathbf{x}$ und $m\dot{\mathbf{x}}$ entsprechen. Die Hamiltonfunktion ist in unserem Fall

$$\mathcal{H}(\mathbf{q}, \mathbf{p}) = T(\mathbf{p}) + V(\mathbf{q}) = \frac{1}{2}\mathbf{p}^T m^{-1}\mathbf{p} + V(\mathbf{q}) \tag{6.3}$$

mit den Teilchenmassen m und dem Potential V. Damit wird aus (6.2) das System von Differentialgleichungen erster Ordnung

$$\dot{\mathbf{q}} = m^{-1}\mathbf{p}, \qquad \dot{\mathbf{p}} = -\nabla_{\mathbf{q}}V(\mathbf{q})\,. \tag{6.4}$$

Zunächst werden wir einige Eigenschaften von Zeitintegrationsverfahren diskutieren und die zugehörige Genauigkeit untersuchen. Dabei stellt sich heraus, daß wir bei der Interpretation der Ergebnisse der Integration über lange Zeiten mit vielen Zeitschritten vorsichtig sein müssen.

Weiterhin besprechen wir drei Möglichkeiten, um die Zeitintegration zu beschleunigen:

– Integrationsverfahren höherer Ordnung: Hierdurch ergibt sich eine bessere Konvergenzordnung bezüglich der Zeitschrittweite. Damit kann der Fehler der Simulation verkleinert werden oder es können durch einen verbesserten Stabilitätsbereich größere Zeitschritte gewählt werden.

---

[1] Die Temperatur ist hingegen bei einer endlichen Zahl von Partikeln nicht konstant. Bei einem ergodischen System fluktuiert die instantane Temperatur aber um einen Mittelwert, der nur von der Energie der Anfangsdaten abhängt.

– Multiple Zeitschrittverfahren: Insbesondere bei molekularen Problemen sind verschiedene Zeitskalen durch die Verschiedenheit der Längenskala der Bindungs-, Winkel-, Torsionswinkel-, Lennard-Jones- und Coulomb-Anteile der Gesamtpotentialfunktion im Problem vorhanden. Diese können nach geeigneter Trennung individuell mit verschiedenen Zeitschrittweiten behandelt werden. Insgesamt lassen sich so für den teureren langreichweitigeren Teil des Potentials größere Zeitschritte verwenden. Ein typischer Vertreter ist das Impuls- oder auch r-Respa-Verfahren [271, 272, 612, 614], das wir in Abschnitt 6.3 vorstellen werden.

– Fixieren hochfrequenter Moden durch das Erfüllen zusätzlicher Nebenbedingungen: Dieses Vorgehen wird am Beispiel des Shake- und Rattle-Verfahrens [43, 526] im Abschnitt 6.4 genauer besprochen. Sind hierbei Bindungs- und Winkelkräfte eingefroren, dann läßt sich direkt eine größere Zeitschrittweite verwenden, ohne die Stabilität des Verfahrens zu gefährden.

6.1 Fehler der Zeitintegration

Lokaler Fehler. Allgemein können wir ein Einschrittverfahren zur Zeitintegration der Newtonschen Bewegungsgleichungen (6.2) schreiben als

$$\begin{pmatrix} \mathbf{q}^{n+1} \\ \mathbf{p}^{n+1} \end{pmatrix} = \Psi(\mathbf{q}^n, \mathbf{p}^n, \delta t) := \begin{pmatrix} \Psi_1(\mathbf{q}^n, \mathbf{p}^n, \delta t) \\ \Psi_2(\mathbf{q}^n, \mathbf{p}^n, \delta t) \end{pmatrix} \tag{6.5}$$

mit einer Verfahrensfunktion Ψ. Wenn wir die exakte Lösung von (6.1) durch den Punkt $(\mathbf{q}^n, \mathbf{p}^n, t_n)$ mit $(\mathbf{q}, \mathbf{p})$ bezeichnen, können wir auch den entsprechenden Wert der exakten Verfahrensfunktion Φ durch

$$\Phi(\mathbf{q}^n, \mathbf{p}^n, \delta t) := \begin{pmatrix} \mathbf{q}(\delta t + t_n) \\ \mathbf{p}(\delta t + t_n) \end{pmatrix}$$

definieren. Dann gilt für ein Verfahren der Ordnung p bei geeigneter Glattheit der Lösung $(\mathbf{q}(t), \mathbf{p}(t))$ die Abschätzung

$$\|\Psi(\mathbf{q}^n, \mathbf{p}^n, \delta t) - \Phi(\mathbf{q}^n, \mathbf{p}^n, \delta t)\| = \mathcal{O}(\delta t^{p+1}) \tag{6.6}$$

und damit für den lokalen Fehler in einem Zeitschritt

$$\begin{aligned} \|\mathbf{q}^{n+1} - \mathbf{q}(\delta t + t_n)\| &= \mathcal{O}(\delta t^{p+1}), \\ \|\mathbf{p}^{n+1} - \mathbf{p}(\delta t + t_n)\| &= \mathcal{O}(\delta t^{p+1}). \end{aligned} \tag{6.7}$$

Das heißt, daß wir die Newtonschen Bewegungsgleichungen in einem Zeitschritt δt sehr genau rechnen können: Die Genauigkeit kann einerseits durch einen kleineren Zeitschritt δt und andererseits durch ein Integrationsverfahren mit einer höheren Ordnung p verbessert werden. Entsprechend können wir auch von $\mathbf{q}$ und $\mathbf{p}$ abgeleitete Werte wie Energie und Impuls sehr genau berechnen.

Globaler Fehler. Nun betrachten wir ein festes Zeitintervall von t_0 bis $t_{\mathrm{end}} = t_0 + n \cdot \delta t$. Damit benötigen wir n Zeitschritte δt um t_{end} zu erreichen. Mit der Lipschitz-Konstanten M von Ψ und der exakten Lösung $(\mathbf{q}, \mathbf{p})$ durch den Punkt $(\mathbf{q}^0, \mathbf{p}^0, t_0)$ erhalten wir für den globalen Fehler der Zeitintegration von t_0 bis t_{end}

$$\|\mathbf{q}^n - \mathbf{q}(t_{\mathrm{end}})\| \leq C \cdot \delta t^p \cdot \frac{e^{M(t_{\mathrm{end}} - t_0)} - 1}{M}. \tag{6.8}$$

Entsprechendes gilt auch für den Impuls-Fehler in $\mathbf{p}$. Wiederum können wir die Genauigkeit durch Wahl der Schrittweite und Ordnung steuern.[2] Nun haben wir aber das grundsätzliche Problem, daß der Fehler exponentiell in der Zeit t_{end} wächst. In der Moleküldynamik sind wir an numerischen Simulationen über lange Zeitintervalle interessiert, wobei hier t_{end} groß im Verhältnis zur Lipschitz-Konstante M ist, die durch die höchsten Frequenzen der Oszillationen dominiert wird. Eine kleine Störung der Anfangsdaten wird also *exponentiell* in der Zeit t_{end} verstärkt, so daß am Ende der Simulation ausschließlich Auswirkungen dieser Störungen zu sehen sind. Generell wird dies unter dem Begriff des chaotischen Verhaltens zusammengefaßt.[3] Damit folgt aber, daß die Simulation nicht mehr direkt abhängig von den Anfangsdaten ist und auch abgeleitete Größen wie Energie und Impuls in t divergieren können. Eine Langzeitsimulation ist daher aus dem Blickwinkel exakter Trajektorien sinnlos, egal in welcher Genauigkeit und mit welchem Verfahren gerechnet wird.

Dies wollen wir noch einmal in einem Experiment deutlich machen. Um das exponentielle Fehlerwachstum zu untersuchen, betrachten wir zwei einfache Simulation mit jeweils tausend Partikeln. Dabei messen wir den Abstand der Partikeltrajektorien $\mathbf{q}$ beziehungsweise $\hat{\mathbf{q}}$ der Simulationen. Beide Simulationen unterscheiden sich lediglich in den Anfangsbedingungen *zweier* Partikel. Deren Geschwindigkeiten differieren in der $\mathbf{x}_1$-Komponente um den Faktor 10^{-10}. Gemäß (6.8) erwarten wir, daß sich diese kleine Störung der Anfangsbedingungen exponentiell in der Zeit verstärkt. Damit wären die Partikelkonfigurationen beider Simulationen nach einiger Zeit faktisch voneinander unabhängig.

Die genauen Daten zum Experiment sind in Tabelle 6.1 angegeben. Die tausend Partikel wechselwirken mit dem geglätteten Lennard-Jones-Potential (3.63) aus Abschnitt 3.7.3. Wir messen den Abstand der Trajektorien mit $\|\mathbf{q}(t) - \hat{\mathbf{q}}(t)\|$. Die Ergebnisse sind in Abbildung 6.1 (links) angegeben. In der Tat sehen wir, daß der Abstand beider Simulationen exponentiell wächst und die Abschätzung (6.8) damit scharf ist. Eine kleine Störung der Anfangsbedingungen genügt also, um nach kurzer Simulationszeit eine Abweichung der

---

[2] Eine Verkleinerung der Zeitschrittweite δt kann zu Genauigkeitsverlusten führen, da mit der Zahl der Zeitschritte auch die Rundungsfehler wachsen.

[3] Dabei spielt allgemein der Größte der Ljapunov-Exponenten [294] die Rolle der Lipschitz-Konstanten M.

Orte in der Größenordnung des Simulationsgebiets zu messen. Zur Zeit $t = 5$ erreichen wir einen Abstand in der Größenordnung des Simulationsgebiets, so daß sich die Partikel nicht mehr wesentlich weiter voneinander entfernen können.

In Abbildung 6.1 (rechts) ist zusätzlich die Gesamtenergie des Systems angetragen. Wir sehen, daß die Gesamtenergie im Gegensatz zum Abstand der Trajektorien nun lediglich oszilliert und im zeitlichen Mittel sogar erhalten bleibt. Diesen Effekt werden wir im folgenden genauer untersuchen.

$L_1 = 7.5,$	$L_2 = 7.5,$	$L_3 = 7.5,$
$\varepsilon = 1,$	$\sigma = 1,$	$m = 39.95,$
$N = 10 \times 10 \times 10,$	$m = 39.95,$	$T = 2000$ K,
$r_{\text{cut}} = 2.5\,\sigma,$	$\delta t = 0.001,$	$t \in [0, 5]$

Tabelle 6.1. Parameterwerte, Simulation zweier Partikelsysteme mit Lennard-Jones-Kräften.

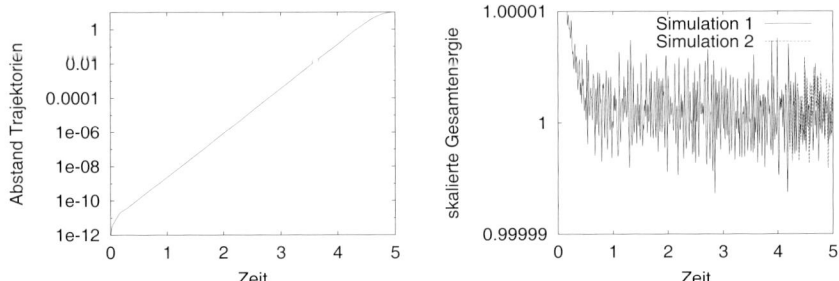

Abb. 6.1. Simulation eines Partikelsystems mit tausend Partikeln über 5000 Zeitschritte und Vergleich mit einem leicht gestörten System. Der Abstand der Trajektorien divergiert exponentiell in der Zeit (links). Dabei bleibt die Gesamtenergie im Mittel erhalten (rechts).

Erhaltungsgrößen. Obwohl die berechneten Trajektorien der Teilchen für lange Zeiträume offensichtlich nicht richtig sind und sehr schnell die exakte Trajektorie $(\mathbf{q}(t), \mathbf{p}(t))$ verlassen, sind numerische Simulationen von molekularen Systemen dennoch sinnvoll. Man kann nämlich beobachten, daß zumindest einige statistische Mittelwerte der Simulation wie etwa die Gesamtenergie sehr genau wiedergegeben werden.

Wenn wir an solchen Erhaltungsgrößen[4] interessiert sind, also an Größen A, die durch die exakte Lösung der Hamiltiongleichung erhalten werden, kann man versuchen, diese Werte auch numerisch zu erhalten. In jedem abgeschlossenen mechanischen System $\mathcal{H}(\mathbf{q}, \mathbf{p})$ gibt es eine Reihe von Erhaltungsgrößen A, wie etwa die Gesamtenergie, den Impuls und den Drehimpuls. Man kann nun spezielle Zeitintegrationsverfahren konstruieren, die eine oder sogar mehrere solcher Größen exakt erhält. Eine Möglichkeit besteht darin, jeweils im Anschluß an einen Zeitschritt eine Projektion der Variablen $(\mathbf{q}^{n+1}, \mathbf{p}^{n+1})$ so durchzuführen, daß mit den projizierten Werten $(\hat{\mathbf{q}}^{n+1}, \hat{\mathbf{p}}^{n+1})$ für eine Erhaltungsgröße gilt

$$A(\mathbf{q}^n, \mathbf{p}^n) = A(\hat{\mathbf{q}}^{n+1}, \hat{\mathbf{p}}^{n+1}) \,.$$

In einfacheren Fällen kann man die Erhaltungsgrößen A auch direkt aus dem System eliminieren. Damit wird aber über die Qualität aller weiterer Werte der Simulation nichts ausgesagt. Leider lassen sich nicht alle Erhaltungsgrößen gleichzeitig numerisch erhalten. Weiterhin setzt die Kenntnis aller relevanter Erhaltungsgrößen einiges an Wissen über das System voraus, was insbesondere bei komplexen Modellen nicht verfügbar ist.

Symplektische Integratoren. Wir betrachten nun eine spezielle Erhaltungsgröße, die charakteristisch für Hamiltonsche Systeme ist, nämlich das Volumen im Phasenraum, siehe auch Abschnitt 3.7.2. Im Raum der Punkte $(\mathbf{q}, \mathbf{p})$ wird das Volumen einer Menge erhalten, die entlang den Trajektorien des Systems bewegt wird. Diese Eigenschaft wird auch häufig mit der (äußeren) Differentialform

$$\omega := \sum_i \mathrm{d}\mathbf{q}_i \wedge \mathrm{d}\mathbf{p}_i \,,$$

als $\mathrm{d}\omega = 0$ geschrieben und als symplektisch bezeichnet. Man kann eine symplektische Abbildung Ψ von $(\mathbf{q}, \mathbf{p})$ nach $(\tilde{\mathbf{q}}, \tilde{\mathbf{p}})$

$$\begin{pmatrix} \tilde{\mathbf{q}} \\ \tilde{\mathbf{p}} \end{pmatrix} = \Psi(\mathbf{q}, \mathbf{p}) := \begin{pmatrix} \Psi_1(\mathbf{q}, \mathbf{p}) \\ \Psi_2(\mathbf{q}, \mathbf{p}) \end{pmatrix}$$

auch durch

$$\begin{pmatrix} \nabla_{\mathbf{q}}\Psi_1 & \nabla_{\mathbf{p}}\Psi_1 \\ \nabla_{\mathbf{q}}\Psi_2 & \nabla_{\mathbf{p}}\Psi_2 \end{pmatrix}^T \begin{pmatrix} 0 & I \\ -I & 0 \end{pmatrix} \begin{pmatrix} \nabla_{\mathbf{q}}\Psi_1 & \nabla_{\mathbf{p}}\Psi_1 \\ \nabla_{\mathbf{q}}\Psi_2 & \nabla_{\mathbf{p}}\Psi_2 \end{pmatrix} = \begin{pmatrix} 0 & I \\ -I & 0 \end{pmatrix} \tag{6.9}$$

definieren. Ein Einschrittverfahren wird nun symplektisch genannt, wenn die Abbildung Ψ aus (6.5) von einem Zeitpunkt t_n zum nächsten t_{n+1} symplektisch ist. Ein Punkt im Phasenraum wird dann durch symplektische Abbildungen entlang einer Trajektorie bewegt.

---

[4] Erhaltungsgrößen A einer Hamiltonfunktion $\mathcal{H}$ kann man auch mit Poisson-Klammern durch $\{A, \mathcal{H}\} = 0$ charakterisieren. Dabei ist $\{A, \mathcal{H}\}$ definiert als $\sum_i \frac{\partial A}{\partial \mathbf{q}_i} \frac{\partial \mathcal{H}}{\partial \mathbf{p}_i} - \frac{\partial A}{\partial \mathbf{p}_i} \frac{\partial \mathcal{H}}{\partial \mathbf{q}_i}$, was der Zeitableitung $\dot{A}(\mathbf{q}, \mathbf{p})$ entspricht.

In einem numerischen Experiment können wir die Abbildungen von Zeit-integrationsverfahren studieren. Dazu betrachten wir ein einfaches Modell des mathematischen Pendels mit der Hamiltonfunktion

$$\mathcal{H}(\mathbf{q}, \mathbf{p}) = \mathbf{p}^2/2 - \cos\mathbf{q}$$

und der entsprechenden Differentialgleichung

$$\dot{\mathbf{q}} = \mathbf{p}, \qquad \dot{\mathbf{p}} = -\sin\mathbf{q}.$$

Dies entspricht einem idealen ungedämpften Fadenpendel der Masse Eins und Gravitationskonstante Eins, das an einem festen Punkt aufgehängt ohne Reibung in einer Ebene schwingt. Wir wählen das Koordinatensystem so, daß der Ort $\mathbf{q}$ dem Auslenkungswinkel des Pendels entspricht. Damit ergibt sich der Impuls $\mathbf{p}$ als Winkelgeschwindigkeit des Pendels. Wenn das Pendel periodisch schwingt, bewegt sich damit der Ort $\mathbf{q}$ in $[\mathbf{q}_{min}, \mathbf{q}_{max}]$, also etwa im Bereich $[-\gamma, \gamma]$ mit $\gamma < \pi$. Diesen Bereich können wir natürlich mit derselben Wirkung auch um Vielfache von 2π periodisch verschieben. Der Impuls liegt in jedem Fall im Bereich $[-2, 2]$. Wenn die Energie des Systems höher ist, schwingt das Pendel nicht mehr, sondern überschlägt sich. Damit durchläuft der Ort alle Werte in $\mathbb{R}$, entweder monoton steigend oder monoton fallend. Zwischen periodischer Schwingung und Überschlag des Pendels liegt der Grenzfall mit Auslenkungswinkel π, der vom Pendel nicht in endlicher Zeit erreicht wird. Dieses Verhalten ist in Abbildung 6.2 links oben in Form eines Phasenraumdiagramms skizziert. Dabei sind verschiedene Orbits im Koordinatensystem $(\mathbf{q}, \mathbf{p})$, also Bahnkurven im Phasenraum, eingezeichnet und mit Pfeilen markiert. Um den Ursprung herum liegen die periodischen Lösungen, die für kleine Auslenkungen im Phasenraum kreisförmig sind. Dann liegt näherungsweise ein harmonisches Potential vor. Vom dick gezeichneten Grenzfall getrennt liegen außerhalb die Lösungen mit sich überschlagendem Pendel.

Nun wollen wir eine Kreisscheibe im Phasenraum mit verschiedenen Zeit-integrationsverfahren jeweils für einige Zeitschritte transportieren. Dazu verwenden wir neben dem Störmer-Verlet-Verfahren (3.22) die folgenden Varianten des Euler-Verfahrens für (6.4)

$$\Psi_{\text{explizit}}(\mathbf{q}^n, \mathbf{p}^n) = \begin{pmatrix} \mathbf{q}^n + \delta t \, m^{-1}\mathbf{p}^n \\ \mathbf{p}^n - \delta t \nabla_{\mathbf{q}} V(\mathbf{q}^n) \end{pmatrix}, \tag{6.10}$$

$$\Psi_{\text{implizit}}(\mathbf{q}^n, \mathbf{p}^n) = \begin{pmatrix} \mathbf{q}^n + \delta t \, m^{-1}\mathbf{p}^{n+1} \\ \mathbf{p}^n - \delta t \nabla_{\mathbf{q}} V(\mathbf{q}^{n+1}) \end{pmatrix}, \tag{6.11}$$

$$\Psi_{\text{symplektisch}}(\mathbf{q}^n, \mathbf{p}^n) = \begin{pmatrix} \mathbf{q}^n + \delta t \, m^{-1}\mathbf{p}^{n+1} \\ \mathbf{p}^n - \delta t \nabla_{\mathbf{q}} V(\mathbf{q}^n) \end{pmatrix}. \tag{6.12}$$

Diese sind von erster Ordnung. Die Resultate sind in Abbildung 6.2 aufgeführt. Weiterhin ist rechts oben die exakte Lösung angegeben. In den einzelnen Bildern sind zudem zur Orientierung exakte Orbits eingezeichnet. Man kann deutlich erkennen, wie das Volumen im Phasenraum für das explizite Euler-Verfahren von Zeitschritt zu Zeitschritt wächst, während es für das dazu adjungierte implizite Euler-Verfahren schrumpft. Damit sind diese Verfahren nicht symplektisch. Bei dem symplektischen Euler-Verfahren und dem ebenfalls symplektischen Störmer-Verlet-Verfahren dagegen wird das Phasenraumvolumen erhalten.

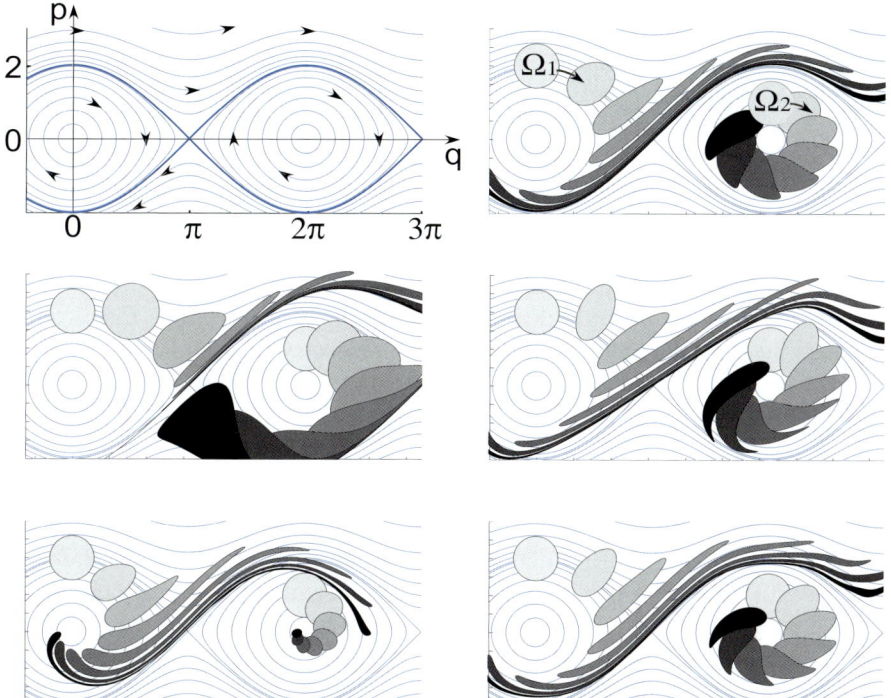

Abb. 6.2. Zeitintegrationsverfahren für Hamiltonsche Flüsse im Phasenraum $(\mathbf{q}, \mathbf{p})$ am Beispiel eines Pendels. $\delta t = \pi/4$. Flüsse (links oben), exakte Lösung (rechts oben) mit den Anfangswerten Kreisscheibe Ω_1 und Ω_2, explizites (links Mitte), implizites (links unten) und symplektisches (rechts Mitte) Euler-Verfahren, Störmer-Verlet-Verfahren (rechts unten). Anfangswerte (hell), die von Zeitschritt zu Zeitschritt (dunkler) verformt werden.

Im eindimensionalen Fall entspricht die Symplektizität sogar der Energierhaltung, im höherdimensionalen Fall ist diese Übereinstimmung nicht mehr gegeben. Neben der Erhaltung der physikalischen Struktur der Hamiltonfunktion hat die Symplektizität eines Zeitintegrationsverfahrens eine wichtige Konsequenz für die Interpretation des numerischen Fehlers: Die Rückwärtsanalyse betrachtet im Gegensatz zur Vorwärtsanalyse (6.8) nicht die Abweichung der berechneten Trajektorie von der exakten Lösung, sondern interpretiert die berechnete Trajektorie als die exakte Lösung einer gestörten Differentialgleichung. Diese gestörte Differentialgleichung kann bei einem symplektischen Zeitintegrationsverfahren wiederum durch eine Hamiltonfunktion $\tilde{\mathcal{H}}$ dargestellt werden. Wir können also schreiben

$$\tilde{\mathcal{H}}(\mathbf{q}, \mathbf{p}) = \mathcal{H}(\mathbf{q}, \mathbf{p}) + \delta t \mathcal{H}_1(\mathbf{q}, \mathbf{p}) + \delta t^2 \mathcal{H}_2(\mathbf{q}, \mathbf{p}) + \dots,$$

wobei die gestörte Hamiltonfunktion $\tilde{\mathcal{H}}$ existiert und symplektisch ist, wenn die ursprüngliche Hamiltonfunktion glatt[5] ist [78, 289, 293, 502]. Daraus folgt mit $\tilde{\mathcal{H}} \neq \mathcal{H}$ allerdings auch, daß symplektische Verfahren im allgemeinen nicht energieerhaltend sind [199], wenn sie nicht gerade die exakte Lösung liefern. Als nächsten Schritt muß man zeigen, daß die gestörte Hamiltonfunktion $\tilde{\mathcal{H}}$ und die ursprünglichen Hamiltonfunktion $\mathcal{H}$ nur wenig voneinander abweichen. Nachdem die numerisch berechnete Trajektorie eine exakte Lösung des durch $\tilde{\mathcal{H}}$ beschriebenen Systems ist, werden auch die Erhaltungsgrößen $\tilde{A}$ von $\tilde{\mathcal{H}}$ auf der berechneten Trajektorie erhalten. Wenn nun mit $\tilde{\mathcal{H}} \approx \mathcal{H}$ auch $\tilde{A} \approx A$ gilt, dann bleiben die beobachtbaren Erhaltungsgrößen A der ursprünglichen Hamiltonfunktion $\mathcal{H}$ zumindest näherungsweise erhalten. Die gestörte Hamiltonfunktion $\tilde{\mathcal{H}}$ sowie zugehörige gestörte Erhaltungsgrößen $\tilde{A}$ lassen sich in speziellen Fällen explizit konstruieren. Im allgemeinen sind jedoch $\tilde{\mathcal{H}}$ und $\tilde{A}$ nicht zugänglich, was die praktische Brauchbarkeit der Rückwärtsanalyse einschränkt.

Langzeitfehler. Häufig wird eine beobachtbare Größe A zwar nicht exakt erhalten, bleibt aber in der Nähe einer unbekannten Größe $\tilde{A}$. Zudem oszilliert A meistens. Deshalb ist es sinnvoller, Mittelwerte von A anstelle der Trajektorie zu betrachten. Die Ergodenhypothese besagt grob gesprochen, daß eine zeitliche Mittelbildung der Mittelbildung im Ensemble für Hamiltonsche Systeme entspricht, siehe auch Abschnitt 3.7.2. Wenn nun das numerische Verfahren symplektisch ist, kann man auf Grund der Strukturerhaltung hoffen, ein Äquivalent in Form von „numerischer" Ergodizität zu erhalten. Damit kann man erreichen, daß bei einer Simulation, die genügend lang ausgeführt wird, die berechnete Trajektorie jedem Punkt im Phasenraum beliebig nahe kommt. Mit dieser Annahme (oder auch unter der Annahme hyperbolischer[6] Hamiltonflüsse) kann man nun für exponentiell große Zeitintervalle Fehlerschranken zeigen. Für das Intervall von t_0 bis

$$t_{\text{end}} = t_0 + C_1 \cdot e^{C_2/\delta t} \cdot \delta t$$

und damit entsprechend für exponentiell viele Zeitschritte $n = C_1 \cdot e^{C_2/\delta t}$ ist der Abstand zwischen den zeitlichen Mittelwerten einer Erhaltungsgröße der

---

[5] Dies gilt für die üblichen Potentiale aus Kapitel 2, nicht aber für abgeschnittene oder wie in Abschnitt 3.7.3 modifizierte Potentiale.

[6] Die Hyperbolizität der Phasenraumflüsse läßt sich für sehr einfache Partikelsysteme zeigen. Für kompliziertere Moleküle gilt diese Annahme aber wohl nicht mehr, da die strukturelle Stabilität der Moleküle gerade der Ergodizität widerspricht.

berechneten und der exakten Trajektorie durch

$$\|\langle A_{\mathbf{q}^1,\dots,\mathbf{q}^n}\rangle_\tau - \langle A_{\mathbf{q}(t)}\rangle_\tau\| \le C \cdot \delta t^p \tag{6.13}$$

mit der Verfahrensordnung p aus (6.6) beschränkt, siehe [78, 290, 292, 293, 373, 502]. Daraus folgt, daß wir durch Verkleinerung der Zeitschrittweite δt den Fehler der gemessenen Mittelwerte theoretisch beliebig klein machen können. Man erwartet ähnliche Ergebnisse auch für andere Erhaltungsgrößen. Ebenso kann man versuchen den Abstand der gestörten Hamiltonfunktion $\tilde{\mathcal{H}}$ von $\mathcal{H}$ abzuschätzen. Die Folge dieser Abschätzungen ist die numerische Stabilität der symplektischen Zeitintegratoren, das heißt, abhängig von der Zeitschrittweite δt ist die Genauigkeit der gemessenen Mittelwerte einer Erhaltungsgröße wie der Energie auch für lange Integrationszeiten hoch. Dies haben wir bereits in dem einfachen Experiment in Abbildung 6.1 gesehen.

Ist nun δt größer, aber immer noch unterhalb der Stabilitätsgrenze und weit genug entfernt von Resonanzfrequenzen des Systems, dann erhalten wir experimentell noch sinnvolle Werte, können aber die Rückwärtsfehleranalyse nicht mehr erfolgreich durchführen. Trotzdem ist oftmals noch eine Modellproblemanalyse möglich. So kann man exemplarisch eine einfache Kette aus Federn (Fermi-Pasta-Ulam-Problem [220, 292, 293]) betrachten, die abwechselnd steif und weich sind. Dabei werden jeweils harmonische Oszillatoren angesetzt und die weichen Federn zusätzlich noch mit einem Potentialterm vierter Ordnung gestört. Man stellt fest, daß für eine bestimmte Klasse von Integrationsverfahren entsprechend (6.13) im Mittel Energieerhaltung für lange Zeiten resultiert, der Energieaustausch auf Grund der langsamen linearen Energieanteile aber nicht korrekt wiedergegeben wird. Hierbei ist insbesondere die Zeitreversibilität[7] der nahezu symplektischen Verfahren wichtig.

Ein weiterer Aspekt bei der Betrachtung der Fehler berechneter Trajektorien sind stabile und quasi-periodische Orbits (Bahnkurven). Entsprechend der KAM-Theorie[8] findet man unter gewissen Bedingungen Orbits der Lösung, die stabil gegenüber Störungen sind [49]. Für diese Orbits ist die Abschätzung des exponentiellen Fehlerwachstums (6.8) zu pessimistisch. Auf dem Orbit selber wachsen Fehler unwesentlich und auch in seiner näheren Umgebung wachsen sie nur geringfügig. Man erhält also eher eine Abschätzung mit $\mathcal{O}(t)$ oder bei einem Auseinanderdriften der Orbits eine Abschätzung mit $\mathcal{O}(t^2)$, wenn denn die Anfangsbedingungen auf einem solchen stabilen Orbit liegen. Andererseits kann in anderen Teilen des Phasenraums auch chaotisches Verhalten und damit exponentielles Fehlerwachstum stattfinden.

---

[7] Ein Verfahren heißt zeitreversibel oder auch symmetrisch, wenn man durch Umkehrung der Zeitrichtung t zu $-t$ und damit des Impulses $\mathbf{p}$ zu $-\mathbf{p}$ die Trajektorie wieder zurückverfolgen kann. Bis auf Rundungsfehler ist das bei einem Zeitintegrator wie dem vorgestellten Störmer-Verlet-Verfahren der Fall. Die Eigenschaften der Symplektizität und der Zeitreversibilität sind voneinander unabhängig.

[8] Kolmogorov und später Arnold und Moser [49].

Rundungsfehler und Fehler in der Kraftauswertung. Bisher waren
wir immer von exakter Rechnung im Zeitintegrationsverfahren ausgegangen.
In der Praxis sind jedoch Rundungsfehler und Approximationen in der Kraftberechnung zu berücksichtigen, die etwa aus dem Abschneiden der Potentialfunktion im Linked-Cell-Algorithmus resultieren. Auch für diese Fehlerarten
ist die Abschätzung (6.8) gültig. Sie können zu einem exponentiellen Anwach-
sen des Gesamtfehlers in der Zeit führen.

Generell kann man hoffen, daß der Integrator auch mit unkorrelierten
Rundungsfehlern noch ein symplektisches Verfahren bleibt und damit zumindest die Abschätzungen zu den Mittelwerten der Energie (6.13) weiterhin
gelten. Sind die Rundungsfehler jedoch zeitabhängig oder mit denen anderer
Zeitschritte korreliert, dann hängt die Berechnung des Potentials $V(\mathbf{x}^n)$ unter Umständen von weiteren Parametern wie etwa $\mathbf{x}^{n-1}$ ab. Das resultierende
Verfahren ist dann nicht mehr symplektisch und man beobachtet Abweichungen von den Mittelwerten. Um diesem Problem zu begegnen kann man Ergodizität auch auf Gittern mit endlich vielen Gitterpunkten definieren. Dann
besteht jeder Orbit aus endlich vielen Punkten im diskreten Phasenraum. Im
Algorithmus wird dies mit einer geeigneten Rundung auf die Gitterpunkte
in jedem Zeitschritt umgesetzt [199, 557]. Sind nun die Rundungsfehler klein
genug im Verhältnis zum Abstand der Gitterpunkte, dann verschwinden sie
in der Genauigkeit der resultierenden ganzzahligen Arithmetik.

Eine weitere Fehlerquelle ist die aus Komplexitätsgründen notwendige *Approximation* bei der Kraftauswertung. Beispiele hierfür sind das Abschneiden
der Potentialfunktion mit einem Radius r_{cut} im Linked-Cell-Verfahren oder
die noch zu besprechenden Techniken der Kapitel 7 (gitterbasierte Methoden) und 8 (Baumverfahren) zur näherungsweisen Auswertung langreichweitiger Kräfte. Auf welche Weise werden dadurch über die Fehlerabschätzungen
(6.8) und (6.13) hinaus die Energie und der Impuls des Systems in einem
lokalen Zeitschritt verändert? Hierüber ist nur wenig bekannt. Wenn wir etwa im Linked-Cell-Algorithmus die Potentialfunktion so modifizieren, daß
sie außerhalb des Abschneideradius exakt Null ist, dann werden durch das
Abschneiden nach (3.30) ausschließlich Terme $\mathbf{F}_{ij}$ mit $\mathbf{F}_{ij} = 0$ in der Summation weggelassen. Dies haben wir in Abschnitt 3.7.3 vorgestellt.[9] Alle andere
Änderungen beeinflussen jedoch die Energieberechnung, so daß wir über deren Langzeitverhalten keine Aussagen mehr machen können. Etwas anders
verhält es sich für den Impuls. Sobald wir mit dem Term $\mathbf{F}_{ij}$ auch den Term
$\mathbf{F}_{ji}$ berücksichtigen, wird mit dem dritten Newtonschen Gesetz der Gesamtimpuls nicht verändert. Damit sind selbst extreme Fehler bei der Summation
(3.30) für die Erhaltung des Gesamtimpulses unschädlich.

Insgesamt haben wir also verschiedene Möglichkeiten, das Langzeitverhalten molekularer Systeme zu interpretieren. Zunächst haben wir gesehen,
daß sich auch kleinste Abweichungen und Fehler exponentiell in der Zeit

---

[9] Dabei ist auf die Differenzierbarkeitsordnung des Potentials zu achten, um eine
Abschätzung vom Typ (6.13) beizubehalten.

verstärken können, vergleiche (6.8) und Abbildung 6.1. Mit symplektischen Zeitintegrationsverfahren und unter der zusätzlichen Annahme einer „numerischen Ergodizität" werden aber zumindest bestimmte Erhaltungsgrößen im zeitlichen Mittel erhalten. Ein alternativer Ansatz mit der KAM-Theorie zeigt, daß abhängig von den Anfangswerten die Langzeitstabilität des physikalischen Prozesses trotzdem gegeben sein kann. Insgesamt stellt sich die Frage, inwieweit eine dieser Zusatzannahmen für die Langzeitstabilität bei realistischen Moleküldynamik-Simulationen erfüllt ist. Von vielen realen chemischen und biologischen Prozessen weiß man, daß diese stabil gegenüber verschiedensten Störungen der Anfangsbedingungen und der Trajektorien sind. Damit besteht zumindest die Hoffnung, daß auch die entsprechenden numerischen Simulationen stabil sind. Mehr läßt sich aber unseres Wissens hier leider im Moment nicht aussagen. Auch ist der Einfluß der Rundungsfehler sowie der Fehler bei der Kraftauswertung auf die Langzeitstabilität einer Simulation noch nicht genügend verstanden.

6.2 Symplektische Verfahren für die Zeitintegration

Für die effiziente Integration gewöhnlicher Differentialgleichungen denkt man sofort an Verfahren höherer Ordnung p. Es gibt ganze Klassen von Methoden, wie Runge-Kutta-Verfahren, Extrapolationsverfahren und allgemeinere Mehrschrittverfahren, die Methoden hoher Ordnung in δt liefern. Wie wir aber im letzten Abschnitt gesehen haben, spielen in unserem Fall zusätzliche Eigenschaften wie Symplektizität und Zeitreversibilität eine besondere Rolle für die Langzeiteigenschaften der Simulation. Weiterhin ist es für die schnelle Umsetzung der Integrationsverfahren essentiell, die Zahl der teuren Kraftauswertungen gering zu halten. Damit sind eine Reihe impliziter Verfahren ausgeschlossen, bei denen viele Kraftauswertungen bei der iterativen Lösung nichtlinearer Gleichungssysteme anfallen.

Mehrschrittverfahren. Mehrschrittverfahren verwenden bei der Berechnung eines neuen Punktes $(\mathbf{q}^{n+1}, \mathbf{p}^{n+1}, t_{n+1})$ auf der Lösungstrajektorie nicht nur den letzten Punkt $(\mathbf{q}^n, \mathbf{p}^n, t_n)$ sondern eine ganze Reihe von Punkten $(\mathbf{q}^{n-j}, \mathbf{p}^{n-j}, t_{n-j})$ mit $j = 0, \ldots, s$. In der Moleküldynamik beliebte Vertreter der Mehrschrittverfahren sind die Rückwärtsdifferenzenverfahren (BDF) [245]. Zunächst einmal können wir die Definition der Symplektizität (6.9) nicht direkt auf Mehrschrittverfahren anwenden, da wir eine Abbildung mehrerer Paare $(\mathbf{q}^i, \mathbf{p}^i)$ auf den neuen Wert $(\mathbf{q}^{n+1}, \mathbf{p}^{n+1})$ untersuchen müssen. Man kann Mehrschrittverfahren aber auch als Einschrittverfahren in einem höherdimensionalen Produktraum interpretieren und dadurch (6.9) verallgemeinern. Damit läßt sich zeigen, daß übliche Mehrschrittverfahren mit höherer Ordnung als die der Mittelpunktsregel (Ordnung zwei) nicht symplektisch sein können [291, 293]. Anschaulich ist auch klar, daß es schwierig ist, solche

Verfahren explizit und zeitreversibel zu konstruieren, da sie dazu die gleiche Zahl von Kraftauswertungen in Zukunft δt und Vergangenheit $-\delta t$ benutzen müßten. Damit bleiben für symplektische Verfahren im wesentlichen nur noch Einschrittverfahren übrig. Einschrittverfahren können wir generell als Runge-Kutta-Verfahren schreiben. Symplektische Runge-Kutta-Verfahren sind allerdings im allgemeinen implizit [294] und erfordern die Lösung nichtlinearer Gleichungssysteme. Wir untersuchen daher im folgenden speziellere Zeitintegrationsverfahren für Moleküldynamikprobleme, die zumindest einige der Eigenschaften des symplektischen, zeitreversiblen und expliziten Störmer-Verlet-Verfahrens aufweisen.

Splittingverfahren. Eine Möglichkeit, allgemeine Zeitintegrationsverfahren zu konstruieren, basiert auf der Idee des Operator-Splittings. Dabei wird die rechte Seite der Differentialgleichung in mehrere Teil zerlegt und diese Teile werden getrennt voneinander integriert. In unserem Fall zerlegen wir dazu die Hamiltonfunktion in (6.2) in zwei Anteile $\mathcal{H}^1(\mathbf{q}, \mathbf{p})$ und $\mathcal{H}^2(\mathbf{q}, \mathbf{p})$. Bezeichnen wir nun die Integrationsverfahren für die beiden Teile mit $\Psi^1_{\delta t}(\mathbf{q}, \mathbf{p})$ und $\Psi^2_{\delta t}(\mathbf{q}, \mathbf{p})$, dann ergibt die Hintereinanderausführung der Teilverfahren

$$\Psi_{\delta t}(\mathbf{q}, \mathbf{p}) := \Psi^2_{\delta t} \circ \Psi^1_{\delta t}(\mathbf{q}, \mathbf{p}) := \Psi^2_{\delta t}(\Psi^1_{\delta t}(\mathbf{q}, \mathbf{p})). \qquad (6.14)$$

Diese Hintereinanderausführung liefert per Konstruktion nur ein Verfahren erster Ordnung. Durch den Ansatz

$$\Psi_{\delta t}(\mathbf{q}, \mathbf{p}) := \Psi^1_{\delta t/2} \circ \Psi^2_{\delta t} \circ \Psi^1_{\delta t/2}(\mathbf{q}, \mathbf{p}) \qquad (6.15)$$

gelingt es, ein Verfahren zweiter Ordnung zu gewinnen. Diese Konstruktion wird Strang-Splitting[10] genannt und kann auch über sogenannte Lie-Trotter-Faktorisierungen [608] hergeleitet werden.

Wenn wir nun die natürliche Aufspaltung der Hamiltonfunktion $\mathcal{H}(\mathbf{q}, \mathbf{p}) = T(\mathbf{p}) + V(\mathbf{q})$ verwenden und die resultierenden Teilprobleme mit dem expliziten Euler-Verfahren (6.10) lösen, dann ergibt sich mit

$$\Psi^T_{\delta t}(\mathbf{q}^n, \mathbf{p}^n) = \begin{pmatrix} \mathbf{q}^n + \delta t\, m^{-1} \mathbf{p}^n \\ \mathbf{p}^n \end{pmatrix},$$

$$\Psi^V_{\delta t}(\mathbf{q}^n, \mathbf{p}^n) = \begin{pmatrix} \mathbf{q}^n \\ \mathbf{p}^n - \delta t \nabla_{\mathbf{q}} V(\mathbf{q}^n) \end{pmatrix}$$

aus $\Psi^T_{\delta t} \circ \Psi^V_{\delta t}$ genau das symplektische Euler-Verfahren (6.12) und aus $\Psi^V_{\delta t/2} \circ \Psi^T_{\delta t} \circ \Psi^V_{\delta t/2}$ das Störmer-Verlet-Verfahren (3.22). Man kann leicht nachrechnen, daß die Bausteine $\Psi^T_{\delta t}$ und $\Psi^V_{\delta t}$ symplektisch sind. Daraus folgt, daß das Störmer-Verlet-Verfahren und das symplektische Euler-Verfahren als Hintereinanderausführung symplektischer Abbildungen ebenfalls symplektisch sind.

---

[10] Dieses Splitting wurde in [581] von Strang eigentlich für partielle Differentialgleichungen und einer Aufspaltung entlang der Koordinatenachsen vorgeschlagen.

Darüber hinaus gibt es Splitting-Formeln höherer Ordnung von der Bauart

$$\Psi_{\delta t} := \Psi^2_{b_k \cdot \delta t} \circ \Psi^1_{a_k \cdot \delta t} \circ \ldots \circ \Psi^1_{a_2 \cdot \delta t} \circ \Psi^2_{b_1 \cdot \delta t} \circ \Psi^1_{a_1 \cdot \delta t} \tag{6.16}$$

mit Koeffizienten a_j und b_j, $j = 1, .., k$, wobei $a_j \cdot \delta t$ und $b_j \cdot \delta t$ als lokale Zeitschritte verwendet werden [233, 293, 416].

Kompositionsverfahren. Aus einem symplektischen Verfahren kann man auch zeitreversible Verfahren gewinnen. Dazu konstruiert man zunächst zu einem Integrationsverfahren Ψ durch Umkehrung der Zeit t das adjungierte Verfahren Ψ^*. So wird beispielsweise aus dem expliziten Euler-Verfahren (6.10) das implizite Euler-Verfahren (6.11) und umgekehrt. Anschließend werden beide Verfahren hintereinander ausgeführt, also $\Psi^* \circ \Psi$ oder $\Psi \circ \Psi^*$. Diese Verfahren sind wiederum symplektisch, zusätzlich aber auch zeitreversibel und benötigen die doppelte Anzahl von Funktionsauswertungen.

Man kann die Hintereinanderausführung verschiedener Zeitintegrationsverfahren auch dazu nutzen, neue Verfahren höherer Ordnung zu konstruieren. Mit der Vorschrift

$$\tilde{\Psi}_{\delta t} := \Psi_{a_k \cdot \delta t} \circ \ldots \circ \Psi_{a_2 \cdot \delta t} \circ \Psi_{a_1 \cdot \delta t} \tag{6.17}$$

und den Koeffizienten a_j, $j = 1, .., k$, definieren wir sogenannte Kompositionsverfahren, die auf Yoshida [666] zurückgehen. Mit den drei Werten

$$a_1 = a_3 = \frac{1}{2 - 2^{1/(p+1)}}, \qquad a_2 = -\frac{2^{1/(p+1)}}{2 - 2^{1/(p+1)}}$$

erhalten wir für ein Verfahren Ψ mit gerader Ordnung p eine neues Verfahren $\tilde{\Psi}$ der Ordnung $p+2$ [293, 585, 666]. Dieses Vorgehen kann man auch iterieren und damit dann Verfahren der Ordnungen $p + 4$, $p + 6, \ldots$, zusammensetzen.

Ein Nachteil bei diesem und anderen Sätzen von Koeffizienten ist, daß negative Schrittweiten auftreten können wie hier mit a_2. Weiterhin können Funktionsauswertungen auch außerhalb des Zeitintervalls $[t_n, t_{n+1}]$ notwendig werden. Es gibt daher andere Kompositionsverfahren, bei denen zumindest alle Auswertungen innerhalb des Intervalls liegen. Splitting- und Kompositionsverfahren und ihre Koeffizienten hängen dabei eng miteinander zusammen [415, 416].

Partitionierte Runge-Kutta-Verfahren. Symplektische Runge-Kutta-Verfahren sind meist aufwendig und im allgemeinen nicht explizit. Die Aufspaltung der Hamiltonfunktion (6.3) läßt sich aber systematisch ausnutzen, um symplektische partitionierte Runge-Kutta-Verfahren zu konstruieren, die explizit sein können. Ein partitioniertes Runge-Kutta-Verfahren für (6.2) können wir schreiben als

$$Q_i = \mathbf{q}^n + \delta t \sum_{j=1}^{s} a_{ij} \nabla_{\mathbf{p}} \mathcal{H}(Q_j, P_j),$$

$$P_i = \mathbf{p}^n - \delta t \sum_{j=1}^{s} \hat{a}_{ij} \nabla_{\mathbf{q}} \mathcal{H}(Q_j, P_j),$$

$$\mathbf{q}^{n+1} = \mathbf{q}^n + \delta t \sum_{i=1}^{s} b_i \nabla_{\mathbf{p}} \mathcal{H}(Q_i, P_i),$$

$$\mathbf{p}^{n+1} = \mathbf{p}^n - \delta t \sum_{i=1}^{s} \hat{b}_i \nabla_{\mathbf{q}} \mathcal{H}(Q_i, P_i),$$

(6.18)

mit den Hilfswerten Q_i und P_i und den Verfahrenskoeffizienten a_{ij}, $\hat{a}_{ij}$, b_i und $\hat{b}_i$. Diese Koeffizienten und die Zahl der Stufen s müssen geeignet gewählt werden, so daß das Verfahren die gewünschten Eigenschaften hat. Wenn das Zeitintegrationsverfahren beispielsweise explizit sein soll, muß sich das Gleichungssystem (6.18) leicht nach den Unbekannten Q_i und P_i auflösen lassen, also etwa Dreiecksgestalt haben. Mit der separablen Hamiltonfunktion (6.3) wird aus (6.18) zunächst

$$Q_i = \mathbf{q}^n + \delta t \sum_{j=1}^{s} a_{ij} \nabla_{\mathbf{p}} T(P_j),$$

$$P_i = \mathbf{p}^n - \delta t \sum_{j=1}^{s} \hat{a}_{ij} \nabla_{\mathbf{q}} V(Q_j),$$

$$\mathbf{q}^{n+1} = \mathbf{q}^n + \delta t \sum_{i=1}^{s} b_i \nabla_{\mathbf{p}} T(P_i),$$

$$\mathbf{p}^{n+1} = \mathbf{p}^n - \delta t \sum_{i=1}^{s} \hat{b}_i \nabla_{\mathbf{q}} V(Q_i).$$

(6.19)

Die Koeffizienten kann man nun mittels Kollokation auf der Basis von Quadraturformeln konstruieren. Wir gehen von Gauß-Lobatto-Formeln aus, bei denen ein Stützpunkt je an einem Rand des Intervalls liegt und die übrigen Stützpunkte so gewählt sind, daß man eine maximale Ordnung des Verfahrens erhält. Wir wählen die sogenannten Lobatto-IIIA-IIIB-Paare a_{ij}, $\hat{a}_{ij}$, b_i und $\hat{b}_i$, siehe Tabelle 6.2, 6.3 und 6.4. Sie werden üblicherweise in Butcher-Tableaus angeordnet [294]. Daraus kann man die Matrizen a_{ij} und $\hat{a}_{ij}$ und die Vektoren b_i und $\hat{b}_i$ ablesen.

a	0	0
	1/2	1/2
b	1/2	1/2

$\hat{a}$	1/2	0
	1/2	0
$\hat{b}$	1/2	1/2

Tabelle 6.2. Partitioniertes Runge-Kutta-Verfahren auf Basis des Lobatto-IIIA-IIIB-Paars mit zwei Stufen $s = 2$. Dies entspricht dem Störmer-Verlet-Verfahren für die separable Hamiltonfunktion.

Bei dem zweistufigen Lobatto-IIIA-IIIB-Paar aus Tabelle 6.2 liegen die Stützpunkte ausschließlich auf dem Intervallrand von $[t_n, t_{n+1}]$. Wenn wir die Werte aus Tabelle 6.2 in (6.19) einsetzen, dann erhalten wir $Q_1 = \mathbf{q}^n$. Mit einer Kraftauswertung kann man daraus $P_1 \equiv P_2$ bestimmen. Anschließend ergibt sich Q_2 und daraus dann $\mathbf{q}^{n+1}$ und $\mathbf{p}^{n+1}$. Insgesamt handelt es sich also gerade um das Störmer-Verlet-Verfahren (3.22).

$$
\begin{array}{c|ccc}
a & 0 & 0 & 0 \\
& 5/24 & 1/3 & -1/24 \\
& 1/6 & 2/3 & 1/6 \\
\hline
b & 1/6 & 2/3 & 1/6
\end{array}
\qquad
\begin{array}{c|ccc}
\hat{a} & 1/6 & -1/6 & 0 \\
& 1/6 & 1/3 & 0 \\
& 1/6 & 5/6 & 0 \\
\hline
\hat{b} & 1/6 & 2/3 & 1/6
\end{array}
$$

Tabelle 6.3. Partitioniertes Runge-Kutta-Verfahren auf Basis des Lobatto-IIIA-IIIB-Paars mit drei Stufen.

$$
\begin{array}{c|cccc}
a & 0 & 0 & 0 & 0 \\
& \frac{11+\sqrt{5}}{120} & \frac{25-\sqrt{5}}{120} & \frac{25-13\sqrt{5}}{120} & \frac{-1+\sqrt{5}}{120} \\
& \frac{11-\sqrt{5}}{120} & \frac{25+13\sqrt{5}}{120} & \frac{25+\sqrt{5}}{120} & \frac{-1-\sqrt{5}}{120} \\
& 1/12 & 5/12 & 5/12 & 1/12 \\
\hline
b & 1/12 & 5/12 & 5/12 & 1/12
\end{array}
\qquad
\begin{array}{c|cccc}
\hat{a} & 1/12 & \frac{-1-\sqrt{5}}{24} & \frac{-1+\sqrt{5}}{24} & 0 \\
& 1/12 & \frac{25+\sqrt{5}}{120} & \frac{25-13\sqrt{5}}{120} & 0 \\
& 1/12 & \frac{25+13\sqrt{5}}{120} & \frac{25-\sqrt{5}}{120} & 0 \\
& 1/12 & \frac{11-\sqrt{5}}{24} & \frac{11+\sqrt{5}}{24} & 0 \\
\hline
\hat{b} & 1/12 & 5/12 & 5/12 & 1/12
\end{array}
$$

Tabelle 6.4. Partitioniertes Runge-Kutta-Verfahren auf Basis des Lobatto-IIIA-IIIB-Paars mit vier Stufen.

Natürliche Verallgemeinerungen auf höhere Ordnungen ergeben sich durch Lobatto-Quadraturformeln höherer Ordnung. Mit den Koeffizienten aus Tabelle 6.3 erhält man ein dreistufiges Runge-Kutta-Schema und mit den Werten aus Tabelle 6.4 ergibt sich ein vierstufiges Schema. Allgemein hat ein solches Verfahren mit s Stufen die Ordnung $p = 2s - 2$. Die Verfahren sind alle symplektisch. Allerdings sind sie im Gegensatz zum Fall $s = 2$ nicht mehr explizit. Man erhält zwar weiterhin $Q_1 = \mathbf{q}^n$ und als letzten Term Q_s, muß nun aber vorher für die Terme $Q_2, \ldots, Q_{s-1}$ und $P_1, \ldots, P_s$ ein Gleichungssystem lösen. Damit muß insbesondere das Potential V häufiger ausgewertet werden, was diese Zeitintegrationsverfahren deutlich aufwendiger macht.

Es gibt andere symplektische, partitionierte Runge-Kutta-Verfahren die explizit sind. Ein Beispiel mit drei Stufen ist in Tabelle 6.5 angegeben. Es ist aber nur von dritter Ordnung genau [294, 524]. Diese Klassen von symplektischen Verfahren heißen auch Runge-Kutta-Nyström-Verfahren, weil sie sich direkt für Differentialgleichungen zweiter Ordnung $\ddot{\mathbf{x}} = f(\mathbf{x}, \dot{\mathbf{x}}, t)$ schreiben lassen, statt in einem System erster Ordnung $\mathbf{x}$ und $\dot{\mathbf{x}}$ einzeln zu behandeln.

$$
\begin{array}{c|ccc}
a & 0 & 0 & 0 \\
 & 2/3 & 0 & 0 \\
 & 2/3 & -2/3 & 0 \\
\hline
b & 2/3 & -2/3 & 1
\end{array}
\qquad
\begin{array}{c|ccc}
\hat{a} & 7/24 & 0 & 0 \\
 & 7/24 & 3/4 & 0 \\
 & 7/24 & 3/4 & -1/24 \\
\hline
\hat{b} & 7/24 & 3/4 & -1/24
\end{array}
$$

Tabelle 6.5. Ein explizites, partitioniertes, symplektisches Runge-Kutta-Verfahren dritter Ordnung nach Ruth [524].

Damit können wir symplektische, zeitreversibele und explizite Verfahren höherer Ordnung konstruieren. Es bleibt die Frage, ob diese wirklich zu effizienteren Simulationen als das Störmer-Verlet-Verfahren führen. Dabei ist zu bedenken, daß mit der Ordnung die Anzahl der Kraftauswertungen stark ansteigt. Weiterhin rechen wir üblicherweise in der Moleküldynamik[11] mit relativ großen Zeitschritten δt im Vergleich zu den Frequenzen des Systems, so daß die asymptotische Ordnung p nicht unbedingt entscheidend für die lokale Genauigkeit ist. Für die Langzeitintegration kann es daher sogar günstiger sein, eine etwas kleinere Zeitschrittweite mit dem Störmer-Verlet-Verfahren zu verwenden als aufwendigere Verfahren höherer Ordnung.

Es gibt auch erste Versuche, Verfahren mit variabler Zeitschrittweite δt für die Langzeitintegration Hamiltonscher Flüsse zu konstruieren. Bei einer Reihe von Problemen kann es sich lohnen, nicht während der gesamten Zeit die gleiche Zeitschrittweite δt zu verwenden, sondern, wenn möglich, eine größere Schrittweite einzusetzen. Dazu kann man häufig gute Heuristiken konstruieren, die die Zeitschrittweite problemangepaßt steuern. Damit das resultierende Verfahren weiterhin stabil im Sinne von (6.13) oder zeitreversibel bleibt, sind allerdings besondere Anstrengungen nötig, siehe [136, 134, 295, 372].

6.3 Multiple Zeitschrittverfahren - das Impuls-Verfahren

Gebundene und nichtgebundene Wechselwirkungen treten auf unterschiedlichen Zeitskalen auf. Die gebundenen Wechselwirkungen bei Molekülen wie Bindungs-, Winkel- und Torsionskräfte werden als Vibrationen um eine Equilibriumsposition modelliert.[12] Das Integrationsverfahren muß nun die schnell-

---

[11] Bei der Himmelsmechanik sieht die Situation anders aus: Hier sind häufig weniger Partikel, aber umso höhere Genauigkeit gefragt.

[12] Die Dynamik eines solchen Systems läßt sich näherungsweise als die Überlagerung harmonischer Oszillationen, sogenannter Eigenmoden, beschreiben. Die Frequenzen dieser Moden lassen sich im Prinzip bestimmen. Insbesondere für biologische Systeme stellt sich heraus, daß die Bewegung der Eigenmoden auf getrennten Zeitskalen geschehen. Gebundene Kräfte entsprechen dabei hochfrequenten Bewegungen, nichtgebundene Kräfte ergeben niederfrequentere Bewegungen. Dabei beschränken die schnellsten Kräfte den Zeitschritt, etwa beim Störmer-Verlet-Verfahren auf typischerweise 1 fs.

sten Oszillationen auflösen. Die sehr hohen Frequenzen der Bindungen erzwingen kleine Zeitschrittweiten, damit auch die schnellsten Bewegungen erfaßt werden können. Die Größe des Zeitschritts δt ist dabei beschränkt durch die höchste auftretende Frequenz f_{max} im betrachteten System, das heißt

$$\delta t \ll 1/f_{max}.$$

Im allgemeinen sind die durch die Bindungs-Potentiale verursachten Vibrationen bedeutend schneller als die Vibrationen, die durch die Winkel-Potentiale verursacht werden. Die Torsionskräfte sind für die größeren Deformationen verantwortlich und wirken auf einer noch gröberen Zeitskala. Wir suchen daher Integrationsverfahren, die in der Lage sind, multiple Zeitschrittweiten entsprechend der unterschiedlichen Zeitskalen zu verwenden und somit verschiedene Integrationsschrittweiten für verschiedene Frequenzklassen von Vibrationsmoden zuzulassen. Insgesamt lassen sich so für einen Großteil der Wechselwirkungen in den Newtonschen Gleichungen größere Zeitschritte verwenden. Ein typischer Vertreter ist das Impuls- oder auch r-Respa-Verfahren [271, 272, 611, 612, 614], das wir nun genauer betrachten werden.

Die Idee ist wie folgt. Wir konstruieren ein Splitting des Zeitintegrationsverfahrens zweiter Ordnung (6.15). Dazu nehmen wir an, daß die Kräfte in den Newtonschen Bewegungsgleichungen auf zunächst zwei Zeitskalen wirken und schreiben (6.1) als

$$m\ddot{\mathbf{x}} = \mathbf{F}(\mathbf{x}) = \mathbf{F}^{kurz}(\mathbf{x}) + \mathbf{F}^{lang}(\mathbf{x})$$

wobei $\mathbf{F}^{kurz}(\mathbf{x}) = -\nabla_{\mathbf{x}} V^{kurz}(\mathbf{x})$ und $\mathbf{F}^{lang}(\mathbf{x}) = -\nabla_{\mathbf{x}} V^{lang}(\mathbf{x})$. Dabei sollte die Zerlegung so gewählt sein, daß bei geeigneter stabiler Zeitdiskretisierung der Zeitschritt δt^{lang} des langsamen Anteils größer ist als der Zeitschritt δt^{kurz} des schnellen Anteils.

Das reduzierte Problem

$$m\ddot{\mathbf{x}} = \mathbf{F}^{lang}(\mathbf{x})$$

ließe sich nun numerisch stabil mit einem substantiell größeren Zeitschritt als für das Gesamtsystem integrieren. Typischerweise läßt sich hierbei etwa ein Faktor 4–5 beobachten [330]. Die Idee ist nun, $\mathbf{F}^{lang}$ seltener auszuwerten und seine Werte in geeigneter Weise in die Behandlung des Gesamtsystems einfließen zu lassen.

Das Splittingverfahren basiert auf der Aufspaltung der Hamiltonfunktion in

$$\mathcal{H}(\mathbf{q}, \mathbf{p}) = V^{lang}(\mathbf{q}) + \left(V^{kurz}(\mathbf{q}) + T(\mathbf{p}) \right)$$

mit den Anteilen V^{lang} und $V^{kurz} + T$. Dabei wird die kinetische Energie zusammen mit den kurzreichweitigen Kräften behandelt. Dazu benötigen wir zwei Zeitintegrationsverfahren $\Psi_{\delta t}^{lang}$ und $\Psi_{\delta t}^{kurz}$. Für den langreichweitigen Anteil $\Psi_{\delta t}^{lang}$ verwenden wir das Störmer-Verlet-Verfahren (3.22).

Diese Methode wurde in [654] im Jahr 1982 für ein Problem aus der Himmelsmechanik vorgeschlagen, bei dem das reduzierte Problem für V^{kurz} aus der Keplerschen Bewegung der Planeten um die Sonne besteht und V^{lang} die Interaktionen zwischen den Planeten beschreibt. Die Anwendung auf moleküldynamische Probleme wird in [336] studiert. Ist das reduzierte System

$$m\ddot{\mathbf{x}} = \mathbf{F}^{\text{kurz}}(\mathbf{x})$$

analytisch lösbar, also der Zeitintegrator $\Psi_{\delta t}^{\text{kurz}}$ exakt, dann wird der langreichweitige Integrator durch $\Psi_{\delta t}^{\text{kurz}}$ lediglich in jedem Zeitschritt entsprechend korrigiert.

Das reduzierte Problem von $\Psi_{\delta t}^{\text{kurz}}$ ist nun jedoch im allgemeinen nicht analytisch integrierbar. Deswegen ersetzen wir $\Psi_{\delta t}^{\text{kurz}}$ durch eine Folge von M Störmer-Verlet-Schritten mit kleinerer Schrittweite $\delta t/M$.[13] Wir erhalten

$$\Psi_{\delta t} = \Psi_{\delta t/2}^{\text{lang}} \circ \Psi_{\delta t}^{\text{kurz}} \circ \Psi_{\delta t/2}^{\text{lang}}$$
$$= \Psi_{\delta t/2}^{V^{\text{lang}}} \circ \left(\Psi_{\delta t/M}^{V^{\text{kurz}}+T} \circ \Psi_{\delta t/M}^{V^{\text{kurz}}+T} \circ \ldots \circ \Psi_{\delta t/M}^{V^{\text{kurz}}+T} \right) \circ \Psi_{\delta t/2}^{V^{\text{lang}}} \, . \quad (6.20)$$

Algorithmus 6.1 Impuls-Verfahren auf Basis des Geschwindigkeits-Störmer-Verlet-Integrators

```
// Setze Anfangswerte x⁰, v⁰
for (int n=0; n<t_end/δt; n++) {
```
$$\tilde{\mathbf{v}}^n = \mathbf{v}^n + \tfrac{1}{2}\delta t \, m^{-1} \, \mathbf{F}^{\text{lang}}(\mathbf{x}^n);$$
```
    for (int j=1; j<=M; j++) {
```
$$\mathbf{x}^{n+j/M} = \mathbf{x}^{n+(j-1)/M} + \tfrac{1}{M}\delta t \, \tilde{\mathbf{v}}^{n+(j-1)/M} +$$
$$\tfrac{1}{2}(\tfrac{\delta t}{M})^2 \, m^{-1} \, \mathbf{F}^{\text{kurz}}(\mathbf{x}^{n+(j-1)/M});$$
$$\tilde{\mathbf{v}}^{n+j/M} = \tilde{\mathbf{v}}^{n+(j-1)/M} +$$
$$\tfrac{1}{2M}\delta t \, m^{-1} \left(\mathbf{F}^{\text{kurz}}(\mathbf{x}^{n+(j-1)/M}) + \mathbf{F}^{\text{kurz}}(\mathbf{x}^{n+j/M}) \right);$$
```
    }
```
$$\mathbf{v}^{n+1} = \tilde{\mathbf{v}}^{n+1} + \tfrac{1}{2}\delta t \, m^{-1} \, \mathbf{F}^{\text{lang}}(\mathbf{x}^{n+1});$$
```
}
```

In Algorithmus 6.1 setzen wir nun (6.20) mit dem Geschwindigkeits-Störmer-Verlet-Verfahren sowohl für $\Psi^{V^{\text{kurz}}+T}$ als auch für $\Psi^{V^{\text{lang}}}$ um. Damit erhalten wir wiederum ein zeitreversibles und symplektisches Gesamtverfahren. Dies ergibt die sogenannte Impuls/r-Respa-Zeitschrittmethode. Sie wurde erstmalig in [271, 272, 611, 612, 614] vorgeschlagen. Vorläuferarbeiten waren [229, 582]. Das beschriebene Vorgehen läßt sich direkt auf mehr als zwei Zeitschrittweiten verallgemeinern.

---

[13] Für die triviale Wahl $V^{\text{lang}} = 0$ erhalten wir dann gerade wieder das Störmer-Verlet-Verfahren (3.22) mit entsprechend kleiner Schrittweite $\delta t/M$.

Da die Orte in Algorithmus 6.1 nur in der inneren Schleife modifiziert werden, genügt es, in jedem Zeitschritt die Kraft $\mathbf{F}^{\text{lang}}$ nur einmal auszuwerten. Entsprechend benötigen wir M Auswertungen von $\mathbf{F}^{\text{kurz}}$. Bei der Implementierung des Verfahrens müssen wir daher beide Kräfte getrennt voneinander berechnen und beide Kräfte aus dem jeweils vorhergehenden Schritt speichern. Die Parallelisierung des Verfahrens bereitet keine zusätzlichen Schwierigkeiten, wenn beide Kraftauswertungen bereits parallelisiert sind.

Die Kraft F kann nun unterschiedlich in die Teilkräfte $\mathbf{F}^{\text{kurz}}$ und $\mathbf{F}^{\text{lang}}$ aufgeteilt werden. Eine Möglichkeit besteht darin, die Potentiale aufzuteilen, so daß etwa Bindungs- und Winkelkräfte kurzreichweitig und Torsions- oder Lennard-Jones-Potentiale langreichweitig sind. Eine weitere Möglichkeit besteht darin, die einzelnen Teilchen nach kurz- oder langreichweitigen Kräften aufzuteilen, wenn große Masse- und damit Geschwindigkeitsunterschiede von Teilchen vorhanden sind. In der Situation stark unterschiedlicher Massen mit den Teilchenmassen Eins und m ist etwa der Unterschied M der Zeitschrittweiten zwischen δt^{lang} und δt^{kurz} von der Größe $\sqrt{m}$, siehe [613]. Die Aufteilung in kurz- und langreichweitige Kräfte kann auch entfernungsabhängig gewählt werden. Dazu müssen etwa Lennard-Jones- und Coulomb-Kräfte in kurze und lange Anteile zerlegt werden. Dies kann man mit der Abschneidefunktion aus Abschnitt 3.7.3 erreichen [611]. Weiterhin kann man langreichweitige Kräfte mit einem anderen Verfahren approximieren. Hier bieten sich das P^3M-Verfahren und die Ewald-Summen aus dem nächsten Kapitel an [484, 487, 680]. Mit einem Baumverfahren des übernächsten Kapitels kann man auch noch zusätzliche gröbere Skalen und Zeitschrittweiten einführen [224, 472, 679].

Das Impuls-Verfahren erlaubt eine Zeitschrittweite bei Biomolekülen von 4 fs für δt^{lang}. Weiterhin gibt es Untersuchungen, die zeigen, daß Zeitschrittweiten von 5 fs oder mehr in diesem Fall nicht möglich sind. Darüberhinaus können Resonanzen auftreten, die zu Instabilitäten führen, wenn die Frequenz des langsamen Kraftimpulses mit einer der Eigenmoden des Systems übereinstimmt. Weiterhin tritt ein analoges Problem auch für Zeitschrittweiten auf, die kleiner als die Hälfte der Periode der schnellsten Eigenmode sind. Diese Schwierigkeiten versucht die „mollified" Impulsmethode Molly [243] zu vermeiden. Dabei wird das Potential modifiziert, indem es an zeitgemittelten Positionen definiert wird, wobei die Zeitmittelung die hochfrequenten Vibrationsbewegungen berücksichtigt. Verschiedene Mittelungen und Erweiterungen wurden in [330] getestet. Dabei konnte eine Zeitschrittweite bis 7 fs erreicht werden. Dies ist ein respektables, jedoch auch etwas entäuschendes Ergebnis. Das multiple Zeitschrittverfahren ist etwas teurer als das einfache Störmer-Verlet-Verfahren, so daß abhängig von der jeweiligen Implementierung im besten Fall ein Laufzeitgewinn von nur etwa einem Faktor fünf in der Praxis möglich wird.

Durch die Verwendung der Langevin-Dynamik [314, 672, 673, 674] sind größere Zeitschrittweiten erzielbar. Dabei werden die Newtonschen Gleichun-

gen um einen Reibungsterm und einen stochastischen Anteil erweitert. Diese
dämpfen die hochfrequenten Moden und erlauben so die Verwendung von
speziellen multiplen Zeitschrittverfahren mit noch größerer Zeitschrittweite
δt^{lang}. So wurden in [61, 62] 12 fs für Wasser, 48 fs für ein Biomolekül in
Wasser und 96 fs für ein Biomolekül in Vakuum erreicht. Weitere Varianten
findet man in [540]. Zwar wird durch die Langevin-Dynamik nun die Zeit-
schrittbarriere hinausgeschoben, jedoch muß man berücksichtigen, daß man
dabei das Modell substantiell verändert, was abhängig von der jeweiligen
Aufgabenstellung durchaus zu völlig anderen Ergebnissen führen kann.

6.4 Zwangsbedingungen – der Rattle-Algorithmus

In vielen Fällen ist der Energietransport zwischen den hoch- und niedrigfrequenten Freiheitsgraden sehr langsam, so daß es sehr schwer ist, das Equilibrium innerhalb einer vernünftigen Zeit zu erreichen. In einem solchen Fall
ist es oft vorteilhaft, wenn die hochfrequenten Anteile, also die Freiheitsgrade der Bindungs- und Winkel-Potentiale, eingefroren werden. Das heißt,
daß Längen von chemischen Bindungen oder auch Größen von Winkeln in
Molekülen als fixiert betrachtet werden. In der Praxis geschieht dies mit
Hilfe von Zwangsbedingungen, die es ermöglichen, die Bindungslängen und
die Winkel auf einem vorgegebenen Wert festzuhalten.[14] Enthält das System
Freiheitsgrade, die zu diesen hohen Frequenzen gehören, jedoch nur kleine
Amplituden beziehungsweise nur sehr geringe Auswirkungen auf andere Freiheitsgrade haben, dann lassen sich diese Freiheitsgrade ohne großen Fehler
durch die Verwendung von Zwangsbedingungen einfrieren. Für Bindungen
arbeitet dieser Ansatz sehr gut.

Zur Realisierung geometrischer Zwangsbedingungen existieren diverse
Verfahren. Eines davon ist der sogenannte symplektische Rattle-Algorithmus
[43]. Bei diesem Ansatz werden die Zwangsbedingungen mit Hilfe von Lagrangeschen Multiplikatoren erfüllt. Varianten sind zum Beispiel der ältere
Shake-Algorithmus [526], verschiedene Verfahren, die die Zwangsbedingungen in die Koordinatensysteme integrieren und diverse Methoden, die mit
nicht-starren Zwangsbedingungen arbeiten [501]. Beim Rattle-Algorithmus
werden für die Lagrangeschen Multiplikatoren nichtlineare Gleichungssysteme aufgestellt, die dann iterativ gelöst werden. Wir formulieren den symplektischen Rattle-Algorithmus zunächst für allgemeine Hamiltonfunktionen
nach [337, 500].

---

[14] Man beachte jedoch, daß durch das Einfrieren von Freiheitsgraden die Energie
des Systems verändert wird. Dies kann sich unter Umständen in den erzielten Ergebnissen merklich niederschlagen. Eine Methode diese Effekte auszugleichen ist
die Verwendung von effektiven Potentialen für die verbleibenden Freiheitsgrade,
vgl. auch Kapitel 2. Diese gleichen die durch die Fixierung von Freiheitsgraden verlorengegangene Energie aus. Mathematische Methoden zur Bestimmung
effektiver Potentiale sind asymptotische Analysis und Homogenisierung, siehe
[103, 105].

Zwangsbedingungen. Die Kräfte, die die einzelnen Partikel erfahren, bestehen aus physikalischen Kräften und aus Zwangskräften. Letztere sorgen dafür, daß die Struktur der Moleküle über die Zeit erhalten bleibt. Die verschiedenen Zwangsbedingungen seien in der Form

$$\sigma^{ij}(\mathbf{x}) = \|\mathbf{x}_i - \mathbf{x}_j\|^2 - d_{ij}^2 = 0 \tag{6.21}$$

gegeben, wobei $\mathbf{x} = \{\mathbf{x}_1, \ldots, \mathbf{x}_N\}$ die Orte der Partikel angibt. Hier bezeichnet d_{ij} die Länge, auf die der Abstand $r_{ij} = \|\mathbf{x}_i - \mathbf{x}_j\|$ zwischen den Partikeln i und j eingefroren werden soll. Solche Zwangsbedingungen heißen holonom, da sie unabhängig von der Zeit t sind. Insgesamt verwenden wir M verschiedene Zwangsbedingungen, deren Indexpaare wir mit I bezeichnen, $(i, j) \in I$ und $i < j$. Will man nun die Bindung zwischen Atom i und j auf den Wert r^0 einfrieren, setzt man $d_{ij} = r^0$. Im Falle von Winkeln und Abständen zwischen den Atomen i, j und k zum Beispiel, muß man die Abstände zwischen i und j, zwischen i und k und zwischen j und k einfrieren.

Wir wählen einen Ansatz mit Lagrange-Multiplikatoren λ^{ij} für alle $(i, j) \in I$, der zu den folgenden Bewegungsgleichungen der klassischen Mechanik führt:

$$
\begin{aligned}
m\ddot{\mathbf{x}} &= -\nabla_{\mathbf{x}} \left(V(\mathbf{x}) + \sum_{(i,j)\in I} \lambda^{ij} \sigma^{ij}(\mathbf{x}) \right) \\
&= -\nabla_{\mathbf{x}} V(\mathbf{x}) - \sum_{(i,j)\in I} \lambda^{ij} \nabla_{\mathbf{x}} \sigma^{ij}(\mathbf{x}) \\
&= \mathbf{F} + \mathbf{Z}.
\end{aligned}
\tag{6.22}
$$

Zusätzlich zur Kraft $\mathbf{F} = -\nabla_{\mathbf{x}} V(\mathbf{x})$ auf die Partikel, die aus dem zwischen den Partikeln herrschenden Potential herrührt, wirkt nun auch die Zwangskraft

$$\mathbf{Z} = - \sum_{(i,j)\in I} \lambda^{ij} \nabla_{\mathbf{x}} \sigma^{ij}(\mathbf{x})$$

der zu realisierenden Zwangsbedingungen (6.21). Die zusätzlichen M Freiheitsgrade λ^{ij}, $(i, j) \in I$ sind dabei so zu wählen, daß zu jeder Zeit alle M Zwangsbedingungen (6.21) erfüllt sind.

Zusätzlich zu (6.21) wird aber noch eine weitere Bedingung für die Geschwindigkeit erfüllt, die sogenannte verborgene Zwangsbedingung für die Geschwindigkeit $\dot{\mathbf{x}}$, die sich aus der Zeitableitung von (6.21) ergibt. Sie lautet

$$0 = \dot{\sigma}^{ij}(\mathbf{x}) = 2\langle \mathbf{x}_i - \mathbf{x}_j, \dot{\mathbf{x}}_i - \dot{\mathbf{x}}_j \rangle \ \forall (i, j) \in I, \tag{6.23}$$

mit dem Skalarprodukt $\langle ., . \rangle$. Die Lösung $\mathbf{x}(t)$ bleibt nämlich nur dann auf der Mannigfaltigkeit zulässiger Werte mit $\sigma^{ij}(\mathbf{x}) = 0$, $\forall (i, j) \in I$, wenn auch die Geschwindigkeiten $\dot{\mathbf{x}}(t)$ nicht von der Mannigfaltigkeit weg zeigen, also tangential dazu verlaufen.

Zeitintegration. Wir können das System (6.22) mit den Zwangsbedingungen (6.21) auch im Hamiltonformalismus schreiben. Darauf können wir dann die Zeitintegrationsverfahren aus Abschnitt 6.2 anwenden. Wir schreiben die Zwangsbedingungen als $\sigma(\mathbf{q}) = 0$ und die Lagrange-Multiplikatoren für einen Zeitpunkt t_n als $\Lambda_n = (\lambda^{ij})_{ij \in I}^T$. Für das Beispiel der partitionierten Runge-Kutta-Verfahren (6.18) erhalten wir mit $\mathbf{q} = \mathbf{x}$ und $\mathbf{p} = m\dot{\mathbf{x}}$ das System

$$
\begin{aligned}
Q_i &= \mathbf{q}^n + \delta t \sum_{j=1}^{s} a_{ij} \nabla_\mathbf{p} \mathcal{H}(Q_j, P_j), \qquad \sigma(Q_i) = 0, \\
P_i &= \mathbf{p}^n - \delta t \sum_{j=1}^{s} \hat{a}_{ij} \left(\nabla_\mathbf{q} \mathcal{H}(Q_j, P_j) + \nabla_\mathbf{q} \sigma(Q_j) \Lambda_j \right), \\
\mathbf{q}^{n+1} &= \mathbf{q}^n + \delta t \sum_{i=1}^{s} b_i \nabla_\mathbf{p} \mathcal{H}(Q_i, P_i), \\
\mathbf{p}^{n+1} &= \mathbf{p}^n - \delta t \sum_{i=1}^{s} \hat{b}_i \left(\nabla_\mathbf{q} \mathcal{H}(Q_i, P_i) + \nabla_\mathbf{q} \sigma(Q_i) \Lambda_i \right).
\end{aligned}
\tag{6.24}
$$

Die Lagrange-Multiplikatoren Λ_j müssen dabei so bestimmt werden, daß alle Zwangsbedingungen gleichzeitig erfüllt sind. Wir formen (6.24) zunächst noch um. Mit der separablen Hamiltonfunktion (6.3) ergibt sich

$$
\begin{aligned}
Q_i &= \mathbf{q}^n + \delta t \sum_{j=1}^{s} a_{ij} \nabla_\mathbf{p} T(P_j), \qquad \sigma(Q_i) = 0, \\
P_i &= \mathbf{p}^n - \delta t \sum_{j=1}^{s} \hat{a}_{ij} \left(\nabla_\mathbf{q} V(Q_j) + \nabla_\mathbf{q} \sigma(Q_j) \Lambda_j \right), \\
\mathbf{q}^{n+1} &= \mathbf{q}^n + \delta t \sum_{i=1}^{s} b_i \nabla_\mathbf{p} T(P_i), \\
\mathbf{p}^{n+1} &= \mathbf{p}^n - \delta t \sum_{i=1}^{s} \hat{b}_i \left(\nabla_\mathbf{q} V(Q_i) + \nabla_\mathbf{q} \sigma(Q_i) \Lambda_i \right).
\end{aligned}
\tag{6.25}
$$

Mit dem Lobatto-IIIA-IIIB-Paar aus Tabelle 6.2 erhalten wir ein zweistufiges Runge-Kutta-Verfahren, das ohne Zwangsbedingungen dem Störmer-Verlet-Verfahren entspräche. Mit $Q_1 = \mathbf{q}^n$ und $P_1 = P_2$ und der Voraussetzung, daß die Zwangsbedingung $\sigma(\mathbf{q}^n) = 0$ für den Anfangswert $\mathbf{q}^n$ bereits erfüllt ist, erhalten wir das Gleichungssystem

$$
P_2 = \mathbf{p}^n - \frac{\delta t}{2} \left(\nabla_\mathbf{q} V(\mathbf{q}^n) + \nabla_\mathbf{q} \sigma(\mathbf{q}^n) \Lambda_n \right),
$$

$$
Q_2 = \mathbf{q}^n + \delta t \nabla_\mathbf{p} T(P_2),
$$

$$
0 = \sigma(Q_2)
$$

in den Unbekannten Q_2, P_2 und Λ_n. Durch Einsetzen erhalten wir dann ein nichtlineares Gleichungssystem in der Unbekannten Λ_n

$$
\sigma \left(\mathbf{q}^n + \delta t \nabla_\mathbf{p} T \left(\mathbf{p}^n - \frac{\delta t}{2} \left(\nabla_\mathbf{q} V(\mathbf{q}^n) + \nabla_\mathbf{q} \sigma(\mathbf{q}^n) \Lambda_n \right) \right) \right) = 0.
\tag{6.26}
$$

Aus der Lösung ergibt sich nun $\mathbf{q}^{n+1} = Q_2$.

Für die Berechnung von $\mathbf{p}^{n+1}$ durch

$$\mathbf{p}^{n+1} = \mathbf{p}^n - \frac{\delta t}{2} \sum_{i=0}^{1} \nabla_{\mathbf{q}} V(\mathbf{q}^{n+i}) + \nabla_{\mathbf{q}} \sigma(\mathbf{q}^{n+i}) \Lambda_{n+i}$$

wird zusätzlich der Lagrange-Multiplikator Λ_{n+1} des nächsten Zeitschritts benötigt, der allerdings an dieser Stelle noch nicht verfügbar ist. Hier kommt die verborgene Zwangsbedingung (6.23) für die Geschwindigkeiten beziehungsweise Impulse ins Spiel. Diese führt im Rattle-Algorithmus auf ein weiteres Gleichungssystem in $\mathbf{p}^{n+1}$ und μ_{n+1}

$$\begin{aligned} \mathbf{p}^{n+1} &= \mathbf{p}^n - \tfrac{\delta t}{2} \nabla_{\mathbf{q}} \left(V(\mathbf{q}^n) + \sigma(\mathbf{q}^n) \Lambda_n + V(\mathbf{q}^{n+1}) + \sigma(\mathbf{q}^{n+1}) \mu_{n+1} \right), \\ 0 &= \dot{\sigma}(\mathbf{q}^{n+1}, m^{-1} \mathbf{p}^{n+1}), \end{aligned} \qquad (6.27)$$

in dem μ_{n+1} die Rolle von Λ_{n+1} übernimmt. Wiederum durch Einsetzen erhalten wir ein Gleichungssystem in der Unbekannten μ_{n+1}

$$\dot{\sigma}\Big(\mathbf{q}^{n+1}, \, m^{-1}\Big(\mathbf{p}^n - \frac{\delta t}{2} \nabla_{\mathbf{q}} \big(V(\mathbf{q}^n) + V(\mathbf{q}^{n+1}) \qquad (6.28)$$
$$+ \sigma(\mathbf{q}^n)\Lambda_n + \sigma(\mathbf{q}^{n+1})\mu_{n+1} \big) \Big) \Big) = 0$$

mit M Gleichungen und M Unbekannten. Aus dessen Lösung ergibt sich schließlich durch Einsetzen in (6.27) der Wert $\mathbf{p}^{n+1}$.

Implementierung. Nun besprechen wir, wie der Rattle-Algorithmus praktisch umgesetzt werden kann. Zunächst müssen wir in jedem Zeitschritt die nichtlinearen Gleichungssysteme (6.26) und (6.28) für die Lagrange-Multiplikatoren lösen. Diese kann man aber nur in einfachen Fällen direkt lösen, so daß Iterationsverfahren für nichtlineare Gleichungssysteme zum Einsatz kommen. Dabei ist wie schon beim Störmer-Verlet-Verfahren lediglich eine teure Kraftauswertung $\nabla_{\mathbf{q}} V(\mathbf{q}^{n+1})$ in jedem Zeitschritt nötig, während die Zwangsfunktion σ durch die Iteration häufiger auszuwerten ist.

Wir betrachten nun wieder die speziellen Zwangsbedingungen (6.21). Für deren Ableitung gilt

$$\nabla_{\mathbf{x}_l} \sigma^{ij} = \nabla_{\mathbf{x}_l} \left(\|\mathbf{x}_i - \mathbf{x}_j\|^2 - d_{ij}^2 \right) = \begin{cases} 2(\mathbf{x}_i - \mathbf{x}_j), & \text{für } l = i, \\ 2(\mathbf{x}_j - \mathbf{x}_i), & \text{für } l = j, \\ 0, & \text{für } l \neq i, j. \end{cases} \qquad (6.29)$$

Diese spezielle Struktur läßt sich zur Vereinfachung der Gleichungssysteme (6.26) und (6.28) ausnutzen. Statt mit allgemeinen iterativen Lösern wie dem Newton-Verfahren zu arbeiten, bei dem das System in jedem Schritt linearisiert wird und dann das resultierende lineare Gleichungssystem gelöst wird, arbeitet man beim Rattle-Algorithmus mit einem einfacheren Ansatz. In einem Iterationsschritt wird in einer Schleife über alle Zwangsbedingungen σ^{ij}, die noch nicht erfüllt sind, eine Näherung für den Lagrange-Multiplikator λ^{ij} berechnet und die Orte und Impulse entsprechend angepaßt. Da sich das System wegen der kleinen Zeitschrittweite δt nahe dem Gleichgewicht befindet, konvergiert diese Iteration gewöhnlich.

Wir behandeln zunächst das Gleichungssystem (6.26). Hier können wir mit den vorab berechenbaren Hilfswerten

$$\tilde{\mathbf{p}}^{n+1/2} := \mathbf{p}^n - \frac{\delta t}{2}\left(\nabla_{\mathbf{q}} V(\mathbf{q}^n)\right),$$

$$\tilde{\mathbf{q}}^{n+1} := \mathbf{q}^n + \delta t\, m^{-1} \tilde{\mathbf{p}}^{n+1/2} \tag{6.30}$$

das Gleichungssystem (6.26) vereinfachen zu

$$\sigma\left(\tilde{\mathbf{q}}^{n+1} - \frac{\delta t^2}{2}\, m^{-1}\left(\nabla_{\mathbf{q}}\sigma(\mathbf{q}^n)\Lambda_n\right)\right) = 0.$$

Wenn wir davon die Zeile betrachten, die sich auf die Zwangsbedingung $(i,j) \in I$ bezieht, erhalten wir mit (6.29)

$$\left\|\tilde{\mathbf{q}}_i^{n+1} - \tilde{\mathbf{q}}_j^{n+1} - \frac{\delta t^2}{2}\left(\frac{1}{m_i}\sum_{l:(i,l)\in I\cup I^*}(\mathbf{q}_i^n - \mathbf{q}_l^n)\lambda^{il} - \right.\right.$$
$$\left.\left.\frac{1}{m_j}\sum_{l:(l,j)\in I\cup I^*}(\mathbf{q}_j^n - \mathbf{q}_l^n)\lambda^{lj}\right)\right\|^2 = d_{ij}^2,$$

mit den transponierten Indexmengen I^*. Nun schränken wir die Summen auf den Fall $l = j$ und $l = i$ ein, vernachlässigen damit also die weiteren Zwangsbedingungen, setzen $\lambda^{ji} = \lambda^{ij}$ und erhalten

$$\left\|\tilde{\mathbf{q}}_i^{n+1} - \tilde{\mathbf{q}}_j^{n+1} - \frac{\delta t^2}{2}\left(\frac{1}{m_i} + \frac{1}{m_j}\right)(\mathbf{q}_i^n - \mathbf{q}_j^n)\lambda^{ij}\right\|^2 \approx d_{ij}^2.$$

Mit Linearisierung in λ^{ij} und Vernachlässigung der δt^4-Terme folgt daraus

$$\lambda^{ij} \approx \frac{d_{ij}^2 - \|\tilde{\mathbf{q}}_i^{n+1} - \tilde{\mathbf{q}}_j^{n+1}\|^2}{\delta t^2(\frac{1}{m_i} + \frac{1}{m_j})\langle\mathbf{q}_i^n - \mathbf{q}_j^n, \tilde{\mathbf{q}}_i^{n+1} - \tilde{\mathbf{q}}_j^{n+1}\rangle}. \tag{6.31}$$

Damit ergeben sich die Korrekturen von Orten und Impulsen als

$$\begin{aligned}
\tilde{\mathbf{q}}_i^{n+1} &= \tilde{\mathbf{q}}_i^{n+1} + \frac{\delta t^2}{2m_i}(\mathbf{q}_i^n - \mathbf{q}_j^n)\lambda^{ij},\\
\tilde{\mathbf{q}}_j^{n+1} &= \tilde{\mathbf{q}}_j^{n+1} - \frac{\delta t^2}{2m_j}(\mathbf{q}_i^n - \mathbf{q}_j^n)\lambda^{ij},\\
\tilde{\mathbf{p}}_i^{n+1/2} &= \tilde{\mathbf{p}}_i^{n+1/2} + \frac{\delta t}{2}(\mathbf{q}_i^n - \mathbf{q}_j^n)\lambda^{ij},\\
\tilde{\mathbf{p}}_j^{n+1/2} &= \tilde{\mathbf{p}}_j^{n+1/2} - \frac{\delta t}{2}(\mathbf{q}_i^n - \mathbf{q}_j^n)\lambda^{ij}.
\end{aligned} \tag{6.32}$$

Dieses Vorgehen wird iteriert bis die Zwangsbedingungen bis auf eine akzeptable Genauigkeit erfüllt sind. Die Iteration wird abgebrochen, falls die

Anzahl der Iterationen zu groß ist. Diese Situation kann auftreten im Fall unsinniger Anfangsbedingungen, die in sehr großen Kräften resultieren (Partikel haben zu geringen Abstand). Dann können die neuen unrestringierten Positionen so weit von den Positionen im vorherigen Zeitschritt entfernt sein, daß keine Korrektur gefunden wird, so daß die Zwangsbedingungen erfüllt sind. In den meisten Fällen sind jedoch nur wenige Iterationsschritte (abhängig von der Zeitschrittweite) notwendig, um die Zwangsbedingungen bis auf eine akzeptable Genauigkeit zu erfüllen. Um die Symplektizität des Verfahrens zu erhalten, muß das Gleichungssystem (6.26) allerdings exakt gelöst werden.

Damit haben wir die Werte $\mathbf{q}^{n+1}$ und $\mathbf{p}^{n+1/2}$ berechnet. Für den Wert $\mathbf{p}^{n+1}$ müssen wir noch das Gleichungssystem (6.28) lösen. Dazu berechnen wir den Hilfswert

$$\tilde{\mathbf{p}}^{n+1} := \tilde{\mathbf{p}}^{n+1/2} - \frac{\delta t}{2} \nabla_{\mathbf{q}} V(\mathbf{q}^{n+1}), \qquad (6.33)$$

womit sich (6.28) vereinfacht zu

$$\dot{\sigma}\left(\mathbf{q}^{n+1}, m^{-1}\left(\tilde{\mathbf{p}}^{n+1} - \frac{\delta t}{2} \nabla_{\mathbf{q}} \sigma(\mathbf{q}^{n+1}) \mu_{n+1}\right)\right) = 0.$$

Aus der Bedingung für das Indexpaar $(i,j) \in I$ ergibt sich daraus

$$\left\langle \mathbf{q}_i^{n+1} - \mathbf{q}_j^{n+1}, \frac{1}{m_i} \tilde{\mathbf{p}}_i^{n+1} - \frac{1}{m_j} \tilde{\mathbf{p}}_j^{n+1} - \right.$$
$$\left. \frac{\delta t}{2}\left(\frac{1}{m_i} \sum_{l:(i,l)\in I \cup I^*} (\mathbf{q}_i^{n+1} - \mathbf{q}_l^{n+1})\mu^{il} - \frac{1}{m_j} \sum_{l:(l,j)\in I \cup I^*} (\mathbf{q}_j^{n+1} - \mathbf{q}_l^{n+1})\mu^{lj}\right) \right\rangle = 0.$$

Wiederum schränken wir die Summen auf den Fall $l = j$ und $l = i$ ein und vernachlässigen damit also die weiteren Zwangsbedingungen. Wir setzen $\mu^{ji} = \mu^{ij}$ und erhalten

$$\left\langle \mathbf{q}_i^{n+1} - \mathbf{q}_j^{n+1}, \frac{1}{m_i} \tilde{\mathbf{p}}_i^{n+1} - \frac{1}{m_j} \tilde{\mathbf{p}}_j^{n+1} - \frac{\delta t}{2}(\frac{1}{m_i} + \frac{1}{m_j})(\mathbf{q}_i^{n+1} - \mathbf{q}_j^{n+1})\mu^{ij} \right\rangle \approx 0.$$

Wir können nun einen iterativen Löser konstruieren, in dem wir unter Verwendung von $d_{ij}^2 = \langle \mathbf{q}_i^{n+1} - \mathbf{q}_j^{n+1}, \mathbf{q}_i^{n+1} - \mathbf{q}_j^{n+1} \rangle$ – vergleiche auch (6.21) – nach μ^{ij} auflösen

$$\mu^{ij} \approx \frac{2}{\delta t} \frac{\langle \mathbf{q}_i^{n+1} - \mathbf{q}_j^{n+1}, \frac{1}{m_i} \tilde{\mathbf{p}}_i^{n+1} - \frac{1}{m_j} \tilde{\mathbf{p}}_j^{n+1} \rangle}{(\frac{1}{m_i} + \frac{1}{m_j})d_{ij}^2} \qquad (6.34)$$

und damit die Korrekturen

$$\begin{aligned} \tilde{\mathbf{p}}_i^{n+1} &= \tilde{\mathbf{p}}_i^{n+1} + \frac{\delta t}{2}(\mathbf{q}_i^{n+1} - \mathbf{q}_j^{n+1})\mu^{ij}, \\ \tilde{\mathbf{p}}_j^{n+1} &= \tilde{\mathbf{p}}_j^{n+1} - \frac{\delta t}{2}(\mathbf{q}_i^{n+1} - \mathbf{q}_j^{n+1})\mu^{ij}, \end{aligned} \qquad (6.35)$$

bestimmen. Dieses Vorgehen wenden wir iterativ an und erhalten daraus schließlich $\mathbf{p}^{n+1}$. Das gesamte Vorgehen ist noch einmal in Algorithmus 6.2 zusammengefaßt.

Algorithmus 6.2 Rattle-Zeitintegrationsverfahren für Zwangsbedingungen (6.21)

```
// Start mit Anfangsdaten x, v, t, die die Zwangsbedingungen erfüllen
// Hilfsvektor xᵒˡᵈ;
berechne Kräfte F;
while (t < t_end) {
  t = t + delta_t;
  Schleife über alle Partikel i {
    vᵢ = vᵢ + delta_t * .5 / mᵢ * Fᵢ;
    xᵢᵒˡᵈ = xᵢ;
    xᵢ = xᵢ + delta_t * vᵢ;
  }
  real ε;
  do {
    ε = 0;
    Schleife über alle Zwangsbedingungen (i,j) {
      real r = dᵢⱼ² - ‖xᵢ-xⱼ‖²;
      ε = ε + |r|;
      real lambda = r/((1/mᵢ+1/mⱼ)*⟨xᵢᵒˡᵈ-xⱼᵒˡᵈ, xᵢ-xⱼ⟩);
      xᵢ = xᵢ + (xᵢᵒˡᵈ-xⱼᵒˡᵈ) * lambda *.5 / mᵢ;
      xⱼ = xⱼ - (xᵢᵒˡᵈ-xⱼᵒˡᵈ) * lambda *.5 / mⱼ;
      vᵢ = vᵢ + (xᵢᵒˡᵈ-xⱼᵒˡᵈ) * lambda *.5 / (mᵢ * delta_t);
      vⱼ = vⱼ - (xᵢᵒˡᵈ-xⱼᵒˡᵈ) * lambda *.5 / (mⱼ * delta_t);
    }
  } while (ε > ε_tol);
  berechne Kräfte F;
  Schleife über alle Partikel i {
    vᵢ = vᵢ + delta_t * .5 / mᵢ * Fᵢ;
  }
  do {
    ε = 0;
    Schleife über alle Zwangsbedingungen (i,j) {
      real r = ⟨xᵢ-xⱼ, vᵢ-vⱼ⟩;
      ε = ε + |r|;
      real mu = r / ((1/mᵢ+1/mⱼ)*dᵢⱼ²);
      vᵢ = vᵢ + (xᵢ-xⱼ) * mu / mᵢ;
      vⱼ = vⱼ - (xᵢ-xⱼ) * mu / mⱼ;
    }
  } while (ε > ε_tol);
  berechne abgeleitete Größen wie Energien, gib Werte x, v aus;
}
```

Die Ausdrücke (6.31) und (6.34) kann man auch direkt herleiten, wenn man sich auf den Fall einer einzigen Zwangsbedingung σ^{ij} beschränkt und die Orte und Impulse soweit entlang der Verbindungslinien von $\mathbf{p}_i$ zu $\mathbf{p}_j$ und $\mathbf{q}_i$ zu $\mathbf{q}_j$ verschiebt, bis der Abstand d_{ij} beziehungsweise die Orthogonalität von Ort und Geschwindigkeit erreicht ist.

Bei der Parallelisierung des Rattle-Algorithmus 6.2 gehen wir zunächst von einer parallelen Version der Kraftauswertung aus, wie etwa einem parallelen Linked-Cell-Verfahren. Zusätzlich müssen bei den Updates von Orten und Geschwindigkeiten nun Zwangskräfte berücksichtigt werden. Wenn solche Bindungen σ_{ij} zwischen zwei Partikeln immer auf einem Prozessor liegen, können sie direkt berechnet werden. Problematisch wird es jedoch dann, wenn bei der Berechnung von Langrange-Multiplikatoren sowie von Orts- und Geschwindigkeitsänderungen Kommunikation zwischen Prozessoren nötig wird. Der Grund ist, daß die Berechnung der Zwangskräfte im Gegensatz zur Auswertung der Potentialkräfte relativ billig ist, dafür aber in jeder Iteration Daten zwischen den Prozessoren ausgetauscht werden müssen. Abhängig von der Struktur der Zwangsbedingungen und der Anzahl der beteiligten Moleküle bietet es sich daher an, die Zwangskräfte für ein Molekül komplett auf einem Prozessor zu berechnen. Das funktioniert effizient, wenn viele kleine Moleküle beteiligt sind, wie etwa Wassermoleküle. Handelt es sich hingegen um ein einziges großes (Bio-) Molekül, wird man um eine Parallelisierung der Iterationen für die Zwangskräfte nicht herumkommen.

Varianten. Die Iteration (6.31) und (6.32) ohne Impulskorrekturen wurde so schon für das Shake-Verfahren beschrieben [526]. Dabei entfällt die zweite Iteration des Rattle-Algorithmus (6.34) und (6.35). Zunächst ist das Shake-Verfahren nicht symplektisch, obwohl die Zwangsbedingungen (6.21) und die Bedingung (6.9) erfüllt werden. Erst die zusätzlichen Forderungen (6.23) an die Geschwindigkeiten und Impulse führen zur Symplektizität [374].

Für kompliziertere Zwangsbedingungen kann man auch andere iterative Löser wie etwa Newton-Verfahren [179, 578] für die Lagrange-Multiplikatoren einsetzen. Die oben angegebene Iteration hat aber demgegenüber den Vorteil, jede einzelne Iterierte billig berechnen zu können. Es gibt natürlich auch andere Möglichkeiten, Zwangsbedingungen zu erfüllen. Bei kleinen Systemen ist es häufig möglich, einen neuen Satz von Koordinaten zu finden, so daß die Zwangsbedingungen automatisch erfüllt sind. Dafür sind dann die Bewegungsgleichungen in diesen Koordinaten komplizierter. Für starre Körper bieten sich hier Darstellungen mit Quaternionen an [34].

Das Einfrieren von Freiheitsgraden durch den Rattle-Ansatz eliminiert Kräfte aus dem System und erlaubt somit größere Zeitschrittweiten, ohne die Stabilität des Verfahrens zu gefährden. Damit zusammen lassen sich auch multiple Zeitschrittmethoden verwenden [330, 484, 485, 533].[15]

---

[15] Impuls/r-Respa zusammen mit Shake erlaubt Zeitschrittweiten bis zu 8 fs für molekulare Systeme.

7 Gitterbasierte Methoden für langreichweitige Potentiale

In den Kapiteln 3 und 5 haben wir sogenannte kurzreichweitige Potentiale wie das Lennard-Jones-Potential (3.27), das Potential von Finnis-Sinclair (5.2), das EAM-Potential (5.14) und das Potential von Brenner (5.17) betrachtet. Die daraus resultierenden Wechselwirkungen zwischen den Partikeln waren dabei auf nahe beieinander liegende Partikel beschränkt. Neben diesen kurzreichweitigen Potentialen gibt es aber auch Typen von Potentialen, bei denen Wechselwirkungen mit weiter entfernten Partikeln für die Entwicklung des betrachteten Partikelsystems relevant sind. In drei Dimensionen bezeichnet man Potentiale, die in r schneller als $1/r^3$ abfallen, als kurzreichweitig.[1] Damit gehören das Gravitationspotential (2.42) und das Coulomb-Potential (2.43) zu den langsam abfallenden, langreichweitigen Potentialen.

In unseren Anwendungen treten jetzt Potentiale V auf, die sich aus einem kurzreichweitigen Anteil V^{kurz} und einem zusätzlichen langreichweitigen Anteil V^{lang} zu

$$V = V^{\text{kurz}} + V^{\text{lang}} \tag{7.1}$$

zusammensetzen. Dabei kann V^{kurz} alle bisher besprochenen Potentialfunktionstypen, wie Bindungs-, Winkel-, Torsionswinkel- und Lennard-Jones-Potential, vergleiche (5.38), sowie weitere Mehrkörperpotentiale beinhalten. Der Term[2]

$$V^{\text{lang}} = \frac{1}{4\pi\varepsilon_0} \sum_{i=1}^{N} \sum_{\substack{j=1 \\ j>i}}^{N} q_i q_j \frac{1}{||\mathbf{x}_j - \mathbf{x}_i||} = \frac{1}{2} \frac{1}{4\pi\varepsilon_0} \sum_{i=1}^{N} \sum_{\substack{j=1 \\ j\neq i}}^{N} q_i q_j \frac{1}{||\mathbf{x}_j - \mathbf{x}_i||} \tag{7.2}$$

beschreibt beispielsweise das elektrostatische Potential von N Punktladungen an den Orten $\mathbf{x}_1, \ldots, \mathbf{x}_N$ mit den Ladungen $q_1, \ldots, q_N$.

Im Gegensatz zu den schnell abfallenden Potentialen lassen sich solche langsam abfallenden Potentiale nicht ohne einen großen Verlust an Genauigkeit einfach abschneiden [217, 662]. Daher ist die Linked-Cell-Methode nicht

---

[1] Allgemein bezeichnen wir in $d > 2$ Dimensionen eine Funktion $f(r)$ als schnell abfallend, falls sie mit wachsendem r schneller als $1/r^d$ abfällt. Diese Einteilung in schnell und langsam abfallende Funktionen spiegelt wieder, daß Funktionen, die wie $1/r^d$ oder langsamer abfallen, nicht über ganz $\mathbb{R}^d$ integrierbar sind.

[2] Hierbei ist $\varepsilon_0 = 8.854187817 \times 10^{-12}$ C^2/(Jm) die Dielektrizitätskonstante.

direkt einsetzbar. Statt nun aber die Summe in (7.2) exakt auszuwerten, was zu einem $\mathcal{O}(N^2)$-Verfahren führen würde, kann man Näherungen vornehmen. Diese beruhen auf der Idee, V^{lang} selber in einen glatten aber langreichweitigen Anteil V^{lr} und einen singulären aber kurzreichweitigen Anteil V^{kr} aufzuspalten, also

$$V^{\text{lang}} = V^{\text{kr}} + V^{\text{lr}}. \tag{7.3}$$

Diese zwei Anteile werden dann getrennt behandelt. Dabei wird zur Behandlung von V^{kr} wieder die Linked-Cell-Methode verwendet, V^{lr} wird jetzt aber mittels sogenannter gitterbasierter Verfahren approximiert. Hierzu gehören etwa das P³M-Verfahren von Hockney und Eastwood [200, 320] sowie die PME-Methode von Darden et al. und die SPME-Methode von Essmann et al. [167, 213, 370].

Darstellungen des Potentials. Betrachten wir eine kontinuierliche Ladungsverteilung im Ganzraum $\mathbb{R}^3$ mit einer Ladungsdichte ρ (Ladung pro Volumen). Das durch die Ladungsdichte ρ induzierte Potential Φ lautet

$$\Phi(\mathbf{x}) = \frac{1}{4\pi\varepsilon_0} \int_{\mathbb{R}^3} \rho(\mathbf{y}) \frac{1}{\|\mathbf{y} - \mathbf{x}\|} d\mathbf{y}. \tag{7.4}$$

Das Potential Φ ist dabei Lösung der partiellen Differentialgleichung[3]

$$-\Delta\Phi(\mathbf{x}) = \frac{1}{\varepsilon_0}\rho(\mathbf{x}) \text{ auf } \mathbb{R}^3, \tag{7.5}$$

mit der Abklingbedingung $\Phi(\mathbf{x}) \to 0$ für $\|\mathbf{x}\| \to \infty$. Gleichung (7.5) heißt Potentialgleichung oder auch Poisson-Gleichung. Sie ist ein klassischer Vertreter elliptischer partieller Differentialgleichungen zweiter Ordnung. Die zu diesem Potential gehörige elektrostatische Energie ist nun definiert als[4]

$$V = \int_{\mathbb{R}^3} \rho(\mathbf{x})\Phi(\mathbf{x})d\mathbf{x}. \tag{7.6}$$

Hieraus lassen sich die Kräfte auf geladene Partikel durch Gradientenbildung berechnen. Liegt also das Potential Φ vor, dann können aus diesem die elektrostatische Energie sowie die Kräfte einfach bestimmt werden.

Insgesamt haben wir damit die folgenden zwei Formulierungen, auf die sich die in diesem und dem folgenden Kapitel beschriebenen Verfahren zur Auswertung langreichweitiger Wechselwirkungen stützen:

---

[3] Dies folgt aus der Tatsache, daß $1/r$ mit $r = \|\mathbf{y} - \mathbf{x}\|$ in drei Dimensionen die Fundamentallösung des Laplaceoperators darstellt, das heißt, im Sinne der Distributionen gilt $-\Delta\frac{1}{r} = 4\pi\delta_0$.

[4] Dabei ist auf die Existenz der Lösung von (7.5) beziehungsweise der Integrale in (7.4) und (7.6) zu achten, die durch bestimmte Bedingungen an die Integrierbarkeit der Ladungsdichte ρ auf $\mathbb{R}^3$ garantiert wird.

Partielle Differentialgleichung		Integralausdruck
$-\Delta\Phi(\mathbf{x}) = \dfrac{1}{\varepsilon_0}\rho(\mathbf{x})$	$\Leftrightarrow$	$\Phi(\mathbf{x}) = \dfrac{1}{4\pi\varepsilon_0}\displaystyle\int \rho(\mathbf{y})\dfrac{1}{\|\mathbf{y}-\mathbf{x}\|}d\mathbf{y}$

Die prinzipielle Vorgehensweise zur Bestimmung des Potentials Φ über die partielle Differentialgleichung (7.5) besteht aus den zwei Teilen Diskretisierung und Lösung. Bei der Diskretisierung wird eine (kontinuierliche) Gleichung in ein diskretes Gleichungssystem überführt. Dazu werden die auftretenden kontinuierlichen Größen beispielsweise nur an den Gitterpunkten eines Gitters approximiert, wie wir dies bereits für einige einfache Fälle von Differenzenquotienten in Abschnitt 3.1 beschrieben haben. Eine Verfeinerung des Gitters führt dann zu einer genaueren Approximation des Potentials. Als Ergebnis der Diskretisierung der partiellen Differentialgleichung erhält man ein lineares Gleichungssystem, das dann mit einem schnellen direkten Verfahren, wie zum Beispiel der schnellen Fouriertransformation (FFT) [154], oder auch einem iterativen Verfahren, wie zum Beispiel einem Mehrgitter- oder Multilevelverfahren [117, 286] gelöst werden kann. Die Diskretisierung des Integralausdrucks (7.4) führt ebenfalls zu einem linearen System. Allerdings muß in diesem Fall kein Gleichungssystem gelöst werden, sondern es muß eine Matrix-Vektor-Multiplikation ausgeführt werden. Dies kann näherungsweise geschehen. Dafür existieren schnelle Summationsmethoden, zum das Beispiel das Panel-Clustering-Verfahren [286] und die Multilevelmethode [118, 119], das Baumverfahren von Barnes und Hut [58], verschiedene Multipolverfahren [38, 260], Wavelet-Kompressionstechniken [88, 164, 541], Ansätze, die mit sogenannten $\mathcal{H}$-Matrizen arbeiten [284], und auch Pseudoskeleton-Approximationen [254]. Das Baumverfahren von Barnes und Hut und eine Variante des Multipolverfahrens werden wir in Kapitel 8 genauer kennenlernen.

Die Effizienz dieser Verfahren hängt stark von der Glattheit der beteiligten Funktionen ab, hier also von der Glattheit der Funktion ρ.[5] Ist ρ eine

---

[5] Die Glattheit einer quadratintegrablen Funktion läßt sich daran messen, wie oft sie differenzierbar ist. Anhand der Differenzierbarkeitsordnung kann man verschiedene Funktionenklassen unterscheiden. Dies führt zu den sogenannten Sobolevräumen [30]. Sie werden für $s \in \mathbb{N}$ folgendermaßen definiert:

$$H^s(\Omega) := \{u \in L^2(\Omega) : \sum_{\alpha \in \mathbb{N}_0^3 : 0 \leq \|\alpha\|_\infty \leq s} \|D^\alpha u\|_{L^2}^2 < \infty\}.$$

Hierbei bezeichnet $D^\alpha u$ die verallgemeinerte (oder schwache) Ableitung von u und L^2 ist der Raum der quadratintegrablen Funktionen auf Ω mit zugehöriger Norm $\|.\|_{L^2}$. Der Parameter s bestimmt dabei die Glattheit der Funktionen in H^s. Ist nun die rechte Seite der Potentialgleichung in H^s, so ist die Lösung für den Fall hinreichend glatter Ränder von Ω in H^{s+2}. Das heißt, die Lösung ist zweimal öfter (schwach) differenzierbar als die rechte Seite.

glatte Funktion, dann ist auch das zugehörige Potential Φ glatt. Dann liefern Standarddiskretisierungsverfahren wie Finite Elemente [111] oder Finite Differenzen [282] gute Näherungen mit bekannter Approximationsgüte und Konvergenzordnung. In unserem Fall eines durch N Punktladungen induzierten Potentials besteht die Ladungsverteilung ρ jedoch aus Delta-Distributionen,

$$\rho = \sum_{i=1}^{N} q_i \delta_{\mathbf{x}_i}.$$

Sie ist also nicht glatt.[6] Dann besitzt das resultierende Potential Φ Singularitäten an den Partikelpositionen. Standarddiskretisierungsverfahren für die Potentialgleichung konvergieren in solchen Fällen nur sehr schlecht und führen zu großen Fehlern in der Nähe der Positionen der Partikel. Dennoch läßt sich die Idee der schnellen approximativen Lösung der Potentialgleichung verwenden: Das Problem der Berechnung des Potentials wird zerlegt in einen glatten und einen singulären Anteil. Der singuläre Anteil enthält die Wechselwirkungen eines Partikels mit seinen unmittelbaren Nachbarn. Die zugehörigen Wechselwirkungen können mit den aus den vorherigen Kapiteln bereits bekannten Algorithmen berechnet werden. Der glatte Anteil enthält die Wechselwirkungen eines Partikels mit den weiter entfernten Partikeln. Zur Behandlung des glatten Anteils können nun die erwähnten Verfahren zur schnellen Lösung der Poisson-Gleichung angewandt werden. Insgesamt ergibt dies Algorithmen, die die Interaktionen zwischen den Partikeln mit einem weitaus geringeren Aufwand auswerten, als dies bei der direkten Berechnung möglich ist. Bei einem vorgegebenen maximalen Fehler beträgt der Aufwand dann $\mathcal{O}(N(\log(N))^{\alpha})$, mit einem von dem jeweiligen Verfahren abhängigen $\alpha \geq 0$.

In diesem Kapitel beschäftigen wir uns nun mit Verfahren, die auf der Formulierung als Differentialgleichung basieren. Schnelle Verfahren, denen die Formulierung als Integralausdruck zugrundeliegt, werden in Kapitel 8 besprochen. Wir gehen dabei wie folgt vor: Nach einer kurzen Erklärung der für die Lösung der Potentialgleichung notwendigen Randbedingungen erläutern wir zuerst, wie das Potential Φ geeignet in einen glatten und einen nicht-glatten Anteil aufgespalten werden kann. Danach werden Verfahren besprochen, die auf der Diskretisierung und schnellen Lösung der Potentialgleichung mittels schneller Fouriertransformation oder Mehrgitterverfahren beruhen. Als ein konkretes Beispiel erklären wir detailliert die sogenannte (smooth) Particle-Mesh-Ewald-Methode (SPME) [167, 213, 370], die die schnelle Fouriertransformation zusammen mit einer B-Spline-Interpolation verwendet. Danach erläutern wir die Implementierung dieses Verfahrens und wenden es für die Simulation der Rayleigh-Taylor-Instabilität mit Coulomb-Potential, den Phasenübergang in ionischen KCl-Mikrokristallen und Wasser

---

[6] Dabei ist $\delta_{\mathbf{x}_i}(\mathbf{x}) := \delta(\mathbf{x}_i - \mathbf{x})$ eine Distribution, so daß $\int_{\Omega} f(\mathbf{y}) \, \delta_{\mathbf{x}_i}(\mathbf{y}) d\mathbf{y} = f(\mathbf{x}_i)$ für $\mathbf{x}_i \in \Omega, f \in L^2(\Omega)$ fast überall. Man stellt sich dabei $\delta_{\mathbf{x}_i}$ als Funktion vor, die überall Null ist, bis auf den Punkt $\mathbf{x}_i$.

als molekularem System an. Schließlich diskutieren wir die Parallelisierung des SPME-Verfahrens und studieren als Anwendungsproblem aus der Astrophysik die Bildung der großräumigen Struktur des Universums.

7.1 Lösung der Potentialgleichung

Im folgende Abschnitt diskutieren wir den Zugang genauer, der auf der Formulierung als Differentialgleichung basiert.

7.1.1 Randbedingungen

Diskretisierungsverfahren für die Potentialgleichung benötigen im allgemeinen beschränkte Gebiete. Wir hatten aber bisher den Ganzraumfall betrachtet. Man findet in Bezug auf die Randbedingungen bei der Lösung der Potentialgleichung meist zwei Zugänge: Das Gebiet wird als endlich aber groß gewählt, zum Beispiel $\Omega = [0, a]^3$ mit a genügend groß, und es werden homogene Dirichlet-Randbedingungen angesetzt. Daneben lassen sich auch gewisse Abschirmrandbedingungen einsetzen. Alternativ dazu wird das Gebiet periodisch ins Unendliche fortgesetzt. Dieser Zugang ist insbesondere bei regelmäßigen Strukturen wie etwa Kristallen sinnvoll. Durch periodische Fortsetzung lassen sich außerdem große Systeme durch die Simulation von relativ kleinen Systemen gut approximieren. Weiterhin ermöglicht dies ein einfaches Aufspalten des Potentials in einen glatten und einen singulären Anteil. Für eine ausführlichere Diskussion zur Wahl geeigneter Randbedingungen und ihres Einflusses auf die Ergebnisse von Simulationen siehe [34, 100, 176]. Wir werden uns im folgenden auf periodische Systeme beschränken.

Dazu setzen wir das Simulationsgebiet in alle Raumrichtungen mit periodischen Abbildern fort, siehe Abbildung 7.1. Dann wechselwirkt jedes Partikel der Simulationsbox mit allen anderen Partikeln in der Box sowie mit allen Partikeln der periodisch verschobenen Simulationsboxen, also auch mit seinen eigenen periodischen Abbildern. Man beachte jedoch, daß die physikalischen Größen nur für die Partikel *in* der Simulationsbox berechnet werden. Die elektrostatische Energie der Partikel in der Simulationsbox ist

$$V^{\text{lang}} = \frac{1}{2} \frac{1}{4\pi\varepsilon_0} \sum_{\mathbf{n} \in \mathbb{Z}^3} \sum_{i=1}^{N} \sum_{\substack{j=1 \\ i \neq j \text{ für } \mathbf{n}=0}}^{N} q_i q_j \frac{1}{||\mathbf{x}_j^{\mathbf{n}} - \mathbf{x}_i||}. \tag{7.7}$$

Die Summe $\sum_{i=1}^{N}$ läuft dabei nur über die Partikel *innerhalb* der Simulationsbox. Die Summe $\sum_{\mathbf{n}} = \sum_{\mathbf{n}_1} \sum_{\mathbf{n}_2} \sum_{\mathbf{n}_3}$ läuft über alle periodischen Abbilder des Simulationsgebietes und $\mathbf{x}_j^{\mathbf{n}} = \mathbf{x}_j + (n_1 \cdot L_1, n_2 \cdot L_2, n_3 \cdot L_3)$ bezeichnet die Orte der periodischen Abbilder von Partikel j. Dabei ist die Interaktion

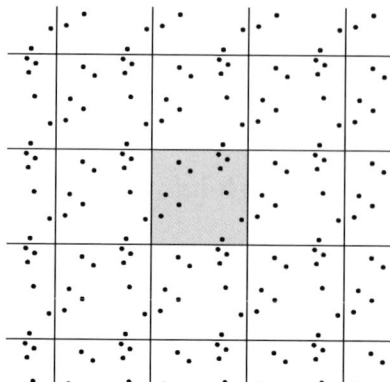

Abb. 7.1. Simulationsbox mit Partikeln und periodische Fortsetzung auf den $\mathbb{R}^2$.

eines Partikels der Simulationsbox mit sich selber ausgeschlossen, seine Interaktion mit seinen periodischen Abbildern wird aber berücksichtigt.[7] Man beachte, daß diese Summe nicht absolut konvergent ist. Ihr Wert ist von der Reihenfolge der Summation abhängig.

7.1.2 Die Potentialgleichung und die Zerlegung des Potentials

Im folgenden betrachten wir das Simulationsgebiet $\Omega := [0, L_1[\times [0, L_2[\times [0, L_3[$, wobei nun gegenüberliegende Seiten identifiziert werden, um der periodischen Fortsetzung des Simulationsgebiets Rechnung zu tragen. Es sei weiterhin eine bezüglich Ω *periodische* Ladungsverteilung ρ auf $\mathbb{R}^3$ gegeben, das heißt,

$$\rho(\mathbf{x} + (n_1 L_1, n_2 L_2, n_2 L_2)) = \rho(\mathbf{x}), \quad \mathbf{n} \in \mathbb{Z}^3,$$

für die

$$\int_\Omega \rho(\mathbf{x}) d\mathbf{x} = 0 \tag{7.8}$$

gilt. In Analogie zu (7.4) und (7.5) gibt es dann Darstellungen des Potentials in Integralform oder als Lösung einer Potentialgleichung. Auf Grund der Periodizität der Ladungsverteilung ρ läßt sich das Potential in Ω als Lösung der Potentialgleichung

---

[7] Hier berechnen wir die Energie in der Simulationsbox. Da im Fall $\mathbf{n} \neq 0$ die Interaktionen über die Box hinausgehen, ist nur die Hälfte der jeweiligen Paarwechselwirkungen zu berücksichtigen. Für die Wechselwirkungen der Partikel in der Simulationsbox, das heißt für den Fall $\mathbf{n} = 0$, ist wegen der doppelten Summation über die einzelnen Partikelpaare wiederum der Faktor 1/2 anzusetzen. Dies erklärt den Faktor 1/2 in (7.7).

$$-\Delta\Phi = \frac{1}{\varepsilon_0}\rho\Big|_\Omega \qquad (7.9)$$

mit periodischen Bedingungen[8] auf dem Rand $\partial\Omega$ des Simulationsgebiets Ω darstellen. Hierbei drückt $|_\Omega$ die Einschränkung auf das Gebiet Ω aus.

Für periodische Ladungsverteilungen ρ existiert im allgemeinen das Integral (7.4) nicht, weswegen wir diese Darstellung des Potentials hier nicht direkt verwenden können. In Analogie zu (7.4) besitzen jedoch die auf $\mathbb{R}^3$ definierten Teilpotentiale $\Phi_{\mathbf{n}}$, die durch die auf die verschobenen Simulationsgebiete $\Omega_{\mathbf{n}} := [n_1L_1, (n_1+1)L_1[\times[n_2L_2, (n_2+1)L_2[\times[n_3L_3, (n_3+1)L_3[$ eingeschränkten Ladungsverteilungen $\chi_{\mathbf{n}}\rho$ induziert werden, die Darstellung

$$\Phi_{\mathbf{n}}(\mathbf{x}) = \frac{1}{4\pi\varepsilon_0}\int_{\mathbb{R}^3}\frac{\chi_{\mathbf{n}}(\mathbf{y})\rho(\mathbf{y})}{\|\mathbf{y}-\mathbf{x}\|}d\mathbf{y} \quad \text{für } \mathbf{n}\in\mathbb{Z}^3.$$

Hierbei bezeichnet $\chi_{\mathbf{n}}$ die charakteristische Funktion bezüglich $\Omega_{\mathbf{n}}$, das heißt $\chi_{\mathbf{n}}(\mathbf{y}) = 1$ für $\mathbf{y}\in\Omega_{\mathbf{n}}$ und $\chi_{\mathbf{n}}(\mathbf{y}) = 0$ sonst. Das Gesamtpotential in der Simulationsbox Ω ergibt sich dann aus

$$\Phi(\mathbf{x}) = \sum_{\mathbf{n}\in\mathbb{Z}^3}\Phi_{\mathbf{n}}(\mathbf{x}).$$

Wie können wir nun diese beiden Darstellungen zur Berechnung des Potentials zur Bestimmung der Energie und der Kräfte in einem System aus N Punktladungen ausnutzen? Die Idee ist, wie bereits erwähnt, die Ladungsverteilung ρ und damit auch das Potential Φ beziehungsweise die zugehörige Energie (7.6) geeignet in zwei Teile zu zerlegen.

Man geht dabei wie folgt vor: An die Punktladung q_i am Ort $\mathbf{x}_i^{\mathbf{n}}$ wird eine um $\mathbf{x}_i^{\mathbf{n}}$ kugelsymmetrische „Ladungswolke" $\varrho_i^{\mathbf{n}}$ mit gleicher Ladung aber entgegengesetztem Vorzeichen angeheftet, vergleiche Abbildung 7.2 (Mitte). Diese Ladungsverteilung schirmt nun die Wechselwirkung ab, die von den einzelnen Punktladungen ausgeht. Die Wirkung dieser an die Punktladungen angehefteten Ladungswolken wird durch entgegengesetzte Ladungswolken wieder aufgehoben, vergleiche Abbildung 7.2 (rechts). Wir schreiben also die durch die N Punktladungen und deren periodische Abbilder erzeugte Ladungsverteilung

---

[8] Die Lösung der Potentialgleichung mit periodischen Randbedingungen ist nur bis auf eine Konstante bestimmt, das heißt, ist Φ eine Lösung des Problems mit rechter Seite ρ, so ist auch $\Phi + C$ mit einer beliebigen Konstanten C eine Lösung. Deswegen wird eine zusätzliche Bedingung benötigt, um die Lösung eindeutig zu machen, zum Beispiel $\int_\Omega \Phi d\mathbf{x} = 0$. Diese Nichteindeutigkeit hat jedoch auf das Ergebnis der Kraftauswertung keinen Einfluß, da $\nabla C = \mathbf{0}$ gilt. Zudem ist wegen der Beziehungen $\frac{1}{\varepsilon_0}\int_\Omega \rho d\mathbf{x} = -\int_\Omega \Delta\Phi d\mathbf{x} = -\int_{\partial\Omega}\langle\nabla\Phi, \mathbf{n}\rangle d\Gamma = 0$ (wende die Greensche Formel an und nutze die periodischen Randbedingungen aus), die Bedingung (7.8) für die Lösbarkeit von (7.9) notwendig. Mit (7.10) folgt daraus die Bedingung $\sum_{j=1}^N q_j = 0$ an die elektrischen Ladungen.

$$\rho(\mathbf{x}) = \sum_{\mathbf{n} \in \mathbb{Z}^3} \sum_{j=1}^{N} q_j \delta_{\mathbf{x}_j}^{\mathbf{n}}(\mathbf{x}) \tag{7.10}$$

als

$$\rho(\mathbf{x}) = (\rho(\mathbf{x}) - \rho^{\mathrm{lr}}(\mathbf{x})) + \rho^{\mathrm{lr}}(\mathbf{x}) = \rho^{\mathrm{kr}}(\mathbf{x}) + \rho^{\mathrm{lr}}(\mathbf{x})$$

mit

$$\rho^{\mathrm{kr}}(\mathbf{x}) := \sum_{\mathbf{n} \in \mathbb{Z}^3} \sum_{j=1}^{N} q_j(\delta_j^{\mathbf{n}}(\mathbf{x}) - \varrho_j^{\mathbf{n}}(\mathbf{x})) \text{ und } \rho^{\mathrm{lr}}(\mathbf{x}) := \sum_{\mathbf{n} \in \mathbb{Z}^3} \sum_{j=1}^{N} q_j \varrho_j^{\mathbf{n}}(\mathbf{x}). \tag{7.11}$$

Hierbei sind die $\varrho_j^{\mathbf{n}}(\mathbf{x})$ verschobene Versionen einer Funktion $\varrho(\mathbf{x})$ gemäß

$$\varrho_j^{\mathbf{n}}(\mathbf{x}) = \varrho(\mathbf{x} - \mathbf{x}_j - (n_1 L_1, n_2 L_2, n_3 L_3)) \tag{7.12}$$

und $\delta_{\mathbf{x}_j^{\mathbf{n}}}(\mathbf{x}) = \delta(\mathbf{x} - \mathbf{x}_j^{\mathbf{n}})$ sind δ-Distributionen am Punkt $\mathbf{x}_j^{\mathbf{n}}$.

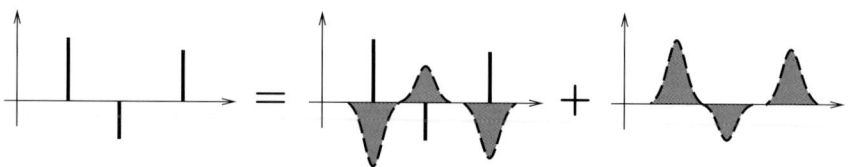

Abb. 7.2. Die Ladungsverteilung aus Punktladungen (links) wird aufgespalten in einen geglätteten Anteil (rechts) und den Rest (Mitte).

Die Forderungen, die an ϱ gestellt werden, sind die folgenden:

1. Die Funktion ϱ ist normiert, das heißt, es gilt

$$\int_{\mathbb{R}^3} \varrho(\mathbf{x}) d\mathbf{x} = 1,$$

2. ϱ ist punktsymmetrisch um den Nullpunkt,
3. ϱ hat kompakten Träger[9] oder fällt schnell ab (vergleiche Fußnote 1),
4. ϱ ist eine glatte Funktion.

Forderung 1 sorgt dafür, daß die von $q_j \varrho_j^{\mathbf{n}}$ induzierte Ladung gleich der Ladung q_j ist. Aus Forderung 2 folgt, daß die $\varrho_j^{\mathbf{n}}$ punktsymmetrisch um die Partikelposition $\mathbf{x}_j^{\mathbf{n}}$ sind, also nur vom Abstand von $\mathbf{x}_j^{\mathbf{n}}$ abhängen. Die Forderungen 1-3 sorgen zusammen dafür, daß das von der Ladungsverteilung

---

[9] Der Träger einer Funktion f ist der Abschluß der Menge der $\mathbf{x}$, für die $f(\mathbf{x}) \neq 0$ gilt. Das heißt, ϱ ist nur in einem beschränkten Gebiet ungleich Null.

$q_j(\delta_{\mathbf{x}_j^n} - \varrho_j^{\mathbf{n}})$ erzeugte Potential außerhalb des (numerischen) Trägers von $\varrho_j^{\mathbf{n}}$ gleich Null oder sehr klein ist. Forderung 3 ist außerdem nötig, damit der Aufwand zur Punktauswertung von ρ^{lr} bei Gleichverteilung der Partikel unabhängig von der Anzahl der Partikel ist. Forderung 4 sorgt dafür, daß die Lösung der Potentialgleichung (7.9) mit ρ^{lr} als rechter Seite eine glatte Funktion ist, vergleiche Fußnote 5. Solche Funktionen lassen sich mittels Standard-Approximationsverfahren gut approximieren.[10]

Beispiele für eine geeignete Wahl der abschirmenden Ladungsverteilungen ϱ sind Gaußsche Glockenkurven

$$\varrho(\mathbf{x}) := \left(\frac{G}{\sqrt{\pi}}\right)^3 e^{-G^2 \|\mathbf{x}\|^2} \tag{7.13}$$

oder auch Sphären mit uniform abnehmender Dichte

$$\varrho(\mathbf{x}) = \begin{cases} \frac{48}{\pi G^4}\left(\frac{G}{2} - \|\mathbf{x}\|\right), & \text{für } \|\mathbf{x}\| < \frac{G}{2}, \\ 0, & \text{sonst}, \end{cases} \tag{7.14}$$

jeweils mit einem die Breite der Verteilung bestimmenden Parameter G. Abbildung 7.3 zeigt die Graphen Gaußscher Glockenkurven (7.13) für unterschiedliche Parameterwerte G. Mit größer werdendem G lokalisiert diese Funktion immer mehr und fällt entsprechend schneller ab. Besonders deutlich wird dies in der Darstellung mit logarithmischer Skalierung der y-Achse, siehe Abbildung 7.4.

Zu den beiden Ladungsverteilungen ρ^{kr} und ρ^{lr}, in die die Ladungsverteilung ρ der N Punktladungen aufgespalten wird, gehört nun jeweils ein Potential Φ^{kr} beziehungsweise Φ^{lr} und entsprechende Teilenergien $V^{\mathrm{kr}}, V^{\mathrm{lr}}$ und Kräfte $\mathbf{F}_i^{\mathrm{kr}}$ und $\mathbf{F}_i^{\mathrm{lr}}$. Das Gesamtpotential Φ beziehungsweise die Gesamtenergie und die Gesamtkräfte erhält man dann wegen des Superpositionsprinzips[11] als Summen der jeweiligen kurz- und langreichweitigen Anteile. Beispielsweise für das Potential gilt $\Phi = \Phi^{\mathrm{kr}} + \Phi^{\mathrm{lr}}$. Für die Teilpotentiale hat man wieder die Darstellung als Lösung von Potentialgleichungen

$$-\Delta\Phi^{\mathrm{kr}} = \frac{1}{\varepsilon_0}\rho^{\mathrm{kr}}\big|_\Omega \quad \text{und} \quad -\Delta\Phi^{\mathrm{lr}} = \frac{1}{\varepsilon_0}\rho^{\mathrm{lr}}\big|_\Omega \tag{7.15}$$

mit periodischen Randbedingungen auf Ω.

---

[10] Statt einer einzigen Funktion ϱ können auch für jedes Partikel unterschiedliche Ladungswolken gewählt werden. Dies ist insbesondere bei adaptiven Verfahren notwendig. Dann müssen diese Ladungswolken die Bedingungen 1–4 jeweils einzeln erfüllen.

[11] Wegen der Linearität des Laplace-Operators gilt für die Lösung des Potentialproblems mit periodischen Randbedingungen folgendes Superpositionsprinzip: Sind u_1 beziehungsweise u_2 Lösungen der zwei Probleme $-\Delta u_1 = f$ beziehungsweise $-\Delta u_2 = g$ in Ω mit periodischen Randbedingungen auf $\partial\Omega$, dann erhält man die Lösung u des Poisson-Problems mit rechter Seite $f + g$ als Summe von u_1 und u_2. Das heißt, es gilt $-\Delta u = f + g$ für $u = u_1 + u_2$ in Ω.

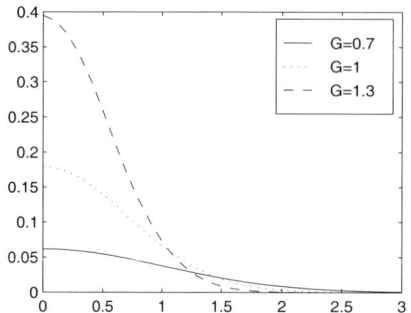

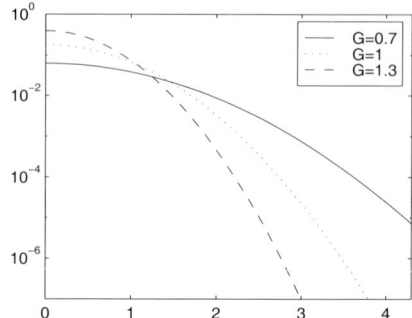

Abb. 7.3. Graph der Ladungsdichte $(G/\sqrt{\pi})^3\,e^{-G^2x^2}$ gegen x für verschiedene Werte von G, lineare Darstellung.

Abb. 7.4. Graph der Ladungsdichte $(G/\sqrt{\pi})^3\,e^{-G^2x^2}$ gegen x in semilogarithmischer Darstellung.

7.1.3 Zerlegung der potentiellen Energie und der Kräfte

Die elektrostatische Energie (7.7) der Simulationsbox, die durch die N Punktladungen erzeugt wird, läßt sich nun schreiben als

$$V = \frac{1}{2}\frac{1}{4\pi\varepsilon_0}\sum_{\mathbf{n}\in\mathbb{Z}^3}\sum_{i=1}^{N}\sum_{\substack{j=1\\ i\neq j\,\text{für}\,\mathbf{n}=\mathbf{0}}}^{N} q_i q_j \int_{\mathbb{R}^3} \frac{\delta_{\mathbf{x}_j^{\mathbf{n}}}(\mathbf{y}) - \varrho_j^{\mathbf{n}}(\mathbf{y}) + \varrho_j^{\mathbf{n}}(\mathbf{y})}{\|\mathbf{y}-\mathbf{x}_i\|}d\mathbf{y}$$

$$= V^{\text{kr}} + V^{\text{lr}}$$

mit

$$V^{\text{kr}} := \frac{1}{2}\frac{1}{4\pi\varepsilon_0}\sum_{\mathbf{n}\in\mathbb{Z}^3}\sum_{i=1}^{N}\sum_{\substack{j=1\\ i\neq j\,\text{für}\,\mathbf{n}=\mathbf{0}}}^{N} q_i q_j \int_{\mathbb{R}^3} \frac{\delta_{\mathbf{x}_j^{\mathbf{n}}}(\mathbf{y}) - \varrho_j^{\mathbf{n}}(\mathbf{y})}{\|\mathbf{y}-\mathbf{x}_i\|}d\mathbf{y} \qquad (7.16)$$

und

$$V^{\text{lr}} := \frac{1}{2}\frac{1}{4\pi\varepsilon_0}\sum_{\mathbf{n}\in\mathbb{Z}^3}\sum_{i=1}^{N}\sum_{\substack{j=1\\ i\neq j\,\text{für}\,\mathbf{n}=\mathbf{0}}}^{N} q_i q_j \int_{\mathbb{R}^3} \frac{\varrho_j^{\mathbf{n}}(\mathbf{y})}{\|\mathbf{y}-\mathbf{x}_i\|}d\mathbf{y}. \qquad (7.17)$$

Setzt man in die Integraldarstellung (7.4) die Definition von ρ^{lr} als Summe von Ladungswolken gemäß (7.11) ein, dann erhält man[12]

$$\Phi^{\text{lr}}(\mathbf{x}) = \frac{1}{4\pi\varepsilon_0}\sum_{\mathbf{n}\in\mathbb{Z}^3}\sum_{j=1}^{N} q_j \int_{\mathbb{R}^3} \frac{\varrho_j^{\mathbf{n}}(\mathbf{y})}{\|\mathbf{y}-\mathbf{x}\|}d\mathbf{y}. \qquad (7.18)$$

---

[12] Das Einsetzen ist hier rein formal und im Sinne der Erläuterung auf Seite 253 zu verstehen.

Diesen Ausdruck betrachten wir nun punktweise für alle Partikelpositionen $\mathbf{x}_i \in \Omega$, multiplizieren mit der jeweiligen Ladung q_i und summieren auf. Dies ergibt

$$\sum_{i=1}^{N} q_i \Phi^{\mathrm{lr}}(\mathbf{x}_i) = \frac{1}{4\pi\varepsilon_0} \sum_{\mathbf{n}\in\mathbb{Z}^3} \sum_{i=1}^{N} \sum_{j=1}^{N} q_i q_j \int_{\mathbb{R}^3} \frac{\varrho_j^{\mathbf{n}}(\mathbf{y})}{||\mathbf{y}-\mathbf{x}_i||} d\mathbf{y}. \qquad (7.19)$$

Ein Vergleich von (7.19) mit (7.17) zeigt nun, daß für den Anteil V^{lr} der elektrostatischen Energie V^{lang} die alternative Darstellung

$$V^{\mathrm{lr}} = V^{\mathrm{lr}}_{\mathrm{fremd}} - V^{\mathrm{lr}}_{\mathrm{selbst}} = \frac{1}{2} \sum_{i=1}^{N} q_i \Phi^{\mathrm{lr}}(\mathbf{x}_i) - \frac{1}{2}\frac{1}{4\pi\varepsilon_0} \sum_{i=1}^{N} q_i^2 \int_{\mathbb{R}^3} \frac{\varrho_i^0(\mathbf{y})}{||\mathbf{y}-\mathbf{x}_i||} d\mathbf{y} \quad (7.20)$$

gilt. Der zweite Term auf der rechten Seite ist eine Korrektur, die die im ersten Term $V^{\mathrm{lr}}_{\mathrm{fremd}}$ zuviel gezählte Interaktion des Partikels i am Ort $\mathbf{x}_i$ mit der Ladungsverteilung ϱ_i^0 korrigiert. Wir bezeichnen ihn im folgenden als Selbstenergie

$$V^{\mathrm{lr}}_{\mathrm{selbst}} = \frac{1}{2}\frac{1}{4\pi\varepsilon_0} \sum_{i=1}^{N} q_i^2 \int_{\mathbb{R}^3} \frac{\varrho_i^0(\mathbf{y})}{||\mathbf{y}-\mathbf{x}_i||} d\mathbf{y}. \qquad (7.21)$$

Es gilt

$$\nabla_{\mathbf{x}_i} V^{\mathrm{lr}}_{\mathrm{selbst}} = \frac{1}{2}\frac{1}{4\pi\varepsilon_0} q_i^2 \int_{\mathbb{R}^3} \nabla_{\mathbf{x}_i} \frac{\varrho_i^0(\mathbf{y})}{||\mathbf{y}-\mathbf{x}_i||} d\mathbf{y} = 0, \qquad (7.22)$$

da ϱ_i^0 nach Voraussetzung symmetrisch um $\mathbf{x}_i$ ist, und

$$\partial V^{\mathrm{lr}}_{\mathrm{selbst}} / \partial t = 0,$$

da $V^{\mathrm{lr}}_{\mathrm{selbst}}$ nicht explizit von der Zeit abhängt. Daher gilt nach der Kettenregel der Differentiation

$$\frac{d}{dt} V^{\mathrm{lr}}_{\mathrm{selbst}} = \sum_{i=1}^{N} \nabla_{\mathbf{x}_i} V^{\mathrm{lr}}_{\mathrm{selbst}} \cdot \frac{\partial}{\partial t} \mathbf{x}_i(t) + \frac{\partial}{\partial t} V^{\mathrm{lr}}_{\mathrm{selbst}} = 0.$$

Das heißt, $V^{\mathrm{lr}}_{\mathrm{selbst}}$ ist für gegebene Ladungen $q_1, \ldots, q_N$ konstant über die Zeit und muß daher nur einmal zu Beginn jeder Simulation berechnet werden. Die elektrostatische Energie V^{lang} läßt sich also insgesamt schreiben als

$$V^{\mathrm{lang}} = V^{\mathrm{kr}} + V^{\mathrm{lr}} = V^{\mathrm{kr}} + \frac{1}{2} \sum_{i=1}^{N} q_i \Phi^{\mathrm{lr}}(\mathbf{x}_i) - V^{\mathrm{lr}}_{\mathrm{selbst}}. \qquad (7.23)$$

Entsprechend dieser Aufteilung der Energie in die zwei Komponenten V^{kr} und V^{lr} läßt sich die Kraft auf ein Partikel i aus den beiden Teilen

$$\mathbf{F}_i^{\mathrm{kr}} = -\nabla_{\mathbf{x}_i} V^{\mathrm{kr}} \quad \text{und} \quad \mathbf{F}_i^{\mathrm{lr}} = -\nabla_{\mathbf{x}_i} V^{\mathrm{lr}} = -\frac{1}{2}\sum_{j=1}^{N} q_j \nabla_{\mathbf{x}_i} \Phi^{\mathrm{lr}}(\mathbf{x}_j) \qquad (7.24)$$

gemäß $\mathbf{F}_i = \mathbf{F}_i^{\mathrm{kr}} + \mathbf{F}_i^{\mathrm{lr}}$ zusammensetzen. Man beachte, daß der Kraftanteil $\mathbf{F}_i^{\mathrm{lr}}$ nicht von der Selbstenergie $V_{\mathrm{selbst}}^{\mathrm{lr}}$ abhängt, da diese nicht von den konkreten Partikelpositionen abhängt, vergleiche (7.22).

Der Ausdruck $\nabla_{\mathbf{x}_i} \Phi^{\mathrm{lr}}(\mathbf{x}_j)$ ist dabei eine abkürzende Schreibweise, die in folgendem Sinne zu verstehen ist: Die Funktion $\Phi^{\mathrm{lr}} : \Omega \to \mathbb{R}$ hängt parametrisch von den Partikelpositionen $\{\mathbf{x}_i\}_{i=1}^{N}$ ab. Sie läßt sich aber auch als Funktion der Partikelpositionen auffassen, das heißt $\Phi^{\mathrm{lr}} : \Omega^N \times \Omega \to \mathbb{R}$ mit $\Phi^{\mathrm{lr}} \to \Phi^{\mathrm{lr}}(\mathbf{x}_1, \ldots, \mathbf{x}_N; \mathbf{x})$. Der Ausdruck $\nabla_{\mathbf{x}_i} \Phi^{\mathrm{lr}}(\mathbf{x}_1, \ldots, \mathbf{x}_N; \mathbf{x})$ bezeichnet dann wie bisher den Gradienten $\nabla_{\mathbf{y}} \Phi^{\mathrm{lr}}(\mathbf{x}_1, \ldots, \mathbf{x}_{i-1}, \mathbf{y}, \mathbf{x}_{i+1}, \ldots, \mathbf{x}_N; \mathbf{x})$ ausgewertet an der Position $\mathbf{x}_i$ für $\mathbf{y}$. In diesem Sinne steht $\nabla_{\mathbf{x}_i} \Phi^{\mathrm{lr}}(\mathbf{x})$ für $\nabla_{\mathbf{y}} \Phi^{\mathrm{lr}}(\mathbf{x}_1, \ldots, \mathbf{x}_{i-1}, \mathbf{y}, \mathbf{x}_{i+1}, \ldots, \mathbf{x}_N; \mathbf{x})$ ausgewertet bei $\mathbf{y} = \mathbf{x}_i$ und $\nabla_{\mathbf{x}_i} \Phi^{\mathrm{lr}}(\mathbf{x}_j)$ steht damit für $\nabla_{\mathbf{y}} \Phi^{\mathrm{lr}}(\mathbf{x}_1, \ldots, \mathbf{x}_{i-1}, \mathbf{y}, \mathbf{x}_{i+1}, \ldots, \mathbf{x}_N; \mathbf{x}_j)$ ausgewertet bei $\mathbf{y} = \mathbf{x}_i$. Wir werden diese abkürzende Notation im Rest des Buchs beibehalten.

7.2 Die Berechnung der kurz- und langreichweitigen Energie- und Kraftanteile

Erfüllt ϱ nun die Forderungen 1–4, dann läßt sich V^{kr} über (7.16) gegebenenfalls zusammen mit V^{kurz} mit der Linked-Cell-Methode berechnen. Der Anteil V^{lr} läßt sich über (7.20) bestimmen, indem zuerst Φ^{lr} durch Lösen der Potentialgleichung in (7.15) berechnet wird. In den nächsten Abschnitten betrachten wir die Berechnung dieser zwei Teile im Detail.

7.2.1 Der kurzreichweitige Anteil – Linked-Cell-Methode

Das in (7.16) und (7.17) auftretende Integral

$$\int_{\mathbb{R}^3} \frac{\varrho_j^{\mathbf{n}}(\mathbf{y})}{\|\mathbf{y} - \mathbf{x}\|} d\mathbf{y}$$

läßt sich aufspalten in zwei Teilintegrale gemäß

$$\int_{\mathbb{R}^3} \frac{\varrho_j^{\mathbf{n}}(\mathbf{y})}{\|\mathbf{y} - \mathbf{x}\|} d\mathbf{y} = \int_{B_{\mathbf{x}_j^{\mathbf{n}}}(\mathbf{x})} \frac{\varrho_j^{\mathbf{n}}(\mathbf{y})}{\|\mathbf{y} - \mathbf{x}\|} d\mathbf{y} + \int_{\mathbb{R}^3 \setminus B_{\mathbf{x}_j^{\mathbf{n}}}(\mathbf{x})} \frac{\varrho_j^{\mathbf{n}}(\mathbf{y})}{\|\mathbf{y} - \mathbf{x}\|} d\mathbf{y},$$

wobei $B_{\mathbf{x}_j^{\mathbf{n}}}(\mathbf{x})$ die Kugel um $\mathbf{x}_j^{\mathbf{n}}$ mit Radius $\|\mathbf{x}_j^{\mathbf{n}} - \mathbf{x}\|$ bezeichnet. Die Funktion $\varrho_j^{\mathbf{n}}$ ist nach Forderung 2 punktsymmetrisch um $\mathbf{x}_j^{\mathbf{n}}$. Dann gilt für den ersten Summanden die Beziehung

$$\int_{B_{\mathbf{x}_j^{\mathbf{n}}}(\mathbf{x})} \frac{\varrho_j^{\mathbf{n}}(\mathbf{y})}{\|\mathbf{y} - \mathbf{x}\|} d\mathbf{y} = \frac{1}{\|\mathbf{x}_j^{\mathbf{n}} - \mathbf{x}\|} \int_{B_{\mathbf{x}_j^{\mathbf{n}}}(\mathbf{x})} \varrho_j^{\mathbf{n}}(\mathbf{y}) d\mathbf{y}.$$

Das heißt, am Punkt $\mathbf{x}$ wirkt eine solche radiale Ladungsverteilung genauso wie eine Punktladung mit dem Wert

$$\int_{B_{\mathbf{x}_j^{\mathbf{n}}}(\mathbf{x})} \varrho_j^{\mathbf{n}}(\mathbf{y})d\mathbf{y}$$

in $\mathbf{x}_j^{\mathbf{n}}$. Für den zweiten Summanden gilt

$$\int_{\mathbb{R}^3\setminus B_{\mathbf{x}_j^{\mathbf{n}}}(\mathbf{x})} \frac{\varrho_j^{\mathbf{n}}(\mathbf{y})}{||\mathbf{y}-\mathbf{x}||}d\mathbf{y} = \int_{\mathbb{R}^3\setminus B_{\mathbf{x}_j^{\mathbf{n}}}(\mathbf{x})} \frac{\varrho_j^{\mathbf{n}}(\mathbf{y})}{||\mathbf{y}-\mathbf{z}||}d\mathbf{y} \quad \text{für alle } \mathbf{z}\in B_{\mathbf{x}_j^{\mathbf{n}}}(\mathbf{x}),$$

das heißt, das durch den zweiten Summanden induzierte Potential ist innerhalb der Kugel $B_{\mathbf{x}_j^{\mathbf{n}}}(\mathbf{x})$ konstant. Durch Auswertung bei $\mathbf{z} := \mathbf{x}_j^{\mathbf{n}}$ erhält man dann

$$\int_{\mathbb{R}^3\setminus B_{\mathbf{x}_j^{\mathbf{n}}}(\mathbf{x})} \frac{\varrho_j^{\mathbf{n}}(\mathbf{y})}{||\mathbf{y}-\mathbf{z}||}d\mathbf{y} = \int_{\mathbb{R}^3\setminus B_{\mathbf{x}_j^{\mathbf{n}}}(\mathbf{x})} \frac{\varrho_j^{\mathbf{n}}(\mathbf{y})}{||\mathbf{y}-\mathbf{x}_j^{\mathbf{n}}||}d\mathbf{y}.$$

Insgesamt ergibt sich damit die Aufspaltung

$$\int_{\mathbb{R}^3} \frac{\varrho_j^{\mathbf{n}}(\mathbf{y})}{||\mathbf{y}-\mathbf{x}||}d\mathbf{y} = \frac{1}{||\mathbf{x}_j^{\mathbf{n}}-\mathbf{x}||}\int_{B_{\mathbf{x}_j^{\mathbf{n}}}(\mathbf{x})} \varrho_j^{\mathbf{n}}(\mathbf{y})d\mathbf{y} + \int_{\mathbb{R}^3\setminus B_{\mathbf{x}_j^{\mathbf{n}}}(\mathbf{x})} \frac{\varrho_j^{\mathbf{n}}(\mathbf{y})}{||\mathbf{y}-\mathbf{x}_j^{\mathbf{n}}||}d\mathbf{y}. \tag{7.25}$$

Die Koordinatentransformation $\mathbf{w} := \mathbf{y}-\mathbf{x}_j^{\mathbf{n}}$ und eine anschließende Transformation in Kugelkoordinaten in den Integralen führt dann auf

$$\int_{\mathbb{R}^3} \frac{\varrho_j^{\mathbf{n}}(\mathbf{y})}{||\mathbf{y}-\mathbf{x}||}d\mathbf{y} = \frac{1}{||\mathbf{x}_j^{\mathbf{n}}-\mathbf{x}||}\int_{B_0(\mathbf{x}-\mathbf{x}_j^{\mathbf{n}})} \varrho(\mathbf{w})d\mathbf{w} + \int_{\mathbb{R}^3\setminus B_0(\mathbf{x}-\mathbf{x}_j^{\mathbf{n}})} \frac{\varrho(\mathbf{w})}{||\mathbf{w}||}d\mathbf{w}$$

$$= \frac{4\pi}{||\mathbf{x}_j^{\mathbf{n}}-\mathbf{x}||}\int_0^{||\mathbf{x}_j^{\mathbf{n}}-\mathbf{x}||} r^2\varrho(r)dr + 4\pi\int_{||\mathbf{x}_j^{\mathbf{n}}-\mathbf{x}||}^{\infty} r\varrho(r)dr. \tag{7.26}$$

Bezeichne F die Stammfunktion von $r\cdot\varrho(r)$ mit $F(r)\to 0$ für $r\to\infty$,[13] das heißt, $F'(r) = r\cdot\varrho(r)$. Dann erhält man durch partielle Integration des ersten Integrals auf der rechten Seite von (7.26) und Einsetzen in das zweite Integral

$$\int_{\mathbb{R}^3} \frac{\varrho_j^{\mathbf{n}}(\mathbf{y})}{||\mathbf{y}-\mathbf{x}||}d\mathbf{y} = \frac{4\pi}{||\mathbf{x}_j^{\mathbf{n}}-\mathbf{x}||}\left(||\mathbf{x}_j^{\mathbf{n}}-\mathbf{x}||\cdot F(||\mathbf{x}_j^{\mathbf{n}}-\mathbf{x}||) - \int_0^{||\mathbf{x}_j^{\mathbf{n}}-\mathbf{x}||} F(r)dr\right)$$

$$- 4\pi\cdot F(||\mathbf{x}_j^{\mathbf{n}}-\mathbf{x}||)$$

$$= -\frac{4\pi}{||\mathbf{x}_j^{\mathbf{n}}-\mathbf{x}||}\int_0^{||\mathbf{x}_j^{\mathbf{n}}-\mathbf{x}||} F(r)dr \tag{7.27}$$

---

[13] Die Stammfunktion ist nur bis auf eine Konstante eindeutig bestimmt. Die Bedingung für $r\to\infty$ wählt nun eine Stammfunktion aus.

Hierbei haben wir die Beziehung[14] $r \cdot F(r) \to 0$ für $r \to 0$ im ersten Integral und die Beziehung $F(r) \to 0$ für $r \to \infty$ im zweiten Integral ausgenutzt.

Setzt man dies mit $\mathbf{x} := \mathbf{x}_i$ in (7.16) ein, so erhält man

$$V^{\mathrm{kr}} = \frac{1}{2} \frac{1}{4\pi\varepsilon_0} \sum_{\mathbf{n} \in \mathbb{Z}^3} \sum_{i=1}^{N} \sum_{\substack{j=1 \\ i \neq j \text{ für } \mathbf{n}=0}}^{N} q_i q_j \left(\frac{1}{\|\mathbf{x}_j^{\mathbf{n}} - \mathbf{x}_i\|} - \int_{\mathbb{R}^3} \frac{\varrho_j^{\mathbf{n}}(\mathbf{y})}{\|\mathbf{y} - \mathbf{x}_i\|} d\mathbf{y} \right) \tag{7.28}$$

$$= \frac{1}{2} \frac{1}{4\pi\varepsilon_0} \sum_{\mathbf{n} \in \mathbb{Z}^3} \sum_{i=1}^{N} \sum_{\substack{j=1 \\ i \neq j \text{ für } \mathbf{n}=0}}^{N} q_i q_j \left(\frac{1}{\|\mathbf{x}_j^{\mathbf{n}} - \mathbf{x}_i\|} + \frac{4\pi}{\|\mathbf{x}_j^{\mathbf{n}} - \mathbf{x}_i\|} \int_0^{\|\mathbf{x}_j^{\mathbf{n}} - \mathbf{x}_i\|} F(r) dr \right).$$

Der Ausdruck in Klammern ist wegen der Forderungen 1 und 3 aus Abschnitt 7.1.2 ab einem hinreichend großen Abstand zwischen $\mathbf{x}_i$ und $\mathbf{x}_j^{\mathbf{n}}$ sehr klein.[15] Mit einem hinreichend großen Abschneideparameter r_{cut} kann man deswegen die Summe über j wieder auf die Elemente mit $\|\mathbf{x}_j^{\mathbf{n}} - \mathbf{x}_i\| < r_{\mathrm{cut}}$ einschränken. Die daraus resultierenden Kräfte auf die Partikel ergeben sich als negative Gradienten der Approximation an V^{kr}. Damit kann zur effizienten Auswertung des kurzreichweitigen Anteils der Kräfte beziehungsweise der Energie die Linked-Cell-Methode aus Kapitel 3 unter Verwendung periodischer Randbedingungen verwendet werden. Die Wahl des Abschneideparameters r_{cut} wird dabei durch den Abfall von ϱ bestimmt.

Liegt zusätzlich zum langreichweitigen Coulomb-Potential noch ein kurzreichweitiger Anteil wie zum Beispiel durch einen zusätzlichen Lennard-Jones-Term vor, so wird dieser hier in der Berechnung der kurzreichweitigen Anteile des Potentials beziehungsweise der Kraft berücksichtigt. Der Abschneideradius r_{cut} wird dabei durch das Maximum der Reichweiten des kurzreichweitigen Potentials und der Reichweiten der Dichten ϱ festgelegt.

7.2.2 Der langreichweitige Anteil – schnelle Poissonlöser

Da für die direkte Auswertung von (7.17) im allgemeinen $\mathcal{O}(N^2)$ Operationen notwendig sind, greift man für die Auswertung des Anteils V^{lr} der elektrostatischen Energie und der langreichweitigen Kräfte $\mathbf{F}_i^{\mathrm{lr}}$ auf die Darstellung von Φ^{lr} als Lösung der Potentialgleichung

$$-\Delta \Phi^{\mathrm{lr}} = \frac{1}{\varepsilon_0} \rho^{\mathrm{lr}} \big|_\Omega \tag{7.29}$$

---

[14] Dies folgt aus Forderung 1 an ϱ in Abschnitt 7.1.2. Zum Beweis wende man die Regel von de l'Hospital an.

[15] Dies läßt sich zum Beispiel aus der Darstellung (7.28) zusammen mit (7.25) gut ablesen. Der zweite Summand auf der rechten Seite von (7.25) geht für $\|\mathbf{x} - \mathbf{x}_j^{\mathbf{n}}\| \to \infty$ sehr schnell gegen 0 (dies folgt aus dem schnellen Abfall von ϱ nach Forderung 3) und der erste Summand geht schnell gegen $1/\|\mathbf{x} - \mathbf{x}_j^{\mathbf{n}}\|$ (dies folgt aus den Forderungen 1 und 3 an ϱ). Daraus folgt, daß der Ausdruck in der Klammer in (7.28) für $\|\mathbf{x}_i - \mathbf{x}_j^{\mathbf{n}}\| \to \infty$ ebenfalls schnell gegen 0 geht.

auf Ω zurück, vergleiche (7.15). Dazu diskretisiert man Gleichung (7.29) zum Beispiel mit dem Galerkinverfahren unter Verwendung von K geeigneten Ansatzfunktionen ϕ_k. Man erhält ein lineares Gleichungssystem $A\mathbf{c} = \mathbf{b}$, das es effizient zu lösen gilt. Hierzu lassen sich schnelle Poissonlöser verwenden. Mit Hilfe der Lösung $\mathbf{c} = (c_0, \ldots, c_{K-1})^T$ dieses linearen Gleichungssystems läßt sich dann die Lösung Φ^{lr} der Potentialgleichung durch eine Funktion Φ_K^{lr} approximieren, die sich als endliche Summe der Form

$$\Phi_K^{\mathrm{lr}} = \sum_{k=0}^{K-1} c_k \phi_k \qquad (7.30)$$

schreiben läßt, vergleiche (7.35) im folgenden Abschnitt. Der Energieanteil $V_{\mathrm{fremd}}^{\mathrm{lr}}$ läßt sich nach (7.20) durch eine mit den Ladungen gewichtete Summe über das an den Partikelpositionen ausgewertete Potential berechnen. Setzt man in (7.20) die Approximation (7.30) ein, dann erhält man

$$V_{\mathrm{fremd}}^{\mathrm{lr}} = \frac{1}{2} \sum_{i=1}^{N} q_i \Phi^{\mathrm{lr}}(\mathbf{x}_i) \approx \frac{1}{2} \sum_{i=1}^{N} q_i \Phi_K^{\mathrm{lr}}(\mathbf{x}_i) = \frac{1}{2} \sum_{i=1}^{N} q_i \sum_{k=0}^{K-1} c_k \phi_k(\mathbf{x}_i). \quad (7.31)$$

Falls die Funktionen ϕ_k beschränkten Träger haben, dann erfordert die Punktauswertung der Approximation Φ_K^{lr} nur einen Aufwand von $\mathcal{O}(1)$, da die Summe über k in (7.30) nur jeweils über diejenigen k auszuführen ist, für die die Punktauswertung von ϕ_k nicht gleich Null ist. Die Auswertung der Summe in (7.31) läßt sich damit mit einem Aufwand von $\mathcal{O}(N)$ bewerkstelligen.

Die Kraftanteile $\mathbf{F}_i^{\mathrm{lr}}$ auf die Partikel lassen sich nach (7.24) ebenfalls direkt[16] aus der Approximation an die Lösung der Potentialgleichung berechnen. Wir erhalten[17]

$$\mathbf{F}_i^{\mathrm{lr}} \approx -\frac{1}{2} \sum_{j=1}^{N} q_j \nabla_{\mathbf{x}_i} \Phi_K^{\mathrm{lr}}(\mathbf{x}_j) = -\frac{1}{2} \sum_{j=1}^{N} q_j \sum_{k=0}^{K-1} \nabla_{\mathbf{x}_i} \left(c_k \phi_k(\mathbf{x}_j) \right). \quad (7.32)$$

---

[16] Im Fall einer Galerkindiskretisierung sind die Basisfunktionen differenzierbar. Für andere Diskretisierungsarten wie beispielsweise beim Verfahren der Finiten Differenzen oder bei Kollokationsmethoden muß nicht unbedingt eine Darstellung wie (7.30) über Basisfunktionen existieren. Auch müssen die Basisfunktionen nicht differenzierbar sein, wie etwa bei der Methode der Finiten Volumen. Dann sind ableitbare Approximationen an Φ_K^{lr} durch Rekonstruktion oder Interpolation zu konstruieren oder gegebenenfalls auch numerische Differentiation zu verwenden. Dabei ist darauf zu achten, daß dadurch keine zu großen Fehler eingeführt werden.

[17] Man beachte, daß die Koeffizienten $\{c_k\}_{k=0}^{K-1}$ ebenfalls von den Partikelpositionen $\{\mathbf{x}_i\}_{i=1}^{N}$ abhängen. Der Operator $\nabla_{\mathbf{x}_i}$ in (7.32) wirkt also nicht nur auf die ϕ_k, sondern auch auf die Koeffizienten c_k, vergleiche auch die Bemerkungen auf Seite 258.

Analog zur Überlegung bei der Berechnung der Energie ist der Aufwand zur Berechnung der Kraftanteile $\mathbf{F}_i^{\mathrm{lr}}$ auf die N Partikel nach (7.32) bei ϕ_k mit lokalem Träger ebenfalls von der Ordnung $\mathcal{O}(N)$.[18]

Die Berechnung der langreichweitigen Kraft- und Potentialanteile besteht also insgesamt aus den folgenden drei Schritten:

1. Diskretisierung: Die Potentialgleichung (7.29) wird diskretisiert. Abhängig von der verwendeten Diskretisierung und der Feinheit der Diskretisierung ergeben sich unterschiedlich genaue Approximationen an die Lösung Φ^{lr}.

2. Lösung des diskreten Problems: Die diskretisierte Potentialgleichung wird mit einem (direkten oder iterativen) Verfahren gelöst. Hier kommen meist Multilevelmethoden oder die schnelle Fouriertransformation (FFT) zum Einsatz.

3. Berechnung von Energie und Kräften: Aus der berechneten Approximation an das Potential werden die Energie V^{lr} sowie die Kräfte $\mathbf{F}_i^{\mathrm{lr}}$ an den Partikelpositionen nach (7.31) beziehungsweise (7.32) berechnet. Dazu ist bei der Berechnung der Kräfte gegebenenfalls eine Ableitung des Potentials und eine Interpolation des Gradienten auf die Partikelorte nötig.

Abbildung 7.5 zeigt eine schematische Darstellung der einzelnen Schritte zur Berechnung der langreichweitigen Kraftanteile.

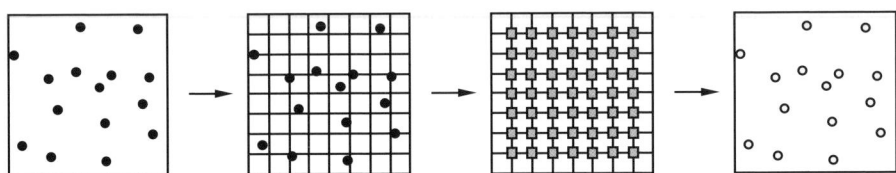

Abb. 7.5. Schematische Darstellung der Methode zur Berechnung der Kraftanteile $\mathbf{F}_i^{\mathrm{lr}}$ in zwei Dimensionen. Die durch die Partikel induzierte Ladungsdichte wird auf einem Gitter approximiert. Dort wird das zugehörige Potential durch Lösen der Potentialgleichung berechnet. Schließlich werden (nach eventueller Interpolation von den Gitterpunkten auf die Partikelpositionen) die resultierenden Kräfte durch Gradientenbildung bestimmt.

Jeder dieser Schritte trägt im allgemeinen einen Teil zum Gesamtfehler bei der Approximation der Kräfte und der Energie bei. Die einzelnen Schritte zur Berechnung des langreichweitigen Anteils sind voneinander abhängig und müssen aufeinander abgestimmt werden, um ein effizientes Gesamtverfahren zu erhalten. Darüberhinaus ist dafür zu sorgen, daß die Fehlerordnungen im kurz- und langreichweitigen Anteil gleich sind. Die Freiheitsgrade,

---

[18] Die naive Verwendung globaler Funktionen für die ϕ_k führt im allgemeinen zu einem Aufwand der Ordnung $\mathcal{O}(N \cdot K)$, da die Summen in (7.31) beziehungsweise (7.32) dann jeweils über alle k ausgeführt werden müssen.

die dazu verändert werden können, sind die Wahl der Abschirmfunktion ϱ,
der Abschneideparameter r_{cut}, die Feinheit der Diskretisierung der Potentialgleichung und (gegebenenfalls) die Anzahl der Interpolationspunkte bei der
Interpolation in Schritt 3.

Wir besprechen im folgenden die drei Schritte zur Bestimmung der langreichweitigen Anteile im Einzelnen. Für die Diskretisierung verwenden wir
das Galerkinverfahren. Zunächst betrachten wir die Methode der Finiten
Elemente. Dabei kommen auf einem uniformen Gitter stückweise definier-
te Polynome zum Einsatz. Durch deren lokalen Träger ist die Auswertung
des Potentials und der Kräfte in $\mathcal{O}(N)$ Operationen möglich und darüberhinaus ist das resultierende lineare Gleichungssystem dünn besiedelt. Es ist
jedoch relativ schlecht konditioniert, so daß konventionelle iterative Methoden nicht schnell genug konvergieren. Hier können Multilevelmethoden oder
FFT-basierte direkte Löser eingesetzt werden. Weiterhin geben wir einen
Überblick über in der Literatur beschriebene Varianten dieses generellen Vor-
gehens zur Berechnung der langreichweitigen Kräfte. Schließlich betrachten
wir im folgenden Abschnitt detailliert den Fall der trigonometrischen Ansatzfunktionen. Diese führen durch ihre Orthogonalitätseigenschaften zu einem
trivialen Gleichungssystem mit diagonaler Matrix. Sie besitzen jedoch globalen Träger, was die Berechnung der Energie und der Kräfte teuer macht.
Ähnlich der Pseudospektralmethode [255] lassen sich hier die Kosten durch
Approximation auf einem uniformen Gitter mittels lokaler Basisfunktionen
unter Einsatz der FFT entscheidend reduzieren.

**Diskretisierung mit dem Galerkinverfahren und Finiten Elemen-
ten.** Als Diskretisierung bezeichnet man in der Numerik den Übergang von
einem kontinuierlichen zu einem diskreten System. Wir hatten bereits in Abschnitt 3.1 die Methode der Finiten Differenzen zur Diskretisierung von Differentialgleichungen kennengelernt. Nun verwenden wir das Galerkinverfahren
[111] zur Diskretisierung der Potentialgleichung.

Sei

$$(u, v) := \int_{\Omega} u\bar{v}d\mathbf{x}$$

das L^2-Skalarprodukt über dem Definitionsbereich Ω. Die Lösung Φ^{lr} von
(7.29) muß dann auch die Gleichung

$$-(\Delta\Phi^{\text{lr}}, v) = \frac{1}{\varepsilon_0}(\rho^{\text{lr}}, v)$$

für alle Testfunktionen v aus einem geeigneten Funktionenraum V erfüllen.[19]
Man schreibt die linke Seite durch partielle Integration um und gelangt zu
der sogenannten schwachen Formulierung der Differentialgleichung

---

[19] Für die Potentialgleichung benötigt man $V \subset H^1 \subset L^2$, um die Gradientenbildung auf der linken Seite in (7.33) ausführen zu können.

$$(\nabla \Phi^{\mathrm{lr}}, \nabla v) = \frac{1}{\varepsilon_0}(\rho^{\mathrm{lr}}, v) \quad \text{für alle } v \in V. \tag{7.33}$$

Das Galerkinverfahren besteht nun darin, einen endlichdimensionalen Teilraum $V_K \subset V$ mit $K = dim(V_K)$ zu wählen, in dem die Lösung des Problems approximiert wird:

$$\text{Suche } \Phi_K^{\mathrm{lr}} \in V_K \text{ mit } (\nabla \Phi_K^{\mathrm{lr}}, \nabla v) = \frac{1}{\varepsilon_0}(\rho^{\mathrm{lr}}, v) \quad \text{für alle } v \in V_K. \tag{7.34}$$

Zur konkreten numerischen Berechnung wählt man eine Basis $\{\phi_0, \dots, \phi_{K-1}\}$ von V_K. Die Lösung von (7.34) wird in der Form

$$\Phi_K^{\mathrm{lr}} = \sum_{k=0}^{K-1} c_k \phi_k \tag{7.35}$$

angesetzt, vergleiche (7.30). Damit erhält man das Gleichungssystem

$$\sum_{k=0}^{K-1} (\nabla \phi_k, \nabla \phi_j)\, c_k = \frac{1}{\varepsilon_0}(\rho^{\mathrm{lr}}, \phi_j), \quad j = 0, \dots, K-1, \tag{7.36}$$

beziehungsweise in Matrixschreibweise

$$A\mathbf{c} = \mathbf{b} \tag{7.37}$$

mit den Komponenten $A_{jk} = (\nabla \phi_k, \nabla \phi_j)$ der Matrix A, den Komponenten $b_j = \frac{1}{\varepsilon_0}(\rho^{\mathrm{lr}}, \phi_j)$ des Vektors $\mathbf{b}$ und den K Unbekannten $c_0, \dots, c_{K-1}$ des Vektors $\mathbf{c}$.

Die Methode der Finiten Elemente ist das Galerkinverfahren mit speziellen Ansatz- und Testfunktionen $\{\phi_j\}$ mit lokalem Träger. Dazu zerlegen wir das Gebiet Ω in kleine disjunkte Teilgebiete. Diese sind im zweidimensionalen Fall meist drei- oder viereckig, im dreidimensionalen Fall werden Tetraeder, Würfel, Quader, Pyramiden oder Prismen eingesetzt. Diese Elemente definieren zusammen ein Netz über Ω. Im einfachsten Fall haben alle Elemente die gleiche Form und Größe und bilden ein uniformes Gitter. Abbildung 7.6 (links) zeigt eine solche Zerlegung eines zweidimensionalen Gebiets. Die Zerlegung geschieht hier in gleich große quadratische Teilgebiete.

Über diesen Teilgebieten werden nun die Basisfunktionen ϕ_k als stückweise polynomiale Funktionen definiert, die jeweils an ihrem zugeordneten Gitterpunkt $\mathbf{x}$ den Wert Eins annehmen und an allen anderen Gitterpunkten des Netzes verschwinden. Der Träger von ϕ_k ist gerade die Vereinigung der Elemente, die $\mathbf{x}$ als Eckpunkt besitzen. Im einfachsten Fall kann man stückweise lineare Funktionen ansetzen. Ein Beispiel ist in Abbildung (7.6) (rechts) gegeben. Die Methode der Finiten Elemente verwendet dabei die Approximation mit stückweisen Polynomen fester Ordnung. Die Größe der Elemente, auf denen die einzelnen Stücke definiert sind, und damit die Maschenweite

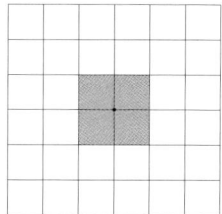 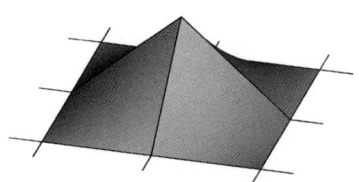

Abb. 7.6. Regelmäßige Zerlegung eines Gebietes in der Finite-Elemente-Methode und eine bilineare Basisfunktion mit Träger.

des Netzes läßt sich nun verkleinern, um eine bessere Approximationen zu erhalten. Dabei ergeben sich typischerweise Fehler der Form $C \cdot h^p$, wobei h die Elementgröße und p die maximal erreichbare Ordnung bezeichnet, die vom verwendeten Polynomgrad wie auch von der Glattheit der Lösung abhängt.[20]

Die Methode der Finiten Elemente resultiert in natürlicher Weise in einer effizienten Interpolation/Approximation zwischen den Partikelpositionen und den Gitterpunkten. So wird durch die Auswertung von ϕ_K^{lr} in den Partikelpositionen direkt eine Interpolation mittels der Basisfunktionen realisiert. Umgekehrt wird durch die Diskretisierung der rechten Seite in (7.36) die durch die Partikel induzierte Ladungsdichte, die mittels der ϱ_j geglättet wurde, auf dem Gitter approximiert. Setzt man die Definition (7.11) der rechten Seite ρ^{lr} der Potentialgleichung (7.29) als Summe über die an die Partikel angehefteten Ladungswolken in die Definition von b_j ein, so erhält man

$$b_j = \frac{1}{\varepsilon_0} \sum_{\mathbf{n} \in \mathbb{Z}^3} \sum_{i=1}^{N} q_i(\varrho_i^{\mathbf{n}}, \phi_j) \quad \text{für alle } j = 0, \ldots K-1. \tag{7.38}$$

Folglich muß für jede Komponente b_j der rechten Seite **b** eine Summe über diejenigen Partikel ausgeführt werden, für die das Integral $(\varrho_i^{\mathbf{n}}, \phi_j)$ über das Produkt von Basisfunktion und Ladungswolke ungleich Null ist (für die also der Träger der Basisfunktion ϕ_j und der Träger von $\varrho_i^{\mathbf{n}}$ überlappen). Da die Funktionen ϕ_j lokalen Träger haben, lassen sich für $N = \mathcal{O}(K)$ bei näherungsweiser Gleichverteilung der Partikel die Integrale in $(\varrho_i^{\mathbf{n}}, \phi_j)$ und damit die Werte b_j jeweils mit $\mathcal{O}(1)$ Operationen berechnen. Die gesamte rechte Seite **b** kann somit in $\mathcal{O}(K)$ Operationen bestimmt werden.

Darüber hinaus ist die Steifigkeitsmatrix A dünn besetzt, da auf Grund der Lokalität der Träger der Basisfunktionen dann $(\nabla \phi_i, \nabla \phi_j)$ bis auf wenige Ausnahmen gleich Null ist. Dies ist für die Speicherplatzkomplexität vorteil-

---

[20] Dieses Vorgehen ist die h-Version der Methode der Finiten Elemente. Hält man stattdessen h fest und verändert die Ordnung der Polynome, so spricht man von der p-Methode. Durch gleichzeitiges Anpassen von h und p erhält man die sogenannte hp-Methode [54, 588], bei der sehr genaue Approximationen mit zum Teil exponentieller Konvergenzordnung für den Fehler erzielt werden können.

haft. Es verbleibt aber die Aufgabe, das lineare Gleichungssystems (7.37) effizient zu lösen. Wünschenswert ist ein Verfahren, bei dem der Aufwand möglichst nur linear mit der Anzahl der Unbekannten K skaliert, so daß also nur $\mathcal{O}(K)$ oder $\mathcal{O}(K \log(K)^\alpha)$, $\alpha > 0$, Operationen nötig sind, um das Gleichungssystem bis auf eine vorgegebene Genauigkeit zu lösen.

Konventionelle direkte Methoden wie die Gauß-Elimination oder das Cholesky-Verfahren sind wegen ihrer Speicherplatzanforderungen (fill in) und Rechenkosten zu aufwendig. Auch klassische iterative Techniken wie das Richardson-, das Jacobi-, das Gauß-Seidel- oder das SOR-Verfahren [283] sind wegen ihres hohen Aufwands im allgemeinen nicht geeignet. Die Konvergenzrate einfacher iterativer Verfahren ist nämlich von der Feinheit der Diskretisierung (der Dimension des Approximationsraumes V_K) abhängig und wird mit zunehmender Feinheit immer schlechter. Eine genauere Betrachtung zeigt, daß die Konvergenzgeschwindigkeit anfänglich zwar gut ist, aber schon nach wenigen Iterationen stark nachläßt. Der Grund für dieses Verhalten wird durch eine Fourieranalyse des Iterationsfehlers deutlich: Die kurzwelligen Fehleranteile werden in jedem Iterationsschritt stark reduziert, längerwellige Anteile werden hingegen nur schwach gedämpft. Sie dominieren daher nach wenigen Iterationsschritten die Konvergenzgeschwindigkeit.

Die Idee des Mehrgitterverfahrens [117, 281] und implizit auch anderer Multilevelverfahren wie etwa des BPX-Vorkonditionierers [112, 450] ist es nun, diese Schwäche der einfachen Iterationsverfahren dadurch auszugleichen, daß man das Iterationsverfahren zusätzlich mit einer sogenannten Grobgitterkorrektur versieht, die dafür sorgt, daß auch die langwelligen Fehleranteile substantiell reduziert werden. Dazu approximiert man das zu lösende lineare Gleichungssystem auf einem gröberen Gitter (mit im allgemeinen halber Maschenweite) durch ein kleineres System, das aber die langwelligen Komponenten der Lösung noch gut wiedergibt. Dieses kleinere Problem wird dann wieder mit einem einfachen Iterationsverfahren behandelt. Rekursive Anwendung dieser Idee führt auf das Mehrgitterverfahren. Unter Verwendung einer Sequenz von geschachtelten Gittern wird (unter bestimmten Voraussetzungen an die Regularität der betrachteten Aufgabe) erreicht, daß der Gesamtprozeß mit einer Geschwindigkeit konvergiert, die unabhängig von der Maschenweite und damit unabhängig von der Anzahl K der Unbekannten ist. Der Aufwand zur Lösung der Poisson-Gleichung bis auf vorgegebene Genauigkeit ist mit solchen Mehrgitterverfahren oder Multilevelmethoden von der Ordnung $\mathcal{O}(K)$.

Alternativ können in unserem Fall des rechteckigen Simulationsgebiets und periodischer Randbedingungen spezielle direkte Verfahren verwendet werden, die auf der schnellen Fouriertransformation basieren. Diese besitzen eine Komplexität der Ordnung $\mathcal{O}(K \log(K))$ und mit $K = \mathcal{O}(N)$ auch eine Komplexität der Ordnung $\mathcal{O}(N \log(N))$. Solche Techniken betrachten wir im Abschnitt 7.3 genauer.

7.2.3 Einige Varianten

Es gibt eine ganze Reihe von Möglichkeiten, die verschiedenen Varianten der Diskretisierung, der Lösung des diskreten Systems und der Berechnung der Kräfte zu einem Gesamtverfahren zu kombinieren. Im folgenden besprechen wir kurz die gebräuchlichsten Methoden. Sie unterscheiden sich in der Wahl der abschirmenden Ladungsverteilungen, in den Verfahren zur Diskretisierung sowie in der Berechnung der Kräfte aus dem Potential. Meist wird die schnelle Fouriertransformation zur Lösung der Potentialgleichung eingesetzt. Ein Überblick über diese Verfahren findet sich in [209, 480, 565] und [603]. Arbeiten, die sich mit verschiedenen bei diesen Methoden auftretenden Fehlerquellen beschäftigen, sind zum Beispiel [100] (Artefakte durch Randbedingungen, dielektrische Randbedingungen), [97] (Artefakte in Druck und freier Energie) und [561].

Particle-Particle–Particle-Mesh-Methode (P³M). Bei der von Hockney und Eastwood [200, 320] entwickelten Particle-Particle–Particle-Mesh-Methode werden etwa Sphären der Art (7.14) als abschirmende Ladungsverteilungen verwendet. Der kurzreichweitige Anteil kann dann mit der Linked-Cell-Methode ausgewertet werden. Die Ladungsverteilung wird mittels trilinearer Interpolation auf die Gitterpunkte interpoliert. Der langreichweitige Anteil wird im Fourierraum ausgewertet, wobei die verwendeten Greenschen Funktionen abhängig von der Systemgröße, der Form der abschirmenden Ladungsverteilungen und der Interpolationsverfahren optimiert werden können. Die Kräfte an den Gitterpunkten werden durch Differenzenbildung aus dem Potential bestimmt. Durch Interpolation werden daraus die Kräfte an den Partikelpositionen berechnet.

Die aus der ursprünglichen P³M-Methode abgeleiteten Varianten unterscheiden sich in der Wahl der Interpolationsmethoden, der Form der abschirmenden Ladungswolken, der optimierten Greenschen Funktionen und der Auswertung der Kräfte aus dem Potential. Einige Verbesserungsvorschläge und Weiterentwicklungen dieser Methode finden sich in [394, 637, 651].

Particle-Mesh-Ewald-Methode (PME). Die Particle-Mesh-Ewald-Methode [167, 213, 370] verwendet als Ladungswolken Gaußsche Glockenfunktionen, wie sie in (7.13) beschrieben wurden.[21] Darüber hinaus werden Methoden höherer Ordnung zur Interpolation (Lagrange-Interpolation oder B-

---

[21] Die Verwendung Gaußscher Glockenkurven zur Aufspaltung des Potentials zusammen mit trigonometrischen Ansatz- und Testfunktionen führt zunächst (ohne die Anwendung schneller Poissonlöser (FFT)) auf die sogenannte klassische Ewaldsumme [214]. Bei vorgegebener Genauigkeit kann dabei die Anzahl der Freiheitsgrade der Diskretisierung, der Abschneideparameter r_{cut} aus der Linked-Cell-Methode, sowie der Parameter G, der die Balance zwischen lang- und kurzreichweitigem Anteil bestimmt, so gewählt werden, daß eine Verringerung des Aufwands von $\mathcal{O}(N^2)$ auf $\mathcal{O}(N^{3/2})$ gelingt, vergleiche [226, 237, 603].

Spline-Interpolation) angewendet. Es lassen sich Energie- oder Momentenerhaltende Verfahren konstruieren. Untersuchungen zur Genauigkeit und Effizienz dieser Methode finden sich in [469]. Eine Kopplung mit dem Respa-Verfahren wird in [477] studiert. In den folgenden Abschnitten dieses Kapitels beschreiben wir eine Variante, die sogenannte Smooth-Particle-Mesh-Ewald-Methode (SPME), im Detail. Dabei werden B-Splines des Grades $p > 2$ zur Interpolation eingesetzt. Weiterhin werden die Kräfte durch Gradientenbildung aus der Approximation an das Potential gebildet. Deswegen müssen die in dieser Methode verwendeten Ansatz- und Testfunktionen differenzierbar sein. Einen Vergleich der P^3M-, der PME- und der SPME-Methode findet man in [166, 178].

Fast-Fourier-Poisson-Methode. Bei der sogenannten Fast-Fourier-Poisson-Methode [665] werden die Ladungswolken zur Diskretisierung der rechten Seite an den Gitterpunkten ausgewertet. Mit diesen Werten werden dann die Elemente b_j der rechten Seite der Diskretisierung bestimmt. Das diskrete Poisson-Problem wird mit Hilfe der FFT gelöst. Die Berechnung der Energien und Kräfte geschieht mittels Summen über die an den Gitterpunkten (und nicht an den Partikelpositionen) ausgewertete Approximation des Potentials Φ_K^{lr}.

Mehrgitterverfahren und adaptive Verfeinerungen. Der Löser in den diskutierten gitterbasierten Methoden ist im allgemeinen nicht auf die Verwendung der schnellen Fouriertransformation beschränkt. Hier können auch andere Verfahren zur effizienten Lösung der diskreten Potentialgleichung zum Einsatz kommen, wie etwa Multilevelverfahren.

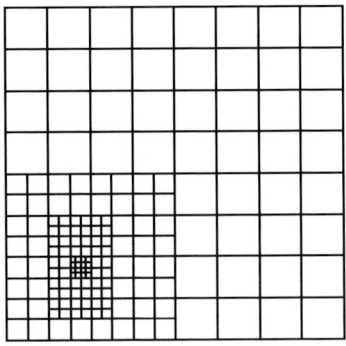

Abb. 7.7. Adaptive Verfeinerung eines Gitters in der Finite-Elemente-Methode.

Im Fall inhomogen verteilter Partikel reduziert sich die Effizienz der FFT-basierten Techniken substantiell. Sie benötigen eine Diskretisierung auf einem uniformen Gitter. Die verwendete Gitterweite muß dabei fein genug sein, um auch die inhomogen verteilten Partikel noch genügend genau erfassen zu können. Deswegen wurden adaptive Verfahren entwickelt, bei denen die Gitterpunkte nicht mehr gleichmäßig über das gesamte Gebiet verteilt sind, sondern die mit lokal verfeinerten Gittern arbeiten [156, 157, 247, 465, 568], vergleiche Abbildung 7.7.

Adaptive Finite-Elemente-Methoden [53, 635] sind hier direkt einsetzbar. Als Löser bieten sich hier adaptive Mehrgitterverfahren [114, 115, 116, 281] in natürlicher Weise an. Ein Beispiel findet man in [339].

7.3 Die Smooth-Particle-Mesh-Ewald-Methode (SPME)

Wir besprechen nun die sogenannte Smooth-Particle-Mesh-Ewald-Methode (SPME) [167, 213, 370] im Detail. Es handelt sich dabei um eine spezielle Version der in Abschnitt 7.1 vorgestellten Verfahren, bei der trigonometrische Funktionen verwendet werden. Die einzelnen Komponenten werden folgendermaßen gewählt:

- Als abschirmende Ladungsverteilung $\varrho_i^{\mathbf{n}}$ werden *Gaußsche Glockenkurven* gemäß (7.13) verwendet.
- Als lokale Funktionen ϕ_k werden *B-Splines* mit einer Ordnung > 2 eingesetzt. Diese sind differenzierbar und führen zu hoher Approximationsgenauigkeit.
- Nach der Berechnung der rechten Seite des linearen Gleichungssystems unter Verwendung der B-Splines wird $\mathbf{b}$ mittels der schnellen diskreten Fouriertransformation in den Fourierraum abgebildet. Der Laplace-Operator wird dann im Fourierraum mittels Diagonalskalierung invertiert und das Ergebnis unter Zuhilfenahme der inversen schnellen Fouriertransformation wieder mittels lokaler Funktionen ausgedrückt.
- Die Kraft wird gemäß (7.32) durch Gradientenbildung aus der Approximation an das Potential berechnet. Die Gradientenbildung läßt sich dabei wegen der Differenzierbarkeit der B-Splines direkt durchführen.

Mit diesem Verfahren läßt sich eine hohe Genauigkeit bei einem Aufwand von $\mathcal{O}(N \log(N))$ erzielen, wobei der logarithmische Faktor von der Anwendung der schnellen Fouriertransformation herrührt.

7.3.1 Der kurzreichweitige Anteil

Nun konkretisieren wir für das SPME-Verfahren die in den Abschnitten 7.2.1 und 7.2.2 allgemein beschriebene Vorgehensweise zur Berechnung der Energie und der Kräfte. Mit der sogenannten Fehlerfunktion

$$\operatorname{erf}(x) := \frac{2}{\sqrt{\pi}} \int_0^x e^{-y^2} dy,$$

der komplementären Fehlerfunktion

$$\operatorname{erfc}(x) := 1 - \operatorname{erf}(x),$$

dem Abschneideparameter r_{cut}, dem Abstandsvektor $\mathbf{r}_{ij}^{\mathbf{n}} := \mathbf{x}_j^{\mathbf{n}} - \mathbf{x}_i$ und dem Abstand $r_{ij}^{\mathbf{n}} := \|\mathbf{x}_j^{\mathbf{n}} - \mathbf{x}_i\|$ lautet dann eine Approximation an (7.28) für die Wahl von ϱ als Gaußsche Glockenkurve gemäß (7.13) konkret[22]

$$
\begin{aligned}
V^{\mathrm{kr}} &\approx \frac{1}{2} \frac{1}{4\pi\varepsilon_0} \sum_{\mathbf{n}\in\mathbb{Z}^3} \sum_{i=1}^{N} \sum_{\substack{j=1 \\ i\neq j \text{ für } \mathbf{n}=0 \\ r_{ij}^{\mathbf{n}} < r_{\mathrm{cut}}}}^{N} q_i q_j \frac{1 - \operatorname{erf}(G r_{ij}^{\mathbf{n}})}{r_{ij}^{\mathbf{n}}} \\
&= \frac{1}{2} \frac{1}{4\pi\varepsilon_0} \sum_{\mathbf{n}\in\mathbb{Z}^3} \sum_{i=1}^{N} \sum_{\substack{j=1 \\ i\neq j \text{ für } \mathbf{n}=0 \\ r_{ij}^{\mathbf{n}} < r_{\mathrm{cut}}}}^{N} q_i q_j \frac{\operatorname{erfc}(G r_{ij}^{\mathbf{n}})}{r_{ij}^{\mathbf{n}}}.
\end{aligned} \tag{7.39}
$$

Durch Gradientenbildung[23] ergibt sich

$$
\mathbf{F}_i^{\mathrm{kr}} \approx -\frac{1}{4\pi\varepsilon_0} \, q_i \sum_{\mathbf{n}\in\mathbb{Z}^3} \sum_{\substack{j=1 \\ j\neq i \text{ für } \mathbf{n}=0 \\ r_{ij}^{\mathbf{n}} < r_{\mathrm{cut}}}}^{N} q_j \frac{1}{(r_{ij}^{\mathbf{n}})^2} \left(\operatorname{erfc}(G r_{ij}^{\mathbf{n}}) + \frac{2G}{\sqrt{\pi}} r_{ij}^{\mathbf{n}} e^{-(G r_{ij}^{\mathbf{n}})^2} \right) \frac{\mathbf{r}_{ij}^{\mathbf{n}}}{r_{ij}^{\mathbf{n}}}. \tag{7.40}
$$

---

[22] Mit $\varrho(r) = \left(\frac{G}{\sqrt{\pi}}\right)^3 \cdot e^{-G^2 r^2}$ gilt nämlich für die Stammfunktion F von $r \cdot \varrho(r)$

$$F(r) = -\frac{1}{2} \frac{G}{\pi^{3/2}} e^{-G^2 r^2}.$$

Mit (7.27) folgt dann

$$
\int_{\mathbb{R}^3} \frac{\varrho_j^{\mathbf{n}}(\mathbf{y})}{\|\mathbf{y} - \mathbf{x}_i\|} d\mathbf{y} = -\frac{4\pi}{\|\mathbf{x}_j^{\mathbf{n}} - \mathbf{x}_i\|} \int_0^{\|\mathbf{x}_j^{\mathbf{n}} - \mathbf{x}_i\|} F(r) dr =
$$

$$
\frac{1}{\|\mathbf{x}_j^{\mathbf{n}} - \mathbf{x}_i\|} \frac{2}{\sqrt{\pi}} \int_0^{G \cdot \|\mathbf{x}_j^{\mathbf{n}} - \mathbf{x}_i\|} e^{-r^2} dr = \frac{1}{\|\mathbf{x}_j^{\mathbf{n}} - \mathbf{x}_i\|} \operatorname{erf}(G \cdot \|\mathbf{x}_j^{\mathbf{n}} - \mathbf{x}_i\|).
$$

[23] Hier ist der Gradient nach $\mathbf{x}_i^0$ auf die durch in ganz $\mathbb{R}^3$ mit periodischer Fortsetzung der Simulationsbox gebildete Gesamtenergie

$$
\frac{1}{2} \frac{1}{4\pi\varepsilon_0} \sum_{\mathbf{n},\mathbf{m}\in\mathbb{Z}^3} \sum_{\substack{i,j=1 \\ (\mathbf{n},i)\neq(\mathbf{m},j)}}^{N} q_i q_j \frac{\operatorname{erfc}(G\|\mathbf{x}_j^{\mathbf{n}} - \mathbf{x}_i^{\mathbf{m}}\|)}{\|\mathbf{x}_j^{\mathbf{n}} - \mathbf{x}_i^{\mathbf{m}}\|}
$$

anzuwenden, die auf Grund der Summation über $\mathbf{n}, \mathbf{m} \in \mathbb{Z}^3$ unendlich ist. Dabei treten die Wechselwirkungen zwischen $\mathbf{x}_i^{\mathbf{m}}$ und $\mathbf{x}_j^{\mathbf{n}}$ doppelt auf, weswegen der Faktor $1/2$ bei der Berechnung der Kraft auf die Partikel $\mathbf{x}_i^0$ der Simulationsbox wegfällt.

Hier läßt sich die Linked-Cell-Methode aus Kapitel 3 direkt zur Berechnung von V^{kr} und $\mathbf{F}_i^{\mathrm{kr}}$ einsetzen.[24]

Abbildung 7.8 zeigt die Graphen der Funktion $\mathrm{erfc}(x)/x$ (aus deren Translaten der kurzreichweitige Anteil Φ^{kr} zusammengesetzt ist), der Funktion $\mathrm{erf}(x)/x$ (aus deren Translaten der langreichweitige Anteil Φ^{lr} zusammengesetzt ist) und der Summe $\mathrm{erf}(x)/x + \mathrm{erfc}(x)/x = 1/x$, sowie zum Vergleich den Graph der schnell abfallenden Funktion $1/x^6$, wie sie im Lennard-Jones-Potential vorkommt.

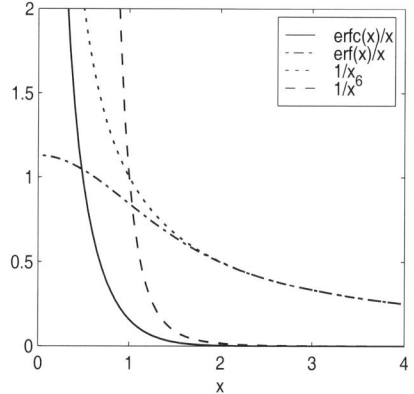

Abb. 7.8. Die kurzreichweitige Funktion $\mathrm{erfc}(x)/x$, die langreichweitige Funktion $\mathrm{erf}(x)/x$, das Coulomb-Potential $1/x$ und das $1/x^6$-Potential in linearer Darstellung.

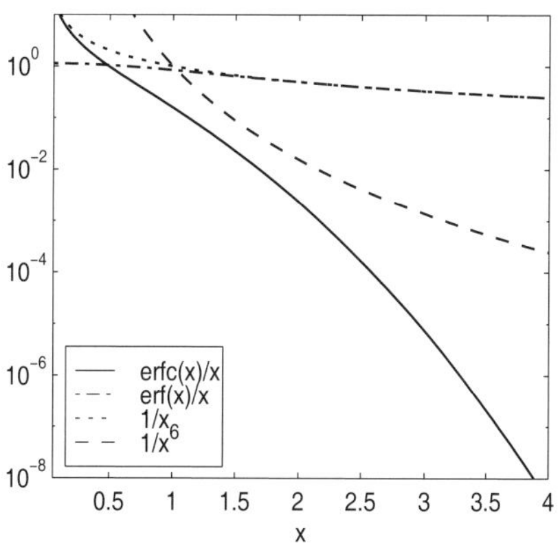

Abb. 7.9. Die Funktionen aus Abbildung 7.8 in semi-logarithmischer Darstellung.

An den in Abbildung 7.9 dargestellten Graphen mit semi-logarithmischer Skalierung ist besonders deutlich erkennbar, daß $\mathrm{erfc}(x)/x$ sehr schnell abfällt, sogar bedeutend schneller als $1/x^6$. Für große Werte von x stimmt die Funktion $\mathrm{erf}(x)/x$ gut mit der Funktion $1/x$ überein.

---

[24] Eine Beschleunigung ergibt sich hier zum Beispiel durch Tabellieren und Interpolieren der Exponentialfunktion beziehungsweise der erf- und erfc-Funktion. Dabei werden a priori einige Werte dieser Funktionen berechnet und in einer Tabelle abgelegt [75, 215]. Diese können direkt abgerufen werden. Benötigte Zwischenwerte lassen sich daraus durch Interpolation näherungsweise gewinnen. Dadurch erspart man sich die wiederholte aufwendige Auswertung der Exponentialfunktion und der erf- und erfc-Funktion. Allerdings hängt die Reduktion der Rechenzeit stark von der jeweiligen Implementierung ab. Die Komplexität des Problems wird dadurch offensichtlich nicht verringert.

7.3.2 Der langreichweitige Anteil

Analog zu (7.39) ergibt sich V^{lr} konkret zu

$$V^{\mathrm{lr}} = \frac{1}{2}\frac{1}{4\pi\varepsilon_0} \sum_{\mathbf{n}\in\mathbb{Z}^3} \sum_{\substack{i=1 \\ i\neq j \text{ für } \mathbf{n}=0}}^{N} \sum_{\substack{j=1}}^{N} q_i q_j \, \frac{\mathrm{erf}(Gr_{ij}^{\mathbf{n}})}{r_{ij}^{\mathbf{n}}}. \tag{7.41}$$

Da die direkte Auswertung dieser Summe zu teuer ist, führen wir die Berechnung des Energieanteils V^{lr} näherungsweise gemäß (7.31) und (7.21) und die Berechnung der Kraftanteile $\mathbf{F}_i^{\mathrm{lr}}$ näherungsweise gemäß (7.32) durch.

Bisher hatten wir betont, daß die Ansatz- und Testfunktionen in der Galerkinmethode lokal sein müssen, damit einerseits die Diskretisierung der rechten Seite nach (7.38) nicht zu teuer wird und andererseits die Galerkinapproximation an das Potential effizient ausgewertet werden kann, vergleiche (7.31) und (7.32). In diesem Abschnitt besprechen wir nun, wie spezielle globale Basisfunktionen doch vorteilhaft eingesetzt werden können. Die Idee besteht darin, die Invertierung des Laplace-Operators im Fourierraum auszuführen (was einfach möglich ist, da die durch Diskretisierung mittels der Galerkin-Methode mit trigonometrischen Basisfunktionen resultierende Steifigkeitsmatrix A_{trig} eine Diagonalmatrix ist, vergleiche (7.46)), die Approximation Φ_K^{lr} an das Potential aber als Summe über lokale reelle Basisfunktionen darzustellen. Dann werden die Koeffizienten der Galerkinapproximation aus (7.37) (dies ist die Approximation mit lokalen reellen Finite-Elemente-Basisfunktionen) über

$$\mathbf{c} \approx T^* A_{\mathrm{trig}}^{-1} T \mathbf{b}, \tag{7.42}$$

bestimmt,[25] wobei die Matrix T den Wechsel von der Darstellung in der lokalen reellen Basis zur Darstellung in der komplexen trigonometrischen Basis bewirkt.[26] Dies entspricht einer Galerkindiskretisierung der rechten Seite mit lokalen Basen, anschließender Transformation in den Fourierraum, Invertierung des Laplaceoperators im Fourierraum und anschließender Rücktransformation in den durch die lokalen Basen aufgespannten Raum. Nötig ist nun die Anwendung der Transformationen T und T^*. Diese können mit Hilfe der schnellen Fouriertransformation und der schnellen inversen Fouriertransformation effizient ausgeführt werden.

---

[25] T^* ist der zu T adjungierte Operator. Mit der Darstellung $T = T_1 + iT_2$, wobei T_1 den Real- und iT_2 den Imaginäranteil von T bezeichnet, gilt dann $T^* = (T_1 + iT_2)^* = T_1^T - iT_2^T$.

[26] Man beachte, daß die von den lokalen Funktionen und den trigonometrischen Funktionen aufgespannten Räume im allgemeinen nicht gleich sind, weswegen es sich bei den Abbildungen T und T^* im allgemeinen nicht um Koordinatentransformationen handelt. Vielmehr werden Funktionen aus dem einen Raum durch Funktionen aus dem anderen Raum approximiert, zum Beispiel durch Interpolation. Es gilt also im allgemeinen nur $A^{-1} \approx T^* A_{\mathrm{trig}}^{-1} T$ und keine Gleichheit. Die Güte dieser Näherung hängt davon ab, wie genau sich trigonometrische Funktionen durch die gewählten lokalen Funktionen darstellen lassen (und umgekehrt).

Diskretisierung mit trigonometrischen Funktionen. Dem Index $\mathbf{k} = (k_1, k_2, k_3) \in \mathbb{Z}^3$ ordnen wir mit

$$\mathbf{k}_L := \left(\frac{k_1}{L_1}, \frac{k_2}{L_2}, \frac{k_3}{L_3} \right) \in \mathbb{R}^3 \tag{7.43}$$

den mit der Gebietsgröße skalierten Index $\mathbf{k}_L$ zu. Weiterhin bezeichnet $|\Omega| = L_1 \cdot L_2 \cdot L_3$ wieder das Volumen des Simulationsgebiets. Wir verwenden jetzt die komplexen trigonometrischen Ansatzfunktionen

$$\psi_{\mathbf{k}} = e^{2\pi i \mathbf{k}_L \cdot \mathbf{x}}, \ \mathbf{k} \in \mathcal{K} \setminus \mathbf{0} \tag{7.44}$$

mit

$$\mathcal{K} := \left[-\left\lfloor \tfrac{K_1-1}{2} \right\rfloor, \left\lceil \tfrac{K_1-1}{2} \right\rceil \right] \times \left[-\left\lfloor \tfrac{K_2-1}{2} \right\rfloor, \left\lceil \tfrac{K_2-1}{2} \right\rceil \right] \times \left[-\left\lfloor \tfrac{K_3-1}{2} \right\rfloor, \left\lceil \tfrac{K_3-1}{2} \right\rceil \right] \tag{7.45}$$

im Galerkinverfahren, das heißt, wir wählen die ganzen Zahlen der symmetrischen Intervalle um die Null der Längen $K_i, i = 1, 2, 3$, als Frequenzen zu unseren trigonometrischen Approximationsfunktionen.

Wegen der Orthogonalitätseigenschaft[27] $(\psi_{\mathbf{k}}, \psi_{\mathbf{j}}) = |\Omega| \cdot \delta_{\mathbf{k},\mathbf{j}}$ der trigonometrischen Funktionen und der Beziehung $\nabla_{\mathbf{x}}\psi_{\mathbf{k}} = 2\pi i \mathbf{k}_L e^{2\pi i \mathbf{k}_L \cdot \mathbf{x}}$ ergibt sich die *reelle* Diagonalmatrix

$$A_{\text{trig}} = \{(\nabla_{\mathbf{x}}\psi_{\mathbf{k}}, \nabla_{\mathbf{x}}\psi_{\mathbf{j}})\}_{\mathbf{k},\mathbf{j} \in \mathcal{K} \setminus \mathbf{0}} = \text{diag}\left(\{|\Omega|(2\pi)^2 \|\mathbf{k}_L\|^2 \}_{\mathbf{k} \in \mathcal{K} \setminus \mathbf{0}} \right) \tag{7.46}$$

als Steifigkeitsmatrix im Galerkinverfahren, vergleiche (7.36). Diskretisiert man also mit trigonometrischen Funktionen (7.44) als Ansatz- und Testfunktionen, so erhält man das lineare Gleichungssystem

$$A_{\text{trig}} \mathbf{c}^{\text{trig}} = \mathbf{b}^{\text{trig}}$$

mit A_{trig} aus (7.46) und $b_{\mathbf{k}}^{\text{trig}} = \frac{1}{\varepsilon_0}(\rho^{\text{lr}}, \psi_{\mathbf{k}})$, das direkt gelöst werden kann. Die Galerkinapproximation des Potentials ist dann gegeben durch

$$\Phi_{\mathbf{K},\text{trig}}^{\text{lr}} = \sum_{\mathbf{k} \in \mathcal{K} \setminus \mathbf{0}} \mathbf{c}_{\mathbf{k}}^{\text{trig}} \psi_{\mathbf{k}} \text{ mit } \mathbf{c}_{\mathbf{k}}^{\text{trig}} = \frac{1}{|\Omega|} \frac{1}{(2\pi)^2 \|\mathbf{k}_L\|^2} \frac{1}{\varepsilon_0}(\rho^{\text{lr}}, \psi_{\mathbf{k}}) \tag{7.47}$$

und für die rechte Seite gilt die Beziehung

$$\mathbf{b}_{\mathbf{k}}^{\text{trig}} = \frac{1}{\varepsilon_0}(\rho^{\text{lr}}, \psi_{\mathbf{k}}) = \frac{1}{\varepsilon_0} \sum_{\mathbf{n} \in \mathbb{Z}^3} \sum_{j=1}^{N} q_j(\varrho_j^{\mathbf{n}}, \psi_{\mathbf{k}})$$

$$= \frac{1}{\varepsilon_0} \left(\frac{G}{\sqrt{\pi}} \right)^3 \sum_{\mathbf{n} \in \mathbb{Z}^3} \sum_{j=1}^{N} q_j \int_{\Omega} e^{-G^2 \|\mathbf{x} - \mathbf{x}_j^{\mathbf{n}}\|^2} e^{-2\pi i \mathbf{k}_L \cdot \mathbf{x}} d\mathbf{x}$$

---

[27] Hier bezeichnet $\delta_{\mathbf{k},\mathbf{j}}$ das Kronecker-Symbol. Es gilt $\delta_{\mathbf{k},\mathbf{j}} = 1$ für $\mathbf{k} = \mathbf{j}$ und $\delta_{\mathbf{k},\mathbf{j}} = 0$ sonst.

$$= \frac{1}{\varepsilon_0} \left(\frac{G}{\sqrt{\pi}} \right)^3 \sum_{j=1}^{N} q_j \int_{\mathbb{R}^3} e^{-G^2 ||\mathbf{x}-\mathbf{x}_j||^2} e^{-2\pi i \mathbf{k}_L \cdot \mathbf{x}} d\mathbf{x}$$

$$\underset{\mathbf{y}:=\mathbf{x}-\mathbf{x}_j}{=} \frac{1}{\varepsilon_0} \left(\frac{G}{\sqrt{\pi}} \right)^3 \sum_{j=1}^{N} q_j \int_{\mathbb{R}^3} e^{-G^2 ||\mathbf{y}||^2} e^{-2\pi i \mathbf{k}_L \cdot (\mathbf{y}+\mathbf{x}_j)} d\mathbf{y}$$

$$= \frac{1}{\varepsilon_0} \left(\frac{G}{\sqrt{\pi}} \right)^3 \sum_{j=1}^{N} q_j e^{-2\pi i \mathbf{k}_L \cdot \mathbf{x}_j} \int_{\mathbb{R}^3} e^{-G^2 ||\mathbf{x}||^2} e^{-2\pi i \mathbf{k}_L \cdot \mathbf{x}} d\mathbf{x}$$

$$\underset{\text{Fußnote 28}}{=} \frac{1}{\varepsilon_0} \left(\frac{G}{\sqrt{\pi}} \right)^3 \sum_{j=1}^{N} q_j e^{-2\pi i \mathbf{k}_L \cdot \mathbf{x}_j} \left(\frac{\sqrt{\pi}}{G} \right)^3 e^{-\pi^2 \mathbf{k}_L^2 / G^2}$$

$$= \frac{1}{\varepsilon_0} e^{-\frac{||2\pi \mathbf{k}_L||^2}{4G^2}} \sum_{j=1}^{N} q_j e^{-2\pi i \mathbf{k}_L \cdot \mathbf{x}_j}$$

$$= \frac{1}{\varepsilon_0} e^{-\frac{||2\pi \mathbf{k}_L||^2}{4G^2}} \sum_{j=1}^{N} q_j \overline{\psi_{\mathbf{k}}}(\mathbf{x}_j), \quad \mathbf{k} \in \mathcal{K} \setminus \mathbf{0} \tag{7.48}$$

für die Komponenten der Galerkindiskretisierung $\mathbf{b}^{\text{trig}}$ der rechten Seite der Potentialgleichung mit trigonometrischen Funktionen. Dabei beruht der Faktor $e^{-\frac{||2\pi \mathbf{k}_L||^2}{4G^2}}$ auf der Fouriertransformation der am Ursprung zentrierten Gaußfunktion und die Faktoren $\overline{\psi_{\mathbf{k}}}(\mathbf{x}_j) = e^{-2\pi i \mathbf{k}_L \cdot \mathbf{x}_j}$ resultieren aus der Translation der Gaußfunktionen an die Partikelorte $\mathbf{x}_j$.

Approximation mit lokalen Funktionen – B-Splines. Die Berechnung der $b_{\mathbf{k}}^{\text{trig}}$ nach (7.48) ist jedoch wegen der globalen Träger der Funktionen $\psi_{\mathbf{k}}$ sehr teuer. Deswegen approximieren wir die komplexen trigonometrischen Funktionen $\psi_{\mathbf{k}}$ gemäß

$$\psi_{\mathbf{k}} \approx \sum_{\mathbf{m}=0}^{\mathbf{K}-1} \overline{t_{\mathbf{k}\mathbf{m}}} \phi_{\mathbf{m}}, \quad t_{\mathbf{k}\mathbf{m}} \in \mathbb{C}, \tag{7.49}$$

durch Summen über lokale reelle Funktionen $\phi_{\mathbf{m}}$, die bezüglich Ω periodisiert sind. Beispielsweise lassen sich hier Finite-Elemente-Basen wählen, die auf einem Gitter leben.[29] Die Matrix T ist dann gegeben durch die Gewichte $t_{\mathbf{k}\mathbf{m}} \in \mathbb{C}$, es gilt also $T_{\mathbf{k}\mathbf{m}} = t_{\mathbf{k}\mathbf{m}}$, und $\mathbf{c}$ wird über (7.42) näherungsweise bestimmt. Damit läßt sich die explizite Berechnung der rechten Seite $\mathbf{b}^{\text{trig}}$ vermeiden und wir können stattdessen direkt die Approximation $\mathbf{b}^{\text{trig}} \approx T\mathbf{b}$

---

[28] Es gilt $\frac{1}{\sqrt{2\pi}} \int_{-\infty}^{\infty} e^{-x^2/2} e^{ixy} dx = e^{-y^2/2}$.

[29] Man beachte, daß dann der Laufindex der Summe in (7.49) ein Multi-Index $\mathbf{m} = (m_1, m_2, m_3)$ ist. Der Kürze halber schreiben wir hier $\sum_{\mathbf{m}=0}^{\mathbf{K}-1}$ für $\sum_{m_1=0}^{K_1-1} \sum_{m_2=0}^{K_2-1} \sum_{m_3=0}^{K_3-1}$.

einsetzen.[30] Die Anzahl der Funktionen $\phi_{\mathbf{m}}$ haben wir dabei so gewählt, daß eine quadratische Matrix T entsteht.

Mit der Approximation (7.49) durch lokale Basen gilt also

$$
\sum_{j=1}^{N} q_j \overline{\psi_{\mathbf{k}}}(\mathbf{x}_j) \approx \sum_{j=1}^{N} q_j \sum_{\mathbf{m}=0}^{\mathbf{K}-1} \overline{t_{\mathbf{km}}\phi_{\mathbf{m}}}(\mathbf{x}_j)
$$
$$
= \sum_{\mathbf{m}=0}^{\mathbf{K}-1} t_{\mathbf{km}} \sum_{j=1}^{N} q_j \overline{\phi_{\mathbf{m}}}(\mathbf{x}_j) = (TQ)_{\mathbf{k}}, \qquad (7.50)
$$

mit[31]

$$
Q_{\mathbf{m}} := \sum_{j=1}^{N} q_j \overline{\phi_{\mathbf{m}}}(\mathbf{x}_j) \underset{\substack{\phi_{\mathbf{m}}(\mathbf{x})\in\mathbb{R}, \\ \phi_{\mathbf{m}}(\mathbf{x})=\bar{\phi}_{\mathbf{m}}(\mathbf{x})}}{=} \sum_{j=1}^{N} q_j \phi_{\mathbf{m}}(\mathbf{x}_j), \ \mathbf{m} \in [\mathbf{0}, \cdots, \mathbf{K}-\mathbf{1}]. \quad (7.51)
$$

Der Vektor Q läßt sich als Interpolation der Punktladungen der Partikel von den Partikelpositionen auf die Gitterpunkte interpretieren. Für jeden Index $\mathbf{m}$ ist die Summe in (7.51) jeweils nur über diejenigen Partikel auszuführen, die innerhalb des Trägers von $\phi_{\mathbf{m}}$ liegen. Wegen des beschränkten Trägers läßt sich dann der gesamte Vektor Q für $N = \mathcal{O}(K_1 K_2 K_3)$ mit einem Aufwand von $\mathcal{O}(N)$ berechnen, wobei die Konstante proportional zur Größe des Trägers der Basisfunktionen ist. Die Matrix-Vektor-Multiplikation TQ kann mit Hilfe der schnellen Fouriertransformation ausgeführt werden.

Nach (7.48) gilt dann insgesamt

$$
\mathbf{b}_{\mathbf{k}}^{\mathrm{trig}} = \frac{1}{\varepsilon_0}(\rho^{\mathrm{lr}}, \psi_{\mathbf{k}}) \approx \frac{1}{\varepsilon_0} e^{-\frac{||2\pi \mathbf{k}_L||^2}{4G^2}} (TQ)_{\mathbf{k}}. \qquad (7.52)
$$

Die Anwendung von $T^* A_{\mathrm{trig}}^{-1}$ auf diese Approximation von $\mathbf{b}^{\mathrm{trig}}$ führt dann zu einer Approximation von $\mathbf{c}$ (Darstellung in der lokalen Basis) mit $\mathbf{c} \approx T^* A_{\mathrm{trig}}^{-1} T \mathbf{b}$.[32]

---

[30] Mit der Approximation (7.49) gilt nämlich

$$
\mathbf{b}_{\mathbf{k}}^{\mathrm{trig}} = \frac{1}{\varepsilon_0}(\rho^{\mathrm{lr}}, \psi_{\mathbf{k}}) = \frac{1}{\varepsilon_0} \int_{\Omega} \rho^{\mathrm{lr}} \overline{\psi_{\mathbf{k}}} d\mathbf{x} \underset{(7.49)}{\approx} \frac{1}{\varepsilon_0} \int_{\Omega} \rho^{\mathrm{lr}} \sum_{\mathbf{m}=0}^{\mathbf{K}-1} \overline{t_{\mathbf{km}}\phi_{\mathbf{m}}} d\mathbf{x}
$$
$$
= \sum_{\mathbf{m}=0}^{\mathbf{K}-1} t_{\mathbf{km}} \frac{1}{\varepsilon_0} \int_{\Omega} \rho^{\mathrm{lr}} \overline{\phi_{\mathbf{m}}} d\mathbf{x} = \sum_{\mathbf{m}=0}^{\mathbf{K}-1} t_{\mathbf{km}} \frac{1}{\varepsilon_0}(\rho^{\mathrm{lr}}, \phi_{\mathbf{m}}) = (T\mathbf{b})_{\mathbf{k}}.
$$

[31] Die Schreibweise $\mathbf{m} \in [\mathbf{0}, \ldots, \mathbf{K}-\mathbf{1}]$ bedeutet $(m_1, m_2, m_3) \in \{0, \ldots, K_1-1\} \times \{0, \ldots, K_2-1\} \times \{0, \ldots, K_3-1\}$.

[32] Man beachte, daß das Ergebnis dieser Multiplikation wieder rein reell ist, obwohl komplexe Zwischenwerte entstehen. Dies ergibt sich aus der speziellen Struktur von A_{trig} als reelle Diagonalmatrix.

Eine Möglichkeit zur Wahl dieser lokalen Funktionen in (7.49) sind B-Splines über einem uniformen Gitter auf Ω mit der Maschenweite

$$\mathbf{h} = (L_1/K_1, L_2/K_2, L_3/K_3). \tag{7.53}$$

Der Spline M_p der Ordnung[33] p in einer Dimension ist definiert über die Rekursion

$$M_p(x) = \frac{x}{p-1} M_{p-1}(x) + \frac{p-x}{p-1} M_{p-1}(x-1) \tag{7.54}$$

mit

$$M_2(x) = \begin{cases} 1 - |x-1|, & \text{für } x \in [0,2], \\ 0, & \text{sonst.} \end{cases} \tag{7.55}$$

Der Spline M_p ist offensichtlich $p-2$ mal stetig differenzierbar und es gilt die Rekursionsformel

$$\frac{dM_p}{dx}(x) = M_{p-1}(x) - M_{p-1}(x-1). \tag{7.56}$$

Splines in mehreren Dimensionen lassen sich direkt durch Produktbildung gewinnen.

Für gerade Splineordnung p erhält man bei hinreichend feinem Gitter, d.h. hinreichend großem K_i, eine gute Approximation an $e^{-2\pi i \mathbf{k}_L \cdot \mathbf{x}}$ durch[34]

$$e^{-2\pi i \mathbf{k}_L \cdot \mathbf{x}} \approx \sum_{\mathbf{n} \in \mathbb{Z}^3} \sum_{\mathbf{m}=0}^{\mathbf{K}-1} t_{\mathbf{km}} \cdot \prod_{d=1}^{3} M_p((\mathbf{x})_d K_d/L_d - m_d - n_d K_d), \tag{7.57}$$

wobei

$$t_{\mathbf{km}} := B(\mathbf{k}) \cdot \left(\prod_{d=1}^{3} e^{-2\pi i \frac{k_d m_d}{K_d}} \right) \tag{7.58}$$

und

$$B(\mathbf{k}) := \prod_{d=1}^{3} B_{K_d}(k_d) \quad \text{mit} \quad B_{K_d}(k_d) = \frac{e^{-2\pi i (p-1) k_d/K_d}}{\displaystyle\sum_{q=0}^{p-2} e^{-2\pi i k_d q/K_d} M_p(q+1)}, \tag{7.59}$$

siehe auch [89, 145] und [542]. Gleichheit gilt in (7.57) an den Gitterpunkten $(L_1 m_1/K_1, L_2 m_2/K_2, L_3 m_3/K_3)$ mit $\mathbf{m} \in [\mathbf{0}, \dots, \mathbf{K}-\mathbf{1}]$, wie man durch Einsetzen der Gitterpunkte nachrechnet. Die Einträge der Matrix T sind also in diesem Fall gegeben durch $t_{\mathbf{km}}$ aus (7.58).

---

[33] Der Grad des Splines ist dann $p-1$.

[34] Hier sorgt die Summe $\sum_{\mathbf{n} \in \mathbb{Z}^3}$ für die notwendige Periodisierung der Splinefunktionen.

Lösung der Potentialgleichung. Mit

$$Q_{\mathbf{m}} = \sum_{\mathbf{n} \in \mathbb{Z}^3} \sum_{j=1}^{N} q_j \prod_{d=1}^{3} M_p((\mathbf{x}_j)_d K_d / L_d - m_d - n_d K_d) \qquad (7.60)$$

wie in (7.51) und

$$\mathrm{DF}[Q](\mathbf{k}) := \sum_{\mathbf{m}=0}^{\mathbf{K}-1} Q_{\mathbf{m}} \cdot e^{-2\pi i \left(\frac{k_1 m_1}{K_1} + \frac{k_2 m_2}{K_2} + \frac{k_3 m_3}{K_3} \right)}, \qquad (7.61)$$

der diskreten Fouriertransformierten von Q, gilt dann

$$\sum_{i=1}^{N} q_i e^{-2\pi i \mathbf{k}_L \mathbf{x}_i} \approx (TQ)_{\mathbf{k}} = B(\mathbf{k})\mathrm{DF}[Q](\mathbf{k}), \qquad (7.62)$$

vergleiche (7.50). Die Anwendung von T entspricht hier nun einer diskreten Fouriertransformation und der Multiplikation mit den Faktoren $B(\mathbf{k})$ aus (7.59). Damit erhält man die Koeffizienten der Approximation des Potentials mit trigonometrischen Funktionen (7.47) durch

$$c_{\mathbf{k}}^{\mathrm{trig}} = \frac{1}{4\pi^2 |\Omega| \varepsilon_0} \frac{1}{\|\mathbf{k}_L\|^2} e^{-\pi^2 \|\mathbf{k}_L\|^2 / G^2} B(\mathbf{k})\mathrm{DF}[Q](\mathbf{k}). \qquad (7.63)$$

Der Faktor $1/\|\mathbf{k}_L\|^2$ entspricht dabei der Invertierung des Laplaceoperators im Frequenzraum. Der Faktor $e^{-\pi^2 \|\mathbf{k}_L\|^2 / G^2}$ entsteht aus der Fouriertransformation der Gaußfunktion und sorgt für eine exponentielle Konvergenz der Koeffizienten. Für große Frequenzen $\mathbf{k}$ wird der Fehler durch den Faktor $e^{-\pi^2 \|\mathbf{k}_L\|^2 / G^2}$ gedämpft. Die Ursache für diesen extrem schnellen Abfall der Koeffizienten liegt in der Glattheit[35] der rechten Seite ρ^{lr} begründet.[36]

---

[35] Die Glattheit einer Funktion läßt sich aus dem Abfall ihrer Fourierkoeffizienten ablesen [30, 50, 607]. So lassen sich die Sobolevräume H^s für $s \in \mathbb{R}$ auch direkt mittels Fouriertransformation einführen,

$$H^s(\Omega) = \{u(\mathbf{x}) = \sum_{\mathbf{k} \in \mathbb{Z}^n} c_{\mathbf{k}} e^{-i\mathbf{k}\mathbf{x}} : \sum_{\mathbf{k} \in \mathbb{Z}^3} (1 + \|\mathbf{k}\|_\infty)^{2s} \cdot |\hat{u}_{\mathbf{k}}|^2 < \infty\},$$

mit den Fourierkoeffizienten $\hat{u}_{\mathbf{k}} := \frac{1}{|\Omega|} \int_\Omega u(\mathbf{x}) e^{-2\pi i \mathbf{k}\mathbf{x}} d\mathbf{x}$ für $u \in L^1(\Omega)$. Ähnliche Zusammenhänge zwischen der Glattheit einer Funktion und dem Abfall ihrer Koeffizienten gelten auch für nicht periodische Funktionen und deren Koeffizienten bezüglich anderer Multiskalenbasen [132, 163, 450]. Insbesondere fallen die Fourierkoeffizienten von C^∞-Funktionen (das heißt, unendlich oft differenzierbaren Funktionen) exponentiell ab.

[36] Für $\rho = \frac{1}{\varepsilon_0} \sum_{i=1}^{N} \delta_{\mathbf{x}_i}$ statt ρ^{lr} als rechter Seite in der Potentialgleichung erhielte man stattdessen die Koeffizienten ohne die Faktoren $e^{-\pi^2 \|\mathbf{k}_L\|^2 / G^2}$, die Summanden würden nicht gedämpft und man könnte die Summen nicht ohne großen Fehler abschneiden.

Der Lösungsvektor $\mathbf{c}$ ergibt sich nun durch $\mathbf{c} \approx T^* \mathbf{c}^{\text{trig}}$ näherungsweise zu

$$
c_{\mathbf{m}} \approx \sum_{\substack{\mathbf{k} \in \mathcal{K} \\ \mathbf{k} \neq 0}} \overline{t_{\mathbf{k}\mathbf{m}}} c_{\mathbf{k}}^{\text{trig}} \tag{7.64}
$$

$$
= \sum_{\substack{\mathbf{k} \in \mathcal{K} \\ \mathbf{k} \neq 0}} \overline{\left(\prod_{d=1}^{3} B_{K_d}(k_d) e^{-2\pi i \frac{k_d m_d}{K_d}} \right) \frac{1}{4\pi^2 |\Omega| \varepsilon_0 \|\mathbf{k}_L\|^2} \; e^{-\pi^2 \frac{\|\mathbf{k}_L\|^2}{G^2}} B(\mathbf{k}) \mathrm{DF}[Q](\mathbf{k})}
$$

$$
= \sum_{\substack{\mathbf{k} \in \mathcal{K} \\ \mathbf{k} \neq 0}} \frac{1}{4\pi^2 |\Omega| \varepsilon_0 \|\mathbf{k}_L\|^2} \; e^{-\pi^2 \frac{\|\mathbf{k}_L\|^2}{G^2}} |B(\mathbf{k})|^2 \mathrm{DF}[Q](\mathbf{k}) \; e^{2\pi i (\frac{k_1 m_1}{K_1} + \frac{k_2 m_2}{K_2} + \frac{k_3 m_3}{K_3})}.
$$

Die letzte Gleichung hat nun wieder die Form einer Fourierreihe. Wir wollen deswegen für die schnelle Auswertung dieser Summen die schnelle diskrete Fouriertransformation anwenden.

Um nun allerdings die FFT direkt anwenden zu können, verschieben wir die Summe in (7.64) so, daß sie nicht von $-\lfloor \frac{K_i-1}{2} \rfloor$ bis $\lceil \frac{K_i-1}{2} \rceil$ sondern von 0 bis $K_i - 1$ läuft, $i = 1, 2, 3$. Auf Grund der Translationsinvarianz[37] der trigonometrischen Funktionen gelten mit den Definitionen

$$
d(\mathbf{0}) := 0,
$$

$$
d(\mathbf{k}) := \frac{1}{\varepsilon_0 |\Omega|} \frac{1}{(2\pi)^2} \frac{1}{\|\mathbf{m}\|^2} \; e^{-\frac{\pi^2 \|\mathbf{m}\|^2}{G^2}} \cdot |B(\mathbf{k})|^2, \quad \text{wobei} \tag{7.65}
$$

$$
\mathbf{m} = (m_1, m_2, m_3) \text{ mit } m_d = \begin{cases} k_d / L_d & \text{für } k_d \leq K_d/2, \\ (k_d - K_d)/L_d & \text{für } k_d > K_d/2, \end{cases} \quad d = 1, 2, 3,
$$

$$
a(\mathbf{k}) := d(\mathbf{k}) \cdot \mathrm{DF}[Q](\mathbf{k}), \tag{7.66}
$$

die Beziehungen

$$
\frac{1}{(2\pi)^2 |\Omega| \varepsilon_0} \sum_{\substack{\mathbf{k} = (k_1, k_2, k_3), \mathbf{k} \neq 0 \\ k_d \in \left[-\lfloor \frac{K_d-1}{2} \rfloor, \lceil \frac{K_d-1}{2} \rceil \right]}} \frac{1}{\|\mathbf{k}_L\|^2} \; e^{-\pi^2 \frac{\|\mathbf{k}_L\|^2}{G^2}} |B(\mathbf{k})|^2 \mathrm{DF}[Q](\mathbf{k}) \; e^{2\pi i (\sum_{d=1}^{3} \frac{k_d m_d}{K_d})}
$$

$$
= \sum_{\mathbf{k}=0}^{K-1} d(\mathbf{k}) \mathrm{DF}[Q](\mathbf{k}) \; e^{2\pi i (\frac{k_1 m_1}{K_1} + \frac{k_2 m_2}{K_2} + \frac{k_3 m_3}{K_3})}
$$

$$
= \sum_{\mathbf{k}=0}^{K-1} a(\mathbf{k}) e^{2\pi i (\frac{k_1 m_1}{K_1} + \frac{k_2 m_2}{K_2} + \frac{k_3 m_3}{K_3})}
$$

$$
= \mathrm{DF}^{-1}[a](\mathbf{m}), \tag{7.67}
$$

wobei DF^{-1} die inverse diskrete Fouriertransformation bezeichnet.[38]

---

[37] Es gilt $e^{2\pi i l k / K} = e^{2\pi i l (k-K)/K}$, für alle $l, k, K \in \mathbb{Z}$.

[38] Man beachte, daß wir hier im Unterschied zu einem Großteil der Literatur in der inversen Transformation keinen zusätzlichen Skalierungsfaktor $\frac{1}{K_1 K_2 K_3}$ verwenden. Deswegen gilt nur $\mathrm{DF}^{-1}[\mathrm{DF}[Q]](\mathbf{m}) = K_1 K_2 K_3 \cdot Q(\mathbf{m})$.

Insgesamt erhalten wir also für die Koeffizienten $c_\mathbf{m}$ die Approximation

$$c_\mathbf{m} = \mathrm{DF}^{-1}[a](\mathbf{m}) \tag{7.68}$$

und damit die Approximation

$$\Phi_\mathbf{K}^{\mathrm{lr}}(\mathbf{x}) = \sum_{\mathbf{n} \in \mathbb{Z}^3} \sum_{\mathbf{m}=0}^{\mathbf{K}-1} \mathrm{DF}^{-1}[a](\mathbf{m}) \cdot \prod_{d=1}^{3} M_p(K_d(\mathbf{x})_d / L_d - m_d - n_d K_d) \tag{7.69}$$

an die Lösung Φ^{lr} der Potentialgleichung als Konkretisierung von (7.30).

Der Aufwand zur Berechnung der $c_\mathbf{k}$ beträgt dann $\mathcal{O}(\#\mathbf{K} \log(\#\mathbf{K})) + \mathcal{O}(p^3 N)$, mit $\#\mathbf{K} = K_1 K_2 K_3$, da die Summen in (7.60) nur jeweils über diejenigen Punkte auszuführen sind, die im Träger von M_p liegen und die diskrete Fouriertransformierte $\mathrm{DF}[Q]$ von Q sowie die inverse diskrete Fouriertransformierte $\mathrm{DF}^{-1}[a]$ sich durch Anwendung der schnellen Fouriertransformation nach Cooley und Tuckey [154, 309] mit einem Aufwand von $\mathcal{O}(\#\mathbf{K} \log(\#\mathbf{K}))$ berechnen läßt. Für die schnelle Fouriertransformation gibt es eine Reihe von Programmpaketen mit sehr effizienten Implementierungen, zum Beispiel [238]. Mit $\#\mathbf{K} \sim N$ kann das lineare Gleichungssystem also mit einem Gesamtaufwand von $\mathcal{O}(N \log(N))$ gelöst werden.

Die Approximation der Energie. Für die zum langreichweitigen Potential gehörige Selbstenergie (7.21) gilt

$$V_{\mathrm{selbst}}^{\mathrm{lr}} = \frac{1}{2} \frac{1}{4\pi\varepsilon_0} \sum_{i=1}^{N} q_i^2 \mathrm{erf}(0)/0 = \frac{1}{4\pi\varepsilon_0} \frac{G}{\sqrt{\pi}} \sum_{i=1}^{N} q_i^2, \tag{7.70}$$

mit

$$\mathrm{erf}(0)/0 := \lim_{r \to 0} \mathrm{erf}(Gr)/r.$$

Nach (7.31) zusammen mit (7.60) und (7.69) erhält man den Energieanteil $V_{\mathrm{fremd}}^{\mathrm{lr}}$ durch

$$V_{\mathrm{fremd}}^{\mathrm{lr}} \approx \frac{1}{2} \sum_{i=1}^{N} q_i \Phi_\mathbf{K}^{\mathrm{lr}}(\mathbf{x}_i) = \frac{1}{2} \sum_{\mathbf{m}=0}^{\mathbf{K}-1} \mathrm{DF}^{-1}[a](\mathbf{m}) \cdot Q(\mathbf{m})$$

$$= \frac{1}{2} \sum_{\mathbf{k}=0}^{\mathbf{K}-1} a(\mathbf{k}) \cdot \overline{\mathrm{DF}[Q](\mathbf{k})} \underset{(7.66)}{=} \frac{1}{2} \sum_{\mathbf{k}=0}^{\mathbf{K}-1} d(\mathbf{k}) \cdot |\mathrm{DF}[Q](\mathbf{k})|^2 \tag{7.71}$$

und damit insgesamt

$$V^{\mathrm{lr}} \approx \frac{1}{2} \sum_{\mathbf{k}=0}^{\mathbf{K}-1} d(\mathbf{k}) \cdot |\mathrm{DF}[Q](\mathbf{k})|^2 - \frac{1}{4\pi\varepsilon_0} \frac{G}{\sqrt{\pi}} \sum_{i=1}^{N} q_i^2. \tag{7.72}$$

Die Approximation der Kräfte. Nach (7.32) erhält man durch Gradientenbildung in (7.69) die Approximation[39]

$$\mathbf{F}_i^{\text{lr}} \approx -\frac{1}{2} \sum_{j=1}^{N} q_j \nabla_{\mathbf{x}_i} \Phi_{\mathbf{K}}^{\text{lr}}(\mathbf{x}_j) \tag{7.73}$$

$$= -q_i \sum_{\mathbf{n} \in \mathbb{Z}^3} \sum_{\mathbf{m}=0}^{\mathbf{K}-1} \text{DF}^{-1}[a](\mathbf{m}) \cdot \nabla_{\mathbf{x}_i} \prod_{d=1}^{3} M_p(K_d(\mathbf{x}_i)_d/L_d - m_d - n_d K_d)$$

$$= -q_i \sum_{\mathbf{n} \in \mathbb{Z}^3} \sum_{\mathbf{m}=0}^{\mathbf{K}-1} \text{DF}^{-1}[a](\mathbf{m}) \begin{pmatrix} \frac{\partial}{\partial(\mathbf{x}_i)_1} M_p(y_1^i) \cdot M_p(y_2^i) \cdot M_p(y_3^i) \\ M_p(y_1^i) \cdot \frac{\partial}{\partial(\mathbf{x}_i)_2} M_p(y_2^i) \cdot M_p(y_3^i) \\ M_p(y_1^i) \cdot M_p(y_2^i) \cdot \frac{\partial}{\partial(\mathbf{x}_i)_3} M_p(y_3^i) \end{pmatrix}, \tag{7.74}$$

mit $y_d^i := (\mathbf{x}_i)_d K_d/L_d - (m_d + n_d K_d)$. Damit wird die Gradientenbildung auf die Ableitung der Approximationsfunktionen M_p abgewälzt. Diese Approximation läßt sich punktweise mit einem Aufwand von $\mathcal{O}(1)$ auswerten, da die Summe jeweils nur über diejenigen $\mathbf{m}$ ausgeführt werden muß, für die die B-Splines M_p von Null verschieden sind.

Die partiellen Ableitungen der B-Splines kann man dabei nach der Rekursionsformel (7.56) berechnen. Zum Beispiel gilt

$$\frac{dM_p(y_1^i)}{dx_1} = \frac{K_1}{L_1} \left(M_{p-1}(y_1^i) - M_{p-1}(y_1^i - 1) \right). \tag{7.75}$$

Dabei entsteht der Faktor K_1/L_1 durch Nachdifferenzieren, das heißt, mit $dy_1^i/dx_1 = K_1/L_1$.

Zur Bestimmung von (7.71) und (7.74) wird zuerst das Feld Q berechnet. Dazu ist eine äußere Schleife über alle Partikel und eine innere Schleife über den Träger des zu dem jeweiligen Partikel gehörigen B-Splines auszuführen. Innerhalb dieser Schleifen wird Q entsprechend (7.60) berechnet. Dann wird $\text{DF}[Q]$ durch eine diskrete Fouriertransformation bestimmt und daran anschließend sowohl a als auch $V_{\text{fremd}}^{\text{lr}}$ in einem Durchlauf über das Gitter berechnet. Nun wird $\text{DF}^{-1}[a]$ durch eine inverse diskrete Fouriertransformation bestimmt. Abschließend werden in einem Durchlauf durch alle Partikel und einer inneren Schleife über die Träger der jeweiligen B-Splines die Kräfte $\mathbf{F}_i^{\text{lr}}$ berechnet. Bei dieser Methode wird die Kraft direkt als Gradient des Potentials berechnet. Daher bleibt die Gesamtenergie bis auf Rechengenauigkeit erhalten, wohingegen keine Impulserhaltung garantiert ist.[40]

---

[39] Man beachte, daß in a der Vektor Q vorkommt, der selbst wieder die B-Splines enthält, in denen $\mathbf{x}_i$ vorkommt. Um die Beziehung nachzuprüfen, setze man daher a ein, schreibe Q aus und führe die Differentiation aus.

[40] So kann es passieren, daß immer mehr Energie in eine Bewegung des Schwerpunkts transferiert wird. Man kann diesen Effekt vermeiden, indem man in jedem Zeitschritt die Geschwindigkeit $\left(\sum_{i=1}^{N} m_i \mathbf{v}_i \right) / \sum_{i=1}^{N} m_i$ des Schwerpunkts der Partikelverteilung berechnet und diese von der Geschwindigkeit der einzelnen Partikel abzieht.

Abschließend noch eine Bemerkung zur Kraftberechnung: Da die Kraft als Gradient des Potentials berechnet wird, ist der beschriebene Ansatz nur für Funktionen verwendbar, die genügend oft differenzierbar sind. Für B-Splines benötigen wir daher als Voraussetzung $p \geq 3$. Falls die gewählten lokalen Basen $\phi_{\mathbf{m}}$ *nicht* differenzierbar sind, dann kann (7.32) beziehungsweise (7.73) nicht verwendet werden, um die Kraft auf ein Partikel zu berechnen. Stattdessen muß man eine Approximation von $\nabla_{\mathbf{x}} \psi_{\mathbf{k}}$ mit geeigneten lokalen Funktionen $\tilde{\phi}_m$ gemäß

$$\nabla_{\mathbf{x}} \psi_{\mathbf{k}}(\mathbf{x}) \approx \sum_{\mathbf{m}=0}^{\mathbf{K}-1} \overline{\tilde{t}_{\mathbf{km}}} \tilde{\phi}_{\mathbf{m}}(\mathbf{x}) \tag{7.76}$$

verwenden und damit die Kraft approximieren. Bei Verwendung trigonometrischer Funktionen erhält man durch Approximation von $\nabla_{\mathbf{x}} e^{2\pi i \mathbf{k}_L \cdot \mathbf{x}} = 2\pi i \mathbf{k}_L e^{2\pi i \mathbf{k}_L \cdot \mathbf{x}}$ unter Verwendung von B-Spline-Interpolierenden mit den Abkürzungen $f_0 := 0$, $f_{\mathbf{k}} := \mathbf{k}_L a(\mathbf{k})$ und $y_d := (\mathbf{x})_d K_d / L_d - m_d - n_d K_d$ die Approximation

$$\nabla_{\mathbf{x}} \Phi_{\mathbf{K}}^{\mathrm{lr}}(\mathbf{x}) \approx 2\pi i \sum_{\mathbf{n} \in \mathbb{Z}^3} \sum_{\mathbf{m}=0}^{\mathbf{K}-1} \mathrm{DF}^{-1}[\mathbf{f}](\mathbf{m}) \cdot \prod_{d=1}^{3} M_p(y_d),$$

und damit die Approximation an die Kraft

$$\mathbf{F}_j^{\mathrm{lr}} \approx -\frac{1}{2} \sum_{r=1}^{N} q_r \nabla_{\mathbf{x}_j} \Phi_{\mathbf{K}}^{\mathrm{lr}}(\mathbf{x}_r) \approx -2\pi i q_j \sum_{\mathbf{n} \in \mathbb{Z}^3} \sum_{\mathbf{m}=0}^{\mathbf{K}-1} \mathrm{DF}^{-1}[\mathbf{f}](\mathbf{m}) \cdot \prod_{d=1}^{3} M_p(y_d). \tag{7.77}$$

Diese beiden Gleichungen sind vektoriell zu lesen. Dann sind zur Auswertung der Kräfte drei diskrete Fouriertransformationen sowie drei inverse diskrete Fouriertransformationen nötig (für jede Raumrichtung eine). Hier wird sowohl bei der Interpolation der Ladungen auf das Gitter als auch bei der Interpolation der Kräfte auf die Partikelkoordinaten die gleiche Interpolation benutzt. Aufgrund dieser Symmetrie bleibt nun der Gesamtimpuls bis auf Maschinengenauigkeit erhalten, wohingegen keine Energierhaltung garantiert ist. Auch hier ist die Summation $\sum_{\mathbf{m}=0}^{\mathbf{K}-1}$ für jedes Partikel nur jeweils über die Gitterpunkte im Träger des Splines M_p auszuführen. Man beachte hierbei, daß die Approximationen (7.74) und (7.77) nicht zu gleichen Ergebnissen führen müssen, da im allgemeinen die Approximation und die Gradientenbildung nicht vertauschen.

Zur Wahl der Parameter. Die einzelnen Schritte zur Berechnung des langreichweitigen Anteils sind miteinander gekoppelt und müssen aufeinander abgestimmt werden, um ein effizientes und gültiges Gesamtverfahren zu erhalten. Dazu sind nun

– die durch G parametrisierte Breite der abschirmenden Ladungsverteilungen,

– der Abschneideradius r_{cut} und
– die Anzahl der Freiheitsgrade #**K**

so zu wählen, daß sich ein Gesamtalgorithmus mit dem bestmöglichen Verhältnis zwischen Aufwand und Genauigkeit ergibt. Dabei ist folgendes zu berücksichtigen:

1. Die Parameter G und r_{cut} sind offensichtlich voneinander abhängig, und sind entsprechend zu wählen, um eine vorgegebene Genauigkeit zu erreichen.
2. Die Genauigkeit läßt sich verbessern, indem ein größerer Abschneideradius r_{cut} gewählt wird und indem ein feineres Gitter verwendet wird, das heißt, indem #**K** erhöht wird.
3. Ein kleiner Wert für G führt zusammen mit einem großen Wert für r_{cut} dazu, daß der Aufwand in der Berechnung der langreichweitigen Anteile verringert wird und der Aufwand in der Berechnung der kurzreichweitigen Anteile vergrößert wird.
4. Ein großer Wert für G führt zusammen mit einem kleineren r_{cut} dazu, daß der Aufwand in der Berechnung der kurzreichweitigen Anteile verringert wird, der in der Berechnung der langreichweitigen Anteile vergrößert wird.

Eine Diskussion, wie die Parameter G, r_{cut} und die Zahl der Freiheitsgrade #**K** aufeinander abzustimmen sind, findet man in [213].

7.3.3 Implementierung der SPME-Methode

Nachdem wir das SPME-Verfahren kennengelernt haben, können wir uns nun mit der konkreten Implementierung beschäftigen. Wir bauen auf der *dreidimensionalen* Variante (DIM=3) des Programms zur Berechnung kurzreichweitiger Kräfte und Potentiale aus Kapitel 3, Abschnitt 3.5 auf. Dieses muß nur an wenigen Stellen geändert werden. Neu hinzu kommen einige Routinen, die die Berechnung der langreichweitigen Kräfte und Energien ausführen.

In Algorithmus 3.7 haben wir bereits das Gravitationspotential implementiert. Wenn wir stattdessen das Coulomb-Potential verwenden wollen, benötigen wir zusätzlich die Ladung eines Partikels. Wir erweitern deswegen die Datenstruktur 3.1 des Partikels um eine Variable für die Ladung q wie in Datenstruktur 7.1 angegeben.

Datenstruktur 7.1 Zusätzliche Partikeldaten für das Coulomb-Potential

```
typedef struct {
    ...              // Partikeldatenstruktur 3.1
    real q;          // Ladung
} Particle;
```

Damit könnten wir bereits den kurzreichweitigen Anteil der Kraftberechnung umsetzen. Neben den konventionellen kurzreichweitigen Kräften, wie sie etwa mit force aus dem Lennard-Jones-Potential oder den Potentialen des Kapitels 5 resultieren, müssen wir nun auch den zusätzlichen kurzreichweitigen Anteil (7.40) der SPME-Methode berücksichtigen, der durch die abschirmenden Gaußladungsverteilungen hervorgerufen wird. Dessen Berechnung ist in der Routine force_kr in Algorithmus 7.1 angegeben. Dabei lassen wir hier den Faktor $1/(4\pi\varepsilon_0)$ der Einfachheit halber weg, da dieser nach Skalierung der Größen ähnlich wie in Abschnitt 3.7.3 zu Eins gemacht werden kann. Für Details siehe Abschnitt 7.4.2. Um später auch andere Skalierungen zu ermöglichen, führen wir zudem einen Parameter skal ein, den wir global deklarieren. Der ebenfalls global deklarierte Parameter G beschreibt die Breite der abschirmenden Gaußfunktionen. Die Funktion erfc und die Konstante M_2_SQRTPI:$=2/\sqrt{\pi}$ entnehmen wir dem Header math.h der mathematischen Bibliothek der Programmiersprache C.

Algorithmus 7.1 Kurzreichweitiger Anteil (7.40) des Coulomb-Potentials im SPME-Verfahren für den Linked-Cell-Algorithmus 3.12 und 3.15

```
real G; // Parameter der Gaußschen Glockenkurve
real skal = 1; // Parameter für Skalierung
void force_kr(Particle *i, Particle *j) {
  real r2 = 0;
  for (int d=0; d<DIM; d++)
    r2 += sqr(j->x[d] - i->x[d]);          // Abstandsquadrat r2=r_{ij}^2
  real r = sqrt(r2);                        // Abstand r=r_{ij}
  real f = -i->q * j->q * skal *
           (erfc(G*r)/r+G*M_2_SQRTPI*exp(-sqr(G*r)))/r2;
  for (int d=0; d<DIM; d++)
    i->F[d] += f * (j->x[d] - i->x[d]);
}
```

Mit den Programmen der Linked-Cell-Methode aus Abschnitt 3.5 und der neuen Routine force_kr können wir bereits den kurzreichweitigen Anteil der Kräfte berechnen und die Newtonschen Bewegungsgleichungen mit dem Störmer-Verlet-Verfahren integrieren. Dazu ist nur die neue Routine force_kr in die Kraftberechnung compF_LC nach dem Aufruf von force einzufügen. Alternativ dazu kann man auch den Rumpf von force_kr direkt in den Rumpf von force aufnehmen und behält so *eine* Routine force für *alle* kurzreichweitigen Kräfte bei.[41] Was nun noch fehlt, ist der langreichweitige Kraftanteil. Dazu benötigen wir neben der bereits früher besprochenen Linked-Cell-Struktur im SPME-Algorithmus nun ein geeignetes Gitter, die

---

[41] Hierbei sind bei der Abstandsberechnung wieder periodische Randbedingungen zu beachten, vergleiche auch die Bemerkungen auf Seite 80 in Abschnitt 3.6.4.

Interpolation der Partikelladungen auf dieses Gitter, die Lösung des diskreten Poissonproblems auf dem Gitter und die Auswertung dieser Lösung an den Orten der Partikel zur Kraftberechung. Diese Teile des Gesamtalgorithmus werden wir nun der Reihe nach vorstellen.

In Programmstück 7.1 geben wir das prinzipielle Vorgehen für die Interpolation der Ladungen der Partikel auf ein regelmäßiges Gitter an. Die Details sind in der Routine compQ in Algorithmus 7.2 ausgeführt.

Programmstück 7.1 Interpolation auf das Gitter

```
setze Q = 0;
Schleife über alle Zellen ic
    Schleife über alle Partikel i in Zelle ic {
        bestimme die Stützstellen des Interpolanten Q für die
        Partikelladung i->q im SPME-Gitter mittels des Makros index;
        bestimme die Werte des Felds Q gemäß (7.60);
}
```

Die Partikel liegen dabei in der Linked-Cell-Datenstruktur, die auf einer Zerlegung des Rechengebiets in ein regelmäßiges Gitter von Zellen ic basiert. Dieses Linked-Cell-Gitter grid wollen wir nach wie vor durch den Parameter nc vom Typ int[DIM] beschreiben. Neu ist nun das SPME-Gitter. Es ist im allgemeinen von der Linked-Cell-Gitterstruktur unabhängig. Wir indizieren es analog mit dem Parameter K, der ebenfalls vom Typ int[DIM] ist. Die Daten des SPME-Gitters werden im linearen Feld Q gespeichert. In diesem Feld halten wir sowohl die reellen Werte der auf das Gitter interpolierten Ladungen nach (7.51), als auch die Ergebnisse der Fouriertransformation, der Skalierung im Fourierraum und der inversen Fouriertransformation. Wir wollen dabei mit der komplexen Fouriertransformation arbeiten. Deswegen vereinbaren wir auch Q als komplexes Feld, siehe unten. Nun müssen wir beide Gitter miteinander in Beziehung bringen. Dies geschieht durch Umrechnung der jeweiligen Koordinaten mittels unseres Makros index, das wir schon bei der Implementierung des Linked-Cell-Verfahrens auf Seite 65 eingeführt hatten.

Die Interpolation projiziert die Partikelladungen i->q auf das SPME-Gitter. Dazu setzen wir zunächst die Werte von Q auf Null. In einem Durchlauf über alle Partikel addieren wir dann den Anteil jeder einzelnen Ladung auf das Gitter. Dazu suchen wir die entsprechenden Stützstellen im SPME-Gitter und summieren die dazugehörigen Splines der Ordnung pmax gewichtet mit den Ladungen i->q auf. Ein Partikel beeinflußt damit pmax verschiedene SPME-Gitterzellen in jeder Koordinatenrichtung. Wir benutzen dabei die Maschenweite **h**, die im Parameter spme_cellh vom Typ real[DIM] gespeichert ist.

Algorithmus 7.2 Interpolation auf das Gitter

```
void compQ(Cell *grid, int *nc, fftw_complex *Q, int *K, int pmax,
           real *spme_cellh) {
  int jc[DIM];
  for (int i=0; i<K[0]*K[1]*K[2]; i++) {
    Q[i].re = 0;
    Q[i].im = 0;
  }
  for (jc[0]=0; jc[0]<nc[0]; jc[0]++)
    for (jc[1]=0; jc[1]<nc[1]; jc[1]++)
      for (jc[2]=0; jc[2]<nc[2]; jc[2]++)
        for (ParticleList *i=grid[index(jc,nc)]; NULL!=i; i=i->next) {
          int m[DIM], p[DIM];
          for (int d=0; d<DIM; d++)
            m[d] = (int)floor(i->p.x[d] / spme_cellh[d]) + K[d];
          for (p[0]=0; p[0]<pmax; p[0]++)
            for (p[1]=0; p[1]<pmax; p[1]++)
              for (p[2]=0; p[2]<pmax; p[2]++) {
                int mp[DIM];
                for (int d=0; d<DIM; d++)
                  mp[d]=(m[d]-p[d])%K[d];
                Q[index(mp,K)].re += i->p.q
                  * spline(p[0] + fmod(i->p.x[0], spme_cellh[0])
                                  / spme_cellh[0], pmax)
                  * spline(p[1] + fmod(i->p.x[1], spme_cellh[1])
                                  / spme_cellh[1], pmax)
                  * spline(p[2] + fmod(i->p.x[2], spme_cellh[2])
                                  / spme_cellh[2], pmax);
              }
        }
}
```

Dazu benötigen wir eine Routine `spline` zur Auswertung der Splines. Diese programmieren wir der Einfachheit[42] halber rekursiv direkt gemäß (7.54) und (7.55), siehe Algorithmus 7.3.

Im nächsten Schritt müssen wir nun das Poisson-Problem auf dem SPME-Gitter mit vorgegebener rechter Seite Q lösen. Wir setzen dazu die schnelle

---

[42] Da die Auswertung der Splinefunktionen häufig benötigt wird und in der beschriebenen Form relativ viel Rechenzeit erfordert, lohnt es sich, diese Implementierung später zu verbessern. Dazu kann man die Splineordnung `pmax` fest vorgeben, die rekursive Form in eine iterative Darstellung bringen und dabei die Fallunterscheidungen vermeiden. Das resultierende Neville/Newton-artige Tableau läßt sich zudem bei der Auswertung in benachbarten Punkten mehrfach verwenden. Zudem kann man die Koeffizienten des Interpolationsschemas einmalig vorausberechnen, in Tabellen abspeichern und bei Bedarf direkt abrufen.

Algorithmus 7.3 Rekursive Auswertung eines B-Splines (7.54)

```
real spline(real x, int p) {
  if ((x<=0.)||(x>=p)) return 0.;
  if (p==2) return 1. - fabs(x-1.);
  return (x * spline(x, p-1) + (p-x) * spline(x-1., p-1)) / (p - 1.);
}
```

Fouriertransformation (FFT), eine Diagonalskalierung und die inverse schnelle Fouriertransformation ein. Hierzu gibt es verschiedenste Implementierungen. Wir verwenden hier beispielhaft die Bibliothek FFTW von Frigo und Johnson [238].[43] Diese Programmbibliothek sowie eine genaue Beschreibung und praktische Details sind auf der Webseite http://www.fftw.org zu finden. Das komplexe Feld Q wird dabei durch den dort vorgegebenen Datentyp fftw_complex deklariert.

Wir benötigen zur Lösung von (7.29) die Fouriertransformation $DF[Q]$ von Q, eine Skalierung der Werte gemäß (7.66) und eine Rücktransformation $DF^{-1}[Q]$. Dies geschieht in compFFT in Algorithmus 7.4 mit dem Aufruf der Routine fftwnd_one, der Multiplikation mit D und einem weiteren Aufruf der Routine fftwnd_one der FFTW-Bibliothek.

Algorithmus 7.4 Berechnung der Lösung Q mit FFT

```
void compFFT(fftw_complex *Q, int *K, real *D) { // mit FFTW-Bibliothek
  fftwnd_one(fft1, Q, NULL);          // komplexe FFT "in place"
  for (int i=0; i<K[0]*K[1]*K[2]; i++) {
    Q[i].re *= D[i];                  // Skalierung mit den Werten von D
    Q[i].im *= D[i];                  // hier eventuell auch Energie
  }                                    // berechnen nach (7.72)
  fftwnd_one(fft2, Q, NULL);          // inverse komplexe FFT "in place"
}
```

Zuvor müssen wir noch die Werte der Skalierungsfaktoren D berechnen und die FFTW-Bibliothek geeignet initialisieren. Dies geschieht in initFFT in Algorithmus 7.5. In die der Einfachheit halber global deklarierten Variablen fft1 und fft2 vom Typ fftwnd_plan geht neben der Richtung der FFT und speicherrelevanten Parametern die Größe K des SPME-Gitters ein, da deren Primfaktorzerlegung und die Reihenfolge der Primfaktoren für die effiziente FFT-Implementierung benötigt werden. Die Transformationen sollen dabei in drei Dimensionen geschehen und „auf dem Platz" stattfinden. Der Faktor

---

[43] Alternative FFT-Implementierungen gibt es im Internet unter anderem auf der Webseite http://www.netlib.org.

D wird nach (7.65) bestimmt. Hier gehen die „Größe" der Gaußkurven G, die
Splineordnung pmax, die Gittergröße K und die Gebietsgröße l ein.

Algorithmus 7.5 Initialisierungen für die Lösung mit FFT

```
#include <fftw.h>
fftwnd_plan fft1, fft2;
void initFFT(real *D, int *K, int pmax, real *l) {
  int k[DIM];
  fft1 = fftw3d_create_plan(K[2], K[1], K[0],
                            FFTW_FORWARD, FFTW_IN_PLACE);
  fft2 = fftw3d_create_plan(K[2], K[1], K[0],
                            FFTW_BACKWARD, FFTW_IN_PLACE);
  D[0] = 0;
  for (k[0]=K[0]/2; k[0]>-K[0]/2; k[0]--)
    for (k[1]=K[1]/2; k[1]>-K[1]/2; k[1]--)
      for (k[2]=K[2]/2; k[2]>-K[2]/2; k[2]--) {
        int kp[DIM];
        for (int d=0; d<DIM; d++)
          kp[d]=(k[d]+K[d])%K[d];
        real m = sqr(k[0]/l[0])+sqr(k[1]/l[1])+sqr(k[2]/l[2]);
        if (m>0)
          D[index(kp,K)] = exp(-m*sqr(M_PI/G))*skal/
                           (m*M_PI*l[0]*l[1]*l[2])*
                           bCoeff(pmax,K[0],k[0])*
                           bCoeff(pmax,K[1],k[1])*
                           bCoeff(pmax,K[2],k[2]);
      }
}
```

Wie bei der Berechnung des kurzreichweitigen Kraftanteils in force_kr
lassen wir den Faktor $\frac{1}{4\pi\varepsilon_0}$ aus Skalierungsgründen weg, es verbleibt hier
deswegen der Vorfaktor $1/\pi$. Zudem erlauben wir mit dem Parameter skal
eine allgemeine Skalierung. Für die Bestimmung der nötigen Werte von

$$|B(\mathbf{k})|^2 = \prod_{d=0}^{DIM-1} |B_{K_d}(k_d)|^2$$

mit $B_{K_d}(k_d)$ aus (7.59) sind wegen $|e^{-2\pi i(p-1)k_d/K_d}|^2 = 1$ nur die Ausdrücke
im Nenner von $B_{K_d}(k_d)$, das heißt die Werte

$$\left| \sum_{q=0}^{p-2} e^{-2\pi i k_d q/K_d} M_p(q+1) \right|^{-2} \tag{7.78}$$

zu berechnen. Dies geschieht in einer Schleife von 0 bis $p-1$ in der Routine
bCoeff in Algorithmus 7.6. Darin wird die Routine spline aus Algorithmus 7.3 zur Auswertung von M_p aufgerufen.

Algorithmus 7.6 Berechnung der Faktoren (7.78)

```
real bCoeff(int p, int K, int k) {
  if ((p % 2 ==1) && (2*abs(k)==K)) return 0.;
  real c=0., s=0.;
  for (int q=0; q<=p-2; q++) {
    c += spline(q + 1., p) * cos((2. * M_PI * k * q) / K);
    s += spline(q + 1., p) * sin((2. * M_PI * k * q) / K);
  }
  return 1./(sqr(c)+sqr(s));
}
```

Schließlich müssen wir aus der nun in Q gespeicherten Lösung des Poisson-Problems die langreichweitigen Kräfte in den Partikelpositionen gewinnen. Wir gehen davon aus, daß die kurzreichweitigen Kräfte bereits berechnet sind und addieren die langreichweitigen Kräfte hinzu. In Programmstück 7.2 geben wir das prinzipielle Vorgehen an.

Programmstück 7.2 Langreichweitige Kraftberechnung aus Lösung Q

Schleife über alle Zellen `ic`
   Schleife über alle Partikel `i` in Zelle `ic` {
      bestimme mittels des Makros `index` die Stützstellen des Felds Q für die
      Auswertung des langreichweiten Kraftanteils auf dem SPME-Gitter;
      berechne die Kraft auf Partikel `i` gemäß (7.74);
   }

Die Details sind in der Routine compF_SPME in Algorithmus 7.7 ausgeführt. Wir durchlaufen alle Partikel der Linked-Cell-Struktur wie schon bei der Interpolation auf das Gitter in Programmstück 7.1 und Algorithmus 7.2. Deren Koordinaten werden in eine Position im SPME-Gitter umgerechnet. Nun müssen wir die Stützstellen des Splineapproximanden Q der Lösung der Poisson-Gleichung bestimmen und anschließend dessen Gradienten an der Position des Partikels auswerten. Wir verwenden dazu wieder Splines der Ordnung pmax und benötigen daher $(\text{pmax})^3$ Zellen des SPME-Gitters. Die Ableitung der Splinefunktion gemäß (7.56) ist in der Routine Dspline in Algorithmus 7.8 umgesetzt.[44]

Wir können damit die gesamte Kraftberechnung des SPME-Verfahrens wie in Programmstück 7.3 zusammenfassen. Zunächst wird der kurzreichweitige Kraftanteil mit der Routine compF_LC des Linked-Cell-Algorithmus 3.15 berechnet, wobei dort die Kraftroutine force_kr des Algorithmus 7.1 zusätzlich eingefügt wurde. Unabhängig davon werden die Partikelladungen mit

---

[44] Auch diese rekursive Routine kann analog zu den Bemerkungen in Fußnote 42 noch hinsichtlich der Rechenzeit verbessert werden.

Algorithmus 7.7 Langreichweitige Kraftberechnung aus Lösung Q

```
void compF_SPME(Cell *grid, int *nc, fftw_complex *Q, int *K, int pmax,
                real *spme_cellh) {
  int jc[DIM];
  for (jc[0]=0; jc[0]<nc[0]; jc[0]++)
    for (jc[1]=0; jc[1]<nc[1]; jc[1]++)
      for (jc[2]=0; jc[2]<nc[2]; jc[2]++)
        for (ParticleList *i=grid[index(jc,nc)]; NULL!=i; i=i->next) {
          int m[DIM], p[DIM];
          for (int d=0; d<DIM; d++)
            m[d] = (int)floor(i->p.x[d] / spme_cellh[d]) + K[d];
          for (p[0]=0; p[0]<pmax; p[0]++)
            for (p[1]=0; p[1]<pmax; p[1]++)
              for (p[2]=0; p[2]<pmax; p[2]++) {
                int mp[DIM];
                real x[DIM], s[DIM];
                for (int d=0; d<DIM; d++)
                  mp[d] = (m[d]-p[d])%K[d];
                real q = i->p.q * Q[index(mp,K)].re;
                for (int d=0; d<DIM; d++) {
                  x[d] = p[d] + fmod(i->p.x[d], spme_cellh[d])
                               / spme_cellh[d];
                  s[d] = spline(x[d], pmax);
                }
                i->p.f[0] -= q * Dspline(x[0], pmax)
                                 / spme_cellh[0] * s[1] * s[2];
                i->p.f[1] -= q * s[0] * Dspline(x[1], pmax)
                                 / spme_cellh[1] * s[2];
                i->p.f[2] -= q * s[0] * s[1] * Dspline(x[2], pmax)
                                 / spme_cellh[2];
              }
        }
}
```

Algorithmus 7.8 Ableitung eines B-Splines (7.56)

```
real Dspline(real x, int p) {
  return spline(x, p-1) - spline(x-1., p-1);
}
```

compQ auf das Gitter interpoliert, dort mit compFFT das Poisson-Problem gelöst und schließlich mit compF_SPME die langreichweitigen Kräfte auf dem Gitter in den Partikelpositionen ausgewertet und zu den kurzreichweitigen Kräften addiert.

Programmstück 7.3 Gesamte Kraftberechnung mit dem SPME-Verfahren

```
compF_LC(grid, nc, r_cut);
compQ(grid, nc, Q, K, pmax, spme_cellh);
compFFT(Q, K, D);
compF_SPME(grid, nc, Q, K, pmax, spme_cellh);
```

Das entsprechende Hauptprogramm in Algorithmus 7.9 enthält gegenüber dem ursprünglichen Programm des Linked-Cell-Verfahrens einige neue Parameter, wie die Breite G der Gaußschen Glockenfunktionen, die Splineordnung pmax sowie die Größe K[DIM] und die Maschenweite spme_cellh[DIM] des SPME-Gitters. Diese Parameter müssen zusätzlich zu Programmbeginn initialisiert oder eingelesen werden. Dabei folgt die Maschenweite spme_cellh des SPME-Gitters aus K und der Gebietsgröße l gemäß (7.53).

Algorithmus 7.9 Hauptprogramm des SPME-Verfahrens

```
int main() {
    int nc[DIM], K[DIM], pmax;
    real l[DIM], spme_cellh[DIM], r_cut;
    real delta_t, t_end;
    inputParameters_SPME(&delta_t, &t_end, nc, l, &r_cut, K,
                         spme_cellh, &G, &pmax);
    Cell *grid = (Cell*)malloc(nc[0]*nc[1]*nc[2]*sizeof(*grid));
    real *D = (real*) malloc(K[0]*K[1]*K[2]*sizeof(*D));
    fftw_complex *Q = (fftw_complex*) malloc(K[0]*K[1]*K[2]*sizeof(*Q));
    initFFT(D, K, pmax, l);
    initData_LC(grid, nc, l);
    timeIntegration_SPME(0, delta_t, t_end, grid, nc, l, r_cut,
                         Q, D, K, spme_cellh, G, pmax);
    freeLists_LC(grid, nc);
    free(Q); free(D); free(grid);
    return 0;
}
```

Zusätzlich zu den Linked-Cell-Datenstrukturen grid müssen im Hauptprogramm auch noch die SPME-Gitterstrukturen Q und D initialisiert werden. Dazu wird der entsprechende Speicherplatz reserviert und die nötige Initialisierungsroutine aufgerufen. Bei der neuen Zeitintegrationsroutine timeIntegration_SPME muß nun gegenüber timeIntegration_LC die erweiterte Kraftberechnung aus Programmstück 7.3 verwendet werden, wobei zudem die Kraftroutine force_kr in compF_LC eingefügt wurde.

7.4 Anwendungsbeispiele und Erweiterungen

In diesem Abschnitt zeigen wir einige Ergebnisse für die Simulation von Partikelsystemen mit dem im letzten Kapitel beschriebenen Programm. Als Wechselwirkungspotential zwischen den Partikeln tritt nun zusätzlich zu den bisherigen kurzreichweitigen Potentialen das Coulomb-Potential auf.

Zunächst betrachten wir zwei Beispiele für eine durch Ladungen induzierte Instabilität. Dies ist ähnlich zum Rayleigh-Taylor-Problem, das wir in Abschnitt 3.6.4 untersucht haben. Nun wird jedoch die Dynamik der Partikel durch die unterschiedliche Ladungsverteilung verursacht. Danach führen wir eine Simulation durch, bei der ein in kristalliner Form vorliegendes Salz (KCl) langsam erhitzt wird, schmilzt, nach dem Schmelzen schnell abgekühlt wird und dabei in den glasförmigen Zustand übergeht. Schließlich studieren wir das Verhalten von Wasser als Beispiel für ein molekulares System, in dem langreichweitige Kräfte wirken. Wir diskutieren verschiedene Wassermodelle, besprechen die Implementierung eines speziellen Modells und bestimmen den Selbstdiffusionskoeffizienten für ein kleines System von 216 Wassermolekülen.

7.4.1 Rayleigh-Taylor-Instabilität mit Coulomb-Potential

In diesem Abschnitt simulieren wir eine durch Ladungen induzierte Instabilität. Sie entsteht, wenn Lagen aus Partikeln unterschiedlicher Ladung übereinander geschichtet werden. Abbildung 7.10 (links oben) zeigt die Ausgangssituation. Das Simulationsgebiet ist vollständig mit Partikeln gefüllt. Dabei sind die Partikel einer Schicht mit halber Gebietshöhe, die sich in der Mitte des Simulationsgebiets befindet, positiv geladen und die restlichen Partikel sind negativ geladen. Dieser instabile Zustand löst sich dadurch auf, daß sich die Partikel aus den beiden Teilgebieten vermischen. Der Vermischungsprozeß erfolgt dabei abhängig von der jeweiligen Größe der Partikel (gesteuert durch den Parameter σ im Lennard-Jones-Potential) und den Ladungsunterschieden. Bevor wir die Simulation genauer beschreiben, diskutieren wir die Einführung von dimensionslosen Gleichungen für das Coulomb-Potential.

Dimensionslose Gleichungen – reduzierte Variablen. Als weiteres Beispiel, wie die in den Bewegungsgleichungen auftretenden Größen dimensionslos gemacht werden können, betrachten wir nun ein Gemisch von zwei Partikeln unterschiedlicher Sorte (A oder B), die durch ein Lennard-Jones-Potential und ein Coulomb-Potential interagieren. Das Potential lautet (hier der Einfachheit halber für den nicht-periodischen Fall)

$$V = \sum_{i=1}^{N} \sum_{\substack{j=1 \\ j>i}}^{N} \frac{1}{4\pi\varepsilon_0} \frac{q_i q_j}{r_{ij}} + \sum_{i=1}^{N} \sum_{\substack{j=1 \\ j>i}}^{N} 4\varepsilon_{ij} \left(\left(\frac{\sigma_{ij}}{r_{ij}} \right)^{12} - \left(\frac{\sigma_{ij}}{r_{ij}} \right)^{6} \right). \quad (7.79)$$

Nun wählen wir eine Partikelsorte (hier die der Sorte A) aus, mit dessen Parametern die Skalierung durchgeführt wird. Analog zu Abschnitt 3.7.3

skalieren wir das Lennard-Jones-Potential mit den Werten $\tilde{\sigma} = 2.22$ Å, $\tilde{\varepsilon} = 1.04710^{-21}$ J und $\tilde{m} = 1$ u, vergleiche (3.55). Weiterhin werden mit $\tilde{q} = 1$ e durch

$$q_i' = q_i/\tilde{q}$$

nun auch die Ladungen skaliert.[45] Definiert man noch $\varepsilon_0' := \dfrac{4\pi\varepsilon_0\tilde{\sigma}\tilde{\varepsilon}}{\tilde{q}^2}$, so erhält man durch Einsetzen in (7.79) die skalierte potentielle Energie

$$V' = \frac{V}{\tilde{\varepsilon}_1} = \sum_{i=1}^{N}\sum_{\substack{j=1 \\ j>i}}^{N} \frac{1}{\varepsilon_0'}\frac{q_i'q_j'}{r_{ij}'} + \sum_{i=1}^{N}\sum_{\substack{j=1 \\ j>i}}^{N} 4\varepsilon_{ij}'\left(\left(\frac{\sigma_{ij}'}{r_{ij}'}\right)^{12} - \left(\frac{\sigma_{ij}'}{r_{ij}'}\right)^{6}\right).$$

Gradientenbildung ergibt dann die skalierten Kräfte

$$\mathbf{F}_i' = -\sum_{j=1}^{N} \frac{1}{\varepsilon_0'}\frac{q_i'q_j'}{(r_{ij}')^2}\frac{\mathbf{r}_{ij}'}{r_{ij}'} - \sum_{\substack{j=1 \\ j\neq i}}^{N} 24\varepsilon_{ij}'\left(2\left(\frac{\sigma_{ij}'}{r_{ij}'}\right)^{12} - \left(\frac{\sigma_{ij}'}{r_{ij}'}\right)^{6}\right)\frac{\mathbf{r}_{ij}'}{(r_{ij}')^2}.$$

In dem von uns im folgenden betrachteten zweidimensionalen Beispiel[46] unterscheiden sich die beiden Typen von Partikeln nur in ihrer Ladung, so daß ε_{ij}' wie auch σ_{ij}' nach Skalierung gleich Eins sind.

Abbildung 7.10 zeigt das Ergebnis einer Simulation mit 14000 Partikeln und den Parameterwerten (nach Skalierung) in Tabelle 7.1. Dabei sind die Partikel zu Beginn der Simulation auf den 200×70 Gitterpunkten eines regulären Gitters angeordnet und durch eine kleine thermische Bewegung gestört. Die Partikel der mittleren Schicht tragen die Ladung q_A', die restlichen Partikel tragen die Ladung q_B'.

$$
\begin{array}{ll}
L_1' = 144, & L_2' = 60, \\
\varepsilon_A' = \varepsilon_B' = 1, & \sigma_A' = \sigma_B' = 1, \\
q_A' = 0.5\,, & q_B' = -0.5, \\
m_A' = m_B' = 23, & \text{N} = 14000, \\
r_{\text{cut}}' = 6, & \delta t' = 0.001, \\
T' = 0.1, & G' = 0.175, \\
h' = 1, & p_{\max} = 4, \\
\text{skal} = 992.573 &
\end{array}
$$

Tabelle 7.1. Parameterwerte, Simulation Instabilität mit Coulomb-Potential.

---

[45] Für die atomare Masseneinheit gilt u $= 1.6605655 \cdot 10^{-27}$ kg, für die Elementarladung gilt e $= 1.6021892 \cdot 10^{-19}$ C.

[46] Im Algorithmus rechnen wir dreidimensional, wobei wir in der dritten Koordinate zu Anfang die Ortswerte konstant und die Geschwindigkeitswerte Null setzen.

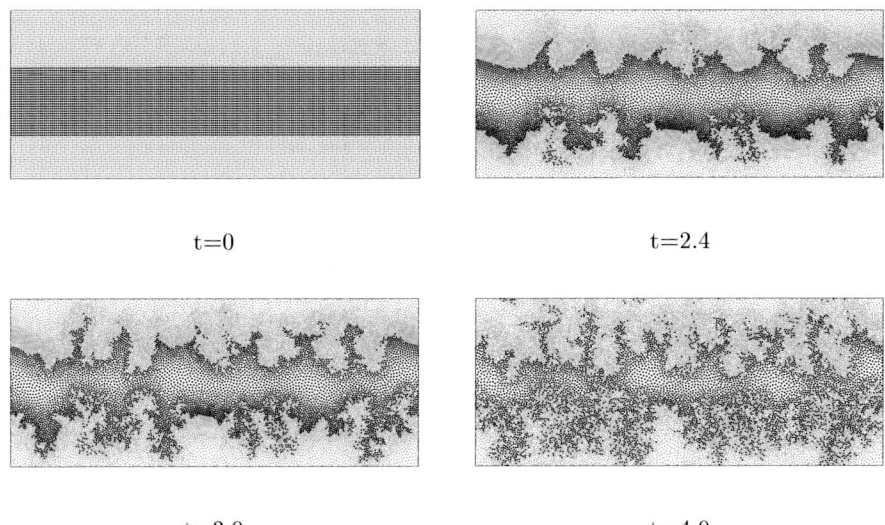

$$t=0 \qquad\qquad t=2.4$$

$$t=3.0 \qquad\qquad t=4.0$$

Abb. 7.10. Instabilität mit Coulomb-Potential, $\sigma'_A = \sigma'_B = 1$, zeitliche Entwicklung der Partikelverteilung.

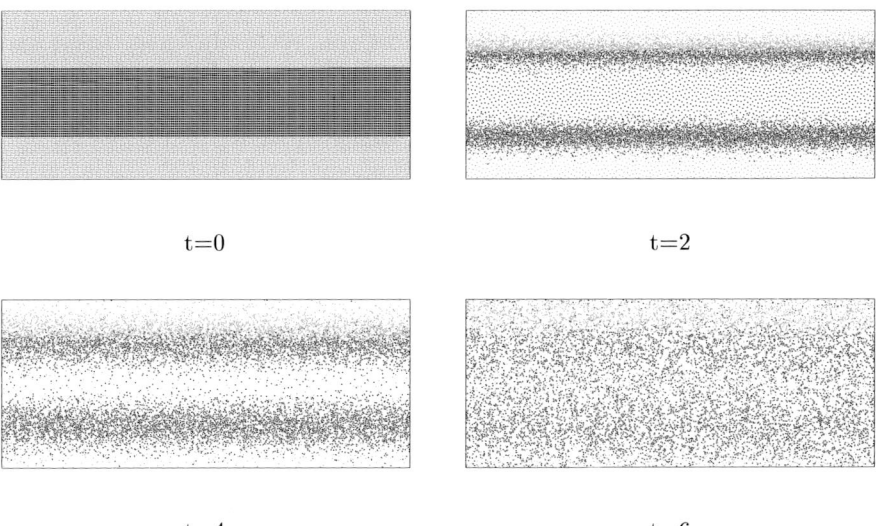

$$t=0 \qquad\qquad t=2$$

$$t=4 \qquad\qquad t=6$$

Abb. 7.11. Instabilität mit Coulomb-Potential, $\sigma'_A = \sigma'_B = 0.4$, zeitliche Entwicklung der Partikelverteilung.

Ähnlich wie bei der Rayleigh-Taylor-Instabilität in Abschnitt 3.6.4 ergeben sich faserige pilzartige Strukturen. Das Ergebnis der Simulation ist stark vom Wert der Parameter σ'_A, σ'_B abhängig. Abbildung 7.11 zeigt das Ergebnis einer weiteren Rechnung mit $\sigma'_A = \sigma'_B = 0.4$. Die anderen Parameter sind unverändert. In diesem Fall erfolgt die Vermischung der Partikel diffusiv, da sie aufgrund ihrer verminderten „Ausdehnung" nun leichter aneinander vorbei wandern können.

7.4.2 Phasenübergang in ionischen Mikrokristallen

Nun betrachten wir ein dreidimensionales Beispiel, in dem das Schmelzen von Salzkristallen (KCl) und die anschließende Glasbildung nach Abkühlung untersucht wird. Dabei tritt im Potential durch die K^+- und Cl^--Ionen ein nicht zu vernachlässigender langreichweitiger Anteil auf.

Das Schmelzen von Salzkristallen wurde bereits in [33] simuliert, Glasbildung wurde in [320] beobachtet. Trotz des sehr kleinen Zeitbereichs, der in einer Moleküldynamik-Simulation behandelt werden kann (Piko- bis Mikrosekundenbereich), können solche Rechnungen dazu dienen, die Mechanismen beim Schmelzen (insbesondere die mikroskopischen Details des Schmelzvorgangs) besser zu verstehen, und können so zu einer Theorie des Schmelzens beitragen, vergleiche [236, 296]. Als Potentiale zur Simulation des Phasenübergangs von Salzen wurde zum Beispiel das Born-Mayer-Huggins- oder Tosi-Fumi-Potential [239] verwendet. Potentialparameter für verschiedene Salze finden sich in [535]. Die Simulation von KCl mit dem Tosi-Fumi-Potential wurde in [379] durchgeführt. Für einen Vergleich der Resultate mit den Ergebnissen von Messungen siehe [535]. In [41] wurde das Verhalten von KCl in allen seinen Phasenübergängen in einer Simulation untersucht.

Wir verwenden hier als Potential die Coulomb-Interaktion zusammen mit einem kurzreichweitigen abstoßenden Term

$$U(r_{ij}) = \frac{1}{4\pi\varepsilon_o} \frac{q_i q_j}{r_{ij}} \left(1 + \mathrm{sgn}(q_i q_j)\frac{2^8}{9}\left(\frac{\sigma_{ij}}{r_{ij}}\right)^8\right),$$

vergleiche [461]. Die Kraft zwischen zwei Ionen i und j im Abstand r_{ij} ist gegeben durch

$$\mathbf{F}_{ij} = -\frac{q_i q_j}{4\pi\varepsilon_0} \frac{1}{r_{ij}^2} \left(1 + \mathrm{sgn}(q_i q_j) 2^8 \left(\frac{\sigma_{ij}}{r_{ij}}\right)^8\right) \frac{\mathbf{r}_{ij}}{r_{ij}}. \tag{7.80}$$

Die σ_{ij}-Parameter werden dabei nach den Lorentz-Berthelotschen Mischungsregeln berechnet.

In unserer Simulation skalieren wir mit $\tilde{\sigma} = 1\ r_B$, $\tilde{q} = 1$ e, $\tilde{m} = 1$ u und $\tilde{\varepsilon} = \mathrm{e}^2/(4\pi\varepsilon_0 r_B)$. Hierbei ist $r_B = 0.52917721\text{Å}$ der Bohr-Radius. Diese Skalierung unterscheidet sich leicht von der bisher verwendeten, da nun r_B

und nicht σ_K oder σ_{Cl} zur Skalierung verwendet wird. Mit diesen Skalierungen erhält man die skalierte Kraft

$$\mathbf{F}'_{ij} = -\frac{q'_i q'_j}{(r'_{ij})^2} \left(1 + \text{sgn}(q'_i q'_j) 2^8 \left(\frac{\sigma'_{ij}}{r'_{ij}} \right)^8 \right) \frac{\mathbf{r}'_{ij}}{r'_{ij}}$$

beziehungsweise den skalierten Paaranteil der potentiellen Energie

$$U'(r'_{ij}) = \frac{q'_i q'_j}{r'_{ij}} \left(1 + \text{sgn}(q'_i q'_j) \frac{2^8}{9} \left(\frac{\sigma'_{ij}}{r'_{ij}} \right)^8 \right).$$

Wir betrachten eine kubische Simulationsbox mit periodischen Randbedingungen, die im Zentrum einen kleinen kubischen Mikrokristall aus 12^3 Ionen (im Wechsel $K+$ und $Cl-$ Ionen) im Equilibrium bei einer Temperatur von 10 K enthält. Dieser Kristall wird bis zu einer Temperatur von 2000 K aufgeheizt, wobei jeweils für 25 Schritte die Geschwindigkeiten mit dem Faktor $\beta = 1.001$ multipliziert werden und sich daraufhin das System 600 Zeitschritte jeweils ungestört entwickeln kann (Equilibrierung). Ist die Temperatur von 2000 K erreicht, dann wird wieder bis auf 10 K abgekühlt, indem jeweils 25 Schritte lang die Geschwindigkeiten mit dem Faktor $\beta = 0.999$ multipliziert werden und dann das System für 600 Zeitschritte equilibriert wird. Die verwendeten Parameterwerte sind in Tabelle 7.2 angegeben.

$$L'_1 = 144, \qquad L'_2 = 144, \qquad L'_3 = 144,$$
$$\sigma'_K = 2.1354, \quad \sigma'_{Cl} = 2.9291,$$
$$m'_K = 38.9626, \quad m'_{Cl} = 35.4527,$$
$$q'_K = 1, \qquad q'_{Cl} = -1,$$
$$r'_{\text{cut}} = 24, \qquad \delta t' = 1.0,$$
$$h' = 4, \qquad G' = 0.1,$$
$$\text{N} = 12^3, \qquad p_{\max} = 4, \qquad \text{skal} = 1$$

Tabelle 7.2. Parameterwerte, Simulation Schmelzen von KCl.

In dieser Simulation läßt sich der Phasenübergang fest-flüssig sowie der Übergang in den Glaszustand beobachten. Abbildung 7.12 zeigt die Partikelverteilung vor dem Schmelzen (links), nach dem Schmelzen im flüssigen Zustand (Mitte) und im Glaszustand (rechts).

In Abbildung 7.13 tragen wir die innere Energie gegen die Temperatur an. Die Werte für V und T (beziehungsweise für die kinetische Energie E_{kin}) werden dabei als Mittel über die jeweils letzten 250 Zeitschritte einer Equilibrierungsphase (mit je 625 Zeitschritten) berechnet. Man erkennt deutlich, daß beim Erhitzen ein Phasenübergang stattfindet. Beim Kühlen kehrt das Salz nicht mehr in den Kristallzustand zurück, sondern es bildet sich Glas.

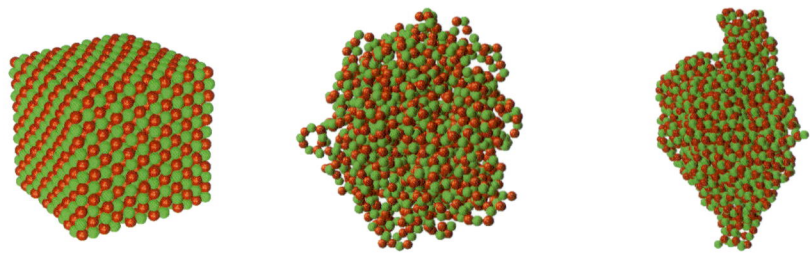

Abb. 7.12. KCl vor dem Schmelzen (links) $t = 5.2$ ps, nach dem Schmelzen im flüssigen Zustand (Mitte) $t = 144.6$ ps und im Glaszustand (rechts) $t = 309.8$ ps, NVE-Ensemble.

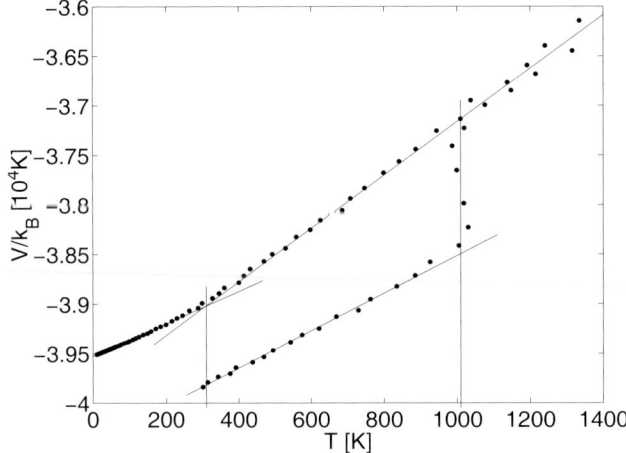

Abb. 7.13. Kurve der inneren Energie gegen die Temperatur aus einer Simulation des Schmelzens und der Glasbildung von KCl.

Der Schmelzpunkt liegt in unserer Simulation bei etwa 1010 K, der Glaspunkt befindet sich bei 310 K und die Schmelzwärme ist 1400 K. In [320] findet man für makroskopische Proben die physikalischen Werte 1045 K für den Schmelzpunkt und 1580 K für die Schmelzwärme. Die beobachtete Schmelztemperatur ist niedriger als die der makroskopischen Probe, da das Verhältnis von Oberfläche zu Volumen bei der mikroskopischen Probe bedeutend größer ist und der Kristall zuerst an der Oberfläche zu schmelzen beginnt. Die spezifische Wärme ergibt sich aus den Steigungen der in Abbildung 7.13 eingezeichneten Geraden. Die spezifische Wärme des Fluids ist dabei größer als die spezifische Wärme des Festkörpers.

7.4.3 Wasser als molekulares System

In diesem Abschnitt beschäftigen wir uns nun mit der Simulation von Molekülen mit Coulombanteil in den Wechselwirkungen am Beispiel eines Wassermodells. Dabei kommt eine leicht erweiterte Version des obigen Verfahrens zum Einsatz. Sollen nämlich bestimmte Paarwechselwirkungen innerhalb eines Moleküls nicht berücksichtigt werden, so müssen wir die elektrostatische Energie des Gesamtsystems entsprechend korrigieren. Dabei ist es vorteilhaft, eine strikte Trennung der inter- und intramolekularen Anteile der elektrostatischen Energie vorzunehmen.

Das durch eine Gauß-Ladung $q_j \left(G/\sqrt{\pi} \right)^3 e^{-G^2 \|\mathbf{x} - \mathbf{x}_j^{\mathbf{n}}\|^2}$ am Ort $\mathbf{x}_j^{\mathbf{n}}$ erzeugte Potential ist

$$\Phi_j^{\mathbf{n},\text{Gauß}}(\mathbf{x}) = \frac{q_j}{4\pi\varepsilon_0} \frac{\text{erf}(G\|\mathbf{x}_j^{\mathbf{n}} - \mathbf{x}\|)}{\|\mathbf{x}_j^{\mathbf{n}} - \mathbf{x}\|},$$

vergleiche (7.41). Die Energie, die die Partikel innerhalb eines Moleküls[47] besitzen, ist dann gegeben durch

$$V_{\text{selbst}}^{\text{Molekül}} = \frac{1}{2} \sum_{\mathbf{n}\in\mathbb{Z}^3} \sum_{i=1}^{N} \sum_{\substack{j=1, j\neq i \\ (i,j)\in\text{Molekül}}}^{N} q_i \Phi_j^{\mathbf{n},\text{Gauß}}(\mathbf{x}_i)$$

$$= \frac{1}{2} \frac{1}{4\pi\varepsilon_0} \sum_{\mathbf{n}\in\mathbb{Z}^3} \sum_{i=1}^{N} \sum_{\substack{j=1 \\ j\neq i \text{ für } \mathbf{n}=\mathbf{0} \\ (i,j)\in\text{Molekül}}}^{N} q_i q_j \frac{\text{erf}(G r_{ij}^{\mathbf{n}})}{r_{ij}^{\mathbf{n}}}. \tag{7.81}$$

Dabei läuft die Summe über alle Atom-Paare innerhalb der Moleküle. Insgesamt erhalten wir damit die elektrostatische Energie zu

$$V_{\text{Coulomb}} = V_{\text{fremd}}^{\text{lr}} - V_{\text{selbst}} + V^{\text{kr}} - V_{\text{selbst}}^{\text{Molekül}} + V^{\text{Molekül}} \tag{7.82}$$

mit den Anteilen

$$V^{\text{kr}} = \frac{1}{2} \frac{1}{4\pi\varepsilon_0} \sum_{\mathbf{n}\in\mathbb{Z}^3} \sum_{i=1}^{N} \sum_{\substack{j=1 \\ j\neq i \text{ für } \mathbf{n}=\mathbf{0} \\ (i,j)\notin\text{Molekül}}}^{N} q_i q_j \frac{\text{erfc}(G r_{ij}^{\mathbf{n}})}{r_{ij}^{\mathbf{n}}}$$

und $V_{\text{selbst}}^{\text{Molekül}}$ beziehungsweise V_{selbst} wie in (7.81) beziehungsweise (7.70), $V_{\text{fremd}}^{\text{lr}}$ wie in (7.31) und $V^{\text{Molekül}}$ wie in (5.38). Die zugehörigen Kräfte erhält man durch Gradientenbildung aus den Energien.

---

[47] Um die Notation einfach zu halten, haben wir hier angenommen, daß das Molekül vollständig in der Simulationsbox liegt und nicht über den Rand hinaus reicht. Für ein Molekül, das zu einem oder mehreren benachbarten Abbildern der Simulationsbox gehört, ist auch die Periodisierung für die innere Summe über die Stücke des Moleküls entsprechend zu beachten.

Auf dieser Basis wollen wir im folgenden die Eigenschaften von Wasser studieren. Wasser ist die am häufigsten vorkommende Flüssigkeit auf der Erde, es ist wichtig für die Biologie, die Biochemie und die physikalische Chemie und spielt eine zentrale Rolle in einer Vielzahl der dort ablaufenden Prozesse. Dabei ist Wasser unter anderem wegen der geometrischen und elektronischen Struktur des Wassermoleküls ein kompliziertes Vielteilchensystem. Dieses ist bekanntermaßen aus zwei Wasserstoffatomen und einem Sauerstoffatom aufgebaut und besitzt eine Tetraeder-Form, wobei der Sauerstoff im Zentrum, die zwei Wasserstoffatome an zwei Ecken und Wolken negativer Ladung an den beiden anderen Ecken des Tetraeders liegen, vergleiche Abbildung 7.14. Die Ladungen resultieren dabei aus der Art wie Wasserstoff und Sauerstoff miteinander gebunden sind. Vereinfacht gesprochen besitzt Sauerstoff acht negativ geladene Elektronen, wobei zwei der inneren (und damit vollen) Schale und sechs der äußeren Schale zugehörig sind. Diese kann jedoch bis zu acht Elektronen fassen. Bei der Bindung mit den beiden Wasserstoffatomen werden nun deren Elektronen angezogen im Versuch, die äußere Schale des Sauerstoffs komplett zu füllen. Diese haben deswegen eine größere Aufenthaltswahrscheinlichkeit in der Umgebung des Sauerstoffkerns als in der Umgebung ihrer eigenen positiv geladenen Kerne. Aus diesem Grund ist das Wassermolekül polar: es hat zwei Wolken negativer Ladung beim Sauerstoffatom; die beiden Wasserstoffatome besitzen jeweils eine entsprechende positive Ladung. Der Winkel zwischen den beiden ca. 1 Å langen Wasserstoff-Sauerstoff-Bindungen ist etwa 105 Grad. Dies ist etwas weniger als die 109.5 Grad des Seitenwinkels in einem perfekten Tetraeder.

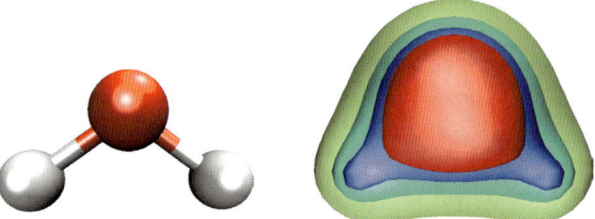

Abb. 7.14. Wassermolekül in Kugel-Stab-Darstellung (links) und Aufenthaltswahrscheinlichkeit der Elektronen (rechts).

Die dehnbare Dreiecksgestalt und die charakteristische Asymmetrie der Elektronenwolke des Wassermoleküls ermöglicht es, verschiedene Wechselwirkungen zu anderen Wassermolekülen oder polaren Gruppen aufzubauen. Dabei geht ein positiv geladener Wasserstoff eines Wassermoleküls mit dem negativ geladenen Sauerstoff eines anderen Wassermoleküls eine sogenannte Wasserstoffbrückenbindung ein. Möglich sind zwei solche Bindungen zwischen seinen beiden Wasserstoffatomen und den Sauerstoffatomen zwei-

er anderer Wassermoleküle und zwei zwischen seinem Sauerstoffatom und
den Wasserstoffatomen zweier weiterer Wassermoleküle. Damit können sich
eine Vielzahl von Netzwerken und Clustern von Wassermolekülen in unterschiedlicher Größe ausprägen, die wiederum untereinander sowie mit anderen
darin gelösten Molekülsystemen wechselwirken können. Die Zahl der Wasserstoffbrücken pro Wassermolekül in flüssigem Zustand beträgt dabei zwischen
drei und sechs, mit einem Durchschnitt von 4.5. Die tetragonale Form seiner
Moleküle gibt Wasser eine Struktur, die im Vergleich mit der Struktur der
meisten anderen Flüssigkeiten, wie etwa Öl oder flüssigem Stickstoff, weit
loser gepackt ist.

Für eine Moleküldynamik-Simulation von Wasser benötigen wir ein Modell, das die Polarität des Wassermoleküls und seine Möglichkeiten zur
Wasserstoff-Brückenbildung geeignet widerspiegelt. Wir betrachten zunächst
in sich starre, nicht-polarisierbare Modelle. Dabei müssen zwei Arten von
Wechselwirkungen auf die in festem Winkel und Abstand angeordneten Atome eines H_2O-Moleküls berücksichtigt werden, nämlich elektrostatische und
van der Waals-Kräfte, die durch Coulomb-Potentiale beziehungsweise durch
Lennard-Jones-Potentiale beschrieben werden. Weitere Einflüsse durch Dipolmomente oder quantenmechanische Effekte werden nicht gesondert behandelt, sondern gehen in die Wahl der Potentialparameter mit ein.

Die erste Simulation von Wassermolekülen wurde von Rahman und Stillinger Anfang der siebziger Jahre durchgeführt [491]. Sie studierten die Dynamik von $6 \times 6 \times 6 = 216$ Molekülen in einer quadratischen Box für fünf
Picosekunden. Die Simulation konnte wichtige Eigenschaften von Wasser wie
Diffusionsrate, Verdampfungsrate und radiale Verteilungsfunktionen zumindest qualitativ reproduzieren.

Mittlerweile sind eine Reihe verschiedener Wassermodelle entwickelt und
untersucht worden. Man kann sie durch die Zahl der dabei verwendeten Wech-
selwirkungszentren klassifizieren. Der einfachste Fall ist der von drei Punktladungen, an denen effektive Paarpotentialfunktionen fixiert sind. Ausgangs-
punkt war das TIPS3-Modell (transferable intermolecular potential, 3 sites)
[341]. Die drei Punktladungen sind dabei durch das Sauerstoffatom und die
beiden Wasserstoffatome gegeben. Die Wasserstoffe tragen positive Partial-
ladungen, der Sauerstoff die entgegengesetzte, doppelte negative Ladung. Diese gehen jeweils in die Coulomb-Wechselwirkungen ein. Zwischen den Sauerstoffatomen der Wassermoleküle wirkt zusätzlich eine Lennard-Jones-Kraft.
Ein analoges Modell mit einem verbesserten Parametersatz, der an den Fall
von flüssigem H_2O angepaßt ist, ist das SPC-Modell (simple point charge)
[81], eine Erweiterung hiervon führt zum SPC/E-Modell (extended simple
point charge) [79], eine andere Reparametrisierung des TIPS3-Modells für
den Fall von flüssigem H_2O resultiert im TIP3P-Modell [343].

Verbesserte Ergebnisse werden durch Modelle erzielt, die vier Wechsel-
wirkungszentren verwenden. Dabei bleibt alles wie beim Dreizentren-Modell bis
auf die negative Ladung des Sauerstoffatoms. Diese wird etwas vom Sauerstoff

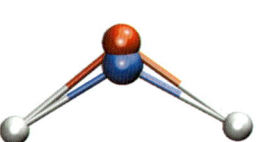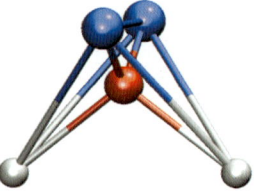

Abb. 7.15. Positionen der Massen- und Ladungszentren für Vier- und Fünfzentren-Modelle von Wasser.

wegbewegt und zu einem Punkt auf der Halbierenden des *H-O-H* Winkels in Richtung der Wasserstoffatome verschoben, siehe Abbildung 7.15 (links). Ein solches Modell wurde erstmals von Bernal und Fowler vorgeschlagen [86], TIPS2 [342] und TIP4P [343] sind Varianten mit veränderter Geometrie und verbesserten Parametern.

Im Modell von Ben-Naim und Stillinger [77], wie auch in den verbesserten Modellen ST2 [574], ST4 [302] und TIP5P [399], kommen insgesamt fünf Orte als Zentren vor. Dabei wird nun die negative Ladung des Sauerstoffs auf zwei Orte verteilt, so daß die Ladungszentren einen gleichseitigen Tetraeder bilden, in dessen Mitte die Masse des Sauerstoffatoms liegt, siehe Abbildung 7.15 (rechts). Bei der Auswertung des Gesamtpotentials sind deswegen siebzehn Abstände zu berechnen, was relativ teuer ist im Vergleich zu den zehn Abständen der Vierzentren-Modelle und den neun Abständen der Dreizentren-Modelle. In der Praxis werden deswegen oft Vierzentren-Modelle eingesetzt, die kostengünstiger sind als Fünfzentren-Modelle und bessere Ergebnisse als die billigeren Dreizentren-Modelle liefern. Eine genauere Beschreibung der verschiedenen Modelle mit Parametersätzen, Literaturhinweisen und einem Genauigkeitsvergleich findet man unter anderem in [79, 343, 399]. Neuere Vergleiche mit experimentellen Daten sind in [566] aufgeführt.

Obwohl die Geometrie- und Potentialparameter dieser Modelle im Laufe der Zeit immer besser angepaßt wurden, war es nicht möglich, eine gute Approximation *aller* meßbaren Eigenschaften von Wasser zu erreichen. Einen möglichen Ausweg bieten Wassermodelle, deren Ladungen fluktuieren oder die polarisierbar sind, wie beispielsweise WK [646], TIP4P-FQ [510], POL5 [573] und SWFLEX [629]. Dabei sind die Ladungen und damit die Potentiale von den jeweiligen Atomen in der Nachbarschaft abhängig und die Elektronenwolken können sich entsprechend verformen oder anpassen.

Die Potentialparameter werden üblicherweise durch einen Vergleich von experimentellen Daten mit den Ergebnissen von Monte-Carlo-Simulationen bestimmt, bei denen die Kraft mit einem genügend großen Radius r_{cut} abgeschnitten wird und mit der Linked-Cell-Methode ausgewertet wird. Die Simulationsergebnisse hängen dabei vom Abschneideradius r_{cut} [624] und vom verwendeten Ensemble [400] ab. Andere Zugänge benutzen die PME-Methode

[213], Reaktionsfelder [624] und Ewald-Summationstechniken für SPC- und TIP3P-Wasser [100, 217]. Eine Studie zu Randbedingungen, die die Umgebung eines zu untersuchenden Systems durch dielektrisches Material wie etwa Wasser imitieren, ist für das SPC-Wassermodell in [395] zu finden.

Beim TIP3P-Modell wird die elektrische Ladung des Sauerstoffs als -0.834 e gewählt und die Ladungen der Wasserstoffe entsprechend als 0.417 e gewählt, wobei e die Elementarladung bezeichnet. Die Geometrie des Wassermoleküles wird durch die Fixierung des Wasserstoff-Sauerstoff-Abstands und des Winkels der H-O-H-Bindungen festgelegt. Hierbei werden 0.957 Å für den Abstand und 104.52 Grad für den Winkel verwendet. Im TIP3P-Modell werden weiterhin bei fixierter Geometrie des Wassermoleküls Lennard-Jones-Wechselwirkungen lediglich zwischen den Sauerstoffatomen berechnet. Damit hat das gesamte Molekül statt der ursprünglich neun nur noch sechs Freiheitsgrade, die durch den Schwerpunkt und drei Winkel beschrieben werden können.

In unserem Kontext bietet es sich an, der Einfachheit halber Wasserstoff- und Sauerstoffatome einzeln zu bewegen und die ursprünglichen neun Freiheitsgrade zu verwenden. Dazu werden deren Abstände und Winkel mit entsprechenden Bindungspotentialen fixiert, wie in Abschnitt 5.2.2 beschrieben. Weiterhin werten wir nun Lennard-Jones-Kräfte mit der entsprechenden Mischungsregel zwischen allen Atomen aus, die nicht im selben Molekül liegen, beschränken uns also nicht wie im TIPS3-Modell nur auf die Interaktion zwischen den Sauerstoffatomen. Die verwendeten Parameter sind in Tabelle 7.3 angegeben.

Abstandspotential O-H	$r_0 = 0.957$ Å,	$k_b = 450$ kcal/mol,
Winkelpotential H-O-H	$\theta_0 = 104.52$ Grad,	$k_\theta = 55$ kcal/mol,
Coulomb-Potential	$q_H = 0.417$ e,	$q_O = {-0.834}$ e,
Lennard-Jones-Potential	$\varepsilon_H = 0.046$ kcal/mol,	$\sigma_H = 0.4$ Å,
	$\varepsilon_O = 0.1521$ kcal/mol,	$\sigma_O = 3.1506$ Å,
	$m_H = 1.0080$ u,	$m_O = 15.9994$ u

Tabelle 7.3. Parameterwerte für das TIP3P-C-Wassermodell.

Das analoge Modell mit geringfügig anderem Parametersatz wird auch in CHARMM [125] verwendet. Das neue Wassermodel bezeichnen wir als TIP3P-C. Es ist zwar noch ein Dreizentren-Modell, hat aber fluktuierende Ladungen und ist in unserem Kontext leichter zu implementieren. Wir müssen wegen der Bindungspotentiale allerdings kleinere Zeitschritte ($\delta t = 0.1$ fs) verwenden als das bei einem starren Wassermodell oder bei eingefrorenen Bindungen ($\delta t = 1$ fs) der Fall wäre.

Nun wollen wir mit diesem Modell die Selbstdiffusion von Wasser simulieren. Dazu setzen wir 216 TIP3P-C-Wassermoleküle in eine periodische Box der Länge 18.77 Å. Das System wird zunächst im NVE-Ensemble auf eine Temperatur von 300 K und eine Dichte von 0.97 g/cm³ equilibriert. Dann folgt eine Simulation bei fester Temperatur. Wir berechnen alle Bindungs- und Winkelterme explizit, frieren also keinerlei Freiheitsgrade ein. Für die langreichweitigen Coulombterme wird das SPME-Verfahren gemäß Abschnitt 7.3 verwendet. Als Zeitschrittweite verwenden wir 0.1 fs. Die Simulationsparameter sind in Tabelle 7.4 zusammengestellt.

$$
\begin{array}{lll}
L_1 = 18.77 \text{ Å}, & L_2 = 18.77 \text{ Å}, & L_3 = 18.77 \text{ Å}, \\
N = 216 \text{ H}_2\text{O}, & T = 300 \text{ K}, & \rho = 0.97 \text{ g/cm}^3, \\
r_{\text{cut}} = 9.0 \text{ Å}, & \delta t = 0.1 \text{ fs}, & t_{\text{end}} = 100 \text{ ps}, \\
h = 1 \text{ Å}, & G = 0.26 \text{ Å}^{-1}, & p = 6
\end{array}
$$

Tabelle 7.4. Parameterwerte, Simulation von TIP3P-C-Wasser.

In unserer Simulation berechnen wir näherungsweise die Selbstdiffusionskonstante, die sich aus dem Grenzwert $t \to \infty$ von

$$
D(t) = \sum_{i=1}^{N} \frac{d_i^2(t)}{6Nt}
$$

ergibt, vergleiche auch (3.61). Hierbei ist $d_i(t)$ der Abstand[48] des Schwerpunkts des Moleküls i zur Zeit t von seinem Startpunkt $\mathbf{x}_i(t_0)$ zur Zeit t_0. In unserem Beispiel wird der Wert von D alle 0.5 ps gemessen. Nach jeweils 10 ps wird die jeweils aktuelle Konfiguration als neuer Startwert der Messung verwendet, also t_0 neu gesetzt. Damit läßt sich überprüfen, inwieweit die Werte statistisch variieren, und ob vielleicht noch nicht genügend equilibriert wurde. Üblicherweise wird der Meßwert von D zu Ende einer solchen Meßreihe genommen, da das Gesamtsystem dann so weit wie möglich equilibriert ist. Die potentielle Energie des Systems messen wir ebenfalls.

Abbildung 7.16 gibt zwei Ansichten der räumlichen Verteilung der Wassermoleküle während der Simulation zu einem festen Zeitpunkt. Es läßt sich eine gewisse Clusterung beobachten. Abbildung 7.17 zeigt die zeitliche Entwicklung der berechneten Näherung der Selbstdiffusionskonstante D. Die Messung beginnt nach 5 ps. Nach jeweils weiteren 10 ps ergibt sich durch den Neustart der Messung ein Sprung im Graphen. Gegen Ende der Simulation beträgt die Diffusion etwa $4.1 \cdot 10^{-9}$ m²/s. Die potentielle Energie schwankt mit etwa 2% um den Wert von -9.63 kcal/mol. Diese Werte sind zusammen mit anderen Vergleichswerten in Tabelle 7.5 zusammengestellt. Die potentielle Energie stimmt innerhalb der Schwankungen mit der von Vergleichsrechnungen für TIP3P überein, jedoch nicht die Diffusionskonstante. Man beachte, daß der

---

[48] Für unsere periodischen Randbedingungen muß hier der Abstand zur wirklichen Position eines Partikels bestimmt werden. Verläßt nun ein Teilchen das Simulationsgebiet über den Rand und tritt auf der anderen Gebietsseite wieder ein, so korrigieren wir deshalb den Wert seiner *Anfangsposition* $\mathbf{x}(t_0)$ entsprechend.

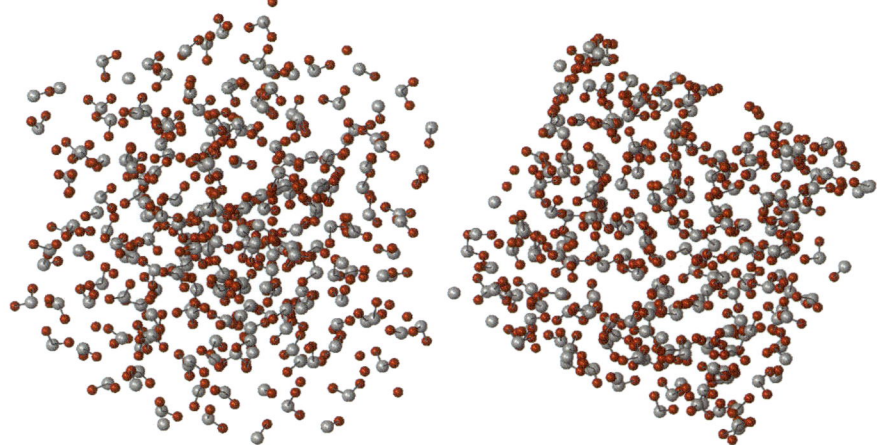

Abb. 7.16. Zwei Ansichten von 216 Wassermolekülen mit dem TIP3P-C-Modell.

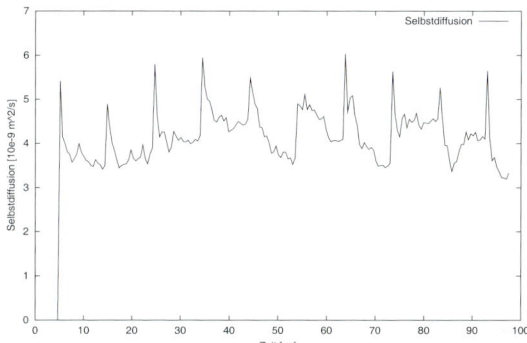

Abb. 7.17. Selbstdiffusionskonstante für das TIP3P-C-Wassermodell.

experimentell gemessene Wert für 300 K bei $2.3 \cdot 10^{-9}$ m^2/s [361] liegt. Dieser wird durch die aufwendigeren Vier- und Fünfzentren-Modelle relativ gut wiedergegeben.[49] Auch unser TIP3P-C-Modell, das aufwendiger als das originale TIP3P-Modell ist, tendiert in diese Richtung und ergibt einen etwas genaueren, das heißt niedrigeren Diffusionswert. Die geringe Teilchenzahl bedingt jedoch noch relativ große statistische Schwankungen der Messungen.

Zusätzlich zu den Wassermolekülen kann man im Simulationsgebiet auch noch andere Atome und Moleküle berücksichtigen [249]. Insgesamt ergeben sich dann im Wasserbad gelöste Strukturen. Einige Experimente dazu diskutieren wir in den Abschnitten 9.1, 9.2 und 9.3.

---

[49] Genauere Simulationsergebnisse kann man für kleine Systeme aus Wassermolekülen mit ab initio- und DFT-Ansätzen erhalten [138, 547, 569].

Modell	Referenz	Diffusion $[10^{-9} \text{ m}^2/\text{s}]$	Referenz	E_{pot} [kcal/mol]
ST2	[574]	4.2	[574]	−9.184
TIP5P	[399]	2.62	[399]	−9.86
POL5/TZ	[573]	1.81	[573]	−9.81
TIP4P	[343]	3.29	[624]	−9.84
TIP4P, Reaktionsfeld			[624]	−10.0
TIP4P-FQ	[510]	1.9	[629]	−9.89
WK	[646]	1.1		
SPC	[646]	3.3	[624]	−9.93
SPC/E	[400]	2.49	[624]	−11.2
TIP3P, Linked-Cell	[343]	5.19	[624]	−9.60
TIP3P, PME	[213]	5.1	[213]	−9.5
TIP3P-C, PME		4.1		−9.63
experimentelle Werte	[361]	2.30	[624]	−9.96

Tabelle 7.5. Meßwerte der Simulation für das TIP3P-C-Wassermodell im Vergleich mit anderen Modellen für Normalbedingungen 10^5 Pa und 300 K bzw. 307.5 K (abhängig von der jeweiligen Referenz).

7.5 Parallelisierung

In diesem Kapitel wenden wir uns der Parallelisierung des Programms aus Abschnitt 7.3 zu. Dazu greifen wir auf den parallelisierten Linked-Cell-Code zurück und erweitern diesen um eine parallele Version der langreichweitigen Kraftberechnung. Die Parallelisierung derjenigen Teile des Codes, die die Auswertung der kurzreichweitigen Anteile der Kräfte beziehungsweise des Potentials und die Bewegung der Partikel ausführen, wurde bereits in Kapitel 4 beschrieben.

Geeignete Parallelisierungsstrategien für die gitterbasierten Methoden zur langreichweitigen Kraftberechnung hängen von den einzelnen im Verfahren verwendeten Komponenten ab. Eine Diskussion für unterschiedliche Rechnerarchitekturen findet man zum Beispiel in [219, 597, 669]. Wir wollen im folgenden wieder Parallelrechner mit verteiltem Speicher betrachten und die Technik der Gebietszerlegung als Strategie für die Parallelisierung einsetzen. Wiederum verwenden wir die Kommunikationsbibliothek MPI, siehe auch Kapitel 4 und Anhang A.3.

Die Parallelisierung der schnellen Fouriertransformation [140, 586] besprechen wir hier allerdings nicht konkret. Statt dessen halten wir unsere Implementierung modular, so daß der Leser hier eine parallele FFT seiner Wahl einbinden kann. Diese sollte jedoch, was die Aufteilung der Daten betrifft, zu unserem Gebietszerlegungsansatz passen. Dies leistet etwa die auf der FFTW [238] basierende parallele Implementierung fft_3d von Plimpton [16], die wir später hier einsetzen werden.

7.5.1 Parallelisierung der SPME-Methode

Wir diskutieren nun die Parallelisierung der SPME-Methode im Detail. Hierfür sind die folgenden Schritte auszuführen:

- Die Summen (7.60) zur Bestimmung des Feldes Q sind parallel zu berechnen.
- Das Feld a aus (7.66) ist parallel zu berechnen. Dazu gehört insbesondere die Ausführung einer parallelen schnellen Fouriertransformation auf Q.
- Eine parallele schnelle inverse Fouriertransformation ist auf a auszuführen.
- Die Summe (7.71) zur Berechnung des langreichweitigen Energieanteils ist parallel zu berechnen. Dazu werden zuerst Teilsummen auf den einzelnen Prozessoren berechnet. Dann werden die Ergebnisse der Prozessoren summiert. Dies kann direkt durch einen Kommunikationsschritt mit MPI_Allreduce geschehen.
- Die Summen (7.74) zur Berechnung der langreichweitigen Kraftanteile sind parallel auszuführen.

Die ersten drei Schritte entsprechen der Lösung der Potentialgleichung. Die letzten zwei Schritte realisieren die Berechnung des langreichweitigen Energieanteils und der langreichweitigen Kraftanteile.

Gebietszerlegung als Parallelisierungsstrategie. Die Strategie, die wir für die Parallelisierung verwenden wollen, ist wieder die Gebietszerlegung. Wir stützen uns dabei auf die Zerlegung (4.2) des Simulationsgebiets Ω in die Teilgebiete Ω_{ip} mit Multi-Index ip, die bereits zur Parallelisierung der Linked-Cell-Methode vorgenommen wurde, um die Daten auf die Prozesse und damit Prozessoren zu verteilen, vergleiche Abbildung 7.18. Den damit verbundenen Datenaustausch bei der parallelen Ausführung des Linked-Cell-Programms kennen wir bereits aus Abschnitt 4.2 und 4.3. Weiterhin setzen wir nun voraus, daß die Zahlen K[d] der SPME-Gitterfreiheitsgrade, die zur Diskretisierung der Potentialgleichung verwendet werden, jeweils (komponentenweise) ganzzahlige Vielfache von np[d] sind. Dies gewährleistet, daß die Zerlegung des Simulationsgebietes der Linked-Cell-Methode auch das zur Berechnung der langreichweitigen Kraft- und Energieanteile verwendete SPME-Gitter zerlegt und auf die Prozesse verteilt, vergleiche Abbildung 7.18.

Die Teilgebiete Ω_{ip} sind damit ihrerseits in jeweils $\prod_{d=0}^{\text{DIM}-1}$ K[d]/np[d] Zellen unterteilt. Die zur Bestimmung der langreichweitigen Kraft- und Energieanteile nötigen Berechnungen werden dann von jedem Prozeß wieder nur auf den lokal zugewiesenen Daten ausgeführt. An verschiedenen Punkten der Berechnung werden jedoch wieder Daten benötigt, die zu Nachbarprozessen gehören, beziehungsweise dort berechnet werden. Zu jedem Zeitschritt müssen deswegen bei der Berechnung der langreichweitigen Kraft- und Energieanteile rechenrelevante Daten zwischen den Prozessen ausgetauscht werden, die benachbarte Gebiete bearbeiten.

Kommunikation zwischen den Prozessen ist dabei an den folgenden drei Punkten notwendig:

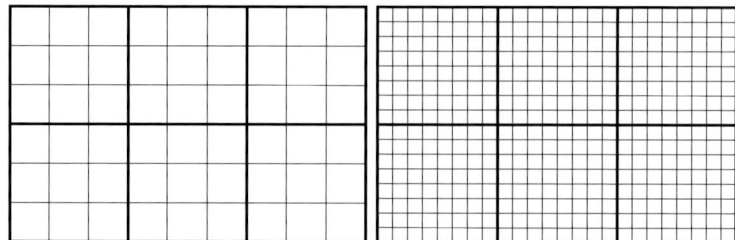

Abb. 7.18. Durch die Aufteilung des Gebiets Ω in Teilgebiete $\Omega_{\mathbf{ip}}$ werden sowohl die Zellen der Linked-Cell-Methode (links) als auch die Freiheitsgrade des SPME-Gitters (rechts) auf die Prozesse verteilt.

– Nach der Berechnung des Feldes Q aus (7.60).
– Während der schnellen Fouriertransformation beziehungsweise schnellen inversen Fouriertransformation.
– Vor der Berechnung der Kräfte nach (7.74).

Zur Berechnung des Feldes Q und zur Berechnung der Kräfte auf manche der Partikel innerhalb seines Teilgebiets benötigt der Prozeß Werte innerhalb einer Randbordüre der Breite $p_{\max} - 1$ am unteren, vorderen und linken Rand aus den benachbarten Gebieten. Dies resultiert aus der von uns gewählten Definition der B-Splines durch (7.55). Zur Speicherung der Daten in diesen Randbordüren wird deswegen jedes Teilgebiet um $p_{\max} - 1$ Zellreihen in diese Richtungen erweitert. Liegen die Daten in diesen Randzellen als Kopien für den Prozeß vor, so kann dieser unabhängig von den anderen Prozessen das Feld Q und die Kräfte auf die Partikel in seinem Teilgebiet berechnen. Analog kann man für die anderen Prozesse beziehungsweise Teilgebiete vorgehen. Damit lassen sich die Kräfte auf die Partikel parallel berechnen. Im folgenden betrachten wir diese drei Punkte im einzelnen.

Berechnung des Feldes Q. Das Feld Q wird nach (7.60) bestimmt zu

$$Q_{\mathbf{m}} = \sum_{\mathbf{n} \in \mathbb{Z}^3} \sum_{j=1}^{N} q_j \prod_{d=1}^{3} M_p((\mathbf{x}_j)_d K_d / L_d - m_d - n_d K_d).$$

Der Multi-Index $\mathbf{m}$ läuft dabei über alle SPME-Gitterpunkte. Ein Partikel an der Stelle $\mathbf{x}$ trägt an allen Gitterpunkten $\mathbf{m}$ mit

$$0 \leq \frac{(\mathbf{x})_d}{h_d} - m_d < p_{\max}, \text{ mit der Maschenweite } h_d = \frac{L_d}{K_d}, d \in \{1, 2, 3\},$$

zum Wert von Q bei. Dies sind seine sogenannten Stützstellen. Sind nun die Partikel und Gitter auf die Prozesse verteilt, so wird für jeden Prozeß die Summe nur über die zu diesem Prozeß gehörigen Partikel ausgeführt.

Am linken, unteren und vorderen lokalen Rand kann jedoch der Fall auftreten, daß für die Summation benötigte Gitterpunkte **m** zu einem anderen Prozeß gehören. Die entsprechenden Randstreifen des Teilgebietes wurden schematisch schon in Abbildung 4.6 dargestellt. Damit werden aber auch Teile der Summe für den Prozeß berechnet, die eigentlich zu einem anderen Prozeß gehören. Für die von uns gewählte Definition der M_p in (7.54), (7.55) handelt es sich dabei um einen Streifen der Breite $p_{\max} - 1$ am linken, unteren und vorderen Rand des Teilgebietes. Zur vollständigen Berechnung der Werte von Q werden diese Daten auf den Nachbarprozessen benötigt und müssen an die jeweiligen Nachbarprozesse verschickt werden.

Die zwischen Prozessen auszutauschenden Daten sind der linke, untere und vordere Rand der jeweiligen Teilgebiete. Wie diese Schicht aus Gitterzellen der Breite `pmax-1` konkret gespeichert werden muß, hängt von der verwendeten parallelen FFT ab. Wie schon bei der Parallelisierung der Linked-Cell-Methode könnte man auch hier das lokale Q-Feld um eine Randbordüre erweitern. Allerdings verwendet beispielsweise die von uns im sequentiellen Fall eingesetzte FFTW ein *linearisiertes* Array zur Beschreibung des dreidimensionalen Gitters. Die Unterscheidung zwischen Randzellen und inneren Zellen des Gitters ist bei Verwendung eines Multi-Index `ic` leicht zu realisieren, auf den mittels `index` berechneten linearen Zellindizes ist diese Unterscheidung jedoch schwierig. Da die parallele FFT nur auf den Daten im Inneren des Teilgebiets ausgeführt werden soll, müßte die FFT explizit zwischen Randzellen und inneren Zellen unterscheiden können. Im wesentlichen heißt dies, daß auch die FFT intern den Speicherzugriff mit einer analogen Indexumrechnung bewerkstelligen müßte. Ein alternativer Ansatz wäre, das Q-Feld nicht explizit zu erweitern, sondern neue Felder für die Randbordüren einzuführen. Hierbei müssen dann allerdings bei der Berechnung des Interpolanten und bei der Kraftauswertung die Schleifen über alle Gitterpunkte auf die verschiedenen Felder aufgeteilt werden. Dieser Weg ist der flexiblere, da damit nicht in die parallele FFT eingegriffen werden muß.

Die eigentliche Datenkommunikation besteht dann im Verschicken dieser Randarrays, wie dies schon in den Abbildungen 4.9 und 4.10 für das Bewegen der Partikel in der Linked-Cell-Methode dargestellt wurde. Diese Daten werden auf die lokal bekannten Werte *aufsummiert*. Wir müssen nun Gitterdaten verschicken, ähnlich wie wir schon in Algorithmus 4.7 Partikel verschickt haben. Die Anzahl der Werte ist jedoch im Gegensatz zu den Partikeldaten a priori fixiert und durch die Gitterstruktur direkt bestimmbar. Zudem ist nur die Kommunikation in jeweils einer Richtung nötig. Insgesamt werden dadurch auch Werte in den Ecken an die richtigen Prozesse verschickt. Man beachte insbesondere wieder die Spezialfälle am Rand $\partial\Omega$ des Simulationsgebietes Ω, die aufgrund der periodischen Randbedingungen auftreten. Am Ende dieser Kommunikationsschritte sind alle Q-Werte vollständig bestimmt, und entsprechend der Gebietszerlegung auf die Prozesse verteilt.

Schnelle Fouriertransformation, Skalierung und Rücktransformation. Auf diesen verteilten Daten kann nun die parallele schnelle Fouriertransformation ausgeführt werden. Dabei sind innerhalb der Fouriertransformation natürlich auch Daten auszutauschen. Das gleiche gilt für die schnelle inverse Fouriertransformation. Dazu benötigt eine parallele FFT allerdings nicht die von uns eingeführten zusätzlichen Randarrays für die Splineauswertung, sondern bewerkstelligt dies in der Regel intern. Deswegen genügt es hier der parallelen FFT das disjunkt zerlegte Q-Feld zu übergeben. Wir gehen jedoch an dieser Stelle darauf nicht näher ein. Stattdessen verweisen wir auf die Literatur und die verfügbaren Softwarepakete [16, 238]. Man beachte dabei, daß die Aufteilung der Daten der parallelisierten FFT zu unserem Gebietszerlegungsansatz passen sollte. Wir verwenden im folgenden die von Plimpton in [16] zur Verfügung gestellte parallele FFT-Routine `fft_3d`. Die FFT-transformierten Daten werden mit den Faktoren (7.65) multipliziert. Dies geschieht unabhängig voneinander und erfordert keine Kommunikation. Schließlich wird auf dem Ergebnis eine parallele schnelle inverse Fouriertransformation ausgeführt. Das Resultat $DF^{-1}[a]$ der inversen Fouriertransformation liegt dann wieder verteilt auf die einzelnen Prozesse vor.

Berechnung der Kräfte. Die Summation über die Gitterpunkte bei der Berechnung der Kraft auf ein Partikel in einem Teilgebiet kann für jedes Partikel auf die Träger der zugehörigen Splines M_p eingeschränkt werden. Bei der parallelen Ausführung des Programms wird nun jeweils für jeden Prozeß die Kraft auf diejenigen Partikel berechnet, die in dem zum Prozeß gehörigen Teilgebiet Ω_{ip} liegen. Dazu werden aber nun auch Werte von $DF^{-1}[a]$ aus einer Randbordüre der Breite $p_{\max} - 1$ benötigt. Entsprechend sind für die Berechnung der Kräfte diese Daten der Nachbarprozesse nötig, die die vorderen, unteren und linken Nachbarteilgebiete behandeln. Diese Daten speichern wir in den bereits eingeführten zusätzlichen Randarrays. Wir hatten einen entsprechenden Datenaustausch bereits in den Abbildungen 4.7 und 4.8 für die Kraftberechung der Linked-Cell-Methode dargestellt und in Algorithmus 4.6 umgesetzt. Zwischen den einzelnen Kommunikationsschritten sind dabei wieder die empfangenen Daten auf die Gitterdatenstruktur zu kopieren um sicherzustellen, daß sie im nächsten Schritt weiterverschickt werden können.

Insgesamt erhalten wir damit den parallelen Algorithmus 7.10 für die Berechnung der langreichweitigen Anteile.

Man beachte, daß unsere Definition der Splines M_p nach (7.54) und (7.55) bei der Parallelisierung den Vorteil mit sich bringt, daß Daten nur an die linken, unteren und vorderen Nachbarn bzw. umgekehrt geschickt werden müssen, und eben nicht auch noch zusätzlich an die rechten, oberen und hinteren Nachbarn. Damit reduziert sich die Anzahl der Kommunikationsoperationen, nicht aber die Menge der zu transportierenden Daten.

Algorithmus 7.10 Paralleler SPME-Algorithmus

Berechne die Skalierungsfaktoren D;
Berechne den Ladungsinterpolanden auf jedem Prozessor für sein Teilgebiet Ω_{ip} inklusive Randbordüre;
Tausche Daten der Randbordüre aus und addiere die Werte zu den lokalen Q;
Führe eine parallele FFT durch;
Berechne die elektrostatische Energie und die Größen a;
Führe eine parallele inverse FFT durch;
Tausche Daten der Randbordüre aus;
Berechne die Kräfte lokal auf jedem Prozessor;

7.5.2 Implementierung

Teilgebiet. Wir beginnen wieder mit der Beschreibung des Teilgebiets Ω_{ip}, das einem Prozeß zugeordnet wird. In der Datenstruktur 7.2 wird der Typ SubDomainSPME vereinbart. Dort sind alle Informationen zusammengefaßt, die ein Prozeß benötigt. Im Programmstück 7.4 werden die entsprechenden Werte des Teilgebiets aus den Werten des Gesamtgebiets Ω und den Prozeßnummern berechnet.[50]

Datenstruktur 7.2 Teilgebiet, Zellen und Nachbarprozesse von Ω_{ip}

```
typedef struct {
    struct SubDomain lc;  //  Datenstruktur 4.1 Linked-Cell
    int K[DIM];           //  SPME-Gitterzellen
    int K_lower_global[DIM];  //  globaler Index des ersten Gitterpunkts
                          //  des Teilgebiets
    int K_start[DIM];     //  Breite der Randbordüre, entspricht dem klein-
                          //  sten lokalen Index im Inneren des Teilgebiets
    int K_stop[DIM];      //  Erster Index nach dem oberen Rand
                          //  des Teilgebiets
    int K_number[DIM];    //  Zahl der Gitterpunkte im Teilgebiet
                          //  mit Randbordüre
    real spme_cellh[DIM]; //  Maschenweite des SPME-Gitters
} SubDomainSPME;
```

Als nächster Schritt zum parallelen SPME-Verfahren ist der sequentielle Code an diese neue verallgemeinerte Gebietsbeschreibung anzupassen. Auch diese Umstellung läßt sich wieder relativ leicht bewerkstelligen. Dazu ist lediglich der Programmteil, der die kurzreichweitigen Kraftanteile mit dem sequentiellen Linked-Cell-Verfahren berechnet, durch dessen parallele Version

---

[50] Vergleiche auch Datenstruktur 4.1 und Programmstück 4.1 für die analogen Konstruktionen für das Gitter in der Linked-Cell-Methode.

Programmstück 7.4 Initialisierung der Datenstruktur `SubDomainSPME`

```
void inputParameters_SPMEpar(real *delta_t, real *t_end, int pmax,
                             SubDomainSPME *s) {
  inputParameters_LCpar(delta_t, t_end, &(s->lc));
  ... // setze s->K
  for (int d=0; d<DIM; d++) {
    s->spme_cellh[d] = s->lc.l[d] / s->K[d];
    s->K_start[d] = pmax-1;
    s->K_stop[d] = s->K_start[d] + (s->K[d]/s->lc.np[d]);
    s->K_number[d] = (s->K_stop[d] - s->K_start[d]) + s->K_start[d];
    s->K_lower_global[d] = s->lc.ip[d] * (s->K[d]/s->lc.np[d]);
  }
}
```

(siehe Kapitel 4) zu ersetzen. Für die parallele Behandlung des langreichweitigen Kraftanteils gehen wir analog vor: Dazu passen wir alle Schleifen über die Gitterpunkte in `compQ_SPME`, etc., so an, daß sie nur noch über das lokale Teilgebiet laufen. Hierbei müssen wir nicht nur das Abbruchkriterium der Schleife geeignet anpassen, sondern zudem auch die Aufteilung der Daten in `Q` und `Q_boundary` entsprechend berücksichtigen, das heißt, Speicherzugriffe der Form `for (int d=0; d<DIM; d++) kp[d]=(k[d]-p[d])%K[d];` `Q[index(kp,K)].re = ...` sind entsprechend abzuändern.

Hauptprogramm. Die Veränderungen im Hauptprogramm sind minimal, siehe Algorithmus 7.11. In `inputParameters_SPMEpar` wird, wie in Programmstück 7.4 beschrieben, das individuelle Teilgebiet Ω_{ip} bestimmt. Anschließend wird Speicher für die Felder `D` und `Q`, sowie die Randbordüre `Q_boundary` von `Q` allokiert. Zudem muß die parallele FFT vor der Zeitintegration mittels der Routine `initFFTpar` geeignet initialisiert werden.

Innerhalb der Routine für die Zeitintegration `timeIntegration_SPMEpar`, die in Programmstück 7.5 aufgeführt ist, sind im wesentlichen nur die Aufrufe der Routinen `compQpar` für die parallele Berechnung des Interpolanten, `compFFTpar` für die parallele Lösung der Poisson-Gleichung und `compF_SPMEpar` für die parallele Auswertung der langreichweitigen Kräfte hinzugekommen.

Austausch der Randdaten und parallele Kraftauswertung. In den Programmstücken 7.6 und 7.7 ist die Implementierung der parallelen Interpolation und der parallelen Kraftauswertung angegeben. Wie schon im parallelen Linked-Cell-Verfahren kommt wieder nur ein entsprechender Kommunikationsschritt einmal *nach* der Berechnung des Interpolanten und einmal *vor* der Kraftauswertung hinzu. Die entsprechende Randbordüre des Teilgebiets Ω_{ip} ist in Abbildung 4.6 (rechts) dargestellt. Die Kommunikation nach der

Algorithmus 7.11 Hauptprogramm des parallelen SPME-Verfahrens

```
int main(int argc, char *argv[]) {
  int N, pnc, pmax;
  real r_cut;
  real delta_t, t_end;
  SubDomainSPME s;
  int ncnull[DIM];
  MPI_Init(&argc, &argv);
  inputParameters_SPMEpar(&delta_t, &t_end, &N, &s, &r_cut, &G, &pmax);
  pnc = 1;
  for (int d = 0; d < DIM; d++)
    pnc *= s.lc.ic_number[d];
  Cell *grid = (Cell*) malloc(pnc*sizeof(*grid));
  pnc = 1;
  for (int d = 0; d < DIM; d++)
    pnc *= s.lc.K_stop[d]-s.lc.K_start[d];
  real *D = (real*) malloc(pnc*sizeof(*D));
  fft_type *Q = (fft_type*) malloc(pnc*sizeof(*Q));
              // Datentyp fft_type abhängig vom jeweiligen FFT-Paket
  fft_type *Q_boundary = (fft_type*) malloc(.... *sizeof(*Q));
              // Randarrays für die Randbordüre des Q-Felds,
              // dessen Speicherlayout an das verwendete FFT-Paket
              // angepaßt werden muß
  initFFTpar(D, K, pmax, s.lc.l); // ggf. weitere Parameter abhängig
                                  // vom jeweiligen parallelen FFT-Paket
  initData_LC(N, grid, &s);
  timeIntegration_SPMEpar(0, delta_t, t_end, grid, Q, Q_boundary, D,
                          &s, r_cut, pmax);
  for (int d = 0; d < DIM; d++)
    ncnull[d] = 0;
  freeLists_LC(grid, ncnull, s.lc.ic_number, s.lc.ic_number);
  free(grid); free (Q); free (D);
  MPI_Finalize();
  return 0;
}
```

Berechnung des Interpolanten, bei der die Daten auf der Randbordüre der Gitter verschickt werden, war schon in der Abbildung 4.10 zu sehen, sie muß nun in der Routine compQ_comm entsprechend umgesetzt werden. In genau umgekehrter Reihenfolge (siehe Abbildung 4.8) werden Daten in der Routine compF_SPME_comm transportiert, die vor der Berechnung der langreichweitigen Kräfte mittels compF_SPME ausgeführt wird. Dabei müssen alle Daten, die auf dem linken, unteren oder vorderen Rand liegen, zu den entsprechenden Nachbarn geschickt werden.

Programmstück 7.5 Zeitintegration

```
timeIntegration_SPMEpar(real t, real delta_t, real t_end, Cell *grid,
                        fft_type *Q, fft_type *Q_boundary, real *D,
                        SubDomainSPME *s, real r_cut, int pmax) {
  compF_LCpar(grid, &s->lc, r_cut);
  compQpar(grid, s, Q, Q_boundary, pmax);
  compFFTpar(Q, s->K, D);
  compF_SPMEpar(grid, s, Q, Q_boundary, pmax);
  while (t < t_end) {
    t += delta_t;
    compX_LC(grid, &s->lc, delta_t);
    compF_LCpar(grid, &s->lc, r_cut);
    compQpar(grid, s, Q, Q_boundary, pmax);
    compFFTpar(Q, s->K, D);
    compF_SPMEpar(grid, s, Q, Q_boundary, pmax);
    compV_LC(grid, &s->lc, delta_t);
    compoutStatistic_LCpar(grid, s, t);
    outputResults_LCpar(grid, s, t);
  }
}
```

Programmstück 7.6 Parallele Interpolation der Ladungsverteilung

---

```
compQpar(Cell *grid, SubDomainSPME *s, fft_type *Q,
         fft_type *Q_boundary, int pmax) {
  compQ(grid, s, Q, Q_boundary, pmax); // an s und Q_boundary
                                       // angepaßte Version
  compQ_comm(Q, Q_boundary, s, pmax);
}
```

Programmstück 7.7 Parallele Kraftauswertung des langreichweitigen Anteils

---

```
compF_SPMEpar(Cell *grid, SubDomainSPME *s, fft_type *Q,
              fft_type *Q_boundary, int pmax) {
  compF_SPME_comm(Q, Q_boundary, s, pmax);
  compF_SPME(grid, s, Q, Q_boundary, pmax); // an s und Q_boundary
                                            // angepaßte Version
}
```

Kommunikation. Die gesamte Kommunikation zwischen Nachbarprozessoren[51] soll erneut in einer zentralen Routine analog zu sendReceiveCell konzentriert werden, mit deren Hilfe wir die Kommunikationsmuster der Abbildungen 4.8 und 4.10 ausdrücken können. Damit lassen sich die Routinen compF_SPME_comm und compQ_comm dann einfach umsetzen. Prinzipiell

---

[51] Abgesehen von der Kommunikation bei der parallelen FFT.

ist durch die Gitterstruktur der Daten hier die Routine `sendReceiveGrid` verglichen mit der Routine `sendReceiveCell` in Algorithmus 4.4 einfacher. Jedoch ist hier nun beim Versenden und Empfangen von Daten die Aufteilung der SPME-spezifischen Daten Q in den Feldern `Q` und `Q_boundary` zu berücksichtigen.

7.5.3 Leistungsmessung und Benchmark

Von Interesse ist nun wiederum das Skalierungsverhalten der Komponenten des Codes zu Berechnung der langreichweitigen Kraft- und Potentialanteile. Wir verwenden dazu als Modellproblem das Potential

$$U(r_{ij}) = \frac{1}{4\pi\varepsilon_0}\frac{q_i q_j}{r_{ij}} + 4\varepsilon_{ij}\left(\left(\frac{\sigma_{ij}}{r_{ij}}\right)^{12} - \left(\frac{\sigma_{ij}}{r_{ij}}\right)^{6}\right).$$

Ähnlich zum Beispiel des Abschnitts 7.4.2 studieren wir wieder das Schmelzen eines Salzes, hier ein dem Natriumclorid verwandtes Material. Wir skalieren wie im KCl-Beispiel und erhalten die in Tabelle 7.6 aufgeführten Parameter.

$$
\begin{aligned}
m_1' &= 22.9898, & m_2' &= 35.4527, \\
\sigma_{11}' &= 4.159, & \sigma_{22}' &= 7.332, \\
\varepsilon_{11}' &= 75.832, & \varepsilon_{22}' &= 547.860, \\
q_1' &= 1, & q_2' &= -1, \\
r_{\text{cut}}' &= 24, & G' &= 0.1, \\
h' &= 4.0, & p &= 4
\end{aligned}
$$

Tabelle 7.6. Parameterwerte für das Benchmark-Problem, Schmelzen von Salz.

Dieses Problem benutzen wir als Benchmark-Problem, um die Eigenschaften unseres parallelisierten SPME-Verfahrens zu untersuchen. Sämtliche Berechnungen wurden auf einem Cluster von PCs durchgeführt, vergleiche Abschnitt 4.4 und [549]. Beim Erhöhen der Partikelzahl wird das Simulationsgebiet in entsprechendem Maße vergrößert, so daß die Partikeldichte konstant bleibt. Analog wird die Anzahl der Gitterpunkte zur Lösung der Potentialgleichung erhöht (die Maschenweite bleibt konstant). Tabelle 7.7 gibt die verwendeten Werte für Partikelzahl, Gebietslänge und Anzahl der Gitterpunkte an.

	Partikel									
	1728	4096	8000	17576	32768	64000	140608	262144	592704	1191016
Gebietslänge	96	144	192	240	288	360	480	576	768	960
Gitterpunkte	24^3	36^3	48^3	60^3	72^3	90^3	120^3	144^3	192^3	240^3

Tabelle 7.7. Für das Benchmark-Problem verwendete Zahlen für Partikel, Gitterpunkte und Gebietsgrößen.

Zeit Gitterpunkte	Prozessoren							
	1	2	4	8	16	32	64	128
13824	**1.10**	0.55	0.28	0.14				
46656	2.68	**1.36**	0.68	0.35				
110592	5.36	2.77	**1.39**	0.72	0.36			
216000	11.62	5.99	3.05	**1.59**	0.83			
373248	21.62	11.14	5.70	2.97	**1.47**	0.74		
729000	42.20	21.30	10.81	5.67	3.05	**1.56**		
1728000	**93.79**	48.55	24.59	13.30	6.63	3.38	**1.68**	
2985984	179.23	**90.13**	45.50	24.39	12.27	6.32	3.13	**1.63**
7077888			**103.91**	55.45	28.10	14.61	7.38	3.86
13824000				**111.60**	55.97	29.31	14.92	7.82
23887872					**107.40**	55.64	28.33	15.11
56623104						**121.59**	63.96	34.25
110592000							**126.31**	67.54
242970624								**156.30**

Tabelle 7.8. Parallele Ausführungszeiten (in Sekunden) für die langreichweitige Kraftkomponente für einen Zeitschritt.

Zeit Partikel	Prozessoren							
	1	2	4	8	16	32	64	128
1728	**1.32**	0.67	0.35	0.18				
4096	2.28	**1.16**	0.61	0.31				
8000	3.99	1.97	**1.02**	0.52	0.27			
17576	9.32	4.70	2.44	**1.24**	0.82			
32768	18.31	9.21	4.75	2.40	**1.22**	0.62		
64000	35.78	18.81	10.30	5.49	2.38	**1.27**		
140608	**74.61**	37.46	19.26	9.74	4.94	2.50	**1.24**	
262144	144.26	**73.87**	37.88	19.14	9.62	4.84	2.42	**1.29**
592704			**82.74**	41.76	20.97	10.53	5.26	2.67
1191016				**85.35**	42.66	21.77	10.76	5.51
2299968					**89.90**	44.07	21.85	11.02
4913000						**90.25**	44.43	22.95
9800344							**89.39**	45.52
21024576								**91.38**

Tabelle 7.9. Parallele Ausführungszeiten (in Sekunden) für die kurzreichweitige Kraftkomponente für einen Zeitschritt.

Die Tabellen 7.8 und 7.9 zeigen die Ausführungszeiten für einen Zeitschritt zur Berechnung der lang- und kurzreichweitigen Kraftkomponenten.[52] Tabelle 7.10 gibt die Ausführungszeiten für eine schnelle Fouriertransformation.

In den Tabellen 7.11 und 7.12 ist zudem die zugehörige parallele Effizienz und der Speedup für Berechnungen mit 262144 Atomen aufgeführt. Sowohl der kurzreichweitige Anteil als auch der langreichweitige Anteil zeigen ein sehr gutes Skalierungsverhalten. Die leichte Verschlechterung der Effizienz bei der Berechnung des langreichweitigen Anteils rührt von der schlechteren Effizienz der Parallelisierung der schnellen Fouriertransformation her. Tabelle 7.13 zeigt die parallele Effizienz und den Speedup der schnellen Fouriertransformation für ein Gitter mit 144^3 Gitterpunkten. Wegen des hohen Kommunikationsaufwands bei der parallelen schnellen Fouriertransformation fällt die Effizienz mit wachsender Prozessorzahl ab. Der Anteil der schnellen Fouriertransformation an der Gesamtzeit zur Berechnung der langreichweitigen Kraftkomponenten ist jedoch relativ gering, siehe Tabelle 7.10, so daß diese Verschlechterung der Effizienz kaum ins Gewicht fällt.

Abbildung 7.19 gibt den Speedup und die parallele Effizienz für den langreichweitigen Anteil (inklusive paralleler FFT), den kurzreichweitigen Anteil und die parallele FFT. Man erkennt deutlich den Abfall der Effizienzen bei der parallelen FFT. Dieser wirkt sich jedoch bei unseren moderaten Prozessorzahlen noch nicht sehr stark auf die Gesamteffizienz des langreichweitigen Anteils aus. Weitere Untersuchungen zur Skalierbarkeit findet man in [159].

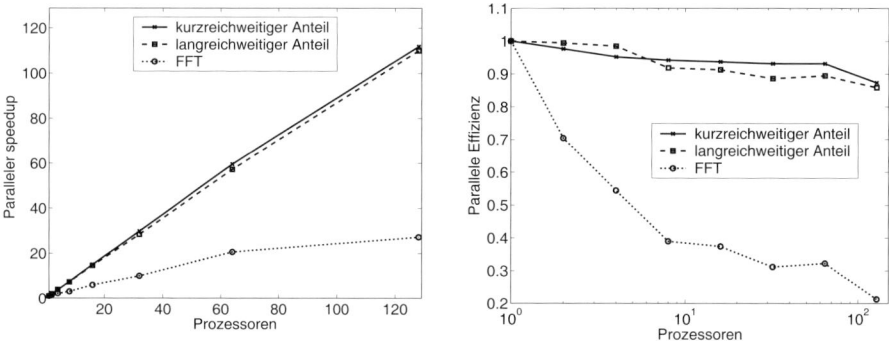

Abb. 7.19. Speedup und parallele Effizienz für den langreichweitigen Anteil (inkl. paralleler FFT), den kurzreichweitigen Anteil und für die parallele FFT.

---

[52] Hierbei haben wir die beschriebene Implementierung eingesetzt, bei der die Splines und deren Ableitungen rekursiv mittels den Routinen `spline` und `Dspline` ausgewertet werden. Mit den in Fußnote 42 diskutierten Verbesserungen läßt sich für `pmax=4` abhängig vom jeweiligen Problem eine Beschleunigung der Laufzeit um den Faktor zwei bis drei erzielen. Die Skalierungseigenschaften des parallelen Algorithmus werden davon nur geringfügig beeinflußt.

Zeit Gitterpunkte	Prozessoren							
	1	2	4	8	16	32	64	128
13824	**0.018**	0.0085	0.0057	0.0045				
46656	0.071	**0.043**	0.023	0.017				
110592	0.19	0.13	**0.078**	0.046	0.022			
216000	0.36	0.27	0.17	**0.11**	0.14			
373248	0.65	0.49	0.32	0.21	**0.094**	0.053		
729000	1.26	0.92	0.64	0.47	0.27	**0.15**		
1728000	**3.62**	2.43	1.51	1.23	0.57	0.33	**0.15**	
2985984	5.99	**4.25**	2.75	1.92	1.00	0.60	0.29	**0.22**
7077888			**6.30**	4.15	2.42	1.46	0.76	0.54
13824000				**7.95**	4.80	3.10	1.64	1.15
23887872					**8.35**	5.45	2.78	1.43
56623104						**12.71**	7.15	5.78
110592000							**13.68**	7.56
242970624								**19.44**

Tabelle 7.10. Parallele Ausführungszeiten (in Sekunden) für eine FFT.

	Prozessoren							
	1	2	4	8	16	32	64	128
Speedup	1.000	1.999	3.939	7.348	14.607	28.359	57.262	109.957
Effizienz	1.000	0.994	0.985	0.919	0.913	0.886	0.895	0.859

Tabelle 7.11. Speedup und parallele Effizienz für einen Zeitschritt der Simulation von mit $NaCl$ verwandtem Material mit 144^3 Gitterpunkten und 262144 Atomen, langreichweitiger Anteil.

	Prozessoren							
	1	2	4	8	16	32	64	128
Speedup	1.000	1.953	3.809	7.537	14.996	29.806	59.611	111.829
Effizienz	1.000	0.976	0.952	0.942	0.937	0.931	0.931	0.874

Tabelle 7.12. Speedup und parallele Effizienz für einen Zeitschritt der Simulation von mit $NaCl$ verwandtem Material mit 262144 Atomen, kurzreichweitiger Anteil.

	Prozessoren							
	1	2	4	8	16	32	64	128
Speedup	1.0000	1.4094	2.1782	3.1198	5.9900	9.9833	20.6552	27.2273
Effizienz	1.0000	0.7047	0.5445	0.3900	0.3744	0.3120	0.3227	0.2127

Tabelle 7.13. Speedup und parallele Effizienz der FFT mit 144^3 Gitterpunkten.

7.6 Anwendungsbeispiel: Die großräumige Struktur des Universums

Die Parallelisierung unseres SPME-Codes erlaubt es nun, Probleme mit größeren Partikelzahlen zu rechnen. Wir betrachten im folgenden ein Beispiel aus der Astrophysik – eine Simulation der Entstehung der großräumigen Struktur des Universums.

Unsere Milchstraße, die aus circa 200 Milliarden Sternen besteht, ist nur eine Galaxie unter Millionen von Galaxien im Weltall. Die Galaxien, die wir von der Erde aus beobachten können, bewegen sich von uns weg. Je weiter sie enfernt sind, um so schneller entfernen sie sich. Das gesamte Universum expandiert seit seiner Entstehung im Urknall, bei der das All aus einer unvorstellbar heißen und dichten Urmasse hervorgegangen ist. Diese Ausdehnung des Universums wird durch die Gravitationskräfte zwischen den Massen abgebremst. Ist die mittlere Massendichte des Universums kleiner als ein bestimmter kritischer Wert, dann ist die Gravitationskraft nicht in der Lage, die Ausdehnung zu stoppen, und das Universum wird sich für immer ausdehnen (offenes Universum). Ist die mittlere Dichte größer als der kritische Wert, dann wird die Ausdehnung durch die Gravitation gestoppt und das Universum wird wieder kontrahieren (geschlossenes Universum).

In seiner einfachsten Form wird bei der Urknall-Theorie angenommen, daß Massen und Strahlung gleichförmig im Universum verteilt sind. Diese Theorie erklärt die Existenz der kosmischen Hintergrundstrahlung und die Existenz leichter Elemente, kann aber in dieser Form nicht die im Universum beobachtbaren großräumigen Strukturen erklären. Galaxien sind meist zu sogenannten Galaxienhaufen versammelt, von denen bisher etwa 10000 bekannt sind. Die Größe dieser Galaxienhaufen variiert von einigen wenigen bis hin zu mehreren Tausend Galaxien. Die Galaxienhaufen selbst bilden wiederum sogenannte Superhaufen. Es zeigt sich eine Art von Blasenstruktur, mit Galaxienhaufen an der Oberfläche der Blasen und nahezu leeren Innenräumen. Die meisten Kosmologen nehmen an, daß die beobachtbaren Strukturen sich durch den Einfluß der Gravitation aus kleinen Anfangsfluktuationen in der Dichte des Universums gebildet haben. In Gebieten, in denen die relative Dichte höher war, dehnte sich das Universum langsamer aus als die sie umgebenden Regionen, so daß die relative Dichte dieser Gebiete weiter zunahm.

Theorien der Entwicklung der kosmischen Struktur können nicht experimentell getestet werden. Sie müssen stattdessen simuliert werden. Numerische Simulationen benötigen drei Komponenten: Annahmen über das kosmologische Modell (Massen, Dichten, ...), ein Modell für die Fluktuationen zu Beginn der Simulationen (Anfangsbedingungen) und ein Verfahren zum Lösen der Bewegungsgleichungen, denen die Massen unterworfen sind.

Wir nehmen im folgenden an, daß die Massen im Universum sich gemäß den Newtonschen Bewegungsgleichungen

$$\dot{\mathbf{x}}_i = \mathbf{v}_i$$
$$\dot{\mathbf{v}}_i = \mathbf{F}_i/m_i, \quad i = 1, \dots, N,$$

bewegen, wobei $\mathbf{F}_i$ die Gravitationskraft aus dem Gravitationspotential (2.42) bezeichnet. Um diese Bewegungsgleichungen lösen zu können, benötigt man Anfangsbedingungen.

Anfangsbedingungen. Bei der Bestimmung von Anfangsbedingungen für kosmologische Simulationen wird meist die sogenannte Zel'dovich-Approximation [671] verwendet. Dazu gibt man ein Spektrum vor, das durch vom kosmologischen Modell abhängige sogenannte Transferfunktionen entsprechend den Verhältnissen während der frühen Entwicklung des Universums (wie sie das Modell implizit festlegt) verändert wird. Um Anfangsbedingungen für Simulationen zu erhalten, bestimmt man daraus eine Dichteverteilung und damit die Positionen (und Geschwindigkeiten) von Massenpunkten.

Es wurden eine Reihe von Codes entwickelt, die solche Anfangsbedingungen produzieren. Meistens entsteht eine Massenverteilung, die leicht von einem regulären Gitter abweicht. Die Stärke der Perturbationen hängt dabei vom jeweiligen Modell ab.

Die Angabe der Anfangsbedingungen erfolgt normalerweise in mitbewegten Koordinaten, die in Simulationen der Strukturformung im Universum standardmäßig verwendet werden. Dies vereinfacht die Berechnungen, da im Koordinatensystem dabei die Ausdehnung des Universums mit berücksichtigt wird.

Formulierung des Problems in mitbewegten Koordinaten. Das Universum scheint homogen und isotrop zu sein, wenn man eine Mittelung über hinreichend große Raumgebiete ausführt, so daß die aus Strukturen resultierenden Inhomogenitäten verschmiert werden. Diese gemittelte Dichte $\bar{\rho}(t)$ ist dann nur noch abhängig von der Zeit, aber nicht mehr vom Ort. Jeder Punkt im Universum läßt sich daher als Ursprung ansehen, von dem sich die anderen Massen entfernen. Wegen der Annahme der Homogenität entspricht die Expansion des Universums dann einer radialen Bewegung, die durch einen Expansionsfaktor

$$a(t) = \frac{r_i(t)}{r_i(0)}$$

charakterisiert ist, wobei $r_i(t)$ den Abstand eines Partikels i zum Zeitpunkt t zum frei wählbaren Mittelpunkt bezeichnet. Dies gibt an, um welchen Faktor der Abstand einer Masse vom Ursprung sich relativ zum Abstand der Masse zu einem fixen Zeitpunkt $t = 0$ verändert hat. Dieser Faktor ist wegen der Homogenität des Raumes in jedem Raumpunkt gleich. Die Größe $a(t)$ ist dabei typischerweise von der Form $a(t) \sim t^n$ mit $n < 1$. Aus der Definition des Expansionsfaktors $a(t)$ folgt direkt, daß die Fluchtgeschwindigkeit zu jedem Zeitpunkt proportional ist zum Abstand vom Ursprung (Gesetz von Hubble). Sie gehorcht der sogenannten Friedmann-Gleichung

$$\dot{a}(t)^2 - \frac{8}{3}\pi\frac{G\bar{\rho}(0)}{a(t)} = -k \qquad (7.83)$$

mit der Integrationskonstanten k (der Krümmung des Raumes), die sich aus der Homogenität des Raumes und dem Gravitationsgesetz ergibt [320]. Hierbei ist $\bar{\rho}(0)$ die mittlere Dichte zum Zeitpunkt $t = 0$. Gilt $k < 0$, so ist die Gravitationskraft nicht in der Lage, die Ausdehnung zu stoppen (es gilt kinetische Energie > potentielle Energie), und das Universum wird sich für immer ausdehnen (offenes Universum). Gilt hingegen $k > 0$ (kinetische Energie < potentielle Energie), so wird die Ausdehnung durch die Gravitation gestoppt und das Universum kollabiert wieder (geschlossenes Universum). Im Sonderfall $k = 0$ dehnt sich das Universum aus, ist aber geschlossen.

Als neues Koordinatensystem verwendet man nun mit dem Expansionsfaktor $a(t)$ skalierte Orte $\mathbf{x}_i = \mathbf{x}_i^{\text{alt}}/a(t)$. Dann lauten die Bewegungsgleichungen

$$\begin{aligned} \dot{\mathbf{x}}_i &= \mathbf{v}_i, \\ \dot{\mathbf{v}}_i &= \mathbf{F}_i/m_i - \gamma\mathbf{v}_i, \end{aligned} \qquad i = 1, \ldots, N,$$

mit $\gamma(t) = 2H(t)$ und der sogenannten Hubblekonstanten

$$H(t) = \frac{\dot{a}(t)}{a(t)}.$$

Die Kraft $\mathbf{F}_i$ ergibt sich nun durch Gradientenbildung[53] aus der Lösung Φ der Potentialgleichung

$$\Delta\Phi(\mathbf{x}, t) = 4\pi G_{\text{Grav}}(\rho(\mathbf{x}, t) - \rho_0), \qquad (7.84)$$

also $\mathbf{F}_i = -\frac{1}{a^3}\nabla_{\mathbf{x}_i}\Phi(\mathbf{x}_i)$. Hierbei bezeichnet $\rho(\mathbf{x}, t)$ die Massendichte am Ort $\mathbf{x}$ zum Zeitpunkt t und ρ_0 bezeichnet die mittlere Massendichte (die ja in diesem neuen Koordinatensystem über die Zeit konstant ist).

Der Koordinatenwechsel hat zwei Auswirkungen:

– Es wird ein zusätzlicher von $H(t)$ abhängiger Reibungsterm in die Bewegungsgleichungen eingeführt, der für eine Verlangsamung der Ausdehnung des Universums sorgt.
– Auf der rechten Seite der Potentialgleichung (7.84) können lokal negative Massendichten $\rho(\mathbf{x}, t) - \rho_0$ auftreten, da von der Dichte $\rho(\mathbf{x}, t)$ nun die mittlere Dichte abgezogen wird. Dies sorgt dafür, daß die Potentialgleichung mit periodischen Randbedingungen eine Lösung besitzt, da nun für das Integral über den Gesamtraum $\int \rho(\mathbf{x}, t) - \rho_0 d\mathbf{x} = 0$ gilt, wie dies für die Lösbarkeit der Potentialgleichung mit periodischen Randbedingungen notwendig ist, vergleiche (7.8).

---

[53] Da wir in den neuen Koordinaten arbeiten, muß bei der Kraftauswertung nachdifferenziert werden. Dies ergibt den Faktor $1/a^3$.

Zeitintegration. Wir verwenden hier in den Anwendungen die Leapfrog-Version des Störmer-Verlet-Algorithmus, vergleiche (3.20), (3.21) aus Abschnitt 3.1. Die Geschwindigkeiten der Partikel zum Halbschritt ergeben sich gemäß (3.20) aus

$$\mathbf{v}_i^{n+1/2} = \mathbf{v}_i^{n-1/2} + \frac{\delta t}{m_i}(\mathbf{F}_i^n - \gamma^n m_i \mathbf{v}_i^n). \tag{7.85}$$

Die rechte Seite ist dabei zum Zeitpunkt t_n diskretisiert. Um alle Geschwindigkeiten zu den Zeitpunkten $t_{n+1/2}$ beziehungsweise $t_{n-1/2}$ zu diskretisieren, verwendet man die zentrale Differenz $\mathbf{v}_i^n \approx (\mathbf{v}_i^{n-1/2} + \mathbf{v}_i^{n+1/2})/2$ und erhält damit[54]

$$\mathbf{v}_i^{n+1/2} = \frac{1 - \gamma^n \delta t/2}{1 + \gamma^n \delta t/2} \mathbf{v}_i^{n-1/2} + \frac{\delta t}{1 + \gamma^n \delta t/2} \mathbf{F}_i^n.$$

Für die neuen Positionen der Partikel gilt nach (3.21)

$$\mathbf{x}_i^{n+1} = \mathbf{x}_i^n + \delta t \mathbf{v}_i^{n+1/2}.$$

Die Kräfte $\mathbf{F}_i$ ergeben sich durch Lösen der Potentialgleichung (7.84). Wir spalten die Berechnung der Kräfte gemäß der SPME-Methode aus Abschnitt 7.3 in zwei Teile auf, die wir durch direkte Summation sowie das näherungsweise Lösen der Potentialgleichung mit einer geglätteten rechten Seite erhalten.[55]

Daneben muß simultan Gleichung (7.83) für $a(t)$ gelöst werden. Daraus erhält man $H(t)$ und schließlich γ zu den Zeitpunkten t_n, was zur Berechnung der Geschwindigkeiten der Partikel gemäß (7.85) benötigt wird.

Glätten des Potentials. Problematisch ist jedoch noch, daß es sich beim Gravitationspotential um ein rein anziehendes Potential handelt. Dabei treten Singularitäten auf, die die Qualität der Berechnungen stark einschränken können. Als Gegenmittel verwendet man im Potential statt $1/r_{ij}$ den Term $1/(r_{ij} + \varepsilon)$ mit einem kleinen Parameter ε. Die kurzreichweitige Energie- und Kraftkomponente werden also geglättet und lauten nun

$$V^{\mathrm{kr}} = -\frac{1}{2} G_{\mathrm{Grav}} \sum_{i=1}^{N} \sum_{\mathbf{n} \in \mathbb{Z}^3} m_i \sum_{\substack{j=1 \\ i \neq j \text{ für } \mathbf{n}=0 \\ r_{ij}^{\mathbf{n}} < r_{\mathrm{cut}}}}^{N} m_j \frac{\operatorname{erfc}(G(r_{ij}^{\mathbf{n}} + \varepsilon))}{r_{ij}^{\mathbf{n}} + \varepsilon}$$

---

[54] In den neuen Koordinaten ist auch der Term $\mathbf{F}_i^n$ mit dem Faktor $1/a^3$ versehen, vergleiche Fußnote 53.

[55] In vorangegangenen Abschnitten hatten wir als langreichweitige Potentialkomponente immer das Coulomb-Potential mit rechter Seite $\frac{1}{\varepsilon_0}\rho$ und ρ der Ladungsverteilung betrachtet. Hier handelt es sich nun um das Gravitationspotential, das in seiner Form dem Coulomb-Potential ähnlich ist. Jedoch sind die Konstanten auf der rechten Seite andere, was im Code entsprechend zu berücksichtigen ist.

und

$$\mathbf{F}_i^{\text{kr}} = \frac{1}{a^3} G_{\text{Grav}} m_i \sum_{\substack{\mathbf{n} \in \mathbb{Z}^3}} \sum_{\substack{j=1 \\ j \neq i \text{ für } \mathbf{n}=0 \\ r_{ij}^{\mathbf{n}} < r_{\text{cut}}}}^{N} m_j \frac{1}{(r_{ij}^{\mathbf{n}} + \varepsilon)^2} \left(\text{erfc}(G(r_{ij}^{\mathbf{n}} + \varepsilon)) \right.$$

$$\left. + \frac{2G}{\sqrt{\pi}} (r_{ij}^{\mathbf{n}} + \varepsilon) e^{-(G(r_{ij}^{\mathbf{n}}+\varepsilon))^2} \right) \frac{\mathbf{r}_{ij}^{\mathbf{n}}}{r_{ij}^{\mathbf{n}}}.$$

Beispiel. Wir führen hier einige Ergebnisse einer Simulation mit 32^3 Partikeln an. Der Einfachheit halber beschränken wir uns auf den Fall $\dot{a}(t) = \frac{1}{a(t)^{1/2}}$, der sich als Spezialfall aus (7.83) ergibt, wenn die Zeit mit $H(0)$ skaliert wird. Dann gilt

$$a(t) = \sqrt{\frac{3}{2}}(t + t_0)^{2/3} \text{ und } \dot{a}(t) = \sqrt{\frac{2}{3}}(t + t_0)^{-1/3}.$$

Daraus erhält man

$$H(t) = \frac{\dot{a}(t)}{a(t)} = \frac{2}{3} \frac{1}{t + t_0}.$$

Abbildung 7.20 zeigt die Verteilung der Partikel zu Beginn der Simulation. Zur Bestimmung von Anfangsbedingungen verwenden wir in unserem Beispiel den Fortran77-Code *Cosmics* [87]. Abbildung 7.21 zeigt die Partikelverteilung am Ende der Simulation. Man erkennt, daß sich die Partikel in einigen Teilgebieten zusammenklumpen und größere Strukturen ausbilden. Die Ergebnisse einer Simulation mit 64^3 Partikeln und leicht veränderten Anfangsdaten sind in Abbildung 7.22 dargestellt. Eine farbig kodierte Darstellung von Partikeldichten im Raum war bereits in Abbildung 1.3 zu finden. Wiederum sieht man, wie sich Strukturen ausbilden. Weitere Resultate zur Simulation der großräumigen Struktur des Universums findet man in [349].

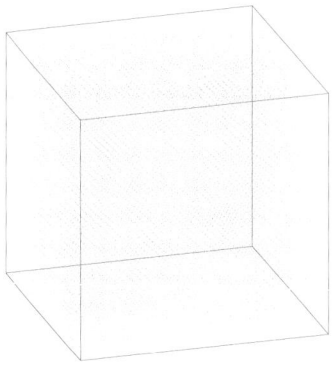

Abb. 7.20. Anfangskonfiguration mit 32^3 Partikeln und Projektion auf zwei Dimensionen.

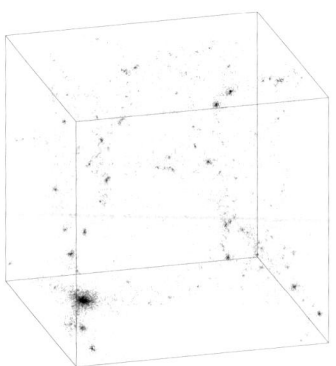

Abb. 7.21. Endkonfiguration mit 32^3 Partikeln und Projektion auf zwei Dimensionen.

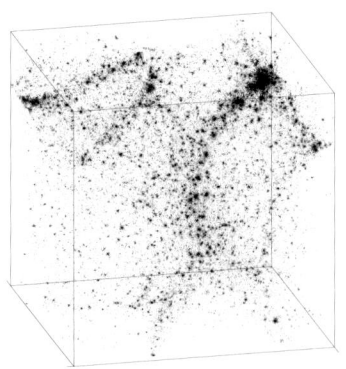
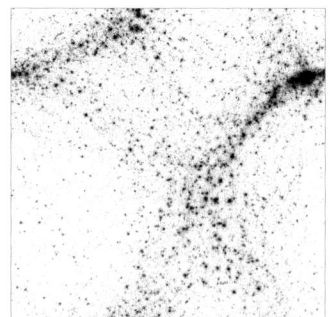

Abb. 7.22. Endkonfiguration mit 64^3 Partikeln und Projektion auf zwei Dimensionen.

8 Baumverfahren für langreichweitige Potentiale

In Kapitel 7 haben wir am Beispiel des Coulomb- und des Gravitationspotentials gitterbasierte Verfahren für die Behandlung langreichweitiger Wechselwirkungen zwischen Partikeln beschrieben. Dieser Zugang stützt sich auf eine Darstellung des Potentials Φ als Lösung der Poisson-Gleichung (7.5). Er funktioniert gut solange wir Potentiale vom Typ $1/r$ betrachten und die Teilchen in etwa uniform verteilt sind. Im Falle nicht-uniformer Verteilungen, wenn sich also die Partikel in einem Teil des Simulationsgebietes häufen, verringert sich die Effizienz der gitterbasierten Methoden stark. Das zu verwendende Gitter muß nämlich fein genug gewählt sein, um die inhomogenen Partikelverteilungen aufzulösen. Solche inhomogenen Partikelverteilungen treten insbesondere in der Astrophysik häufig auf, kommen aber auch in vielfältiger Form bei biochemischen Moleküldynamik-Simulationen vor.

Hier können sogenannte Baumverfahren Abhilfe schaffen. Sie stützen sich auf die Darstellung des Potentials Φ als Integralausdruck (7.4). Dabei werden hierarchische Zerlegungen des Grundgebietes aufgebaut und die Dichteverteilung ρ der Partikel wird adaptiv approximiert. Häufig werden zu diesem Zweck Oktalbäume (Octtrees) verwendet. Mit Hilfe dieser hierarchischen Zerlegungen läßt sich nun wieder die Idee der Trennung in Nah- und Fernfeld einsetzen. Auf diese Weise lassen sich Verfahren der Ordnung $\mathcal{O}(N \log N)$ oder sogar $\mathcal{O}(N)$ (für eine vorgegebene Genauigkeit) gewinnen. Für inhomogene Partikelverteilungen erlauben Baumverfahren bei gleichem Aufwand eine höhere Genauigkeit bei der Berechnung der Potentiale und Kräfte als die (mit uniformen Gittern arbeitenden) gitterbasierten Verfahren. Zudem skalieren parallele Baumverfahren im Vergleich zu FFT-basierten Gitterverfahren besser.

Baumverfahren lassen sich direkt für allgemeinere langreichweitige Potentiale als nur $1/r$-Potentiale einsetzen. Sie erlauben die Behandlung ionisierter Systeme, wie sie in biomolekularen Fragestellungen vorkommen. Zudem können Modifikationen des Gravitationspotentials, wie das regularisierte Plummer-Potential oder auch Biot-Savart-Kerne für Vortex-Methoden, mit Baumverfahren ausgewertet werden. Dies ist für die gitterbasierten Verfahren, die sich auf die Darstellung des Potentials Φ als Lösung der Poisson-Gleichung stützen, nicht ohne weiteres möglich.[1]

Wir gehen in diesem Kapitel nun genauer auf Baumverfahren ein. Konkret stellen wir zunächst das adaptive Barnes-Hut-Verfahren vor. Dann parallelisieren wir es mit Hilfe von raumfüllenden Kurven. Anschließend erweitern wir es auf höhere Approximationsordnung und behandeln eine Variante der schnellen Multipol-Methode. Zudem diskutieren wir einige Anwendungen aus der Astrophysik.

8.1 Reihenentwicklung des Potentials

Wir erinnern uns zunächst an die in Kapitel 7 gegebene Integral-Form (7.4) des Potentials. Für allgemeine Kerne G schreiben wir sie als

$$\Phi(\mathbf{x}) = \int_\Omega G(\mathbf{x}, \mathbf{y}) \rho(\mathbf{y}) d\mathbf{y} \tag{8.1}$$

mit der Partikeldichte ρ auf dem Gebiet Ω.

Taylorentwicklung. Unter der Annahme, daß der Integralkern G bis auf eine Singularität in $\mathbf{x} = \mathbf{y}$ genügend oft differenzierbar ist, können wir die Taylorentwicklung in $\mathbf{y}$ um einen Punkt $\mathbf{y}_0$ bis zu den Termen des Grads p ansetzen, sofern $\mathbf{x}$ nicht auf der Verbindungslinie $[\mathbf{y}, \mathbf{y}_0]$ liegt. Wir erhalten

$$G(\mathbf{x}, \mathbf{y}) = \sum_{\|\mathbf{j}\|_1 \leq p} \frac{1}{\mathbf{j}!} G_{\mathbf{0}, \mathbf{j}}(\mathbf{x}, \mathbf{y}_0)(\mathbf{y} - \mathbf{y}_0)^{\mathbf{j}} + R_p(\mathbf{x}, \mathbf{y}), \tag{8.2}$$

mit den Multi-Indizes $\mathbf{j} = (j_1, j_2, j_3)$ und den Abkürzungen und Definitionen $\frac{d^{\mathbf{j}}}{d\mathbf{z}^{\mathbf{j}}} = \frac{d^{j_1}}{d\mathbf{z}_1^{j_1}} \frac{d^{j_2}}{d\mathbf{z}_2^{j_2}} \frac{d^{j_3}}{d\mathbf{z}_3^{j_3}}$, $\mathbf{j}! := j_1! \cdot j_2! \cdot j_3!$, $\|\mathbf{j}\|_1 = j_1 + j_2 + j_3$ und $\mathbf{y}^{\mathbf{j}} = \mathbf{y}_1^{j_1} \cdot \mathbf{y}_2^{j_2} \cdot \mathbf{y}_3^{j_3}$. Dieser Ausdruck verallgemeinert die übliche eindimensionale Taylorentwicklung ins Höherdimensionale. Hierbei bezeichnet

$$G_{\mathbf{k}, \mathbf{j}}(\mathbf{x}, \mathbf{y}) := \left[\frac{d^{\mathbf{k}}}{d\mathbf{w}^{\mathbf{k}}} \frac{d^{\mathbf{j}}}{d\mathbf{z}^{\mathbf{j}}} G(\mathbf{w}, \mathbf{z}) \right]_{\mathbf{w} = \mathbf{x}, \mathbf{z} = \mathbf{y}}$$

die gemischte $(\mathbf{k}, \mathbf{j})$-te Ableitung von G ausgewertet an einem Punkt $(\mathbf{x}, \mathbf{y})$. Das Restglied $R_p(\mathbf{x}, \mathbf{y})$ läßt sich in der Lagrange-Form als

$$R_p(\mathbf{x}, \mathbf{y}) = \sum_{\|\mathbf{j}\|_1 = p+1} \frac{1}{\mathbf{j}!} G_{\mathbf{0}, \mathbf{j}}(\mathbf{x}, \mathbf{y}_0 + \zeta \cdot (\mathbf{y} - \mathbf{y}_0)) \cdot (\mathbf{y} - \mathbf{y}_0)^{\mathbf{j}} \tag{8.3}$$

---

[1] Zwar kann für einen Differentialoperator im allgemeinen ein zugehöriger Integral-Kern (Fundamentallösung) gefunden werden, umgekehrt muß dies jedoch nicht der Fall sein. Dann liegt ein Pseudodifferentialoperator vor, der eine Integraldarstellung benötigt.

mit einer Funktion $\zeta, 0 \leq \zeta \leq 1$, darstellen. Das Restglied beinhaltet also neben dem Term $(\mathbf{y} - \mathbf{y}_0)^{\mathbf{j}}$ die $(p+1)$-ten Ableitungen von $G(\mathbf{x}, \mathbf{y})$ nach $\mathbf{y}$ auf der Verbindungsstrecke $[\mathbf{y}_0, \mathbf{y}]$. Setzen wir die Entwicklung (8.2) in die Integral-Form (8.1) ein, so ergibt sich

$$
\begin{aligned}
\Phi(\mathbf{x}) &= \int_\Omega \rho(\mathbf{y}) \sum_{\|\mathbf{j}\| \leq p} \frac{1}{\mathbf{j}!} G_{0,\mathbf{j}}(\mathbf{x}, \mathbf{y}_0)(\mathbf{y} - \mathbf{y}_0)^{\mathbf{j}} d\mathbf{y} + \int_\Omega \rho(\mathbf{y}) R_p(\mathbf{x}, \mathbf{y}) d\mathbf{y} \\
&= \sum_{\|\mathbf{j}\| \leq p} \frac{1}{\mathbf{j}!} G_{0,\mathbf{j}}(\mathbf{x}, \mathbf{y}_0) \int_\Omega \rho(\mathbf{y})(\mathbf{y} - \mathbf{y}_0)^{\mathbf{j}} d\mathbf{y} + \int_\Omega \rho(\mathbf{y}) R_p(\mathbf{x}, \mathbf{y}) d\mathbf{y}.
\end{aligned}
$$

Zur Abkürzung führen wir die Ausdrücke

$$
M_{\mathbf{j}}(\Omega, \mathbf{y}_0) := \int_\Omega \rho(\mathbf{y})(\mathbf{y} - \mathbf{y}_0)^{\mathbf{j}} d\mathbf{y} \tag{8.4}
$$

ein, die als Momente bezeichnet werden. Damit erhalten wir

$$
\Phi(\mathbf{x}) = \sum_{\|\mathbf{j}\|_1 \leq p} \frac{1}{\mathbf{j}!} M_{\mathbf{j}}(\Omega, \mathbf{y}_0) G_{0,\mathbf{j}}(\mathbf{x}, \mathbf{y}_0) + \int_\Omega \rho(\mathbf{y}) R_p(\mathbf{x}, \mathbf{y}) d\mathbf{y}. \tag{8.5}
$$

Nah- und Fernfeld. Wir werden nun mit Hilfe der Approximation

$$
\Phi(\mathbf{x}) \approx \sum_{\|\mathbf{j}\|_1 \leq p} \frac{1}{\mathbf{j}!} M_{\mathbf{j}}(\Omega, \mathbf{y}_0) G_{0,\mathbf{j}}(\mathbf{x}, \mathbf{y}_0) \tag{8.6}
$$

analog zur Aufspaltung $V^{\text{kurz}} + V^{\text{lang}}$ des Potentials in ein Nahfeld und ein Fernfeld in (7.1) des letzten Kapitels einen Algorithmus zur schnellen Berechnung der Energie und der Kräfte konstruieren. Dazu teilen wir für gegebenes $\mathbf{x}$ das gesamte Integrationsgebiet Ω in einen Nahbereich Ω^{nah} und einen Fernbereich Ω^{fern} mit $\Omega = \Omega^{\text{nah}} \cup \Omega^{\text{fern}}$ und $\Omega^{\text{nah}} \cap \Omega^{\text{fern}} = \{\}$ auf. Den Fernbereich zerlegen wir wiederum geeignet in eine Menge von disjunkten, konvexen Teilgebieten Ω_ν^{fern}, wobei jedem Teilgebiet ein „Mittelpunkt" $\mathbf{y}_0^\nu \in \Omega_\nu^{\text{fern}}$ zugeordnet ist, das heißt es gilt[2]

$$
\Omega = \Omega^{\text{nah}} \cup \bigcup_\nu \Omega_\nu^{\text{fern}}. \tag{8.7}
$$

Dabei wollen wir die Zerlegung des Fernfelds so wählen, daß mit einer vorgegebenen Konstanten $\theta < 1$ für alle Ω_ν^{fern} der Zerlegung die Bedingung

$$
\frac{diam}{\|\mathbf{x} - \mathbf{y}_0^\nu\|} \leq \theta \tag{8.8}
$$

---

[2] Die Zerlegung ist dabei von $\mathbf{x}$ abhängig, das heißt sie ist für jedes $\mathbf{x}$ geeignet zu wählen. Wir werden später sehen, daß wir durch die Verwendung hierarchischer Verfahren für jedes $\mathbf{x}$ eine geeignete Zerlegung aus einer einzigen Baum-Zerlegung des Gesamtgebiets ableiten können.

erfüllt ist, wobei

$$diam := \sup_{\mathbf{y} \in \Omega_\nu^{\text{fern}}} \|\mathbf{y} - \mathbf{y}_0^\nu\| \qquad (8.9)$$

sei. Diese Situation ist in Abbildung 8.1 exemplarisch für ein Teilgebiet im Fall von diskreten Partikelverteilungen dargestellt.

Abb. 8.1. Interaktion eines Partikels $\mathbf{x}$ mit einer entfernt liegenden Menge von Partikeln in Ω_ν^{fern} um das Zentrum $\mathbf{y}_0^\nu$.

In jedem Teilgebiet des Fernbereichs verwenden wir die Approximation (8.6) mit Ω_ν^{fern} als Integrationsgebiet für die Momente (8.4). Wir setzen also für ein festes $\mathbf{x}$

$$\Phi(\mathbf{x}) = \int_\Omega \rho(\mathbf{y}) G(\mathbf{x}, \mathbf{y}) d\mathbf{y}$$

$$= \int_{\Omega^{\text{nah}}} \rho(\mathbf{y}) G(\mathbf{x}, \mathbf{y}) d\mathbf{y} + \int_{\Omega^{\text{fern}}} \rho(\mathbf{y}) G(\mathbf{x}, \mathbf{y}) d\mathbf{y}$$

$$= \int_{\Omega^{\text{nah}}} \rho(\mathbf{y}) G(\mathbf{x}, \mathbf{y}) d\mathbf{y} + \sum_\nu \int_{\Omega_\nu^{\text{fern}}} \rho(\mathbf{y}) G(\mathbf{x}, \mathbf{y}) d\mathbf{y}$$

$$\approx \int_{\Omega^{\text{nah}}} \rho(\mathbf{y}) G(\mathbf{x}, \mathbf{y}) d\mathbf{y} + \sum_\nu \sum_{\|\mathbf{j}\|_1 \le p} \frac{1}{\mathbf{j}!} M_{\mathbf{j}}(\Omega_\nu^{\text{fern}}, \mathbf{y}_0^\nu) G_{\mathbf{0},\mathbf{j}}(\mathbf{x}, \mathbf{y}_0^\nu) \quad (8.10)$$

mit den entsprechenden *lokalen* Momenten

$$M_{\mathbf{j}}(\Omega_\nu^{\text{fern}}, \mathbf{y}_0^\nu) = \int_{\Omega_\nu^{\text{fern}}} \rho(\mathbf{y}) (\mathbf{y} - \mathbf{y}_0^\nu)^{\mathbf{j}} d\mathbf{y} . \qquad (8.11)$$

Fehlerabschätzungen. Mit (8.3) ergibt sich für festes $\mathbf{x}$ der zugehörige *relative* lokale Approximationsfehler für Ω_ν^{fern} zu

$$e_\nu^{\text{rel}}(\mathbf{x}) := \frac{e_\nu^{\text{abs}}(\mathbf{x})}{\Phi_\nu(\mathbf{x})}$$

mit

$$e_\nu^{\text{abs}}(\mathbf{x}) := \int_{\Omega_\nu^{\text{fern}}} \rho(\mathbf{y}) \sum_{\|\mathbf{j}\|_1 = p+1} \frac{1}{\mathbf{j}!} G_{\mathbf{0},\mathbf{j}}(\mathbf{x}, \mathbf{y}_0^\nu + \zeta \cdot (\mathbf{y} - \mathbf{y}_0^\nu))(\mathbf{y} - \mathbf{y}_0^\nu)^{\mathbf{j}} d\mathbf{y}, \quad (8.12)$$

$$\Phi_\nu(\mathbf{x}) := \int_{\Omega_\nu^{\text{fern}}} \rho(\mathbf{y}) G(\mathbf{x}, \mathbf{y}) d\mathbf{y} . \qquad (8.13)$$

Dann erhalten wir mit positivem ρ und positivem[3] Kern G für e_ν^{rel} die Abschätzung

$$|e_\nu^{\mathrm{rel}}(\mathbf{x})| \leq \frac{\displaystyle\int_{\Omega_\nu^{\mathrm{fern}}} \rho(\mathbf{y}) \sum_{\|\mathbf{j}\|_1 = p+1} \frac{1}{\mathbf{j}!} |G_{0,\mathbf{j}}(\mathbf{x}, \mathbf{y}_0^\nu + \zeta(\mathbf{y} - \mathbf{y}_0^\nu))| \cdot |(\mathbf{y} - \mathbf{y}_0^\nu)^\mathbf{j}| d\mathbf{y}}{\displaystyle\int_{\Omega_\nu^{\mathrm{fern}}} \rho(\mathbf{y}) d\mathbf{y} \cdot g_{\min}^\nu(\mathbf{x})}$$

$$\leq c \frac{g_{\max}^{\nu,p+1}(\mathbf{x}) \cdot diam^{p+1}}{g_{\min}^\nu(\mathbf{x})},$$

wobei

$$g_{\max}^{\nu,p+1}(\mathbf{x}) := \sup_{\mathbf{y} \in \Omega_\nu^{\mathrm{fern}}} \max_{\|\mathbf{j}\|_1 = p+1} \frac{1}{\mathbf{j}!} |G_{0,\mathbf{j}}(\mathbf{x}, \mathbf{y})|,$$

$$g_{\min}^\nu(\mathbf{x}) := \inf_{\mathbf{y} \in \Omega_\nu^{\mathrm{fern}}} G(\mathbf{x}, \mathbf{y}),$$

und hier und im folgenden c eine von p abhängige generische Konstante bezeichnet. Dabei haben wir die Eigenschaft $\mathbf{y}_0^\nu + \zeta(\mathbf{y}_0^\nu - \mathbf{y}) \in \Omega_\nu^{\mathrm{fern}}$ genutzt, die wegen der Konvexität von $\Omega_\nu^{\mathrm{fern}}$ gilt.[4]

Wir nehmen nun an, daß sich G und seine $(p+1)$-ten Ableitungen in etwa wie das $1/r$-Potential und seine $(p+1)$-ten Ableitungen verhalten. Konkret gelte für $\|\mathbf{j}\|_1 = p + 1$

$$|G_{0,\mathbf{j}}(\mathbf{x},\mathbf{y})| \leq c \cdot \frac{1}{\|\mathbf{x} - \mathbf{y}\|^{\|\mathbf{j}\|_1 + 1}}, \quad c \cdot \frac{1}{\|\mathbf{x} - \mathbf{y}\|} \leq G(\mathbf{x},\mathbf{y}).$$

Weiterhin gelten mit (8.8) die Beziehungen

$$\frac{1}{\|\mathbf{x} - \mathbf{y}\|} \geq \frac{1}{\|\mathbf{x} - \mathbf{y}_0^\nu\| + \|\mathbf{y}_0^\nu - \mathbf{y}\|} \geq \frac{1}{\|\mathbf{x} - \mathbf{y}_0^\nu\| + \theta\|\mathbf{x} - \mathbf{y}_0^\nu\|} = \frac{1}{1 + \theta} \frac{1}{\|\mathbf{x} - \mathbf{y}_0^\nu\|},$$

$$\frac{1}{\|\mathbf{x} - \mathbf{y}\|} \leq \frac{1}{\|\mathbf{x} - \mathbf{y}_0^\nu\| - \|\mathbf{y}_0^\nu - \mathbf{y}\|} \leq \frac{1}{\|\mathbf{x} - \mathbf{y}_0^\nu\| - \theta\|\mathbf{x} - \mathbf{y}_0^\nu\|} = \frac{1}{1 - \theta} \frac{1}{\|\mathbf{x} - \mathbf{y}_0^\nu\|}.$$

Dann erhalten wir

$$g_{\max}^{\nu,p+1}(\mathbf{x}) \leq c \cdot \frac{1}{\|\mathbf{x} - \mathbf{y}_0^\nu\|^{p+2}} \quad \text{und} \quad c \cdot \frac{1}{\|\mathbf{x} - \mathbf{y}_0^\nu\|} \leq g_{\min}^\nu(\mathbf{x}).$$

Damit ergibt sich

$$|e_\nu^{\mathrm{rel}}(\mathbf{x})| \leq c \frac{g_{\max}^{\nu,p+1}(\mathbf{x}) \cdot diam^{p+1}}{g_{\min}^\nu(\mathbf{x})} \leq c \cdot \frac{\|\mathbf{x} - \mathbf{y}_0^\nu\| \cdot diam^{p+1}}{\|\mathbf{x} - \mathbf{y}_0^\nu\|^{p+2}}$$

$$= c \cdot \left(\frac{diam}{\|\mathbf{x} - \mathbf{y}_0^\nu\|}\right)^{p+1} \leq c\theta^{p+1}.$$

---

[3] Analoges gilt für negatives ρ oder negativen Kern G, ρ oder G dürfen jedoch nicht das Vorzeichen wechseln.

[4] Wir werden später ausschließlich Zerlegungen mit würfelförmige Teilgebieten $\Omega_\nu^{\mathrm{fern}}$ betrachten. Diese sind konvex.

Insgesamt erhalten wir deswegen für den lokalen relativen Approximations-
fehler $e_\nu^{\mathrm{rel}}(\mathbf{x})$ an der Stelle $\mathbf{x}$ eine Abschätzung der Ordnung $\mathcal{O}(\theta^{p+1})$.

Für den *globalen* relativen Fehler

$$e^{\mathrm{rel}}(\mathbf{x}) = \frac{\displaystyle\sum_\nu e_\nu^{\mathrm{abs}}(\mathbf{x})}{\displaystyle\sum_\nu \Phi_\nu(\mathbf{x})}$$

resultiert mit den Bezeichnungen (8.12) und (8.13) die Abschätzung

$$|e^{\mathrm{rel}}(\mathbf{x})| \le \frac{\displaystyle\sum_\nu |e_\nu^{\mathrm{abs}}(\mathbf{x})|}{\displaystyle\sum_\nu \Phi_\nu(\mathbf{x})} = \frac{\displaystyle\sum_\nu \frac{|e_\nu^{\mathrm{abs}}(\mathbf{x})|}{\Phi_\nu(\mathbf{x})}\Phi_\nu(\mathbf{x})}{\displaystyle\sum_\nu \Phi_\nu(\mathbf{x})} = \frac{\displaystyle\sum_\nu |e_\nu^{\mathrm{rel}}(\mathbf{x})|\Phi_\nu(\mathbf{x})}{\displaystyle\sum_\nu \Phi_\nu(\mathbf{x})}$$

$$\le \frac{\displaystyle\sum_\nu c\,\theta^{p+1}\Phi_\nu(\mathbf{x})}{\displaystyle\sum_\nu \Phi_\nu(\mathbf{x})} = \frac{c\,\theta^{p+1}\displaystyle\sum_\nu \Phi_\nu(\mathbf{x})}{\displaystyle\sum_\nu \Phi_\nu(\mathbf{x})} = c\,\theta^{p+1}.$$

Durch die Bedingung (8.8) an die Zerlegung des Fernfelds läßt sich somit
der globale relative Approximationsfehler im Punkt $\mathbf{x}$ kontrollieren. Sie stellt
zudem eine geometrische Forderung an die Fernfeldzerlegung dar. Je näher
das Teilgebiet $\Omega_\nu^{\mathrm{fern}}$ am Punkt $\mathbf{x}$ liegt, desto kleiner muß es sein, um (8.8) zu
erfüllen. Dies ist in Abbildung 8.2 exemplarisch für einige Teilgebiete einer
Fernfeldzerlegung angegeben.

Auf die dargestellte Weise lassen sich auch für eine Reihe anderer Potentialtypen analoge relative Fehlerabschätzungen zeigen. Weiterhin gibt es für
nichtpositive Kerne und nichtpositive Ladungsdichten absolute Fehlerschranken [286]. Diese sind nützlich, um Abschätzungen für die Kräfte anstelle des
Potentials zu gewinnen, da der abgeleitete Kern oft nicht positiv ist.

Taylorentwicklung ist nicht die einzige Möglichkeit, eine geeignete Reihenentwicklung herzuleiten. Betrachtet man an Stelle von kartesischen Koordinaten andere Koordinatensysteme, so ergeben sich entsprechende Reihenentwicklungen. Man erhält beispielsweise für Kugelkoordinaten Reihen in
Kugelflächenfunktionen [257]. Eine andere Möglichkeit ist die Verwendung
von ebenen Wellen [257] oder stückweisen Lagrangepolynomen [121].

Die zentrale Frage ist nun, wie solche Zerlegungen des Fernfelds möglichst
effizient konstruiert werden können. Hierbei ist zu beachten, daß es nicht
genügt, eine Fernfeldzerlegung für ein einzelnes gegebenes $\mathbf{x}$ zu bestimmen.
Vielmehr sind Zerlegungen des jeweiligen Fernfelds für *alle* Partikelorte $\mathbf{x}_i$,
$i = 1, \ldots N$, zu bilden, deren Teilgebiete *alle* die Eigenschaft (8.8) für eine vorgegebene Genauigkeit θ aufweisen müssen. Zudem sollen die in der
Berechnung aufwendigen zugehörigen Momente $M_{\mathbf{j}}(\Omega_\nu^{\mathrm{fern}}, \mathbf{y}_0^\nu)$ nicht nur für
die Potentialauswertung an einem einzigen Punkt $\mathbf{x}$ einsetzbar sein, son-
dern möglichst für eine Reihe von Partikelorten mehrfach verwendbar sein,

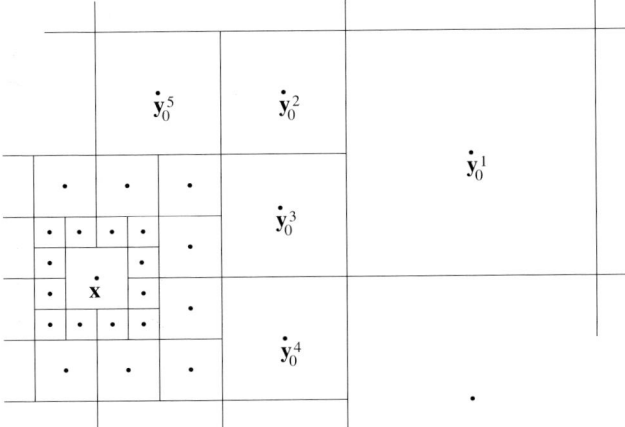

Abb. 8.2. Verschieden große Zellen Ω_ν^{fern}, die einen Teil des Fernfelds Ω^{fern} für $\mathbf{x}$ zerlegen und jeweils die Bedingung (8.8) mit $\theta = 0.4472$ in zwei Dimensionen erfüllen.

um Rechenoperationen einzusparen.[5] Dabei ist es entscheidend, daß sich die Momente größerer Teilgebiete sukzessive aus denen kleinerer Teilgebiete zusammensetzen lassen. Dies leistet beispielsweise eine rekursive Unterteilung des Gesamtgebiets Ω in eine Folge von kleiner werdenden würfel- oder quaderförmigen Gebieten. Die entstehenden Strukturen lassen sich mit Hilfe von geometrischen Bäumen beschreiben, wie wir sie im nächsten Abschnitt einführen.

8.2 Baum-Strukturen für die Zerlegung des Fernfelds

Wir definieren Bäume zunächst abstrakt und führen im folgenden die dazu benötigten Begriffe ein. Ein Graph sei als eine Menge von Knoten und Kanten gegeben. Eine Kante ist dabei die Verbindung zwischen je zwei Knoten. Ein Pfad ist eine Folge von jeweils verschiedenen Knoten des Graphen, wobei aufeinanderfolgende Knoten durch eine Kante verbunden sind. Ein Baum ist ein Graph, bei dem zu je zwei Knoten genau ein Pfad existiert. Wir zeichnen

---

[5] Mit der Massenverteilung $\rho = \sum_{i=1}^{N} m_i \delta_{\mathbf{x}_i}$, wobei m_i wieder die Masse des Partikels i bezeichnet, ist die Bestimmung der jeweiligen Fernfelder und deren Zerlegung in Teilgebiete gleichbedeutend damit, für jedes Partikel zugehörige Partitionierungen der Partikelmenge in Teilmengen zu finden, die einerseits jeweils die Eigenschaft (8.8) erfüllen, andererseits den Rechenaufwand bei der Auswertung der Approximation des Potentials minimieren. Dies läßt sich abstrakt als diskretes Optimierungsproblem formulieren, das jedoch nur sehr aufwendig zu lösen ist. Die im folgenden beschriebenen Baumverfahren sind gute Heuristiken zur effizienten näherungsweisen Lösung dieser Optimierungsaufgabe.

einen Knoten als Wurzel des Baums aus. Dann gibt es von dieser Wurzel zu jedem anderen Knoten des Baums genau einen Pfad.

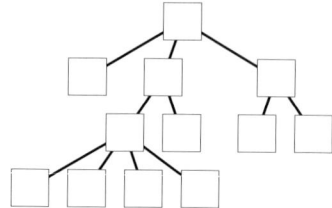

Abb. 8.3. Ein Beispiel für einen Baum der Tiefe Drei.

Entgegen der Intuition stellen wir einen Baum so dar, daß die Wurzel oben angeordnet ist und der Baum in die Tiefe wächst, vergleiche Abbildung 8.3. Die Kanten sind damit von der Wurzel zu den Knoten abwärts gerichtet. Ein Knoten, der direkt unterhalb von einem anderen Knoten im Baum liegt und mit diesem verbunden ist, heißt Sohn dieses Knotens. Der Knoten oberhalb heißt entsprechend Vater-Knoten.[6] Weitere Begriffe wie Bruder oder Großvater lassen sich analog definieren.

Die erste Generation von Knoten, die durch eine Kante mit der Wurzel verbunden sind, liegt nun auf Level eins. Jede weitere Generation von Knoten, die durch Pfade der Länge l mit der Wurzel verbunden sind, liegt entsprechend auf Level l. Der größte Wert eines Knoten-Levels eines Baums, also die Länge des längsten Pfades ab der Wurzel, wird als die Tiefe des Baums bezeichnet. Die Knoten in einem Baum können wir danach unterscheiden, ob sie selbst Söhne haben, dann heißen sie innere Knoten, oder keine Söhne haben, dann werden sie Blätter genannt. Ein Teilbaum besteht aus einem Knoten des ursprünglichen Baums, der als Wurzel des Teilbaum ausgezeichnet ist, sowie allen Nachfahren dieses Knotens und den dazugehörigen Kanten.

Quadtree und Octtree. Zunächst handelt es sich bei Bäumen um abstrakte Objekte. Diese wollen wir im folgenden mit geometrischer Information kombinieren und dadurch die für jedes Partikel i nötige Trennung in Nah- und Fernfeld sowie die Zerlegung des Fernfelds in Teilgebiete zur Verfügung stellen. Dabei verwaltet ein Baum eine rekursive Zerlegung des Gesamtgebiets in Zellen verschiedener Größe. Dazu gehen wir wie folgt vor: Zunächst weisen wir das würfel- oder quaderförmige Gesamtgebiet Ω und die sich darin befindlichen Partikel der Wurzel des Baums zu. Dann zerlegen wir Ω in disjunkte Teilgebiete und weisen diese den Sohn-Knoten der Wurzel zu. Jedes Teilgebiet zerlegen wir nun wiederum in kleinere Teilgebiete und weisen diese

---

[6] Wir wählen die in der Literatur häufig verwendeten männlichen Verwandtschaftsbezeichnungen. Wer will, möge hier geschlechtsneutrale Begriffe wie Kind und Elternteil substituieren.

den Sohn-Knoten der nächsten Generation im Baum zu, etc. Wir terminieren diese Rekursion, wenn sich im jeweiligen Teilgebiet nur noch ein oder gar kein Partikel mehr befindet, vergleiche die Abbildungen 8.5 und 8.7.

Dabei stellt sich die Frage, auf welche Weise wir ein Teilgebiet in kleinere Teilgebiete zerlegen. Im einfachsten Fall teilen wir ein Teilgebiet in jeder Koordinatenrichtung in zwei gleich große Teile auf. Für ein quadratisches Ausgangsgebiet entstehen dann vier gleich große Quadrate, für ein würfelförmiges Ausgangsgebiet acht gleich große Würfel halber Kantenlänge. Ein Beispiel ist für den zweidimensionalen Fall in Abbildung 8.4 zu sehen.

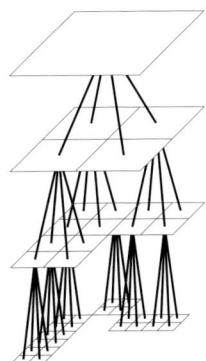

Abb. 8.4. Ein Beispiel für einen Quadtree.

Die inneren Knoten des entstehenden Baums besitzen dabei jeweils vier Söhne, die den Quadranten im Koordinatensystem entsprechen. Wir erhalten einen sogenannten Quadtree. Im dreidimensionalen Fall besitzen die inneren Knoten des entstehenden Baums jeweils acht Söhne, die den Oktanten im lokalen Koordinatensystem entsprechen. Daher wird dieser Baumtypus auch Octtree, genauer PR-Octtree (point region octtree) [532] genannt.

Daneben gibt es eine Reihe alternativer Möglichkeiten, das Gebiet in Zellen zu zerlegen. Binärbäume, also Bäume mit genau zwei Söhnen pro innerem Knoten, entsprechen einer Bisektion des Gebiets. Diese Bisektion kann dabei jeweils senkrecht zu einer Koordinatenachse erfolgen, so daß rechteckige statt quadratischer Zellen entstehen [47], siehe Abbildung 8.5. Darüber hinaus muß die Unterteilung der Gebiete nicht in Zellen gleicher Fläche geschehen. Es kann sinnvoller sein, Zellen abhängig von ρ so zu teilen, daß etwa die Zahl der Partikel gleichmäßig auf die resultierenden Teilzellen verteilt ist. Das Volumen der Zellen eines Levels wird dann im allgemeinen verschieden sein. Zusätzlich kann man Zellen auch noch schrumpfen lassen, um Teile des Gebiets auszuschließen, in denen die Partikeldichte ρ verschwindet, also keine Partikel vorhanden sind [382], siehe Abbildung 8.5 (Mitte). Wir werden uns im weiteren aber der Einfachheit halber auf PR-Oktalbäume beschränken.

Abb. 8.5. Zerlegung des Gebiets für verschiedene Baumvarianten. Links: In jedem Schritt wird alternierend die x_1- und die x_2-Achse so geteilt, daß etwa gleich viele Partikel in beiden Teilgebieten liegen. Mitte: Geschrumpfte Variante. Nach jeder Unterteilung wird das jeweilige Gebiet so verkleinert, daß die zugehörigen Partikel gerade noch enthalten sind. Rechts: In jedem Schritt wird die längste Koordinatenachse so geteilt, daß etwa gleich viele Partikel in beiden Teilgebieten liegen.

Rekursive Berechnung des Fernfelds. Die mittels der gegebenen Menge von Partikeln aufgebaute Octtree-Struktur wollen wir nun nutzen, um für alle Partikel jeweils eine Zerlegung des Gebiets Ω in Fernfeld und Nahfeld und weiterhin eine Zerlegung des Fernfelds in Teilgebiete zu finden, so daß das Kriterium (8.8) erfüllt ist. Mit Hilfe dieser Zerlegung werden wir dann jeweils die Approximation (8.10) berechnen. Hier versuchen wir, möglichst wenige Zellen zu verwenden. Konkret geschieht dies wie folgt: Jeder innere Knoten des Baums repräsentiert ein Teilgebiet von Ω. Diesem ordnen wir nun jeweils einen ausgezeichneten Entwicklungspunkt y_0 zu. Dies kann etwa der Mittelpunkt der Zelle oder auch der Schwerpunkt der in der Zelle enthaltenen Partikel sein. Weiterhin kennen wir für jeden Baumknoten die Größe des zugehörigen Teilgebiets. Aus ihr läßt sich direkt der Radius *diam* der umschriebenen Kugel bestimmen. Wir starten nun für ein gegebenes Partikel i mit Partikelort $\mathbf{x}_i$ in der Wurzel des Baumes und steigen rekursiv im Baum zu den Sohn-Knoten ab. Dabei berechnen wir jeweils den Quotienten $diam/\|\mathbf{x}_i-\mathbf{y}_0^\nu\|$. Ist dieser Wert kleiner oder gleich dem vorgegebenen Wert θ, so terminieren wir die Rekursion und haben eine Zelle identifiziert, die (8.8) lokal erfüllt. Andernfalls steigen wir im Baum zu den Sohn-Knoten ab und bestimmen dort wiederum jeweils die zugehörigen Quotienten, etc. Nach Terminierung haben wir für $\mathbf{x}_i$ insgesamt eine Zerlegung des Gebiets gemäß (8.7) bestimmt, deren Fernfeldteilgebiete jeweils (8.8) genügen. Diesen rekursiven Prozeß können wir für alle Partikel durchführen. Man beachte, daß im allgemeinen für jedes Partikel eine andere Zerlegung resultiert. Die Zerlegungen *aller* Partikel sind dabei aber in *einem* Baum enthalten.

Rekursive Berechnung der Momente. Es bleibt nun die Frage, wie wir die für die Berechnung der Approximation (8.10) benötigten Momente $M_{\mathbf{j}}(\Omega_\nu^{\text{fern}}, \mathbf{y}_0^\nu)$ aus (8.11) bestimmen können. Man könnte versucht sein, diese Werte jeweils direkt durch numerische Integration über die Dichte oder, im Fall einer diskreten Dichte, durch Summation über die Partikel zu berechnen. Dies ist jedoch nicht effizient. Statt dessen bietet die hierarchische Baumstruktur die Möglichkeit, *alle* Momente für alle Teilgebiete, die den Knoten des Baums zugeordnet sind, in einem Vorverarbeitungsschritt effizient zu berechnen und in den Baumknoten zur späteren Verwendung bei der Berechnung der Approximation (8.10) zu speichern.

Es ist nämlich möglich, ausgehend von den Momenten der Sohn-Zellen die Momente der jeweiligen Vater-Zelle zu bestimmen. Dazu lassen sich die folgenden Eigenschaften der Momente nutzen: Für zwei disjunkte Teilgebiete $\Omega_1 \cap \Omega_2 = \{\}$ und *gleichen* Entwicklungspunkt $\mathbf{y}_0$ gilt

$$M_{\mathbf{j}}(\Omega_1 \cup \Omega_2, \mathbf{y}_0) = M_{\mathbf{j}}(\Omega_1, \mathbf{y}_0) + M_{\mathbf{j}}(\Omega_2, \mathbf{y}_0)\,, \qquad (8.14)$$

was direkt aus den Eigenschaften der Integration folgt. Eine Verschiebung des Entwicklungspunkts in einem Teilgebiet Ω_ν von $\mathbf{y}_0$ nach $\hat{\mathbf{y}}_0$ läßt sich durch

$$
\begin{aligned}
M_{\mathbf{j}}(\Omega_\nu, \hat{\mathbf{y}}_0) &= \int_{\Omega_\nu} \rho(\mathbf{y})(\mathbf{y} - \hat{\mathbf{y}}_0)^{\mathbf{j}} d\mathbf{y} \\
&= \sum_{\mathbf{i} \leq \mathbf{j}} \binom{\mathbf{j}}{\mathbf{i}} \int_{\Omega_\nu} \rho(\mathbf{y})(\mathbf{y} - \mathbf{y}_0)^{\mathbf{i}}(\mathbf{y}_0 - \hat{\mathbf{y}}_0)^{\mathbf{j}-\mathbf{i}} d\mathbf{y} \\
&= \sum_{\mathbf{i} \leq \mathbf{j}} \binom{\mathbf{j}}{\mathbf{i}} (\mathbf{y}_0 - \hat{\mathbf{y}}_0)^{\mathbf{j}-\mathbf{i}} M_{\mathbf{i}}(\Omega_\nu, \mathbf{y}_0) \qquad (8.15)
\end{aligned}
$$

erreichen, wobei $\mathbf{i} \leq \mathbf{j}$ komponentenweise zu verstehen ist und $\binom{\mathbf{j}}{\mathbf{i}}$ als Produkt $\prod_{d=1}^{\text{DIM}} \binom{\mathbf{j}_d}{\mathbf{i}_d}$ der einzelnen Komponenten definiert ist.[7] Haben wir nun eine

---

[7] Hierbei haben wir die binomische Formel $(x-a)^p = \sum_{i=0}^{p} \binom{p}{i} x^i a^{p-1}$ verwendet.

Entwicklung der Momente $M_{\mathbf{j}}(\Omega_\nu^{\mathrm{sohn}_\mu}, \mathbf{y}_0^{\nu,\mathrm{sohn}_\mu})$ der Sohn-Zellen $\Omega_\nu^{\mathrm{sohn}_\mu}$ einer betrachteten Zelle Ω_ν vorliegen, dann können wir daraus mit (8.14) und (8.15) eine Entwicklung der Momente $M_{\mathbf{j}}(\Omega_\nu, \mathbf{y}_0^\nu)$ der betrachteten Vater-Zelle $\Omega_\nu = \bigcup_\mu \Omega_\nu^{\mathrm{sohn}_\mu}$ bestimmen, ohne erneut alle Integrale beziehungsweise Summen berechnen zu müssen, siehe auch Abbildung 8.6. Die Berechnung aller Momente läßt sich dann von den Blättern des Baums ausgehend rekursiv bis zur Wurzel bewerkstelligen.

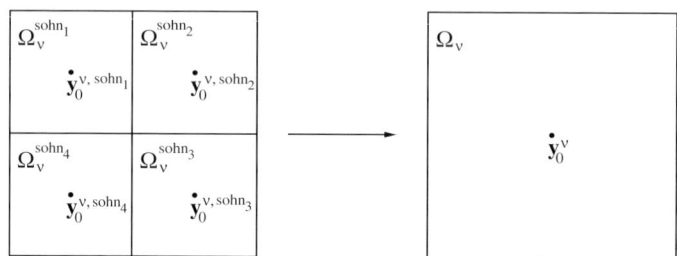

Abb. 8.6. Aus den Momenten $M_{\mathbf{j}}(\Omega_\nu^{\mathrm{sohn}_\mu}, \mathbf{y}_0^{\nu,\mathrm{sohn}_\mu})$ der Sohn-Zellen $\Omega_\nu^{\mathrm{sohn}_\mu}$ werden die Momente $M_{\mathbf{j}}(\Omega_\nu, \mathbf{y}_0^\nu)$ der Vater-Zelle Ω_ν im Baum bestimmt. Hier haben wir beispielhaft die Zentren der Zellen als Entwicklungspunkte ausgezeichnet.

Es bleibt nachzutragen, wie die Werte für die Blätter des Baums berechnet werden. Hier ist per Konstruktion genau ein Partikel $\mathbf{x}_i$ mit Masse m_i im zugeordneten Teilgebiet enthalten. Die Momente ergeben sich für den Fall diskreter Partikeldichten $\rho(\mathbf{x}) = \sum_{j=1}^N m_j \delta_{\mathbf{x}_j}$ dann zu[8]

$$
\begin{aligned}
M_{\mathbf{j}}(\Omega_\nu^{\mathrm{blatt}}, \mathbf{y}_0^\nu) &= \int_{\Omega_\nu^{\mathrm{blatt}}} \rho(\mathbf{y})(\mathbf{y} - \mathbf{y}_0^\nu)^{\mathbf{j}} d\mathbf{y} \\
&= \int_{\Omega_\nu^{\mathrm{blatt}}} m_i \delta_{\mathbf{x}_i}(\mathbf{y} - \mathbf{y}_0^\nu)^{\mathbf{j}} d\mathbf{y} = m_i(\mathbf{x}_i - \mathbf{y}_0^\nu)^{\mathbf{j}}.
\end{aligned}
$$

Analog werden auch die Integrale für die Nahfeldapproximation ausgewertet. Insgesamt sieht man, daß die Berechnung aller Momente im Baum ein sukzessiver Summationsprozeß ist. Die jeweiligen Momente sind Teilsummen und werden in den Knoten zur späteren Verwendung gespeichert.

Um aus diesen Bausteinen nun ein konkretes numerisches Verfahren für die näherungsweise Auswertung des Potentials und der zugehörigen Kräfte zu konstruieren, müssen wir noch genau festlegen, wie der Baum aus einer Menge von Partikeln aufgebaut und gespeichert wird, wie die Zellen und Entwicklungspunkte gewählt werden und wie bei der Kraftauswertung Fernfeld und Nahfeld bestimmt werden. Es gibt hierfür eine Reihe von Möglichkeiten, die wir in den folgenden Abschnitten im Detail besprechen.

---

[8] Im Falle kontinuierlicher Dichten ρ müssen stattdessen geeignete Quadraturverfahren eingesetzt werden [286].

8.3 Partikel-Cluster-Wechselwirkungen und das Barnes-Hut-Verfahren

Die einfachste Form eines baumartigen Verfahrens zur näherungsweisen Potential- und Kraftberechnung geht auf Barnes und Hut [58] zurück.[9] Es wurde ursprünglich für astrophysikalische Anwendungen entwickelt. Hier treten in der Regel sehr hohe Teilchenzahlen bei inhomogener Dichteverteilung auf. Die Wechselwirkung zwischen den Teilchen wird mit dem Gravitationspotential[10]

$$U(r_{ij}) = -G_{\mathrm{Grav}} \frac{m_i m_j}{r_{ij}} \tag{8.16}$$

oder Modifikationen davon modelliert. Das Barnes-Hut-Verfahren löst inhomogene Dichteverteilungen mit Hilfe von Octtrees auf. Dabei wird, wie schon besprochen, das Simulationsgebiet solange rekursiv in gleich große Teilgebiete (Zellen) aufgeteilt, bis in jeder Zelle höchstens ein Partikel enthalten ist. Die Zellen werden auf Knoten im Baum abgebildet. Die inneren Knoten des Baums repräsentieren Zellen mit mehreren Partikeln, sogenannte Cluster. Bei inhomogener Verteilung der Partikel führt dieses Vorgehen zu unbalancierten Bäumen, vergleiche Abbildung 8.4.

Die Idee des Verfahrens beruht nun darauf, daß ein Teilchen die Gravitation von vielen Teilchen in einer entfernt liegenden Zelle wie die Wechselwirkung mit einem großen Teilchen im Massenschwerpunkt der Zelle wahrnimmt. Dadurch können viele einzelne Wechselwirkungen zu einer Wechselwirkung mit einem sogenannten Pseudopartikel zusammengefaßt werden. Der Ort dieses Pseudopartikels ist dabei der Massenschwerpunkt der Teilchen in der Zelle und die Masse dieses Pseudopartikels ist die Gesamtmasse der Teilchen in der Zelle.

8.3.1 Verfahren

Konkret gliedert sich das Verfahren in drei Teile, den Baumaufbau, die Berechnung der Pseudopartikel und die Berechnung der Kräfte. Pseudopartikel repräsentieren Zellen mit mehr als einem Partikel und sind damit im Baum den inneren Knoten zugeordnet, wohingegen die wirklichen Partikel nur in den Blättern des Baumes gespeichert werden. Die geometrischen Koordinaten der Pseudopartikel ergeben sich dabei durch massengewichtete Mittelung über die Koordinaten aller Partikel in der jeweiligen Zelle. Die Masse des Pseudopartikels ist die Gesamtmasse aller Partikel der Zelle. Beide Werte

---

[9] Eine Vorläuferarbeit war [47].

[10] In der Astrophysik werden bei der Modellierung der Dynamik von Galaxien verschiedene Modifikationen davon eingesetzt. Beispiele sind die Potentiale von Plummer [478], Jaffe [334], Hernquist [312] oder Miyamoto und Nagai [429].

lassen sich nun für alle Knoten des Baums mit einem Durchlauf durch den Baum rekursiv von den Blättern ausgehend gemäß

$$m^{\Omega_\nu} := \sum_{\mu=1}^{8} m^{\Omega_\nu^{\text{sohn},\mu}}$$

$$\mathbf{y}_0^\nu := \sum_{\mu=1}^{8} \frac{m^{\Omega_\nu^{\text{sohn},\mu}}}{\sum_{\gamma=1}^{8} m^{\Omega_\nu^{\text{sohn},\gamma}}} \mathbf{y}_0^{\text{sohn},\mu} = \frac{1}{m^{\Omega_\nu}} \sum_{\mu=1}^{8} m^{\Omega_\nu^{\text{sohn},\mu}} \mathbf{y}_0^{\text{sohn},\mu} \quad (8.17)$$

bestimmen. Hier bezeichnen, wie schon im vorigen Abschnitt, Ω_ν eine zu einem Knoten des Baums gehörige Zelle und $\Omega_\nu^{\text{sohn},\mu}$ die acht zugehörigen Sohn-Zellen (falls vorhanden), $\mathbf{y}_0^\nu$ beziehungsweise $\mathbf{y}_0^{\text{sohn},\mu}$ die zugehörigen Entwicklungspunkte und m^{Ω_ν} beziehungsweise $m^{\Omega_\nu \text{sohn},\mu}$ die zugehörigen Massen. Der Entwicklungspunkt eines Blattes, das per Konstruktion nur ein Partikel enthält, und seine Masse werden mit den Werten des enthaltenen Partikels gleichgesetzt.[11]

Bei der Kraftberechnung wird schließlich für jedes einzelne Partikel i mit Ort $\mathbf{x}_i \in \Omega$ von der Wurzel ausgehend solange im Baum abgestiegen, bis für die betrachtete Zelle das Akzeptanzkriterium (θ-Kriterium)

$$\frac{diam}{r} \geq \theta \quad (8.18)$$

gilt, wobei $diam$ in (8.9) gegeben ist und r den Abstand des zugehörigen Pseudopartikels vom Ort $\mathbf{x}_i$ des Partikels i bezeichnet. Dann wird die Wechselwirkung des Partikels i mit dem Pseudopartikel dieses Baumknotens ermittelt und zum Gesamtergebnis addiert. Für den Fall, daß im Baum bis zu einem Blatt abgestiegen worden ist, das per Konstruktion nur ein einziges Partikel beinhaltet, wird die Interaktion zwischen den beiden Teilchen direkt berechnet und zum Gesamtergebnis addiert. Die Menge der so erreichten Blätter bestimmt das Nahfeld Ω^{nah} der Zerlegung. Ein Beispiel für den durch (8.18) gesteuerten Abstieg im Baum ist in Abbildung 8.7 dargestellt.

Es gibt Varianten des Kriteriums (8.18), die sich durch die Definition des Abstands $diam$ zwischen dem betrachteten Partikel und der jeweiligen Zelle unterscheiden, siehe auch Abbildung 8.8. Diese Unterschiede spielen insbesondere im Fall extrem inhomogener Partikelverteilungen für die Konvergenz des Verfahrens eine Rolle. In der Praxis verwendet man für $diam$ oft die jeweilige Zellkantenlänge, da diese günstig zu berechnen ist. Dies entspricht (bis auf eine Konstante) einer Abschätzung nach oben und verändert bei entsprechend angepaßter Wahl von θ die Fehleraussagen des Abschnitts 8.1 nicht. Daneben

---

[11] In einer einfacheren Variante werden auch direkt die geometrischen Zellmittelpunkte als Zentrumspunkte verwendet, wie dies schon in Abbildung 8.6 suggeriert wurde. Dies kann jedoch für stark inhomogene Partikelverteilungen, wie sie bei der Simulation von Galaxienkollisionen vorkommen, die Genauigkeit der erzielten Ergebnisse negativ beeinflussen.

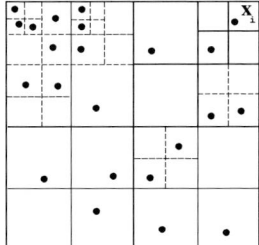 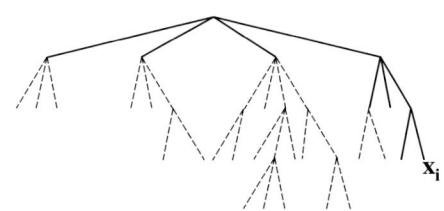

Abb. 8.7. Zerlegung des Gebiets Ω durch den Quadtree (links) und die Teile des Quadtrees, die bei der Kraftauswertung für $\mathbf{x}_i$ mit $\theta = \frac{1}{2}$ durchlaufen werden (rechts).

gibt es auch eine Reihe veränderter Akzeptanzkriterien, die aus Überlegungen zu relativen Fehlerentwicklungen und lokalen Fehlerschätzern entwickelt wurden, für Details siehe [58, 530].

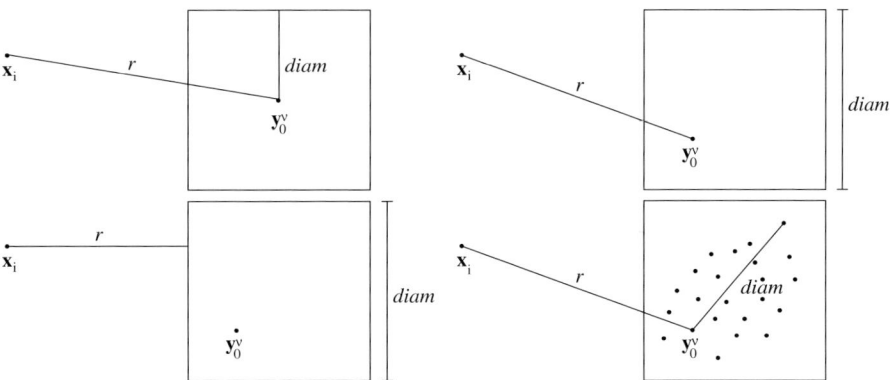

Abb. 8.8. Einige Varianten für die Bestimmung von *diam* und r im Barnes-Hut-Verfahren.

Das Verfahren von Barnes und Hut läßt sich als Spezialfall der Approximation durch die Taylorreihenentwicklung aus dem vorangegangenen Abschnitt interpretieren, bei dem der Approximationsgrad $p = 0$ fest gewählt ist.[12]

---

[12] Die Approximationsgüte ist im Schwerpunkt tatsächlich sogar höher, da die Momente ersten Grades identisch verschwinden, siehe auch (8.22). Dies gilt allerdings nur für positive Massen, also insbesondere für astrophysikalische Anwendungen. Im Falle von Molekülen haben wir elektrostatische Ladungen umzusetzen, die positiv und auch negativ sein können. Hier erweist sich der ursprüngliche Barnes-Hut-Algorithmus als nicht mehr ganz so gut geeignet, da seine geringere Approximationsgüte bei praktisch relevanten Werten von θ die Energieerhaltung stärker beeinträchtigt.

Der Fehler des Verfahrens hängt damit nur noch vom Steuerparameter θ ab. Je kleiner wir θ wählen, umso genauer wird die Auswertung durch die abgeschnittenen Reihenentwicklungen. Allerdings nimmt auch die Komplexität des Verfahrens zu, da θ unmittelbar mit der Anzahl der Zellen der Zerlegung korreliert. In [529] wird gezeigt, daß die Anzahl der Zellen bei einer in etwa gleichverteilten Partikelmenge durch $C \log N/\theta^3$ beschränkt wird, wobei N die Zahl der Partikel ist und C eine Konstante bezeichnet. Insgesamt ergibt sich somit die Ordnung $\mathcal{O}(\theta^{-3} N \log N)$ für die Gesamtkosten des Verfahrens. Für $\theta \to 0$ entartet der Algorithmus zur ursprünglichen $\mathcal{O}(N^2)$-Nahfeld-Summation, da nur Blätter des Gesamtbaums in die Zerlegung aufgenommen werden.

8.3.2 Implementierung

Im folgenden werden wir nun das Baumverfahren von Barnes und Hut zur näherungsweisen Auswertung der Kräfte implementieren. Dazu übernehmen wir die Datenstruktur 3.1 für ein Partikel mit Masse, Ort, Geschwindigkeit und Kraft direkt aus Abschnitt 3.2. Um einen Baum zu realisieren, müssen wir Baumknoten vereinbaren sowie Kanten definieren, die die Knoten miteinander verbinden. In jedem Knoten des Baums wird dabei Platz für je ein Partikel vorgesehen. Die Verbindung zwischen den Knoten geschieht durch Zeiger, ähnlich wie wir das schon in Abschnitt 3.5 bei den verketteten Listen besprochen haben. Dabei genügt es, Zeiger vom Vater-Knoten zu den Sohn-Knoten einzurichten. Hierfür benötigen wir pro Baumknoten POWDIM:= 2^{DIM} Zeiger, also im Fall eines Quadtrees vier und im Fall eines Octtrees acht Zeiger. Weiterhin speichern wir in jedem Baumknoten sein zugehöriges Teilgebiet.[13] Dazu vereinbaren wir die Struktur Box, vergleiche Datenstruktur 8.1, in der wir die Grenzen des Teilgebiets mittels der linken, unteren, vorderen Ecke lower[DIM] und der rechten, oberen, hinteren Ecke upper[DIM] des Randes der jeweiligen Zelle angeben, wobei koordinatenweise natürlich jeweils lower[d]<upper[d] gilt.

Datenstruktur 8.1 Geometrische Zelle eines Baums

```
typedef struct Box {
  real lower[DIM];
  real upper[DIM];
} Box;
```

---

[13] Alternativ dazu lassen sich die Grenzen des jeweiligen Teilgebiets auch bei späteren Durchläufen durch den Baum rekursiv mitberechnen. So kann der Speicher für Box eingespart werden.

Die Implementierung eines Baumknotens ist in Datenstruktur 8.2 gegeben.[14]

Datenstruktur 8.2 Knoten eines Baums

```
typedef struct TreeNode {
  Particle p;
  Box box;
  struct TreeNode *son[POWDIM];
} TreeNode;
```

Ein Baum sieht dann folgendermaßen aus: Die Wurzel des Baums ist ein `TreeNode`. Dessen Adresse speichern wir in `root`. Jeder Knoten hat Zeiger auf seine Söhne. Zeiger, die nicht benutzt werden und damit auf keine gültige Adresse zeigen, setzen wir auf `NULL`. Ein Knoten, dessen Zeiger alle `NULL` sind, besitzt also keine Söhne und ist somit ein Blatt.

Über der Baumstruktur lassen sich nun verschiedene Operationen ausführen. Dazu gehören Durchläufe durch alle Knoten im Baum, das Einfügen und Löschen von Knoten und die Suche nach bestimmten Knoten im Baum.

Baumdurchlauf. Zunächst besprechen wir, wie ein bestehender Baum durchlaufen wird und dabei auf seinen Knoten gewünschte Operationen ausgeführt werden können. Dies erfolgt am einfachsten durch eine Rekursion. Dabei ruft sich die Baumdurchlaufroutine selber auf, jedoch jeweils mit einem anderen Argument. Während der erste Aufruf die Wurzel `root` betrifft, bezieht sich der nächste Aufruf auf einen Sohn der Wurzel, etc. Die Rekursion steigt solange im Baum ab, bis die Blätter erreicht sind. Beim Abstieg (dem „Hinweg"), sowie beim Aufstieg (dem „Rückweg"), nachdem die Söhne bearbeitet wurden, kann man nun Operationen auf dem jeweiligen Knoten ausführen. Dieses Vorgehen ist abstrakt in Algorithmus 8.1 für eine allgemeine Funktion `FUNCTION` dargestellt, bei der Operationen auf den Knoten nur auf dem Rückweg ausgeführt werden. Dadurch entsteht die sogenannte post-order-Durchlaufreihenfolge. Hier werden wir später spezifische Funktionsnamen und Operationen einsetzen.

Mit dem Aufruf `FUNCTION(root)` können wir alle Knoten des Baums durchlaufen und dort entsprechende Operationen ausführen. Ein Beispiel für einen solchen Durchlauf durch einen Baum in post-order-Reihenfolge ist in Abbildung 8.9 gegeben.

---

[14] Es gibt eine Reihe alternativer Möglichkeiten, Bäume zu speichern. Beispielsweise kann man, wenn die Söhne eines Knotens untereinander durch eine verkettete Liste verbunden sind oder als festes Feld vereinbart sind, mit einem statt mit `POWDIM` Zeigern auf die Söhne auskommen. Man kann auch ganz auf Zeiger verzichten und Bäume stattdessen mit assoziativen Datenstrukturen (Hash-Techniken) realisieren [353].

Algorithmus 8.1 Abstrakter post-order-Durchlauf mittels der Funktion `FUNCTION` durch die Knoten eines Baums

```
void FUNCTION(TreeNode *t) {
  if (t != NULL) {
    for (int i=0; i<POWDIM; i++)
      FUNCTION(t->son[i]);
    Operationen der Funktion FUNCTION auf *t ausführen;
  }
}
```

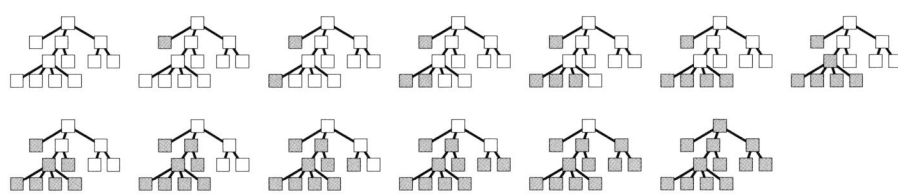

Abb. 8.9. Ein post-order-Baumdurchlauf (von links nach rechts).

In analoger Weise kann eine Operation nur auf dem Hinweg ausgeführt werden. Dann erhalten wir die sogenannte pre-order-Durchlaufreihenfolge. Die Operation auf *t wird dabei vor der `for`-Schleife eingefügt. Ein Beispiel für einen solchen Durchlauf durch einen Baum in pre-order-Reihenfolge ist in Abbildung 8.10 zu sehen.[15]

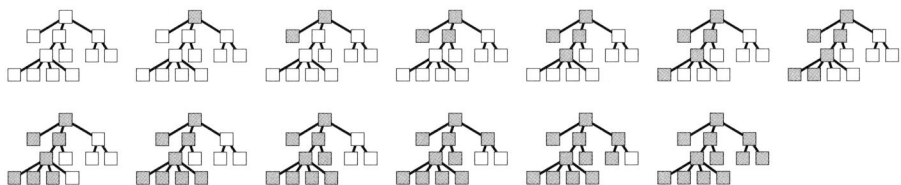

Abb. 8.10. Ein pre-order Baumdurchlauf (von links nach rechts).

Eine wichtige Variante der post-order-Durchlaufreihenfolge besteht darin, die jeweiligen Operationen nur auf den Blättern des Baumes auszuführen. Dies läßt sich durch eine einfache Fallabfrage realisieren. Dieses Vorgehen werden wir später benutzen, um über alle Partikel zu laufen. Per Konstruktion

---

[15] Der rekursive Durchlauf durch den Baum in pre- oder post-order-Reihenfolge ist vom sogenannten „depth-first"-Typ. Dabei wird direkt in die Tiefe des Baums abgestiegen. Daneben gibt es auch die „breadth-first"-Vorgehensweise, bei der zunächst alle Knoten eines Levels bearbeitet werden, bevor das nächsttiefere Level an die Reihe kommt.

sind diese den Blättern des Baums zugeordnet. Ein Beispiel für einen solchen
Durchlauf durch die Blätter eines Baums ist in Abbildung 8.11 angegeben.

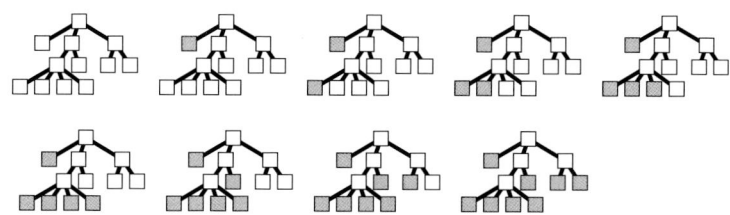

Abb. 8.11. Ein Durchlauf durch alle Blätter (von links nach rechts).

Baumaufbau. Nun wollen wir uns mit dem Aufbau eines Baums befassen. Prinzipiell gibt es eine Fülle verschiedener Typen von Bäumen, die sich
durch die Zahl der Söhne und die Reihenfolge unterscheiden, wie die Söhne
in den Baum einsortiert werden. Im Barnes-Hut-Verfahren verwenden wir
einen geometrischen Octtree. Die Söhne eines Knoten beschreiben dabei genau die durch Halbierung der Kantenlängen entstehenden Teilwürfel. Den
Baum bauen wir sukzessive durch Einfügen der Partikel auf.

Wir beginnen mit der Wurzel des Baums. Wenn wir nun ein Partikel in
den Baum einfügen, so können wir an Hand der Koordinaten des Partikels
bestimmen, in welchen der Sohn-Bäume das Partikel einsortiert werden muß.
Wir steigen rekursiv im Baum ab, bis wir feststellen, daß für den aktuell
betrachteten Knoten des Baums der Sohn-Knoten, in den das Partikel einzusortieren wäre, noch nicht existiert (d.h. sein Zeiger NULL ist). Dann sind
zwei Fälle zu unterscheiden: Der betrachtete Knoten ist kein Blatt. Dann
allokieren wir Speicher für einen neuen Baumknoten, hängen diesen als entsprechenden Sohn-Knoten ein und füllen ihn mit den Partikeldaten. Falls der
betrachtete Knoten jedoch ein Blatt ist und er deswegen per Konstruktion bereits ein Partikel trägt, so wird er zwangsläufig durch das Berücksichtigen des
neu einzufügenden Partikels zu einem inneren Knoten. Wiederum allokieren
wir Speicher für einen neuen Baumknoten, hängen diesen als entsprechenden
Sohn-Knoten ein und füllen ihn mit den Daten des neu einzufügenden Partikels. Das im bisherigen Blatt gespeicherte Partikel ist nun erneut an der
richtigen Stelle des neu entstandenen Teilbaums einzusortieren. Dies ist in
Algorithmus 8.2 ausgeführt.[16]

---

[16] Im Gegensatz zum Baumdurchlauf könnten wir hier auch auf eine Rekursion
verzichten und stattdessen mit Schleifen arbeiten. Eine solche Implementierung
ist etwas schneller. Aus Gründen einer einfachen Darstellung verzichten wir aber
darauf.

Algorithmus 8.2 Füge ein Partikel in einen existierenden Baum (t != NULL) ein

```
void insertTree(Particle *p, TreeNode *t) {
  berechne, in welchem Sohn b von t das Partikel p liegt;
  berechne die Grenzen des Teilgebiets des Sohn-Knotens
  und speichere sie in t->son[b].box;
  if (t->son[b] == NULL) {
    if (*t ist ein Blatt) {
      Particle p2 = t->p;
      t->son[b] = (TreeNode*)calloc(1, sizeof(TreeNode));
      t->son[b]->p = *p;
      insertTree(&p2, t);
    } else {
      t->son[b] = (TreeNode*)calloc(1, sizeof(TreeNode));
      t->son[b]->p = *p;
    }
  } else
    insertTree(p, t->son[b]);
}
```

Ein Beispiel für einen solchen Einfügevorgang ist in Abbildung 8.12 gegeben.

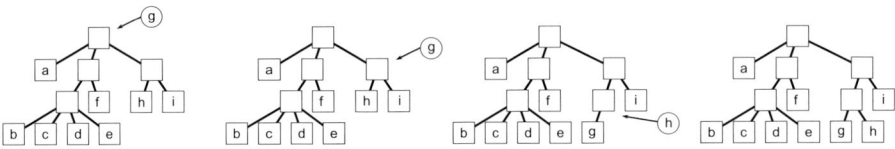

Abb. 8.12. Einfügen eines Partikels g in einen Baum (von links nach rechts).

In analoger Weise läßt sich ein Knoten auch aus einem Baum löschen. Dabei sind unter Umständen nicht nur ein Blatt zu eliminieren, sondern auch invers zum Einfügen rekursiv innere Knoten zu löschen. Abbildung 8.13 zeigt ein Beispiel.

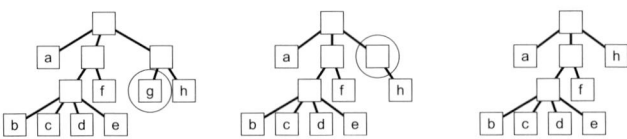

Abb. 8.13. Löschen eines Blatts g aus einem Baum (von links nach rechts).

In der Routine `insertTree` reservieren wir neuen Speicher im Prinzip
wie im Programmstück 3.1 des Abschnitts 3.2, wobei nun aber zusätzlich alle
Zeiger `son[]` auf `NULL` gesetzt werden müssen. Dies erreichen wir mit dem
C-Befehl `calloc`, der den neuen Speicherbereich nicht nur allokiert, sondern
auch automatisch mit 0 initialisiert. Um zu ermitteln, ob es sich bei einem
Knoten um ein Blatt handelt, überprüfen wir, ob alle Zeiger auf Söhne `NULL`
sind. Schließlich muß noch der Wert b bestimmt werden, der angibt, in welche
der `POWDIM` Sohn-Zellen das Partikel fällt. Dazu müssen wir die Koordinaten
des Partikels mit den Koordinaten der Ecken der Sohn-Zellen vergleichen.
Diese geometrischen Werte der Zellen sind in der Datenstruktur `TreeNode`
gespeichert.

Wir beginnen mit den Grenzen des gesamten Rechengebietes, die wir in
`root->box` der Baumwurzel `root` speichern. Die nach jedem Unterteilungs-
schritt zum neuen `*t` gehörige Zelle wird dann jeweils aus `t->box.lower`,
`t->box.upper` und deren Mittelwerten bestimmt. Die Nummer b der Teil-
zelle und deren Gebietsgrenzen können wir beispielsweise berechnen wie in
Algorithmus 8.3 angegeben.

Algorithmus 8.3 Berechne die Nummer und die Gebietsgrenzen einer Sohn-
Zelle

```
int sonNumber(Box *box, Box *sonbox, Particle *p) {
  int b = 0;
  for (int d=DIM-1; d>=0; d--) {
    if ( p->x[d] < .5 * (box->upper[d] + box->lower[d]) ) {
      b = 2*b;
      sonbox->lower[d] = box->lower[d];
      sonbox->upper[d] = .5 * (box->upper[d] + box->lower[d]);
    }
    else {
      b = 2*b+1;
      sonbox->lower[d] = .5 * (box->upper[d] + box->lower[d]);
      sonbox->upper[d] = box->upper[d];
    }
  }
  return b;
}
```

Die Funktion `insertTree` verwenden wir nun zum Aufbau des Baums aus
einer gegebenen Menge von Partikeln an den Orten $\{\mathbf{x}_i\}_{i=1}^{N}$. Wir initialisieren
dazu `root` so, daß `root->p` das erste Partikel enthält und alle Sohn-Zeiger
`NULL` sind. Alle weiteren Partikel werden dann mit `insertTree` eingefügt,
siehe Algorithmus 8.4. Die Partikeldaten müssen zuvor entweder aus einer
Datei eingelesen oder geeignet generiert werden.

Algorithmus 8.4 Baue den Partikel-Baum für das Barnes-Hut-Verfahren auf

```
void initData_BH(TreeNode **root, Box *domain, int N) {
... // lies Partikeldaten aus einer Datei ein oder erzeuge sie direkt
  *root = (TreeNode*)calloc(1, sizeof(TreeNode));
  (*root)->p = (erstes Partikel mit Nummer i=1);
  (*root)->box = *domain;
  for (int i=2; i<=N; i++)
    insertTree(&(Partikel Nummer i), *root);
}
```

Nun haben wir den benötigten Baum so aufgebaut, daß in jedem Blatt genau ein Partikel liegt. Die Kosten hierfür sind bei etwa gleich verteilten[17] Partikeln von der Ordnung $\mathcal{O}(N \log N)$, wie man leicht nachrechnet.

Berechnung der Werte der Pseudopartikel. In sogenannten Pseudopartikeln sollen jeweils die Koordinaten des Schwerpunkts sowie die Summen der Massen der beteiligten Partikel gemäß (8.17) gespeichert werden. Dazu beginnen wir bei den Blättern und steigen im Baum rekursiv, wie bereits besprochen, bis zur Wurzel auf. Hierfür verwenden wir einen postorder-Baumdurchlauf. Die Berechnung der Werte der Pseudopartikel erfolgt dann rekursiv wie in Algorithmus 8.5 angegeben durch den Aufruf von compPseudoParticle(root).

Nach diesem Baumdurchlauf ist in jedem Knoten des Baums eine Masse und ein Satz Koordinaten gespeichert, entweder die eines echten Partikels oder die eines Pseudopartikels.

Kraftberechnung. Bei der Kraftberechnung wird für jedes Partikel im Baum eine Approximation der Summe der Kräfte berechnet, die durch die Interaktion mit allen anderen Partikeln entstehen. Wir verwenden hierfür einen Baumdurchlauf über alle Blätter. Für jedes einzelne Blatt traversieren wir den Baum nochmals, wobei wir beginnend mit der Wurzel solange rekursiv im Baum absteigen, bis das Akzeptanzkriterium (8.18) für das vorgegebene θ erfüllt ist, vergleiche Algorithmus 8.6.

Wir beginnen die Kraftberechnung an der Wurzel des Baums und mit der Zellgröße des Rechengebiets, die wir dem Parameter diam zuweisen. Die jeweils aktuelle Zellgröße diam können wir dann genauso wie vorher schon die Zellkoordinaten t->box bei der Rekursion mitberechnen. Der angegebene Algorithmus 8.7 verwendet die Routine force aus Algorithmus 3.7 zur Berechnung der Gravitationskraft zwischen einem Partikel tl->p und einem

---

[17] Bei extrem entarteten Partikelverteilungen kann die Komplexität zu $\mathcal{O}(N^2)$ degenerieren. Solche Partikelverteilungen kommen in der Praxis jedoch selten vor. Eine Alternative können hier geometrisch flexiblere Unterteilungsstrategien sein, wie sie in Abbildung 8.5 dargestellt wurden.

Algorithmus 8.5 Berechne Pseudopartikel mittels eines post-order-Durchlaufs

```
void compPseudoParticles(TreeNode *t) {
   rekursiver Aufruf analog Algorithmus 8.1;
   // Beginn der Operation auf *t
   if (*t ist kein Blatt) {
      t->p.m = 0;
      for (int d=0; d<DIM; d++)
         t->p.x[d] = 0;
      for (int j=0; j<POWDIM; j++)
         if (t->son[j] != NULL) {
            t->p.m += t->son[j]->p.m;
            for (int d=0; d<DIM; d++)
               t->p.x[d] += t->son[j]->p.m * t->son[j]->p.x[d];
         }
      for (int d=0; d<DIM; d++)
         t->p.x[d] = t->p.x[d] / t->p.m;
   }
   // Ende der Operation auf *t
}
```

Algorithmus 8.6 Schleife über alle Partikel zur Kraftberechnung

```
void compF_BH(TreeNode *t, real diam) {
   rekursiver Aufruf analog Algorithmus 8.1;
   // Beginn der Operation auf *t
   if (*t ist ein Blatt) {
      for (int d=0; d<DIM; d++)
         t->p.F[d] = 0;
      force_tree(t, root, diam);
   }
   // Ende der Operation auf *t
}
```

anderen (Pseudo-)Partikel t->p. Den Steuerparameter theta vereinbaren wir der Einfachheit halber global.

Der Abstand r wird hier zwischen dem Partikel tl->p und dem (Pseudo-) Partikel t->p bestimmt. Sind Modifikationen wie in Abbildung 8.8 gewünscht, so lassen diese sich hier einbauen.

Zeitintegration. Für eine vollständige Behandlung der Partikel müssen wir jetzt noch die Zeitintegration und den dabei resultierenden Transport der Partikel in der Routine timeIntegration_BH realisieren. Ein Schritt des Störmer-Verlet-Integrators oder auch jedes anderen expliziten Schemas kann

Algorithmus 8.7 Kraftberechnung im Barnes-Hut-Algorithmus

```
real theta;
void force_tree(TreeNode *tl, TreeNode *t, real diam) {
  if ((t != tl) && (t != NULL)) {
    real r = 0;
    for (int d=0; d<DIM; d++)
      r += sqr(t->p.x[d] - tl->p.x[d]);
    r = sqrt(r);
    if ((*t ist ein Blatt) || (diam < theta * r))
      force(tl->p, t->p);
    else
      for (int i=0; i<POWDIM; i++)
        force_tree(p, t->son[i], .5 * diam);
  }
}
```

in einem Baumdurchlauf[18] über alle Partikel durchgeführt werden, wobei wir die update-Routinen des Algorithmus 3.5 aus Abschnitt 3.2 für einzelne Partikel verwenden, siehe Algorithmus 8.8. In compX_BH und compV_BH werden dabei die Orte und Geschwindigkeiten aufdatiert.[19]

Algorithmus 8.8 Teile eines Störmer-Verlet-Zeitschritts für einen Baum von Partikeln

```
void compX_BH(TreeNode *t, real delta_t) {
  rekursiver Aufruf analog Algorithmus 8.1;
  // Beginn der Operation auf *t
  if (*t ist ein Blatt) {
    updateX(t->p, delta_t);
  // Ende der Operation auf *t
}
void compV_BH(TreeNode *t, real delta_t) {
  rekursiver Aufruf analog Algorithmus 8.1;
  // Beginn der Operation auf *t
  if (*t ist ein Blatt) {
    updateV(t->p, delta_t);
  // Ende der Operation auf *t
}
```

---

[18] Analog können die Routinen outputResults_BH und compoutStatistic_BH mit Hilfe von Baumdurchläufen umgesetzt werden.

[19] An dieser Stelle müssen auch noch die Bedingungen am Rand des Gebietes geeignet eingebaut werden.

Damit hat nun jedes Partikel zum neuen Zeitschritt neue Koordinaten und Geschwindigkeiten. Im allgemeinen sind deswegen einige der Partikel im bestehenden Baum nicht mehr an der richtigen Stelle plaziert. Da sich die Partikel in jedem Zeitschritt nur geringfügig bewegen und somit die meisten Partikel immer noch in der richtigen Zelle liegen, ist es sinnvoll, den bestehenden Baum zu modifizieren, und ihn nicht komplett neu aufzubauen. Dies läßt sich wie folgt bewerkstelligen: Wir führen für jedes Partikel eine zusätzliche Markierung `moved` ein, die angibt, ob das Partikel bereits bewegt wurde oder nicht. Weiterhin führen wir für jedes Partikel eine Markierung `todelete` ein, die anzeigt, ob dieses Partikel schon umsortiert wurde und deswegen gelöscht werden kann. Hierzu erweitern wir die Partikel-Datenstruktur 3.1 entsprechend.[20] Dann kann das Umsortieren der Partikel geschehen wie in Algorithmus 8.9 angegeben.

Im ersten Baumdurchlauf werden dabei die Markierungen mittels der Routine `setFlags` initialisiert.[21] Der zweite Durchlauf bringt dann die falsch plazierten Partikel in die richtigen Blätter des Baums, indem diese wieder in den Baum mit `insertTree` rekursiv einsortiert werden, siehe die Routine `moveLeaf` in Algorithmus 8.9.[22] Die mittels `moveLeaf` bewegten Partikel sollten nicht sofort gelöscht werden, um in dieser Phase durch die verursachte Änderung des Baumes die Überprüfung aller anderen Knoten immer noch zu gewährleisten. Es ist statt dessen einfacher und schneller, den gesamten Baum erst im dritten Schritt auf einmal aufzuräumen, wie es in `repairTree` dargestellt ist. Dabei werden Blätter, die kein Partikel mehr beinhalten, rekursiv in einem post-order-Durchlauf entfernt. Hierbei entfernen wir auch innere Knoten, wenn sie nur einen Sohn besitzen, und zwar dadurch, daß wir die Sohn-Daten in den inneren Knoten kopieren und das dann verbleibende leere Blatt eliminieren. Dieser Vorgang wird im post-order-Baumdurchlauf automatisch auf dem nächsthöheren Level fortgesetzt.

Das Gesamtprogramm für die Partikelsimulation mit der Barnes-Hut-Kraftberechnung sieht dann wie in Algorithmus 8.10 aus. Die Routine zur Zeitintegration `timeIntegration_BH` mittels des Störmer-Verlet-Verfahrens läßt sich aus Algorithmus 3.2 des Abschnitts 3.2 übertragen. Hier wird nun `compX_BH`, `compF_BH` und `compV_BH` entsprechend aufgerufen. Zudem muß der Baum mittels Algorithmus 8.9 nach der Bewegung der Partikel umsortiert

---

[20] Alternativ dazu können wir die Markierung `moved` auch im Feld `F[0]` speichern, das in dieser Phase des Verfahrens gerade nicht gebraucht wird. Die Markierung `todelete` können wir kostengünstig realisieren, indem wir die Masse des Partikels auf Null setzen.

[21] Wird `todelete` durch die Masse Null kodiert, dann haben hier mit der Berechnung der Pseudopartikel bereits alle Knoten eine Masse ungleich Null.

[22] Anstelle ein Partikel bei der Wurzel beginnend einzusortieren, könnte man auch im Baum hinauflaufen, testen, ob das Partikel zu einer Zelle gehört, und es gegebenenfalls dort einsortieren. Dies ist jedoch meist aufwendiger als das einfache Einsortieren beginnend an der Wurzel.

Algorithmus 8.9 Sortiere Partikel im Baum um

```
void moveParticles_BH(TreeNode *root) {
  setFlags(root);
  moveLeaf(root,root);
  repairTree(root);
}
void setFlags(TreeNode *t) {
  rekursiver Aufruf analog Algorithmus 8.1;
  // Beginn der Operation auf *t
    t->p.moved = false;
    t->p.todelete = false;
  // Ende der Operation auf *t
}
void moveLeaf(TreeNode *t, TreeNode *root) {
  rekursiver Aufruf analog Algorithmus 8.1;
  // Beginn der Operation auf *t
  if ((*t ist ein Blatt)&&(!t->p.moved)) {
    t->p.moved=true;
    if (t->p außerhalb der Zelle t->box) {
      insertTree(&t->p, root);
      t->p.todelete = true;
    }
  } // Ende der Operation auf *t
}
void repairTree(TreeNode *t) {
  rekursiver Aufruf analog Algorithmus 8.1;
  // Beginn der Operation auf *t
  if (*t ist kein Blatt) {
    int numberofsons = 0;
    int d;
    for (int i=0; i<POWDIM; i++) {
      if (t->son[i] != NULL) {
        if (t->son[i]->p.todelete)
          free(t->son[i]);
        else {
          numberofsons++;
          d = i;
        }
      }
    }
    if (0 == numberofsons) // *t ist 'leeres' Blatt und kann gelöscht werden
      t->p.todelete = true;
    else if (1 == numberofsons) {
    // *t übernimmt die Rolle seines einzigen Sohnes und
    //   der Sohn wird direkt gelöscht
      t->p = t->son[d]->p;
      free(t->son[d]->p);
    }
  } // Ende der Operation auf *t
}
```

werden. Die Routine `freeTree_BH` gibt schließlich in einem rekursiven post-order-Baumdurchlauf den Speicher frei.

Algorithmus 8.10 Hauptprogramm

```
int main() {
  TreeNode *root;
  Box box;
  real delta_t, t_end;
  int N;
  inputParameters_BH(&delta_t, &t_end, &box, &theta, &N);
  initData_BH(&root, &box, N);
  timeIntegration_BH(0, delta_t, t_end, root, box);
  freeTree_BH(root);
  return 0;
}
```

8.3.3 Anwendungen aus der Astrophysik

Baumcodes wie das Verfahren von Barnes und Hut sind insbesondere für astrophysikalische Fragestellungen entwickelt worden. In den Vorläuferarbeiten [47, 338] wurde bereits die Idee der hierarchischen Clusterung umgesetzt, jedoch war die Nachbarschaftssuche über den dabei verwendeten, beliebig strukturierten Baum und, damit verbunden, die Programmierung sehr aufwendig. Der Barnes-Hut-Algorithmus vermeidet diese Nachbarschaftssuche durch die Octtree-Struktur des Baums. Er wird in vielfältiger Form in der Astrophysik eingesetzt [311, 530]. Typische damit untersuchte Fragestellungen sind die Formierung und Kollision von Galaxien und die Entstehung von Planeten und protoplanetarischen Systemen. Aber auch Theorien zur Entstehung des Mondes [349] oder die Kollision des Kometen Shoemaker-Levy-9 mit Jupiter [530] lassen sich damit studieren.

Im folgenden betrachten wir als Beispiel die Formierung von Galaxien. Es gibt im wesentlichen zwei Grundtypen von Galaxien, den strukturärmeren elliptischen Typ, bei dem die einzelnen Sterne innerhalb eines Ellipsoids verteilt sind und dreidimensionale Umlaufbahnen haben, und den strukturreicheren spiralförmigen Typ, bei dem die Sterne innerhalb einer flachen Scheibe liegen und in gleicher Richtung um ein gemeinsames Zentrum rotieren. Im letzteren Fall bilden sich spiralförmige Arme aus. Elliptische Galaxien entwickeln sich aus Sternenhaufen mit einer geringen Eigenrotation, während spiralförmige Galaxien aus Sternenhaufen mit einer höheren Rotation hervorgehen.[23] Spiralförmige Galaxien bestehen zu 90% aus Sternen und zu 10% aus atomarem

---

[23] Einige wenige Galaxien gehören jedoch zu keinem der beiden Typen. Man glaubt, daß diese aus der Kollision konventioneller Galaxien entstanden sind.

Wasserstoffgas. Elliptische Galaxien beinhalten sogar noch weniger Gas. Deshalb vernachlässigen wir den Gasanteil.[24] Weiterhin nehmen wir an, daß sich die Galaxien als kollisionsfreies[25] System betrachten lassen.

Für unsere Simulation wählen wir den spiralförmigen Typ. Als Anfangskonfiguration verwenden wir eine Kugel mit generischem Radius Eins, innerhalb der Sterne mit konstanter Dichte zufällig verteilt sind. Die Sterne interagieren über das Gravitationspotential (8.16). Der Einfachheit halber besitzen alle Sterne dieselbe Masse. Dabei setzen wir $m_i = 1/N$, wodurch die Gesamtmasse des Systems auf Eins normiert ist. Die Anfangsgeschwindigkeiten wählen wir so, daß sich die Kugel, in der sich die Partikel befinden, wie ein starrer Körper um eine Achse dreht, die durch den Mittelpunkt der Kugel verläuft. Dabei setzen wir die Geschwindigkeiten derartig, daß die Fliehkraft anfangs etwa der Gravitationskraft entspricht (Keplerbahn), die Kugel also weder implodiert noch explodiert.

Abbildung 8.14 zeigt die Ausbildung einer Spiralstruktur zu verschiedenen Zeitpunkten in einer solchen Simulation mit 100000 Sternen. Als Schrittweite für die Zeitintegration haben wir hier $\delta t = 0.001$ gewählt. Für θ haben wir den Wert 0.6 verwendet. Links oben sehen wir die kugelförmige homogene Anfangskonfiguration. Diese geht bereits nach wenigen Rotationen in eine Strukur mit erst kleineren und dann größeren Inhomogenitäten über. Dann bilden sich Wirbelmuster heraus, die schließlich in eine stabile Spiralstruktur mit zwei Wirbelarmen übergehen. Senkrecht zur Rotationsachse verhindert dabei die Drehmomenterhaltung eine starke Kontraktion und sorgt für die Spiralstruktur, bei der die inneren Sterne schnell und die äußeren langsam um das Zentrum rotieren. Parallel zur Rotationsachse findet durch die Gravitation eine starke Kontraktion statt, die zur flachen Scheibenstruktur führt. Diese ist jedoch durch die gewählte Projektion der dreidimensionalen Daten parallel zur Rotationsachse in der Abbildung 8.14 nicht sichtbar. Es zeigt sich, daß für die zeitliche Entwicklung des Systems die Größe des durch die Anfangsbedingungen aufgeprägten Drehmoments entscheidend ist, während die genauen Partikelpositionen nur relativ geringen Einfluß haben.

---

[24] Für astrophysikalische Simulationen mit gasreichen Galaxien wird meist das Barnes-Hut-Verfahren zusammen mit der Smoothed-Particle-Hydrodynamics-Methode (SPH) eingesetzt [194, 311].

[25] Kollisionsfreie Systeme bestehen aus sehr vielen – typischerweise 10^{10} bis 10^{12} – Partikeln. Dann wird die Partikeldichte anstelle der einzelnen Partikelpositionen für die zeitliche Entwicklung des Systems bestimmend. Systeme mit Kollisionen hingegen bestehen aus wenigen Partikeln, typischerweise in der Größenordnung von einigen Hundert. Die Trajektorien werden dann maßgeblich von den genauen Positionen der einzelnen Partikel bestimmt. Für eine Diskussion hierzu siehe beispielsweise [320].

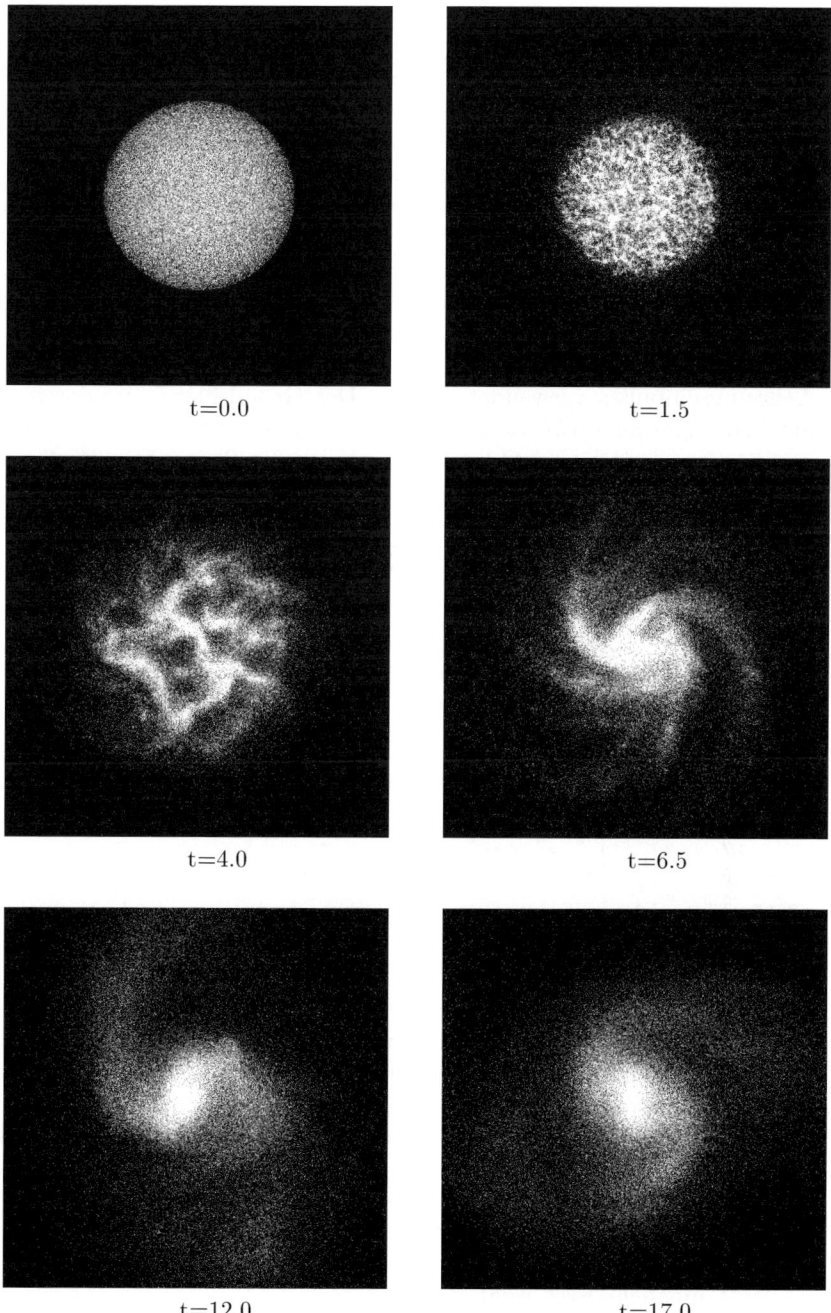

Abb. 8.14. Entwicklung einer Spiralgalaxie, zeitliche Entwicklung der Partikelverteilung, Ansicht parallel zur Rotationsachse.

8.4 Parallele Baumtechniken

Nun besprechen wir, wie das Barnes-Hut-Verfahren auf einem System mit
verteiltem Speicher parallelisiert werden kann. Dabei ist die Verteilung der
Daten eine entscheidende Frage. In den vorhergehenden Kapiteln sind wir
immer von einer in etwa gleichmäßigen Verteilung der Partikel im Simulationsgebiet ausgegangen und konnten deswegen für das Linked-Cell-Verfahren
und das SPME-Verfahren eine uniforme Zerlegung des Gebiets bei der Parallelisierung verwenden. Jeder Prozessor erhielt dann etwa die gleiche Anzahl
von Zellen und damit Partikeln. Baumverfahren passen sich hingegen adaptiv an inhomogene Partikelverteilungen an. Dann kann im allgemeinen eine
einfache uniforme Zerlegung des Gebiets bei der Parallelisierung nicht mehr
ohne Leistungseinbußen verwendet werden. Der Grund hierfür ist das resultierende *Lastungleichgewicht*. Betrachten wir dazu beispielhaft eine irreguläre
Partikelverteilung, wie sie in Abbildung 8.15 dargestellt ist. Eine Zerlegung

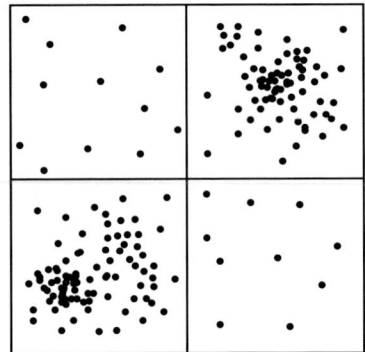

Abb. 8.15. Eine nicht uniforme Partikelverteilung und ihre statische Aufteilung
in vier gleiche Teilgebiete.

des Gebiets in vier Teilgebiete führt hier zu einer ungleichmäßigen Aufteilung
der Partikel auf die Prozessoren und damit zu einer ungleichmäßigen Aufteilung der Rechenlast. Dieses Lastungleichgewicht beeinträchtigt die parallele
Effizienz des Verfahrens. Da sich die Partikel zudem gemäß den Newtonschen
Gesetzen mit der Zeit bewegen, muß sich auch die Aufteilung der Partikel
auf die Prozessoren mit der Zeit dynamisch entsprechend mitverändern.

Will man einen Baum mit seinen Knoten auf mehrere Prozessoren verteilen, so ist eine gebietsweise Unterteilung für die oberen Knoten nahe der
Wurzel nicht möglich. Erst wenn wir eine bestimmte Zahl von Leveln im
Baum hinabsteigen, kommen wir an einen Punkt, an dem die Zahl der Knoten größer oder gleich der Zahl der Prozessoren wird. Dann können jedem
Prozessor ein oder mehrere Teilbäume, das heißt Teilgebiete zugeordnet werden. Die Zahl der Partikel pro Teilbaum sollte dabei in etwa gleich sein, um

ein Lastungleichgewicht zu vermeiden. Alle Operationen, die auf einem der Teilbäume unabhängig durchgeführt werden können, werden dann vom jeweiligen Prozessor erledigt. Insgesamt kann man eine solche Aufteilung in Teilbäume als Gebietszerlegung interpretieren, die an die Partikeldichte angepaßt ist. Rechenoperationen werden im Barnes-Hut-Verfahren jedoch nicht nur in den Blättern, das heißt für die Partikel ausgeführt, sondern finden auch in den inneren Knoten des Baums statt, das heißt für die Pseudopartikel. Operationen, die auf dem oberen, die Teilbäume verbindenden groben Teil des Gesamtbaums arbeiten, müssen deswegen gesondert behandelt werden. Da die Partikel zudem in jedem Zeitschritt bewegt werden, muß eine zugehörige Aufteilung des Baums auf die Prozessoren geeignet nachgeführt werden, um das Lastgleichgewicht zu erhalten. Diese Umstrukturierung der Zerteilung des Baums muß effizient geschehen und darf die parallele Gesamtkomplexität des Verfahrens nicht beeinträchtigen.

Eine Verteilung der Partikel und eine Aufteilung des Baums auf die Prozessoren ist damit nicht mehr so einfach, wie es im Fall der Gitter- oder Zell-orientierten Algorithmen war. Im Folgenden verwenden wir eine Aufteilung, die sich an der Struktur des jeweiligen Octtrees orientiert. Wir werden dabei versuchen, einerseits die Last zu balancieren und andererseits komplette Teilbäume auf einzelnen Prozessoren zu speichern, um die Kommunikation möglichst gering zu halten. Dazu stellen wir eine Baumimplementierung für Parallelrechner mit verteiltem Speicher vor, die mit Schlüsseln arbeitet und so die Aufteilung der Daten auf die Prozessoren in einfacher Weise erlaubt. Weiterhin verwenden wir eine auf dem Prinzip der raumfüllenden Kurven basierende Heuristik. Solche Techniken wurden erstmalig von Salmon und Warren [530, 531, 642, 643, 644, 645] vorgeschlagen. Sie werden mittlerweile auch bei anderen Problemstellungen erfolgreich verwendet [548, 683].

8.4.1 Eine Implementierung mit Schlüsseln

Gebietszerlegung mittels Schlüsseln. Nun wollen wir eine Aufteilung eines Baums und die Zuordnung von Teilbäumen an verschiedene Prozessoren vornehmen. Für eine Baumimplementierung mittels Zeigern, so wie wir sie im vorigen Abschnitt eingeführt haben, stellt sich dabei jedoch auf einem Rechner mit verteiltem Speicher das folgende Problem: Zeiger und ihre Adressen können zwar im Speicher *eines* Prozessors verwendet werden, sind aber im allgemeinen auf einem anderen Prozessor sinnlos. Was uns fehlt ist ein absolute, auf allen Prozessoren gleiche Adressierung der Baumknoten. Diese erhalten wir, wenn wir die Knotenadressen eines Baums mit Hilfe von ganzzahligen Schlüsseln codieren. Jedem *möglichen* Knoten wird dabei eine eindeutige Nummer zugewiesen. Ein Schlüssel ist somit das Ergebnis einer Abbildung von der Menge aller möglichen Knoten eines Octtrees – beziehungsweise seiner zugeordneten geometrischen Zellen – auf die natürlichen Zahlen. Ein konkreter Baum ist dann durch die Menge der Schlüssel beschrieben, die zu den existierenden Knoten gehören.

Die Zuordnung der Schlüssel zu Baumknoten könnte beispielsweise levelweise geschehen. Beginnend mit der Wurzel werden dazu *alle* Knoten der
jeweils neuen Generation nacheinander durchnumeriert. Dies geschieht mit
einer Abbildung, die in der Schlüsselnummer direkt den Pfad von der Wurzel
des Baums bis zum jeweiligen Knoten angibt. In der Funktion sonNumber (Algorithmus 8.3) hatten wir bereits den einzelnen Söhnen eines Knotens im Ok-
talbaum (lokale) Nummern von 0 bis 7 zugeordnet. Diese Nummern wurden
auch gleichzeitig als Nummern der Söhne in der Datenstruktur son verwendet. Darauf aufbauend können wir nun alle Knoten eines Baums beschreiben,
indem wir ausgehend von der Wurzel des Baums den Pfad bis zum jeweils
betrachteten Baumknoten durch die zugehörigen Sohn-Nummern aufzählen.
Diese Nummern ordnen wir hintereinander an und setzen sie damit zu einer
Zahl zusammen. Dies ist der *Pfad-Schlüssel* des jeweiligen Knotens. Der Einfachheit halber verwenden wir für die Sohn-Knotennummern und damit für
den gesamten Schlüssel die Binärdarstellung. Der Wurzel weisen wir dabei
die 1 zu.[26] Ein Beispiel für den Fall eines Quadtrees ist in Abbildung 8.16 gegeben. Müssen wir ausgehend von der Wurzel beispielsweise zunächst in den
ersten Sohn (01), dann in den dritten Sohn (11), dann in den nullten Sohn
(00) und schließlich in den zweiten Sohn (10) absteigen, um den gewünschten
Knoten zu erreichen, so ist der zugehörige Schlüssel 101110010. In analoger
Weise gehen wir im dreidimensionalen Fall für Octtrees vor. Pro Level werden
dann jeweils 3 Bit angehängt.

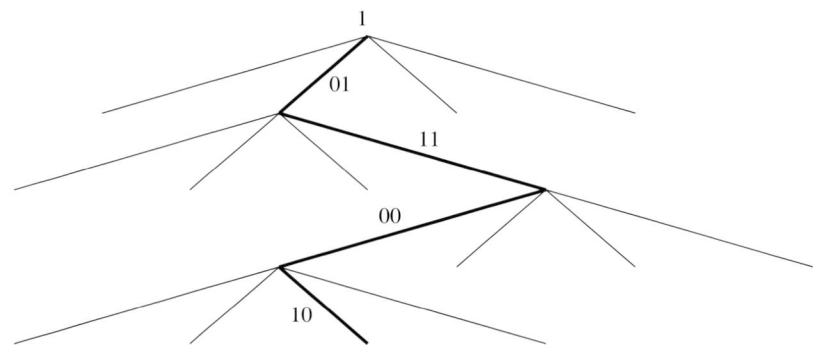

Abb. 8.16. Pfad im Baum und zugehöriger Pfad-Schlüssel.

Eine solche Schlüsseldefinition erlaubt es, den Schlüssel für den Vater
eines Knotens zu bestimmen, indem die letzten 3 Bits (im Fall eines Octtrees) des betrachteten Schlüssels gestrichen werden. Umgekehrt lassen sich
per Konstruktion alle Söhne, Enkel und weitere Nachfahren eines beliebigen

---

[26] Dies dient als Stop-Bit und ist notwendig, um die Eindeutigkeit der Schlüssel-
werte zu gewährleisten.

Knotens daran erkennen, daß die führenden Bits ihres Schlüssels genau dem Schlüssel des betrachteten Knotens entsprechen.

Die Verwendung eines globalen, eindeutigen und ganzzahligen Schlüssels für jeden Baumknoten erlaubt nun eine einfache Beschreibung der Zerlegung eines konkreten Baums und damit verbunden einer Zerlegung des Gebiets. Die Menge aller möglichen Schlüssel, also die Menge aller ganzen Zahlen bis zu einer gewissen Länge an Bits,[27] wird dazu in P Teilmengen unterteilt, die den P zur Verfügung stehenden Prozessoren zugewiesen werden. Die Schlüssel sind natürliche Zahlen und können daher der Größe nach sortiert werden. Eine Zerlegung der Menge der sortierten Schlüssel in P Teile kann dann einfach durch die Angabe von Intervallgrenzen gemäß

$$0 = \text{range}_0 \leq \text{range}_1 \leq \text{range}_2 \leq \ldots \leq \text{range}_P = \texttt{KEY\_MAX} \qquad (8.19)$$

geschehen. Mit dieser Zerlegung ordnen wir jetzt jedem Prozessor i alle Schlüssel k zu, die im halboffenen Intervall

$$[\text{range}_i, \text{range}_{i+1}) = \left\{ \texttt{k} \mid \text{range}_i \leq \texttt{k} < \text{range}_{i+1} \right\}$$

liegen, siehe Abbildung 8.17.

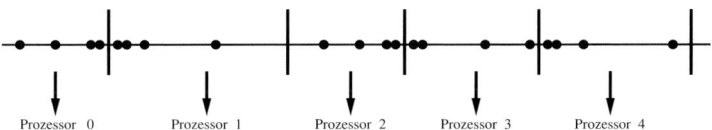

Prozessor 0   Prozessor 1   Prozessor 2   Prozessor 3   Prozessor 4

Abb. 8.17. Aufteilung der Partikel auf die Prozessoren anhand der Werte `range[0]` bis `range[P]`.

Damit haben wir eine eindeutige Vorschrift, auf welchem Prozessor ein Baumknoten gespeichert wird. Sie ist deterministisch und kann zu jeder Zeit im Programm auf jedem Prozessor mit demselben Ergebnis benutzt werden.

Zur Implementierung vereinbaren wir im Programmstück 8.1 den Datentyp `keytype` für die Schlüssel als `unsigned long`.[28] Die Bereichsgrenzen

---

[27] Der maximale Schlüsselwert `KEY_MAX` ist eine Konstante, die vom Compiler des Parallelrechners abhängig ist. Diese Konstante beschränkt die maximale Verfeinerungstiefe des Baums, der verwaltet werden kann.

[28] Die Bitlänge ist abhängig von der Architektur der jeweiligen Maschine und vom Betriebssystem. Im Fall einer 32 Bit-Architektur lassen sich dann maximal 10 Baumlevel verwalten. Mit einer 64 Bit-Architektur lassen sich Bäume mit maximal 21 Leveln verwalten. Auf manchen 32-Bit Systemen steht darüber hinaus mit dem Typ `long long` ein 64 Bit breiter Datentyp zur Verfügung. Erweiterungen können durch den Einsatz von Multi-Precision-Bibliotheken erreicht werden.

range vereinbaren wir als Teil der Datenstruktur SubDomainKeyTree, die daneben auch die Anzahl der an der parallelen Berechnung beteiligten Prozesse und die lokale Prozeßnummer beinhaltet. Für einen gegebenen Schlüssel k

---

Programmstück 8.1 Definition des Schlüsseltyps und der Teilgebiets-Datenstruktur

```
typedef unsigned long keytype;
#define KEY_MAX ULONG_MAX
const int maxlevel = (sizeof(keytype)*CHAR_BIT - 1)/DIM;
typedef struct {
  int myrank;
  int numprocs;
  keytype *range;
} SubDomainKeyTree;
```

---

können wir dann die Prozessornummer wie in Algorithmus 8.11 berechnen.[29] Mit diesem einfachen Ansatz kann jeder Prozessor bestimmen, auf welchem (anderen) Prozessor ein bestimmter Baumknoten gespeichert ist.

Algorithmus 8.11 Abbildung eines Schlüssels auf eine Prozessornummer

```
int key2proc(keytype k, SubDomainKeyTree *s) {
  for (int i=1; i<=s->numprocs; i++)
    if (k >= s->range[i])
      return i-1;
  return -1; // Fehler
}
```

Es stellt sich die Frage, ob die Verwendung des Pfad-Schlüssels bei der Aufteilung des Gebiets und der zugehörigen Baumknoten in einem effizienten Verfahren resultiert. Eine Aufteilung der Knoten auf die Prozessoren sollte dazu führen, daß ganze Teilbäume auf einem Prozessor liegen.[30] Dies würde effiziente Baumdurchläufe und damit verbunden effiziente Algorithmen ermöglichen. Unsere oben eingeführte Numerierung mittels der Pfad-Schlüssel ergibt jedoch eine mehr horizontale als vertikale Anordnung der

---

[29] Die Komplexität dieser Funktion ist $\mathcal{O}(P)$. Dies läßt sich auf $\mathcal{O}(\log P)$ verbessern, wenn anstelle des linearen Suchens eine Binärsuche auf den aufsteigend sortierten Komponenten von range verwendet wird.

[30] Darüber hinaus sollte die Gebietszerlegung auch so beschaffen sein, daß im parallelen Algorithmus möglichst wenig Kommunikation anfällt. Hierzu werden wir später die Schlüssel noch etwas modifizieren und mittels raumfüllender Kurven Zerlegungen mit für die Kommunikation noch günstigeren Teilgebieten erzeugen.

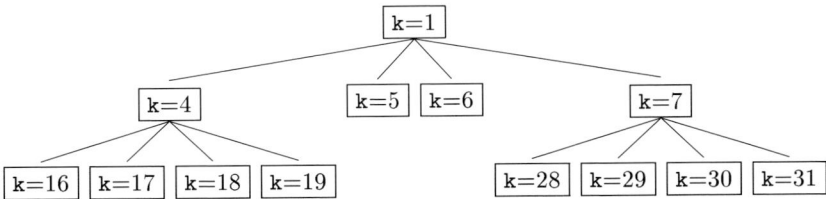

Abb. 8.18. Horizontale Ordnung im Baum mittels der Pfad-Schlüssel k am Beispiel eines Quadtrees. Die Schlüssel sind hier in Dezimaldarstellung und nicht in Binärdarstellung angegeben.

Baumknoten, wie man in Abbildung 8.18 am Beispiel eines Quadtrees sehen kann. Deshalb müssen wir die Pfad-Schlüssel noch geeignet transformieren.

Eine Transformation, die zu einer vertikalen Anordnung der Baumknoten führt, ist die folgende: Zuerst entfernen wir das führende Bit (den ursprünglichen Schlüssel der Wurzel). Die restlichen Bits verschieben wir soweit nach links, bis die maximale Bitlänge des Schlüsseltyps erreicht ist.[31] Das resultierende Bit-Wort bezeichnen wir als Gebiets-Schlüssel. Für diese Gebiets-Schlüssel ist der Baum nun vertikal geordnet und wir können mit der einfachen Intervall-Zerlegung (8.19) ganze Teilbäume auszeichnen und einem Prozessor zuordnen. Für das zweidimensionale Beispiel aus Abbildung 8.16 ergibt sich für die Transformation des Pfad-Schlüssels in den Gebiets-Schlüssel

$$00000000000000000000001 \underbrace{01110010}_{\text{Pfad}} \mapsto$$

$$\underbrace{01110010}_{\text{Pfad}} 00000000000000000000000 \qquad (8.20)$$

bei der Verwendung eines 32 Bit Schlüssel-Typs.

Die so transformierten Schlüssel für die Knoten *eines* Levels des Baums sind verschieden, die Schlüssel auf *verschiedenen* Leveln können jetzt allerdings gleich sein: So hat der nullte Sohn eines Knotens den selben Schlüssel wie der Knoten selber. Erst dann folgen die Schlüssel der anderen Söhne. Dies gilt rekursiv für den gesamten Baum.[32] In Abbildung 8.19 zeigen wir die Auswirkung der Transformation von Pfad-Schlüssel zu Gebiets-Schlüssel an einem zweidimensionalen Beispiel. Dazu setzen wir 65536 zufällig verteilte

---

[31] Diese Transformation benötigt $\mathcal{O}(1)$ Operationen, wenn wir den Verfeinerungslevel des Baums als bekannt voraussetzen. Andernfalls werden $\mathcal{O}(\texttt{maxlevel})$ Operationen benötigt.

[32] Die so transformierten Schlüssel sind zwar nicht mehr eindeutig für die Knoten des Baums, sie sind es jedoch für die Blätter. Dies ist für die Bestimmung der Gebietszerlegung und damit für die Zerlegung der Partikelmenge mittels der Intervalle [range$_i$, range$_{i+1}$) ausreichend.

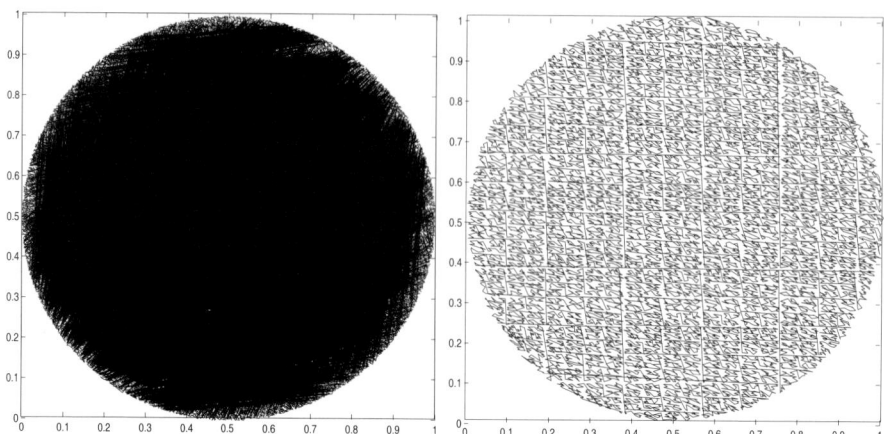

Abb. 8.19. Durch den Pfad-Schlüssel induzierte lineare Anordnung der Partikel (links) und durch den Gebiets-Schlüssel induzierte lineare Anordnung der Partikel (rechts) für 65536 zufällig innerhalb eines Kreises verteilte Partikel in zwei Dimensionen. Man sieht deutlich die bessere Lokalität der durch den Gebiets-Schlüssel induzierten Ordnung.

Punkte in einen Kreis und bestimmen den zugehörigen Quadtree sowie für jeden Punkt (Blatt des Baums) den zugehörigen Pfad- und Gebiets-Schlüssel. Wir verbinden die Punkte nun mit Linienstücken in der Reihenfolge, die durch den jeweiligen Schlüssel gegeben wird. Links sehen wir den resultierenden Polygonzug bei Verwendung des Pfad-Schlüssels, rechts sehen wir den resultierenden Polygonzug bei Verwendung des Gebiets-Schlüssels. Der rechte Polygonzug besitzt einen klar lokaleren Charakter als der linke, der resultierende Streckenzug ist kürzer. Diese Lokalitätseigenschaft des Gebiets-Schlüssels bringt bei einer Zerlegung der Partikelmenge in Teilmengen mittels **range**-Werten Vorteile für die Parallelisierung. Die resultierende geometrische Gebietszerlegung ist zusammenhängender und kompakter und die Zahl der für eine Lastbalancierung zwischen den Prozessoren auszutauschenden Daten wird reduziert.

Man beachte, daß die Beschreibung der Datenaufteilung mittels der Intervalle [$range_i$, $range_{i+1}$) einen minimalen oberen Baumanteil definiert, der auf allen Prozessoren in Kopie vorhanden sein muß, um die Konsistenz des verteilten Gesamtbaums zu garantieren. Die Blätter dieses gemeinsamen groben Baums sind die gröbsten Baumzellen, für die alle möglichen Nachfahren auf dem gleichen Prozessor gespeichert sind, vergleiche Abbildung 8.20. Die Werte der Gebiets-Schlüssel aller möglichen Nachfahren eines Blattes dieses groben Baums liegen im gleichen Intervall [$range_i$, $range_{i+1}$) wie der Gebiets-Schlüssel des zugehörigen Blatts (wenn der Wert $range_{i+1}$ passend zum groben Baum gewählt wurde). Diese Blätter des gemeinsamen groben Baums sind also die Wurzeln der lokalen Teilbäume, die den einzelnen Prozessoren zugeordnet sind. Haben wir jetzt einen solchen groben Baum vorliegen, dann kann mit dessen Hilfe jederzeit die Frage geklärt werden, welches Partikel zu welchem Prozessor gehört.

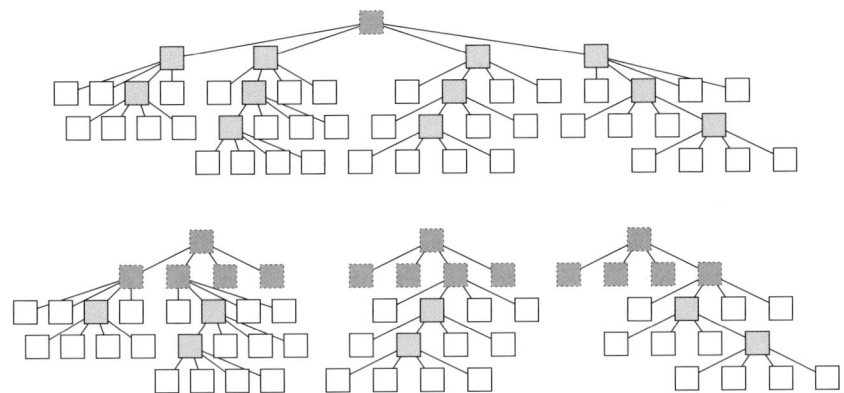

Abb. 8.20. Ein Baum (oben) aufgeteilt auf drei Prozessoren (unten). Dabei sind die Knoten des groben Baums (dunkelgrau mit gestricheltem Rand) auf allen Prozessoren repliziert vorhanden, während die Partikel-Knoten (weiß) und die Pseudopartikel-Knoten (hellgrau) jeweils nur auf einem Prozessor liegen.

Insgesamt haben wir nun drei verschiedene Typen von Baumknoten: Blätter, das heißt sohnlose Zellen, in denen die Partikeldaten gespeichert sind, innere Knoten des Baums, die nicht zum gemeinsamen groben Baum gehören und in denen Pseudopartikel gespeichert sind, und Knoten des Gesamtbaums, die zum gemeinsamen groben Baum gehören und deren Zellen die Gebietszerlegung beschreiben. In diesen Knoten speichern wir Pseudopartikeldaten und niemals Partikeldaten, um die Realisierung der parallelen Baumoperationen später einfacher zu gestalten. Die verschiedenen Knotentypen wollen wir nun explizit kennzeichnen. Dies geschieht mittels der Definition in Programmstück 8.2.

Programmstück 8.2 Definition der Knotentypen im Baum

```
typedef enum { particle, pseudoParticle, domainList } nodetype;

typedef struct {
   ...
   nodetype node;
} TreeNode;
```

Dazu erweitern wir die Datenstruktur `TreeNode` um ein Markierungs-feld `node`. Wir nennen den Typ der auf allen Prozessoren vorliegenden Knoten des groben Baums `domainList`, weil sie die geometrische Aufteilung des Rechengebiets auf die Prozessoren beschreiben. Die Blätter kennzeichnen wir mit `particle`, und den verbleibenden Knoten weisen wir den Typ `pseudoParticle` zu.

Wichtig für die Parallelisierung ist die Berechnung und Kennzeichnung der `domainList`-Knoten mit Hilfe der in der `SubDomainKeyTree`-Struktur enthaltenen range-Werte. Dies ist im Detail in Algorithmus 8.12 ausgeführt.

Algorithmus 8.12 Berechne die `domainList`-Markierungen mit Hilfe der range-Werte

```
void createDomainList(TreeNode *t, int level, keytype k,
                      SubDomainKeyTree *s) {
  t->node = domainList;
  int p1 = key2proc(k,s);
  int p2 = key2proc(k | ~(~0L << DIM*(maxlevel-level)),s);
  if (p1 != p2)
    for (int i=0; i<POWDIM; i++) {
      t->son[i] = (TreeNode*)calloc(1, sizeof(TreeNode));
      createDomainList(t->son[i], level+1,
             k + i<<DIM*(maxlevel-level-1), s);
    }
}
```

Wir verwenden hier Bit-Operationen wie das Komplement und das Bit-weise Oder, um die Gebiets-Schlüssel geeignet zu manipulieren. Zunächst wird der Schlüssel des Knotens selbst, und damit der minimale Schlüssel aller Söhne des Teilbaums, und durch Auffüllen mit Binärziffern 1 auch der maximale Schlüssel aller Söhne betrachtet. Wenn beide auf denselben Prozessor abgebildet werden, so wird wegen der Monotonie von `key2proc` auch der gesamte Teilbaum auf denselben Prozessor abgebildet. Wenn sich die Prozessoren aber unterscheiden, dann müssen wir tiefer in den Baum absteigen. Der Aufruf der Routine `createDomainList` erfolgt wie in Programmstück 8.3.

Programmstück 8.3 Initialisierung des Baums

```
root = (TreeNode*)calloc(1, sizeof(TreeNode));
createDomainList(root, 0, 0, s);
```

Nun müssen wir die im vorigen Abschnitt besprochenen sequentiellen Routinen, die auf dem Baum arbeiten, je nach Typ des Knotens (also je nach Markierung `node`) anpassen. Dabei dürfen insbesondere in `repairTree` die als `domainList` markierten Knoten nicht gelöscht werden. Zudem muß in der Routine `insertTree` darauf geachtet werden, daß `domainList`-Knoten niemals Partikeldaten tragen dürfen. Demnach müssen wir beim Einfügen eines Knoten berücksichtigen, daß in `domainList`-Knoten kein Partikel direkt eingefügt werden darf. Dieses kann erst (rekursiv) in einem Sohn-Knoten eingehängt werden. Damit können einige Partikel durch die `domainList`-Knoten etwas tiefer in der Baumhierarchie liegen als sie es im sequentiellen Fall tun würden. Das numerische Resultat des Barnes-Hut-Verfahrens ändert sich dadurch aber nicht.[33]

Im Barnes-Hut-Verfahren werden nicht nur Partikel-Partikel-Interaktionen sondern auch Partikel-Pseudopartikel-Interaktionen berechnet. Bei der parallelen Berechnung kann dies nun zu der Situation führen, daß ein Prozeß auf Pseudopartikeldaten eines anderen Prozesses zugreifen muß. Das heißt, der Prozeß muß, um die Kraft auf seine Partikel bestimmen zu können, bestimmte Pseudopartikel von einem anderen Prozeß in seinen lokalen Baum einfügen. Deswegen müssen wir die Routine `insertTree` auch noch so erweitern, daß ein `domainList`-Knoten in einen bestehenden Baum eingefügt werden kann, was bedeutet, daß sich die Gebietszerlegung ändert. Pseudopartikel können dabei einfach in `domainList`-Knoten ummarkiert werden. Treffen wir aber auf echte Partikel, so muß ein `domainList`-Knoten erzeugt werden und das betreffende Partikel dort eingehängt werden.

Um das parallele Programm mit Anfangsdaten zu versorgen, gibt es verschiedene Möglichkeiten: Alle Partikel werden von Prozessor Null erzeugt oder aus einer Datei eingelesen. Dieses Vorgehen kann bei großen Partikelzahlen an die Grenzen des Speichers von Prozessor Null stoßen. Wir wollen deshalb die Partikel auf mehreren Prozessoren parallel erzeugen oder einlesen können. Dann wird die Verteilung der Partikel auf die Prozessoren aber im allgemeinen nicht unserer Zerlegungsabbildung entsprechen. Wir müssen die Partikel daher auf die richtigen Prozessoren umverteilen.

Insgesamt gehen wir wie folgt vor. Wir nehmen an, daß die Werte von `range` geeignet gegeben sind. Zunächst erzeugt jeder Prozessor mit `createDomainList` einen lokalen Baum. In diesem Baum werden zunächst die Partikel einsortiert, die der Prozessor erzeugt oder eingelesen hat. Aufgrund der `domainList`-Markierung können wir eindeutig entscheiden, welchem Prozessor ein Partikel wirklich gehört. Jeder Prozessor durchsucht nun seinen Baum, entfernt Partikel, die ihm nicht gehören, und schickt diese an den entsprechenden Prozessor. Nach dieser Operation sollte der Baum wie im sequentiellen Fall nach dem Bewegen von Partikeln aufgeräumt werden, das heißt seine Struktur sollte an die aktuellen Partikel angepaßt werden.

---

[33] Alternativ könnten auch Partikel als `domainList` markiert werden, was aber zu mehr Fallunterscheidungen führen würde.

Anschließend empfängt der Prozessor die Partikel anderer Prozessoren und sortiert diese in seinen lokalen Baum ein. Dieses Vorgehen haben wir schematisch in Algorithmus 8.13 zusammengefaßt. Der Einfachheit halber speichern wir hier die an Prozessor `to` zu verschickenden Partikel in einer Partikelliste `plist[to]`, einer Instanz des abstrakten Listen-Datentyps `ParticleList`.[34]

Algorithmus 8.13 Sende Partikel an ihre Eigentümer und füge sie in den lokalen Baum ein

```
void sendParticles(TreeNode *root, SubDomainKeyTree *s) {
    allokiere Speicher für s->numprocs Partikellisten in plist;
    initialisiere ParticleList plist[to] für alle Prozessoren to;
    buildSendlist(root, s, plist);
    repairTree(root); // dabei dürfen domainList-Knoten nicht gelöscht werden
    for (int i=1; i<s->numprocs; i++) {
        int to = (s->myrank+i)%s->numprocs;
        int from = (s->myrank+s->numprocs-i)%s->numprocs;
        schicke Partikeldaten aus plist[to] an Prozessor to;
        empfange Partikeldaten von Prozessor from;
        füge alle empfangenen Partikel p in
        den Baum mittels insertTree(&p, root) ein;
    }
    lösche plist;
}

void buildSendlist(TreeNode *t, SubDomainKeyTree *s,
                   ParticleList *plist) {
    rekursiver Aufruf analog Algorithmus 8.1;
    // Beginn der Operation auf *t
    int proc;
    if ((*t ist ein Blatt) &&
        ((proc = key2proc(Schlüssel(*t), s)) != s->myrank)) {
        // der Schlüssel von *t kann in der Rekursion mitberechnet werden
        füge t->p ein in Liste plist[proc];
        markiere t->p als zu löschen;
    }
    // Ende der Operation auf *t
}
```

Wir verwenden hier die sequentielle Implementierung von `insertTree`, die um die Behandlung des Feldes `node` erweitert ist. Damit haben wir nun die Partikel entsprechend den Zahlen `range` auf die Prozessoren verteilt. Alle Knoten, die als `particle` oder `pseudoParticle` gekennzeichnet sind, befinden sich in *einem* Teilbaum, der komplett *einem* Prozessor gehört. Die

---

[34] Man kann hierzu beispielsweise den Listen-Typ aus Kapitel 3 einsetzen.

Wurzel des Baums und die gröberen Level, die alle mit `domainList` gekennzeichnet sind, müssen für manche Operationen gesondert behandelt werden, da hier Söhne jeweils auf anderen Prozessoren liegen können. Bei der konkreten Implementierung ist zu beachten, daß der Inhalt der Liste von Partikeln zunächst in einen Vektor umgespeichert werden sollte, um ihn an die Message-Passing-Bibliothek MPI zu übergeben. Genauso muß in `buffer` zunächst genügend Speicher allokiert werden. Dazu kann man zunächst eine Botschaft übertragen, die nur die Länge der folgenden Botschaft enthält. Alternativ dazu kann man mit weiteren MPI-Befehlen die Länge einer ankommenden Botschaft abfragen, um dann Speicher zu reservieren und anschließend die Botschaft zu empfangen.

Berechnung der Werte der Pseudopartikel. Wie im sequentiellen Fall müssen zunächst die Werte der Pseudopartikel berechnet werden, anschließend können die Kräfte bestimmt werden. Wir teilen beide Routinen in ihre Kommunikations- und Rechenteile auf. Die Berechnung der Werte der Pseudopartikel kann für einen Teilbaum, der sich auf einem Prozessor befindet, beginnend mit den Blättern bis hin zur Teilbaumwurzel wie im sequentiellen Fall ausgeführt werden. Danach tauschen wir die Werte dieser feinsten `domainList`-Knoten, das heißt der Blätter des globalen groben Baums, zwischen allen Prozessoren aus. Abschließend führen wir die Berechnung der Werte der Pseudopartikel im groben `domainList`-Baum auf *allen* Prozessoren gleichzeitig, redundant und mit demselben Ergebnis aus. Dieses Vorgehen ist in Algorithmus 8.14 dargestellt.

Wir können hier für die Kommunikation eine globale Summe[35] über alle Prozessoren verwenden, wenn wir für jeden Knoten statt der Koordinaten die ersten Momente, also `m*x[i]` übertragen und aufsummieren. Jeder Prozessor trägt entweder Null oder den bisher berechneten Wert zu dem Knoten bei und erhält anschließend die globale Summe, die für die Operationen auf dem groben `domainList`-Baum nötig ist. Damit ergeben sich für die Pseudopartikel genau dieselben Werte wie im sequentiellen Fall. Insgesamt führen wir die Berechnung auf den Teilbäumen vollständig unabhängig aus, kommunizieren anschließend Daten global und führen dann die Berechnung auf dem groben `domainList` Baum in jedem Prozessor redundant aus.

Kraftberechnung. Die jeweilige Berechnung der Kraft auf ein Partikel erfolgt auf dem Prozessor, dem dieses Partikel zugeordnet ist. Dazu wird die sequentielle Implementierung der Routine `compF_BH` abgeändert wie in Algorithmus 8.15 angegeben. Diese ruft die bereits bekannte Routine `force_tree` auf, die lokal auf dem Prozessor arbeiten soll. Um dies zu ermöglichen, müssen wir die dazu notwendigen Daten, das heißt bestimmte Teilbäume anderer Prozessoren, in Kopie auf unserem Prozessor speichern. Aufgrund des θ-Kriteriums des Barnes-Hut-Verfahrens wird im allgemeinen nicht im

---

[35] Für den konkreten Aufruf von `MPI_Allreduce` ist hier wieder ein Umkopieren der Daten in einen Vektor nötig.

Algorithmus 8.14 Parallele Berechnung der Werte der Pseudopartikel

```
void compPseudoParticlespar(TreeNode *root, SubDomainKeyTree *s) {
  compLocalPseudoParticlespar(root);
  MPI_Allreduce(..., {mass, moments} der feinsten domainList-Knoten,
                MPI_SUM, ...);
  compDomainListPseudoParticlespar(root);
}


void compLocalPseudoParticlespar(TreeNode *t) {
  rekursiver Aufruf analog Algorithmus 8.1;
  // Beginn der Operation auf *t
    if ((*t ist kein Blatt)&&(t->node != domainList)) {
      // Operationen analog Algorithmus 8.5
    }
  // Ende der Operation auf *t
}


void compDomainListPseudoParticlespar(TreeNode *t) {
  rekursiver Aufruf analog Algorithmus 8.1 für groben domainList-Baum;
  // Beginn der Operation auf *t
    if (t->node == domainList) {
      // Operationen analog Algorithmus 8.5
    }
  // Ende der Operation auf *t
}
```

Algorithmus 8.15 Anpassung der sequentiellen Routine für den Aufruf im parallelen Programm

```
void compF_BH(TreeNode *t, real diam, SubDomainKeyTree *s) {
  rekursiver Aufruf analog Algorithmus 8.1;
  // Beginn der Operation auf *t
  if ((*t ist ein Blatt) && (key2proc(Schlüssel(*t), s) == s->myrank)) {
    // der Schlüssel von *t kann in der Rekursion mitberechnet werden
    for (int d=0; d<DIM; d++)
      t->p.F[d] = 0;
    force_tree(t, root, diam);
  // Ende der Operation auf *t
  }
}
```

---

gesamten Teilbaum abgestiegen, sondern in Abhängigkeit vom Abstand zum Partikel vorher abgebrochen. Wenn wir sicherstellen, daß alle dazu notwendigen Pseudopartikel und Partikel auf dem Prozessor in Kopie vorhanden sind, können wir die sequentielle Version der Routine force_tree auf jedem Prozessor einsetzen und erhalten auch im parallelen Fall die gleichen Ergebnisse.

Dazu sind die jeweils benötigten Daten zu bestimmen und geeignet zwischen den Prozessoren auszutauschen.

Die Schwierigkeit hierbei ist jedoch, daß der betreffende Prozessor gar nicht bestimmen kann, welche Knoten des Baums er anfordern muß, da er weder die genaue Struktur des Gesamtbaums noch die Daten aller Partikel kennt. Wir gehen deswegen folgendermaßen vor: Jeder Prozessor stellt fest, welche Knoten ein *anderer* Prozessor während der Kraftberechnung von ihm benötigen wird und schickt diesem die Daten vor der eigentlichen Kraftberechnung zu. Dies geschieht wie folgt: Jeder Prozessor p0 (das heißt `myrank == p0`) hat zusätzlich zu den eigenen Knoten auch alle globalen `domainList`-Knoten gespeichert. Mit einem `domainList`-Knoten `td` eines anderen Prozessors p1 ist ein zugehöriger tieferer Teilbaum auf dem Prozessor p1 vorhanden. Damit liegen auch alle seine Partikel und Pseudopartikel in der geometrischen Zelle `td->box`. Wenn also Prozessor p0 seine Partikel und Pseudopartikel `t->p` daraufhin überprüft, ob Prozessor p1 sie möglicherweise in der Kraftberechnung braucht, kann er davon ausgehen, daß alle Partikel von p1 in der Zelle von `*td` liegen. Falls nun durch das θ-Kriterium selbst für den minimalen Abstand von `t->p.x` zur Zelle `td->box` eine Interaktion ausgeschlossen werden kann, dann benötigt Prozessor p1 das Partikel `t->p` nicht. Weiterhin gilt dies auch für alle Nachfahren von `*t`, da der „Durchmesser" `diam` der zugehörigen Zellen kleiner als der von `*t` ist. Dies ist in Abbildung 8.21 exemplarisch dargestellt.

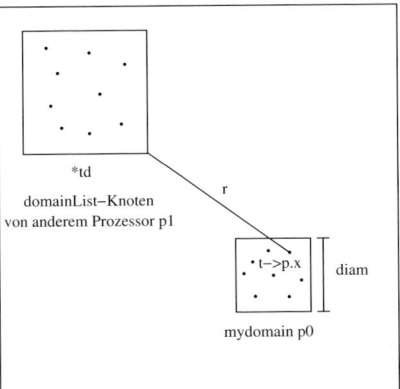

Abb. 8.21. Erweiterung des θ-Kriteriums auf geometrische Zellen und damit auf ganze Teilbäume.

Insgesamt führen wir vor der eigentlichen Kraftberechnung also eine Kommunikationsroutine durch, bei der jeder Prozessor eine Anzahl von Partikeln und Pseudopartikeln an andere Prozessoren schickt, die diese dann in ihren Baum einsortieren. Dazu benötigen wir die Routine `symbolicForce`, die in Algorithmus 8.16 angegeben ist.

Algorithmus 8.16 Bestimme Teilbäume, die zur parallelen Kraftberechnung benötigt werden

```
void symbolicForce(TreeNode *td, TreeNode *t, real diam,
                   ParticleList *plist, SubDomainKeyTree *s) {
  if ((t != NULL) && (key2proc(Schlüssel(*t), s) == s->myrank)) {
    // der Schlüssel von *t kann in der Rekursion mitberechnet werden
    füge t->p ein in Liste plist;
    real r = minimaler Abstand von t->p.x zu Zelle td->box;
    if (diam >= theta * r)
      for (int i=0; i<POWDIM; i++)
        symbolicForce(td, t->son[i], .5 * diam, plist, s);
  }
}
```

Algorithmus 8.17 Parallele Kraftberechnung

```
void compF_BHpar(TreeNode *root, real diam, SubDomainKeyTree *s) {
  allokiere Speicher für s->numprocs Partikellisten in plist;
  initialisiere ParticleList plist[to] für alle Prozessoren to;
  compTheta(root, s, plist, diam);
  for (int i=1; i<s->numprocs; i++) {
    int to = (s->myrank+i)%s->numprocs;
    int from = (s->myrank+s->numprocs-i)%s->numprocs;
    schicke (Pseudo-)Partikeldaten aus plist[to] an Prozessor to;
    empfange (Pseudo-)Partikeldaten von Prozessor from;
    füge alle empfangenen (Pseudo-)Partikel p in
    den Baum mittels insertTree(&p, root) ein;
  }
  lösche plist;
  compF_BH(root, diam);
}

void compTheta(TreeNode *t, SubDomainKeyTree *s, ParticleList *plist,
               real diam) {
  rekursiver Aufruf analog Algorithmus 8.1;
  // Beginn der Operation auf *t
  int proc;
  if ((*t ist ein domainList-Knoten) &&
      ((proc = key2proc(Schlüssel(*t), s)) != s->myrank))
    // der Schlüssel von *t kann in der Rekursion mitberechnet werden
    symbolicForce(t, root, diam, &plist[proc], s);
  // Ende der Operation auf *t
}
```

Die Berechnung des Abstandes einer Zelle zu einem Partikel kann man mit geeigneten Fallunterscheidungen realisieren. Dabei testet man, ob entlang einer Koordinate das Partikel links, rechts oder innerhalb der Zelle liegt. Die zu verschickenden Partikel werden in Listen gesammelt. Dabei ist zu beachten, daß ein (Pseudo-)Partikel möglicherweise mehrmals einsortiert wird, wenn für einen Prozessor mehrere Zellen `td` durchgegangen werden. Dann sollten doppelte (Pseudo-)Partikel vor dem Verschicken entfernt werden. Hierzu bietet sich die Verwendung von sortierten Listen an.

Die eigentliche parallele Kraftberechnung ist in Algorithmus 8.17 angeführt. Nachdem die Partikel von einem Prozessor empfangen worden sind, müssen sie in den dortigen Teilbaum einsortiert werden. Dabei sollten zunächst die Pseudopartikel, und zwar jedes auf seinem richtigen Level, und anschließend die Partikel in den Baum eingehängt werden. Erst diese Reihenfolge stellt das korrekte Einsortieren von Teilbäumen sicher. Diese Reihenfolge kann dadurch gewährleistet werden, daß die Partikel nach ihrer Masse absteigend sortiert sind. Diese Sortierung läßt sich am leichtesten in der Routine `symbolicForce` beim Einfügen in die Sendelisten umsetzen. Damit werden die Söhne automatisch nach den Vätern in den lokalen Teilbaum einsortiert. Wie schon bei vorherigen MPI-Aufrufen sind die Daten wieder geeignet an die Message-Passing-Routinen zu übergeben.

Hauptprogramm. Die für das parallele Gesamtprogramm notwendigen verbleibenden Programmteile lassen sich direkt erstellen. Nach der Kraftberechnung sind die Kopien der Partikel fremder Prozessoren wieder zu entfernen. Die Routine für die Zeitintegration kann wie im sequentiellen Fall übernommen werden. Dabei werden alle Teilchen behandelt, die dem Prozessor selbst

---

Algorithmus 8.18 Paralleles Hauptprogramm

```
int main(int argc, char *argv[]) {
  MPI_Init(&argc, &argv);
  TreeNode *root;
  Box box;
  SubDomainKeyTree s;
  real delta_t, t_end;
  inputParameters_BHpar(&delta_t, &t_end, &box, &s);
  root = (TreeNode*)calloc(1, sizeof(TreeNode));
  createDomainList(root, 0, 0, &s);
  initData_BHpar(&root, &box, &s);
  timeIntegration_BHpar(0, delta_t, t_end, root, &box, &s);
  outputResults_BHpar(root, &s);
  freeTree_BHpar(root);
  free(s.range);
  MPI_Finalize();
  return 0;
}
```

gehören. Das Bewegen der Partikel erfolgt in zwei Phasen. Zunächst wird die sequentielle Routine verwendet, um Partikel, die ihre Zelle verlassen, entsprechend im Baum umzusortieren. Anschließend müssen Partikel, die den Prozessor verlassen haben, verschickt werden. Dies haben wir bereits in der Routine sendParticles programmiert. Bei jedem Aufräumen des Baums ist schließlich zu beachten, daß keine mit domainList markierten Knoten gelöscht werden dürfen.

Insgesamt ergibt sich dann das Hautprogramm aus Algorithmus 8.18. In initData_BHpar werden hier zuerst die domainList-Knoten mittels des Aufrufs createDomainList(root, 0, 0) erzeugt und initialisiert. Dann werden wie im sequentiellen Fall die Partikel des jeweiligen Prozessors in seinen Teilbaum eingefügt. Weitere Details seien hier dem Leser überlassen.

8.4.2 Dynamische Lastverteilung

Offen ist nun noch, wie die Werte von range gewählt werden sollen. Wenn die Partikel geometrisch in etwa gleich verteilt sind, verwenden wir einfach eine *gleichmäßige* Aufteilung des Raums der Schlüsselzahlen.[36] Wenn die Partikel aber nicht gleichmäßig verteilt sind, ist eine solche statische, feste Wahl der Werte von range unbefriedigend. Wir sollten vielmehr eine Möglichkeit haben, diese Werte zu verändern und den sich im Laufe einer Simulation ändernden Daten anzupassen. Gesucht sind also Werte von range, so daß die Zahl der Partikel auf die Prozessoren gleichverteilt werden.

Dies kann durch das in Programmstück 8.4 beschriebene Vorgehen geschehen. Dazu muß zunächst ein konsistenter Zustand von Baum, Partikeln, domainList-Knoten und range-Werten erreicht sein, was beispielsweise nach einem Aufruf von sendParticles der Fall ist. Wir bestimmen zunächst die aktuelle Lastverteilung und berechnen dann die neue, balancierte Lastverteilung.

Konkret zählen wir erst mit der Routine countParticles in einem postorder-Durchlauf die Zahl der Partikel auf jedem Prozessor. Nach der globalen Kommunikation MPI_Allgather wissen wir dann, wieviele Partikel jeder einzelne Prozessor besitzt. Wenn wir die Partikel der Reihe nach in aufsteigender Folge ihrer Schlüssel durchnumerieren, wissen wir weiterhin, daß Prozessor i die Partikel mit den Nummern olddist[i] bis olddist[i+1]-1 besitzt. Der Grund hierfür ist, daß die Partikel nach den bisherigen range-Werten auf die Prozessoren verteilt sind und diese Werte monoton steigen. Die Gesamtzahl der Partikel ist olddist[numprocs]. Wenn wir nun die Partikel

---

[36] Da wir die Tiefe des domainList-Baums und damit die Zahl der domainList-Knoten klein halten wollen, können wir statt einer ganzzahligen Division mit P Werte von range wählen, die Knoten von möglichst groben Leveln entsprechen, deren Gebiets-Schlüssel also in der Binärdarstellung rechts mit möglichst vielen Nullen aufgefüllt wurden. Dies läßt sich durch eine geeignete Rundung erreichen.

Programmstück 8.4 Bestimme aktuelle und neue Lastverteilung

```
long c = countParticles(root);
long oldcount[numprocs], olddist[numprocs+1];
MPI_Allgather(&c, &oldcount, MPI_LONG);
olddist[0] = 0;
for (int i=0; i<numprocs; i++)
  olddist[i+1] = olddist[i] + oldcount[i];
long newdist[numprocs+1];
for (int i=0; i<=numprocs; i++)
  newdist[i] = (i * olddist[numprocs]) / numprocs;
```

gleichmäßig auf die Prozessoren aufteilen, also jedem Prozessor bis auf Rundung olddist[numprocs]/numprocs Partikel zuteilen wollen, muß der Prozessor i die Partikel mit den Nummern newdist[i] bis newdist[i+1]-1 erhalten. Damit kann jeder Prozessor bestimmen, welche Partikel er an welchen Prozessor abgeben muß und wieviele Partikel er von welchem Prozessor erhält.[37]

Im Prinzip könnten wir bereits in der Routine in Programmstück 8.4 alle nötigen Partikel verschicken. Andererseits sparen wir Arbeit, wenn wir die Routinen sendParticles und createDomainList wiederverwenden. Dann müssen wir nur die entsprechenden neuen Werte von range bestimmen. Die Werte range[0]=0 und range[numprocs]=MAX_KEY kann jeder Prozessor direkt richtig setzen, die weiteren range-Werte jedoch kann kein Prozessor alleine entscheiden. Jeder Prozessor läuft über seine Partikel und zählt diese ab. Erreicht er eine newdist-Grenze, setzt er den entsprechenden Schlüssel dieses Partikels als neuen range-Wert. Damit ist jeder neue range-Wert auf genau einem Prozessor bekannt. Sind die range-Werte zuvor mit Null initialisiert worden, so genügt jetzt eine Maximumsbildung über alle Prozessoren, um die korrekten range-Werte auf allen Prozessoren zu erhalten. Diese globale Kommunikation können wir mit einem Allreduce(range, MPI_MAX) realisieren.

Um die Schlüssel der gesuchten Partikel zu finden, muß der Prozessor seine Partikel in aufsteigender Reihenfolge der Schlüssel durchlaufen. Auf Grund der Konstruktion der Schlüssel geschieht dies gerade mit einem postorder-Durchlauf durch die Blätter des Baums. Das erste Partikel, das ein Prozessor findet, ist die Nummer olddist[myrank]. Damit beginnend, kann dann mitgezählt werden. Die Details sind in Programmstück 8.5 angegeben.

Anschließend müssen noch die alten domainList-Markierungen im Baum gelöscht werden, neue mit createDomainList erzeugt werden und die Parti-

---

[37] Es kann sogar der Fall eintreten, daß ein Prozessor alle Partikel verschicken muß und dafür komplett andere Partikel bekommt. Dies gilt im Fall $[olddist_i, olddist_{i+1}) \cap [newdist_i, newdist_{i+1}) = \{\}$. Dies tritt allerdings nur bei einem sehr großen Ungleichgewicht auf, das in der Praxis i.a. nicht vorkommt.

Programmstück 8.5 Bestimme aus der Lastverteilung neue `range`-Werte

```
for (int i=0; i<=numprocs; i++)
  range[i] = 0;
int p = 0;
long n = olddist[myrank];
while (n > newdist[p])
  p++;
updateRange(root, &n, &p, range, newdist);
range[0]       = 0;
range[numprocs] = MAX_KEY;
MPI_Allreduce(..., range, MPI_MAX,...);

void updateRange(TreeNode *t, long *n, int *p,
                 keytype *range, long *newdist) {
  rekursiver Aufruf analog Algorithmus 8.1;
  // der Schlüssel von *t kann in der Rekursion mitberechnet werden
  // Beginn der Operation auf *t
  if (*t ist ein Blatt) {
    while (*n >= newdist[*p]) {
      range[*p] = Schlüssel(*t);
      (*p)++;
    }
    (*n)++;
  }
  // Ende der Operation auf *t
}
```

---

kel mit `sendParticles` transportiert werden. Die Zahl der zu verschickenden
Partikel hängt stark von der Lastverteilung ab. Ruft man die Lastverteilung
in jedem Zeitschritt auf, so müssen meist nur wenige Partikel verschickt werden.

Das vorgestellte Vorgehen läßt sich auch als paralleles Sortierverfahren
interpretieren. Dabei hat jeder Prozessor einen Behälter (bucket), in den
im ersten Schritt alle Partikel einsortiert werden, die in seinem Teilgebiet
liegen. Das Verschicken der Partikel an die richtigen Prozessoren und das
Einsortieren in deren bucket kann dann als lokales Sortieren interpretiert
werden. Ein solches Vorgehen findet man analog beim Sortieren mit `bucket
sort` oder mit einem einstufigen `radix sort` [353]. Der Rest des Verfahrens
besteht in einer Anpassung der Behältergrößen für eine Gleichverteilung.

Das beschriebene Verfahren kann man auch auf eine Gleichverteilung der
Rechenlast verallgemeinern. Dann werden geschätzte Rechenkosten pro Partikel verteilt. Die Vektoren `oldist` und `newdist` enthalten dann nicht mehr
die Zahl der Partikel, sondern zum Beispiel die bis dahin aufsummierte Last
oder die Zahl der Interaktionen im letzten Zeitschritt.

8.4.3 Datenverteilung mit raumfüllenden Kurven

Nachdem wir nun die Partikel gleichverteilen können, verbleibt die Frage wie aufwendig die Kommunikation im parallelen Baumverfahren ist. Diese ist abhängig von der Zahl der Prozessoren und der Zahl der Partikel. Fixieren wir beides, dann sehen wir, daß bei der parallelen Berechnung der Pseudopartikel die Zahl der domainList-Knoten eine gewisse Rolle spielt, wenn die Tiefe der domainList-Teilbäume gering ist. Deutlich aufwendiger ist die Kommunikation aber bei der parallelen Kraftberechnung. Das liegt daran, daß hier teils komplette oder zumindest doch relativ große Teilbäume verschickt werden müssen. Somit stellt sich die Frage, wie gut die bisher vorgestellte Gebietszerlegungstechnik in Bezug auf die Anzahl der zu verschickenden Daten ist.

Diese Frage läßt sich, wie für viele andere Gebietszerlegungsheuristiken, nicht in allen Fällen genau beantworten. Gehen wir deshalb zunächst von gleichverteilten Partikeln und entsprechend balancierten Bäumen aus. Dann ist leicht zu sehen, wie das Verfahren verbessert werden kann. Wenn wir die Partikel gemäß der durch die Gebiets-Schlüssel induzierten Ordnung aufsteigend durchlaufen und miteinander verbinden, erhalten wir eine sogenannte diskrete Lebesgue-Kurve, siehe Abbildung 8.22 für den zweidimensionalen Fall. Unterteilen wir nun das Rechengebiet in mehrere Teile, so wird auch die Kurve zerteilt und umgekehrt. Das Teilgebiet, das von einem Kurvenstück beschrieben wird, wird dann einem Prozessor zugeordnet. Da die Lebesgue-Kurve „Sprünge" macht, können diese geometrischen Teilgebiete in mehrere unzusammenhängende Teile zerfallen. Das ist an sich noch kein Problem, deutet aber bereits an, daß der geometrische Rand eines so erzeugten Teilgebiets relativ groß werden kann. Die Größe der Teilgebietsränder ist jedoch entscheidend dafür, wieviele Partikel bei der Kraftberechnung verschickt werden müssen.

Wir können die Gebietszerlegung verbessern, indem wir die bisher verwendete Lebesgue-Kurve durch eine sogenannte Hilbert-Kurve ersetzen. Dann werden stets zusammenhängende Teilgebiete erzeugt, vergleiche die Abbildungen 8.28 und 8.29. Die Lebesgue-Kurve und die Hilbert-Kurve sind Beispiele für raumfüllende Kurven. Sie wurden 1890 und 1891 von Peano [463] und Hilbert [317] entdeckt. Ziel war es dabei surjektive Abbildungen des Einheitsintervalles $[0, 1]$ oder eines Linienstücks auf eine zweidimensionale Fläche, z.B. $[0, 1]^2$, zu konstruieren. Eine Einführung in die Theorie der raumfüllenden Kurven findet man in [527].

Eine raumfüllende Kurve $K : [0, 1] \to [0, 1]^2$ ergibt sich durch den Grenzwert einer Folge von Kurven $K_n : [0, 1] \to [0, 1]^2, n = 1, 2, 3, \ldots$. Jede Kurve K_n verbindet durch gerade Linien dabei in einer bestimmten Reihenfolge die Mittelpunkte der 4^n Quadrate, die durch sukzessive Unterteilung des Einheitsquadrats entstehen. Die Kurve K_{n+1} entsteht aus der Kurve K_n, indem jedes Quadrat geviertelt wird, innerhalb jedes Quadrats für die so entstehenden neuen vier kleineren Quadrate eine Durchlaufreihenfolge festgelegt wird, und diese mit der Durchlaufreihenfolge der Kurve K_n zu einer Durchlaufrei-

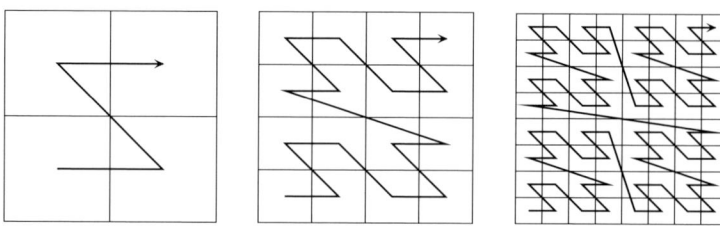

Abb. 8.22. Drei Schritte der Konstruktion der Lebesgue-Kurve.

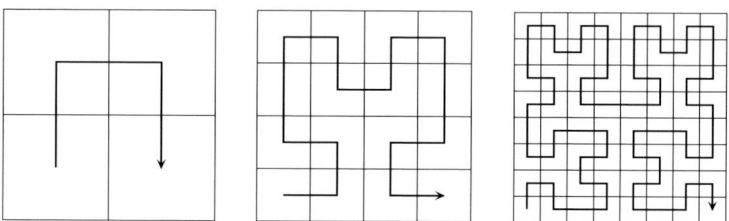

Abb. 8.23. Drei Schritte der Konstruktion der Hilbert-Kurve.

henfolge der gesamten 4^{n+1} Quadrate zusammengesetzt wird. In diesem Sinn verfeinert die Kurve K_{n+1} also die Kurve K_n.

Die Hilbert- und die Lebesgue-Kurve unterscheiden sich durch die Wahl der Durchlaufreihenfolge in jedem Verfeinerungsschritt. Im Fall der Lebesgue-Kurve wird überall dieselbe Reihenfolge verwendet, wie sie links oben in Abbildung 8.22 dargestellt ist. Bei der Hilbert-Kurve wird die Reihenfolge so ausgewählt, daß beim späteren Verbinden der Mittelpunkte nur jeweils die gemeinsame Kante zweier benachbarter Quadrate überquert wird. Die Konstruktion wird in Abbildung 8.23 verdeutlicht. Man kann zeigen, daß für die Hilbert-Kurve die so gewonnene Folge K_n gleichmäßig gegen eine Kurve K konvergiert, woraus die Stetigkeit des Grenzwerts K folgt. Bei der Lebesgue-Kurve konvergiert die Folge nur punktweise, der Grenzwert ist unstetig.

Die Konstruktion kann auch auf beliebige Raumdimensionen DIM verallgemeinert werden, d.h. auf Kurven $K : [0,1] \to [0,1]^{\text{DIM}}$. Eine solche Hilbertkurve für den dreidimensionalen Fall ist in den Abbildungen 8.24 und 8.25 dargestellt.

Um nun die Lebesgue-Kurve durch die Hilbert-Kurve zu ersetzen, verwenden wir der Einfachheit halber eine zweite Transformation der Pfadschlüssel.[38] Das heißt, wir berechnen weiterhin den Pfadschlüssel in der Re-

---

[38] Man kann auch die Hilbert-Schlüssel direkt beim Baumabstieg mitberechnen. Allerdings ist hierbei die ortsabhängige Indizierung der Hilbert-Kurve in der Rekursion zu berücksichtigen. Die schnelle Berechnung von Hilbert-Schlüsseln benötigt man unter anderem auch in der Graphik und der Codierungstheorie, siehe beispielsweise [131].

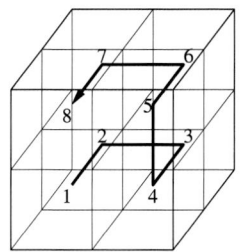 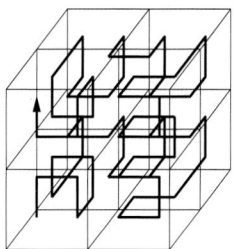

Abb. 8.24. Konstruktion einer dreidimensionale Hilbert-Kurve.

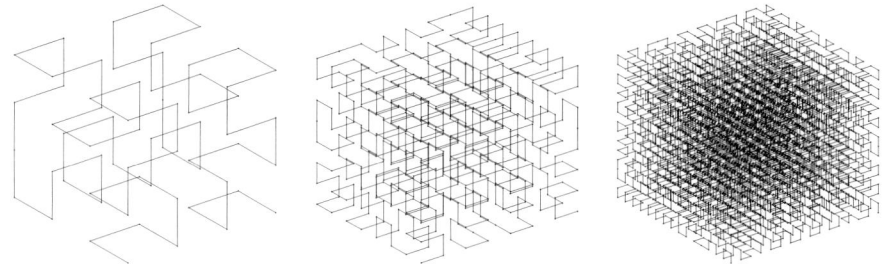

Abb. 8.25. Eine Folge von Verfeinerungsschritten einer dreidimensionalen Hilbert-Kurve.

kursion mit, der zunächst mittels des Shifts gemäß (8.20) auf den entsprechenden Gebiets-Schlüssel abgebildet wird. Dieser entspricht gerade der Ordnung der Lebesgue-Kurve. Der Gebiets-Schlüssel wird anschließend mittels der Funktion `Lebesgue2Hilbert` aus Algorithmus 8.19 in den zugehörigen Hilbert-Schlüssel umgerechnet. Diese Routine ist der Übersichtlichkeit halber für den zweidimensionalen Fall dargestellt, die Erweiterung auf den dreidimensionalen Fall erfolgt durch den Austausch der Tabellen `DirTable` und `HilbertTable` mit denen aus Programmstück 8.6.

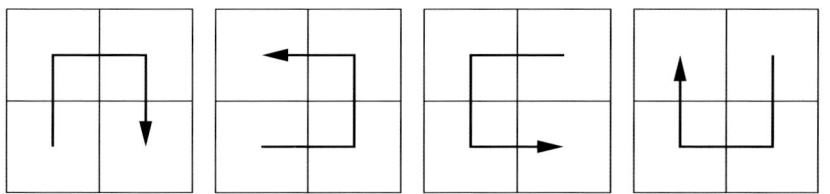

Abb. 8.26. Durchlaufreihenfolgen 0 bis 3 der zweidimensionalen Hilbert-Kurve.

Die Funktion `Lebesgue2Hilbert` arbeitet levelweise, beginnend auf dem gröbsten Level, was im Baum der Wurzel entspricht. Auf jedem Level wird der Variablen `cell` die Nummer der Zelle zugewiesen, in die im folgenden abgestiegen wird, numeriert in der Lebesgue-Ordnung. Die Variable `dir` beschreibt, welche der vier möglichen Durchlaufreihenfolgen für die Verfeinerung verwendet wird, wie sie in Abbildung 8.26 dargestellt sind.[39] Aus der Durchlaufreihenfolge `dir` und der Zelle `cell` kann nun mittels der Tabelle `HilbertTable` die Zellnummer in der Hilbert-Ordnung bestimmt werden, in die abgestiegen wird. Die Tabelle beschreibt also, welche Zelle in der Lebesgue-Ordnung welcher Zelle in der Hilbert-Ordnung bezüglich der Durchlaufreihenfolge `dir` entspricht. Man erhält zum Beispiel für `dir=0` die Zuordnung $0 \mapsto 0$, $1 \mapsto 3$, $2 \mapsto 1$, $3 \mapsto 2$, was zu dem Eintrag $\{0,3,1,2\}$ in `HilbertTable` führt, vergleiche dazu auch Abbildung 8.27. Die so gewonnene Nummer `HilbertTable[dir][cell]` wird an den Hilbert-Schlüssel angehängt. Ebenso wird mittels der Tabelle `DirTable` die neue Durchlaufreihenfolge für den nächsten Verfeinerungsschritt bestimmt. Diese Vorgehensweise wird iteriert, bis alle Level abgearbeitet sind. Im dreidimensionalen Fall sind die 4×4–Tabellen durch entsprechende 12×8–Tabellen zu ersetzen, siehe Programmstück 8.6.

Algorithmus 8.19 Umrechnung eines Lebesgue-Schlüssels in einen Hilbert-Schlüssel. Die Tabellen gelten für `DIM=2`.

```
const unsigned char DirTable[4][4] =
  { {1,2,0,0}, {0,1,3,1}, {2,0,2,3}, {3,3,1,2} };
const unsigned char HilbertTable[4][4] =
  { {0,3,1,2}, {0,1,3,2}, {2,3,1,0}, {2,1,3,0} };

keytype Lebesgue2Hilbert(keytype lebesgue) {
  keytype hilbert = 1;
  int level = 0, dir = 0;
  for (keytype tmp=lebesgue; tmp>1; tmp>>=DIM, level++);
  for (; level>0; level--) {
    int cell = (lebesgue >> ((level-1)*DIM)) & ((1<<DIM)-1);
    hilbert  = (hilbert<<DIM) + HilbertTable[dir][cell];
    dir      = DirTable[dir][cell];
  }
  return hilbert;
}
```

Um die raumfüllende Hilbert-Kurve in unser Programm einzubauen, muß jetzt an jeder Stelle, an der bisher aus dem Gebiets-Schlüssel einer Zelle die Nummer des Prozessors ausgerechnet und dazu `key2proc` aufgerufen wird, die Transformation auf den Hilbert-Schlüssel eingebaut werden. Zusätzlich

---

[39] Es gibt natürlich mehr als vier Durchlaufreihenfolgen, diese werden hier jedoch nicht benötigt.

Programmstück 8.6 Tabellen für Algorithmus 8.19 im Fall `DIM=3`.

```
const unsigned char DirTable[12][8] =
 { { 8,10, 3, 3, 4, 5, 4, 5}, { 2, 2,11, 9, 4, 5, 4, 5},
   { 7, 6, 7, 6, 8,10, 1, 1}, { 7, 6, 7, 6, 0, 0,11, 9},
   { 0, 8, 1,11, 6, 8, 6,11}, {10, 0, 9, 1,10, 7, 9, 7},
   {10, 4, 9, 4,10, 2, 9, 3}, { 5, 8, 5,11, 2, 8, 3,11},
   { 4, 9, 0, 0, 7, 9, 2, 2}, { 1, 1, 8, 5, 3, 3, 8, 6},
   {11, 5, 0, 0,11, 6, 2, 2}, { 1, 1, 4,10, 3, 3, 7,10} };
const unsigned char HilbertTable[12][8] =
 { {0,7,3,4,1,6,2,5}, {4,3,7,0,5,2,6,1}, {6,1,5,2,7,0,4,3},
   {2,5,1,6,3,4,0,7}, {0,1,7,6,3,2,4,5}, {6,7,1,0,5,4,2,3},
   {2,3,5,4,1,0,6,7}, {4,5,3,2,7,6,0,1}, {0,3,1,2,7,4,6,5},
   {2,1,3,0,5,6,4,7}, {4,7,5,6,3,0,2,1}, {6,5,7,4,1,2,0,3} };
```

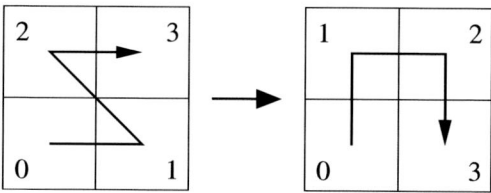

Abb. 8.27. Abbildung der Lebesgue- auf die Hilbert-Ordnung für die Durchlauf-reihenfolgen 0. Die Zellen $\{0,1,2,3\}$ werden den Zellen $\{0,3,1,2\}$ zugeordnet.

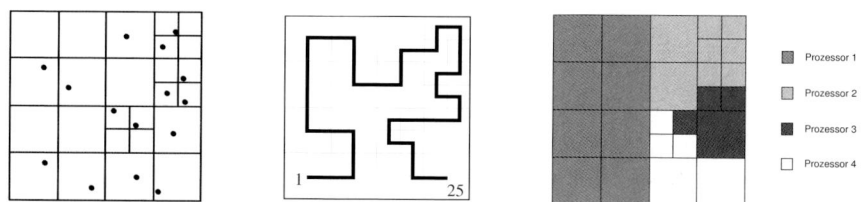

Abb. 8.28. Abbildung der Zellen auf die Prozessoren, wobei die Hilbert-Kurve durch die `range`-Werte in einzelne Segmente zerlegt wird. Rechts die daraus entstehende Gebietszerlegung.

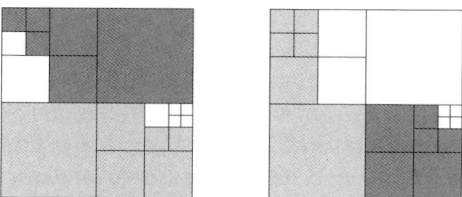

Abb. 8.29. Gebietszerlegung mit Lebesgue- (links, nicht zusammenhängende Gebiete) und mit Hilbert-Kurve (rechts, zusammenhängend).

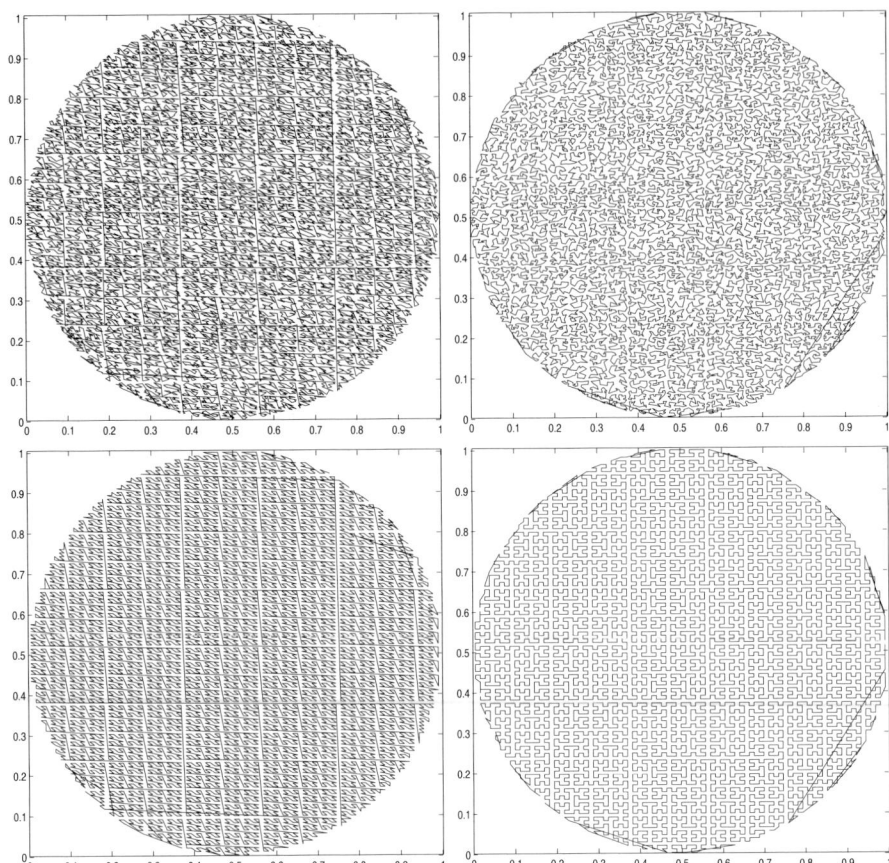

Abb. 8.30. Durch den Gebiets-Schlüssel induzierte Reihenfolge der Partikel (links) und durch den Hilbert-Schlüssel induzierte Reihenfolge der Partikel (rechts) für 65536 zufällig (oben) beziehungsweise uniform (unten) in einem Kreis verteilte Partikel in zwei Dimensionen. Deutlich sieht man die verbesserte Lokalität der Hilbert-Kurve im Vergleich mit der Lebesgue-Kurve.

müssen wir bei der Lastbalancierung alle Partikel eines Baums in aufsteigender Reihenfolge der Hilbert-Schlüssel durchlaufen. Dazu genügt es nun nicht mehr, einen post-order-Baumdurchlauf durch die Blätter des Baums zu verwenden. Stattdessen müssen wir bei der Rekursion überprüfen, welcher Sohn den niedrigsten Hilbert-Schlüssel besitzt. Dazu können wir die Hilbert-Schlüssel aller (vier oder acht) Söhne berechnen und sortieren, um dann in der richtigen Reihenfolge im Baum rekursiv abzusteigen.

8.4.4 Anwendungen

Unser parallelisiertes Programm hat zwei Vorteile. Erstens lassen sich wesentlich schnellere Laufzeiten als im sequentiellen Fall erzielen. Zweitens können wir nun den größeren verteilten Hauptspeichers des Parallelrechners nutzen. Dies erlaubt, substantiell größere Anwendungsprobleme anzugehen.

Kollision zweier Spiralgalaxien. Wir betrachten die Kollision zweier Spiralgalaxien. Hier kann die numerische Simulation die im All beobachtbaren spezifischen Strukturen von interagierenden Systemen nachvollziehen und diese so erklären.[40] Als Anfangskonfiguration setzen wir zwei Kugeln mit generischem Radius Eins in die Simulationsbox, innerhalb derer die Sterne mit konstanter Dichte zufällig verteilt sind. Jede Galaxie umfaßt dabei 500000 Partikel, die mittels des Gravitationspotentials (8.16) interagieren. Der Einfachheit halber besitzen wieder alle Sterne dieselbe Masse, und wir setzen $m_i = 1/N$, wodurch die Gesamtmasse des Systems auf Eins normiert ist. Die Anfangsgeschwindigkeiten wählen wir wieder so, daß sich jede Kugel wie ein starrer Körper um eine Achse dreht, die parallel zur x_3-Achse ist und durch den Mittelpunkt der Kugel verläuft. Die Geschwindigkeiten sind ebenfalls wieder so gesetzt, daß die Fliehkraft anfangs etwa der Gravitationskraft entspricht (Keplerbahn). Zudem versehen wir die rechte obere Kugel mit einer Geschwindigkeit in x_1-Richtung von -0.1 und die linke untere Kugel mit einer Geschwindigkeit in x_1-Richtung von 0.1. Ohne Gravitation würden sich beide Systeme parallel aneinander vorbeibewegen, mit der Gravitation ziehen sie sich jedoch gegenseitig an, drehen sich umeinander und vereinigen sich schließlich.

Die Abbildung 8.31 zeigt die Ausbildung zweier spiralförmiger Galaxien und deren Kollision zu verschiedenen Zeitpunkten. Als Schrittweite für die Zeitintegration haben wir hier wieder $\delta t = 0.001$ gewählt. Für θ haben wir den Wert 0.6 verwendet. Links oben sehen wir die beiden kugelförmigen homogenen Anfangskonfigurationen. Diese gehen analog zum Experiment in Abschnitt 8.3.3 nach kurzer Zeit in zwei Spiralstrukturen mit je zwei Wirbelarmen über. Die beiden Spiralgalaxien bewegen sich durch die Gravitation aufeinander zu und beginnen sich schnell umeinander zu drehen. Man beachte, daß diese Rotation bei einer frontalen Kollision nicht zustande kommen würde. Die hohe Eigenrotation führt dann zur Ausbildung zweier großer Spiralarme. Schließlich vereinigen sich die beiden Kerne und es formt sich eine größere Spiralgalaxie mit zwei Armen. Weitere faszinierende Simulationsergebnisse zu Kollisionen von Galaxien findet man auf der Webseite [17] von Barnes.

---

[40] Barnes [17] sagt hierzu: „The rules of this game are to build models of isolated galaxies, place them on approaching orbits, and evolve the system until it matches the observations; if the model fails to match the observations, one adjusts the initial conditions and tries again.“

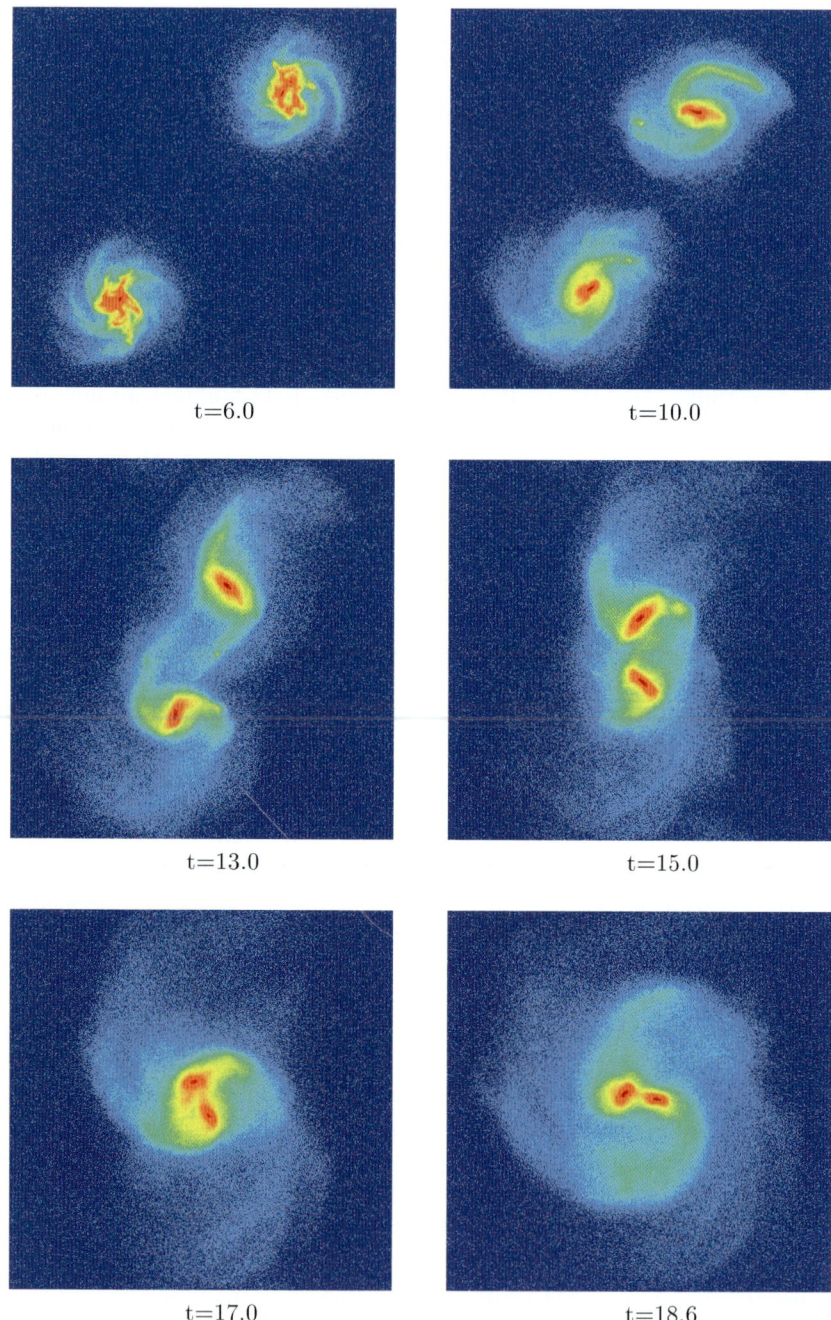

t=6.0   t=10.0

t=13.0   t=15.0

t=17.0   t=18.6

Abb. 8.31. Kollision zweier Spiralgalaxien, zeitliche Entwicklung der Partikelverteilung, Ansicht parallel zur gemeinsamen Rotationsachse. Die Partikeldichten sind farbkodiert dargestellt.

In Abbildung 8.32 sehen wir die Aufteilung[41] der Gebietszellen, die durch die Partitionierung der Partikel mittels der Hilbert-Kurve zu verschiedenen Zeitpunkten der Simulation entsteht. Die einem Prozessor zugeordneten Zellen sind jeweils mit gleicher Farbe dargestellt. Die Datenverteilung ist dynamisch, sie ändert sich über die Zeit und folgt den Partikeln der kollidierenden Galaxien. Dabei wird das Lastgleichgewicht durch Umbalancieren mittels der dynamischen Partitionierung mit der Hilbert-Kurve aufrechterhalten.

Speedup und parallele Effizienz. Tabelle 8.1 und Abbildung 8.33 zeigen den Speedup und die parallele Effizienz für die Berechnung eines Zeitschritts des gesamten Barnes-Hut-Verfahrens für 32768, 262144 sowie 2097152 Partikel für bis zu 256 Prozessoren auf der Cray T3E-1200. Die Partikel waren hierbei gleichmäßig in der Simulationsbox verteilt. Für θ wurde wieder der Wert 0.6 verwendet. Im Fall von 2097152 Partikeln ist der Hauptspeicher eines Prozessors nicht mehr ausreichend. Deshalb verwenden wir hier für den Speedup die Definition $S(P) = 4 \cdot T(4)/T(P)$ und normieren so auf 4 Prozessoren.

Proz.	32768 Partikel Speedup	Effizienz	262144 Partikel Speedup	Effizienz	2097152 Partikel Speedup	Effizienz
1	1.00	1.000	1.00	1.000		
2	1.96	0.981	1.99	0.998		
4	3.84	0.960	3.92	0.980	4.00	1.000
8	7.43	0.928	7.83	0.978	7.98	0.998
16	12.25	0.765	14.68	0.917	16.02	1.000
32	18.15	0.567	26.08	0.815	31.89	0.997
64	26.87	0.420	45.71	0.714	61.49	0.961
128	34.36	0.268	70.93	0.554	104.41	0.816
256	35.21	0.138	112.65	0.440	194.96	0.762

Tabelle 8.1. Speedup und parallele Effizienz des Barnes-Hut-Verfahrens.

Bei der geringeren Zahl von 32768 Partikeln tritt bereits ab 16 Prozessoren eine Sättigung auf, die Prozessoren erhalten mit steigender Prozessorzahl immer weniger Rechenlast bei in etwa gleichbleibender Kommunikation. Für die Zahl von 262144 Partikeln sehen wir bis ca. 64 Prozessoren gute Resultate, dann tritt auch hier Sättigung auf. Für den Fall von 2097152 Partikeln werden bis 256 Prozessoren gute Speedups und Effizienzen erzielt. Wir sehen ein fast lineares Verhalten des Speedups.[42] Analoge Ergebnisse werden auf Grund der dynamischen Lastbalancierung auch im Fall der kollidierenden Galaxien erreicht.

---

[41] Dies sind im Prinzip die Zellen der Blätter des Baums. Für die graphische Darstellung haben wir hier die Tiefe des Baums auf 6 Level begrenzt und damit die Größe der kleinsten Zellen fixiert.

[42] Der in Abbildung 8.33 erkennbare Knick bei 128 Prozessoren ist maschinenbedingt. Wir vermuten hier Cache-Effekte.

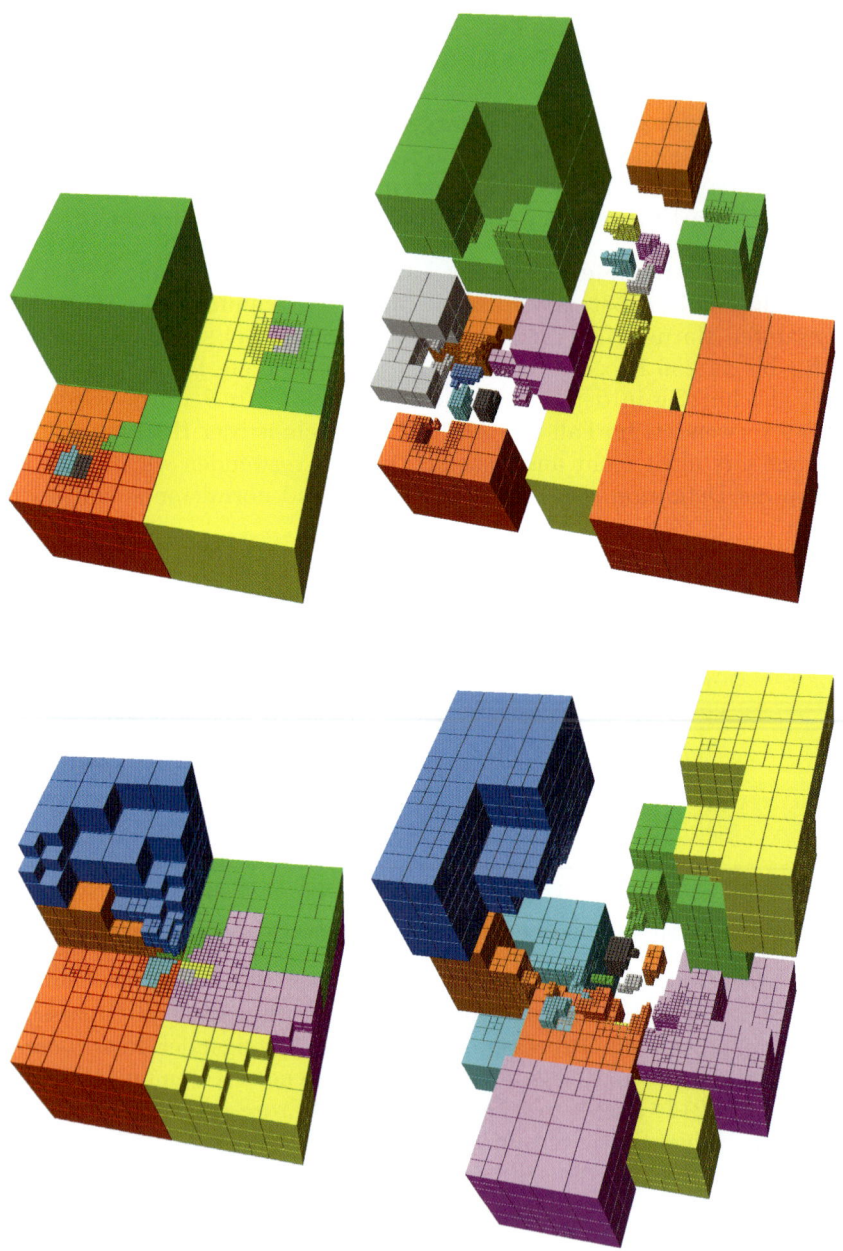

Abb. 8.32. Baumadaptivität und farblich dargestellte Zerlegung der Daten auf 16 Prozessoren. Ausschnitt der Zerlegung (links), bei dem zur besseren Sichtbarkeit Zellen entfernt wurden. Explosionsdarstellung der gesamten Zerlegung (rechts). Kollision zweier Spiralgalaxien: Zwei Galaxien (oben), einzelne Galaxie (unten).

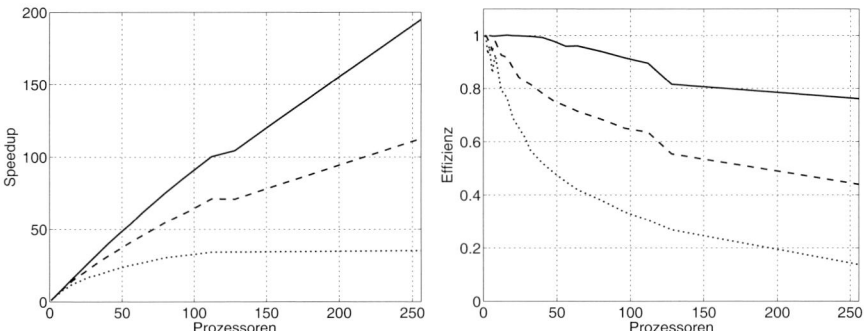

Abb. 8.33. Speedup und parallele Effizienz des parallelen Barnes-Hut-Verfahrens auf der Cray T3E-1200. Gepunktete Linie: 32768 Partikel, gestrichelte Linie: 262144 Partikel, durchgezogene Linie: 2097152 Partikel.

8.5 Verfahren höherer Ordnung

In den vorherigen Abschnitten hatten wir mit dem Barnes-Hut-Verfahren ein Beispiel für eine Approximation mittels der Taylor-Entwicklung der Kernfunktion mit Grad $p = 0$ kennengelernt. Im folgenden werden wir nun Methoden höherer Ordnung betrachten. Dabei wird die Reihenentwicklung (8.5) nicht nach dem ersten Glied abgebrochen, sondern es werden auch höhere Entwicklungsterme mit in die Berechnung einbezogen.[43] Dabei läßt sich das algorithmische Vorgehen des Barnes-Hut-Verfahrens direkt übertragen. Auch die Parallelisierung erfolgt analog. Im wesentlichen ändern sich nur die Kraftberechnungsroutine in Algorithmus 8.7 und die Berechnung der Pseudopartikel in Algorithmus 8.5. Bei der Kraftberechnungsroutine ist die Potentialgleichung mit $p = 0$ durch die entsprechende Gleichung höheren Grades

$$\Phi(\mathbf{x}) \approx \int_{\Omega^{\text{nah}}} \rho(\mathbf{y}) G(\mathbf{x}, \mathbf{y}) d\mathbf{y} + \sum_{\nu} \sum_{\|\mathbf{j}\|_1 \leq p} \frac{1}{\mathbf{j}!} M_{\mathbf{j}}(\Omega_{\nu}^{\text{fern}}, \mathbf{y}_0^{\nu}) G_{\mathbf{0},\mathbf{j}}(\mathbf{x}, \mathbf{y}_0^{\nu}) \quad (8.21)$$

mit den lokalen Momenten $M_{\mathbf{j}}(\Omega_{\nu}^{\text{fern}}, \mathbf{y}_0^{\nu}) = \int_{\Omega_{\nu}^{\text{fern}}} \rho(\mathbf{y})(\mathbf{y} - \mathbf{y}_0^{\nu})^{\mathbf{j}} d\mathbf{y}$ aus (8.10) zu ersetzen.

Für die Berechnung der Werte der Pseudopartikel reicht es jetzt nicht mehr aus, nur die Massen aufzusummieren. Nun müssen auch höhere Momente $M_{\mathbf{j}}(\Omega_{\nu}^{\text{fern}}, \mathbf{y}_0^{\nu})$ mit $\|\mathbf{j}\|_1 \leq p$ bestimmt werden. Die nullten Momente des Barnes-Hut-Verfahrens hatten wir mittels eines Baumdurchlaufs vorbe-

---

[43] Neben der Taylorreihe können auch andere Reihenentwicklungssysteme verwendet werden. Die hier vorgestellte modulare Version des Verfahrens ist unabhängig von einer bestimmten Entwicklungsreihe und kann sowohl für Taylorreihen als auch für sphärische Kugelflächenfunktionen eingesetzt werden, wie sie in der ursprünglichen schnellen Multipol-Methode Verwendung finden.

rechnet und in den inneren Knoten des Baums, das heißt in den Pseudopartikeln abgespeichert. Will man dieses Vorgehen auf die höheren Momente
übertragen, benötigt man geeignete Transformationsoperatoren gemäß (8.14)
und (8.15), die es ermöglichen, die Momente eines Knotens aus den Momenten seiner Söhne zu berechnen. Beim Barnes-Hut-Verfahren war dies einfach,
für höhere Werte von p sind hierzu Schleifen über p nötig.

Wie beim Barnes-Hut-Verfahren legen wir auch weiterhin die Pseudopartikel jeweils in den Massenschwerpunkt

$$\mathbf{y}_0^\nu := \frac{\int_{\Omega_\nu^{\text{fern}}} \rho(\mathbf{z})\mathbf{z}d\mathbf{z}}{\int_{\Omega_\nu^{\text{fern}}} \rho(\mathbf{z})d\mathbf{z}},$$

vergleiche auch (8.17). Dann gilt für die ersten Momente $M_{\mathbf{j}}(\Omega_\nu^{\text{fern}}, \mathbf{y}_0^\nu)$ mit
$\|\mathbf{j}\|_1 = 1$

$$\begin{aligned}
M_{\mathbf{j}}(\Omega_\nu^{\text{fern}}, \mathbf{y}_0^\nu) &= \int_{\Omega_\nu^{\text{fern}}} \rho(\mathbf{y}) \left(\mathbf{y} - \frac{\int_{\Omega_\nu^{\text{fern}}} \rho(\mathbf{z})\mathbf{z}d\mathbf{z}}{\int_{\Omega_\nu^{\text{fern}}} \rho(\mathbf{z})d\mathbf{z}} \right)^{\mathbf{j}} d\mathbf{y} \\
&= \int_{\Omega_\nu^{\text{fern}}} \rho(\mathbf{y})\mathbf{y}^{\mathbf{j}}d\mathbf{y} - \frac{\int_{\Omega_\nu^{\text{fern}}} \rho(\mathbf{y})d\mathbf{y} \int_{\Omega_\nu^{\text{fern}}} \rho(\mathbf{z})\mathbf{z}^{\mathbf{j}}d\mathbf{z}}{\int_{\Omega_\nu^{\text{fern}}} \rho(\mathbf{z})d\mathbf{z}} \\
&= \int_{\Omega_\nu^{\text{fern}}} \rho(\mathbf{y})\mathbf{y}^{\mathbf{j}}d\mathbf{y} - \int_{\Omega_\nu^{\text{fern}}} \rho(\mathbf{z})\mathbf{z}^{\mathbf{j}}d\mathbf{z} = 0. \quad (8.22)
\end{aligned}$$

Die ersten Momente, die sogenannten Dipolmomente, verschwinden also. Dies
zeigt, daß bereits das ursprüngliche Barnes-Hut-Verfahren von der Ordnung
zwei ist.[44]

Konkret gliedert sich der Algorithmus wieder in drei Teile, den Baumaufbau, die Momentberechnung und die Kraftberechnung. Der Baumaufbau
wurde bereits behandelt und kann unverändert übernommen werden. Die
beiden anderen Teile des Algorithmus müssen um die Terme höherer Ordnung erweitert werden.

8.5.1 Implementierung

Zur Erweiterung unserer Implementierung des Barnes-Hut-Verfahrens auf
den Fall $p > 0$ ist die Routine zur Berechnung der Pseudopartikel um die
Berechnung der höheren Momente zu ergänzen. In der Routine zur Kraftberechnung sind die zusätzlichen Terme der Taylorentwicklung zu berücksichtigen. Zunächst müssen wir die höheren Momente speichern. Dazu erweitern
wir die Datenstruktur `Particle` um ein Feld `moments`. Hier legen wir die

---

[44] Im weiteren können wir die Pseudopartikel alternativ auch in die Zellmittelpunkte legen. Diese müssen nicht gespeichert werden, da sie einfach zu berechnen sind.
Dann verschwinden allerdings die Dipolmomente im allgemeinen nicht mehr und
müssen statt dessen berechnet und gespeichert werden.

Werte der Momente entsprechend den Monomen ab, die wir beispielsweise in der Reihenfolge

$$\{\, 1,$$
$$x_1, \; x_2, \; x_3,$$
$$x_1^2, \; x_1 x_2, \; x_1 x_3, \; x_2^2, \; x_2 x_3, \; x_3^2,$$
$$x_1^3, \; x_1^2 x_2, \; x_1^2 x_3, \; x_1 x_2^2, \; x_1 x_2 x_3, \; x_1 x_3^2, \; x_2^3, \; x_2^2 x_3, \; x_2 x_3^2, \; x_3^3,$$
$$\ldots \}$$

anordnen können. Dazu definieren wir in Programmstück 8.7 die Konstante DEGREE für den Polynomgrad p der Entwicklung der Potentiale und die Konstante MOMENTS für die Anzahl der zugehörigen Koeffizienten.[45]

Programmstück 8.7 Definition der höheren Momente

```
#define DEGREE 2
#if DIM==2
#define MOMENTS (((DEGREE+1)*(DEGREE+2))/2)
#else
#define MOMENTS (((DEGREE+1)*(DEGREE+2)*(DEGREE+3))/6)
#endif

typedef struct {
   ...
   real moments[MOMENTS];
} Particle;
```

Die Berechnung der Momente ist nun auf verschiedene Arten möglich. Zunächst könnte man die zugehörigen Terme für jede Zelle im Baum, die ein Cluster von Partikeln repräsentiert, direkt berechnen. Dafür summiert man in einem Koordinatensystem mit Ursprung im Pseudopartikel über alle Partikel, die zur Zelle gehören. Der Gesamtaufwand dieser Operation ist für jede Zelle proportional zur Zahl der darin liegenden Partikel. Mit N im Gesamtgebiet etwa gleichverteilten Partikeln ergibt sich ein balancierter Baum. Dann benötigt man für die Bestimmung aller Momente $\mathcal{O}(N \log N)$ Rechenoperationen.[46] Dieser Gesamtaufwand entspricht dem Aufwand für die Kraftberechnung.

---

[45] Wenn wir die Gesamtmasse weiterhin in mass statt in moments[0] speichern, und die Pseudopartikel im Schwerpunkt liegen, also die Dipolmomente verschwinden, können wir mit der Speicherung auch erst mit den quadratischen Termen, also den Quadrupolmomenten beginnen. Dann ist der Vektor moments um DIM+1 Einträge kürzer.

[46] Die Ordnungskonstanten sind jedoch von p abhängig, was in der Praxis eine wichtige Rolle spielt.

Die Berechnung der Momente läßt sich auch effizienter in $\mathcal{O}(N)$ Operationen durchführen, indem wir die Momente einer Zelle rekursiv aus den Momenten seiner Sohn-Zellen berechnen. Dazu verschieben wir die Momente vom Koordinatensystem einer Sohn-Zelle in das Koordinatensystem der Vater-Zelle und summieren dann nur noch die Moment-Vektoren komponentenweise auf.

Um ein Monom zu verschieben, kann wieder die binomische Formel

$$(x-a)^p = \sum_{i=0}^{p} \binom{p}{i} x^i a^{p-i}$$

verwendet werden. Die nötigen Binomialkoeffizienten $\binom{p}{i}$ lassen sich über das Pascalsche Dreieck vorab ausrechnen und in einer Tabelle abspeichern. Dies ist in Programmstück 8.20 ausgeführt.

Algorithmus 8.20 Tabelliere die Binomialkoeffizienten

```
int binomial[DEGREE+1][DEGREE+1];

void compBinomial() {
  for (int i=0; i<=DEGREE; i++) {
    binomial[0][i] = 1;
    binomial[i][i] = 1;
    for (int j=1; j<i; j++)
      binomial[j][i] = binomial[j-1][i-1] + binomial[j][i-1];
  }
}
```

Wir betrachten zuerst, wie Polynome in mehreren Variablen in ein Koordinatensystem mit anderem Ursprung umentwickelt werden können. Dies läßt sich durch eine Umentwicklung entlang jeder Koordinatenachse bewerkstelligen, eine Richtung nach der anderen. Dabei wird die binomische Formel für jedes einzelne Monom angewendet. Der Aufwand, nun alle Polynome bis zum Grad p – also $\mathcal{O}(p^3)$ Terme – umzurechnen, ist für jedes Monom proportional zu p. Insgesamt ergibt sich damit ein Aufwand von $\mathcal{O}(p^4)$ Rechenoperationen.[47]

Allerdings müssen wir nicht die Polynome transformieren, sondern adjungiert dazu deren Momente. Auch dazu verwenden wir die binomische Formel. Dann betrachten wir jedoch nicht jedes einzelne Monom im Ursprungs-Koordinatensystem und transformieren es, sondern entwickeln dazu adjungiert die Monom-Terme im Ziel-Koordinatensystem und gleichen diese mit dem Ausgangspolynom ab. Wenn also auf der rechten Seite der binomischen

---

[47] Andere Transformationen des Koordinatensystems wie etwa Drehungen sind aufwendiger. Eine allgemeine lineare Abbildung würde $\mathcal{O}(p^6)$ Operationen kosten.

Formel ein Term x^i auftritt, dann „vermittelt" der Koeffizient $\binom{p}{i}$ zwischen dem zu x^i gehörigen alten Moment und dem zu x^p gehörigen neuen Moment. Die Transformation der Polynome läßt sich als eine lineare Abbildung interpretieren. Die Momente werden mit der dazu adjugierten Abbildung transformiert. Damit können wir nun auch die Momente mit einem Aufwand der Ordnung $\mathcal{O}(p^4)$ verschieben.[48]

In Algorithmus 8.21 ist eine Routine angegeben, die den Momentenvektor `moments` entlang der x_1-Achse um einen Wert `a` verschiebt und in `m` speichert. Für beliebige Verschiebungen in drei Dimensionen sind zusätzlich die entsprechenden Verschiebungen entlang der x_2- und x_3-Achse erforderlich. Der Einfachheit halber haben wir in Programmstück 8.8 die Momenten-Vektoren als dreidimensionale Felder benutzt, um die Ableitungen nach den drei Dimensionen angeben zu können.[49] Diese Indizes sind noch auf den linearen Momentenvektor abzubilden.

Programmstück 8.8 Eine Indizierung der Momente nach Anzahl der Richtungsableitungen

```
int dm[DEGREE+1][DEGREE+1][DEGREE+1] =          // für DIM=3
    {{{ 0, 3, 9},{ 2, 8,-1},{ 7,-1,-1}},        // und DEGREE=2
     {{ 1, 6,-1},{ 5,-1,-1},{-1,-1,-1}},
     {{ 4,-1,-1},{-1,-1,-1},{-1,-1,-1}}};
```

Um die Rekursion zur Momentenberechnung der Pseudopartikel richtig zu starten, benötigen wir die Momente der Partikel in deren Ausgangs-Koordinatensystem. Das nullte Moment ist dabei die Masse des Partikels. Alle anderen Momente setzen wir zu Null. Bei der Berechnung in jedem Pseudopartikel werden die Momente der Söhne verschoben und aufsummiert. Dies ist in Algorithmus 8.22 angegeben.

Nun fehlt uns nur noch die Routine zur Kraftberechnung. Für jedes Partikel wird dazu eine Approximation der auf das Partikel wirkenden Kraft bestimmt. Den rekursiven Baumabstieg steuern wir weiterhin durch das geometrische θ-Kriterium. Bei der eigentlichen Berechnung der Kräfte müssen aber nun die Werte der höheren Momente mit berücksichtigt werden. Die Kraft auf ein Partikel am Ort $\mathbf{x}$ ist wie immer als die negative Ableitung des Potentials $\mathbf{F}(\mathbf{x}) = -\nabla\Phi(\mathbf{x})$ gegeben. Mit der Tayorentwicklung des Potentials wie in (8.10) ist also im Fernfeld eine Summe von Momenten und Ableitungen des Kerns G auszuwerten. Die Momente haben wir für jedes Pseudopartikel bereits mit der Routine `compPseudoParticles` bestimmt. Die Kraftberechnung kann nun wie bisher mit den Routinen `compF_BH` und `force_tree` geschehen. Lediglich für die Auswertung `force` der Kraft zwischen Partikel

---

[48] Im Fall $p = 0$ ergibt sich hier als adjugierte Abbildung gerade die Masse selber. Die Verschiebung ändert nichts am Wert der Masse.

[49] Nicht benutzte Indizes werden hier der Anschaulichkeit halber auf `-1` gesetzt.

Algorithmus 8.21 Verschiebe Momente einer dreidimensionalen Taylorreihe um a in x_1-Richtung

```
void shiftMoments_x0(real* moments, real a, real* m) {
  for (int j=0; j<=DEGREE; j++)
    for (int k=0; k<=DEGREE-j; k++) {
      for (int i=0; i<=DEGREE-j-k; i++)
        m[dm[i][j][k]] = 0;
      for (int i=0; i<=DEGREE-j-k; i++) {
        real s = moments[dm[i][j][k]];
        for (int l=i; l<=DEGREE-j-k; l++) {
          m[dm[l][j][k]] += s * binomial[i][l];
          s *= a;
        }
      }
    }
}
```

Algorithmus 8.22 Berechne Pseudopartikel und höhere Momente (ersetzt compPseudoParticles aus Algorithmus 8.5)

```
void compMoments(TreeNode *t) {
  rekursiver Aufruf analog Algorithmus 8.1;
  // Beginn der Operation auf *t
  for (int i=0; i<MOMENTS; i++)
    t->p.moments[i] = 0;
  if (*t ist ein Blatt)
    t->p.moments[0] = p.m;
  else {
    bestimme Koordinaten des Pseudopartikels t->p.x;
    for (int j=0; j<POWDIM; j++)
      if (t->son[j] != NULL)
        t->p.moments +=
          verschiebe Momente t->son[j]->p.moments
            um (t->p.x - t->son[j]->p.x) mit Hilfe von Algorithmus 8.21;
  }
  // Ende der Operation auf *t
}
```

---

und Pseudopartikel sind nun die höheren Momente zu berücksichtigen. Dies ist in Algorithmus 8.23 ausgeführt. Hierbei wird ein Vektor fact[DEGREE+1] für die Speicherung der Fakultäten benutzt. Dieser Vektor ist vor dem Aufruf der Routine entsprechend zu initialisieren.

Dieser Zugang funktioniert für allgemeine Kerne G, die die geforderten Eigenschaften aus Abschnitt 8.1 erfüllen. Die Auswertung der verschiedenen Ableitungen mittels PotentialDeriv ist jedoch im allgemeinen Fall aufwen-

Algorithmus 8.23 Berechne Kraft zwischen Partikel und Pseudopartikel bis zum Grad p=DEGREE

```
void force(Particle *p, Particle *q) { // Partikel p, Pseudopartikel q
  for (int i=0; i<=DEGREE; i++)
    for (int j=0; j<=DEGREE-i; j++)
      for (int k=0; k<=DEGREE-i-j; k++) {
        real tmp = fact[i] * fact[j] * fact[k] *
                   p->m * q->moments[dm[i][j][k]];
        p->F[0] -= tmp * PotentialDeriv(p->x, q->x, i+1, j  , k  );
        p->F[1] -= tmp * PotentialDeriv(p->x, q->x, i  , j+1, k  );
        p->F[2] -= tmp * PotentialDeriv(p->x, q->x, i  , j  , k+1);
      }
}

real PotentialDeriv(real xp[3], real xq[3], int d1, int d2, int d3) {

  return (G_{(0,0,0),(d1,d2,d3)}(xp, xq)) ;

}
```

dig. Für *ein* gegebenes G, wie zum Beispiel im Fall des Gravitationspotentials, läßt sich für einen festen Polynomgrad DEGREE die Kraft als explizite Formel ausschreiben und fest implementieren. Dies kann die Kraftauswertung substantiell beschleunigen.

Abschließend betrachten wir kurz die Qualität der mit dem Barnes-Hut-Verfahren für verschiedene Werte von p erzielten Resultate. In Abbildung 8.34 haben wir dazu θ gegen den resultierenden relativen Fehler des Potentials für stark ungleich verteilte Partikel angetragen, wie sie bei der Kollision der zwei Spiralgalaxien aus Abschnitt 8.4.4 zum Zeitpunkt $t = 17$ aufgetreten waren.

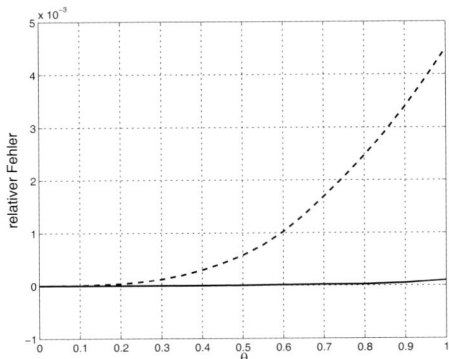

Abb. 8.34. Relativer Fehler des Barnes-Hut-Verfahrens mit $p = 0$ (gestrichelte Linie) und $p = 2$ (durchgezogene Linie) gegen θ für den Fall der Bildung einer Spiralgalaxie.

Für den Fall $p = 0$ erhalten wir wegen (8.22) ein Verfahren zweiter Ordnung. Für den Fall $p = 2$ ergibt sich ein Verfahren dritter Ordnung. Deutlich sieht man das substantiell verbesserte Verhalten des Fehlers für $p = 2$ auch im Fall relativ großer Werte von θ. Der Einsatz eines Verfahrens höherer Ordnung erlaubt also die Wahl wesentlich größerer Werte für θ, was die Rechenzeit erheblich verkürzt.

8.5.2 Parallelisierung

Für die Parallelisierung des Barnes-Hut-Verfahrens höherer Ordnung ist gegenüber dem ursprünglichen Verfahren nicht viel zu ändern. Lediglich bei der Berechnung der Momente der Pseudopartikel ist zu beachten, daß unser einfaches Vorgehen für die Summation über die Massen mittels `Allreduce` nur funktioniert, wenn die Momente bereits richtig verschoben sind. Dies bringt jedoch zusätzlichen Aufwand mit sich. Es ist daher effizienter, mit `Allgather` die Momente und die Koordinaten der `domainList`-Knoten auszutauschen und die Verschiebung der Momente auf jedem Prozessor vor der Summation lokal auszuführen. Bei der Berechnung der Kräfte ändert sich nichts. Mit den (Pseudo-)Partikeln, die verschickt werden, müssen jetzt natürlich auch deren Momente verschickt werden. Diese werden dann bei der Kraftberechnung lokal verwendet. Das Baumkriterium θ hat sich durch die höhere Approximationsordnung nicht geändert, so daß auch die parallele symbolische Kraftberechnung unverändert bleibt.

8.6 Cluster-Cluster-Wechselwirkung und das schnelle Multipolverfahren

Das bisher besprochenen Verfahren von Barnes und Hut beruht darauf, im Fernfeld viele Partikel-Partikel-Wechselwirkungen durch eine Wechselwirkung zwischen einem Partikel und einem Pseudopartikel zu ersetzen. Damit kann die Komplexität des naiven Ansatzes von $\mathcal{O}(N^2)$ auf $\mathcal{O}(N \log N)$ gesenkt werden, falls die Partikel in etwa gleich verteilt sind. Im folgenden diskutieren wir nun eine Erweiterung des Verfahrens, mit der die optimale lineare Komplexität der Ordnung $\mathcal{O}(N)$ erreicht wird.

Die wesentliche Idee ist die folgende: Statt für jedes einzelne Partikel einer Menge von nahe beieinander liegenden Partikeln eine Approximation der Wechselwirkung mit entfernt liegenden Pseudopartikeln zu berechnen, fassen wir nun auch diese zu einem Pseudopartikel zusammen und betrachten stellvertretend die Wechselwirkung zwischen diesem Pseudopartikel und den weit entfernt liegenden anderen Pseudopartikeln. Die zu den jeweiligen Pseudopartikeln gehörigen Zellen mit ihren enthaltenen Partikeln werden auch Cluster genannt, siehe [286]. Wir berücksichtigen jetzt also sogenannte Cluster-Cluster-Wechselwirkungen. Die Wechselwirkung auf das Pseudopartikel kann dann auf alle in der zugehörigen Zelle enthaltenen Partikel umgerechnet werden.

8.6.1 Verfahren

Wir gehen wieder von einer Entwicklung der Kernfunktion $G(\mathbf{x}, \mathbf{y})$ in eine Taylorreihe wie in Abschnitt 8.1 aus. Jetzt wird G jedoch nicht nur in der Variablen $\mathbf{y}$ um einen Punkt $\mathbf{y}_0^\nu$, sondern auch in der Variablen $\mathbf{x}$ um $\mathbf{x}_0^\mu$ bis zum Grad p entwickelt. Wir erhalten

$$G(\mathbf{x}, \mathbf{y}) = \sum_{\|\mathbf{k}\|_1 \leq p} \sum_{\|\mathbf{j}\|_1 \leq p} \frac{1}{\mathbf{k}! \mathbf{j}!} (\mathbf{x} - \mathbf{x}_0^\mu)^{\mathbf{k}} (\mathbf{y} - \mathbf{y}_0^\nu)^{\mathbf{j}} G_{\mathbf{k},\mathbf{j}}(\mathbf{x}_0^\mu, \mathbf{y}_0^\nu) + \hat{R}_p(\mathbf{x}, \mathbf{y}). \quad (8.23)$$

Das Restglied $\hat{R}_p(\mathbf{x}, \mathbf{y})$ wollen wir hier zunächst noch nicht betrachten. Es wird später im Rahmen der Fehlerabschätzung in Abschnitt 8.6.3 näher untersucht.

Durch Einsetzen in die Integraldarstellung des Potentials (8.1) erhält man die Wechselwirkung $\Phi_{\Omega_\nu}(\mathbf{x})$ eines Teilgebiets $\Omega_\nu \subset \Omega$ auf einen Punkt $\mathbf{x} \in \Omega$ als

$$\begin{aligned}
\Phi_{\Omega_\nu}(\mathbf{x}) &= \int_{\Omega_\nu} G(\mathbf{x}, \mathbf{y}) \rho(\mathbf{y}) d\mathbf{y} \\
&\approx \int_{\Omega_\nu} \sum_{\|\mathbf{k}\|_1 \leq p} \sum_{\|\mathbf{j}\|_1 \leq p} \frac{1}{\mathbf{k}! \mathbf{j}!} G_{\mathbf{k},\mathbf{j}}(\mathbf{x}_0^\mu, \mathbf{y}_0^\nu) (\mathbf{x} - \mathbf{x}_0^\mu)^{\mathbf{k}} (\mathbf{y} - \mathbf{y}_0^\nu)^{\mathbf{j}} \rho(\mathbf{y}) d\mathbf{y} \\
&= \sum_{\|\mathbf{k}\|_1 \leq p} \frac{1}{\mathbf{k}!} (\mathbf{x} - \mathbf{x}_0^\mu)^{\mathbf{k}} \sum_{\|\mathbf{j}\|_1 \leq p} \frac{1}{\mathbf{j}!} G_{\mathbf{k},\mathbf{j}}(\mathbf{x}_0^\mu, \mathbf{y}_0^\nu) M_{\mathbf{j}}(\mathbf{y}_0^\nu, \Omega_\nu), \quad (8.24)
\end{aligned}$$

wobei die Momente $M_{\mathbf{j}}(\mathbf{y}_0^\nu, \Omega_\nu)$ wieder durch (8.11) gegeben sind. Die Entwicklung des Kerns G in $\mathbf{x}$ um $\mathbf{x}_0^\mu$ induziert also eine Entwicklung von $\Phi_{\Omega_\nu}(\mathbf{x})$ um $\mathbf{x}_0^\mu$, wobei die *Koeffizienten*

$$\sum_{\|\mathbf{j}\|_1 \leq p} \frac{1}{\mathbf{j}!} G_{\mathbf{k},\mathbf{j}}(\mathbf{x}_0^\mu, \mathbf{y}_0^\nu) M_{\mathbf{j}}(\mathbf{y}_0^\nu, \Omega_\nu)$$

dieser Entwicklung durch die Wechselwirkung zwischen Ω_μ und Ω_ν gegeben sind. Dies erlaubt es, die Cluster-Cluster-Wechselwirkung zwischen Ω_μ und Ω_ν auf $\mathbf{x}$ umzurechnen, siehe auch Abbildung 8.35. Für die in der Zelle von Ω_μ enthaltenen Partikel am Ort $\mathbf{x}$ muß so die Wechselwirkung zwischen Ω_μ und Ω_ν nur einmal berechnet werden und kann dann für alle $\mathbf{x} \in \Omega_\mu$ nach entsprechender Umrechnung verwendet werden. Dadurch lassen sich Rechenoperationen einsparen, und insgesamt kann ein Verfahren der Ordnung $\mathcal{O}(N)$ erzielt werden.

Das Multipolverfahren wendet dieses Prinzip nun hierarchisch an: Zu Beginn werden Wechselwirkungen zwischen großen Clustern berechnet. Diese werden dann auf die nächstkleineren Cluster umgerechnet und Interaktionen auf der nächsttieferen Clusterebene berechnet. Dieses Verfahren wird im Baum absteigend weiter fortgeführt. Auf jeder Baumebene erbt also jedes

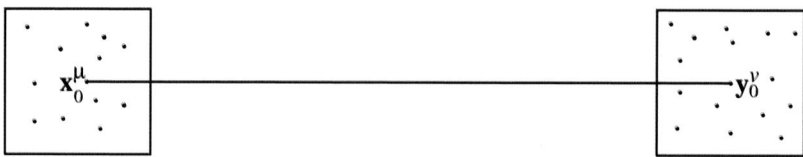

Abb. 8.35. Interaktion eines Clusters von Partikeln $\mathbf{x}$ um das Zentrum $\mathbf{x}_0^\mu$ mit den Partikeln des entfernt liegenden Clusters von Partikeln um das Zentrum $\mathbf{y}_0^\nu$.

Cluster die Wechselwirkungen seines Vater-Clusters und wechselwirkt selbst mit anderen Clustern. Schließlich besitzt jedes Partikel (in Form eines Blatts im Baum) die komplette Wechselwirkung mit allen anderen Partikeln.

Für diesen hierarchischen Zugang benötigen wir eine entsprechende Zerlegung des Gebiets $\Omega \times \Omega$. Dazu gehen wir wieder von der Quadtree- bzw. Octtree-Zerlegung des Gebiets Ω aus, wie sie in Abschnitt 8.2 beschrieben ist. Es gilt also

$$\Omega = \bigcup_{\nu \in I} \Omega_\nu, \tag{8.25}$$

wobei I eine Indexmenge für die auftretenden Indizes ν ist. Jede Zelle Ω_ν repräsentiert ein Pseudopartikel, falls sie einem Knoten des Baums entspricht, oder ein einzelnes Partikel, falls sie einem Blatt entspricht. Jedem Ω_ν wird wieder ein „Mittelpunkt" $\mathbf{x}_0^\nu = \mathbf{y}_0^\nu \in \Omega_\nu$ zugeordnet.[50] In der Regel wählt man den Massenschwerpunkt.[51]

Aus der Zerlegung des Gebiets Ω erhält man unmittelbar eine Zerlegung von $\Omega \times \Omega$:

$$\Omega \times \Omega = \bigcup_{(\mu,\nu) \in I \times I} \Omega_\mu \times \Omega_\nu. \tag{8.26}$$

Die Baumzerlegungen von Ω und $\Omega \times \Omega$ sind natürlich nicht disjunkt. Um später die Gesamt-Interaktion

$$\int_\Omega \int_\Omega G(\mathbf{x}, \mathbf{y}) \rho(\mathbf{x}) \rho(\mathbf{y}) d\mathbf{x} d\mathbf{y}$$

genau einmal zu erfassen, wählen wir eine Teilmenge $J \subset I \times I$ aus, so daß

$$\Omega \times \Omega = \bigcup_{(\mu,\nu) \in J} \Omega_\mu \times \Omega_\nu \ \cup \ \Omega_{\mathrm{nah}} \tag{8.27}$$

---

[50] Es ist möglich, für beide Seiten von $\Omega \times \Omega$ verschiedene Mittelpunkte $\mathbf{x}_0^\nu \neq \mathbf{y}_0^\nu$ zu wählen. Dies bringt im allgemeinen jedoch keine Vorteile, so daß hier darauf verzichtet wird. Dennoch verwenden wir der Übersichtlichkeit halber die Bezeichnung $\mathbf{x}_0^\nu$ für die linke und $\mathbf{y}_0^\nu$ für die rechte Seite passend zu den dort verwendeten Variablen $\mathbf{x}$ und $\mathbf{y}$.

[51] In der ursprünglichen schnellen Multipolmethode von Greengard und Rokhlin wurde hier der Zellmittelpunkt verwendet.

eine (bis auf die Zellränder) disjunkte Zerlegung ist. Für die noch in Abschnitt 8.6.3 zu besprechende Fehlerabschätzung wird gefordert, daß nun jedes Paar $(\mu, \nu) \in J$ das Akzeptanzkriterium (θ-Kriterium)

$$\frac{\|\mathbf{x} - \mathbf{x}_0^\mu\|}{\|\mathbf{x}_0^\mu - \mathbf{y}_0^\nu\|} \leq \theta \quad \text{und} \quad \frac{\|\mathbf{y} - \mathbf{y}_0^\nu\|}{\|\mathbf{x}_0^\mu - \mathbf{y}_0^\nu\|} \leq \theta \quad \text{für alle } \mathbf{x} \in \Omega_\mu, \mathbf{y} \in \Omega_\nu \quad (8.28)$$

erfüllt, vergleiche auch (8.18). Da dies entlang der Diagonalen nicht möglich ist, bleibt ein Nahfeld $\Omega_\text{nah} \subset \Omega \times \Omega$ übrig, das jedoch so klein gewählt werden kann, daß es die Rechenzeit nicht wesentlich beeinflußt. Das θ-Kriterium der Multipol-Methode entspricht also dem θ-Kriterium des Barnes-Hut-Verfahrens. Der Unterschied ist, daß nun zur Behandlung der Cluster-Cluster-Wechselwirkungen $\Omega \times \Omega$ anstelle von Ω zerlegt wird und entsprechend Größenverhältnisse auf beiden Seiten berücksichtigt werden. Eine solche Zerlegung ist für den eindimensionalen Fall beispielhaft in Abbildung 8.36 dargestellt. Wie eine solche Zerlegung algorithmisch gewonnen werden kann, wird in Abschnitt 8.6.2 genauer erläutert. (8.28) läßt sich analog Abschnitt 8.3.1 auch durch alternative Kriterien ersetzen.

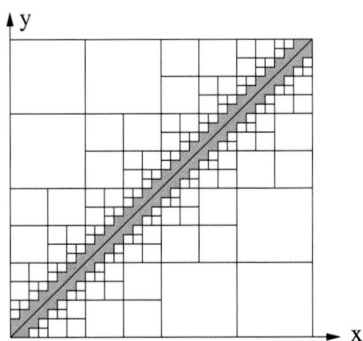

Abb. 8.36. Zerlegung von $\Omega \times \Omega$ in einer Raumdimension. Das Nahfeld entlang der Diagonalen ist grau schattiert.

Die Hierarchie der Gebietszerlegung kann nun für die Berechnung der Wechselwirkung genutzt werden. Dazu betrachten wir die Wechselwirkung eines Punktes $\mathbf{x} \in \Omega$ mit dem gesamten Gebiet Ω. Sie besteht aus den umentwickelten Wechselwirkungen zwischen allen Ω_μ und Ω_ν mit $\mathbf{x} \in \Omega_\mu$ und $(\mu, \nu) \in J$. Wir erhalten

$$\Phi(\mathbf{x}) = \sum_{\substack{(\mu, \nu) \in J \\ \mathbf{x} \in \Omega_\mu}} \int_{\Omega_\nu} G(\mathbf{x}, \mathbf{y}) \rho(\mathbf{y}) d\mathbf{y}$$

$$\approx \sum_{\substack{(\mu, \nu) \in J \\ \mathbf{x} \in \Omega_\mu}} \sum_{\|\mathbf{k}\|_1 \leq p} \frac{1}{\mathbf{k}!} (\mathbf{x} - \mathbf{x}_0^\mu)^\mathbf{k} \sum_{\|\mathbf{j}\|_1 \leq p} \frac{1}{\mathbf{j}!} G_{\mathbf{k},\mathbf{j}}(\mathbf{x}_0^\mu, \mathbf{y}_0^\nu) M_\mathbf{j}(\mathbf{y}_0^\nu, \Omega_\nu)$$

$$=: \tilde{\Phi}(\mathbf{x}), \quad (8.29)$$

wobei $\tilde{\Phi}(\mathbf{x})$ die Approximation nach Weglassen des Restglieds bezeichnet. Diese Summe läßt sich nun gemäß der Baumhierarchie von Ω aufteilen. Dazu bezeichne μ_0 die Wurzel des Baums, also $\Omega_{\mu_0} = \Omega$. Weiterhin bezeichne rekursiv μ_l den Sohn von μ_{l-1}, der $\mathbf{x}$ enthält, bis schließlich μ_L ein Blatt ist und Ω_{μ_L} nur das Partikel $\mathbf{x}$ enthält. L bezeichne also die Baumtiefe des jeweiligen Blattes, in dem $\mathbf{x}$ liegt. Diese bezieht sich auf das konkrete Partikel $\mathbf{x}$ und kann für verschiedene Partikel verschieden sein. Damit läßt sich (8.29) umformulieren zu

$$\tilde{\Phi}(\mathbf{x}) = \sum_{l=0}^{L} \sum_{\|\mathbf{k}\|_1 \leq p} \frac{1}{\mathbf{k}!} (\mathbf{x} - \mathbf{x}_0^{\mu_l})^{\mathbf{k}} W_{l,\mathbf{k}}, \tag{8.30}$$

wobei die Terme

$$W_{l,\mathbf{k}} := \sum_{\nu : (\mu_l, \nu) \in J} \sum_{\|\mathbf{j}\|_1 \leq p} \frac{1}{\mathbf{j}!} G_{\mathbf{k},\mathbf{j}}(\mathbf{x}_0^{\mu_l}, \mathbf{y}_0^{\nu}) M_{\mathbf{j}}(\mathbf{y}_0^{\nu}, \Omega_{\nu}) \tag{8.31}$$

die direkten Wechselwirkungen von Ω_{μ_l} beschreiben. Mit Hilfe der rekursiv definierten Koeffizienten

$$K_{0,\mathbf{k}} := W_{0,\mathbf{k}}, \qquad K_{l,\mathbf{k}} := W_{l,\mathbf{k}} + \sum_{\substack{\|\mathbf{m}\|_1 \leq p \\ \mathbf{m} \geq \mathbf{k}}} \frac{1}{(\mathbf{m}-\mathbf{k})!} \left(\mathbf{x}_0^{\mu_l} - \mathbf{x}_0^{\mu_{l-1}}\right)^{\mathbf{m}-\mathbf{k}} K_{l-1,\mathbf{m}}$$

$$\tag{8.32}$$

kann dann (8.30) folgendermaßen umgeformt werden:

$$\tilde{\Phi}(\mathbf{x}) = \sum_{l=0}^{L} \sum_{\|\mathbf{k}\|_1 \leq p} \frac{1}{\mathbf{k}!} (\mathbf{x} - \mathbf{x}_0^{\mu_l})^{\mathbf{k}} W_{l,\mathbf{k}}$$

$$= \sum_{l=1}^{L} \sum_{\|\mathbf{k}\|_1 \leq p} \frac{1}{\mathbf{k}!} (\mathbf{x} - \mathbf{x}_0^{\mu_l})^{\mathbf{k}} W_{l,\mathbf{k}} + \sum_{\|\mathbf{k}\|_1 \leq p} \frac{1}{\mathbf{k}!} (\mathbf{x} - \mathbf{x}_0^{\mu_1} + \mathbf{x}_0^{\mu_1} - \mathbf{x}_0^{\mu_0})^{\mathbf{k}} K_{0,\mathbf{k}}$$

$$= \sum_{l=1}^{L} \cdots + \sum_{\|\mathbf{k}\|_1 \leq p} \sum_{\substack{\|\mathbf{m}\|_1 \leq p \\ \mathbf{m} \leq \mathbf{k}}} \frac{1}{\mathbf{k}!} \binom{\mathbf{k}}{\mathbf{m}} (\mathbf{x} - \mathbf{x}_0^{\mu_1})^{\mathbf{m}} (\mathbf{x}_0^{\mu_1} - \mathbf{x}_0^{\mu_0})^{\mathbf{k}-\mathbf{m}} K_{0,\mathbf{k}}$$

$$= \sum_{l=1}^{L} \cdots + \sum_{\|\mathbf{k}\|_1 \leq p} \frac{1}{\mathbf{k}!} (\mathbf{x} - \mathbf{x}_0^{\mu_1})^{\mathbf{k}} \sum_{\substack{\|\mathbf{m}\|_1 \leq p \\ \mathbf{m} \geq \mathbf{k}}} \frac{1}{(\mathbf{m}-\mathbf{k})!} (\mathbf{x}_0^{\mu_1} - \mathbf{x}_0^{\mu_0})^{\mathbf{m}-\mathbf{k}} K_{0,\mathbf{m}}$$

$$= \sum_{l=2}^{L} \cdots + \sum_{\|\mathbf{k}\|_1 \leq p} \frac{1}{\mathbf{k}!} (\mathbf{x} - \mathbf{x}_0^{\mu_1})^{\mathbf{k}}$$
$$\cdot \left(W_{1,\mathbf{k}} + \sum_{\substack{\|\mathbf{m}\|_1 \leq p \\ \mathbf{m} \geq \mathbf{k}}} \frac{1}{(\mathbf{m}-\mathbf{k})!} (\mathbf{x}_0^{\mu_1} - x_0^{\mu_0})^{\mathbf{m}-\mathbf{k}} K_{0,\mathbf{m}} \right)$$

$$= \sum_{l=2}^{L} \cdots + \sum_{\|\mathbf{k}\|_1 \leq p} \frac{1}{\mathbf{k}!} (\mathbf{x} - \mathbf{x}_0^{\mu_1})^{\mathbf{k}} K_{1,\mathbf{k}}$$

$$= \sum_{l=3}^{L} \ldots + \sum_{\|\mathbf{k}\|_1 \leq p} \frac{1}{\mathbf{k}!} (\mathbf{x} - \mathbf{x}_0^{\mu_2})^{\mathbf{k}} K_{2,\mathbf{k}}$$

$$= \ldots$$

$$= \sum_{\|\mathbf{k}\|_1 \leq p} \frac{1}{\mathbf{k}!} (\mathbf{x} - \mathbf{x}_0^{\mu_L})^{\mathbf{k}} K_{L,\mathbf{k}}. \tag{8.33}$$

Mit dieser Rechnung wird das Vorgehen auf jedem Level l deutlich: Die Interaktionen des Vater-Clusters μ_{l-1} werden durch Umentwickeln vom Zentrum $\mathbf{x}_0^{\mu_{l-1}}$ des Vater-Clusters zum Zentrum $\mathbf{x}_0^{\mu_l}$ des jeweiligen Sohn-Clusters vererbt und die direkten Interaktionen $W_{l,\mathbf{k}}$ des aktuellen Levels werden addiert. Dies spiegelt sich auch in der Definition der Koeffizienten $K_{l,\mathbf{k}}$ als Summe der direkten Interaktionen $W_{l,\mathbf{k}}$ des Clusters und dem umentwickelten Anteil des Vater-Clusters wider. Bei der Wurzel beginnend werden so durch Absteigen im Baum alle Terme $K_{l,\mathbf{k}}$ bestimmt, bis schließlich die Blätter erreicht sind. Diese bestehen nur aus einem Partikel $\mathbf{x}_0^{\mu_L}$, für das man dann die Wechselwirkung

$$\tilde{\Phi}(\mathbf{x}_0^{\mu_L}) = K_{L,\mathbf{0}} \tag{8.34}$$

erhält.

In erster Linie ist man daran interessiert, für die Wechselwirkung den negativen Gradienten des Potentials G zu verwenden, um so den Kraftvektor zu erhalten. Dazu könnte man für jede Komponente d in der obigen Rechnung G durch $G_{\mathbf{e}_d,\mathbf{0}}$ ersetzen und die Rechnung für jede Komponente einmal durchführen.[52] Es läßt sich jedoch zeigen, daß die d-te Komponente der Kraft durch

$$-\frac{\partial}{\partial(\mathbf{x})_d} \Phi(\mathbf{x}_0^{\mu_L}) = K_{L,\mathbf{e}_d}, \tag{8.35}$$

gegeben ist, wenn man für G das Potential einsetzt. Dies ist aber gerade äquivalent zur Reihenentwicklung von $G_{\mathbf{e}_d,\mathbf{0}}$ bis zum Grad $p-1$ statt p. Damit muß die Rechnung nur einmal für das Potential G durchgeführt werden, und man erhält gleichzeitig die Approximation des Potentials zum Grad p und der Kraft zum Grad $p-1$.

8.6.2 Implementierung

Zur Umsetzung des Cluster-Cluster-Algorithmus gehen wir vom Partikel-Cluster-Verfahren höherer Ordnung aus Abschnitt 8.5 aus. Da die Verfahren sich lediglich durch die Berechnung der Wechselwirkungen, also in der Potential- und Kraftberechnung unterscheiden und ansonsten identisch sind, genügt es hier, nur die Implementierung der Berechnung der Wechselwirkungen im Detail zu diskutieren.

---

[52] $\mathbf{e}_d$ bezeichnet hier den d-ten Einheitsvektor.

Aus der Diskussion im vorigen Abschnitt 8.6.1 ergibt sich für die Potential- und Kraftberechnung unmittelbar das folgende algorithmische Vorgehen: Zuerst werden in einem post-order-Durchlauf (das heißt, von den Blättern zur Wurzel aufsteigend) die Momente M_j berechnet. Anschließend werden in einem pre-order-Durchlauf (das heißt, von der Wurzel zu den Blättern absteigend) die Koeffizienten $K_{l,\mathbf{k}}$ bestimmt und diese zu den Wechselwirkungen aufaddiert. Die rekursive Berechnung der Momente durch einen post-order-Durchlauf hatten wir bereits beim Barnes-Hut-Verfahren beschrieben, siehe Algorithmus 8.22. Neu ist nun die Zerlegung von $\Omega \times \Omega$ und die Berechnung der Koeffizienten $K_{l,\mathbf{k}}$. Beides muß in einer gemeinsamen Routine bewerkstelligt werden. Dazu verwenden wir eine Funktion force_fmm, die als erstes Argument einen Knoten t und als zweites Argument eine Liste L von Knoten besitzt. Der Knoten t spielt die Rolle des Clusters Ω_μ, die Liste L beschreibt eine Menge von Clustern Ω_ν. Die Funktion force_fmm wird nun mit der Wurzel als erstem Argument und einer nur aus der Wurzel bestehenden Liste als zweitem Argument aufgerufen. Für jedes Cluster t2 der Liste L wird nun geprüft, ob es zusammen mit t das θ-Kriterium (8.28) erfüllt. Ist dies der Fall, so wird die Interaktion dieser beiden Cluster berechnet, was der Addition des entsprechenden Teils des $W_{l,\mathbf{k}}$-Terms in (8.32) entspricht. Ist dies nicht der Fall, so muß weiter verfeinert werden. Dies geschieht nun symmetrisch auf beiden Seiten, das heißt, es wird sowohl zu den Söhnen von t als auch zu den Söhnen von t2 übergegangen. Dazu werden die entsprechenden Söhne von t2 in eine neue Liste L2 geschrieben und force_fmm für jeden Sohn von t rekursiv aufgerufen. L enthält also gerade die Menge von Clustern, mit denen noch die Wechselwirkungen mit t berechnet werden müssen, entweder auf diesem oder einem feineren Level. In Abbildung 8.37 sind die sogenannten Interaktionsmengen $\{\Omega_\mu \times \Omega_\nu, (\mu, \nu) \in J\}$ für ein zweidimensionales Beispiel dargestellt.

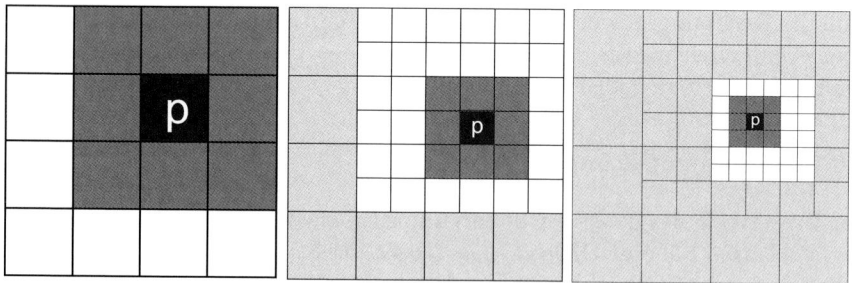

Abb. 8.37. Interaktionsmengen (schwarz×weiß) bei der schnellen Multipol-Methode für ein Partikel p. Wechselwirkungen mit den weißen Zellen werden auf diesem Baumlevel berechnet, mit den hellgrauen Zellen wurden sie bereits bestimmt und mit den dunklen Zellen werden sie erst später berechnet.

Eine besondere Behandlung ist erforderlich, wenn auf einer der beiden Seiten das Baumende erreicht ist. In diesem Fall kann auf der entsprechenden Seite nicht verfeinert werden, und es muß unsymmetrisch im Baum abgestiegen werden. Falls auf beiden Seiten die Blätter erreicht sind, so wird die Interaktion unabhängig vom θ-Kriterium in jedem Fall durchgeführt. Dies ist in Abbildung 8.38 dargestellt. Ist t ein Blatt und sind alle Interaktionen abgearbeitet, d.h. ist L2 leer, dann ist die Berechnung der Terme $K_{l,\mathbf{k}}$ abgeschlossen und die Kraft wird gemäß (8.35) zu t->p.F addiert.[53]

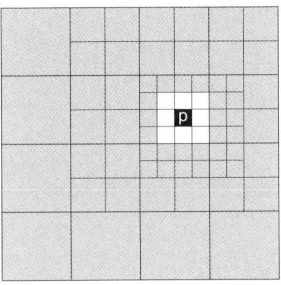

Abb. 8.38. Direkte Summation bei der schnellen Multipol-Methode von Partikeln in den weißen Zellen auf dem feinsten Baumlevel.

Das Nahfeld Ω_{nah} taucht nicht mehr explizit auf. Dies liegt daran, daß der Algorithmus das Gebiet $\Omega \times \Omega$ soweit verfeinert, bis alle Partikel abseits der Diagonalen im Fernfeld liegen. Das Nahfeld besteht also nur noch aus der Diagonalen, die automatisch als Partikel-Partikel-Interaktion behandelt wird.

In Algorithmus 8.24 ist die Funktion force_fmm mit ihren Fallunterscheidungen beschrieben. Die Implementierung der Listen sei dem Leser überlassen. Sie kann beispielsweise in Form von verketteten Listen realisiert werden. Die Terme K speichern wir hier nicht explizit in der Particle-Struktur ab, sondern übergeben sie als Argumente bei der Rekursion. Ebenso muß die Zerlegung von $\Omega \times \Omega$ nicht abgespeichert werden, sondern ergibt sich bei der Rekursion.

Die Funktion force_fmm verwendet die Funktion compInteract_fmm zur Berechnung der direkten Interaktionen. Diese greift wiederum auf die Funktion PotentialDeriv2 zurück, die analog zur Funktion PotentialDeriv in Algorithmus 8.23 die Ableitungen des Potentials G – nun aber nach beiden

---

[53] Daneben existieren auch Varianten, bei denen in den Blättern des Baums mehr als nur ein Partikel gespeichert wird. In Folge dessen besitzen nun auch Blätter Pseudopartikel. Damit muß beim Baumaufbau nicht mehr solange verfeinert werden, bis alle Partikel in getrennten Zellen des Baums liegen. Durch die Approximation höherer Ordnung kann das zu einem Blatt gehörige Pseudopartikel in größerer Entfernung ohne substantielle Genauigkeitsverluste auch das Feld mehrerer Partikel darstellen.

Algorithmus 8.24 Gebietszerlegung und Berechnung der direkten Interaktionen beim Multipolverfahren für DIM=3

```
void force_fmm(TreeNode *t, Liste L, real diam, real *K) {
  if (t==NULL) return;
  Liste L2;   // leere Liste L2 erzeugen
  Für alle Elemente t2 aus L {
      if (diam < theta * ( Abstand von t->p.x und t2->p.x))
        compInteract_fmm(&(t->p), &(t2->p), K);
      else
        if (t2 ist kein Blatt)
          for (int i=0; i<POWDIM; i++)
            Füge t2->son[i] zu L2 hinzu
        else
          if (t ist kein Blatt)
            Füge t2 zu L2 hinzu
          else
            compInteract_fmm(&(t->p), &(t2->p), K);
  }
  if (t ist kein Blatt)
    for (int i=0; i<POWDIM; i++) {
      Berechne K2 als Umentwicklung von K
        von t->p.x nach t->son[i]->p.x gemäß (8.32)
      force_fmm(t->son[i], L2, diam/2, K2);
    }
    else
      if (L2 ist nicht leer)
        force_fmm(t, L2, diam/2, K);
      else {
        t->p.F[0] -= K[dm[1][0][0]];
        t->p.F[1] -= K[dm[0][1][0]];
        t->p.F[2] -= K[dm[0][0][1]];
      }
}


void compInteract_fmm(Particle *p, Particle *p2, real *K) {
  for (int k=0; k<DEGREE; k++)
    for (int j=0; j<DEGREE-k; j++)
      for (int i=0; i<DEGREE-k-j; i++)
        for (int k2=0; k2<DEGREE; k2++)
          for (int j2=0; j2<DEGREE-k2; j2++)
            for (int i2=0; i2<DEGREE-k2-j2; i2++)
              K[dm[i][j][k]] += PotentialDeriv2(p->x, p2->x, i,
                  j, k, i2, j2, k2) * p2->moments[dm[i2][j2][k2]] *
                  fact[i2] * fact[j2] * fact[k2];
}
```

Argumenten – zur Verfügung stellt.[54] Für konkrete Potentiale wie beispielsweise $G(\mathbf{x}, \mathbf{y}) = \frac{1}{\|\mathbf{y}-\mathbf{x}\|}$ und für festen Entwicklungsgrad DEGREE lohnt es sich später, hier spezielle Potentialeigenschaften wie Radialsymmetrie auszunutzen und die Routine compInteract_fmm darauf hin zu optimieren. Dadurch läßt sich die Komplexität des Verfahrens in p reduzieren.

8.6.3 Fehlerabschätzung

Die Fehlerabschätzung erfolgt analog zur Argumentation beim Barnes-Hut-Verfahren. Das Restglied $\hat{R}_p(\mathbf{x}, \mathbf{y})$ der Entwicklung (8.23) ist gegeben durch

$$\hat{R}_p(\mathbf{x}, \mathbf{y}) = \sum_{(\mathbf{k}, \mathbf{j}) \in I_p} \frac{1}{\mathbf{k}! \mathbf{j}!} (\mathbf{x} - \mathbf{x}_0^\mu)^{\mathbf{k}} (\mathbf{y} - \mathbf{y}_0^\nu)^{\mathbf{j}} G_{\mathbf{k}, \mathbf{j}}(\tilde{\mathbf{x}}_{\mathbf{k}, \mathbf{j}}, \tilde{\mathbf{y}}_{\mathbf{k}, \mathbf{j}}) \tag{8.36}$$

mit $I_p = \{(\mathbf{k}, \mathbf{j}) : \mathbf{k} = 0, \|\mathbf{j}\|_1 = p + 1 \text{ oder } \|\mathbf{k}\|_1 = p + 1, \|\mathbf{j}\|_1 \leq p\}$. Für alle Multi-Indizes $(\mathbf{k}, \mathbf{j}) \in I_p$ gilt also jeweils $\|\mathbf{k} + \mathbf{j}\|_1 \geq p + 1$. Sind $\mathbf{x}, \mathbf{x}_0^\mu \in \Omega_\mu$ und $\mathbf{y}, \mathbf{y}_0^\nu \in \Omega_\nu$ und sind die Zellen Ω_μ und Ω_ν konvex,[55] so sind die jeweiligen Zwischenstellen $\tilde{\mathbf{x}}_{\mathbf{k}, \mathbf{j}}$ und $\tilde{\mathbf{y}}_{\mathbf{k}, \mathbf{j}}$ der Restgliedformeln ebenfalls in Ω_μ beziehungsweise Ω_ν enthalten.

Wir nehmen wieder an, daß G und ρ positiv sind und daß G und seine Ableitungen bis auf multiplikative Konstanten äquivalent zum $1/r$-Potential und seinen Ableitungen sind. Dann gilt für alle $\tilde{\mathbf{x}}, \tilde{\mathbf{y}}$ aufgrund des θ-Kriteriums (8.28)

$$G_{\mathbf{k}, \mathbf{j}}(\tilde{\mathbf{x}}, \tilde{\mathbf{y}}) \leq c\|\tilde{\mathbf{x}} - \tilde{\mathbf{y}}\|^{-\|\mathbf{k}+\mathbf{j}\|_1 - 1} \leq c\big((1 + 2\theta)\|\mathbf{x}_0^\mu - \mathbf{y}_0^\nu\|\big)^{-\|\mathbf{k}+\mathbf{j}\|_1 - 1},$$
$$G(\mathbf{x}, \mathbf{y}) \geq c\|\mathbf{x} - \mathbf{y}\|^{-1} \geq c(1 - 2\theta)\|\mathbf{x}_0^\mu - \mathbf{y}_0^\nu\|^{-1}. \tag{8.37}$$

Unter Nutzung der Schreibweise

$$\Omega_{\text{nah}}^{\mathbf{x}} := \{\mathbf{y} : (\mathbf{x}, \mathbf{y}) \in \Omega_{\text{nah}}\} \tag{8.38}$$

läßt sich der relative Fehler von $\tilde{\Phi}(\mathbf{x})$ dann folgendermaßen abschätzen:

$$\left| \frac{\Phi(\mathbf{x}) - \tilde{\Phi}(\mathbf{x})}{\Phi(\mathbf{x})} \right| \leq \frac{\displaystyle\sum_{\substack{(\mu, \nu) \in J \\ \mathbf{x} \in \Omega_\mu}} \int_{\Omega_\nu} |\hat{R}_p(\mathbf{x}, \mathbf{y})| \rho(\mathbf{y}) d\mathbf{y}}{\displaystyle\sum_{\substack{(\mu, \nu) \in J \\ \mathbf{x} \in \Omega_\mu}} \int_{\Omega_\nu} G(\mathbf{x}, \mathbf{y}) \rho(y) d\mathbf{y} + \int_{\Omega_{\text{nah}}^{\mathbf{x}}} G(\mathbf{x}, \mathbf{y}) \rho(y) d\mathbf{y}}$$

$$\leq c \frac{\displaystyle\sum_{(\mathbf{k}, \mathbf{j}) \in I_p} \sum_{\substack{(\mu, \nu) \in J \\ \mathbf{x} \in \Omega_\mu}} \int_{\Omega_\nu} \|\mathbf{x} - \mathbf{x}_0^\mu\|^{\|\mathbf{k}\|_1} \|\mathbf{y} - \mathbf{y}_0^\nu\|^{\|\mathbf{j}\|_1} \|\mathbf{x}_0^\mu - \mathbf{y}_0^\nu\|^{-\|\mathbf{k}+\mathbf{j}\|_1 - 1} \rho(\mathbf{y}) d\mathbf{y}}{\displaystyle\sum_{\substack{(\mu, \nu) \in J \\ \mathbf{x} \in \Omega_\mu}} \int_{\Omega_\nu} \|\mathbf{x}_0^\mu - \mathbf{y}_0^\nu\|^{-1} \rho(y) d\mathbf{y}}$$

---

[54] Die verschiedenen Ableitungen sollten hier aus Effizienzgründen für gegebenes G wieder als explizite Formeln ausgeschrieben und fest implementiert werden.

[55] Dies ist für unsere Zerlegungen in würfelförmige Teilgebiete erfüllt.

$$\leq c \frac{\displaystyle\sum_{(\mathbf{k},\mathbf{j}) \in I_p} \sum_{\substack{(\mu,\nu) \in J \\ \mathbf{x} \in \Omega_\mu}} \int_{\Omega_\nu} \theta^{\|\mathbf{k}+\mathbf{j}\|_1} \|\mathbf{x}_0^\mu - \mathbf{y}_0^\nu\|^{-1} \rho(\mathbf{y}) d\mathbf{y}}{\displaystyle\sum_{\substack{(\mu,\nu) \in J \\ \mathbf{x} \in \Omega_\mu}} \int_{\Omega_\nu} \|\mathbf{x}_0^\mu - \mathbf{y}_0^\nu\|^{-1} \rho(y) dy} \leq c\theta^{p+1}. \tag{8.39}$$

Der relative Fehler ist also auch beim Multipolverfahren von der Ordnung $\mathcal{O}(\theta^{p+1})$.

8.6.4 Parallelisierung

In Abschnitt 8.4 wurde bereits die Parallelisierung des Barnes-Hut-Verfahrens beschrieben. Das Multipolverfahren unterscheidet sich davon nur durch die geänderte Kraftberechnung. Diese wird nach der Gebietszerlegung wie gehabt lokal auf jedem Prozessor durchgeführt. Dabei muß garantiert werden, daß alle benötigten Daten von anderen Prozessoren lokal als Kopie vorliegen. Dazu sind wir in Abschnitt 8.4.1 für das Barnes-Hut-Verfahren folgendermaßen vorgegangen: Jeder Prozessor prüft, welche Partikel oder Pseudopartikel jeder Fremdprozessor bei der späteren Kraftberechnung brauchen wird. Zur Überprüfung des θ-Kriteriums wird dabei der Abstand zwischen Pseudopartikel und dem (nur dem Fremdprozessor bekannten) Partikel durch den minimalen Abstand zu allen dem Fremdprozessor gehörenden Zellen abgeschätzt. Die Fremdzellen sind durch die überall bekannten `domainList`-Knoten gegeben. Dadurch werden möglicherweise mehr Daten als erforderlich verschickt, in jedem Fall aber genügend viele.

Diese Vorgehensweise kann für das Multipolverfahren bei einer beliebigen dem θ-Kriterium (8.28) genügenden Gebietszerlegung scheitern, da der dort vorkommende Abstand $\|\mathbf{x} - \mathbf{x}_0^\mu\|$ nicht bekannt ist. Die in Abschnitt 8.6.2 vorgeschlagene Implementierung verwendet jedoch ein symmetrisches Abstiegskriterium, so daß die Abstände $\|\mathbf{x} - \mathbf{x}_0^\mu\|$ und $\|\mathbf{y} - \mathbf{y}_0^\nu\|$ identisch sind und daher das Kriterium des Barnes-Hut-Verfahrens auch für das Multipolverfahren gültig ist. Unsymmetrisch wird lediglich in den Fällen abgestiegen, wenn eine der beiden Seiten ein Blatt ist. Trifft man auf der Seite des Fremdprozessors (entspricht Ω_μ) auf ein Blatt, so wird (wie in Algorithmus 8.24 ersichtlich) das Kriterium mit dem kleineren Zelldurchmesser des lokalen Pseudopartikels geprüft (entspricht Ω_ν), in diesem Fall ist das Verfahren also hinreichend. Trifft man auf der eigenen Seite auf ein Partikel, so wird in jedem Fall dieses Partikel kommuniziert und somit werden auch in diesem Fall alle erforderlichen Daten ausgetauscht. Folglich kann bei der in Abschnitt 8.6.2 vorgeschlagenen Gebietsaufteilung mit dem symmetrischen Abstiegskriterium die Parallelisierung des Barnes-Hut-Verfahrens für das Multipolverfahren ohne Modifikation übernommen werden.

Weiterführende Literatur zu parallelen Cluster-Cluster-Algorithmen und der parallelen schnellen Multipolmethode findet man in [194, 258, 448, 492, 493, 556, 670].

8.7 Vergleich und Ausblick

Wir hatten im vorigen Abschnitt das Cluster-Cluster-Verfahren über die Entwicklung in Taylorreihen eingeführt. Dabei läßt sich im Fall uniform verteilter Partikel im *dreidimensionalen* Fall eine Komplexität[56] der Ordnung $\mathcal{O}(\theta^{-3}p^6 N)$ erreichen.[57] Der Faktor p^6 resultiert aus der direkten Interaktion zwischen jeweils zwei Clustern. Die Berechnung der Momente und die Umrechnung der Koeffizienten selbst benötigt $\mathcal{O}(p^4 N)$ Operationen. Darüber hinaus lassen sich neben einer Taylor-Entwicklung auch andere Entwicklungssysteme verwenden. In der ursprünglichen schnellen Multipolmethode von Greengard und Rokhlin [38, 139, 257, 260, 261, 262, 517] wurden sphärische Kugelflächenfunktionen eingesetzt, die in natürlicher Weise für das Coulomb- und Gravitationspotential geeignet sind. Durch die Radialsymmetrie des Kerns sind dann nur $\mathcal{O}(p^2)$ Momente notwendig, die Kosten für die direkte Interaktion zwischen je zwei Clustern sind deswegen $\mathcal{O}(p^4)$ und die Gesamtkomplexität des Verfahrens ist $\mathcal{O}(\theta^{-3}p^4 N)$. Diverse Implementierungen mit leicht abgeänderten Kugelflächen-Basen sind in [204, 466, 641, 650] beschrieben. Weitere Erläuterungen und verwandte Methoden findet man in [66, 184, 259, 473]. Adaptive Varianten werden in [143, 448] besprochen. Eine Verallgemeinerung auf allgemeinere Kerne findet man in [590]. Greengard, Rokhlin und andere haben in [205, 263, 325] eine neue Version der schnellen Multipolmethode vorgestellt, bei der es gelingt, mittels des Einsatzes ebener Wellen die Komplexität auf $\mathcal{O}(\theta^{-3}p^2 N)$ zu reduzieren.[58] Ein dazu verwandter Zugang bedient sich der Technik der Tschebyscheff-Ökonomisierung [393]. In [470, 471] findet man eine Fehlerabschätzung der schnellen Multipolmethode mit leicht verbesserter Fehlerkonstanten. Die Multipolmethode, wie sie im vorigen Abschnitt beschrieben wurde, arbeitet nur für den nicht-periodischen Fall. Sie läßt sich aber analog zur Ewald-Methode auf den periodischen Fall verallgemeinern, siehe [84, 96, 366]. Einen Vergleich mit der PME-Methode findet man in [480, 565].

Eine davon unabhängige Entwicklungslinie begann mit der von Hackbusch und Novak vorgeschlagenen Methode des Panel-Clusterings [286] für Randintegralgleichungen, siehe auch [251, 287]. Dabei wird die Entwick-

---

56   Dabei ist ein uniformer Baum zugrundegelegt, in dem sich die Partikel bereits in den Blättern befinden. Der Baumaufbau und das Einsortieren der Partikel wird hier nicht berücksichtigt. Dies kann im uniformen Fall mittels eines bucket- oder radix-Sortierverfahrens in $\mathcal{O}(N)$ Operationen geschehen [353].

57   Im Fall nicht-uniform verteilter Partikel kann das Cluster-Cluster-Verfahren wie auch die schnelle Multipol-Methode entarten und im schlimmsten Fall zu einem Verfahren der Ordnung $\mathcal{O}(N^2)$ degenerieren, siehe auch [36].

58   Die eigentliche Komplexität ist $\mathcal{O}(\theta^{-3}p^3 N)$, siehe [263]. Indem der Baum nun so gebaut wird, daß in den Blättern $s = 2p$ Partikel liegen und diese miteinander und mit den Partikeln von Nachbarblättern direkt interagieren, gelingt es, den führenden Komplexitätsterm zu eliminieren und ein Verfahren der Komplexitätsordnung $\mathcal{O}(\theta^{-3}p^2 N)$ zu erhalten.

lung in Taylorreihen verwendet. Eng verwandt dazu ist die Pseudoskeleton-Approximation und ihre Verallgemeinerungen [72, 253, 254, 364]. Dabei werden spezielle Interpolationen sowie Niedrig-Rang-Approximationen eingesetzt, die durch Singulärwert-Zerlegungen konstruiert werden. Weiterentwicklungen sind das Panel-Clustering-Verfahren von Hackbusch und Sauter [418, 537, 591] mit variabler Ordnung, bei dem in der Tiefe des Baums niedrige Werte von p und gegen die Wurzel hin höhere Werte für p verwendet werden. Damit läßt sich die Abhängigkeit der Komplexität bei gleicher Fehlerordnung nochmals reduzieren. Im besten Fall kann eine von p unabhängige Komplexität der Ordnung $\mathcal{O}(\theta^{-3}N)$ erreicht werden. Der Zugang über das Panel-Clustering hat mittlerweile zur Theorie der $\mathcal{H}$- und $\mathcal{H}^2$-Matrizen geführt [101, 102, 280, 284, 285], die unter anderem die schnelle und effiziente Matrix-Vektor-Multiplikation für eine weite Klasse von Matrizen und deren Inversen erlaubt.

Schließlich wurden von Brandt [118, 119, 121, 534] Ansätze vorgeschlagen, die direkt auf der Mehrgitter-Technik basieren. Sie lassen sich als Panel-Clustering- oder Multipol-Methoden interpretieren, bei dem als Entwicklungssystem Lagrange-Interpolationspolynome verwendet werden.

Ein fairer Vergleich der verschiedenen Verfahren ist nicht einfach. Welcher Zugang schneller ist, hängt von der Zahl der Partikel, ihrer Verteilung im Simulationsgebiet und schließlich von der konkreten Implementierung der jeweiligen Methode ab. Bereits der Unterschied der in den vorigen beiden Abschnitten vorgestellten Techniken macht dies deutlich. Das Barnes-Hut-Verfahren höherer Ordnung besitzt eine Komplexität der Ordnung $\mathcal{O}(\theta^{-3}p^4 N \log N)$, das Cluster-Cluster-Verfahren weist eine Ordnung $\mathcal{O}(\theta^{-3}p^6 N)$ auf. Unter der Annahme gleicher Ordnungskonstanten ergibt sich die Gleichheit der Verfahrenskomplexität mit $\log N = p^2$, das heißt mit $N = 8^{p^2}$. Für größere Werte von p muß somit die Zahl N der Partikel extrem groß sein, damit das Cluster-Cluster-Verfahren Vorteile zeigt. Betrachten wir dazu beispielsweise den Fall $p = 4$. Dann muß für die Zahl der Partikel schon $N > 8^{16} = 281474976710656$ gelten, damit das Cluster-Cluster-Verfahren dem Partikel-Cluster-Verfahren überlegen ist. Dies macht deutlich, wie wichtig die oben erwähnten modernen Techniken mit reduzierter p-Komplexität sind. Analoge Ansätze helfen jedoch auch beim Partikel-Cluster-Verfahren, die p-Komplexität zu reduzieren. Ein Vergleich der Komplexitäten der parallelisierten Versionen der verschiedenen Verfahren ist stark maschinenabhängig und gestaltet sich noch schwieriger [94]. Deswegen wollen wir hier darauf verzichten.

9 Anwendungen aus Biochemie und Biophysik

Gentechnik und Biotechnologie sind im letzen Jahrzehnt ein immer wichtigeres und aktuelles Thema geworden. Deswegen wollen wir in diesem Kapitel einen Ausblick auf die Vielfalt von Fragestellungen aus dem Bereich Biochemie und Biophysik geben, die mit den bisher entwickelten Moleküldynamik-Methoden behandelt und untersucht werden können. Die Anwendungen gehen dabei von der Dynamik von Proteinen (Eiweißen) über die Strukturuntersuchung von Membranen, der Bestimmung der Bindungsenergien zwischen Inhibitoren und Liganden, bis hin zur Untersuchung von Konformationsänderungen und Fragen der (Ent-)Faltung von Peptiden, Proteinen und Nucleinsäuren.

Solche Aufgaben sind aufwendig und schwierig. Sie benötigen neben langen Rechenzeiten oftmals auch eine Anpassung und Modifikation der bisher besprochenen Moleküldynamik-Techniken an die jeweilige konkrete Problemstellung. Weiterhin erfordern die Daten für die verwendeten Potentiale und der Aufbau des jeweiligen Experiments oftmals Spezialwissen, das über den Rahmen dieses Buchs hinausgeht. Deswegen behandeln wir die nun folgenden Anwendungen nicht mehr in aller Ausführlichkeit. Wir wollen aber zumindest einen Einblick in die vielfältigen Einsatzmöglichkeiten von Moleküldynamik-Methoden in diesem Bereich vermitteln und dem Leser so weitere Anregungen geben, eigenständig mit Hilfe der aufgeführten Literatur aktiv zu werden.

Man beachte, daß das Studium der Eigenschaften von Biomolekülen generell in wässriger Lösung erfolgen sollte. Oftmals sind in der wässrigen Lösung zusätzlich Salze vorhanden, deren Konzentration entscheidende Änderungen im Molekül bewirken. Elektrostatische Kräfte spielen somit eine große Rolle. Aus diesen Gründen ist insbesondere die Anwendung der besprochenen Techniken für langreichweitige Potentiale aus Kapitel 7 und 8 in Kombination mit dem Linked-Cell-Verfahren aus den Kapiteln 3 bis 5 Voraussetzung für erfolgreiche Simulationen. Auf Grund der Zeitkomplexität lassen sich bisher nur relativ schnell ablaufende Prozesse studieren. Auf Parallelrechnern sind aber heute Abläufe bis in den Mikrosekundenbereich zumindest in naher Reichweite, siehe [190].

9.1 Trypsininhibitor des Rinderpankreas

Eines der mit MD-Methoden am besten untersuchten Biomoleküle überhaupt ist der Trypsininhibitor des Rinderpankreas, kurz BPTI genannt. Es ist ein kleines, aus 910 Atomen und 58 Aminosäuren aufgebautes, monomeres, kugelförmiges Molekül, das in der Bauchspeicheldrüse und im Körpergewebe von Rindern zu finden ist und die Wirkung von Trypsin, ein Proteine zersetzendes Enzym, auf Nahrungsstoffe hemmt. Es ist experimentell sehr gut untersucht und es liegen eine Fülle von Meßdaten vor. Bereits 1977 wurde für BPTI die erste Simulation eines Moleküls überhaupt durchgeführt [413]. Weitere frühe Arbeiten findet man in [347, 348, 378, 626, 627, 655]. Seitdem dient es als beliebtes Modell für den Test neuer numerischer Verfahren. Es ist mittlerweile eine Praktikumsaufgabe für Studenten, seine molekulare Dynamik im Rechner zu studieren. Hierbei kann man viel über die Struktur und deren Stabilität unter verschiedenen Bedingungen (Temperatur, Lösung) lernen. Bereits eine Simulation im Vakuum erlaubt eine Analyse der Trajektorie, die Bewegungsuntersuchung von Seitenketten und Teilgebieten der Struktur sowie einen ersten Vergleich mit den Ergebnissen von Röntgendiffraktion und NMR-Messungen.

Die Koordinaten von BPTI liegen in der Brookhaven-Proteindatenbank [85] beispielsweise unter der Bezeichnung 1bpti vor. Die dort gespeicherten Proteine sind oftmals dehydriert worden, um überhaupt analysiert werden zu können. Ihre Struktur ist deswegen in der kristallinen Phase gegeben, vergleiche Abschnitt 5.2.3. In wässriger Lösung hingegen kann die Geometrie und Form des Moleküls substantiell davon verschieden sein. Es ist bekannt, daß bereits einzelne eingelagerte Wassermoleküle ein Protein versteifen können [401, 656]. Interessant ist die Moleküldynamik-Methode nun, um ein solches Molekül unter Hinzunahme von Wassermolekülen zu relaxieren, die sich ergebende Struktur in wässriger Lösung bei verschiedenen Temperaturen zu simulieren, ihre Bewegungen zu studieren und mit denen in Vakuum zu vergleichen [161, 301].

Das wollen wir am Beispiel von BPTI tun. Elektrostatische Effekte des Moleküls und des umgebenden Wassers resultieren in langreichweitigen Kräften. Viele Simulationen benutzen das Linked-Cell-Verfahren und schneiden mit etwas größerem Radius ab. Dies ist aber im allgemeinen nicht sachgemäß und verfälscht die Resultate substantiell. Notwendig ist also der Einsatz von Verfahren zur langreichweitigen Kraftberechnung wie SPME oder Baummethoden.

Wir verwenden die Koordinaten aus der Brookhaven-Proteindatenbank. Hier geben wir fehlende Wasserstoffatome gemäß bestimmten chemischen Regeln hinzu (mittels HyperChem [15]), siehe Abschnitt 5.2.3. Dann beschaffen wir aus CHARMM [125] die Parameter für die Bindungs-, Winkel- und Torsions-Potentiale des Moleküls. Nun packen wir 5463 TIP3P-C Wassermoleküle, siehe Kapitel 7.4.3, in eine Box mit einer Seitenlänge von 56.1041 Å und relaxieren das Gesamtsystem. Anschließend heizen wir das

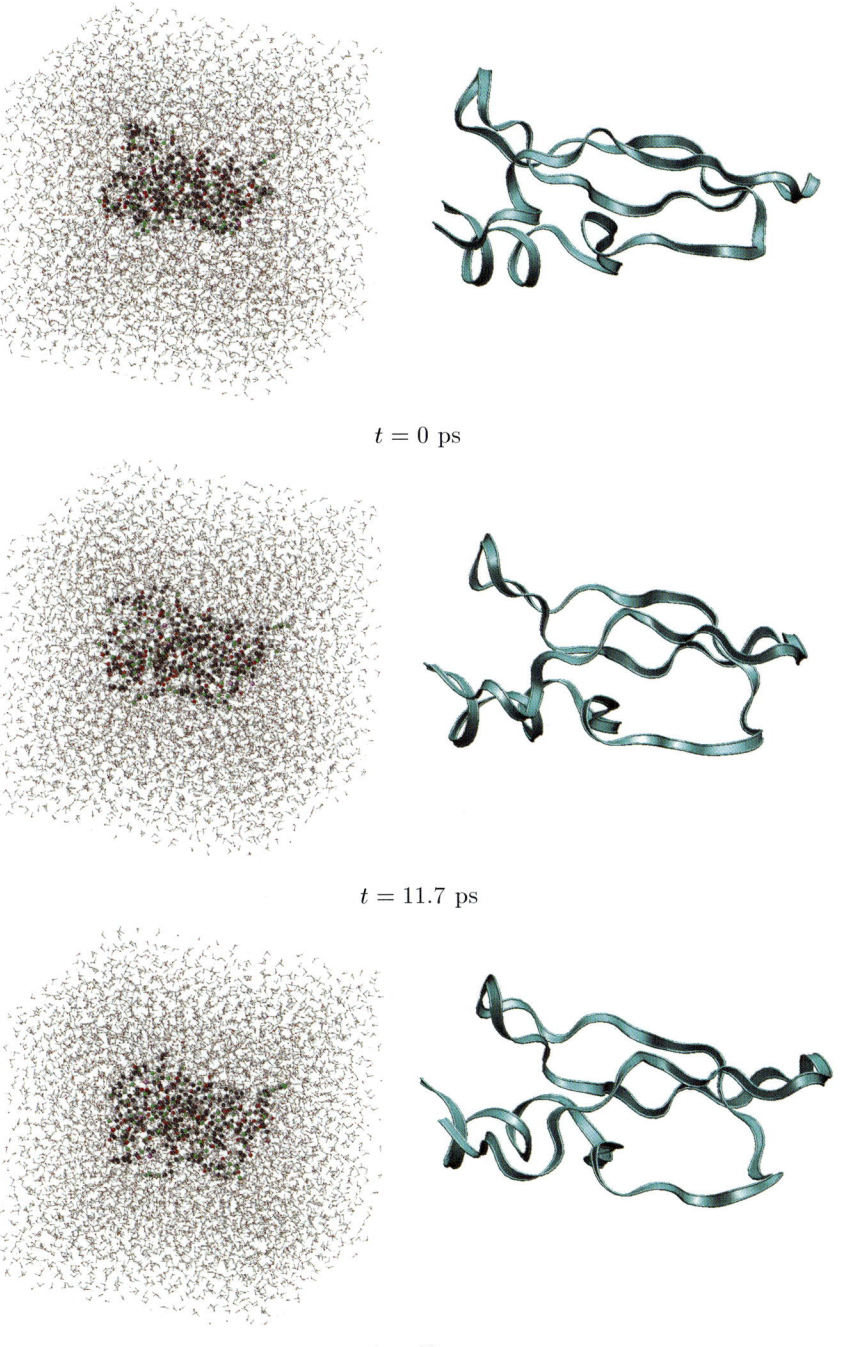

$t = 0$ ps

$t = 11.7$ ps

$t = 40$ ps

Abb. 9.1. Simulation eines BPTI-Moleküls in wässriger Lösung, zeitlicher Verlauf. Kugel-Stab-Darstellung (links), Band-Darstellung ohne Wassermoleküle (rechts).

System schrittweise bis auf Zimmertemperatur (300 K). Schließlich lassen wir das BPTI-Molekül mit der wässrigen Lösung sich im NVE-Ensemble bei konstanter Temperatur für 40 ps entwickeln. Dazu benutzen wir unser paralleles SPME-Verfahren aus Kapitel 7 gekoppelt mit den Routinen zur Auswertung der festen Bindungspotentiale aus Kapitel 5.2.2. Als Zeitschrittweite im Störmer-Verlet-Verfahren verwenden wir 0.1 fs. Wir rechnen also insgesamt 400000 Zeitschritte.

In Abbildung 9.1 zeigen wir Schnappschüsse des Moleküls in Kugel-Stab-Darstellung (links) sowie in Band-Darstellung erzeugt mit VMD [328] für die Zeitpunkte $t = 11.7$ ps und $t = 40$ ps. Zur besseren Übersichtlichkeit haben wir hier die Wassermoleküle verkleinert dargestellt. Deutlich sieht man, wie das Molekül unter dem Einfluß der Wassermoleküle relaxiert und sich in seiner Form ändert.

Weitere Untersuchungen zu BPTI mit Moleküldynamik-Methoden findet man unter anderem in [515, 664]. Dabei wird oft ein vereinfachtes United-Atom-Modell und auch die Shake-Methode eingesetzt. Üblicherweise werden hier Varianten des Linked-Cell-Verfahrens oder der Verlet-Nachbarschafts-listen-Methode mit etwas größerem Abschneideradius verwendet, um die Elektrostatik wenigstens teilweise zu berücksichtigen [244]. Dies ist jedoch meist nicht genau genug. In [553, 554] wird ein BPTI-Wasser-System mit insgesamt 23531 Atomen untersucht. Hierbei werden die konventionelle Abschneide-Methode, das P^3M-Verfahren und eine Multipol-Variante im Detail verglichen und auch der Unterschied zwischen periodischem und nicht-periodischem Versuchsaufbau in Bezug auf die Elektrostatik des Systems diskutiert. Untersuchungen zur PME-Methode und zur Ewald-Summation findet man in [213]. Darüber hinaus findet man in [128, 162, 539] detaillierte Untersuchungen zur Strukturstabilität und zum Entfaltungsprozeß von BPTI.

9.2 Membranen

Membranen sind wenige Nanometer dicke Schichten aus Molekülen. Sie formen sich bei einer Reihe materialwissenschaftlicher Fragestellungen, wie in Graphitoxiden [567], Polymeren [142], Silikaten [479] oder Zeoliten [555]. Weiterhin treten sie in Öl-Wasser-Emulsionen mit amphiphilen Molekülen, wie Tensiden [437], Lipiden (Fetten) oder Detergenzien abhängig von deren Konzentration neben kugelförmigen Mizellen und Vesikeln als primäre Strukturen auf [248].

Von besonderem Interesse sind Biomembranen. Sie sind typischerweise aus einer wenigen Nanometer dicken Doppelschicht von Lipiden aufgebaut, in die verschiedene Proteine eingebettet sind. Ein Kubikzentimeter biologisches Gewebe enthält etwa 10^5 cm^2 Membranfläche. Diese setzt sich zusammen aus der Plasmamembran, die eine Zelle gegen ihre Umgebung abgrenzt, und einer Vielzahl intrazellularer Membranen, die den Zellkern, die Mitochondrien, den Golgi-Apparat und die Organellen einer Zelle, wie das endoplasmatische Reticulum, die Lysosomen, die Endosomen und die Peroxisomen umschließen. Deswegen sind Membranen ein grundlegender Baustein für die Strukturierung von biologischem Material. Darüber hinaus sind viele wichtige Rezeptormoleküle in die Lipid-Doppelschicht einer Membran eingebettet. Die lipide Umgebung beeinflußt die Struktur und die Eigenschaften dieser integralen Membranmoleküle. Auch ist die Durchdringung der Lipid-Doppelschicht mit kleineren Molekülen (Stoffwechselprodukte, endogene Komponenten wie Peptide, Medikamentenwirkstoffe) von essentieller Bedeutung. Deswegen ist ein Verständnis für die Funktionsweisen und Mechanismen von Membranen zentral für Biochemie und Biomedizin. Hierzu können Simulationen mit Moleküldynamik-Verfahren in gewissem Maße beitragen.

Die erste Simulation einer einschichtigen Membran wurde in [358] vorgestellt, die einer Doppelmembrane aus Dekanketten wurde in [621, 622] präsentiert. Dabei wurde ein vereinfachtes Modell für die Alkane zu Grunde gelegt, bei dem eine Methyl- oder Methylengruppe jeweils als ein Partikel (United-Atom-Modell) repräsentiert ist, dazwischen jedoch realistische Torsionspotentiale benutzt werden. Ein anderes einfaches Modell geht auf [160] zurück. Es verwendet zwei Typen von Partikeln, öl- und wasserartige Teilchen. Ein Tensidmolekül wird daraus als kurze Kette modelliert, deren Elemente über ein harmonisches Potential verbunden sind. Zwischen den zwei Partikeltypen herrschen Lennard-Jones-Potentiale. Es stellt sich heraus, daß sich bereits mit diesem einfachen Zugang bei bestimmten Temperaturen die Öl- und Wasserpartikel entmischen und eine stabile Grenzschicht zwischen den beiden Fluidphasen entsteht. Es bilden sich abhängig von der Konzentration der Tensidmoleküle Einfach- und Doppelmembranen aus. Auch Micellen und Vesikel lassen sich beobachten. Weitere Details findet man in [160, 211, 559].

Mit größer werdender Leistung der zur Verfügung stehenden Computer wurden auch die Simulationen immer genauer. Mittlerweile werden Modelle eingesetzt, die jedes einzelne Atom berücksichtigen. Die Herausforderung war und ist das Studium einer realistischen biologischen Doppelmembran in vollem atomarem Detail. Eine aktuelle Übersicht zu Moleküldynamik-Simulationen von lipiden Doppelmembranen findet man in [82], [600] und [602]. Am besten studiert ist DPPC (Dipalmitoylphosphatidylcholine). Daneben gibt es auch einige Untersuchungen zu DLPE, DMPC und DPPS[1]. Schließlich sind in letzter Zeit verstärkt Systeme mit ungesättigten Lipiden betrachtet worden. Sie sind besonders interessant, da die meisten biologischen Membranen Mischungen aus Proteinen und ungesättigten Lipiden enthalten. In [306] wurde ein POPC-System (Palmitoyloleoylphosphatidylcholine) mit 200 Lipiden untersucht. Daneben sind DOPC und DOPE [327] und DLPE [212, 677] Gegenstand intensiver Moleküldynamik-Studien. Interessant ist dabei, daß Phospholipide wie DPPC einen großen Dipolmoment haben. Es stellt sich heraus, daß sich die Dipole bevorzugt parallel zur Grenzschicht ausrich-

---

[1] DLPE = Dilaureoylphosphatidylethanolamine, DMPC = Dimyristoylphosphatidylcholine, DPPS = Dipalmitoylphosphatidylserine.

ten und mit den Wassermolekülen interagieren. Insgesamt ergibt sich ein substantielles elektrisches Feld, das durch die Orientierung der benachbarten Wassermoleküle ausgeglichen wird. Zudem lassen sich Ordnungsparameter und atomare sowie elektronische Dichteprofile berechnen und radiale Verteilungsfunktionen bestimmen, aus denen man die Hydratationszahlen um die lipiden Kopfgruppen errechnen kann.

Insgesamt ergibt sich folgendes Bild: Die Struktur einer Doppelmembran wird durch ein Vier-Regionen-Modell gut beschrieben, das von Marrink und Berendsen [406] erstmalig vorgeschlagen wurde. In der ersten Region finden sich Wassermoleküle, deren Ausrichtung durch die lipiden Kopfgruppen und Schwänze beeinflußt werden. In einer zweiten Zwischenphase sinkt die Dichte des Wassers fast gegen Null und die Lipiddichte wird maximal. Weiterhin befinden sich alle Kopfgruppenatome und Teile der Schwanz-Methylene hier. Die sich hier befindenden Wassermoleküle sind Teile von Hydratationsschalen der phospholipiden Kopfgruppen. In der dritten Region richten sich die Lipdketten nun sukzessive aus, entsprechend einem weichen Polymer. Diese Region ist die Hauptbarriere für die Durchdringung der Membran mit kleinen Proteinen. Die vierte Region, die Mitte der Doppelschicht, ist völlig hydrophob und besitzt eine relativ geringe Dichte, vergleichbar mit Dekan. Hier können größere hydrophobe Moleküle gelöst sein. Ab hier setzten sich nun die Regionen drei, zwei und eins in umgekehrter Reihenfolge fort, siehe Abbildung 9.2.

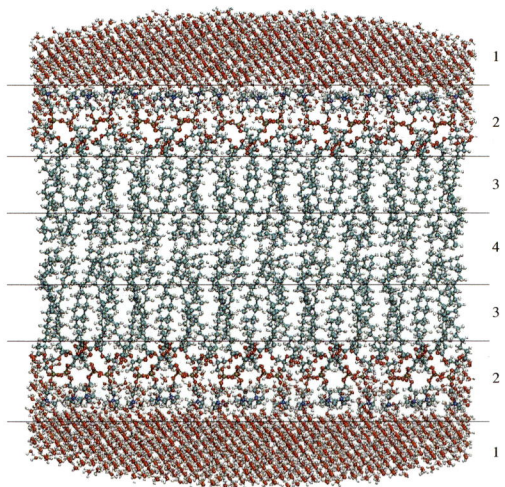

Abb. 9.2. POPC-Doppelmembran mit Markierungen für das Vier-Regionen-Modell.

Bei einer Simulation biologischer Doppelmembranen stellt sich folgendes Problem: Würde man von einer Kristallstruktur der Membran starten, so wäre eine viel zu lange Simulationszeit nötig, um überhaupt erst zu einer equilibrierten flüssig-kristallinen Phase zu gelangen, in der man die eigentlichen Untersuchungen vornehmen will. Die Zeitskala, auf der die gesamte Bildung einer Biomembran abläuft, ist sehr groß. Um nun trotzdem vernünftige Anfangsstrukturen zu erhalten, kann man solche Lipide aus einer Strukturbibliothek auswählen und auf einem Gitter anordnen, die mit gemessenen Größen wie etwa NMR-Ordnungsparametern übereinstimmen [634, 657]. Alternativ kann man nur eine oder wenige Lipidstrukturen auswählen, sie auf einem Gitter anordnen, und sie dann zufällig um ihre Längsachse rotieren und senkrecht zur Membrane verschieben, um eine gewisse Oberflächenrauhigkeit zu erzeugen. Daneben kann man auch gute Strukturen aus früheren Arbeiten als Startdaten für eigene neue Experimente verwenden. Mittlerweile sind eine Reihe von Biomembranen untersucht und ihre Daten lassen sich von entsprechenden Webseiten [18, 19, 20, 21, 22] herunterladen. Ein weiterer Diskussionspunkt ist die Wahl des Ensembles. Man findet sowohl Experimente mit dem NPT- oder NVT-Ensemble. Inzwischen scheint sich aber der NPT-Ansatz bei Biomembran-Simulationen immer mehr durchzusetzen.

Im folgenden studieren wir nun die Entwicklung einer POPC-Doppelmembran. Wir verwenden hierzu Daten von Heller [22, 304, 306]. Dabei werden in einem Würfel von 84 Å×96 Å×96 Å eine Menge von 200 POPC-Molekülen in einem Wasserbad aus 4526 H_2O-Molekülen angeordnet, was auf eine Zahl von 40379 Partikeln führt. Für die Simulation stellen wir eine Temperatur von 300 K ein, benutzen periodische Randbedingungen und verwenden die Potentialparameter aus CHARMM v27 [396]. Wir setzen unser SPME-Verfahren aus Kapitel 7 gekoppelt mit den Routinen für die kurzreichweitige Kraftberechnung (hier mit einem Abschneideradius von 12 Å) aus den Kapiteln 3 und 5 ein. Abbildung 9.3 zeigt die Anfangskonfiguration sowie das Resultat nach 19.5 ps Simulationszeit. Man kann das Eindringen von einigen Wassermolekülen in die Membranschicht sowie die Ausrichtung der einzelnen Moleküle zueinander erkennen. Genauere Studien hierzu findet man in [22, 304, 306].

Weitere Untersuchungen beschäftigen sich mit der Temperaturabhängigkeit der Gel- und Fluid-Phase von Membranen [212, 218, 610, 633], der Mischung verschiedener Lipide [513], der Diffusion und Durchdringung von Lipidmembranen [580] und dem Ionentransport und der Porenformation [599] in Membranen. Interessant sind auch Experimente zu den Adhäsionskräften in Doppelmembranen. Hierbei wird virtuell im Rechner eine Feder mit harmonischem Potential an den Kopfgruppenatomen eines Lipids angebracht und über diese eine Zugkraft ausgeübt. Die Kräfte, die nötig sind, um das Lipid aus der Membran zu ziehen, lassen sich nun über die Zeit messen und die Konformationen des herausgezogenen Lipids dynamisch verfolgen. Sie hängen stark von der Zuggeschwindigkeit ab. Diese Idee geht zurück auf [273] und wurde in [407, 571] auf Phospholipidmembranen übertragen. Weiterhin ist die

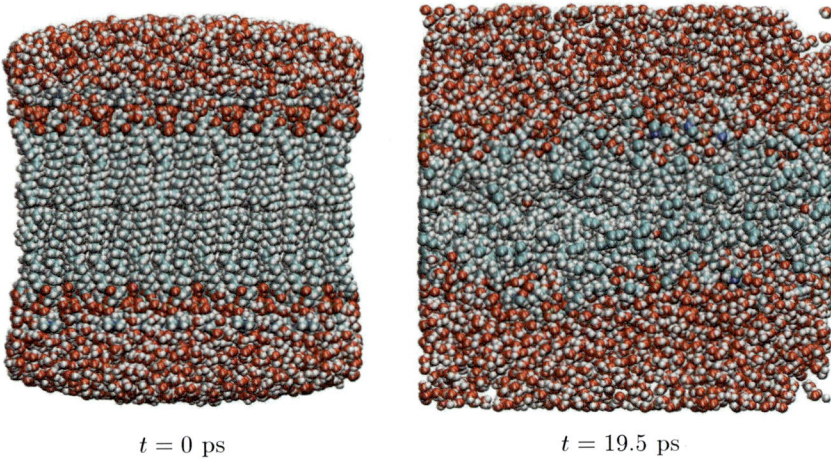

$$t = 0 \text{ ps} \qquad\qquad t = 19.5 \text{ ps}$$

Abb. 9.3. Simulation einer POPC-Doppelmembran aus Abbildung 9.2.

Frage der Oberflächenspannung in der Membran von großem Interesse [408]. Schließlich wird die Interaktion von Lipidmembranen mit kleinen Molekülen und Proteinen wie Phosolipase A_2 [678], Bacteriorhodopsin [201], Alamethicin [601] oder Cholesterol [563, 564] intensiv untersucht.

9.3 Peptide und Proteine: Struktur, Konformation und (Ent-)Faltung

Grundbausteine allen Lebens sind die Aminosäuren (Monopeptide). Sie bestehen aus Aminocarbonsäuren, die jeweils aus einer Aminogruppe ($-NH_2$) und einer Carboxylgruppe ($-COOH$) gebildet werden. Dazu kommt ein zentrales CH und eine spezielle Seitenkette (Residuum), siehe Abbildung 9.4. Diese ist für die jeweilige Aminosäure charakteristisch und kann aus weiteren Kohlenstoff-, Amino- oder Schwefelwasserstoffgruppen aufgebaut sein.

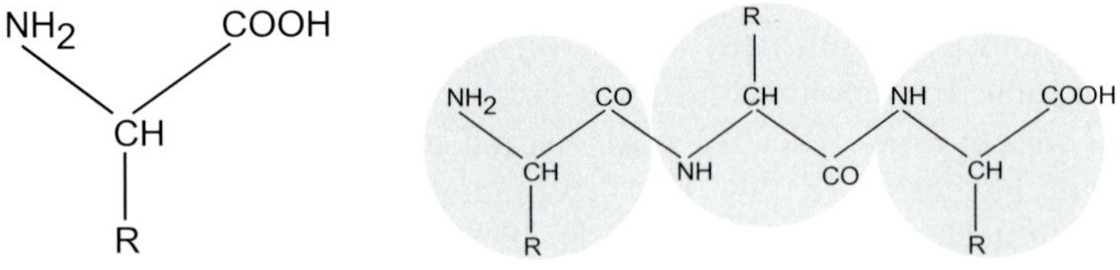

Abb. 9.4. Aufbau einer Aminosäure mit Seitenkette R (links) und Primärstuktur eines Tripeptids (rechts).

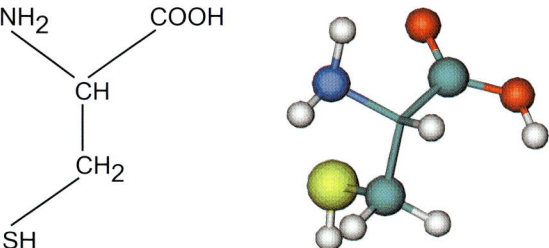

Abb. 9.5. Die Aminosäure Cystein SH–CH_2–$CH(NH_2)$–$COOH$. Strukturformel und dreidimensionale Darstellung.

In der Natur kommen 20 verschiedene Aminosäuren vor. Jede hat einen eigenen Namen und einen zugeordneten Drei-Buchstaben Code. Abbildung 9.5 zeigt beispielhaft die chemische Strukturformel und eine Kugel-Stab-Darstellung von Cystein.

Aminosäuren können zu Polymeren kettenförmig aneinandergefügt werden, ähnlich wie Alkane oder Polyamide. Abhängig von der Zahl und dem Typ der beteiligten Aminosäuren spricht man von Peptiden, Proteinen (langkettigen Polypeptiden) oder Nukleinsäuren (DNS, RNS). Dabei sind die Aminosäuren über Peptidbindungen verbunden, wobei die Amino- und die Carboxylgruppe unter Abspaltung von H_2O zu ($-CO$–NH–) reduziert werden, siehe auch Abbildung 9.4. Man kann also ein Peptid oder ein Protein einfach durch die Abfolge seiner Aminosäuren in der Kette beschreiben. Dies ist die sogenannte *Primärstuktur*. Ein Beispiel ist in Abbildung 9.6 gegeben.

Lys-Val-Phe-Gly-Arg-Cys-Glu-Leu-Ala-Ala-Ala-Met-Lys-Arg-His-Gly-Leu-Asp-
Asn-Tyr-Arg-Gly-Tyr-Ser-Leu-Gly-Asn-Try-Val-Cys-Ala-Ala-Lys-Phe-Glu-Ser-
Asn-Phe-Asn-Thr-Gln-Ala-Thr-Asn-Arg-Asn-Thr-Asp-Gly-Ser-Thr-Asp-Tyr-Gly-
Ile-Leu-Gln-Ile-Asn-Ser-Arg-Try-Try-Cys-Asp-Asn-Gly-Arg-Thr-Pro-Gly-Ser-Arg-
Asn-Leu-Cys-Asn-Ile-Pro-Cys-Arg-Ala-Leu-Leu-Ser-Ser-Asp-Ile-Thr-Ala-Ser-Val-
Asn-Cys-Ala-Lys-Lys-Ile-Val-Ser-Asp-Gly-Asp-Gly-Met-Asn-Ala-Try-Val-Ala-Try-
Arg-Asn-Arg-Cys-Lys-Gly-Thr-Asp-Val-Gln-Ala-Try-Ile-Arg-Gly-Cys-Arg-Leu

Abb. 9.6. Primärstuktur von Lysozym.

Manche Peptide und, aufgrund ihrer Länge, alle Proteine[2] nehmen darüber hinaus wohldefinierte dreidimensionale Strukturen im Raum ein. Die sogenannte *Sekundärstruktur* ergibt sich als die Anordnung von in der Sequenz benachbarten Seitenketten (Residuen) auf Grund von regelmäßigen Wasserstoffbrücken-Wechselwirkungen zwischen den Peptidbindungen. Zwei häufig

---

[2] Manche Peptide bilden stabile Formen auf Basis der Sekundärstruktur aus, andere nehmen keine bestimmte stabile Form ein und nehmen zufällige spulenartige Formen an.

vorkommende Formen sind dabei die α-Helix und das β-Faltblatt. Eine α-Helix entsteht, wenn sich die Kette der Aminosäuren regelmäßig um sich selbst windet. Dadurch ergibt sich ein Zylinder, in dem jede Peptidbindung regelmäßig mit weiteren Peptidbindungen über Wasserstoffbrücken verbunden ist. Die Seitenketten der Aminosäuren zeigen dabei nach außen. Ein Beispiel ist in Abbildung 9.7 gegeben.

Abb. 9.7. α-Helix in Kugel-Stab-Darstellung und in Band-Darstellung.

Ein β-Faltblatt entsteht, wenn zwei Peptidketten nebeneinander zu liegen kommen und jede Peptidbindung mit seinem Gegenüber eine Wasserstoffbrücke bildet. Dieses Gebilde ist Zieharmonika-ähnlich gefaltet, wobei die Seitenketten der Aminosäuren nahezu senkrecht nach oben und unten ausgerichtet sind, siehe Abbildung 9.8.

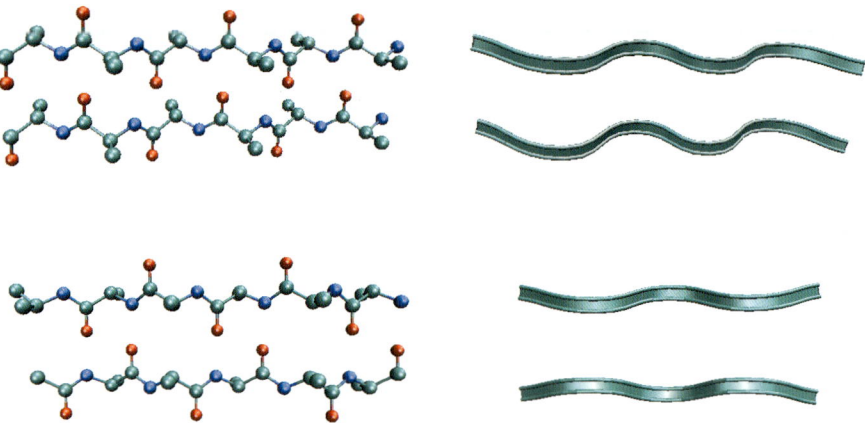

Abb. 9.8. β-Faltblatt in Kugel-Stab-Darstellung und in Band-Darstellung. Parallele Struktur (oben) und anti-parallele Haarnadel-Struktur (unten). Die beiden Stränge müssen noch an einem Ende durch einen Bogen verbunden werden.

Proteine bilden weitergehende Strukturen im Raum aus. Die *Tertiärstruktur* ist die dreidimensionale Konformation des Proteins und beschreibt die Lage aller Atome und damit die Lage der Grundformen der Sekundärstruktur im Raum zueinander. Sie wird durch eine Vielzahl von Wechselwirkungen zwischen den verschiedenen Aminosäuren beeinflußt. Dabei kommen Wasser-

stoffbrückenbindungen, Ionenbindungen zwischen positiv und negativ geladenen Gruppen der Seitenarme, hydrophobe Bindungen im Inneren der Proteine
und Disulfidbrücken[3] zum Tragen. Es können auch zwei Aminosäureketten
unterschiedlicher Länge mittels Disulfidbrücken zusammengehalten werden.
Proteine, die aus zwei oder mehreren Ketten bestehen, besitzen eine sogenannte *Quartärstruktur*. Hierbei handelt es sich um die räumliche Gestalt
und Lage der Polypeptidketten zueinander, wobei die Ketten identisch sein
können oder auch unterschiedliche Aminosäuresequenzen beinhalten können.
In Abbildung 9.9 sehen wir Beispiele für die Quartärstruktur von Proteinen.

Auch Ribonukleinsäuren (RNS) und Desoxyribonukleinsäuren (DNS) sind
in ähnlicher Weise kettenartig aus vier Nukleotiden aufgebaut und bilden
Strukturen höherer Ordnung im Raum aus, wie etwa die berühmte Doppel-
helix nach Watson und Crick [647].

Peptide, Proteine und Ribonuklein-/Desoxyribonukleinsäuren haben nun
spezifische *Funktionen* in einer Zelle. Beispielsweise regulieren Peptide die
Aktivität anderer Moleküle und Proteine durch Interaktion mit dem Zielmo-
lekül. Desweiteren gibt es Peptide mit hormonellen oder antibiotischen Wir-
kungen. Enzyme, eine Unterklasse der Proteine, katalysieren spezielle bioche-
mische Reaktionen. DNS dient zum Speichern und RNS zum Übersetzen von
genetischen Informationen. Diese spezifischen Funktionen sind erst durch die
räumliche, „native" Struktur der verschiedenen Biopolymere möglich. Die jeweilige Funktion eines Biopolymers ist dabei direkt mit seinem dynamischen
Verhalten verknüpft.

Zu den großen Herausforderungen und bis heute ungelösten Problemen
der molekularen Biochemie und Biophysik gehören

– die Strukturvorhersage biologischer Makromoleküle bei Vorgabe der Primärstruktur, also der Sequenz von Grundbestandteilen wie Aminosäuren oder
  Nukleotiden,
– die Verfolgung des Faltungsweges biologischer Makromoleküle [414].

Würde es gelingen den Faltungsweg von der Primärstruktur bis hin zur
Tertiär- oder sogar Quartärstruktur etwa duch Simulation realistisch nachzuvollziehen, dann wäre auch das Problem der Strukturvorhersage gelöst.
Wäre es darüber hinaus möglich, abhängig von den jeweiligen Gegebenheiten
wie Lösungsmittel, Salzkonzentration, Temperatur und benachbarte Makromoleküle, weitere Konformations- und Strukturänderungen vorherzusagen,
dann könnte man ein entscheidendes Verständnis für die Vorgänge in Zellen
gewinnen. Zudem ist die Strukturvorhersage auch von praktischem Nutzen.
Es ließen sich Proteinmoleküle mit verbesserten oder gar neuen Eigenschaften
konstruieren, was für die pharmazeutsche Industrie und die Biotechnologie
von großem Interesse ist.

---

[3] Disulfidbrücken entstehen duch die Oxidation der SH-Gruppen zweier Cystein-
Seitenketten zu Cystin-Seitenketten.

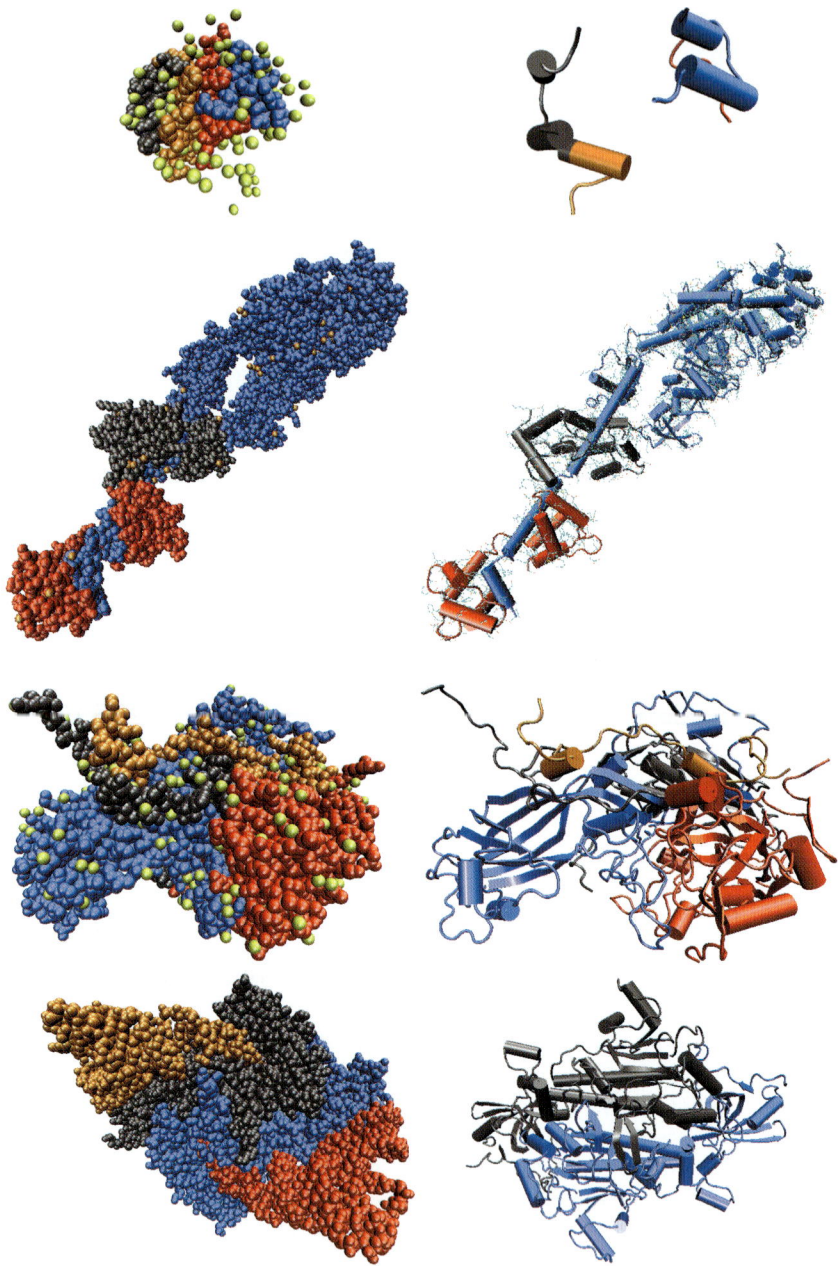

Abb. 9.9. Quartärstruktur einiger Proteine, jeweils in Atom- und Cartoon-Darstellung. Von oben nach unten: Insulin aus zwei Proteinketten, Myosin aus drei Proteinketten, Rhinovirus 14 aus vier Proteinketten, Aminoacyl-tRNA Synthease aus zwei Proteinketten mit zwei aktiven Stücken der tRNA.

Das dynamische Verhalten von Proteinen findet auf unterschiedlichen Zeitskalen statt: Änderungen von Teilkonformationen finden im Nano- bis Mikrosekundenbereich statt, Reaktionen zwischen verschiedenen Proteinen und Änderungen in der Quartärstruktur benötigen Milli- bis Zehntelsekunden und ganze Faltungsprozesse können Sekunden oder Minuten dauern. Die Moleküldynamik-Methode ist jedoch auf heutigen Rechnern noch nicht in der Lage, in diese zeitlichen Bereiche vorzustoßen. Die längsten erzielten Simulationszeiten für Proteine in wässriger Lösung erreichen aktuell den Mikrosekundenbereich. Dies gelingt aber selbst unter Verwendung Shake-artiger Methoden, multipler Zeitschrittverfahren und einfacher Abschneidetechniken bei der Elektrostatik nur durch den Einsatz paralleler Rechner mit Rechenzeiten von einem halben Jahr und mehr. Trotzdem gibt es intensive Versuche, Moleküldynamik-Techniken zur Simulation des Verhaltens von Peptiden und Proteinen einzusetzen. Zumindest ein vorläufiges Verständnis für die Faltung von Proteinen läßt sich aus der Faltung von Peptiden gewinnen. Die Bildung kleinräumiger Strukturen und Konformationsänderungen sind hier auf Mikrosekundenebene beobachtbar.[4] So konnten in [190] mit Moleküldynamik-Methoden unter Einsatz von großem Rechenaufwand Faltungsereignisse bei einem kleinen Proteinstück, der Villin Kopf-Teildomäne in wässriger Lösung nachvollzogen werden. Nach schneller „Burst"-Phase mit hydrophobem Kollaps bildete sich die Vorform einer Helix und eine Tertiärstruktur. Diese Rechnung mit über einer Mikrosekunde Simulationszeit ist die bisher längste Simulation eines Peptids in Lösung. Dabei wurde eine Struktur erzielt, die der bekannten nativen Konformation sehr nahe kam.

Ein weiterer Schwerpunkt ist die Untersuchung der Stabilität der Konformation von Peptiden in wässriger Lösung bei verschiedenen Temperaturen [168, 171, 174, 468, 559, 560, 583, 623, 649]. Änderungen der Konformation kleiner Teile von Peptiden, wie die β-Haarnadel-Struktur, wurden in [99, 453, 514] intensiv studiert. Die Resultate ergeben ein Bildungsmodell, in dem zunächst der Bogen geformt wird, dann Wasserstoffbindungen die Haarnadel schließen und hydrophobe Wechselwirkungen der Seitenketten diese schließlich stabilisieren. Die reversible Bildung von Sekundärstrukturen wurde in [169, 170] in einer Reihe von Simulationen mit 50 Nanosekunden Dauer für ein kleines Peptid in Methanol untersucht. Hierbei wurde eine schnelle Einschränkung des Konformationsraums auf wenige Cluster beobachtet. Darüber hinaus konnten verschiedene Faltungswege in Abhängigkeit von der Temperatur bestimmt werden.

Gegenstand intensiver Diskusssion ist aktuell, ob die Simulation des zur Faltung umgekehrten Prozesses, die Entfaltung eines Proteins, Information über die Wege der Proteinfaltung liefern kann. Leider ist die volle Entfaltung auch bei langen Simulationszeiten noch nicht zu beobachten. Die Idee ist nun, durch äußere Kraftanwendung oder durch andere Zwangsbedingun-

---

[4] Aber bis zum kompletten Falten einer DNS etwa aus den Daten des jüngst fertiggestellten Genomprojekts ist es sicherlich noch ein sehr, sehr, sehr langer Weg.

gen den Entfaltungsvorgang zu beschleunigen. In [315, 316] wurde erstmalig die Dynamik eines Protein-Komplexes, des Streptavidin-Biotin-Komplexes, unter äußerer Kraft untersucht. Im Prinzip wird die Wirkungsweise des Rasterkraftmikroskops im Rechner nachgebildet. Hiermit läßt sich seit einigen Jahren das Verhalten einzelner Molekülkomplexe unter lokalem Krafteinfluß experimentell untersuchen [511]. Nun wird analog dazu im Rechner eine Feder mit harmonischem Potential an einem Teil des Molekülkomplexes angebracht, über diese eine Zugkraft ausgeübt und das Molekül stückweise bis zum Abriß auseinandergezogen. Dabei lassen sich verschiedene Phasen der Trennung und Entfaltung charakterisieren. In den Untersuchungen zum Streptavidin-Biotin-Komplex verschwanden zunächst die dominierenden Wasserstoffbrückenbindungen, anschließend wurden neue Wasserstoffbrücken ausgebildet und schließlich rissen diese ebenfalls. Mit dieser Methode wurde in [316] die Trennung des Dinitrophenyl-Haptens eines monoklonalen Antikörperfragments studiert. Hierbei ergaben sich mehrere unterschiedliche Trennungsphasen und kompliziertere Trennungsmuster. Unter dem Stichwort „steered molecular dynamics" wurde diese Technik auch auf den Avidin-Biotin-Komplex [331], die Titin-Immunoglobulin-Domäne [386, 387, 388, 409] und weitere Proteine [384] angewandt. Ob und wie die spontane Entfaltung mit einem so erzwungenen Entfaltungsprozeß in Beziehung steht, ist jedoch zur Zeit noch offen. Auf jeden Fall kann dieser Ansatz Experimente mit dem Rasterkraftmikroskop und optischen Pinzetten [505] ergänzen und komplettieren [331].

In ähnlicher Weise wird bei der „targeted molecular dynamics" (TMD) von außen in die Dynamik eines Proteins eingegriffen und so die Simulationszeit verkürzt. Damit wird die Behandlung von Konformationsübergängen und die Analyse von Reaktionen möglich. Hierzu wird eine Reaktionskoordinate eingeführt, die den jeweiligen Startzustand und eine vorgegebene Zielkonformation des Moleküls miteinander verbindet. Dies ist typischerweise der mittlere Abstand, der die Atome von ihrer Position in der Zielstruktur trennt. Dieser Abstand wird nun im Lauf der Simulation mit Hilfe geeigneter zusätzlicher Zwangsbedingungen an das System langsam zu Null gemacht, während die übrigen Koordinaten des Moleküls und der wässrigen Lösung frei relaxieren können. Für große Proteine wird auch der Trägheitsradius als Reaktionskoordinate mit Erfolg verwendet. Diese Methode wurde auf das G-Protein Hras-p21 angewandt und konnte erklären, wie das Protein zwischen seiner aktiven und passiven Struktur hin und herschaltet und so zur Signalübertragung fähig ist. Nachteilig an dieser Methode ist aber die notwendige a-priori Kenntnis der Zielstruktur. Weitere Informationen und Ergebnisse zu TMD findet man in [182, 183, 363] und [221, 222].

Das zentrale Problem bei der Faltung von Proteinen ist es, lange Simulationszeiten zu erreichen, da sich, wie bereits erwähnt, viele Vorgänge in Zeiträumen bis zum Mikrosekundenbereich abspielen. Dies kann zur Zeit selbst mit den schnellsten Rechnern nicht erreicht werden. Eine gewisse Beschleunigung ist durch eine Vereinfachung des Modells möglich. Einfachstes Beispiel hierzu ist das Shake-Verfahren. Die Elimination von Freiheitsgraden, die für die extrem hochfrequenten Schwingungen in der Dynamik verantwortlich sind, erlaubt dann die Wahl größerer Zeitschritte. Daneben gibt es komplexe Ansätze, bei denen durch „normal mode analysis" (Singulärwertzerlegung zur Projektion der zeitlichen Entwicklung auf die niedrigfrequenten Moden der Bewegung) das Modell auf seine essentielle Dynamik reduziert wird [37, 44, 127, 592, 659, 672, 673]. Darüberhinaus können verbesserte Zeitschrittverfahren, wie multiple Zeitschrittmethoden weiterhelfen, vergleiche Abschnitt 6.3. Zwar lassen sich dadurch die Zeitschritte abhängig von der jeweiligen Problemstellung bis auf ca. 8 fs hochschrauben, jedoch sind diese Methoden auch um einen gewissen Faktor teurer als das einfache Störmer-Verlet-Verfahren. Zudem sind sie nicht ganz so effektiv parallelisierbar. Unserer Einschätzung nach läßt sich somit nur eine Gesamtbeschleunigung um etwa einen Faktor drei bis vier erzielen. Deswegen sind diese Techniken in naher Zukunft nicht in der Lage, die Zeit-Problematik bei der Moleküldynamik-Methode zu lösen.

Vielversprechender sind hier unter Umständen stochastische Techniken. Dabei werden die Newtonschen Bewegungsgleichungen um stochastische Reibungsterme[5] erweitert und so die Dynamik des Systems verändert. Diese Terme haben einen dämpfenden Einfluß auf hochfrequente Moden der Dynamik und erlauben so wesentlich größere Zeitschritte. Zu nennen sind hier die Langevin-Dynamik [314, 672, 673, 674] und die Brownsche Dynamik [240, 241, 398]. Die Simulationsergebnisse sind nun aber nicht mehr deterministisch sondern stochastisch. Zudem stellt sich die Frage nach der erzielten Genauigkeit im Sinn der statistischen Physik. Die Langevin-Dynamik wird in der Praxis häufig benutzt, um den Einfluß eines umgebenden Lösungsmittels auf ein Protein approximativ zu berücksichtigen, ohne die vielen Freiheitsgrade des Lösungsmittels explizit verwenden zu müssen.

Ein anderer Ansatz zur Reduktion der Komplexität behandelt das Lösungsmittel implizit durch ein makroskopisches Modell. Das Biomolekül und eine dünne Schicht umgebender Wassermoleküle plus Ionen werden dabei mit einem Moleküldynamik-Verfahren behandelt, der Einfluß des umgebenden Fluids wird kontinuierlich modelliert. So kann etwa die Elektrostatik des umgebenden Wasserbereichs mit Poisson-Boltzmann-Modellen [45, 308, 655] behandelt werden.

Abschließend wollen wir nun das Verhalten eines „Leucine Zippers" im Vakuum und in explizit berechneter, wässriger Lösung studieren. Hierbei geht es um den Bindungsmechanismus zweier α-Helices, die sich miteinander verdrillen, woher auch die anschauliche Vorstellung vom Reißverschluß (Zipper)

---

[5] Bei der Langevin-Dynamik werden zwei Terme zur Bewegungsgleichung $m\dot{\mathbf{v}}_i = \mathbf{F}_i - \gamma_i \mathbf{v}_i + \mathbf{R}_i(t)$ hinzugenommen: Ein reiner Reibungsterm $-\gamma_i \mathbf{v}_i$, der von der Geschwindigkeit abhängt, und stochastisches Rauschen mit einem nur von der Zeit abhängigen Term $\mathbf{R}_i(t)$, der im zeitlichen Mittel verschwindet.

kommt. Beide Stränge werden über Leucin-Seitenketten gebunden. Diesen Bindungsmechanismus findet man beispielsweise als Markierung des Anfangs und des Endes einer DNA-Kette. Das genauere Verständnis dieses Vorgangs kann mögliche Angriffspunkte für Medikamente aufzeigen.

Die numerischen Simulationen starten mit der Konfiguration voneinander unabhängiger Helix-Stränge aus einem synthetischen Teil eines Hepatitis-D Antigens (PDB-Eintrag 1a92) bei einer Temperatur von 300 K. In Abbildung 9.10 sind die Ergebnisse einer Simulation im Vakuum mit unserem Baumverfahren höherer Ordnung aus Kapitel 8 zu sehen. Man erkennt die Bewegung der zwei Helix-Paare voneinander weg und den Beginn von Brückenbindungen zwischen zwei Ketten in Form einer Schraube. Eine zweite Simu-

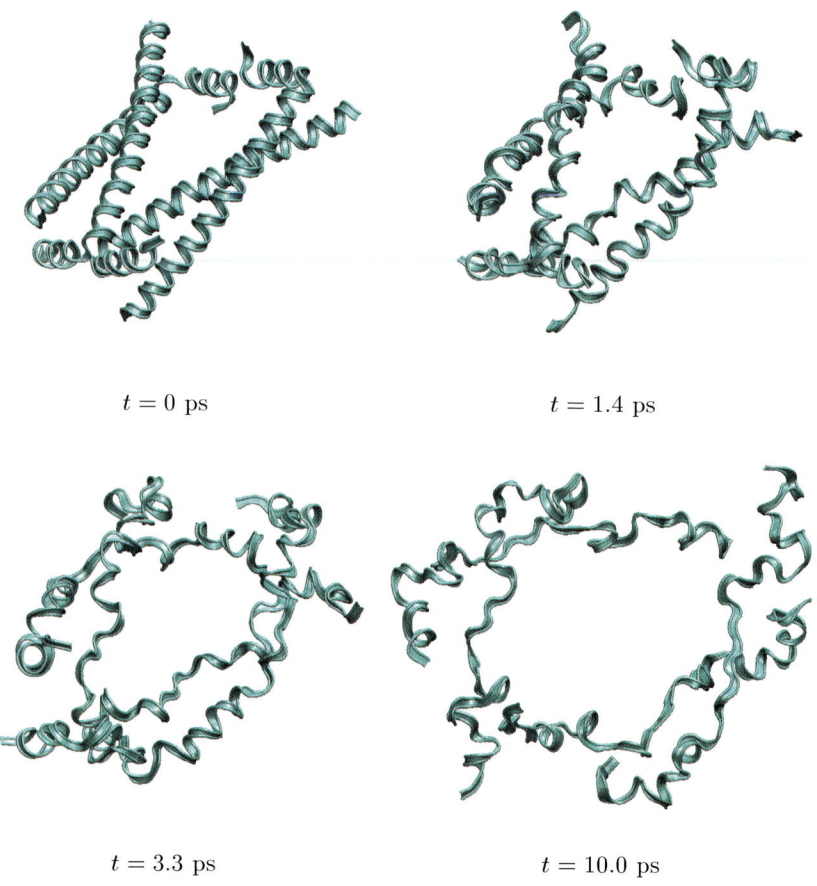

$t = 0$ ps $t = 1.4$ ps

$t = 3.3$ ps $t = 10.0$ ps

Abb. 9.10. Simulation zweier „Leucine Zipper" im Vakuum, zeitliche Abfolge in Band-Darstellung.

lation des „Leucine Zippers", diesmal in wässriger Lösung (12129 TIP3P-C Moleküle) mit periodischen Randbedingungen, ist in Abbildung 9.11 zu sehen. Dabei fällt auf, daß die Bewegungen deutlich langsamer erfolgen und das umgebende Wasser einen stabilisierenden Effekt auf die Helices ausübt. Wiederum beobachtet man den Beginn einer Bindung der Ketten.

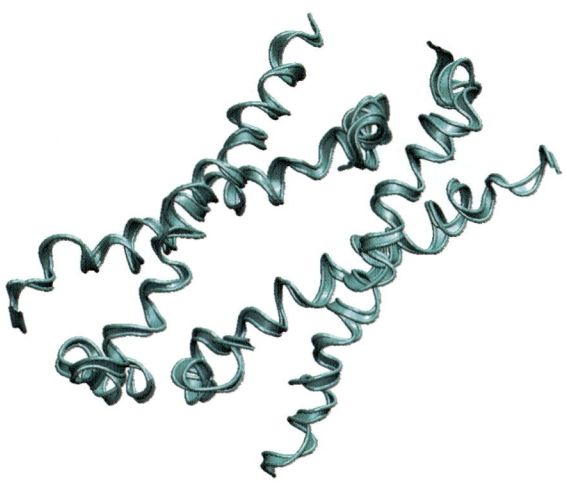

Abb. 9.11. Simulation zweier „Leucine Zipper" in wässriger Lösung, Band-Darstellung ohne Wassermoleküle, $t = 1.4$ ps.

Als weiteres Beispiel betrachten wir den α-Amylase-Inhibitor Tendamistat. Dieses kleine Protein besteht aus lediglich 74 Aminosäuren, bildet aber sechs β-Faltblätter und hat zwei Disulfid-Brückenbindungen. Damit kann man vom gestreckten Zustand ausgehend (Aminosäurensequenz des PDB-Eintrags `3ait`) im Vakuum eine relativ große Zahl von Zeitschritten simulieren, was eine komplette Faltung erlaubt. In wässriger Lösung würde der Faltungsvorgang allerdings selbst für ein so kleines Protein etwa 10 ms dauern. Für das Experiment im Vakkum ordnen wir die insgesamt 281 Atome bei einer Temperatur von 300 K in einem Würfel der Kantenlänge 50 Å×50 Å×90 Å an, verfolgen die Entwicklung des Proteins über die Zeit und kühlen dabei in gleichmäßigen Schritten jeweils auf 300 K. Einige Schnappschüsse der Dynamik sind in Abbildung 9.12 zu sehen. Deutlich erkennt man die verschiedenen Zeitskalen, auf denen das Molekül zuerst den energetisch ungünstigen langgestreckten Zustand verläßt und anschließend mit der eigentlichen Faltung beginnt. Ausführliche Untersuchungen zu Tendamistat findet man in [99].

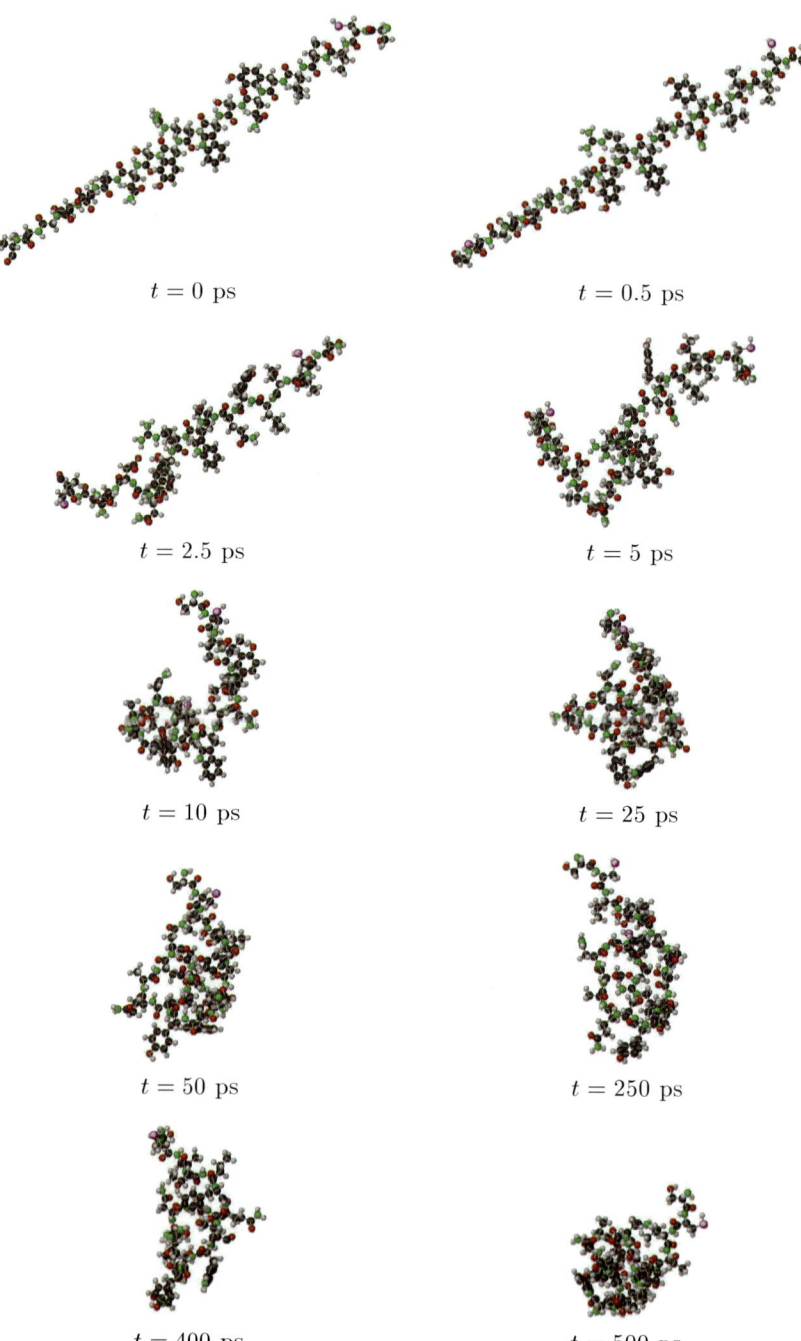

$t = 0$ ps

$t = 0.5$ ps

$t = 2.5$ ps

$t = 5$ ps

$t = 10$ ps

$t = 25$ ps

$t = 50$ ps

$t = 250$ ps

$t = 400$ ps

$t = 500$ ps

Abb. 9.12. Simulation der Faltung von Tendamistat im Vakuum.

9.4 Protein-Ligand-Komplex und Bindung

Die Aktivität eines Biopolymers wird im allgemeinen durch kleine Moleküle gesteuert, die sogenannten Liganden. Dabei lagern sich bestimmte Liganden an Teile der Oberfläche des Makromoleküls an und werden so von diesem „erkannt". Die Wirksamkeit vieler Medikamente und pharmazeutischer Präparate beruht auf diesem Erkennungsmechanismus. Deswegen muß zur Schaffung wirksamer neuer Arzneistoffe und Medikamente die Struktur und der Bindungsmechanismus des Komplexes aus Biopolymer und Ligand bekannt oder zumindest vorhersagbar sein. Dieses Problem ist analog zur Strukturvorhersage des vorigen Kapitels. Die Bindung des Liganden an sein Protein kann dabei als Faltungsproblem aufgefaßt werden. Auch sie findet auf einer relativ langsamen Zeitskala statt.

Ein Beispiel für Liganden sind Enzyme. Dies sind spezielle Proteine, die synthetisierend oder auch spaltend auf die Moleküle irgendeiner Substanz im Körper wirken, seien es andere Proteine oder Nukleinsäuren. Sie sind die Katalysatoren fast aller biologischer Systeme. Dabei werden die Substrate an eine spezielle Region des Enzyms gebunden, die als aktives Zentrum oder Bindungstasche bezeichnet wird. Dieses aktive Zentrum besteht aus einem kleinen, dreidimensionalen, höhlen- oder spaltenförmigen Teil des Gesamtenzyms, wobei die Bindungsspezifizität von der jeweiligen Anordnung der Atome im aktiven Zentrum abhängig ist. Nur ein oder höchstens einige wenige ähnlich geformte Substrate passen dabei an die aktive Stelle.

Die Entschlüsselung der Struktur eines Enzyms und die Reihenfolge seiner Aminosäuren erlauben es, die aktive Stelle zu identifizieren. Damit läßt sich dann die eigentliche chemische Reaktion zwischen dem Enzym und seinem Substrat rekonstruieren. Auf dieser Basis kann man versuchen, neue Stoffe zu finden oder zu konstruieren, die das jeweilige Enzym hemmen. Von besonderem Interesse ist dabei, Stoffe zu finden, die an die aktive Stelle noch besser passen als das natürliche Substrat. Diese könnten dann im Wettstreit mit dem natürlichen Substrat um die Bindung an das Enzym gewinnen und sich statt dessen an das aktive Zentrum binden. Dies hemmt die Gesamtfunktion und verhindert oder verlangsamt die Fortsetzung der enzymatischen Reaktion.

Das aktive Zentrum kann in Abwesenheit des Substrats bereits vorgeformt vorliegen. Dieser Annahme folgt die Schlüssel-Schloß-Hypothese, die auf Fischer [231] zurückgeht. Die Spezifität eines Enzyms (Schloß) für ein Substrat (Schlüssel) ergibt sich dabei direkt aus ihren geometrisch und elektronisch komplementären Formen. Mit anderen Worten, der Schlüssel paßt ins Schloß. Ein anderes Modell des Bindungsvorgangs basiert auf der „induced fit"-Hypothese. Hierbei geht man davon aus, daß sich die Substratbindungsstelle erst während des Bindungsvorgangs vollständig ausbildet. Die Wirkprinzipien beider Bindungsmodelle sind in Abbildung 9.13 dargestellt.

Röntgenuntersuchungen haben nun ergeben, daß die Substratbindungsstellen vieler Enzyme zwar vorgeformt vorliegen, es aber dennoch bei der Bindung zu kleinen Konformationsänderungen kommt. In diesem Sinne ist

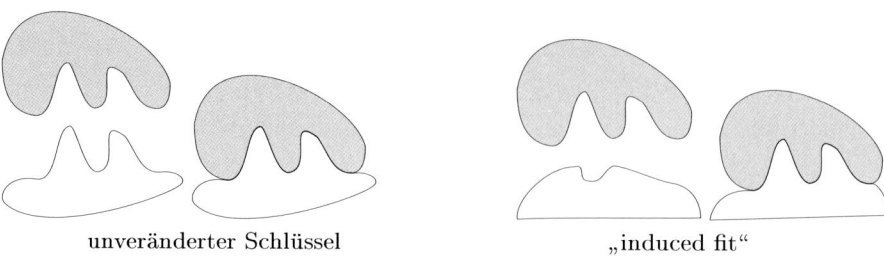

unveränderter Schlüssel   „induced fit"

Abb. 9.13. Bindungsmodelle gemäß Schlüssel-Schloß-Prinzip (links) und „induced fit" (rechts).

das „induced fit"-Modell realistischer. Im Labor ist es leichter, die Komponenten eines Enzym-Substrat-Komplexes einzeln zu produzieren und deren Struktur mittels Röntgenmethoden zu bestimmen. Daraus läßt sich jedoch im allgemeinen nicht ohne weiteres das aktive Zentrum des Enzyms und die Oberflächenregion des Substrats bestimmen, an die das Enzym bindet. Techniken zur Vorhersage dieser „Dockingregionen" werden intensiv vorangetrieben. Da sie jedoch meist von der Vorstellung starrer Molekülgeometrien ausgehen, können sie die Dynamik, die beim „induced fit" stattfindet, nicht berücksichtigen und sind hier oftmals zum Scheitern verurteilt.

Zur Lösung dieses Problems können Moleküldynamik-Methoden bis zu einem gewissen Punkt einen Beitrag leisten. Prominenteste Beispiele sind die bereits im vorigen Kapitel angesprochene Anwendung von äußerer Kraft [273, 316, 315], „steered molecular dynamics" [331, 386, 409] sowie „targeted molecular dynamics" [182, 183, 221, 222, 363].

Neben der Frage der Zeitkomplexität stellt sich für den Einsatz von Moleküldynamik-Methoden für das Studium von Ligand-Protein- beziehungsweise Enzym-Inhibitor-Komplexen das folgende Problem: Oftmals finden beim Erkennungs- und Dockingprozeß katalytische Reaktionen statt. Es hat sich gezeigt, daß hierbei quantenmechanische Effekte auftreten, die nicht vernachlässigt werden dürfen. Eine konventionelle Moleküldynamik-Methode mit Kraftfeld-Ansatz, bei der die Parameter der Potentialfunktionen etwa durch CHARMM oder Amber fix vorgeben sind, ist zu unflexibel und liefert zu ungenaue Ergebnisse. Es ist notwendig, die Parameter der Potentialfunktionen insbesondere in der Nähe des aktiven Zentrums in jedem Zeitschritt an das Ergebnis einer Elektronenstrukturrechnung anzupassen. Dies gelingt durch die Kopplung mit ab initio Techniken für die näherungsweise Bestimmung der Lösung der elektronischen Schrödingergleichung (Kapitel 2) bei festgehaltener Kernkonfiguration. Dabei kommen lokal Hartree-Fock- oder Dichtefunktionalmethoden [35, 299, 411, 519] zum Einsatz. In jedem Zeitschritt des klassischen Moleküldynamik-Verfahrens werden so die Hellmann-Feynman-Kräfte (siehe Abschnitt 2.3) direkt aus der Elektronenstruktur bestimmt. Eine explizite Parametrisierung der Potentialfunktionen entfällt somit.

Prominentester Vertreter dieser Kopplung von Moleküldynamik-Methoden für die klassische Behandlung der Kerne mit der (lokalen) quantenmechanischen Behandlung der Elektronen ist die Car-Parinello-Moleküldynamik [137, 454]. Erst duch einen solchen Einsatz von ab initio Verfahren in der lokalen Umgebung des aktiven Zentrums gelingt es, die ablaufenden Reaktionen genügend genau nachzuvollziehen. Ein Beispiel hierfür ist HIV (human immunodeficiency virus). Dieses Virus ist verantwortlich für die Immunschwächekrankheit AIDS (acquired immunodeficiency syndrome). Seit ihrem ersten Auftreten vor ca. 20 Jahren wurden große Anstrengungen gemacht, um den Wirkmechanismus von HIV besser zu verstehen und Gegenmittel zu entwickeln. In relativ kurzer Zeit konnte die Struktur des Virus aufgeklärt und Verständnis für seinen Vermehrungsprozeß in den Zellen des menschlichen Immunsystems gewonnen werden. Auch wurden erste Medikamente zur Unterdrückung der Vermehrung entwickelt, wie etwa AZT (Zidovudine), Saquinavir, Ritonavir oder Indinavir. Jedoch mutiert das Virus relativ schnell und bildet Resistenzen aus.

Mittlerweile kennt man mindestens drei Ziele für Inhibitoren gegen die Vermehrung von HIV, die Enzyme Protease (PR), reverse Transscriptase (RT) und Integrase (IN), siehe Abbildung 9.14. Hierfür wurden und wer-

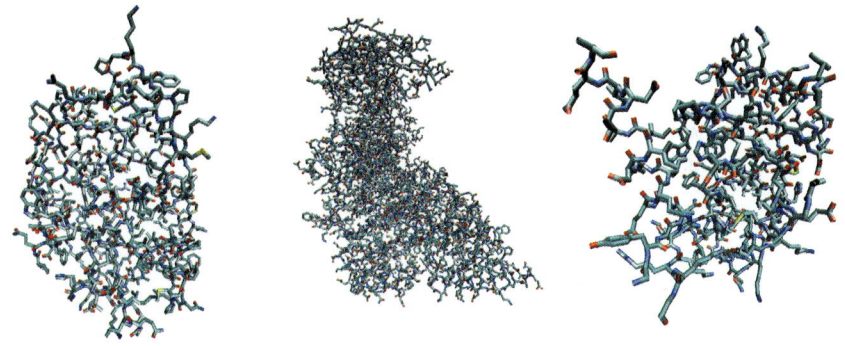

Abb. 9.14. HIV-1: Teile der Protease (links), reverse Transscriptase (Mitte) und Integrase (rechts).

den intensiv Inhibitoren entwickelt und untersucht. Inzwischen gibt es eigene Datenbanken für HIV und Inhibitoren, siehe [638]. Nach neuen Wirkstoffen und Ansatzpunkten wird mit großer Anstrengung gesucht. Moleküldynamik-Simulationen waren und sind hierbei ein wichtiges Werkzeug. So wurde die Möglichkeit untersucht, ob Zink-Ionen [663] oder C_{60}-Moleküle und Fulleren-Varianten [425] als Inhibitor für HIV-Protease dienen können. Mutationen und Resistenzen von Protease werden in [550, 648] mit Moleküldynamik-Methoden studiert. Die Bewegungsdynamik von Protease wird in [151, 152, 392, 550] und die der reversen Transscriptase in [397] genauer studiert. Für Integrase und deren Mutationen findet man Moleküldynamik-Simulationen in [59].

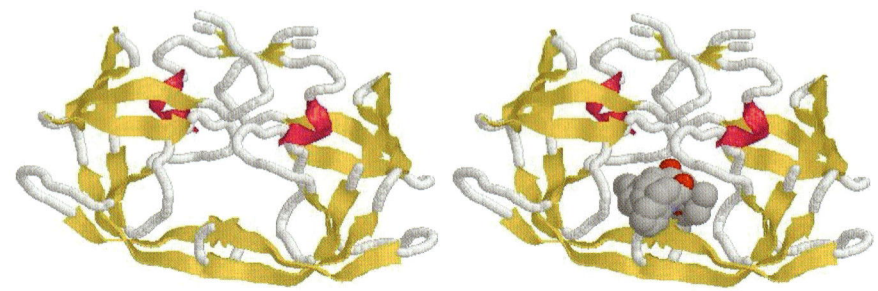

Abb. 9.15. HIV-1 Protease (links) zusammen mit Inhibitor Ro 31-8959 (rechts), PDB-Eintrag 1hxb.

Für genauere Untersuchungen der Reaktion im HIV-Inhibitor-Komplex wird, wie bereits erwähnt, die Kopplung von quantenmechanischen ab initio Methoden für die Elektronen mit klassischen Moleküldynamik-Verfahren für die Kerne benötigt. Ergebnisse hierzu findet man für Protease in [383, 628] und für reverse Transscriptase in [31].

10 Ausblick

In diesem Buch haben wir die wichtigsten Schritte der numerischen Simulation in der Moleküldynamik aufgezeigt. Ziel war es, den Leser in die Lage zu versetzen, Codes zur effizienten Behandlung der Newtonschen Bewegungsgleichungen selbst entwickeln und implementieren zu können. Für die Zeitdiskretisierung haben wir dabei das Störmer-Verlet-Verfahren eingesetzt. Zur Kraftauswertung haben wir neben dem Linked-Cell-Verfahren für kurzreichweitige Potentiale auch die effiziente Behandlung des langreichweitigen Coulomb-Potentials durch die SPME-Methode sowie verschiedene Baumalgorithmen behandelt. Ein weiterer Schwerpunkt war die Parallelisierung der vorgestellten Algorithmen mittels MPI. Auf Parallelmaschinen mit verteiltem Speicher lassen sich dann Probleme mit großen Teilchenzahlen bearbeiten. Schließlich haben wir eine Vielzahl konkreter Anwendungen der Moleküldynamik-Methode aus den Bereichen Materialwissenschaft, Biophysik und Astrophysik vorgestellt. Daneben haben wir eine Fülle von Implementierungshinweisen und -details gegeben, die dem Leser die konkrete selbstständige Umsetzung der Verfahren und Algorithmen in eigene Programme ermöglichen sollen.

Wir haben uns bemüht, die gängigsten Mehrkörperpotentiale vorzustellen. Trotzdem mußte unsere Liste von Potentialen aus Platzgründen unvollständig bleiben. Im folgenden wollen wir deswegen noch kurz weitere Potentiale ansprechen, die in praktischen Anwendungen relevant sind. Bei der moleküldynamischen Modellierung nichtgeordneter Strukturen und Cluster wird oft das Buckingham-Potential [129] eingesetzt. Es verallgemeinert das Lennard-Jones-Potential. Dabei wird der abstoßende $-r_{ij}^{-12}$-Term durch den Term $A_{ij}\exp(-B_{ij}r_{ij}) - C_{ij}r_{ij}^{8}$ ersetzt. Im Stockmayer-Potential [576, 577] wird neben dem Lennard-Jones-Anteil die Dipol-Dipol-Wechselwirkung durch den Term $1/r_{ij}^3 \cdot \left(\mathbf{p}_i\mathbf{p}_j - 3(\mathbf{p}_i\mathbf{r}_{ij})(\mathbf{p}_j\mathbf{r}_{ij})/r_{ij}^2\right)$ berücksichtigt. Hierbei bezeichnet $\mathbf{p}_i$ das Dipolmoment des Teilchens i. Mehrkörperpotentiale sind zwar substantiell teurer als einfache Zweikörperpotentiale, erlauben aber auch auch eine entsprechend genauere Modellierung.[1] Sie spielen heute insbesondere in der Materialwissenschaft eine wichtige Rolle. So gibt es für die Simulation von Silizium das Potential von Stillinger und Weber [575] sowie das Potential von Tersoff [593], für Siliziumoxyd wird das Potential von

---

[1] Erste Dreikörperpotentiale wurden unter anderem von Axilrod und Teller [52] eingeführt.

Vashishta [631] und Tsuneyuki [609] eingesetzt. Die *Polarisierbarkeit* von Materialien moleküldynamisch zu modellieren ist eine weitere interessante und herausfordernde Aufgabenstellung. Hierzu werden Core-Shell-Potentiale [381, 428, 543] eingesetzt. Dabei wird ein Atom konzeptionell in seinen Kern (core) und seine Hülle (shell) zerlegt. Analog wird die Ladung des polarisierten Atoms auf Kern und Hülle aufgeteilt. Die Masse des Atomkerns wird nun entweder in eine fiktive Masse des Kerns und eine fiktive Masse der Hülle aufgeteilt (adiabatisches Modell) oder der Hülle wird gar keine Masse zugeordnet (statisches Modell). Numerisch führen die beiden Modelle zu unterschiedlichen Vorgehensweisen. Da im adiabatischen Fall beide Teile – Hülle und Kern – eine Masse besitzen, können sie wie gewöhnliche Teilchen im Moleküldynamik-Verfahren interagieren. Im statischen Fall hingegen wird die Hülle explizit mittels einer harmonischen Feder an den Kern gebunden. Dann muß zunächst in jedem Zeitschritt eine Energieminimierung bezüglich des harmonischen Potentials und der Hülle zum Beispiel mit Hilfe des Verfahrens der konjugierten Gradienten durchgeführt werden. Danach können die Kerne konventionell mittels der Newtonschen Gleichung bewegt werden.

Weiterhin haben wir uns bemüht, die Auswertung einer Reihe verschiedener makroskopischer Größen für Moleküldynamik-Simulationen zu diskutieren, wie Energie, Temperatur, Druck, Diffusionskoeffizient, radiale Verteilungsfunktion oder cis-trans-Statistik. Nicht besprochen werden konnte die Berechnung von Strukturfaktoren, komplizierteren Transportkoeffizienten und Korrelationsfunktionen höherer Ordnung, wie sie mit der Green-Kubo Relation und der linearen Response-Theorie der Statistischen Mechanik gewonnen werden können. Hierzu sei auf [34, 141, 237, 503] und die dortige Literatur verwiesen. In kristallinen und amorphen Materialien spielen zudem kurz- und langreichweitige Ordnungsfunktionen und damit verbundene Schwingungen eine wichtige Rolle. Diese sogenannten Phononen lassen sich aus der Autokorrelationsfunktion der Geschwindigkeiten gewinnen. Hierzu sind im allgemeinen sehr große Simulationsgebiete und hohe Teilchenzahlen notwendig um „finite size"-Effekte zu reduzieren.

Wir möchten zum Abschluß darauf hinweisen, daß die in diesem Buch vorgestellten Verfahren und Techniken nicht allein auf die konventionelle Moleküldynamik beschränkt sind. Sie lassen sich auch direkt für die ab initio Moleküldynamik einsetzen, wie etwa in der Ehrenfest-, Born-Oppenheimer- oder Car-Parinello-Moleküldynamik. Dabei ist das Potential nicht mehr durch vorgegebene parametrisierte Funktionen gegeben, sondern wird in jedem Zeitschritt direkt aus Elektronenstrukturrechnungen mittels der Hartree-Fock-Methode, der Dichtefunktionaltheorie, der „configuration interaction"-Technik oder „coupled cluster"-Verfahren gewonnen. Ab initio Moleküldynamik-Verfahren benötigen keine komplizierten empirischen Potentialfunktionen mit aufwendig an Meßergebnisse angepaßten Parametersätzen, sie sind per Konstruktion parameterfrei. Weiterhin erlauben sie durch die Berücksichtigung quantenmechanischer Effekte auch die Berechnung der Dynamik bei chemischen Reaktionen und Transformationen. Sie sind aktuell noch auf Systeme mit wenigen hundert Atomen beschränkt, werden aber in den nächsten Jahren nicht zuletzt auch auf Grund steigender Parallelrechnerkapazitäten immer leistungsfähiger und damit für viele praktische Anwendungen interessant werden. Weiterhin läßt sich die Moleküldynamik-Methode mit Monte-Carlo-Ansätzen kombinieren [191]. In diesen hybriden Monte-Carlo-Simulationen wird meist für eine Sequenz zufälliger Anfangsdaten durch Moleküldynamik eine Sequenz kurzer Trajektorien erzeugt, über die dann im Monte-Carlo-Teil statistisch gemittelt wird. Einsatzgebiete sind Festkörper- und Polymerphysik [234, 303, 417], sowie in jüngerer Zeit Konformationsfragen bei Biomolekülen [544, 545] und Pfadintegralen [615]. Zudem kann die Moleküldynamik-Methode für eine Reihe allgemeinerer Ensembles, für offene Systeme, Nicht-Gleichgewichtsphänomene (NEMD) und quantenmechanische Fragestellungen (QMD) eingesetzt werden. Details und weiterführende Literatur hierzu findet man in [34] und [279].

Darüber hinaus lassen sich Moleküldynamik-Verfahren ohne Schwierigkeiten über die Newtonschen Gleichungen hinaus auf andere Bereiche übertragen, in denen die Bewegung von Teilchen eine Rolle spielt.

Vortex-Methoden [144, 155, 376, 403] werden zur Simulation inkompressibler Strömungen mit hoher Reynoldszahl eingesetzt. Dabei wird die Wirbelstärke durch N Lagrangesche Partikel diskretisiert und so die Strömungsgleichung in ein System von $2N$ gewöhnlichen Differentialgleichungen analog zu den Newtonschen Gleichungen überführt. Zudem werden die Theoreme von Kelvin und Helmholz diskret erfüllt, die die Dynamik der Wirbelstärke nichtviskoser Fluide bestimmen. Die Partikel werden nun mit der Zeit bewegt und interagieren über Potentialfunktionen, die aus der Strömungsgleichung und den jeweils verwendeten Partikeltypen abgeleitet werden. Die Geschwindigkeit jedes Partikels kann mittels des Biot-Savart-Gesetzes gewonnen werden. Hierbei lassen sich die in diesem Buch besprochenen Methoden, insbesondere die Baumverfahren, vorteilhaft einsetzen, siehe auch [188, 189, 652].

Die *smoothed particle hydrodynamics*-Methode (SPH) [192, 252, 389, 431, 365] ist eine Lagrangesche gitterfreie Partikelmethode zur numerischen Behandlung von Strömungungsproblemen. Sie verwendet zur Simulation des Fluids Partikel, die eine gewisse Ausdehnung, eine innere Dichteverteilung, eine Eigengeschwindigkeit und je nach Bedarf auch eine Temperatur oder Ladung besitzen. Dazu ist jedem Partikel eine Kernfunktion mit meist kompaktem Träger zugeordnet. Die bekannten Gleichungen der Strömungsmechanik, wie die Euler- oder die Navier-Stokes-Gleichungen lassen sich dann näherungsweise als gewöhnliche Differentialgleichungssysteme formulieren, bei denen die Teilchen konvektiv mit der Zeit bewegt werden und dabei mittels Potentialfunktionen interagieren. Diese Potentialfunktionen entstehen über die jeweiligen Differentialoperatoren der Strömungsgleichungen aus den Kernfunktionen. Insgesamt müssen wir also wie beim Moleküldynamik-Verfahren Teilchen mit der Zeit in einem Kraftfeld bewegen und dabei in jedem Zeitschritt die auf die Teilchen wirkenden Kräfte ermitteln. Hierzu lassen sich die in diesem Buch besprochenen Verfahren nach geringfügigen Modifikationen einsetzen. Die SPH-Methode wird häufig für astrophysikalische Strömungsprobleme sowie für Strömungsprobleme mit freien Oberflächen eingesetzt.

Schließlich lassen sich die erläuterten Berechnungsmethoden auch allgemein zur schnellen Auswertung diskretisierter Integraltransformationen und -gleichungen einsetzen. Beispiele sind die schnelle Gauß-Transformation [264, 265], die schnelle Radon-Transformation [110, 120] oder die schnelle Auswertung radialer Basisfunktionen [66, 67, 68].

Wir hoffen, daß der Leser, nachdem er sich durch dieses Buch gearbeitet hat, sich auch in diesen Anwendungsbereichen von Partikelmethoden schnell zurecht findet und die erlernten Techniken der Moleküldynamik dort erfolgreich einsetzen kann.

A Anhang

A.1 Die Newtonschen, Euler-Lagrangeschen und Hamiltonschen Gleichungen

Wir betrachten ein klassisches mechanisches System aus N Partikeln mit den Massen $\{m_1, \ldots, m_N\}$ im $\mathbb{R}^d$. Der Ort des i-ten Partikels zum Zeitpunkt t sei mit $\mathbf{x}_i(t) \in \mathbb{R}^d$ und seine Geschwindigkeit mit $\mathbf{v}_i(t) = \dot{\mathbf{x}}(t) \in \mathbb{R}^d$ bezeichnet. Der Impuls ist dann durch $\mathbf{p}_i(t) := m_i \mathbf{v}_i(t) = m_i \dot{\mathbf{x}}(t)$ gegeben.

Die Bewegungen der Partikel gehorchen den Newtonschen Bewegungsgleichungen

$$m_i \ddot{\mathbf{x}}_i = -\nabla_{\mathbf{x}_i} V(\mathbf{x}), \tag{A.1}$$

beziehungsweise

$$\dot{\mathbf{x}}_i = \mathbf{v}_i$$
$$m_i \dot{\mathbf{v}}_i = -\nabla_{\mathbf{x}_i} V(\mathbf{x}),$$

wobei die Funktion

$$V : \mathbb{R}^{dN} \to \mathbb{R}$$

die potentielle Energie beschreibt. Dabei haben wir mit $\mathbf{x} := (\mathbf{x}_1, \ldots, \mathbf{x}_N)^T$ die Orte der Partikel in einem Vektor zusammengefaßt. Analog wollen wir mit $\mathbf{v} := (\mathbf{v}_1, \ldots, \mathbf{v}_N)^T$ die Geschwindigkeiten und mit $\mathbf{p} := (\mathbf{p}_1, \ldots, \mathbf{p}_N)^T$ die Impulse zusammenfassen.

Eine alternative Beschreibung der Bewegung ergibt sich durch das Hamiltonsche Prinzip, auch das Prinzip der kleinsten Wirkung genannt. Dazu betrachten wir die von den Orten $\mathbf{x}$ und Geschwindigkeiten $\mathbf{v}$ abhängige Lagrangefunktion

$$\mathcal{L}(\mathbf{x}, \mathbf{v}) := \frac{1}{2} \sum_{i=1}^{N} m_i \mathbf{v}_i^2 - V(\mathbf{x}). \tag{A.2}$$

Die Bewegung des System ist dadurch gekennzeichnet, daß sie das Wirkintegral

$$L(\mathbf{x}) := \int_0^T \mathcal{L}(\mathbf{x}(t), \dot{\mathbf{x}}(t)) \mathrm{d}t$$

stationär macht, das heißt, daß dessen erste Variation δL verschwindet,

$$\delta L(\mathbf{x}, \mathbf{y}) := \lim_{\varepsilon \to 0} \frac{L(\mathbf{x} + \varepsilon \mathbf{y}) - L(\mathbf{x})}{\varepsilon}$$

$$= \int_0^T \mathcal{L}(\mathbf{x}, \dot{\mathbf{x}})\mathbf{y} + \mathcal{L}(\mathbf{x}, \dot{\mathbf{x}})\dot{\mathbf{y}} \, \mathrm{d}t = 0 \qquad \forall \mathbf{y} \in C_c^\infty((0, T); \mathbb{R}^{dN}).$$

Dies ist äquivalent zur Eulergleichung

$$\nabla_{\mathbf{x}} \mathcal{L}(\mathbf{x}, \dot{\mathbf{x}}) - \frac{\mathrm{d}}{\mathrm{d}t} \nabla_{\dot{\mathbf{x}}} \mathcal{L}(\mathbf{x}, \dot{\mathbf{x}}) = 0. \tag{A.3}$$

Durch Einsetzen von (A.2) in (A.3) erkennt man leicht die Äquivalenz zu den Newtonschen Bewegungsgleichungen (A.1).

Mit Hilfe der Legendretransformation $(\mathbf{x}, \dot{\mathbf{x}}, t) \to (\mathbf{x}, \mathbf{p}, t)$ gelangt man schließlich zur dritten Charakterisierung der Bewegung eines Systems. Wir definieren die von den Orten $\mathbf{x}$ und Impulsen $\mathbf{p}$ abhängende Hamiltonfunktion als die Legendretransformierte der Lagrangefunktion,

$$\mathcal{H}(\mathbf{x}, \mathbf{p}) := \sum_{i=1}^N \frac{\mathbf{p}_i^2}{m_i} - \mathcal{L}(\mathbf{x}, \frac{\mathbf{p}}{\mathbf{m}}) = \frac{1}{2} \sum_{i=1}^N \frac{\mathbf{p}_i^2}{m_i} + V(\mathbf{x}),$$

mit $\frac{\mathbf{p}}{\mathbf{m}} := (\frac{\mathbf{p}_1}{m_1}, \frac{\mathbf{p}_2}{m_2}, \ldots, \frac{\mathbf{p}_N}{m_N})^T$. Die Hamiltonschen Gleichungen für ein System $(\mathbf{x}, \mathbf{p})$ lauten dann

$$\dot{\mathbf{x}} = \nabla_{\mathbf{p}} \mathcal{H}(\mathbf{x}, \mathbf{p}), \qquad \dot{\mathbf{p}} = -\nabla_{\mathbf{x}} \mathcal{H}(\mathbf{x}, \mathbf{p}). \tag{A.4}$$

Auch hier ist es leicht zu sehen, daß die Newtonschen Bewegungsgleichungen zusammen mit der Definition des Impulses $\mathbf{p}_i := m_i \dot{\mathbf{x}}_i$ äquivalent zu den Hamiltonschen Gleichungen (A.4) sind. Wegen

$$\frac{\mathrm{d}}{\mathrm{d}t} \mathcal{H}(\mathbf{x}, \mathbf{p}) = \nabla_{\mathbf{x}} \mathcal{H}(\mathbf{x}, \mathbf{p})\dot{\mathbf{x}} + \nabla_{\mathbf{p}} \mathcal{H}(\mathbf{x}, \mathbf{p})\dot{\mathbf{p}}$$

$$= \nabla_{\mathbf{x}} \mathcal{H}(\mathbf{x}, \mathbf{p}) \nabla_{\mathbf{p}} \mathcal{H}(\mathbf{x}, \mathbf{p}) - \nabla_{\mathbf{p}} \mathcal{H}(\mathbf{x}, \mathbf{p}) \nabla_{\mathbf{x}} \mathcal{H}(\mathbf{x}, \mathbf{p}) = 0$$

wird für jedes System, das den Hamiltonschen Gleichungen genügt, die Summe aus kinetischer und potentieller Energie erhalten.

A.2 Hinweise zur Programmierung und Visualisierung

Grundsätzlich lassen sich die in diesem Buch beschriebenen Algorithmen in verschiedenen Programmiersprachen umsetzen. Wir haben in den abgedruckten Beispielen die Sprache C verwendet, siehe [40, 350].

Um ein Programm in C übersichtlich zu gestalten und Redundanzen zu vermeiden, ist es zweckmäßig, die Prozeduren in verschiedenen Modulen (Dateien) zu gliedern, die dann automatisch zusammengebunden werden. Es empfiehlt sich, den Quelltext in Header-files (.h) mit der Deklaration der

Prozeduren und Datentypen und in den Implementierungteil (.c) aufzuteilen. Beispielsweise können bei der SPME-Methode aus Abschnitt 7.3 die
Prozeduren für die Berechnung der kurzreichweitigen und der langreichweitigen Kraftanteile in einer eigenen Datei `mesh.c` zusammengefaßt werden.
Die Verwaltung der Abhängigkeiten und Dateien wird üblicherweise von
integrierten Entwicklungsumgebungen automatisch erledigt. Auf Rechnern
mit dem Betriebssystem Unix gibt es die Möglichkeit, den Übersetzungs-
und Link-Vorgang mit Hilfe des Programms `make` zu automatisieren. Weitere Informationen zu diesem Themenkreis findet man in einschlägigen Unix-
Büchern [107, 108]. In unserem Fall könnte das für das Programm `make` nötige
`Makefile` wie in Algorithmus A.1 aussehen.

Algorithmus A.1 Makefile

```
OBJ = particle.o mesh.o        # die einzelnen Module
CC = cc                        # der Compiler
CFLAGS = -c
CLIBS = -lfft -lmpi -lm        # die verwendeten Bibliotheken
AOUT = a.out


.c.o:                          # Regel zum Übersetzen
        $(CC) -c $(CFLAGS) $*.c


$(AOUT): $(OBJ)                # Regel zum Link-Vorgang
        $(CC) -o $(AOUT) $(OBJ) $(CLIBS)


particle.o: particle.h  mpi.h  # weitere Abhängigkeiten
mesh.o:     mesh.h particle.h mpi.h fft.h
```

Im folgenden geben wir einige Erläuterungen zu den dabei verwendeten
Befehlen:

- Die Module, die zu einem Programm zusammengebunden werden sollen,
  sind in der Variable `OBJ` zusammengefaßt. Die Dateien mit Endung `.o` sind
  bereits übersetzte Module, sogenannte Object-files.
- Regeln werden mit einem Doppelpunkt bezeichnet. Die erste Regel beschreibt, wie aus einem Quelltext ein Modul übersetzt wird.
- Die zweite Regel sagt, wie daraus das lauffähige Programm gebaut wird.
- Man beachte, daß die Zeilen mit `$(CC)` mit einem Tabulatorzeichen beginnen müssen, um Aktionen von Regeln zu unterscheiden.
- Durch die `-l` Option wird dem Linker mitgeteilt, in welchen Bibliotheken
  er nach Object-files suchen soll. In unserem Fall wird nun zusätzlich zur
  Mathematikbibliothek die Bibliothek für die schnelle Fouriertransformation `fft` und die MPI-Bibliothek für paralleles Rechnen mit Message-Passing
  eingebunden.

- Die -c Option wird zur Erzeugung von Object-files benötigt.
- Weitere Regeln spezifizieren die Abhängigkeiten der Dateien untereinander. So ist das Object-file `particle.o` unter anderem abhängig vom Header-file `particle.h`. Dies bedeutet, daß nach einer Änderung des Header-files das Object-file neu erzeugt werden muß und dazu das entsprechende Quellprogramm neu übersetzt werden muß. Diese speziellen Einträge im Makefile kann man mit dem Aufruf `makedepend *.c` automatisch von einem Hilfsprogramm erzeugen lassen. Manche Übersetzer können auch selber Abhängigkeiten aus den `include`-Befehlen der Dateien bestimmen. Damit wird sichergestellt, daß im Gegensatz zu einer Eingabe per Hand die Abhängigkeiten vollständig erfaßt werden.

An Stelle von `C` lassen sich natürlich auch Sprachen für objekt-orientiertes Programmieren wie `C++` und `Java` verwenden. Dabei werden die beschriebenen Datenstrukturen `struct` zu Klassen `class` erhoben und die Prozeduren sinnvoll diesen Klassen als Methoden zugeordnet. Damit läßt sich eine stärkere Gliederung und Kapselung von Daten und Algorithmen erzielen. Im Sinne von generischer Programmierung sollte man zumindest allgemeine Implementierungen von Containern für verkettete Listen und Bäume einsetzen. Zeitintegration und Kraftberechnung bieten sich als abstrakte Schnittstellen für ganze Hierarchien von Algorithmen an.

Die Partikeldatenstruktur 3.1 und die drei Funktionen `updateX`, `updateV` und `force` in Algorithmus 3.5 und 3.7 könnte man bei objektorientierter Programmierung beispielsweise in einer gemeinsamen Klasse zusammenfassen, siehe Programmstück A.1. Damit erhält man für verschiedene Potentiale und Zeitintegratoren verschiedene Partikeltypen jeweils mit Methoden zur Zeitintegration und Kraftauswertung. Andere Gliederungen mit mehrfacher Vererbung oder mit parametrisierten Klassen sind alternativ möglich.

Programmstück A.1 Eine Klasse für das Störmer-Verlet-Verfahren

```
class GravitationStoermerVerletParticle: public Particle {
private:
  real F_old[DIM];
public:
  GravitationStoermerVerletParticle();
  void updateX(real delta_t);
  void updateV(real delta_t);
  void force(const GravitationStoermerVerletParticle& j);
};
```

Weitere Programmiersprachen sind unter anderem `Pascal`, `Fortran90` und deren Varianten. Die Programme weichen dann aber zumindest syntaktisch stärker von unseren Beispielprogrammen in `C` ab.

Als Ergebnis einer Simulation sollen die Anzahl, die jeweiligen Positionen und Geschwindigkeiten der Partikel sowie zudem berechnete relevante Größen, wie die kinetische und potentielle Energie, in regelmäßigen Abständen in eine Ausgabedatei geschrieben werden. Der Inhalt dieser Datei kann dann zur weiteren Analyse benutzt werden. Darüber hinaus lassen sich die Daten mit Hilfe eines Visualisierungsprogramms darstellen und animieren. Dazu werden die Daten von einem geeigneten Visualisierungsprogramm eingelesen und graphisch umgesetzt. Die einfachste Methode zur Visualisierung ist die Darstellung der Partikel eines Systems zu einem gegebenen Zeitpunkt als Punkte oder kleine Kugeln, die eventuell nach Partikeltyp oder den jeweiligen Geschwindigkeiten farblich codiert sind. Für sehr große Partikelzahlen stößt die Darstellung mittels Punkten oder Kugeln jedoch bald an ihre Grenzen. Dann kann man zu farbkodierten Dichten übergehen. Dynamische Abläufe lassen sich als Film durch die Hintereinanderabfolge der einzelnen Bilder erzeugen. Hierzu gibt es eine Reihe von Paketen mit verschiedenster Mächtigkeit, wie gnuplot, IDL, MS Visualizer, AVS, OpenDX oder Explorer. Spezielle Moleküldarstellungen erlauben unter anderem RASMOL, Protein-Explorer, CHIME, EXPLOR, MIDAS oder VMD.

A.3 Parallelisierung mit MPI

Wir befassen uns in diesem Buch mit der Parallelisierung von Algorithmen für Rechner mit verteiltem Speicher. Dabei hat jeder Prozessor seinen eigenen Hauptspeicher. Dort müssen alle nötigen Daten für seine Operationen bereit stehen. Die Prozessoren können über Botschaften miteinander kommunizieren, wobei ein Prozessor einem anderen Prozessor Daten schickt. Das heißt, daß ein paralleles Programm nicht nur wie das sequentielle aus einer Abfolge von Rechenoperationen besteht, sondern daß an geeigneten Stellen im Programm auch Sende- und Empfangsoperationen durchgeführt werden müssen. Diese Operationen sind bis auf wenige sehr einfach strukturierte Fälle vom Programmierer in das Programm explizit einzubauen. Wir wollen dabei den SPMD-Ansatz verfolgen (single program, multiple data). Ziel ist es dabei, *ein* auf jedem Prozessor parallel ablaufendes Programm zu schreiben, das mit den auf den jeweils anderen Prozessoren ablaufenden Programmen durch Sende- und Empfangsoperationen kontrolliert kommuniziert. Der Gesamtablauf wird dabei durch das Empfangen notwendiger Daten von anderen Prozessoren synchronisiert.

Im Laufe der Entwicklung der Parallelrechner wurden verschiedene Ansätze verfolgt, wie diese Kommunikationsoperationen aussehen können. Aufbauend auf früheren „Message-Passing"-Bibliotheken wie PVM, Parmacs, NX/2, Picl oder Chimp hat sich schließlich ein einheitlicher Standard „MPI" (Message Passing Interface) durchgesetzt [8, 268, 269, 270, 452]. Davon gibt es für alle gängigen Parallelrechner mindestens je eine Implementierung. Zu

Testzwecken kann man zusätzlich auch die frei erhältlichen MPI-Implementierungen „Mpich" (Argonne National Lab.) [12] oder „LAM" (Notre Dame University) [13] einsetzen, die auf einem einzigen Rechner oder auf einem Verbund mehrerer untereinander vernetzter Arbeitsplatzrechner einen Parallelrechner simulieren.

Im wesentlichen stellt MPI eine Bibliothek zur Verfügung, mit der eine bestimmte Anzahl von Prozessen (auf einem oder mehreren Rechnern) gleichzeitig gestartet werden kann. Diese Prozesse tauschen untereinander Daten aus. Sie können anhand einer eindeutigen Prozeßnummer identifiziert werden. MPI ist ein sehr mächtiges und komplexes System mit mehr als 120 verschiedenen Funktionen, siehe [269, 270, 452] für Details. Die Parallelisierung vieler Verfahren läßt sich aber mit nur sechs dieser Funktionen realisieren. Diese sind:

- MPI_Init():
  Initialisierung der MPI-Bibliotheksumgebung.
- MPI_Finalize():
  Terminierung der MPI-Bibliotheksumgebung.
- MPI_Comm_size():
  Ermittlung der Anzahl numprocs der gestarteten Prozesse.
- MPI_Comm_rank():
  Ermittlung der lokalen Prozeßnummer myrank $\in \{0, \ldots, \text{numprocs} - 1\}$.
- MPI_Send() beziehungsweise MPI_Isend():
  Verschicken einer MPI-Nachricht.
- MPI_Recv():
  Empfangen einer MPI-Nachricht.

Die Initialiserung eines parallelen Hauptprogramms ist in Algorithmus A.2 angegeben.

Algorithmus A.2 Paralleles Hauptprogramm a.out

```
#include <mpi.h>
int main(int argc, char *argv[])
{
  int myrank, numprocs;
  MPI_Init(&argc, &argv);
  MPI_Comm_size(MPI_COMM_WORLD, &numprocs);
  MPI_Comm_rank(MPI_COMM_WORLD, &myrank);
  ...                      // die eigentlichen Rechenoperationen
  MPI_Finalize();
  return 0;
}
```

Zunächst muß die MPI-Bibliothek durch den Aufruf der Routine MPI_Init initialisiert werden. Zwischen MPI_Init und MPI_Finalize können Daten an andere Prozessoren geschickt oder von diesen empfangen werden. Insgesamt stehen `numprocs` Prozesse zur Verfügung. Der Wert von `numprocs` kann mit `MPI_Comm_size` abgefragt werden. Die Prozesse werden von Null aufsteigend durchnummeriert. Um herauszufinden, auf welchem Prozessor sich die aktuelle Kopie unseres Programms befindet, läßt sich die Funktion `MPI_Comm_rank` verwenden. Damit enthält die Variable `myrank` einen Wert zwischen 0 und `numprocs-1`. Mit Hilfe der Prozeßnummer `myrank` und der Gesamtzahl `numprocs` der Prozesse kann man das Verhalten der einzelnen Prozesse steuern.

Der Start eines parallelen Programms kann auf verschiedene Weisen geschehen, die auch vom jeweiligen Parallelrechner abhängen. Letztlich muß das ausführbare Programm in den Speicher jedes Prozessors kopiert werden und dort gestartet werden. Mögliche Aufrufe für das Programm `a.out` auf zwei Prozessoren lauten beispielsweise `mpirun -np 2 a.out` oder `mpiexec -n 2 a.out`.

Zum Senden und Empfangen von Daten zwischen zwei Prozessen gibt es in MPI eine Reihe von verschiedenen `send`- und `receive`-Funktionen. Wir betrachten zunächst die Routinen

```
int MPI_Send(void* data, int length, MPI_Datatype, int to,
             int tag, MPI_Comm);
int MPI_Recv(void* data, int length, MPI_Datatype, int from,
             int tag, MPI_Comm, MPI_Status *);
```

genauer. Damit kann jeweils ein Vektor der Länge `length` transportiert werden. Es muß der Datentyp (beispielsweise `MPI_INT` oder `MPI_DOUBLE`) und die Adresse des ersten Elements `data` angegeben werden. Bei der Sendeoperation wird der Zielprozeß `to` und bei der dazu passenden Empfangsoperation der Ursprungsprozeß `from` angegeben. Das Feld `tag` kann als weiterer Filter für Botschaften eingesetzt werden. Es werden nur Botschaften mit übereinstimmendem Tag empfangen. Der Kommunikator `MPI_Comm` ist gewöhnlich `MPI_COMM_WORLD`.[1]

Einen Schönheitsfehler haben die angegeben Funktionen jedoch: Es handelt sich um blockierende Operationen. Dies bedeutet, daß das Programm nicht fortgesetzt werden kann, solange die Operation nicht vollständig abgearbeitet ist. Das klingt harmlos. Stellen wir uns aber die Situation vor, bei der jeder Prozessor an einen Nachbarn einige Daten schicken will. Wenn wir dazu ein Programm wie oben schreiben mit einem `MPI_Send` gefolgt von einem `MPI_Recv`, so funktioniert dies auch, solange nur wenige Daten verschickt werden. Müssen aber viele Daten verschickt werden, blockiert die Operation `MPI_Send`, bis sich die Operation `MPI_Recv` beim Empfänger meldet und genügend Speicherplatz zum Empfang bereitstellt. Im schlimmsten Fall bleiben alle Prozesse in der Operation `MPI_Send` hängen und keiner davon erreicht

---

[1] Es könnten hier aber auch Teile der beteiligten Prozessoren zu einem kleineren virtuellen Rechner zusammengefaßt werden, siehe [269].

je die rettende Operation MPI_Recv. Um diese Art der Verklemmung der Prozesse auszuschließen, kann man das Kommunikationsmuster ändern, indem beispielsweise zuerst nur alle Prozesse mit gerader Nummer senden und die Prozesse mit ungerader Nummer empfangen. Einfacher ist aber der Einsatz einer nicht-blockierenden send-Routine. Der folgende Algorithmus A.3 löst unser Problem.

Algorithmus A.3 Nicht-blockierende Kommunikation

```
void comm(void *send_data, int send_length, int send_to,
          void *recv_data, int recv_length, int recv_from,
          int tag, MPI_Datatype datatype) {
  MPI_Request req;
  MPI_Status status1, status2;
  MPI_Isend(send_data, send_length, datatype, send_to,
            tag, MPI_COMM_WORLD, &req);
  MPI_Recv (recv_data, recv_length, datatype, recv_from,
            tag, MPI_COMM_WORLD, &status1);
  MPI_Wait(&req, &status2);
}
```

Der Aufruf MPI_Isend (I für immediate) blockiert nicht. Danach kann der Empfangsbefehl MPI_Recv unverändert verwendet werden. Um sicherzustellen, daß die Daten auch alle gesendet wurden, müssen wir jetzt den zusätzlichen Aufruf von MPI_Wait einsetzen, der auf die Vollendung der Operation MPI_Request wartet. Erst danach dürfen wir den Datenvektor wieder verändern.

Im Prinzip kann man mit dieser Punkt-zu-Punkt Kommunikation bereits vollständige parallele Programme schreiben. Für Operationen, die alle Prozessoren betreffen, wie beispielsweise die Berechnung der Summe oder des Maximums von Werten, die über alle Prozessoren verteilt sind, erweist es sich in der Praxis als günstig, noch zusätzlich einige spezielle Routinen einzusetzen. Diese sind:

```
int MPI_Allreduce(void* datain, void* dataout, int length,
              MPI_Datatype, MPI_Op, MPI_Comm);
int MPI_Allgather(void* datain, int lengthin, MPI_Datatype,
              void* dataout, int lengthout, MPI_Datatype,
              MPI_Comm);
```

Der Aufruf Allreduce verarbeitet die Daten, die jeder Prozessor beiträgt, gemäß MPI_Op und schickt das Endergebnis an alle Prozessoren zurück. Mögliche Werte für MPI_Op sind MPI_SUM, MPI_PROD, MPI_MIN oder MPI_MAX. Dabei wird garantiert, daß das Endergebnis auf allen Prozessoren exakt gleich ist. Die genaue Reihenfolge der Operationen, die zu unterschiedlich gerundeten Werten führen kann, hängt allerdings von der MPI-Implementierung ab.

Üblicherweise werden dazu alle Daten zunächst an einen Master-Prozeß geschickt, der die Daten dann gemäß MPI_Op *reduziert*. Daneben findet man auch baumartige Implementierungen dieser Operationen.

Die Funktion Allgather ist eine Vorstufe davon. Hierbei werden die eingesammelten Daten ohne jede weitere Verarbeitung an alle Prozessoren ausgeliefert. Beide Funktionen blockieren solange, bis alle Prozessoren ihre Daten beigebracht haben.

Zum Abschluß stellen wir noch ein kleines paralleles Beispielprogramm vor, daß auf den besprochenen Befehlen aufbaut. Dazu verwenden wir das Hauptprogramm aus Algorithmus A.2, in dem die neue Routine solve aufgerufen wird, die die nicht-blockierende Kommunikationsroutine comm aus Algorithmus A.3 verwendet. Zusätzlich setzen wir zur Zeitmessung noch die Funktion MPI_Wtime() ein, die den Wert einer lokalen Systemuhr liefert.

Algorithmus A.4 Paralleler iterativer Jacobi-Löser

```
void solve() {
#define n 10
#define m 50
  double x[n+2], y[n+2], f[n+2];
  int myrank, numprocs;
  MPI_Comm_size(MPI_COMM_WORLD, &numprocs); // Nachbarprozessoren
  MPI_Comm_rank(MPI_COMM_WORLD, &myrank);
  int left  = (myrank + numprocs - 1) % numprocs;
  int right = (myrank + 1) % numprocs;
  for (int i=1; i<=n; i++) {
    x[i] = 0;
    f[i] = sin((i + n * myrank) * 2. * M_PI / (n * numprocs));
  }
  real t = MPI_Wtime();
  for (int j=0; j<m; j++) { // Iterationszähler
    comm(&x[n], 1, right, &x[0],   1, left,  7, MPI_DOUBLE);
    comm(&x[1], 1, left,  &x[n+1], 1, right, 8, MPI_DOUBLE);
    for (int i=1; i<=n; i++)
      y[i] = 0.5 * x[i] + (f[i] + x[i-1] + x[i+1]) * 0.25;
    double s = 0, c;
    for (int i=1; i<=n; i++) s += y[i];
    MPI_Allreduce(&s, &c, 1, MPI_DOUBLE, MPI_SUM, MPI_COMM_WORLD);
    for (int i=1; i<=n; i++)
      x[i] = y[i] - c / (n * numprocs); // Mittelwert auf 0
  }
  printf("proc %d: %g sec\n", myrank, MPI_Wtime()-t);
  for (int i=1; i<=n; i++)
    printf("x[%d] = %g\n", i + n * myrank, x[i]);
}
```

Wir lösen mit der Routine `solve` in Algorithmus A.4 ein eindimensionales Poisson-Problem $-\Delta x = f$ mit periodischen Randbedingungen. Dies geschieht mit Hilfe einer gedämpften Jacobi-Iteration.[2] Die Unbekannten werden dazu auf jedem Prozessor in `x[1]` bis `x[n]` gespeichert, die dazugehörende rechte Seite wird in `f[1]` bis `f[n]` gespeichert. Die Daten werden so auf die Prozessoren verteilt, daß jeder Prozessor nur n Werte eines großen Gesamtvektors besitzt. Die jeweiligen Nachbarprozessoren sind mit `left` und `right` bezeichnet. Um periodische Randbedingungen zu realisieren, setzen wir den linken Nachbarn von Prozessor 0 auf `numprocs-1` und entsprechend den rechten Nachbarn von `numprocs-1` auf 0. In einer Schleife über j führen wir m Jacobi-Iterationen durch. Zunächst werden die „Geisterzellen" `x[0]` und `x[n+1]` mit den Werten der Nachbarzellen in nicht-blockierenden Kommunikationsschritten gefüllt. Anschließend wird ein gedämpfter Jacobi-Iterationsschritt durchgeführt. Dabei legen wir die Diskretisierung $[-1, 2, -1]$ zugrunde. Weiterhin verwenden wir den Dämpfungsfaktor $1/2$. Die Lösung unseres Problems ist wegen der periodischen Randbedingungen lediglich bis auf eine additive Konstante definiert. Deswegen setzen wir nun den Mittelwert der Lösung auf Null. Zunächst wird in s die lokale Summe berechnet, dann wird mit `MPI_Allreduce` die globale Summe bestimmt. Am Schluß wird die verbrauchte Rechenzeit des Lösers und die Lösung ausgegeben.

A.4 Maxwell-Boltzmann-Verteilung

Die Maxwell-Boltzmann-Verteilung für einen Vektor $\mathbf{v} = (v_1, v_2, v_3) \in \mathbb{R}^3$ ist durch eine entsprechend transformierte Gaußsche $N(0, 1)$-Normalverteilung

$$f(\mathbf{v}) := \left(\frac{m}{2\pi k_B T} \right)^{\frac{3}{2}} e^{-\frac{m\mathbf{v}^2}{2k_B T}} \tag{A.5}$$

gegeben. Hierbei ist T die Temperatur, m die Masse der Partikel und $k_B = 1.380662 \cdot 10^{-23} \frac{J}{K}$ die Boltzmann-Konstante. Aus ihr folgt für die Verteilung des Betrages der Geschwindigkeit

$$f_0(\|\mathbf{v}\|) := 4\pi \mathbf{v}^2 f(\mathbf{v}) = 4\pi \left(\frac{m}{2\pi k_B T} \right)^{\frac{3}{2}} \mathbf{v}^2 e^{-\frac{m\mathbf{v}^2}{2k_B T}}. \tag{A.6}$$

Für das mittlere Geschwindigkeitsquadrat gilt daher

$$\langle \mathbf{v}^2 \rangle := \int_0^\infty \mathbf{v}^2 f_0(\|\mathbf{v}\|) d\|\mathbf{v}\| = \frac{3k_B T}{m}. \tag{A.7}$$

---

[2] Dieses Programm ist lediglich als ein erstes Beispiel für die Parallelisierung gedacht. Der in Kapitel 7 besprochene parallele FFT-Löser ist für unsere Anwendungen wesentlich schneller.

Auf jeden Freiheitsgrad v_d, $d = 1, 2, 3$, entfällt also im Mittel eine kinetische Energie von

$$\frac{1}{2} m \langle v_d^2 \rangle = \frac{k_B T}{2}. \tag{A.8}$$

Dies ist der sogenannte Gleichverteilungssatz der Thermodynamik. Dabei ist $\langle v_d^2 \rangle$ das mittlere Geschwindigkeitsquadrat für die d-te Komponente von $\mathbf{v}$, $d = 1, 2, 3$. Allgemein gilt dann für ein Gesamtsystem mit N Partikeln gleicher Masse mit $N_f = 3N$ Freiheitsgraden

$$E_{kin} = \frac{1}{2} \sum_{i=1}^{N} m \mathbf{v}_i^2 = \frac{1}{2} \sum_{i=1}^{N} m \sum_{d=1}^{3} (\mathbf{v}_i)_d^2 = \frac{N_f}{2} k_B T. \tag{A.9}$$

Um nun eine der Maxwell-Boltzmann-Verteilung genügende Partikelmenge zu konstruieren, sind zunächst multivariate $N(0, 1)$-verteilte Zufallsvektoren zu erzeugen. Diese werden dann mit dem Faktor $\sqrt{k_B T / m}$ skaliert. Dieser Faktor läßt sich auch über die kinetische Energie oder die mittlere Geschwindigkeit ausdrücken. Gemäß (A.8) und (A.9) gilt

$$\sqrt{\frac{k_B T}{m}} = \sqrt{\frac{2 E_{kin}}{N_f m}} = \sqrt{\langle v_d^2 \rangle}. \tag{A.10}$$

Damit können wir auch bei Vorgabe der kinetischen Energie oder der mittleren Geschwindigkeit eine zugehörige Maxwell-Boltzmann-Verteilung erzielen.

Algorithmus A.5 zeigt eine mögliche Implementierung nach [352]. Die Funktion GaussDeviate erzeugt $N(0, 1)$-verteilte Zufallszahlen. Dazu werden zunächst zwei Zufallszahlen a_1 und a_2 aus einer uniformen Zufallsverteilung berechnet (hier der Einfachheit halber mittels der rand-Funktion[3]), die als Ordinate und Abszisse eines Punktes im Einheitskreis betrachtet werden. Durch die Box-Müller-Transformation [352] erhält man daraus zwei Zahlen

$$b_1 = a_1 \sqrt{\frac{-2 \ln r}{r}}, \qquad b_2 = a_2 \sqrt{\frac{-2 \ln r}{r}}$$

aus einer Normalverteilung, wobei hier $r = a_1^2 + a_2^2$ gilt. In der Funktion MaxwellBoltzmann werden diese Werte dann mit dem Wert faktor multipliziert. In den Beispielen des Kapitels 3 haben wir je nach bereits eingeführter Größe $\sqrt{\langle v_d^2 \rangle}$, E_{kin} oder T vorgegeben. Diese Werte müssen in (A.10) eingesetzt werden, um den Wert von faktor zu berechnen.[4]

---

[3] An dieser Stelle müssen zwei unabhängige, uniform verteilte Zufallszahlen erzeugt werden. Die rand-Funktion ist dazu eigentlich nicht geeignet, da hier derselbe Algorithmus mit demselben Seed verwendet wird. Die Erzeugung von Zufallszahlen ist jedoch ein zu umfangreiches Thema, um hier im Detail besprochen zu werden, siehe dazu auch [482].

[4] Andere Verfahren zur Erzeugung einer Normalverteilung sind z.B. in der *GNU Scientific Library* [23] implementiert und können als Bibliotheksfunktionen benutzt werden.

Algorithmus A.5 Maxwell-Boltzmann-Verteilung

```
void MaxwellBoltzmann(Particle *p, real faktor) {
  for (int d=0; d<DIM; d++)
    p->v[d] = faktor * GaussDeviate ();
}

real GaussDeviate(void) {
  real a1, a2, s, r, b1;
  static int iset = 0;
  static real b2;
  if (!iset) {
    do {                                        // zwei in (-1,1)
      a1 = 2.0 * rand () / (RAND_MAX + 1.0) - 1.0; // uniform verteile
      a2 = 2.0 * rand () / (RAND_MAX + 1.0) - 1.0; // Zufallszahlen
      r = a1 * a1 + a2 * a2;
    } while (r>=1.0);                           // liegt (a1,a2) im Einheitskreis?
    s = sqrt (-2.0 * log (r) / r);             // Box-Müller-Transformation
    b1 = a1 * s;
    b2 = a2 * s;
    iset = 1;
    return b1;
  }
  else {
    iset = 0;
    return b2;
  }
}
```

A.5 Parameter für das Potential von Brenner und Anfangskonfigurationen

Parametertabellen für die Splines im Potential von Brenner

Im folgenden geben wir in Tabelle A.1 die Werte der Stützstellen für die zwei- und dreidimensionalen kubischen Hermitesplines H_{CC}, H_{CH} und K an, die für die Definition des Brenner-Potentials in Formel (5.23) und (5.25) benötigt werden. Sie glätten den Übergang vom gebundenen in den ungebundenen Zustand. Weitere Erläuterungen findet man in [122, 123, 593].

Kohlenstoff		Wasserstoff	Kohlenwasserstoffe	
-	-	-	$H_{CC}(1,1)$	-0.0226
-	-	-	$H_{CC}(2,0)$	-0.0061
-	-	-	$H_{CC}(3,0)$	0.0173
-	-	-	$H_{CC}(1,2)$	0.0149
-	-	-	$H_{CC}(2,1)$	0.0160
-	-	-	$H_{CH}(1,0)$	-0.0984
-	-	-	$H_{CH}(2,0)$	-0.2878
-	-	-	$H_{CH}(3,0)$	-0.4507
-	-	-	$H_{CH}(0,1)$	-0.2479
-	-	-	$H_{CH}(0,2)$	-0.3221
-	-	-	$H_{CH}(1,1)$	-0.3344
-	-	-	$H_{CH}(2,1)$	-0.4438
-	-	-	$H_{CH}(0,3)$	-0.4460
-	-	-	$H_{CH}(1,2)$	-0.4449
-	-	-	$\frac{\partial H_{CH}(1,1)}{\partial C}$	-0.17325
-	-	-	$\frac{\partial H_{CH}(2,0)}{\partial C}$	-0.09905
-	-	-	$\frac{\partial H_{CH}(0,2)}{\partial H}$	-0.17615
-	-	-	$\frac{\partial H_{CH}(1,1)}{\partial H}$	-0.09795
$K(2,3,1)$	-0.0363	-	-	-
$K(2,3,2)$	-0.0363	-	-	-
$K(1,2,2)$	-0.0243	-	-	-
-	-	-	$K(1,1,1)$	0.1264
-	-	-	$K(2,2,1)$	0.0605
-	-	-	$K(1,2,1)$	0.0120
-	-	-	$K(1,3,1), K(1,3,2)$	-0.0903
-	-	-	$K(0,3,1), K(0,3,2)$	-0.0904
-	-	-	$K(0,2,2)$	-0.0269
-	-	-	$K(0,2,1)$	0.0427
-	-	-	$K(0,1,1)$	0.0996
-	-	-	$K(1,1,2)$	0.0108
-	-	-	$\frac{\partial K(3,1,1)}{\partial i}$	-0.0950
-	-	-	$\frac{\partial K(3,2,1)}{\partial i}$	-0.10835
-	-	-	$\frac{\partial K(3,1,2)}{\partial i}$	-0.0452
-	-	-	$\frac{\partial K(2,3,2)}{\partial i}$	0.01345
-	-	-	$\frac{\partial K(2,4,2)}{\partial i}$	-0.02705
-	-	-	$\frac{\partial K(3,4,2)}{\partial i}$	0.04515
-	-	-	$\frac{\partial K(3,4,1)}{\partial i}$	0.04515
-	-	-	$\frac{\partial K(3,2,2)}{\partial i}$	-0.08760

Tabelle A.1. Stützstellenwerte für die zwei- beziehungsweise dreidimensionalen kubischen Hermitesplines H_{CC}, H_{CH} und K im Brenner-Potential. Es gilt $K(i,j,k) = K(j,i,k), K(i,j,k > 2) = K(i,j,2)$ und $\partial K(i,j,k)/\partial i = \partial K(j,i,k)/\partial i$. Die partiellen Ableitungen werden für die Kraftberechnung benötigt. Nicht angegebene Werte sind gleich Null.

Daten für Benzyne und ein C_{60}-Molekül

In den Tabellen A.2 und A.3 geben wir die Ortskoordinaten für ein C_{60}-Molekül und für ein Benzyne-Molekül an, wie sie als Startdaten für die Simulation in Abschnitt 5.1.3 benötigt werden. Für weitere Details siehe auch die Webseite [24].

	$x_1[\text{Å}]$	$x_2[\text{Å}]$	$x_3[\text{Å}]$		$x_1[\text{Å}]$	$x_2[\text{Å}]$	$x_3[\text{Å}]$
C	4.13127	2.04365	0.24220	C	2.72152	1.66445	0.42819
C	1.86478	2.86901	0.34933	C	2.78173	3.98528	0.06360
C	4.13936	3.48140	-0.00753	C	5.78527	0.70439	3.17888
C	4.89453	0.45453	2.02247	C	5.18828	1.44270	0.98960
C	6.25133	2.30427	1.49597	C	6.61994	1.85765	2.84958
C	1.65940	0.48262	3.70735	C	1.26109	0.92194	2.37547
C	2.41952	0.73208	1.46188	C	3.50540	0.16862	2.24948
C	3.04602	0.05591	3.62921	C	-0.05841	4.24502	3.15406
C	0.39476	4.42145	1.75617	C	0.79918	3.08211	1.28696
C	0.45394	2.09464	2.31554	C	-0.06301	2.80125	3.49715
C	3.04828	6.89601	2.18925	C	3.53632	6.16548	1.01429
C	2.45515	5.29269	0.54756	C	1.23755	5.52335	1.37420
C	1.64629	6.46513	2.45815	C	6.69230	4.65624	2.21740
C	6.31185	3.71062	1.17977	C	5.18969	4.31888	0.44867
C	4.87531	5.65965	0.95503	C	5.81036	5.85288	2.08070
C	4.29026	2.99332	7.03625	C	2.90557	3.49798	7.11094
C	2.92756	4.93406	6.76120	C	4.31490	5.30613	6.45220
C	5.18211	4.11225	6.65676	C	3.91401	0.20644	4.75482
C	3.43612	0.85954	5.97599	C	4.55447	1.68667	6.49877
C	5.72588	1.45256	5.58961	C	5.30675	0.52704	4.50972
C	0.30899	2.34704	4.82214	C	0.70633	3.29736	5.88615
C	1.82469	2.70502	6.62986	C	2.10143	1.34401	6.04534
C	1.20806	1.18868	4.87518	C	1.26425	6.21960	3.81811
C	2.13242	6.47272	4.94969	C	1.81030	5.53400	6.06702
C	0.70986	4.69924	5.55349	C	0.37137	5.11396	4.19912
C	5.32320	6.54249	3.22881	C	5.72396	6.08319	4.56802
C	4.54943	6.27301	5.45155	C	3.46748	6.86751	4.67617
C	3.93181	7.01512	3.28944	C	6.99425	2.77353	3.84704
C	6.54811	2.56795	5.22097	C	6.27829	3.90803	5.77491
C	6.57361	4.92334	4.71704	C	7.01550	4.19431	3.52312

Tabelle A.2. Koordinaten der Atome eines C_{60}-Moleküls.

	$x_1[\text{Å}]$	$x_2[\text{Å}]$	$x_3[\text{Å}]$
C	12.99088	3.50000	2.83052
C	12.99088	3.50000	4.21148
C	14.18373	3.50000	2.07479
H	14.14772	3.50000	0.98434
C	15.35883	3.50000	2.81770
H	16.31845	3.50000	2.29236
C	15.35883	3.50000	4.22430
H	16.31845	3.50000	4.74964
C	14.18373	3.50000	4.96721
H	14.14772	3.50000	6.05766

Tabelle A.3. Koordinaten der Atome eines Benzyne-Moleküls.

Literaturverzeichnis

1. http://www.top500.org.
2. http://www.cecam.fr/orac/orac.html.
3. http://www.mpa-garching.mpg.de/~volker/gadget.
4. http://coho.physics.mcmaster.ca/hydra.
5. http://www.ch.ic.ac.uk/gale/Research/gulp.html.
6. http://www.dl.ac.uk/CCP/CCP5/librar.html.
7. http://linux-green.lanl.gov/bifrost/MD/tiny_impact_1.2m.html.
8. http://www.mpi-forum.org.
9. http://nhse.npac.syr.edu/hpccsurvey.
10. http://www.openmp.org.
11. http://www.epm.ornl.gov/pvm.
12. http://www-unix.mcs.anl.gov/mpi/mpich.
13. http://www.lam-mpi.org.
14. http://www.pccluster.org.
15. http://www.hyper.com.
16. http://www.cs.sandia.gov/~sjplimp, (MS 1111).
17. http://www.ifa.hawaii.edu/~barnes/barnes.html.
18. http://www.psc.edu/general/software/packages/charmm/tutorial/mackerell/membrane.html.
19. http://indigo1.biop.ox.ac.uk/tieleman/download.html.
20. http://persweb.wabash.edu/facstaff/fellers/coordinates.html.
21. http://www.biochem.missouri.edu/~lesa/LIPIDS/lipid.html.
22. http://www.lrz-muenchen.de/~heller/membrane/membrane.html.
23. http://www.gnu.org.
24. http://www.nas.nasa.gov/Groups/Nanotechnology/publications/MGMS_EC1/simulation/data.
25. *The nanotechnology site.* http://www.pa.msu.edu/cmp/csc/nanotech.
26. *The nanotube site.* http://www.pa.msu.edu/cmp/csc/nanotube.html.
27. *Silicon graphics DEVELOPER'S TOOLBOX: OpenMP API (application programming interface).* https://toolbox.sgi.com/toolbox/documents/DevNews/openMP-SO97.html, http://www.sgi.com/software/openmp.
28. G. ABELL, *Empirical chemical pseudopotential theory of molecular and metallic bonding*, Phys. Rev. B, 31 (1985), S. 6184–6196.
29. J. ADAMS UND S. FOILES, *Development of an embedded atom potential for a bcc metal: Vanadium*, Phys. Rev. B, 41 (1990), S. 3316–3328.
30. R. ADAMS, *Sobolev spaces*, Academic Press, New York, 1975.
31. F. ALBER UND P. CARLONI, *Ab initio molecular dynamics studies on HIV-1 reverse transcriptase triphosphate binding site: Implications for nucleoside analog drug resistance*, Protein Sci., 9 (2000), S. 2535–2546.

32. W. ALDA, W. DZWINEL, J. KITOWSKI, J. MOŚCIŃSKI, M. POGODA UND D. YUEN, *Rayleigh-Taylor instabilities simulated for a large system using molecular dynamics*, Tech. Report UMSI 96/104, Supercomputer Institute, University of Minnesota, Minneapolis, 1996.

33. B. ALDER UND T. WAINWRIGHT, *Phase transition for a hard sphere system*, J. Chem. Phys., 27 (1957), S. 1208–1209.

34. M. ALLEN UND D. TILDESLEY, *Computer simulation of liquids*, Clarendon Press, Oxford, 1987.

35. J. ALMLÖF, *Notes on Hartree-Fock theory and related topics*, in Lecture notes in quantum chemistry II, B. Roos, Ed., Vol. 64, Lecture Notes in Chemistry, Springer, Berlin, 1994, S. 1–90.

36. S. ALURU, *Greengard's N-body algorithm is not order N*, SIAM J. Sci. Comput., 17 (1996), S. 773–776.

37. A. AMADEI, A. LINSSEN UND H. BERENDSEN, *Essential dynamics of proteins*, Proteins: Struct. Funct. Genet., 17 (1993), S. 412–425.

38. J. AMBROSIANO, L. GREENGARD UND V. ROHKLIN, *The fast multipole method for gridless particle simulations*, Comp. Phys. Comm., 48 (1988), S. 117–125.

39. G. AMDAHL, *Validity of the single processor approach to achieving large scale computing capabilities*, in Proc. AFIPS Spring Joint Computer Conf., Reston, Va., 1967, AFIPS Press, S. 483–485.

40. AMERICAN NATIONAL STANDARDS INSTITUTE, *Programming Languages - C*, Washington, DC, 1999. ANSI/ISO/IEC Standard No. 9899-1999.

41. M. AMINI UND R. HOCKNEY, *Computer simulation of melting and glass formation in a potassium chloride microcrystal*, J. Non-Cryst. Solids, 31 (1979), S. 447–452.

42. H. ANDERSEN, *Molecular dynamics simulation at constant pressure and/or temperature*, J. Chem. Phys., 72 (1980), S. 2384–2393.

43. ———, *Rattle: A 'velocity' version of the Shake algorithm for molecular dynamics calculations*, J. Comput. Phys., 52 (1983), S. 24–34.

44. B. ANDREWS, T. ROMO, J. CLARAGE, B. PETTITT UND G. PHILLIPS, *Characterizing global substates of myoglobin*, Structure Folding Design, 6 (1998), S. 587–594.

45. J. ANTOSIEWICZ, E. BLACHUT-OKRASINSKA, T. GRYCUK, J. BRIGGS, S. WLODEK, B. LESYNG UND J. MCCAMMON, *Predictions of pK_as of titratable residues in proteins using a Poisson-Boltzmann model of the solute-solvent system*, in Computational Molecular Dynamics: Challenges, Methods, Ideas, P. Deuflhard, J. Hermans, B. Leimkuhler, A. Mark, S. Reich und R. Skeel, Eds., Vol. 4, Lecture Notes in Computational Science and Engineering, Springer, New York, 1999, S. 176–196.

46. K. AOKI UND T. AKIYAMA, *Spontaneous wave pattern formation in vibrated granular materials*, Phys. Rev. Lett., 77 (1996), S. 4166–4169.

47. A. APPEL, *An efficient program for many-body simulation*, SIAM J. Sci. Stat. Comput., 6 (1985), S. 85–103.

48. V. ARNOLD, *Mathematical methods of classical mechanics*, Springer, New York, 1978.

49. ———, Ed., *Dynamical systems III: Mathematical aspects of classical and celestial mechanics*, Vol. 3, Encyclopaedia of Mathematical Sciences, Springer, New York, 1994.

50. N. ARONSZAJN UND K. SMITH, *Theory of Bessel potentials I*, Ann. Inst. Fourier (Grenoble), 11 (1961), S. 385–475.

51. D. ASIMOV, *Geometry of capped nanocylinders*, 1998. http://www.research. att.com/areas/stat/dan/nano-asimov.ps.gz.

52. B. AXILROD UND E. TELLER, *Interaction of the van der Waals type between three atoms*, J. Chem. Phys., 11 (1943), S. 299–300.

53. I. BABUSKA UND W. RHEINBOLDT, *Error estimates for adaptive finite element computations*, SIAM J. Numer. Anal., 15 (1978), S. 736–754.

54. I. BABUSKA UND M. SURI, *The p and h-p versions of the finite element method, basic principles and properties*, SIAM Rev., 36 (1994), S. 578–632.

55. M. BAINES, *Moving finite elements*, Oxford University Press, Oxford, 1994.

56. R. BALESCU, *Statistical dynamics, matter out of equilibrium*, Imperial College Press, London, 1997.

57. J. BARKER, R. FISCHER UND R. WATTS, *Liquid argon: Monte Carlo and molecular dynamics calculations*, Mol. Phys., 21 (1971), S. 657–673.

58. J. BARNES UND P. HUT, *A hierarchical $O(N \log(N))$ force-calculation algorithm*, Nature, 324 (1986), S. 446–449.

59. M. BARRECA, A. CHIMIRRI, L. DE LUCA, A. MONFORTE, P. MONFORTE, A. RAO, M. ZAPPALA, J. BALZARINI, E. DE CLERCQ, C. PANNECOUQUE UND M. WITVROUW, *Discovery of 2,3-diaryl-1,3-thiazolidin-4-ones as potent anti-HIV-1 agents*, Bioorg. Med. Chem. Lett., 11 (2001), S. 1793–1796.

60. E. BARTH, B. LEIMKUHLER UND S. REICH, *A test set for molecular dynamics*, Tech. Report 05, University of Leicester, MCS, 2001.

61. E. BARTH UND T. SCHLICK, *Extrapolation versus impulse in multiple-timestepping schemes: Linear analysis and applications to Newtonian and Langevin dynamics*, J. Chem. Phys., 109 (1998), S. 1633–1642.

62. ——, *Overcoming stability limitations in biomolecular dynamics: Combining force splitting via extrapolation with Langevin dynamics in LN*, J. Chem. Phys., 109 (1998), S. 1617–1632.

63. M. BASKES, *Application of the embedded-atom method to covalent materials: A semiempirical potential for silicon*, Phys. Rev. Lett., 59 (1987), S. 2666–2669.

64. ——, *Modified embedded-atom potentials for cubic materials and impurities*, Phys. Rev. B, 46 (1992), S. 2727–2742.

65. M. BASKES, J. NELSON UND A. WRIGHT, *Semiempirical modified embedded-atom potentials for silicon and germanium*, Phys. Rev. B, 40 (1989), S. 6085–6100.

66. R. BEATSON UND L. GREENGARD, *A short course on fast multipole methods*, in Wavelets, Multilevel Methods and Elliptic PDEs, M. Ainsworth, J. Levesley, W. Light und M. Marletta, Eds., Numerical Mathematics and Scientific Computation, Oxford University Press, Oxford, 1997, S. 1–37.

67. R. BEATSON UND G. NEWSAM, *Fast evaluation of radial basis functions: I*, Comp. Math. Applic., 24 (1992), S. 7–19.

68. ——, *Fast evaluation of radial basis functions: Moment based methods*, SIAM J. Sci. Comput., 19 (1998), S. 1428–1449.

69. D. BEAZLEY UND P. LOMDAHL, *Message-passing multi-cell molecular dynamics on the Connection Machine 5*, Parallel Comp., 20 (1994), S. 173–195.

70. ——, *Lightweight computational steering of very large scale molecular dynamics simulations*, in Supercomputing '96 Conference Proceedings: November 17–22, Pittsburgh, PA, ACM, Ed., New York, 1996, ACM Press and IEEE Computer Society Press.

71. D. BEAZLEY, P. LOMDAHL, N. GRONBECH-JENSEN, R. GILES UND P. TA-MAYO, *Parallel algorithms for short-range molecular dynamics*, in Annual Reviews of Computational Physics, D. Stauffer, Ed., Vol. 3, World Scientific, 1996, S. 119–175.

72. M. BEBENDORF, S. RJASANOW UND E. TYRTYSHNIKOV, *Approximation using diagonal-plus-skeleton matrices*, in Mathematical aspects of boundary element methods, M. Bonnet, A. Sandig und W. Wendland, Eds., Chapman & Hall/CRC Research Notes in Mathematics, 1999, S. 45–53.

73. A. BEJAN, *Convection heat transfer*, Wiley-Interscience, New York, 1984.

74. H. BEKKER, *Molecular dynamics simulation methods revised*, Proefschrift, Rijksuniversiteit Groningen, 1996.

75. M. BELHADJ, H. ALPER UND R. LEVY, *Molecular dynamics simulations of water with Ewald summation for the long range electrostatic interactions*, Chem. Phys. Lett., 179 (1991), S. 13–20.

76. T. BELYTSCHKO, Y. LU UND L. GU, *Element-free Galerkin methods*, Int. J. Numer. Meth. Eng., 27 (1994), S. 229–256.

77. A. BEN-NAIM UND F. STILLINGER, *Aspects of the statistical-mechanical theory of water*, in Water and Aqueous Solutions, R. Horne, Ed., Wiley, New York, 1972, S. 295–330.

78. G. BENETTIN UND A. GIORGILLI, *On the Hamiltonian interpolation of near to the identity symplectic mappings*, J. Stat. Phys., 74 (1994), S. 1117–1143.

79. H. BERENDSEN, J. GRIGERA UND T. STRAATSMA, *The missing term in effective pair potentials*, J. Phys. Chem., 91 (1987), S. 6269–6271.

80. H. BERENDSEN, J. POSTMA, W. VAN GUNSTEREN, A. DI NOLA UND J. HAAK, *Molecular dynamics with coupling to an external bath*, J. Chem. Phys., 81 (1984), S. 3684–3690.

81. H. BERENDSEN, J. POSTMA, W. VAN GUNSTEREN UND J. HERMANS, *Interaction models for water in relation to protein hydration*, in Intermolecular Forces, B. Pullman, Ed., Reidel Dordrecht, Holland, 1981, S. 331–342.

82. H. BERENDSEN UND D. TIELEMAN, *Molecular dynamics: Studies of lipid bilayers*, in Encyclopedia of Computational Chemistry, P. von Ragué Schleyer, Ed., Vol. 3, Wiley, New York, 1998, S. 1639–1650.

83. H. BERENDSEN, D. VAN DER SPOEL UND R. VAN DRUNEN, *GROMACS: A message-passing parallel molecular dynamics implementation*, Comp. Phys. Comm., 91 (1995), S. 43–56.

84. C. BERMAN UND L. GREENGARD, *A renormalization method for the evaluation of lattice sums*, J. Math. Phys., 35 (1994), S. 6036–6048.

85. H. BERMAN, J. WESTBROOK, Z. FENG, G. GILLILAND, T. BHAT, H. WEISSIG, I. SHINDYALOV UND P. BOURNE, *The protein data bank*, Nucleic Acids Research, 28 (2000), S. 235–242. http://www.rcsb.org/pdb.

86. J. BERNAL UND R. FOWLER, *A theory of water and ionic solution, with particular reference to hydrogen and hydroxyl ions*, J. Chem. Phys., 1 (1933), S. 515–548.

87. E. BERTSCHINGER, *COSMICS: Cosmological initial conditions and microwave anisotropy codes*, Dept. of Physics, MIT, Cambridge. Version 1.0, http://arcturus.mit.edu/cosmics.

88. G. BEYLKIN, *On the representation of operators in bases of compactly supported wavelets*, SIAM J. Num. Anal., 29 (1992), S. 1716–1740.

89. ——, *On the fast Fourier transform of functions with singularities*, PAM report 195, University of Colorado at Boulder, 1994.

90. K. BINDER UND G. CICCOTTI, Eds., *Monte Carlo and molecular dynamics of condensed matter systems*, Vol. 49, Conference Proceedings, Italian Physical Society, Bologna, 1995. Euroconference on Computer Simulation in Condensed Matter Physics and Chemistry.

91. G. BIRD, *Molecular gas dynamics and the direct simulation of gas flows*, Oxford University Press, 1994.

92. C. BIZON, M. SHATTUCK, J. SWIFT, W. MCCORMICK UND H. SWINNEY, *Patterns in 3D vertically oscillated granular layers: Simulation and experiment*, Phys. Rev. Lett., 80 (1997), S. 57–60.

93. D. BLACKSTON UND T. SUEL, *Highly portable and efficient implementations of parallel adaptive N-body methods*, Tech. Report, Computer Science Division, University of California at Berkeley, 1997.

94. G. BLELLOCH UND G. NARLIKAR, *A practical comparison of n-body algorithms*, in Parallel Algorithms, Vol. 30, Series in Discrete Mathematics and Theoretical Computer Science, American Mathematical Society, 1997.

95. J. BOARD, Z. HAKURA, W. ELLIOTT UND W. RANKIN, *Scalable variants of multipole-accelerated algorithms for molecular dynamics applications*, in Proc. 7. SIAM Conf. Parallel Processing for Scientific Computing, D. Bailey, P. Bjørstad, J. Gilbert, M. Mascagni, R. Schreiber, H. Simon, V. Torczon und L. Watson, Eds., Philadelphia, 1995, SIAM, S. 295–300.

96. J. BOARD, C. HUMPHRES, C. LAMBERT, W. RANKIN UND A. TOUKMAJI, *Ewald and multipole methods for periodic N-body problems*, in Lecture Notes in Computational Science and Engineering, Vol. 4, Springer-Verlag, 1998.

97. S. BOGUSZ, T. CHEATHAM UND B. BROOKS, *Removal of pressure and free energy artefacts in charged periodic systems via net charge corrections to the Ewald potential*, J. Chem. Phys., 108 (1998), S. 7070–7084.

98. S. BOND, B. LEIMKUHLER UND B. LAIRD, *The Nosé-Poincaré method for constant temperature molecular dynamics*, J. Comput. Phys., 151 (1999), S. 114–134.

99. A. BONVIN UND W. VAN GUNSTEREN, *β-hairpin stability and folding: Molecular dynamics studies of the first β-hairpin of tendamistat*, J. Mol. Biol., 296 (2000), S. 255–268.

100. S. BORESCH UND O. STEINHAUSER, *Presumed versus real artifacts of the Ewald summation technique: The importance of dielectric boundary conditions*, Ber. Bunsenges. Phys. Chem., 101 (1997), S. 1019–1029.

101. S. BÖRM, $\mathcal{H}^2$-*matrices – multilevel methods for the approximation of integral operators*. Max Planck Institute for Mathematics in the Sciences, Preprint Nr. 7/2003, 2003.

102. S. BÖRM UND W. HACKBUSCH, *Data-sparse approximation by adaptive $\mathcal{H}^2$-matrices*, Computing, 69 (2002), S. 1–35.

103. F. BORNEMANN, *Homogenization in time of singularly perturbed mechanical systems*, Nr. 1687 in Lecture Notes in Mathematics, Springer, Berlin, 1998.

104. F. BORNEMANN, P. NETTESHEIM UND C. SCHÜTTE, *Quantum-classical molecular dynamics as an approximation to full quantum dynamics*, J. Chem. Phys., 105 (1996), S. 1074–1083.

105. F. BORNEMANN UND C. SCHÜTTE, *Homogenization approach to smoothed molecular dynamics*, Nonlinear Analysis, 30 (1997), S. 1805–1814.

106. F. BORNEMANN UND C. SCHÜTTE, *A mathematical investigation of the Car-Parrinello method*, Numer. Math., 78 (1998), S. 359–376.

107. S. BOURNE, *The UNIX V Environment*, Addison-Wesley, 1987.

108. ——, *Das UNIX System V*, Addison-Wesley, 1988.

109. J. BOUSSINESQ, *Theorie analytique de la chaleur*, Vol. 2, Gauthier-Villars, 1903.

110. M. BRADY, *A fast discrete approximation for the Radon transform*, SIAM J. Comput., 27 (1998), S. 107–119.

111. D. BRAESS, *Finite Elemente*, Springer, Berlin, 1992.

112. J. BRAMBLE, J. PASCIAK UND J. XU, *Parallel multilevel preconditioners*, Math. Comp., 55 (1990), S. 1–22.

113. C. BRANDEN UND J. TOOZE, *Introduction to protein structure*, Garland Publishing, 1999. http://www.garlandpub.com/SCIENCE/302703.html and http://www.proteinstructure.com.

114. A. BRANDT, *Multi-level adaptive technique (MLAT) for fast numerical solutions to boundary value problems*, in Lecture Notes in Physics 18, H. Cabannes und R. Temam, Eds., Heidelberg, 1973, Proc. 3rd Int. Conf. Numerical Methods in Fluid Mechanics, Springer, S. 82–89.

115. ——, *Multi-level adaptive technique (MLAT). I. the multi-grid method.*, IBM Research Report RC-6026, IBM T. Watson Research Center, Yorktown Heights, NY, 1976.

116. ——, *Multi-level adaptive solutions to boundary-value problems*, Math. Comp., 31 (1977), S. 333–390.

117. ——, *Multigrid techniques: 1984 guide with applications to fluid dynamics*, Tech. Report, GMD-Studien Nr. 85, Bonn, 1984.

118. ——, *Multilevel computations of integral transforms and particle interactions with oscillatory kernels*, Comp. Phys. Comm., 65 (1991), S. 24–38.

119. A. BRANDT UND A. LUBRECHT, *Multilevel matrix multiplication and fast solution of integral equations*, J. Comput. Phys., 90 (1990), S. 348–370.

120. A. BRANDT, J. MANN, M. BRODSKI UND M. GALUN, *A fast and accurate multilevel inversion of the Radon transform*, SIAM J. on Applied Math., 60 (1999), S. 437–462.

121. A. BRANDT UND C. VENNER, *Multilevel evaluation of integral transforms with asymptotically smooth kernel*, SIAM J. Sci. Comput., 12 (1998), S. 468–492.

122. D. BRENNER, *Empirical potential for hydrocarbons for use in simulating the chemical vapor deposition of diamond films*, Phys. Rev. B, 42 (1990), S. 9458–9471.

123. D. BRENNER, O. SHENDEROVA, J. HARRISON, S. STUART, B. NI UND S. SINNOTT, *A second-generation reactive empirical bond order (REBO) potential energy expression for hydrocarbons*, J. Phys.: Condens. Matter, 14 (2002), S. 783–802.

124. M. BROKATE UND J. SPREKELS, *Hysteresis and phase transitions*, Springer, New York, 1996.

125. B. BROOKS, R. BRUCCOLERI, B. OLAFSON, D. STATES, S. SWAMINATHAN UND M. KARPLUS, *CHARMM: A program for macromolecular energy, minimization, and dynamics calculations*, J. Comput. Chem., 4 (1983), S. 187–217.

126. B. BROOKS UND M. HODOSCEK, *Parallelization of CHARMM for MIMD machines*, Chem. Design Automation News, 7 (1992), S. 16–22.

127. B. BROOKS, D. JANEZIC UND M. KARPLUS, *Harmonic-analysis of large systems: I. Methodology*, J. Comput. Chem., 16 (1995), S. 1522–1542.

128. R. BRUNNE, K. BERNDT, P. GÜNTERT, K. WÜTHRICH UND W. VAN GUN-
STEREN, *Structure and internal dynamics of the Bovine pancreatic trypsin
inhibitor in aqueous solution from long-time molecular dynamics simulations,*
Proteins: Struct. Funct. Genet., 23 (1995), S. 49–62.

129. E. BUCKINGHAM, *The classical equation of state of gaseous helium, neon and
argon,* Proc. Roy. Soc. London A, 168 (1938), S. 264–283.

130. C. BUNGE, J. BARRIENTOS, A. BUNGE UND J. COGORDAN, *Hartree-Fock and
Roothaan-Hartree-Fock energies for the ground states of He through Xe,* Phys.
Rev. A, 46 (1992), S. 3691–3696.

131. A. BUTZ, *Alternative algorithm for Hilbert's space-filling curve,* IEEE Trans.
Comput., (1971), S. 424–426.

132. P. BUTZER UND K. SCHERER, *Approximationsprozesse und Interpolationsmethoden,* Bibliographisches Institut, Mannheim, 1968.

133. A. CAGLAR UND M. GRIEBEL, *On the numerical simulation of Fullerene nano-
tubes: $C_{100.000.000}$ and beyond!,* in Molecular Dynamics on Parallel Computers,
NIC, Jülich 8-10 February 1999, R. Esser, P. Grassberger, J. Grotendorst und
M. Lewerenz, Eds., World Scientific, 1999, S. 1–27.

134. M. CALVO UND J. SANZ-SERNA, *The development of variable-step symplectic integrators with application to the two-body problem,* SIAM J. Sci. Stat.
Comput., 14 (1993), S. 936–952.

135. C. CAMPBELL, *Rapid granular flows,* Annu. Rev. Fluid Mech., 22 (1990),
S. 57–92.

136. B. CANO UND A. DURAN, *An effective technique to construct symmetric
variable-stepsizes linear multistep methods for second-order systems,* Tech. Report 10, Dpto. Matematica Aplicada y Computación, Universidad de Valla-
dolid, 2000.

137. R. CAR UND M. PARRINELLO, *Unified approach for molecular dynamics and
density functional theory,* Phys. Rev. Lett., 55 (1985), S. 2471–2474.

138. V. CARRAVETTA UND E. CLEMENTI, *Water-water interaction potential: An
approximation of the electron correlation contribution by a function of the
SCF density matrix,* J. Chem. Phys., 81 (1984), S. 2646–2651.

139. J. CARRIER, L. GREENGARD UND V. ROKHLIN, *A fast adaptive multipole algorithm for particle simulations,* SIAM J. Sci. Stat. Comput., 9 (1988), S. 669–
686.

140. S. CHALASANI UND P. RAMANATHAN, *Parallel FFT on ATM-based networks
of workstations,* Cluster Comp., 1 (1998), S. 13–26.

141. D. CHANDLER, *Introduction to modern statistical mechanics,* Oxford University Press, New York, 1987.

142. S. CHARATI UND S. STERN, *Diffusion of gases in silicone polymers. Molecular
dynamics simulations,* Macromolecules, 31 (1998), S. 5529–5535.

143. H. CHENG, L. GREENGARD UND V. ROKHLIN, *A fast adaptive multipole algorithm in three dimensions,* J. Comput. Phys., 155 (1999), S. 468–498.

144. J. CHRISTIANSEN, *Vortex methods for flow simulations,* J. Comput. Phys., 13
(1973), S. 363–379.

145. C. CHUI, *An introduction to wavelets,* Academic Press, Boston, 1992.

146. G. CICCOTTI, D. FRENKEL UND I. MCDONALD, Eds., *Simulation of liquids
and solids,* North Holland, Amsterdam, 1987.

147. G. CICCOTTI UND W. HOOVER, Eds., *Molecular dynamics simulations of
statistical-mechanical systems,* Proc. of international School of Physics, "En-

rico Fermi" Course XCVII, Varenna, Italy, 1985, North Holland, Amsterdam, 1986.

148. T. CLARK, R. HANXLEDEN, J. MCCAMMON UND L. SCOTT, *Parallelizing molecular dynamics using spatial decomposition*, in Proc. Scalable High Performance Computing Conference-94, IEEE Computer Society Press, 1994, S. 95–102.

149. T. CLARK, J. MCCAMMON UND L. SCOTT, *Parallel molecular dynamics*, in Proc. 5. SIAM Conf. Parallel Processing for Scientific Computing, 1992, S. 338–344.

150. E. CLEMENTI UND C. ROETTI, *Atomic data and nuclear data tables*, Vol. 14, Academic Press, New York, 1974.

151. J. COLLINS, S. BURT UND J. ERICKSON, *Activated dynamics of flap opening in HIV-1 protease*, Adv. Exp. Med. Bio., 362 (1995), S. 455–460.

152. ——, *Flap opening in HIV-1 protease simulated by 'activated' molecular dynamics*, Nat. Struct. Biol., 2 (1995), S. 334–338.

153. M. COOKE, D. STEPHENS UND J. BRIDGEWATER, *Powder mixing – a literature survey*, Powder Tech., 15 (1976), S. 1–20.

154. J. COOLEY UND J. TUKEY, *An algorithm for the machine computation of complex Fourier series*, Math. Comp., 19 (1965), S. 297–301.

155. G. COTTET UND P. KOUMOUTSAKOS, *Vortex methods: Theory and practice*, Cambridge University Press, Cambridge, 2000.

156. H. COUCHMAN, *Mesh-refined P^3M: A fast adaptive N-body algorithm*, Astrophys. J., 368 (1991), S. 23–26.

157. H. COUCHMAN, P. THOMAS UND F. PEARCE, *Hydra: An adaptive-mesh implementation of P^3M-SPH*, Astrophys. J., 452 (1995), S. 797–813.

158. T. CREIGHTON, *Proteins, structures and molecular properties*, Freeman, New York, 1992.

159. M. CROWLEY, T. DARDEN, T. CHEATHAM UND D. DEERFIELD, *Adventures in improving the scaling and accuracy of a parallel molecular dynamics program*, J. Supercomp., 11 (1997), S. 255–278.

160. M. DA GAMA UND K. GUBBINS, *Adsorption and orientation of amphiphilic molecules at a liquid-liquid interface*, Mol. Phys., 59 (1986), S. 227–239.

161. V. DAGGETT UND M. LEVINE, *A model of the molten globule state from molecular dynamics simulations*, Proc. Natl. Acad. Sci., 89 (1992), S. 5142–5146.

162. V. DAGGETT UND M. LEVITT, *Protein unfolding pathways explored through molecular dynamics simulations*, J. Mol. Biol., 232 (1993), S. 600–618.

163. W. DAHMEN UND A. KUNOTH, *Multilevel preconditioning*, Numer. Math., 63 (1992), S. 315–344.

164. W. DAHMEN, S. PRÖSSDORF UND R. SCHNEIDER, *Wavelet approximation methods for pseudo-differential equations II: Matrix compression and fast solution*, Adv. Comp. Math., 1 (1993), S. 259–335.

165. J. DANBY, *Fundamentals of celestial mechanics*, Willmann-Bell, Richmond, 2. Auflage, 1988.

166. T. DARDEN, A. TOUKMAJI UND L. PEDERSEN, *Long-range electrostatic effects in biomolecular simulations*, J. Chimie Physique Physico-Chimie Biologique, 94 (1997), S. 1346–1364.

167. T. DARDEN, D. YORK UND L. PEDERSEN, *Particle mesh Ewald: An $n\log(n)$ method for Ewald sums in large systems*, J. Chem. Phys., 98 (1993), S. 10089–10092.

168. X. DAURA, K. GADEMANN, H. SCHÄFER, B. JAUN, D. SEEBACH UND W. VAN GUNSTEREN, *The β-peptide hairpin in solution: Conformational study of a β-hexapeptide in methanol by NMR spectroscopy and MD simulation*, J. Amer. Chem. Soc., 123 (2001), S. 2393–2404.

169. X. DAURA, B. JAUN, D. SEEBACH, W. VAN GUNSTEREN UND A. MARK, *Reversible peptide folding in solution by molecular dynamics simulation*, J. Mol. Biol., 280 (1998), S. 925–932.

170. X. DAURA, W. VAN GUNSTEREN UND A. MARK, *Folding-unfolding thermo-dynamics of a β-heptapeptide from equilibrium simulations*, Proteins: Struct. Funct. Genet., 34 (1999), S. 269–280.

171. X. DAURA, W. VAN GUNSTEREN, D. RIGO, B. JAUN UND D. SEEBACH, *Studying the stability of a helical β-heptapeptide by molecular dynamics simulations*, Chem. Europ. J., 3 (1997), S. 1410–1417.

172. M. DAW UND M. BASKES, *Semiempirical, quantum mechanical calculation of hydrogen embrittlement in metals*, Phys. Rev. Lett., 50 (1983), S. 1285–1288.

173. ———, *Embedded-atom method: Derivation and application to impurities, surfaces, and other defects in metals*, Phys. Rev. B, 29 (1984), S. 6443–6453.

174. P. DE BAKKER, P. HÜNENBERGER UND J. MCCAMMON, *Molecular dynamics simulations of the hyperthermophilic protein Sac7d from Sulfolobus acidocaldaricus: Contribution of salt bridges to thermostability*, J. Mol. Biol., 285 (1999), S. 1811–1830.

175. C. DE BOOR, *Practical guide to splines*, Springer, New York, 1978.

176. S. DE LEEUW, J. PERRAM UND E. SMITH, *Simulation of electrostatic systems in periodic boundary conditions. I. Lattice sums and dielectric constants*, Proc. Roy. Soc. London A, 373 (1980), S. 27–56.

177. S. DEBOLT UND P. KOLLMAN, *AMBERCUBE MD, Parallelization of AM-BER's molecular dynamics module for distributed-memory hypercube computers*, J. Comput. Chem., 14 (1993), S. 312–329.

178. M. DESERNO UND C. HOLM, *How to mesh up Ewald sums. I. A theoretical and numerical comparison of various particle mesh routines*, J. Chem. Phys., 109 (1998), S. 7678–7693.

179. P. DEUFLHARD UND A. HOHMANN, *Numerische Mathematik I*, de Gruyter, Berlin, 2002.

180. E. DEUMENS, A. DIZ, R. LONGO UND Y. ÖHRN, *Time-dependent theoretical treatments of the dynamics of electrons and nuclei in molecular systems*, Rev. Modern Phys., 66 (1994), S. 917–983.

181. B. DEY, A. ASKAR UND H. RABITZ, *Multidimensional wave packet dynamics within the fluid dynamical formulation of the Schrödinger equation*, J. Chem. Phys., 109 (1998), S. 8770–8782.

182. J. DIAZ, M. ESCALONA, S. KUPPENS UND Y. ENGELBORGHS, *Role of the switch II region in the conformational transition of activation of Ha-ras-p21*, Protein Sci., 9 (2000), S. 361–368.

183. J. DIAZ, B. WROBLOWSKI, J. SCHLITTER UND Y. ENGELBORGHS, *Calculation of pathways for the conformational transition between the GTP- and GDP-bound states of the Ha-ras-p21 protein: Calculations with explicit solvent simulations and comparison with calculations in vacuum*, Proteins: Struct. Funct. Genet., 28 (1997), S. 434–451.

184. H. DING, N. KARASAWA UND W. GODDARD, *The reduced cell multipole method for Coulomb interactions in periodic systems with million-atom unit cells*, Chem. Phys. Lett., 196 (1992), S. 6–10.

185. P. DIRAC, *Note on exchange phenomena in the Thomas atom*, Proc. Cambridge Phil. Soc., 26 (1930), S. 376–385.

186. ———, *The principles of quantum mechanics*, Oxford University Press, Oxford, 1947, Kap. V.

187. S. DOUADY, S. FAUVE UND C. LAROCHE, *Subharmonic instabilities and defects in a granular layer under vertical vibrations*, Europhys. Lett., 8 (1989), S. 621–627.

188. C. DRAGHICESCU, *An efficient implementation of particle methods for the incompressible Euler equations*, SIAM J. Num. Anal., 31 (1994), S. 1090–1108.

189. C. DRAGHICESCU UND M. DRAGHICESCU, *A fast algorithm for vortex blob interactions*, J. Comput. Phys., 1 (1995), S. 69–78.

190. Y. DUAN UND P. KOLLMAN, *Pathways to a protein folding intermediate observed in a 1-microsecond simulation in aqueous solution*, Science, 282 (1998), S. 740–744.

191. S. DUANE, A. KENNEDY, B. PENDLETON UND D. ROWETH, *Hybrid Monte Carlo*, Phys. Lett. B, 195 (1987), S. 216–222.

192. C. DUARTE, *A review of some meshless methods to solve partial differential equations*, Tech. Report 95-06, TICAM, University of Texas at Austin, 1995.

193. C. DUARTE UND J. ODEN, *Hp-clouds – A meshless method to solve boundary-value problems*, Tech. Report 95-05, TICAM, University of Texas at Austin, 1995.

194. J. DUBINSKI, *A parallel tree code*, New Astronomy, 1 (1996), S. 133–147.

195. B. DÜNWEG, G. GREST UND K. KREMER, *Molecular dynamics simulations of polymer systems*, in Numerical Methods for Polymeric Systems, S. Whittington, Ed., Berlin, 1998, Springer, S. 159–196.

196. W. DZWINEL, W. ALDA, J. KITOWSKI, J. MOŚCIŃSKI, M. POGODA UND D. YUEN, *Rayleigh-Taylor instability - complex or simple dynamical system?*, Tech. Report UMSI 97/71, Supercomputer Institute, University of Minnesota, Minneapolis, 1997.

197. W. DZWINEL, W. ALDA, J. KITOWSKI, J. MOŚCIŃSKI, R. WCISLO UND D. YUEN, *Macro-scale simulations using molecular dynamics method*, Tech. Report UMSI 95/103, Supercomputer Inst., University Minnesota, 1995.

198. W. DZWINEL, J. KITOWSKI, J. MOŚCIŃSKI UND D. YUEN, *Molecular dynamics as a natural solver*, Tech. Report UMSI 98/99, Supercomputer Institute, University of Minnesota, Minneapolis, 1998.

199. D. EARN UND S. TREMAINE, *Exact numerical studies of Hamiltonian maps: Iterating without roundoff error*, Physica D, 56 (1992), S. 1–22.

200. J. EASTWOOD, *Optimal particle-mesh algorithms*, J. Comput. Phys., 18 (1975), S. 1–20.

201. O. EDHOLM, O. BERGER UND F. JÄHNIG, *Structure and fluctuations of bacteriorhodopsin in the purple membrane; A molecular dynamics study*, J. Mol. Biol., 250 (1995), S. 94–111.

202. P. EHRENFEST, *Bemerkung über die angenäherte Gültigkeit der klassischen Mechanik innerhalb der Quantenmechanik*, Z. Phys., 45 (1927), S. 455–457.

203. M. EICHINGER, H. HELLER UND H. GRUBMÜLLER, *EGO - an efficient molecular dynamics program and its application to protein dynamics simulations*, in Workshop on Molecular Dynamics on Parallel Computers, R. Esser, P. Grassberger, J. Grotendorst und M. Lewerenz, Eds., World Scientific, Singapore, 2000, S. 154–174.

204. W. ELLIOTT, *Multipole algorithms for molecular dynamics simulations on high performance computers*, Ph.D. thesis, Duke University, May 1995.

205. W. ELLIOTT UND J. BOARD, *Fast multipole algorithm for the Lennard-Jones potential*, Techn. Report 94-005, Duke University, Department of Electrical Engineering, 1994.

206. F. ERCOLESSI UND J. ADAMS, *Interatomic potentials from first-principles calculations: The force-matching method*, Europhys. Lett., 26 (1994), S. 583–588.

207. F. ERCOLESSI, M. PARRINELLO UND E. TOSATTI, *Simulation of gold in the glue model*, Phil. Mag. A, 58 (1988), S. 213–226.

208. R. ERNST UND G. GREST, *Search for a correlation length in a simulation of the glass transition*, Phys. Rev. B, 43 (1991), S. 8070–8080.

209. K. ESSELINK, *A comparison of algorithms for long-range interactions*, Comp. Phys. Comm., 87 (1995), S. 375–395.

210. K. ESSELINK UND P. HILBERS, *Efficient parallel implementation of molecular dynamics on a toroidal network: II. Multi-particle potentials*, J. Comput. Phys., 106 (1993), S. 108–114.

211. K. ESSELINK, P. HILBERS, N. VAN OS, B. SMIT UND S. KARABORNI, *Molecular dynamics simulations of model oil/water/surfactant systems*, Colloid Surface A, 91 (1994), S. 155–167.

212. U. ESSMANN, L. PERERA UND M. BERKOWITZ, *The origin of the hydration interaction of lipid bilayers from MD simulation of dipalmitoylphosphatidyl-choline membrane in gel and cristalline phases*, Langmuir, 11 (1995), S. 4519–4531.

213. U. ESSMANN, L. PERERA, M. BERKOWITZ, T. DARDEN, H. LEE UND L. PEDERSEN, *A smooth particle mesh Ewald method*, J. Chem. Phys., 103 (1995), S. 8577–8593.

214. P. EWALD, *Die Berechnung optischer und elektrostatischer Gitterpotentiale*, Ann. Phys., 64 (1921), S. 253–287.

215. R. FAROUKI UND S. HAMAGUCHI, *Spline approximation of "effective" potentials under periodic boundary conditions*, J. Comput. Phys., 115 (1994), S. 276–287.

216. M. FEIT, J. FLECK UND A. STEIGER, *Solution of the Schrödinger equations by a special method*, J. Comput. Phys., 47 (1982), S. 412–433.

217. S. FELLER, R. PASTOR, A. ROJNUCKARIN, S. BOGUSZ UND B. BROOKS, *Effect of electrostatic force truncation on interfacial and transport properties of water*, J. Phys. Chem., 100 (1996), S. 17011–17020.

218. S. FELLER, R. VENABLE UND R. PASTOR, *Computer simulation of a DPPC phospholipid bilayer: Structural changes as a function of molecular surface area*, Langmuir, 13 (1997), S. 6555–6561.

219. R. FERELL UND E. BERTSCHINGER, *Particle-mesh methods on the Connection Machine*, Int. J. Modern Physics C, 5 (1994), S. 933–956.

220. E. FERMI, J. PASTA UND S. ULAM, *Studies of non-linear problems*, Tech. Report LA-1940, Los Alamos, LASL, 1955.

221. P. FERRARA, J. APOSTOLAKIS UND A. CAFLISH, *Computer simulation of protein folding by targeted molecular dynamics*, Proteins: Struct. Funct. Genet., 39 (2000), S. 252–260.

222. ——, *Targeted molecular dynamics simulations of protein folding*, J. Phys. Chem. B, 104 (2000), S. 4511–4518.

223. R. FEYNMAN, *Forces in molecules*, Phys. Rev., 56 (1939), S. 340–343.

224. F. FIGUEIRIDO, R. LEVY, R. ZHOU UND B. BERNE, *Large scale simulation of macromolecules in solution: Combining the periodic fast multipole method with multiple time step integrators*, J. Chem. Phys., 106 (1997), S. 9835–9849.

225. D. FINCHAM, *Parallel computers and molecular simulation*, Mol. Sim., 1 (1987), S. 1–45.

226. ———, *Optimisation of the Ewald sum for large systems*, Mol. Sim., 13 (1994), S. 1–9.

227. J. FINEBERG, S. GROSS, M. MARDER UND H. SWINNEY, *Instability in dynamic fracture*, Phys. Rev. Lett., 67 (1991), S. 457–460.

228. ———, *Instability in the propagation of fast cracks*, Phys. Rev. B, 45 (1992), S. 5146–5154.

229. J. FINNEY, *Long-range forces in molecular dynamics calculations on water*, J. Comput. Phys., 28 (1978), S. 92–102.

230. M. FINNIS UND J. SINCLAIR, *A simple empirical N-body potential for transition metals*, Phil. Mag. A, 50 (1984), S. 45–55.

231. E. FISCHER, *Einfluss der Configuration auf die Wirkung der Enzyme*, Ber. Dt. Chem. Ges., 27 (1894), S. 2985–2993.

232. M. FLYNN, *Very high-speed computing systems*, Proc. IEEE, 54 (1966), S. 1901–1909.

233. E. FOREST UND R. RUTH, *Fourth order symplectic integration*, Physica D, 43 (1990), S. 105–117.

234. B. FORREST UND U. SUTER, *Hybrid Monte Carlo simulations of dense polymer systems*, J. Chem. Phys., 101 (1994), S. 2616–2629.

235. J. FOX UND H. ANDERSEN, *Molecular dynamics simulations of a supercooled monoatomic liquid and glass*, J. Phys. Chem., 88 (1984), S. 4019–4027.

236. D. FRENKEL UND J. MCTAGUE, *Computer simulations of freezing and supercooled liquids*, Annu. Rev. Phys. Chem., 31 (1980), S. 491–521.

237. D. FRENKEL UND B. SMIT, *Understanding molecular simulation: From algorithms to applications*, Academic Press, New York, 1996.

238. M. FRIGO UND S. JOHNSON, *FFTW: An adaptive software architecture for the FFT*, in ICASSP conf. proceeding, Vol. 3, 1998, S. 1381–1384.

239. F. FUMI UND M. TOSI, *Ionic sizes and Born repulsive parameters in the NaCl-type alkali halides I. The Huggins-Mayer and Pauling forms*, J. Phys. Chem. Solids, 25 (1964), S. 31–43.

240. R. GABDOULLINE UND R. WADE, *Brownian dynamics simulation of protein-protein diffusional encounter*, Methods Comp. Phys., 14 (1998), S. 329–341.

241. ———, *Protein-protein association: Investigation of factors influencing association rates by Brownian dynamics simulations*, J. Mol. Biol., 306 (2001), S. 1139–1155.

242. J. GALE, *GULP - a computer program for the symmetry adapted simulation of solids*, J. Chem. Soc. Faraday Trans., 93 (1997), S. 629–637.

243. B. GARCIA-ARCHILLA, J. SANZ-SERNA UND R. SKEEL, *The mollified impulse method for oscillatory differential equations*, SIAM J. Sci. Comput., 20 (1998), S. 930–963.

244. R. GAREMYR UND A. ELOFSSON, *A study of the electrostatic treatment in molecular dynamics simulations*, Proteins: Struct. Funct. Genet., 37 (1999), S. 417–428.

245. C. GEAR, *Numerical initial value problems in ordinary differential equations*, Prentice-Hall, Englewood Cliffs, NJ, 1971.

246. A. GEIST, A. BEGUELIN, J. DONGERRA, W. JIANG, R. MANCHEK UND V. SUNDERAM, *PVM: Parallel Virtual Machine*, MIT Press, Cambridge, MA, 1994.

247. S. GELATO, D. CHERNOFF UND I. WASSERMANN, *An adaptive hierarchical particle-mesh code with isolated boundary conditions*, Astrophys. J., 480 (1997), S. 115–131.

248. W. GELBART, A. BEN-SHAUL UND D. ROUX, Eds., *Micelles, membranes, microemulsions, and monolayers*, Springer, New York, 1994.

249. M. GERSTEIN UND M. LEVIN, *Simulating water and the molecules of life*, Scientific American, (1998), S. 100–105.

250. J. GIBSON, A. GOLAND, M. MILGRAM UND G. VINEYARD, *Dynamics of radiation damage*, Phys. Rev., 120 (1960), S. 1229–1253.

251. K. GIEBERMANN, *Multilevel approximation of boundary integral operators*, Computing, 67 (2001), S. 183–207.

252. R. GINGOLD UND J. MONAGHAN, *Kernel estimates as a basis for general particle methods in hydrodynamics*, J. Comput. Phys., 46 (1982), S. 429–453.

253. S. GOREINOV, E. TYRTYSHNIKOV, E. YEREMIN UND A. YU, *Matrix-free iterative solution strategies for large dense linear systems*, Linear Algebra Appl., 4 (1997), S. 273–294.

254. S. GOREINOV, E. TYRTYSHNIKOV UND N. ZAMARASHKIN, *A theory of pseudoskeleton approximations*, Linear Algebra Appl., 261 (1997), S. 1–21.

255. D. GOTTLIEB UND S. ORSZAG, *Numerical analysis of spectral methods: Theory and applications*, SIAM, CMBS, Philadelphia, 1977.

256. D. GRAY UND A. GIORGINI, *On the validity of the Boussinesq approximation for liquids and gases*, J. Heat Mass Transfer, 19 (1976), S. 545–551.

257. L. GREENGARD, *The rapid evaluation of potential fields in particle systems*, PhD thesis, Yale University, 1987.

258. L. GREENGARD UND W. GROPP, *A parallel version of the fast multipole method*, Comp. Math. Applic., 20 (1990), S. 63–71.

259. L. GREENGARD UND J. LEE, *A direct adaptive Poisson solver of arbitrary order accuracy*, J. Comput. Phys., 125 (1996), S. 415–424.

260. L. GREENGARD UND V. ROKHLIN, *A fast algorithm for particle simulations*, J. Comput. Phys., 73 (1987), S. 325–348.

261. ——, *On the efficient implementation of the fast multipole method*, Research Report YALEU/DCS/RR-602, Yale University, Department of Computer Science, New Haven, Conneticut, 1988.

262. ——, *On the evaluation of electrostatic interactions in molecular modeling*, Chemica Scripta, 29A (1989), S. 139–144.

263. ——, *A new version of the fast multipole method for the Laplace equation in three dimensions*, Acta Numerica, 6 (1997), S. 229–269.

264. L. GREENGARD UND J. STRAIN, *The fast Gauss transform*, SIAM J. Sci. Comput., 12 (1991), S. 79–94.

265. L. GREENGARD UND X. SUN, *A new version of the fast Gauss transform*, Doc. Math., Extra Volume ICM, III (1999), S. 575–584.

266. G. GREST UND S. NAGEL, *Frequency-dependent specific heat in a simulation of the glass transition*, J. Phys. Chem., 91 (1987), S. 4916–4922.

267. M. GRIEBEL UND M. SCHWEITZER, *A particle-partition of unity method for the solution of elliptic, parabolic and hyperbolic PDEs*, SIAM J. Sci. Comput., 22 (2000), S. 853–690.

268. W. GROPP, S. HUSS-LEDERMAN, A. LUMSDAINE, E. LUSK, B. NITZBERG, W. SAPHIR UND M. SNIR, *MPI: The complete reference*, Vol. 2, MIT Press, Cambridge, MA, 1996.

269. W. GROPP, E. LUSK UND A. SKJELLUM, *Using MPI*, MIT Press, Cambridge, MA, 1994.

270. ———, *Portable parallel programming with the Message-Passing Interface*, MIT Press, Cambridge, MA, 1999.

271. H. GRUBMÜLLER, *Dynamiksimulationen sehr großer Makromoleküle auf einem Parallelrechner*, Diplomarbeit, TU München, 1989.

272. H. GRUBMÜLLER, H. HELLER, A. WINDEMUTH UND K. SCHULTEN, *Generalized Verlet algorithm for efficient molecular dynamics simulation with long range interactions*, Mol. Sim., 6 (1991), S. 121–142.

273. H. GRUBMÜLLER, B. HEYMANN UND P. TAVAN, *Ligand binding: Molecular dynamics calculation of the streptavidin-biotin rupture force*, Science, 271 (1996), S. 997–999.

274. S. GUATTERY UND G. MILLER, *On the quality of spectral separators*, SIAM J. Matrix Anal. Appl., 19 (1998), S. 701–719.

275. P. GUMBSCH UND G. BELTZ, *On the continuum versus atomistic descriptions of dislocation nucleation versus cleavage in nickel*, Model. Simul. Mater. Sci. Eng., 3 (1995), S. 597–613.

276. T. GUO, P. NIKOLAEV, A. RINZLER, D. TOMANEK, D. COLBERT UND R. SMALLEY, *Self assembly of tubular Fullerene*, J. Phys. Chem., 99 (1995), S. 10694–10697.

277. S. GUPTA, *Computing aspects of molecular dynamics simulations*, Comp. Phys. Comm., 70 (1992), S. 243–270.

278. H. HABERLAND, Z. INSEPOV UND M. MOSELER, *Molecular-dynamics simulations of thin-film growth by energetic cluster impact*, Phys. Rev. B, 51 (1995), S. 11061–11067.

279. R. HABERLANDT, S. FRITZSCHE, G. PEINELA UND K. HEINZINGER, *Molekulardynamik, Grundlagen und Anwendungen*, Vieweg Lehrbuch Physik, Vieweg, Braunschweig, 1995.

280. W. HACHBUSCH UND S. BÖRM, *Approximation of boundary element operators by adaptive $\mathcal{H}^2$ matrices.* Max Planck Institute for Mathematics in the Sciences, Preprint Nr. 5/2003, 2003.

281. W. HACKBUSCH, *Multi-Grid methods and applications*, Springer Series in Computational Mathematics 4, Springer, Berlin, 1985.

282. ———, *Theorie und Numerik elliptischer Differentialgleichungen*, Teubner-Studienbücher: Mathematik, Teubner, Stuttgart, 1986.

283. ———, *Iterative Lösung großer schwachbesetzter Gleichungssysteme*, Teubner-Studienbücher: Mathematik, Teubner, Stuttgart, 1993.

284. ———, *A sparse matrix arithmetic based on $\mathcal{H}$-matrices. Part I: Introduction to $\mathcal{H}$-matrices*, Computing, 62 (1999), S. 89–108.

285. W. HACKBUSCH, B. KHOROMSKIJ UND S. SAUTER, *On $\mathcal{H}^2$-matrices*, in Lectures on Applied Mathematics, Springer Berlin, 2000, S. 9–29.

286. W. HACKBUSCH UND Z. NOWAK, *On the fast matrix multiplication in the boundary element method by panel clustering*, Numer. Math., 54 (1989), S. 463–491.

287. W. HACKBUSCH UND S. SAUTER, *On the efficient use of the Galerkin-method to solve Fredholm integral equations*, Appl. Math., 38 (1993), S. 301–322.

288. J. HAILE UND S. GUPTA, *Extension of molecular dynamics simulation method. III. Isothermal systems*, J. Chem. Phys., 70 (1983), S. 3067–3076.

289. E. HAIRER, *Backward analysis of numerical integrators and symplectic methods*, Ann. Numer. Math., 1 (1994), S. 107–132.

290. ———, *Backward error analysis for multistep methods*, Numer. Math., 84 (1999), S. 199–232.

291. E. HAIRER UND P. LEONE, *Order barriers for symplectic multi-value methods*, in Numerical analysis 1997, Proceedings of the 17th Dundee Biennial Conference, D. Griffiths, D. Higham und G. Watson, Eds., Vol. 380, Research Notes in Mathematics, Pitman, 1998, S. 133–149.

292. E. HAIRER UND C. LUBICH, *The life-span of backward error analysis for numerical integrators*, Numer. Math., 76 (1997), S. 441–462.

293. E. HAIRER, C. LUBICH UND G. WANNER, *Geometric numerical integration. Structure-preserving algorithms for ordinary differential equations*, Vol. 31, Series in Computational Mathematics, Springer, Berlin, 2002.

294. E. HAIRER, S. NØRSETT UND G. WANNER, *Solving ordinary differential equations I, Nonstiff problems*, Springer, Berlin, 2. Auflage, 1993.

295. E. HAIRER UND D. STOFFER, *Reversible long-term integration with variable step sizes*, SIAM J. Sci. Stat. Comput., 18 (1997), S. 257–269.

296. B. HALPERIN UND D. NELSON, *Theory of two-dimensional melting*, Phys. Rev. Lett., 41 (1978), S. 121–124.

297. S. HAMMES-SCHIFFER UND J. TULLY, *Proton transfer in solution: Molecular dynamics with quantum transitions*, J. Chem. Phys., 101 (1994), S. 4657–4667.

298. J. HAN, A. GLOBUS, R. JAFFE UND G. DEARDORFF, *Molecular dynamics simulations of carbon nanotube based gears*, Nanotech., (1997), S. 103.

299. N. HANDY, *Density functional theory*, in Lecture notes in quantum chemistry II, B. Roos, Ed., Vol. 64, Lecture Notes in Chemistry, Springer, Berlin, 1994, S. 91–124.

300. B. HARTKE UND E. CARTER, *Ab initio molecular dynamics with correlated molecular wave functions: Generalized valence bond molecular dynamics and simulated annealing*, J. Chem. Phys., 97 (1992), S. 6569–6578.

301. S. HAYWARD, A. KITAO, F. HIRATA UND N. GO, *Effect of solvent on collective motions in globular protein*, J. Mol. Biol., 234 (1993), S. 1207–1217.

302. T. HEAD-GORDON UND F. STILLINGER, *An orientational perturbation theory for pure liquid water*, J. Chem. Phys., 98 (1993), S. 3313–3327.

303. D. HEERMANN UND L. YIXUE, *A global-update simulation method for polymer systems*, Macromol. Chem. Theor. Simul., 2 (1993), S. 299–308.

304. H. HELLER, *Simulation einer Lipidmembran auf einem Parallelrechner*, Dissertation, TU München, 1993.

305. H. HELLER, H. GRUBMÜLLER UND K. SCHULTEN, *Molecular dynamics simulation on a parallel computer*, Mol. Sim., 5 (1990), S. 133–165.

306. H. HELLER, M. SCHÄFER UND K. SCHULTEN, *Molecular dynamics simulations of a bilayer of 200 lipids in the gel and in the liquid-crystal phases*, J. Phys. Chem., 97 (1993), S. 8343–8360.

307. H. HELLMANN, *Zur Rolle der kinetischen Elektronenenergie für die zwischenatomaren Kräfte*, Z. Phys., 85 (1933), S. 180–190.

308. V. HELMS UND J. MCCAMMON, *Conformational transitions of proteins from atomistic simulations*, in Computational Molecular Dynamics: Challenges, Methods, Ideas, P. Deuflhard, J. Hermans, B. Leimkuhler, A. Mark, S. Reich und R. Skeel, Eds., Vol. 4, Lecture Notes in Computational Science and Engineering, Springer, Berlin, 1999, S. 66–77.

309. P. HENRICI, *Fast Fourier methods in computational complex analysis*, SIAM Review, 21 (1979), S. 481–527.

310. J. HERMANS, R. YUN, J. LEECH UND D. CAVANAUGH, *SIGMA: SI-mulations of MA-cromolecules*, Department of Biochemistry and Biophysics, University of North Carolina. http://femto.med.unc.edu/SIGMA.

311. L. HERNQUIST, *Performance characteristics of tree codes*, Astrophys. J. supp. series, 64 (1987), S. 715–734.

312. ——, *An analytical model for spherical galaxies and bulges*, The Astrophysical Journal, 356 (1990), S. 359–364.

313. H. HERRMANN UND S. LUDING, *Modeling granular media on the computer*, Contin. Mech. Thermodyn., 10 (1998), S. 189–231.

314. B. HESS, H. BEKKER, H. BERENDSEN UND J. FRAAIJE, *LINCS: A linear constraint solver for molecular simulations*, J. Comput. Chem., 18 (1997), S. 1463–1472.

315. B. HEYMANN, *Beschreibung der Streptavidin-Biotin-Bindung mit Hilfe von Molekulardynamiksimulationen*, Diplomarbeit, Fakultät für Physik, LMU München, 1996.

316. B. HEYMANN UND H. GRUBMÜLLER, *AN02/DNP unbinding forces studied by molecular dynamics AFM simulations*, Chem. Phys. Lett., 303 (1999), S. 1–9.

317. D. HILBERT, *Über die stetige Abbildung einer Linie auf ein Flächenstück*, Mathematische Annalen, 38 (1891), S. 459–460.

318. R. HOAGLAND, M. DAW, S. FOILES UND M. BASKES, *An atomic model of crack tip deformation in aluminum using an embedded atom potential*, J. Mater. Res., 5 (1990), S. 313–324.

319. R. HOCKNEY, *The potential calculation and some applications*, Methods Comp. Phys., 9 (1970), S. 136–211.

320. R. HOCKNEY UND J. EASTWOOD, *Computer simulation using particles*, IOP Publising Ltd., London, 1988.

321. P. HOHENBERG UND W. KOHN, *Inhomogeneous electron gas*, Phys. Rev. B, 136 (1964), S. 864–871.

322. B. HOLIAN, P. LOMDAHL UND S. ZHOU, *Fracture simulations via large-scale nonequilibrium molecular dynamics*, Physica A, 240 (1997), S. 340–348.

323. W. HOOVER, *Canonical dynamics: Equilibrium phase-space distributions*, Phys. Rev. A, 31 (1985), S. 1695–1697.

324. ——, *Molecular dynamics*, Vol. 258, Lecture Notes in Physics, Springer, Berlin, 1986.

325. T. HRYCAK UND V. ROKHLIN, *An improved fast multipole algorithm for potential fields*, Research Report YALEU/DCS/RR-1089, Yale University, Department of Computer Science, New Haven, Conneticut, 1995.

326. L. HUA, H. RAFII-TABAR UND M. CROSS, *Molecular dynamics simulation of fractures using an n-body potential*, Phil. Mag. Lett., 75 (1997), S. 237–244.

327. P. HUANG, J. PEREZ UND G. LOEW, *Molecular-dynamics simulations of phospholipid-bilayers*, J. Biomol. Struct. Dyn., 11 (1994), S. 927–956.

328. W. HUMPHREY, A. DALKE UND K. SCHULTEN, *VMD - visual molecular dynamics*, J. Molec. Graphics, 14 (1996), S. 33–38.

329. S. IIJIMA, *Helical microtubules of graphitic carbon*, Nature, 354 (1991), S. 56–58.

330. J. IZAGUIRRE, *Longer time steps for molecular dynamics*, PhD thesis, University of Illinois at Urbana-Champaign, 1999.

331. S. IZRAILEV, S. STEPANIANTS, M. BALSERA, Y. OONA UND K. SCHULTEN, *Molecular dynamics study of the unbinding of the avidin-biotin complex*, Biophys. J., 72 (1997), S. 1568–1581.

332. K. JACOBSEN, J. NORSKOV UND M. PUSKA, *Interatomic interactions in the effective-medium theory*, Phys. Rev. B, 35 (1987), S. 7423–7442.

333. H. JAEGER, S. NAGEL UND R. BEHRINGER, *Granular solids, liquids, and gases*, Rev. Modern Phys., 68 (1996), S. 1259–1273.

334. W. JAFFE, *A simple model for the distribution of light in spherical galaxies*, Monthly Notices of the Royal Astronomical Society, 202 (1983), S. 995–999.

335. J. JANAK UND P. PATTNAIK, *Protein calculations on parallel processors: II. Parallel algorithm for forces and molecular dynamics*, J. Comput. Chem., 13 (1992), S. 1098–1102.

336. D. JANEZIC UND F. MERZEL, *Split integration symplectic method for molecular dynamics integration*, J. Chem. Inf. Comp. Sci., 37 (1997), S. 1048–1054.

337. L. JAY, *Runge-Kutta type methods for index three differential-algebraic equations with applications to Hamiltonian systems*, Dissertation, Section de mathématiques, Université de Genève, 1994.

338. J. JERNIGAN UND D. PORTER, *A tree code with logarithmic reduction of force terms, hierarchical regularization of all variables, and explicit accuracy controls*, Astrophys. J. supp. series, 71 (1989), S. 871–893.

339. C. JESSOP, M. DUNCAN UND W. CHAU, *Multigrid methods for n-body gravitational systems*, J. Comput. Phys., 115 (1994), S. 339–351.

340. C. JOHNSON UND L. SCOTT, *An analysis of quadrature errors in second-kind boundary integral methods*, SIAM J. Num. Anal., 26 (1989), S. 1356–1382.

341. W. JORGENSEN, *Transferable intermolecular potential functions of water, alcohols and ethers*, J. Amer. Chem. Soc., 103 (1981), S. 335–340.

342. ——, *Revised TIPS model for simulations of liquid water and aqueous solutions*, J. Chem. Phys., 77 (1982), S. 4156–4163.

343. W. JORGENSEN, J. CHANDRASEKHAR, J. MADURA, R. IMPLEY UND M. KLEIN, *Comparison of simple potential functions for simulating liquid water*, J. Chem. Phys., 79 (1983), S. 926–935.

344. W. JORGENSEN UND J. TIRADO-RIVES, *Optimized potentials for liquid simulations: "The OPLS potential functions for proteins. Energy minimizations for crystals of cyclic peptides and crambin"*, J. Amer. Chem. Soc., 110 (1988), S. 1657–1666.

345. B. JUNG, H. LENHOF, R. MÜLLER UND C. RÜB, *Parallel algorithms for MD-simulations of synthetic polymers*, Tech. Report MPI-I-7-1-003, Max Planck Institut für Informatik, Saarbrücken, 1997.

346. K. KADAU, *Moleculardynamik-Simulationen von strukturellen Phasenumwandlungen in Festkörpern, Nanopartikeln und ultradünnen Filmen*, Dissertation, Universität Duisburg, Fachbereich Physik – Technologie, 2001.

347. M. KARPLUS UND J. MCCAMMON, *Protein structural fluctuations during a period of 100 ps*, Nature, 277 (1979), S. 578–579.

348. ——, *The internal dynamics of globular proteins*, CRC Crit. Revs. Biochem., 9 (1981), S. 293–349.

349. W. KAUFMANN UND L. SMARR, *Supercomputing and the transformation of science*, Scientific American Library, New York, 1993.

350. B. KERNIGHAN UND D. RITCHIE, *The C programming language*, Prentice-Hall, Englewood Cliffs, NJ, 1988.

458   Literaturverzeichnis

351. R. KESSLER, *Nonlinear transition in three-dimensional convection*, J. Fluid Mech., 174 (1987), S. 357–379.

352. D. KNUTH, *The art of computer programming, seminumerical algorithms*, Vol. 2, Addison-Wesley, 1997.

353. ——, *The art of computer programming, sorting and searching*, Vol. 3, Addison-Wesley, 1998.

354. W. KOB UND H. ANDERSEN, *Testing mode-coupling theory for a supercooled binary Lennard-Jones mixture: The van Hove correlation function*, Phys. Rev. E, 51 (1995), S. 4626–4641.

355. W. KOLOS, *Adiabatic approximation and its accuracy*, Adv. Quant. Chem., 5 (1970), S. 99–133.

356. R. KOSLOFF, *Time-dependent quantum-mechanical methods for molecular dynamics*, J. Phys. Chem., 92 (1988), S. 2087–2100.

357. ——, *Propagation methods for quantum molecular dynamics*, Annu. Rev. Phys. Chem., 45 (1994), S. 145–178.

358. A. KOX, J. MICHELS UND F. WIEGEL, *Simulation of a lipid monolayer using molecular dynamics*, Nature, 287 (1980), S. 317–319.

359. K. KREMER, *Computer simulation methods for polymer physics*, in Monte Carlo and Molecular Dynamics of Condensed Matter Systems, K. Binder und G. Ciccotti, Eds., vol. 49 of Conference Proceedings, Italian Physical Society SFI, Bologna, 1995.

360. H. KROTO, J. HEATH, S. O'BRIEN, R. CURL UND R. SMALLEY, *C60: Buckminsterfullerene*, Nature, 318 (1985), S. 162–163.

361. K. KRYNICKI, C. GREEN UND D. SAWYER, *Pressure and temperature dependence of self-diffusion in water*, Disc. Faraday Soc., 66 (1980), S. 199.

362. R. KUBO, *Statistical mechanics*, Elsevier, Amsterdam, 1965.

363. S. KUPPENS, J. DIAZ UND Y. ENGELBORGHS, *Characterization of the hinges of the effector loop in the reaction pathway of the activation of ras-proteins. Kinetics of binding of beryllium trifluoride to V29G and I36G mutants of Ha-ras-p21*, Protein Sci., 8 (1999), S. 1860–1866.

364. S. KURZ, O. RAIN UND S. RJASANOW, *The adaptive cross approximation technique for the 3D boundary element method*, IEEE Transaction on Magnetics, 38 (2002), S. 421 – 424.

365. P. LAGUNA, *Smoothed particle interpolation*, Astrophys. J., 439 (1995), S. 814–821.

366. C. LAMBERT, T. DARDEN UND J. BOARD, *A multipole-based algorithm for efficient calculation of forces and potentials in macroscopic periodic assemblies of particles*, J. Comput. Phys., 126 (1996), S. 274–285.

367. L. LANDAU UND E. LIFSCHITZ, *Mechanik*, Lehrbuch der theoretischen Physik I, Akademie-Verlag Berlin, 13. Auflage, 1990.

368. ——, *Quantenmechanik*, Lehrbuch der theoretischen Physik III, Akademie-Verlag Berlin, 9. Auflage, 1990.

369. A. LEACH, *Molecular modelling: Principles and applications*, Addison Wesley Longman, 1996.

370. H. LEE, T. DARDEN UND L. PEDERSEN, *Accurate crystal molecular dynamics simulations using particle-mesh-Ewald: RNA dinucleotides – ApU and GbC*, Chem. Phys. Lett., 243 (1995), S. 229–235.

371. C. LEFORESTIER, R. BISSELING, C. CERJAN, M. FEIT, R. FRIESNER, A. GULDBERG, A. HAMMERICH, G. JOLICARD, W. KARRLEIN, H. MEYER,

N. LIPKIN, O. RONCERO UND R. KOSLOFF, *A comparison of different propagation schemes for the time dependent Schrödinger equation*, J. Comput. Phys., 94 (1991), S. 59–80.

372. B. LEIMKUHLER, *Reversible adaptive regularization: Perturbed Kepler motion and classical atomic trajectories*, Phil. Trans. Royal Soc. A, 357 (1999), S. 1101–1133.

373. B. LEIMKUHLER UND S. REICH, *Geometric numerical methods for Hamiltonian mechanics*, Cambridge University Press, 2003. to appear.

374. B. LEIMKUHLER UND R. SKEEL, *Symplectic numerical integrators in constrained Hamiltonian systems*, J. Comput. Phys., 112 (1994), S. 117–125.

375. H. LEISTER, *Numerische Simulation dreidimensionaler, zeitabhängiger Strömungen unter dem Einfluß von Auftriebs- und Trägheitskräften*, Dissertation, Universität Erlangen-Nürnberg, 1994.

376. A. LEONARD, *Vortex methods for flow simulations*, J. Comput. Phys., 37 (1980), S. 289–335.

377. I. LEVINE, *Quantum chemistry*, Prentice-Hall, Englewood Cliffs, NJ, 2000.

378. M. LEVITT, *Molecular dynamics of native protein, I. Computer simulation of trajectories*, J. Mol. Biol., 168 (1983), S. 595–620.

379. J. LEWIS UND K. SINGER, *Thermodynamik properties and self-diffusion of molten sodium chloride*, J. Chem. Soc. Faraday Trans. 2, 71 (1975), S. 41–53.

380. S. LIN, J. MELLOR-CRUMMEY, B. PETTIT UND G. PHILLIPS, *Molecular dynamics on a distributed-memory multiprocessor*, J. Comput. Chem., 13 (1992), S. 1022–1035.

381. P. LINDAN UND M. GILLAN, *Shell-model molecular dynamics simulation of superionic conduction in CaF_2*, J. Phys. Condens. Matter, 5 (1993), S. 1019–1030.

382. K. LINDSAY, *A three-dimensional cartesian tree-code and applications to vortex sheet roll-up*, PhD thesis, Dept. of Math., University of Michigan, 1997.

383. H. LIU, F. MÜLLER-PLATHE UND W. VAN GUNSTEREN, *Combined quantum/classical molecular dynamics study of the catalytic mechanism of HIV-protease*, J. Mol. Biol., 261 (1996), S. 454–469.

384. H. LIU UND K. SCHULTEN, *Steered molecular dynamics simulations of force-induced protein domain folding*, Proteins: Struct. Funct. Genet., 35 (1999), S. 453–463.

385. P. LOMDAHL, P. TAMAYO, N. GRØNBECH-JENSEN UND D. BEAZLEY, *50 GFlops molecular dynamics on the Connection Machine 5*, in Proc. of the 1993 Conf. on Supercomputing, ACM Press, 1993, S. 520–527.

386. H. LU, B. ISRALEWITZ, A. KRAMMER, V. VOGEL UND K. SCHULTEN, *Unfolding of titin immunoglobulin domains by steered molecular dynamics*, Biophys. J., 75 (1998), S. 662–671.

387. H. LU, A. KRAMMER, B. ISRALEWITZ, V. VOGEL UND K. SCHULTEN, *Computer modeling of force-induced titin domain unfolding*, Adv. Exp. Med. Bio., 481 (2000), S. 143–160.

388. H. LU UND K. SCHULTEN, *Steered molecular dynamics simulation of conformational changes of immunoglobulin domain I27 interpret atomic force microscopy observations*, J. Chem. Phys., 247 (1999), S. 141–153.

389. L. LUCY, *A numerical approach to the testing of the fission hypothesis*, Astronom. J., 82 (1977), S. 1013–1024.

390. S. LUDING, *Granular materials under vibration: Simulations of rotating species*, Phys. Rev. B, 52 (1995), S. 4442–4457.

391. S. Luding, H. Herrmann und A. Blumen, *Simulations of two-dimensional arrays of beads under external vibrations: Scaling behavior*, Phys. Rev. E, 50 (1994), S. 3100–3108.

392. X. Luo, R. Kato und J. Collins, *Dynamic flexibility of protein-inhibitor complexes: A study of the HIV-1 protease/KNI-272 complex*, J. Amer. Chem. Soc., 120 (1998), S. 12410–12418.

393. S. Lustig, S. Rastogi und N. Wagner, *Telescoping fast multipole methods using Chebyshev economization*, J. Comput. Phys., 122 (1995), S. 317–322.

394. B. Luty, I. Tironi und W. van Gunsteren, *Lattice-sum methods for calculating electrostatic interactions in molecular simulations*, J. Chem. Phys., 103 (1995), S. 3014–3021.

395. B. Luty und W. van Gunsteren, *Calculating electrostatic interactions using the particle-particle particle-mesh method with nonperiodic boundary long-range interactions*, J. Phys. Chem., 100 (1996), S. 2581–2587.

396. A. MacKerell, B. Brooks, C. Brooks, L. Nilsson, B. Roux, Y. Won und M. Karplus, *CHARMM: The energy function and its parameterization with an overview of the program*, in The Encyclopedia of Computational Chemistry, P. von Ragué Schleyer, Ed., Vol. 1, John Wiley & Sons, Chichester, 1998, S. 271–277.

397. M. Madrid, A. Jacobo-Molina, J. Ding und E. Arnold, *Major subdomain rearrangement in HIV-1 reverse transcriptase simulated by molecular dynamics*, Proteins: Struct. Funct. Genet., 35 (1999), S. 332–337.

398. J. Madura, J. Briggs, R. Wade und R. Gabdoulline, *Brownian dynamics*, in Encyclopedia of Computational Chemistry, P. von Ragué Schleyer, Ed., Vol. 1, Wiley, New York, 1998, S. 141–154.

399. M. Mahoney und W. Jorgensen, *A five-site model for liquid water and the reproduction of the density anomaly by rigid, nonpolarizable potential functions*, J. Chem. Phys., 112 (2000), S. 8910–8922.

400. ——, *Diffusion constant of the TIP5P model of liquid water*, J. Chem. Phys., 114 (2001), S. 363–366.

401. Y. Mao, M. Ratner und M. Jarrold, *One water molecule stiffens a protein*, J. Amer. Chem. Soc., 122 (2000), S. 2950–2951.

402. Z. Mao, A. Garg und S. Sinnott, *Molecular dynamics simulations of the filling and decorating of carbon nanotubules*, Nanotechnology, 10 (1999), S. 273–277.

403. C. Marchioro und M. Pulvirenti, *Vortex methods in two-dimensional fluid dynamics*, Vol. 203, Lecture Notes in Physics, Springer, Berlin, 1984.

404. M. Marder, *Molecular dynamics of cracks*, Comp. Sci. Eng., 1 (1999), S. 48–55.

405. M. Mareschal und E. Kestemont, *Order and fluctuations in nonequilibrium molecular dynamics simulations of two-dimensional fluids*, J. Stat. Phys., 48 (1987), S. 1187–1201.

406. S. Marrink und H. Berendsen, *Simulation of water transport through a lipid membrane*, J. Phys. Chem., 98 (1994), S. 4155–4168.

407. S. Marrink, O. Berger, D. Tieleman und F. Jähnig, *Adhesion forces of lipids in a phospholipid membrane studied by molecular dynamics simulations*, Biophys. J., 74 (1998), S. 931–943.

408. S. Marrink und A. Mark, *Effect of undulations on surface tension in simulated bilayers*, J. Phys. Chem. B, 105 (2001), S. 6122–6127.

409. P. Marszalek, H. Lu, H. Li, M. Carrion-Vasquez, A. Oberhauser, K. Schulten und J. M. Fernandez, *Mechanical unfolding intermediates in titin modules*, Nature, 402 (1999), S. 100–103.

410. G. Martyna, M. Klein und M. Tuckerman, *Nosé-Hoover chains – the canonical ensemble via continuous dynamics*, J. Chem. Phys., 97 (1992), S. 2635–2643.

411. D. Marx und J. Hutter, *Ab initio molecular dynamics: Theory and implementation*, in Modern Methods and Algorithms of Quantum Chemistry, J. Grotendorst, Ed., Vol. 1, NIC series, John von Neumann Institute for Computing, Jülich, 2000, S. 301–449.

412. H. Matuttis, S. Luding und H. Herrmann, *Discrete element simulations of dense packings and heaps made of spherical and non-sperical particles*, Powder Tech., 109 (2000), S. 278–292.

413. J. McCammon, B. Gelin und M. Karplus, *Dynamics of folded proteins*, Nature, 267 (1977), S. 585–590.

414. J. McCammon und S. Harvey, *Dynamics of proteins and nucleic acids*, Cambridge University Press, 1987.

415. R. McLachlan, *On the numerical integration of ordinary differential equations by symmetric composition methods*, SIAM J. Sci. Comput., 16 (1995), S. 151–168.

416. R. McLachlan, G. Reinout und W. Quispel, *Splitting methods*, in Acta Numerica, A. Iserles, Ed., Vol. 11, Cambridge Univ. Press, Cambridge, 2002, S. 341–434.

417. B. Mehlig, D. Heermann und B. Forrest, *Hybrid Monte Carlo method for condensed-matter systems*, Phys. Lett. B, 45 (1992), S. 679–685.

418. M. Melenk, S. Börm und M. Löhndorf, *Approximation of integral operators by variable-order interpolation.* Max Planck Institute for Mathematics in the Sciences, Preprint Nr. 82/2002, 2002.

419. F. Melo, P. Umbanhowar und H. Swinney, *Transition to parametric wave patterns in a vertically oscillated granular layer*, Phys. Rev. Lett., 72 (1994), S. 172–175.

420. ———, *Hexagons, kinks, and disorder in oscillated granular layers*, Phys. Rev. Lett., 75 (1995), S. 3838–3841.

421. A. Messiah, *Quantum mechanics*, Vol. 1 & 2, North-Holland, Amsterdam, 1961/62.

422. N. Metropolis, A. Rosenbluth, M. Rosenbluth, A. Teller und E. Teller, *Equation of state calculations by fast computing machines*, J. Chem. Phys., 21 (1953), S. 1087–1092.

423. R. Meyer, *Computersimulationen martensitischer Phasenübergänge in Eisen-Nickel- und Nickel-Aluminium-Legierungen*, Dissertation, Universität Duisburg, Fachbereich Physik – Technologie, 1998.

424. R. Meyer und P. Entel, *Molecular dynamics study of iron-nickel alloys*, in IV European Symposium on Martensitic Transformations, A. Planes, J. Ortín und L. Mañosa, Eds., Les editions de physique, 1995, S. 123–128.

425. H. Mi, M. Tuckerman, D. Schuster und S. Wilson, *A molecular dynamics study of HIV-1 protease complexes with C_{60} and fullerene-based anti-viral agents*, Proc. Electrochem. Soc., 99 (1999), S. 256–269.

426. R. Mikulla, J. Stadler, P. Gumbsch und H. Trebin, *Molecular dynamics simulations of crack propagation in quasicrystals*, Phil. Mag. Lett., 78 (1998), S. 369–376.

427. G. MILLER, S. TENG, W. THURSTON UND S. VAVASIS, *Geometric separators for finite-element meshes*, SIAM J. Sci. Comput., 19 (1998), S. 364–386.

428. P. MITCHELL UND D. FINCHAM, *Shell-model simulations by adiabatic dynamics*, J. Phys. Condens. Matter, 5 (1993), S. 1019–1030.

429. M. MIYAMOTO UND R. NAGAY, *Three-dimensional models for the distribution of mass in galaxies*, PASJ, Publication of the Astronomical Society of Japan, 27 (1975), S. 533–543.

430. M. MOLLER, D. TILDESLEY, K. KIM UND N. QUIRKE, *Molecular dynamics simulation of a Langmuir-Blodgett film*, J. Chem. Phys., 94 (1991), S. 8390–8401.

431. J. MONAGHAN, *Simulating free surface flows with SPH*, J. Comput. Phys., 52 (1994), S. 393–406.

432. R. MOUNTAIN UND D. THIRUMALAI, *Measures of effective ergodic convergence in liquids*, J. Phys. Chem., 93 (1989), S. 6975–6979.

433. M. MÜLLER UND H. HERRMANN, *DSMC - a stochastic algorithm for granular matter*, in Physics of dry granular media, H. Herrmann, J. Hovi und S. Luding, Eds., NATO ASI Series, Kluwer, Dordrecht, 1998, S. 413–420.

434. M. MÜLLER, S. LUDING UND H. HERRMANN, *Simulations of vibrated granular media in two and three dimensional systems*, in Friction, arching and contact dynamics, D. Wolf und P. Grassberger, Eds., World Scientific, Singapore, 1997, S. 335–341.

435. F. MÜLLER-PLATHE, *YASP: A molecular simulation package*, Comp. Phys. Comm., 78 (1993), S. 77–94.

436. F. MÜLLER-PLATHE, H. SCHMITZ UND R. FALLER, *Molecular simulation in polymer science: Understanding experiments better*, Prog. Theor. Phys. (Kyoto), Supplements, 138 (2000), S. 311–319.

437. D. MYERS, *Surfactant science and technology*, VCH Publishers, New York, 1992.

438. A. NAKANO, R. KALIA UND P. VASHISHTA, *Scalable molecular dynamics, visualization, and data-management algorithms for material simulations*, Comp. Sci. Eng., 1 (1999), S. 39–47.

439. B. NAYROLES, G. TOUZOT UND P. VILLON, *Generalizing the finite element method: Diffusive approximation and diffusive elements*, Comput. Mech., 10 (1992), S. 307–318.

440. M. NELSON, W. HUMPHREY, A. GURSOY, A. DALKE, L. KALÉ, R. SKEEL UND K. SCHULTEN, *NAMD - A parallel, object-oriented molecular dynamics program*, Int. J. Supercomp. Appl. High Perf. Comp., 10 (1996), S. 251–268.

441. P. NETTESHEIM, *Mixed quantum-classical dynamics: A unified approach to mathematical modeling and numerical simulation*, Dissertation, Freie Universität Berlin, Fachbereich Mathematik und Informatik, 2000.

442. H. NEUNZERT, A. KLAR UND J. STRUCKMEIER, *Particle methods: Theory and applications*, Tech. Report 95-113, Fachbereich Mathematik, Universität Kaiserslautern, 1995.

443. H. NEUNZERT UND J. STRUCKMEIER, *Boltzmann simulation by particle methods*, Tech. Report 112, Fachbereich Mathematik, Universität Kaiserslautern, 1994.

444. Z. NISHIYAMA, *Martensitic transformation*, Academic Press, New York, 1978.

445. S. NOSÉ, *A molecular dynamics method for simulations in the canonical ensemble*, Mol. Phys., 53 (1984), S. 255–268.

446. ———, *A unified formulation of the constant temperature molecular dynamics method*, J. Chem. Phys., 81 (1984), S. 511–519.

447. S. NOSÉ UND M. KLEIN, *Constant pressure molecular dynamics for molecular systems*, Mol. Phys., 50 (1983), S. 1055–1076.

448. L. NYLAND, J. PRINS UND J. REIF, *A data-parallel implementation of the adaptive fast multipole algorithm*, in Proceedings of the 1993 DAGS/PC Symposium, Dartmouth College, Hanover, NH, 1993, S. 111–123.

449. A. OBERBECK, *Über die Wärmeleitung der Flüssigkeiten bei Berücksichtigung der Strömungen infolge von Temperaturdifferenzen*, Ann. Phys. Chem., 7 (1879), S. 271–292.

450. P. OSWALD, *Multilevel finite element approximation: Theory and applications*, Teubner, Stuttgart, 1994.

451. H. OZAL UND T. HARA, *Numerical analysis for oscillatory natural convection of low Prandtl number fluid heated from below*, Numer. Heat Trans. A, 27 (1995), S. 307–318.

452. P. PACHECO, *Parallel programming with MPI*, Morgan Kaufmann Publishers, 1997.

453. V. PANDE UND D. ROKHSAR, *Molecular dynamics simulations of unfolding and refolding of a hairpin fragment of protein G*, Proc. Natl. Acad. Sci., 96 (1999), S. 9062–9067.

454. M. PARRINELLO, *Simulating complex systems without adjustable parameters*, Comp. Sci. Eng., 2 (2000), S. 22–27.

455. M. PARRINELLO UND R. RAHMAN, *Crystal structure and pair potentials: A molecular-dynamics study*, Phys. Rev. Lett., 45 (1980), S. 1196–1199.

456. D. PASCHEK UND A. GEIGER, *Moscito 3.9 – Performing Molecular Dynamics Simulations*, Universität Dortmund, Physikalische Chemie IIa, 2000. http://ganter.chemie.uni-dortmund.de/~pas/moscito.html.

457. A. PASKIN, A. GOHAR UND G. DIENES, *Computer simulation of crack propagation*, Phys. Rev. Lett., 44 (1980), S. 940–943.

458. G. PASTORE, *Car-Parrinello methods and adiabatic invariants*, in Monte Carlo and Molecular Dynamics of Condensed Matter Systems, K. Binder und G. Ciccotti, Eds., Italian Physical Society SIF, Bologna, 1996, Kap. 24, S. 635–647.

459. G. PASTORE, E. SMARGIASSI UND F. BUDA, *Theory of ab initio molecular-dynamics calculations*, Phys. Rev. A, 44 (1991), S. 6334–6347.

460. D. PATTERSON UND J. HENNESSY, *Computer architecture, a quantitive approach*, Morgan Kaufmann Publishers, San Francisco, 2. Auflage, 1996.

461. L. PAULING, *The nature of the chemical bonding*, Oxford University Press, London, 1950.

462. M. PAYNE, M. TETER UND D. ALLAN, *Car-Parrinello methods*, J. Chem. Soc. Faraday Trans., 86 (1990), S. 1221–1226.

463. G. PEANO, *Sur une courbe qui remplit toute une aire plaine*, Mathematische Annalen, 36 (1890), S. 157–160.

464. D. PEARLMAN, D. CASE, J. CALDWELL, W. ROSS, T. CHEATHAM, S. DE-BOLT, D. FERGUSON, G. SEIBEL UND P. KOLLMAN, *AMBER, a computer program for applying molecular mechanics, normal mode analysis, molecular dynamics and free energy calculations to elucidate the structures and energies of molecules*, Comp. Phys. Comm., 91 (1995), S. 1–41.

465. E. PEN, *A linear moving adaptive particle-mesh N-body algorithm*, Astrophys. J. supp. series, 100 (1995), S. 269–280.

466. J. PÉREZ-JORDÁ UND W. YANG, *A concise redefinition of the solid spherical harmonics and its use in fast multipole methods*, J. Chem. Phys., 104 (1996), S. 8003–8006.

467. L. PERONDI, P. SZELESTEY UND K. KASKI, *Atomic structure of a dissociated edge dislocation in copper*, in Multiscale phenomena in materials - experiments and modeling, V. Bulatov, T. de la Rubia, N. Ghoniem, E. Kaxiras und R. Phillips, Eds., Vol. 578, Materials Research Society, Pittsburgh, 1999, S. 223–228.

468. C. PETER, X. DAURA UND W. VAN GUNSTEREN, *Peptides of aminoxy acids: a molecular dynamics simulation study of conformational equilibria under various conditions*, J. Amer. Chem. Soc., 122 (2000), S. 7461–7466.

469. H. PETERSEN, *Accuracy and efficiency of the particle mesh Ewald method*, J. Chem. Phys., 103 (1995), S. 3668–3678.

470. H. PETERSEN, D. SOELVASON, J. PERRAM UND E. SMITH, *Error estimates for the fast multipole method. I. The two-dimensional case*, Proc. R. Soc. Lond. A, 448 (1995), S. 389–400.

471. ———, *Error estimates for the fast multipole method. II. The three-dimensional case*, Proc. R. Soc. Lond. A, 448 (1995), S. 401–418.

472. S. PFALZNER UND P. GIBBON, *A 3D hierarchical tree code for dense plasma simulation*, Comp. Phys. Comm., 79 (1994), S. 24–38.

473. ———, *Many-body tree methods in physics*, Cambridge University Press, 1996.

474. S. PLIMPTON, *LAMMPS - large-scale atomic/molecular massively parallel simulator.* http://www.cs.sandia.gov/~sjplimp/lammps.html.

475. ———, *Fast parallel algorithms for short-range molecular dynamics*, J. Comput. Phys., 117 (1995), S. 1–19.

476. S. PLIMPTON UND B. HENDRICKSON, *Parallel molecular dynamics algorithms for simulation of molecular systems*, in Parallel Computing in Computational Chemistry, T. Mattson, Ed., ACS Symposium Series 592, American Chemical Society, 1995, S. 114–132.

477. S. PLIMPTON, R. POLLOCK UND M. STEVENS, *Particle-mesh Ewald and rRE-SPA for parallel molecular dynamics simulations*, in Proceedings of the eighth SIAM conference on parallel processing for scientific computing, Minneapolis, SIAM, 1997.

478. H. PLUMMER, *On the problem of distribution in globular star clusters*, Monthly notices of the Royal Astronomical Society, 71 (1911), S. 460–470.

479. P. POHL UND G. HEFFELFINGER, *Massively parallel molecular dynamics simulation of gas permeation across porous silica membranes*, J. Membrane Sci., 155 (1999), S. 1–7.

480. E. POLLOCK UND J. GLOSLI, *Comments on P3M, FMM and the Ewald method for large periodic Coulomb systems*, Comp. Phys. Comm., 95 (1996), S. 93–110.

481. T. PÖSCHEL UND H. HERRMANN, *Size segregation and convection*, Europhys. Lett., 29 (1995), S. 123–128.

482. W. PRESS, B. FLANNERY, S. TEUKOLSKY UND W. VETTERLING, *Numerical recipes in C - the art of scientific computing*, Cambridge University Press, Cambridge, 1988, Kap. 7.2.

483. P. PROCACCI, T. DARDEN, E. PACI UND M. MARCHI, *ORAC: A molecular dynamics program to simulate complex molecular systems with realistic electrostatic interactions*, J. Comput. Chem., 18 (1997), S. 1848–1862.

484. P. PROCACCI UND M. MARCHI, *Taming the Ewald sum in molecular dynamics simulations of solvated proteins via a multiple time step algorithm*, J. Chem. Phys., 104 (1996), S. 3003–3012.

485. P. PROCACCI, M. MARCHI UND G. MARTYNA, *Electrostatic calculations and multiple time scales in molecular dynamics simulation of flexible molecular systems*, J. Chem. Phys., 108 (1996), S. 8799–8803.

486. A. PUHL, M. MANSOUR UND M. MARESCHAL, *Quantitative comparison of molecular dynamics with hydrodynamics in Rayleigh-Benard convection*, Phys. Rev. A, 40 (1989), S. 1999–2011.

487. X. QIAN UND T. SCHLICK, *Efficient multiple timestep integrators with distance-based force splitting for particle-mesh-Ewald molecular dynamics simulations*, J. Chem. Phys., 116 (2002), S. 5971–5983.

488. H. RAFII-TABAR, L. HUA UND M. CROSS, *A multi-scale atomistic-continuum modelling of crack propagation in a 2-D macroscopic plate*, J. Phys. Condens. Matter, 10 (1998), S. 2375–2387.

489. H. RAFII-TABAR UND A. SUTTON, *Long-range Finnis-Sinclair potentials for f.c.c. metallic alloys*, Phil. Mag. Lett., 63 (1991), S. 217–224.

490. A. RAHMAN, *Correlations in the motion of atoms in liquid Argon*, Phys. Rev. A, 136 (1964), S. 405–411.

491. A. RAHMAN UND F. STILLINGER, *Molecular dynamics study of liquid water*, J. Chem. Phys., 55 (1971), S. 3336–3359.

492. W. RANKIN, *Efficient parallel implementations of multipole based N-body algorithms*, Ph.D. thesis, Duke University, 1999.

493. W. RANKIN UND J. BOARD, *A portable distributed implementation of the parallel multipole tree algorithm*, in Proceedings of the 1995 IEEE Symposium on High Performance Distributed Computing, 1995.

494. D. RAPAPORT, *Microscale hydrodynamics: Discrete-particle simulation of evolving flow patterns*, Phys. Rev. A, 36 (1987), S. 3288–3299.

495. ——, *Large-scale molecular dynamics simulation using vector and parallel computers*, Comp. Phys. Reports, 9 (1988), S. 1–53.

496. ——, *Molecular-dynamics study of Rayleigh-Benard convection*, Phys. Rev. Lett., 60 (1988), S. 2480–2483.

497. ——, *Unpredictable convection in a small box: Molecular-dynamics experiments*, Phys. Rev. A, 46 (1992), S. 1971–1984.

498. ——, *Subharmonic surface waves in vibrated granular media*, Physica A, 249 (1998), S. 232–238.

499. K. REFSON, *Molecular dynamics simulation of solid n-butane*, Physica B, 131 (1985), S. 256–266.

500. S. REICH, *Symplectic integration of constrained Hamiltonian systems by Runge-Kutta methods*, Tech. Report 93-13, Univ. British Columbia, CS, Vancouver, 1993.

501. ——, *Modified potential energy functions for constrained molecular dynamics*, Numer. Algo., 19 (1998), S. 213–221.

502. ——, *Backward error analysis for numerical integrators*, SIAM J. Num. Anal., 36 (1999), S. 1549–1570.

503. L. REICHL, *A modern course in statistical physics*, Edward Arnold Ltd, 1980.

504. ——, *Equilibrium statistical mechanics*, Prentice-Hall, Englewood Cliffs, NJ, 1989.

505. M. Reif, M. Gautel, F. Osterhelt, J. Fernandez und H. Gaub, *Reversible folding of individual titin immunoglobulin domains by AFM*, Science, 276 (1997), S. 1109–1112.

506. J. Reinhold, *Quantentheorie der Moleküle*, Teubner, Braunschweig, 1994.

507. D. Remler und P. Madden, *Molecular dynamics without effective potentials via the Car-Parrinello approach*, Mol. Phys., 70 (1990), S. 921–966.

508. G. Rhodes, *Crystallography made crystal clear*, Academic Press, New York, 2000.

509. R. Richert und A. Blumen, Eds., *Disorder effects on relaxational processes*, Springer, 1994.

510. S. Rick, S. Stuart und B. Berne, *Dynamical fluctuating charge force fields: Application to liquid water*, J. Chem. Phys., 101 (1994), S. 6141–6156.

511. M. Rief und H. Grubmüller, *Kraftspektroskopie von einzelnen Biomolekülen*, Phys. Blätter, 57 (2001), S. 55–61.

512. D. Robertson, D. Brenner und J. Mintmire, *Energetics of nanoscale graphitic tubules*, Phys. Rev. B, 45 (1992), S. 12592–12595.

513. A. Robinson, W. Richards, P. Thomas und M. Hann, *Behavior of cholesterol and its effect on head group and chain conformations in lipid bilayers: A molecular dynamics study*, Biophys. J., 68 (1995), S. 164–170.

514. D. Roccatano, A. Amadei, A. Di Nola und H. Berendsen, *A molecular dynamics study of the 41-56 β-hairpin from B1 domain of protein G*, Protein Sci., 8 (1999), S. 2130–2143.

515. D. Roccatano, R. Bizzarri, G. Chillemi und N. Sanna, *Development of a parallel molecular dynamics code on SIMD computers: Algorithm for use of pair list criterion*, J. Comput. Chem., 19 (1998), S. 685–694.

516. C. Röhr, *Intermetallische Phasen*. http://ruby.chemie.uni-freiburg.de/Vorlesung/intermetallische_2_3.html.

517. V. Rokhlin, *Rapid solution of integral equations of classical potential theory*, J. Comput. Phys., 60 (1985), S. 187–207.

518. B. Roos, Ed., *Lecture notes in quantum chemistry I*, Vol. 58, Lecture Notes in Chemistry, Springer, Berlin, 1992.

519. ――――, *The multiconfigurational (MC) self-consistent field (SCF) theory*, in Lecture notes in quantum chemistry, B. Roos, Ed., Vol. 58, Lecture Notes in Chemistry, Springer, Berlin, 1992, S. 177–254.

520. ――――, Ed., *Lecture notes in quantum chemistry II*, Vol. 64, Lecture Notes in Chemistry, Springer, Berlin, 1994.

521. V. Rosato, M. Guillope und B. Legrand, *Thermodynamical and structural-properties of fcc transition-metals using a simple tight-binding model*, Phil. Mag. A, 59 (1989), S. 321–336.

522. J. Roth, *IMD - A molecular dynamics program and application*, in Molecular dynamics on parallel computers, R. Esser, P. Grassberger, J. Grotendorst und M. Lewerenz, Eds., Workshop on Molecular dynamics on parallel computers, Jülich, 1999, John von Neumann Institute for Computing (NIC), Research Center Jülich, Germany, World Scientific, 2000, S. 83–94.

523. S. Rubini und P. Ballone, *Quasiharmonic and molecular-dynamics study of the martensitic transformation in Ni-Al alloys*, Phys. Rev. B, 48 (1993), S. 99–111.

524. R. Ruth, *A canonical integration technique*, IEEE Trans. Nucl. Sci., NS-30 (1983), S. 2669–2671.

525. J. RYCKAERT UND A. BELLMANS, *Molecular dynamics of liquid n-butane near its boiling point*, Chem. Phys. Lett., 30 (1975), S. 123–125.

526. J. RYCKAERT, G. CICCOTTI UND H. BERENDSEN, *Numerical integration of the Cartesian equation of motion of a system with constraints: Molecular dynamics of N-alkanes*, J. Comput. Phys., 23 (1977), S. 327–341.

527. H. SAGAN, *Space-filling curves*, Springer, New York, 1994.

528. J. SAKURAI, *Modern quantum mechanics*, Addison-Wesley Publishing Company, Redwood City, 1985, Kap. 2.4.

529. J. SALMON, *Parallel hierarchical N-body methods*, PhD thesis, California Institute of Technology, 1990.

530. J. SALMON UND M. WARREN, *Skeletons from the treecode closet*, J. Comput. Phys., 111 (1994), S. 136–155.

531. J. SALMON, M. WARREN UND G. WINCKELMANS, *Fast parallel tree codes for gravitational and fluid dynamical N-body problems*, Int. J. Supercomp. Appl. High Perf. Comp., 8 (1994), S. 129–142.

532. H. SAMET, *Design and analysis of spatial data structures*, Addison-Wesley, 1990.

533. S. SAMUELSON UND G. MARTYNA, *Two dimensional umbrella sampling techniques for the computer simulation study of helical peptides at thermal equilibrium: The 3K(i) peptide in vacuo and solution*, J. Chem. Phys., 109 (1998), S. 11061–11073.

534. B. SANDAK UND A. BRANDT, *Multiscale fast summation of long range charge and dipolar interactions*, in Multiscale Computational Methods in Chemistry and Physics, A. Brandt, J. Bernholc und K. Binder, Eds., IOS Press, 2001.

535. M. SANGSTER UND M. DIXON, *Interionic potentials in alkali halides and their use in simulation of molten salts*, Adv. Phys., 25 (1976), S. 247–342.

536. H. SATO, Y. TANAKA, H. IWAMA, S. KAWAKIKA, M. SAITO, K. MORIKAMI, T. YAO UND S. TSUTSUMI, *Parallelization of AMBER molecular dynamics program for the AP1000 highly parallel computer*, in Proc. Scalable High Performance Computing Conference-92, IEEE Computer Society Press, 1992, S. 113–120.

537. S. SAUTER, *Variable order panel clustering*, Computing, 64 (2000), S. 223–261.

538. U. SCHERZ, *Quantenmechanik: Eine Einführung mit Anwendungen auf Atome, Moleküle und Festkörper*, Teubner, Stuttgart; Leipzig, 1999.

539. C. SCHIFFER UND W. VAN GUNSTEREN, *Structural stability of disulfide mutants of BPTI: A molecular dynamics study*, Proteins: Struct. Funct. Genet., 26 (1996), S. 66–71.

540. T. SCHLICK, *Molecular modeling and simulation*, Springer, New York, 2002.

541. R. SCHNEIDER, *Multiskalen- und Wavelet-Kompression: Analysisbasierte Methoden zur effizienten Lösung großer vollbesetzter Gleichungssysteme*, Advances in Numerical Analysis, Teubner, Stuttgart, 1998.

542. I. SCHOENBERG, *Cardinal spline interpolation*, SIAM, Philadelphia, 1973.

543. K. SCHRÖDER UND J. SAUER, *Potential functions for silica and zeolite catalysts based on ab inito calculations. 3. A shell model ion pair potential for silica and aluminosilicates*, J. Phys. Chem., 100 (1996), S. 11034–11049.

544. C. SCHÜTTE, A. FISCHER, W. HUISINGA UND P. DEUFLHARD, *A hybrid Monte Carlo method for essential dynamics*, Research report SC 98-04, Konrad Zuse Institut Berlin, 1998.

545. ——, *A direct approach to conformal dynamics based on hybrid Monte Carlo*, J. Comput. Phys., 151 (1999), S. 146–169.

468   Literaturverzeichnis

546. F. SCHWABL, *Quantenmechanik*, Springer, Berlin, 2. Auflage, 1990.

547. E. SCHWEGLER, G. GALLI UND F. GYGI, *Water under pressure*, Phys. Rev. Lett., 84 (2000), S. 2429–2432.

548. M. SCHWEITZER, *A parallel multilevel partition of unity method for ellicptic partial differential equations*, Lecture Notes in Computational Science and Engineering, Vol. 29, Springer, 2003.

549. M. SCHWEITZER, G. ZUMBUSCH UND M. GRIEBEL, *Parnass2: A cluster of dual-processor PCs*, Tech. Report CSR-99-02, TU Chemnitz, 1999. Proceedings of the 2nd Workshop Cluster-Computing, Karlsruhe, Chemnitzer Informatik Berichte.

550. W. SCOTT UND C. SCHIFFER, *Curling of flap tips in HIV-1 protease as a mechanism for substrate entry and tolerance of drug resistance*, Structure Folding Design, 8 (2000), S. 1259–1265.

551. R. SEDGEWICK, *Algorithms in C*, Addison Wesley, 1990.

552. R. SEDGEWICK UND P. FLAJOLET, *An introduction to the analysis of algorithms*, Addison Wesley, 1996.

553. J. SHIMADA, H. KANEKO UND T. TAKADA, *Efficient calculations of Coulombic interactions in biomolecular simulations with periodic boundary conditions*, J. Comput. Chem., 14 (1993), S. 867–878.

554. ———, *Performance of fast multipole methods for calculating electrostatic interactions in biomacromolecular simulations with periodic boundary conditions*, J. Comput. Chem., 15 (1994), S. 28–43.

555. D. SHOLL, *Predicting single-component permeance through macroscopic zeolite membranes from atomistic simulations*, Eng. Chem. Res., 39 (2000), S. 3737–3746.

556. J. SINGH, C. HOLT, J. HENNESSY UND A. GUPTA, *A parallel adaptive fast multipole method*, in Proceedings of the Supercomputing '93 Conference, 1993.

557. R. SKEEL, *Symplectic integration with floating-point arithmetic and other approximations*, Appl. Numer. Math., 29 (1999), S. 3–18.

558. R. SKEEL, G. ZHANG UND T. SCHLICK, *A family of symplectic integrators: Stability, accuracy, and molecular dynamics applications*, SIAM J. Sci. Comput., 18 (1997), S. 203–222.

559. B. SMIT, P. HILBERS, K. ESSELINK, L. RUPERT, N. VAN OS UND G. SCHLIJPER, *Structure of a water/oil interface in the presence of micelles: A computer simulation study*, J. Phys. Chem., 95 (1991), S. 6361–6368.

560. L. SMITH, C. DOBSON UND W. VAN GUNSTEREN, *Molecular dynamics simulations of human α-lactalbumin. Changes to the structural and dynamical properties of the protein at low pH*, Proteins: Struct. Funct. Genet., 36 (1999), S. 77–86.

561. P. SMITH UND B. PETTITT, *Ewald artefacts in liquid state molecular dynamics simulations*, J. Chem. Phys., 105 (1996), S. 4289–4293.

562. W. SMITH UND T. FORESTER, *Parallel macromolecular simulations and the replicated data strategy: I. The computation of atomic forces*, Comp. Phys. Comm., 79 (1994), S. 52–62.

563. A. SMONDYREV UND M. BERKOWITZ, *Structure of dipalmitoylphosphatidylcholine/cholesterol bilayer at low and high cholesterol concentrations: Molecular dynamics simulation*, Biophys. J., 77 (1999), S. 2075–2079.

564. ———, *Molecular dynamics simulation of dipalmitoylphosphatidylcholine membrane with cholesterol sulfate*, Biophys. J., 78 (2000), S. 1672–1680.

565. D. SOLVASON, J. KOLAFA, H. PETERSON UND J. PERRAM, *A rigorous comparison of the Ewald method and the fast multipole method in two dimensions*, Comp. Phys. Comm., 87 (1995), S. 307–318.

566. J. SORENSON, G. HURA, R. GLAESER UND T. HEAD-GORDON, *What can x-ray scattering tell us about the radial distribution functions of water?*, J. Chem. Phys., 113 (2000), S. 9149–9161.

567. M. SPECTOR, E. NAJANJO, S. CHIRUVOLU UND J. ZASADZINSKI, *Conformations of a tethered membrane: Crumpling in graphite oxide*, Phys. Rev. Lett., 73 (1994), S. 2867–2870.

568. R. SPLINTER, *A nested-grid particle-mesh code for high-resolution simulations of gravitational instability in cosmology*, Mon. Not. R. Astron. Soc., 281 (1996), S. 281–293.

569. M. SPRIK, J. HUTTER UND M. PARRINELLO, *Ab initio molecular dynamics simulation of liquid water: Comparison of three gradient-corrected density functionals*, J. Chem. Phys., 105 (1996), S. 1142–1152.

570. D. SRIVASTAVA UND S. BARNARD, *Molecular dynamics simulation of large-scale carbon nanotubes on a shared-memory architecture*, in Proc. SuperComputing 97, NASA Ames Research Center, 1997.

571. S. STEPANIANTS, S. IZRAILEV UND K. SCHULTEN, *Extraction of lipids from phospholipid membranes by steered molecular dynamics*, J. Mol. Modeling, 3 (1997), S. 473–475.

572. T. STERLING, J. SALMON, D. BECKER UND D. SAVARESE, *How to build a Beowulf*, MIT Press, Cambridge, MA, 1999.

573. H. STERN, F. RITTNER, B. BERNE UND R. FRIESNER, *Combined fluctuating charge and polarizable dipole models: Application to a five-site water potential function*, J. Chem. Phys., 115 (2001), S. 2237–2251.

574. F. STILLINGER UND A. RAHMAN, *Improved simulation of liquid water by molecular dynamics*, J. Chem. Phys., 60 (1974), S. 1545–1557.

575. F. STILLINGER UND T. WEBER, *Computer simulation of local order in condensed phases of silicon*, Phys. Rev. B, 31 (1985), S. 5262–5271. errata: Phys. Rev. B 33, 1451 (1986).

576. W. STOCKMAYER, *Second virial coefficients of polar gases*, J. Chem. Phys., 9 (1941), S. 389–402.

577. ——, *Theory of molecular size distribution and gel formation in branched chain polymers*, J. Chem. Phys., 11 (1943), S. 45–55.

578. J. STOER, *Numerische Mathematik I*, Springer, Berlin, 1994.

579. C. STÖRMER, *Sur les trajectoires des corpuscles életrisés dans l'espace sous l'action du magnetisme terrestre avec application aux aurores boréales*, Arch. Sci. Phys. Nat., 24 (1907), S. 221–247.

580. T. STOUCH, *Permeation of lipid membranes: Molecular dynamics simulations*, in Encyclopedia of Computational Chemistry, P. von Ragué Schleyer, Ed., Vol. 3, Wiley, New York, 1998, S. 2038–2045.

581. G. STRANG, *On the construction and comparison of difference schemes*, SIAM J. Numer. Anal., 5 (1968), S. 506–517.

582. W. STREETT, D. TILDESLEY UND G. SAVILLE, *Multiple time-step methods in molecular dynamics*, Mol. Phys., 35 (1978), S. 639–648.

583. A. SUENAGA, Y. KOMEIJI, M. UEBAYASI, T. MEGURO UND I. YAMATO, *Molecular dynamics simulation of unfolding of histidine-containing phosphocarrier protein in water*, J. Chem. Software, 4 (1998), S. 127–142.

584. A. SUTTON UND J. CHEN, *Long-range Finnis-Sinclair potentials*, Phil. Mag. Lett., 61 (1990), S. 139–146.

585. M. SUZUKI, *Fractal decomposition of exponential operators with applications to many-body theories and Monte Carlo simulations*, Phys. Lett. A, 146 (1990), S. 319–323.

586. P. SWARZTRAUBER, *Multiprocessor FFTs*, Parallel Comp., 5 (1987), S. 197–210.

587. W. SWOPE, H. ANDERSEN, P. BERENS UND K. WILSON, *A computer simulation method for the calculation of equilibrium constants for the formation of physical clusters of molecules: Application to small water clusters*, J. Chem. Phys., 76 (1982), S. 637–649.

588. B. SZABO UND I. BABUSKA, *Finite element analysis*, John Wiley, New York, 1991.

589. T. TANAKA, S. YONEMURA, K. YASHI UND Y. TSUJI, *Cluster formation and particle-induced instability in gas-solid flows predicted by the DSMC method*, JSME Int. J. B, 39 (1996), S. 239–245.

590. J. TAUSCH, *The fast multipole method for arbitrary Green's functions*, in Current Trends in Scientific Computing, Z. Chen, R. Glowinski und K. Li, Eds., American Mathematical Society, 2003.

591. ———, *The variable order fast multipole method for boundary integral equations of the second kind.* preprint from http://faculty.smu.edu/tausch/Papers/publications.html, 2003.

592. M. TEODORO, G. PHILLIPS UND L. KAVRAKI, *Singular value decomposition of protein conformational motions: Application to HIV-1 protease*, in Currents in Computational Molecular Biology, M. Satoru, R. Shamir und T. Tagaki, Eds., Tokyo, 2000, Universal Academy Press Inc., S. 198–199. The Third ACM International Conference on Computational Biology (RECOMB).

593. J. TERSOFF, *New empirical model for the structural properties of silicon*, Phys. Rev. Lett., 56 (1986), S. 632–635.

594. ———, *New empirical approach for the structure and energy of covalent systems*, Phys. Rev. B, 37 (1988), S. 6991–7000.

595. P. TEUBEN, *The stellar dynamics toolbox NEMO*, in Astronomical Data Analysis Software and Systems IV, R. Shaw, H. Payne und J. Hayes, Eds., Vol. 77, PASP Conf Series, 1995, S. 398–401.

596. J. THEILHABER, *Ab initio simulations of sodium using time-dependent density-functional theory*, Phys. Rev. B, 46 (1992), S. 12990–13003.

597. T. THEUNS, *Parallel P3M with exact calculation of short range forces*, Comp. Phys. Comm., 78 (1994), S. 238–246.

598. J. THIJSSEN, *Computational physics*, Cambridge University Press, 1999.

599. D. TIELEMAN UND H. BERENDSEN, *A molecular dynamics study of the pores formed by Escherichia coli OmpF porin in a fully hydrated palmitoyl-olelyl-phosphatidylcholine bilayer*, Biophys. J., 74 (1998), S. 2786–2801.

600. D. TIELEMAN, S. MARRINK UND H. BERENDSEN, *A computer perspective of membranes: Molecular dynamics studies of lipid bilayer systems*, Biochem. Biophys. Acta, 1331 (1997), S. 235–270.

601. D. TIELEMAN, M. SANSOM UND H. BERENDSEN, *Alamethicin helices in a bilayer and in solution: Molecular dynamics simulations*, Biophys. J., 76 (1999), S. 40–49.

602. D. TOBIAS, K. TU UND M. KLEIN, *Atomic scale molecular dynamics simulations of lipid membranes*, Curr. Opin. Coll. Int. Sci., 2 (1997), S. 15–26.

603. A. TOUKMAJI UND J. BOARD, *Ewald summation techniques in perspective: A survey*, Comp. Phys. Comm., 95 (1996), S. 73–92.

604. A. TOUKMAJI, D. PAUL UND J. BOARD, *Distributed particle-mesh Ewald: A parallel Ewald summation method*, in Proc. of International Conference on Parallel and Distributed Processing Techniques and Applications (PDPTA'96), CSREA Press, Athens, 1996, S. 33–43.

605. S. TOXVAERD, *Comment on constrained molecular dynamics of macromolecules*, J. Chem. Phys., 87 (1987), S. 6140–6143.

606. J. TRAUB, G. WASILKOWSKI UND H. WOZNIAKOWSKI, *Information-based complexity*, Academic Press, New York, 1988.

607. H. TRIEBEL, *Interpolation theory, function spaces, differential operators*, Dt. Verlag Wiss., Berlin, 1978.

608. H. TROTTER, *On the product of semi-groups of operators*, Proc. Am. Math. Soc., 10 (1959), S. 545–551.

609. S. TSUNEYUKI, M. TSUKADA, H. AOKI UND Y. MATSUI, *First-principles interatomic potential of silica applied to molecular dynamics*, Phys. Rev. Lett., 61 (1988), S. 869–872.

610. K. TU, D. TOBIAS, K. BLASIE UND M. KLEIN, *Molecular dynamics investigation of the structure of a fully hydrated gel-phase dipalmitoylphosphatidylcholine bilayer*, Biophys. J., 70 (1996), S. 598–608.

611. M. TUCKERMAN, B. BERNE UND G. MARTYNA, *Molecular dynamics algorithm for multiple time scales: Systems with long range forces*, J. Chem. Phys., 94 (1991), S. 6811–6815.

612. ———, *Reversible multiple time scale molecular dynamics*, J. Chem. Phys., 97 (1992), S. 1990–2001.

613. M. TUCKERMAN, B. BERNE UND A. ROSSI, *Molecular dynamics algorithm for multiple time scales: Systems with disparate masses*, J. Chem. Phys., 94 (1991), S. 1465–1469.

614. M. TUCKERMAN, G. MARTYNA UND B. BERNE, *Molecular dynamics algorithm for condensed systems with multiple time scales*, J. Chem. Phys., 93 (1990), S. 1287–1291.

615. M. TUCKERMAN, G. MARTYNA, M. KLEIN UND B. BERNE, *Efficient molecular dynamics and hybrid Monte Carlo algorithms for path integrals*, J. Chem. Phys., 99 (1993), S. 2796–2808.

616. J. TULLY, *Molecular dynamics with electronic transitions*, J. Chem. Phys., 93 (1990), S. 1061–1071.

617. ———, *Mixed quantum-classical dynamics: Mean-field and surface-hopping*, in Classical and Quantum Dynamics in Condensed Phase Simulations, B. Berne, G. Ciccotti und D. Coker, Eds., World Scientific, Singapore, 1998, Kap. 21, S. 489–509.

618. ———, *Nonadiabatic dynamics*, in Modern Methods for Multidimensional Dynamics Computations in Chemistry, D. Thompson, Ed., World Scientific, Singapore, 1998, S. 34–79.

619. D. TURNER UND J. MORRIS, *AL_CMD*, Condensed Matter Physics Group, Ames Laboratory. http://cmp.ameslab.gov/cmp/CMP_Theory/cmd/alcmd_source.html.

620. P. UMBANHOWAR, F. MELO UND H. SWINNEY, *Localized excitations in a vertically vibrated granular layer*, Nature, 382 (1996), S. 793–796.

621. P. VAN DER PLOEG UND H. BERENDSEN, *Molecular dynamics of model membranes*, Biophys. Struct. Mechanism. Suppl., 6 (1980), S. 106–108.

622. ——, *Molecular dynamics simulation of a bilayer membrane*, J. Chem. Phys., 76 (1982), S. 3271–3276. Note a typo: σ should be 0.374 nm.

623. D. VAN DER POEL, B. DE GROOT, S. HAYWARD, H. BERENDSEN UND H. VO-GEL, *Bending of the calmodulin central helix: A theoretical study*, Protein Sci., 5 (1996), S. 2044–2053.

624. D. VAN DER SPOEL, P. VAN MAAREN UND H. BERENDSEN, *A systematic study of water models for molecular dynamics simulation: Derivation of water models optimized for use with a reaction field*, J. Chem. Phys., 108 (1998), S. 10220–10230.

625. W. VAN GUNSTEREN UND H. BERENDSEN, *Computer simulation of molecular dynamics: Methodology, applications and perspectives in chemistry*, Angew. Chem. Int. Ed. Engl., 29 (1990), S. 992–1023.

626. W. VAN GUNSTEREN UND M. KARPLUS, *Effect of constrains, solvent and cristal environment on protein dynamics*, Nature, 293 (1981), S. 677–678.

627. ——, *Protein dynamics in solution and in a crystalline environment: A molecular dynamics study*, Biochem., 21 (1982), S. 2259–2274.

628. W. VAN GUNSTEREN, H. LIU UND F. MÜLLER-PLATHE, *The elucidation of enzymatic reaction mechanisms by computer simulation: Human immunodeficiency virus protease catalysis*, J. Mol. Struct. (Theochem), 432 (1998), S. 9–14.

629. P. VAN MAAREN UND D. VAN DER SPOEL, *Molecular dynamics simulations of water with novel shell-model potentials*, J. Phys. Chem. B, 105 (2001), S. 2618–2626.

630. P. VASHISHTA, R. KALIA UND A. NAKANO, *Large-scale atomistic simulations of dynamic fracture*, Comp. Sci. Eng., 1 (1999), S. 56–65.

631. P. VASHISHTA, R. KALIA, J. RINO UND I. EBBSJO, *Interaction potential for SiO_2: a molecular-dynamics study of structural correlations*, Phys. Rev. B, 41 (1990), S. 12197–12209.

632. P. VASHISHTA, A. NAKANO, R. KALIA UND I. EBBSJO, *Crack propagation and fracture in ceramic films – million atom molecular dynamics simulation on parallel computers.*, Mater. Sci. Eng. B, 37 (1996), S. 56–71.

633. R. VENABLE, B. BROOKS UND R. PASTOR, *Molecular dynamics simulations of gel (L-beta I) phase lipid bilayers in constant pressure and constant surface area ensembles*, J. Chem. Phys., 112 (2000), S. 4822–4832.

634. R. VENABLE, Y. ZHANG, B. HARDY UND R. PASTOR, *Molecular dynamics simulations of a lipid bilayer and of hexadecane – An investigation of membrane fluidity*, Science, 262 (1993), S. 223–226.

635. R. VERFÜHRT, *A review of a posteriori error estimation and adaptive mesh-refinement techniques*, J. Wiley & Teubner, Chichester, 1996.

636. L. VERLET, *Computer "experiments" on classical fluids. I. Thermodynamical properties of Lennard-Jones molecules*, Phys. Rev., 159 (1967), S. 98–103.

637. J. VILLUMSEN, *A new hierachical particle-mesh code for very large scale cosmological N-body simulations*, Astrophys. J. supp. series, 71 (1989), S. 407–431.

638. J. VONDRASEK UND A. WLODAWER, *Database of HIV proteinase structures*, Trends Biochem. Sci., 22 (1997), S. 183–187.

639. A. VOTER, *The embedded atom method*, in Intermetallic Compounds: Principles and Practice, J. Westbrook und R. Fleischer, Eds., J. Wiley, Chichester, 1994, S. 77–90.

640. A. VOTER UND S. CHEN, *Accurate interatomic potentials for Ni, Al, and Ni_3Al*, Mat. Res. Soc. Symp. Proc., 82 (1987), S. 175–180.

641. H. WANG UND R. LESAR, *An efficient fast-multipole algorithm based on an expansion in the solid harmonics*, J. Chem. Phys., 104 (1996), S. 4173–4179.

642. M. WARREN UND J. SALMON, *Astrophysical N-body simulations using hierarchical tree data structures*, in Supercomputing '92, Los Alamitos, 1992, IEEE Comp. Soc., S. 570–576.

643. ———, *A parallel hashed oct-tree N-body algorithm*, in Supercomputing '93, Los Alamitos, 1993, IEEE Comp. Soc., S. 12–21.

644. ———, *A parallel, portable and versatile treecode*, in Proc. 7. SIAM Conf. Parallel Processing for Scientific Computing, D. Bailey, P. Bjørstad, J. Gilbert, M. Mascagni, R. Schreiber, H. Simon, V. Torczon und L. Watson, Eds., Philadelphia, 1995, SIAM, S. 319–324.

645. ———, *A portable parallel particle program*, Comp. Phys. Comm., 87 (1995), S. 266–290.

646. K. WATANABE UND M. KLEIN, *Effective pair potentials and the properties of water*, J. Chem. Phys., 131 (1989), S. 157–167.

647. J. WATSON UND F. CRICK, *A structure for deoxyribose nucleic acid*, Nature, 171 (1953), S. 737–738.

648. I. WEBER UND R. HARRISON, *Molecular mechanics analysis of drug resistant mutations of HIV protease*, Protein Eng., 12 (1999), S. 469–474.

649. W. WEBER, P. HÜNENBERGER UND J. MCCAMMON, *Molecular dynamics simulations of a polyalanine octapeptide under Ewald boundary conditions: Influence of artificial periodicity on peptide conformation*, J. Phys. Chem. B, 104 (2000), S. 3668–3675.

650. C. WHITE UND M. HEAD-GORDON, *Derivation and efficient implementation of the fast multipole method*, J. Chem. Phys., 8 (1994), S. 6593–6605.

651. J. WILLIAMSON, *Four cheap improvements to the particle-mesh code*, J. Comput. Phys., 41 (1981), S. 256–269.

652. G. WINCKELMANS, J. SALMON, M. WARREN UND A. LEONARD, *The fast solution of three-dimensional fluid dynamical N-body problems using parallel tree codes: Vortex element method and boundary element method*, in Proc. 7. SIAM Conf. Parallel Processing for Scientific Computing, D. Bailey, P. Bjørstad, J. Gilbert, M. Mascagni, R. Schreiber, H. Simon, V. Torczon und L. Watson, Eds., Philadelphia, 1995, SIAM, S. 301–306.

653. A. WINDEMUTH, *Advanced algorithms for molecular dynamics simulation: The program PMD*, in Parallel Computing in Computational Chemistry, T. Mattson, Ed., Vol. 592, ACS Symposium Series, American Chemical Society, 1995, S. 151–169.

654. J. WISDOM, *The origin of the Kirkwood gaps: A mapping for asteroidal motion near the 1/3 commensurability*, Astronom. J., 87 (1982), S. 577–593.

655. S. WLODEK, J. ANTOSIEWICZ UND J. MCCAMMON, *Prediction of titration properties of structures of a protein derived from molecular dynamics trajectories*, Protein Sci., 6 (1997), S. 373–382.

656. J. WOENCKHAUS, R. HUDGINS UND M. HARROLD, *Hydration of gas-phase proteins: A special hydration site on gas-phase BPTI*, J. Amer. Chem. Soc., 119 (1997), S. 9586–9587.

657. T. WOOLF UND B. ROUX, *Structure, energetics, and dynamics of lipid-protein interactions: A molecular dynamics study of the gramicidin A channel in a DMPC bilayer*, Proteins: Struct. Funct. Genet., 24 (1996), S. 92–114.

658. T. WUNG UND F. TSENG, *A color-coded particle tracking velocimeter with application to natural convection*, Experiments Fluids, 13 (1992), S. 217–223.

659. D. XIE, A. TROPSHA UND T. SCHLICK, *An efficient projection protocol for chemical databases: The singular value decomposition combined with truncated-Newton minimization*, J. Chem. Inf. Comp. Sci., 40 (2000), S. 167–177.

660. B. YAKOBSON UND R. SMALLEY, *Fullerene nanotubes: $C_{1.000000}$ and beyond*, American Scientist, 85 (1997), S. 324–337.

661. J. YEOMANS, *Equilibrium statistical mechanics*, Oxford University Press, Oxford, 1989.

662. D. YORK, T. DARDEN UND L. PEDERSEN, *The effect of long-range electrostatic interactions in simulations of macromolecular crystals: A comparison of the Ewald and truncated list methods*, J. Chem. Phys., 99 (1993), S. 8345–8348.

663. D. YORK, T. DARDEN, L. PEDERSEN UND M. ANDERSON, *Molecular modeling studies suggest that zinc ions inhibit HIV-1 protease by binding at catalytic aspartates*, Environmental Health Perspectives, 101 (1993), S. 246–250.

664. D. YORK, A. WLODAWER, L. PEDERSEN UND T. DARDEN, *Atomic level accuracy in simulations of large protein crystals*, Proc. Natl. Acad. Sci., 91 (1994), S. 8715–8718.

665. D. YORK UND W. YANG, *The fast Fourier Poisson method for calculating Ewald sums*, J. Chem. Phys., 101 (1994), S. 3298–3300.

666. H. YOSHIDA, *Construction of higher order symplectic integrators*, Phys. Lett. A, 150 (1990), S. 262–268.

667. H. YSERENTANT, *A new class of particle methods*, Numer. Math., 76 (1997), S. 87–109.

668. ——, *A particle model of compressible fluids*, Numer. Math., 76 (1997), S. 111–142.

669. X. YUAN, C. SALISBURY, D. BALSARA UND R. MELHEM, *A load balance package on distributed memory systems and its application to particle-particle particle-mesh (P^3M) methods*, Parallel Comp., 23 (1997), S. 1525–1544.

670. Y. YUAN UND P. BANERJEE, *A parallel implementation of a fast multipole based 3-D capacitance extraction program on distributed memory multicomputers*, Journal of Parallel and Distributed Computing, 61 (2001), S. 1751–1774.

671. Y. ZELDOVICH, *The evolution of radio sources at large redshifts*, Mon. Not. R. Astron. Soc., 147 (1970), S. 139–148.

672. G. ZHANG UND T. SCHLICK, *LIN: A new algorithm combining implicit integration and normal mode techniques for molecular dynamics*, J. Comput. Chem., 14 (1993), S. 1212–1233.

673. ——, *The Langevin/implicit-Euler/normal-mode scheme (LIN) for molecular dynamics at large timesteps*, J. Chem. Phys., 101 (1994), S. 4995–5012.

674. ——, *Implicit discretization schemes for Langevin dynamics*, Mol. Phys., 84 (1995), S. 1077–1098.

675. Y. ZHANG, T. WANG UND Q. TANG, *Brittle and ductile fracture at the atomistic crack-tip in copper-crystals*, Scripta Metal. Mater., 33 (1995), S. 267–274.

676. F. ZHAO UND S. JOHNSSON, *The parallel multipole method on the Connection Machine*, SIAM J. Sci. Stat. Comput., 12 (1991), S. 1420–1437.

677. F. ZHOU UND K. SCHULTEN, *Molecular dynamics study of a membrane water interface*, J. Phys. Chem., 100 (1995), S. 2194–2207.

678. ——, *Molecular dynamics study of phospholipase A2 on a membrane surface*, Proteins: Struct. Funct. Genet., 25 (1996), S. 12–27.

679. R. ZHOU UND B. BERNE, *A new molecular dynamics method combining the reference system propagator algorithm with a fast multipole method for simulating proteins and other complex systems*, J. Chem. Phys., 103 (1995), S. 9444–9459.

680. R. ZHOU, E. HARDER, H. XU UND B. BERNE, *Efficient multiple time step method for use with Ewald and particle mesh Ewald for large biomolecular systems*, J. Chem. Phys., 115 (2001), S. 2348–2358.

681. S. ZHOU, D. BEAZLEY, P. LOMDAHL UND B. HOLIAN, *Large-scale molecular dynamics simulations of three-dimensional ductile fracture*, Phys. Rev. Lett., 78 (1997), S. 479–482.

682. S. ZHOU, D. BEAZLEY, P. LOMDAHL, A. VOTER UND B. HOLIAN, *Dislocation emission from a three-dimensional crack – a large-scale molecular dynamics study*, in Advances in Fracture Research - 97, B. Karihaloo, Y. Mai, M. Ripley und R. Ritchie, Eds., Vol. 6, Pergamon Press, Amsterdam, 1997, S. 3085.

683. G. ZUMBUSCH, *Adaptive parallel multilevel methods for partial differential equations*. Habilitationsschrift, Universität Bonn, 2001.

Index